TECHNISCHER SELBSTUNTERRICHT

FÜR DAS DEUTSCHE VOLK

Briefliche Anleitung zur Selbstausbildung in allen Fächern
und Hilfswissenschaften der Technik

unter Mitwirkung von

JOH. KLEIBER
Oberstudienrat in München

und bewährten anderen Fachmännern

herausgegeben von

INGENIEUR KARL BARTH

II. Fachband
Bau- und Kulturtechnik

München und Berlin 1922
Druck und Verlag von R. Oldenbourg

Vorrede zum II. Fachbande.

Wir wenden uns nunmehr im technischen Selbstunterrichte der **Bau- und Kulturtechnik** zu, welche sich in das Feldmessen, in die Baumechanik und in die eigentliche Baukunde gliedert. — Das **Feldmessen** lehrt uns, wie man Teile der Erdoberfläche in der Natur aufnimmt, sie in Plänen und Karten darstellt und nach Projektierung der beabsichtigten Bauobjekte deren Lage und Richtung am gewählten Punkte im Freien absteckt.

In der **Baukunde** werden wir gründlich die Arbeiten schildern, die ausgeführt werden müssen, um das gewünschte Bauwerk in der zweckentsprechendsten Form herzustellen und zu erhalten, während die **Baumechanik** die Grundsätze liefern soll, nach welchen diese Bauwerke zu berechnen und zu projektieren sind. Alle diese Lehrgegenstände bringen uns dem Verständnis der Natur in ihrem Walten und Schaffen näher; wir werden dadurch nicht nur die Bildung unserer Erdoberfläche, deren Veränderungen durch Wasserläufe und menschlichem Zutun eingehend kennenlernen sondern auch erfahren, wie die für unsere Bedürfnisse notwendigen Umgestaltungen und Bauten den obwaltenden Umständen am richtigsten angepaßt werden sollen. Sie sind daher nicht bloß für den **Bautechniker** von besonderer Wichtigkeit; auch die **Land- und Forstwirte** sowie die **Siedlungsleute** werden darin viele Anhaltspunkte gewinnen, die für ihren Beruf von großem Werte sein dürften. Ja selbst die **Touristen** werden nach dem Studium dieses Bandes der Gestaltung der Erde mit allen ihren Gebirgen und Gewässern, den in den Karten und Plänen enthaltenen zahlreichen Einzelheiten weit mehr Verständnis entgegenbringen und menschliche Bauwerke viel richtiger beurteilen als früher.

Die Aufgaben werden nunmehr ausschließlich der technischen Praxis entnommen werden und besonders im Anschlusse an die Baumechanik in **Programme** übergehen, nach denen Bauobjekte zu berechnen und zu projektieren sind. Was die äußere Ausstattung des Werkes anbelangt, die im großen und ganzen ungeändert bleibt, sowie in bezug auf die Einrichtung der Fragestelle sei auf die Bemerkungen in der Vorstufe [2—4] und auf die Vorrede zum I. Fachbande hingewiesen.

In diesem Bande wird zum ersten Male, wenn auch in möglichst beschränktem Maße, von **Preisansätzen** die Rede sein, um dem Leser die Möglichkeit zu bieten, die relativen Kosten der einzelnen Arbeitsleistungen annähernd abschätzen und beiläufige Kostenvoranschläge verfassen zu können. Um dabei den Schwierigkeiten infolge der Geldentwertung möglichst aus dem Wege zu gehen und den bezüglichen Angaben eine längere Geltung zu sichern, wollen wir alle Preise in **Goldmark** (GM) angeben. Der Leser braucht dann nur die Preise nach dem jeweiligen Goldkurse umzurechnen, um sich über die gesuchten, jeweilig geltenden Kosten zu unterrichten.

Schließlich obliegt mir noch die Pflicht, der wertvollen Unterstützung meiner geschätzten Mitarbeiter zu gedenken. In dieser Beziehung habe ich nebst dem altbewährten Herrn Oberstudienrat, Professor **Johann Kleiber** in **München** noch besonders dem Herrn Ingenieur **Hubert Dietl** bestens zu danken, der seine reichen praktischen Erfahrungen dem Werke in entgegenkommendster Weise zur Verfügung stellt. Auch dem Verlage **Oldenbourg** sei für die sorgfältige Ausstattung des Bandes und dem Maler **Ludwig Girardi**, der die Biographien illustriert, an dieser Stelle der wärmste Dank ausgesprochen.

Ich darf wohl hoffen, daß auch dieser Band freundliche Aufnahme finden wird. Anregungen zu Verbesserungen und Ergänzungen werden wie immer mit Freuden entgegengenommen.

Im Juni 1922.

Ing. KARL BARTH.

II. Fachband:

B A U - U N D   K U L T U R T E C H N I K.

1. BRIEF.

„Wer nicht vorwärts geht,
der kommt zurück."
(Goethe.)

Die Entwicklung der Baukunst.

[1] Der unkultivierte Mensch benutzte alle möglichen sich darbietenden Gelegenheiten, um sich ein Obdach gegen die Unbilden der Witterung und einen Schutz vor feindlichen Angriffen der Menschen und Tiere zu schaffen; die Naturhöhle, die künstlich erweiterte oder aus Felsblöcken zusammengesetzte Höhle, das durch übergelegte Zweige geschützte trichterförmige Erdloch, das kletternd zu erreichende Baumgeäste, die auf einem Pfahlgerüste ins Wasser gestellte, einfache Rohrhütte und endlich die auf dem festen Lande in einem umzäunten Bezirke errichtete Hütte mögen lange Zeit hindurch nebeneinander bestanden haben; deren Wahl wird wohl einzig von der natürlichen Beschaffenheit der betreffenden Gegend abhängig gewesen sein. Überreste von Höhlenwohnungen finden sich in Gruppen vereinigt mehrfach in Europa, namentlich im Kreidefelsen der Champagne. Sie sind mit Skulpturen ausgestattet, die unvollständige menschliche Figuren darstellen, während sich im felsreichen Syrien und auf den Hochebenen Kleinasiens wirkliche Höhlenstädte vorfinden, die sicherlich einmal bewohnt waren.

Den Resten von Pfahldörfern begegnen wir hauptsächlich in den Schweizer Seen, wo sie Pfahlreihen im Wasser bilden, die mit einem Bohlenboden bedeckt sind und auf denen zweifellos leichte Hütten standen. Später entdeckte man in Irland Packwerksbauten aus Hölzern und Steinen im Wasser aufgeschlichtet, während man in Oberitalien Pfahlbauten auf festem Boden hergestellt fand. Alle diese Pfahlbauten waren von Menschen bewohnt, die bereits einen gewissen Grad von Kultur erreicht haben dürften, denn es finden sich in diesen Überresten schon Spuren eines regelmäßigen Feldbaues und einer fast fabrikmäßigen Herstellung von Geräten, Waffen und Geweben. Die alten Ringwälle, die häufig im südwestlichen Deutschland vorkommen, haben möglicherweise als Zufluchtsstätten bei Kriegsgefahr gedient, waren aber auch wahrscheinlich ständige Wohnsitze.

Die aus Baumzweigen zusammengeflochtene, mit Rohr gedeckte Hütte, die unmittelbar auf den Boden gestellt oder auf Pfählen in die Luft gehoben ist, sowie das mit Häuten, später mit dicht gewebten Filzen bedeckte Zelt der Nomaden bilden auch heute noch die Wohnstätten von auf sehr verschiedener Kulturstufe stehenden Völkerstämmen.

Alle diese Unterkunftsstätten haben die Vorstufe zum Wohnungsbau gegeben, in welchem das Holzhaus das älteste gewesen sein mag. Seine Formen mit Wand, Decke und Stützen sind der Reiswerksbau, der aus horizontalen Rahmen und Säulen besteht, deren Zwischenräume mit Bohlen oder Flechtwerk ausgefüllt wurden, und der Blockbau, der, aus wagerecht übereinandergelegten und an den Ecken überschnittenen Balken gefügt, beiderseits mit Brettern bekleidet war. In beiden Fällen bildete den Abschluß ein Giebeldach, welches mit Rohr oder Schindeln eingedeckt war und ursprünglich gleichzeitig als Decke diente. Zwischendecken gehören den historischen Zeiten an. Das Giebeldach bildete sich später hauptsächlich bei den arischen Völkern zur Kunstform aus.

Neben dem Holzbau ging in gewissen Gegenden ein Massivbau aus natürlichen und künstlichen Steinen einher, die erst im megalitischen, dann im zyklopischen Verbande zusammengefügt waren. Den größten Fortschritt machte der Bau der Steinmauer durch Einführung des regelmäßig geschichteter Quaderbaues, dessen einzelne Steine anfangs durch Holz- und Eisenklammern, später durch Mörtel verbunden wurden. Erwähnenswert sind die Einführung der Steindecke und die zum Gewölbe überleitende Form der Überkragung horizontaler Schichten, die noch in die vorgeschichtliche Zeit zurückgehen; etwas jünger, aber auch uralt ist das eigentliche Gewölbe mit Keilsteinen, das wir in Ägypten vorfinden, wo schon gebrannte Ziegel als Material der Mauerbögen verwendet erscheinen (Abb. 1).

Abb. 1
Ägyptisches Grabgewölbe

Die frühe Kultur Ägyptens erklärt sich aus der Enge des Landes, das eine dichtgedrängte Völkerschaft auf intensivem Ackerbau und Industrie hinwies. Der Nil mit seinen jährlichen Überschwemmungen mußte die Erdmessung, die Geometrie, dort zu einer wichtigen Wissenschaft werden lassen, wo alle Jahre die Besitzgrenzen unter dem Schlamme begraben und neu wieder hergestellt wurden.

Im 4. und 5. Jahrtausend v. Chr. bildete die ägyptische Baukunst nur wenige einfache Typen heraus, die sämtlich der Klasse der Gräber angehörten. Trotzdem muß auch der Wohnhausbau schon damals hochentwickelt gewesen sein, denn die ältesten Grabdenkmäler zeigen einen erstaunlichen Reichtum der Ausstattung und des Hausrates, wie er in Europa kaum im blühendsten Mittelalter wieder erreicht wurde. Auf der Vorstellung von der Art des Lebens nach dem Tode, welche man an die Erhaltung der Leiche geknüpft dachte, beruht **der großartige Gräberbau der vornehmen Ägypter,** denn nur diese konnten von dem Glauben Vorteil ziehen, während die Leichen der Armen einfach im Wüstensande verscharrt wurden. Die älteste Grabform, das **Mastabagrab,** bildet einen künstlichen Steinhügel mit pyramidal aufsteigenden Außenwänden, die im Innern den Grabstollen und die Sarkophagkammer enthielten. Ähnlich waren die **Pyramiden, die Königsgräber,** gebaut, nur wurde die Grabhalle außerhalb der Pyramide zu einem Tempel ausgestaltet, weil die Könige nach ihrem Tode zu Göttern werden sollten (Abb. 2, 3).

Das **Wohnhaus** dieser Zeit wird uns nur durch die Grabgemälde bekannt, welche eigentümlicherweise Grundriß, Aufriß und Durchschnitt zugleich geben wollen (Abb 4).

Abb. 2
Schnitt durch eine ägyptische
Pyramide

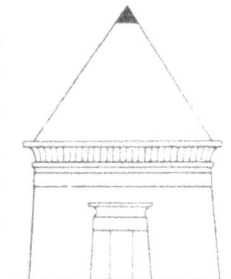

Abb. 3
Ansicht eines ägyptischen
Privatgrabes

Später, namentlich im unteren Stromgebiete des Euphrat und Tigris, wo die Semiten zur Herrschaft gelangt waren, tritt der Gräberbau immermehr in den Hintergrund und wird durch den **Palastbau** und den **Tempelbau** mit dem Stufenturm verdrängt, der zunächst in der Bergstadt Jerusalem zu großartigen Leistungen der Israeliten führte, dann aber bei den arischen Völkerschaften eine vollkommene Umgestaltung des Baustiles herbeiführte. Wir lernen sogar aus den hinterlassenen Denkmälern **den griechischen Tempelbau** in einer Höhe kennen, die einen Bezug auf andere Gebäudegattungen ganz ausschließt. Mit dem Ersatze der Königsmacht durch aristokratisch-republikanische Verfassungen verschwinden zunächst die Prachtanlagen für Gräber und Paläste. **Erst den Griechen war es vorbehalten, ein seiner inneren Folgerichtigkeit und vollkommenen Schönheit wegen allgemein gültiges stilistisches Ideal zu schaffen.** Damit scheiden von nun an gewisse Produkte des technischen Bauwesens, die ausschließlich der Zweckmäßigkeit dienen sollen, wie Tiefbauten, Bergwerke, Tunnels, aus dem Gebiete der Baukunst aus. Sie wird zur **Hochbaukunst,** zur **Architektur,** bei der die rein praktischen Motive gegen die Gebote der Schönheit zurücktreten.

In der **griechischen Architektur** fügen sich Stützen und Wände zu einem gebundenen Systeme, innerhalb welchem der Individualismus der einzelnen Meister zur vollen Geltung kommt. Die Urform der monumentalen Baukunst ist und bleibt die ägyptische **Pyramide,** neben der im **Obelisken** und in der **Holzsäule** (Abb. 5) auch schon die **Säulenformen** angedeutet erscheinen. Letztere wurden in Griechenland und in Rom in den verschiedenartigsten Stilarten ausgebildet.

Abb. 4
Modell eines ägyptischen Wohnhauses

Der **dorische Tempel** (Abb. 6) zeichnet sich besonders durch Einfachheit in der Bildung der Glieder aus. Ein Stufenunterbau verbindet die gefurchten Säulen, die eine starke Verjüngung des Schaftes zeigen und in einem aus rundem Wulste mit unterlegten Ringen und einer quadratischen Deckplatte, dem sog. Abakus, bestehenden **Kapitell** enden.

Die **ionische Säule** (Abb. 7) ist wenig verjüngt, zeigt eine kaum meßbare Ausbauchung und 24 Hohlfurchen, während die **korinthische Ordnung** am Kapitell zum ersten Male die Akanthusblätter und den geschwungenen Abakus aufweist (Abb. 8). Die Weiterbildung der Säulenformen führte im **römischen Stile** zur Verbindung des Säulengerüstes mit dem Bogen im Äußern sowie des Gewölbes mit der inneren Säulenstütze im Innern, während in Griechenland nur die geradlinige Überdeckung ohne Rundbogen vorherrschend blieb. Weniger auf das Ideale als auf das Nützliche gerichtet war der **Etruskerstil.** Vom etruskischen Tempel (Abb. 9) ist zwar nichts erhalten; nach Angaben trugen aber Steinsäulen ein Giebeldach von Holz; die Gesimse waren verkleidet, vermutlich mit Tonplatten, und die Giebelfelder enthielten einen Figurenschmuck aus Ton oder vergoldeter Bronze. **In der zweiten Periode beginnen die durch den hochentwickelten Ziegelbau ermöglichten kühnen Gewölbebauten der Römer;** für diese Bauart waren gewiß orientalische Anregungen vorhanden, aber es ergab sich in Rom ein **wichtiger konstruktiver Fortschritt** dadurch, daß **die mächtigen Tonnen- und Kuppelgewölbe** in eine Gliederung von **tragenden Rippen** und getragenen

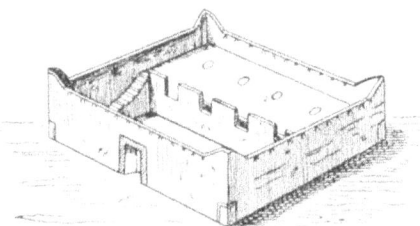

Abb. 5
Ägyptische
Holzsäule

Abb. 6
Dorischer Tempel

Abb. 7
Ionische Säule

Abb. 8
Korinthische Ordnung

Zwischenteilen, ebenso die einschließenden Mauern in Strebepfeilern und **Füllmauern** sich auflösten.

Vom 10. Jahrhundert an bildete der **Rundbogen** die Grundform des **romanischen Stiles,** der dann zunächst auf die Goten und Germanen überging. Daneben bestanden der **byzantinische** und der **maurisch-**

arabische Baustil mit Anwendung und Weiterbildung des Bogens zur Hufeisenform und zum **Spitzbogen.** Letzterer bildet das hervorstechendste Merkmal **der gotischen Baukunst,** in welcher bei den religiösen Bauten (Kirchen, Basiliken und Tempeln) an die Stelle der alten massiven Bauart eine durchbrochene, schlanke, mehr aufstrebende tritt, während die Profanbauten (Burgen, Paläste und Wohnhäuser) den massigen Charakter beibehielten, bis die **Renaissance,** die in Italien schon um das Jahr 1400 begann, auch hier leichtere und gefälligere Formen schuf. In die übrigen Länder konnte die **italienische Renaissance** vorerst nicht eindringen, da diese viel zäher an der Gotik hingen. Als dies endlich im 17. Jahrhundert geschah, übernahm man bereits die Formen des aus der Renaissance hervorgegangenen **Barockstiles,** der sich oft wunderlich genug mit den mittelalterlichen Traditionen des betreffenden Landes verband. Der Barockstil ist zwar durch einen auf das Mächtige und Großartige gerichteten Sinn ausgezeichnet, wobei aber die Dekoration dem Ruhigen und Einfachen aus dem Wege zu gehen sucht und sich mehr in Übertreibungen und bizarren Formen gefällt.

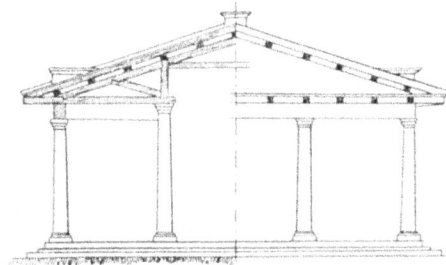
Abb. 9
Etruskischer Tempel

Während in allen früheren Bauformen, deren eingehende Schilderung berufenen Architekten überlassen bleiben muß, Stein und Holz die wichtigsten Baustoffe waren, hat sich die Eisenkonstruktion seit der 2. Hälfte des 19. Jahrhunderts zu einer Bedeutung entwickelt, die in solchem Umfange ehedem kaum vermutet werden konnte. Wenn dem Beispiele Amerikas, turmhohe Häuser bloß aus Metallgerippen herzustellen und mit Backsteinmauern zu verkleiden (Vorstufe [275]), in Europa bisher noch wenig Folge geleistet wurde, so ist doch auch da der **eiserne Fachwerksbau** mit Wellblech als Füllmaterial und der **Eisenbetonbau** zu allgemeiner Verwendung gekommen, die die Weiterausbildung der historischen Stilarten einigermaßen erschweren dürfte. Aber alle die neuen Erfindungen bilden eine unerschöpfliche Quelle für die Ausbildung typischer Charaktere in den verschiedenen Klassen von Gebäuden, die jedenfalls unabhängig von der Stilistik ihre eigenen Wege gehen wird.

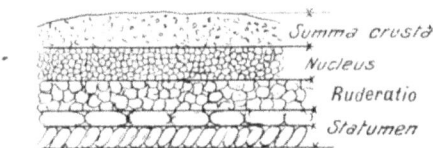
Abb. 10
Römerstraße

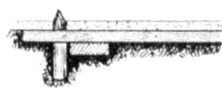
Abb. 11
Römischer Bohlenweg

Der **Straßenbau** verdankt in **Griechenland** seinen Ursprung religiösen Einflüssen, und auf den sog. „heiligen" Straßen, die das ganze Land durchzogen, beförderten die ihre Heiligtümer verehrenden **Griechen** die hochgebauten, geschmückten und schwerbeladenen Festwägen gelegentlich der häufigen Wallfahrten. Um sie sicher ans Ziel gelangen zu lassen, wurden in den Felsboden Gleisfurchen eingeschnitten, und auf diese Übung ist die den alten Sprachen eigene Ausdrucksweise „den Weg schneiden" zurückzuführen.

Der Wegebau der Griechen wurde durch die **Straßenbauten der Römer** bedeutend übertroffen, die damit die möglichste Erhöhung der Kriegsbereitschaft und die Erleichterung des Handelsverkehres anstrebten. Der Eigenart der Römer entsprach es, ihre Straßen unbekümmert um die durch natürliche Verhältnisse gegebenen Hindernisse zur Ausführung zu bringen, und es wurden weder Überbrückungen breiter Täler noch Tunnellierungen mächtiger Höhenrücken gescheut, um Orte in möglichst gerade Verbindung zu bringen. Die berühmtesten dieser Straßen waren die **Via Appia,** die von Brindisi über Capua nach Rom, und dann die **Trajansstraße,** die von Rom zum eisernen Tor führte.

Die Römer wußten sich genau den lokalen Verhältnissen anzupassen, und namentlich der **Unterbau** war je nach den Umständen entweder eine festgefügte **Steinmasse** (Abb. 10) oder ein **Bohlenweg,** wie sie in den Niederungen Germaniens zu finden sind (Abb. 11). Aus der späteren Zeit sind nur die **französischen Kunststraßen** und die **Alpenstraßen** hervorzuheben, von denen aber ebenfalls die zwei wichtigsten, die **Simplonstraße** und die **Mont Cenisstraße** von Napoleon erbaut wurden. Man hat dann teilweise auf den Straßen Schienen gelegt, um die Verhältnisse zwischen Kraft und Last günstiger zu gestalten, und ist damit zum Teil wieder dem griechischen Straßenbau mit seinen in den Felsen eingearbeiteten Spurgleisen nähergekommen.

Abb. 12
Hängebrücke im
Himalajagebiet „Shula"

Das Bedürfnis zur Verbindung zweier durch einen Flußlauf oder eine Talschlucht unterbrochenen Wegestrecken machte sich naturgemäß schon in den frühesten Zeiten geltend. Man suchte zu diesem Zwecke seichte Stellen des Wasserlaufes, sog. **Furten,** auf und ließ die Wege auf beiden Ufern an diesen Stellen enden. Auf solchen Plätzen entstanden sehr bald Ansiedlungen, aus denen sich im Laufe der Jahre Städte entwickelten (z. B. Frankfurt a. M.). Mit der Zeit wurden **Fähren** erfunden, die den Verkehr vermittelten. Dagegen vermochte man in den Gebirgen solche Hindernisse anfangs nur durch **Brücken** von sehr primitiver Beschaffenheit zu überwinden. Auch heute noch findet man in einer Reihe südlicher Länder die Verbindungen in einer Weise hergestellt, die ihre Benutzung für den Fremden nur mit Aufwand eines gewissen Heroismus möglich macht. So bezeichnet der Gebirgsbewohner des Himalaja mit „Shula" ein starkes, über den Strom oder die Schlucht gespanntes Seil; ein daran hängender Block oder Bügel dient zur Aufnahme des Passagiers, der, auf dem Bocke sitzend, nach dem andern Ufer gezogen wird oder sich selber an dem Seile entlang zieht (Abb. 12). Unter **Sangho** versteht man eine aus Holz geflochtene Hängebrücke.

Als der Mensch nicht mehr sein eigenes Lasttier war und seit der Wagen erfunden und benutzt wurde, mußten diese Verbindungen eine weitergehende Ausbildung erhalten. **Die ältesten festen Brücken sind jedenfalls hölzerne gewesen.** Zu diesen können die **Stege** gerechnet werden, die die Pfahldörfer mit dem Lande verbanden. Als eine sehr alte Brückenform ist die **Auslegerbrücke** anzusehen. Hierbei werden auf beiden Ufern über das Wasser vorragende Anlagen aus Balken und Faschinen ausgeführt, die so angeordnet wurden, daß immer die Enden der einen Balkenreihe über die Enden der unter ihr liegenden Reihe hinausgehen (Abb. 13). Einzelne der im Altertume geschaffenen hölzernen Brücken erfreuen sich eines besonderen Ruhmes, so z. B. die **Rheinbrücke** C ä s a r s und die **Trajansbrücke** über die Donau. Bald dachte man daran, das vergängliche Holz durch ein dauerhafteres Material zu ersetzen. Zunächst wurden nur die Pfeiler in Stein, der Brücken-

Abb. 13
Auslegerbrücke in Südamerika

belag jedoch in Holz ausgeführt. Aber der menschliche Geist ruhte nicht eher, als bis er auch für die Brückenbahn das richtige Material gefunden hatte. In Nachahmung der Holzkonstruktion benutzte er zunächst **steinerne Platten** als Balken, schob die Platten auf den Pfeilern konsolenartig vor, d. h. er k r a g t e sie aus und bedeckte dann den verbleibenden Zwischenraum mit der Schlußplatte. Diese Art der Überkragung ermöglichte jedoch nicht die Überspannung größerer Weiten. Da im Altertum Eisen für Brückenbauten nicht zur Verwendung kam, konnte diese Aufgabe nur durch die Schaffung von **Steingewölben** gelöst werden. Früher glaubte man, daß die so außerordentlich bedeutungsvolle **Erfindung des Gewölbes** erst in späterer Zeit erfolgt sei, und man schrieb sie dem lachenden Philosophen Demokrit zu. Die moderne Forschung hat jedoch dargetan, daß schon vor Jahrtausenden Gewölb- oder gewölbartige Bauten errichtet wurden. **Die Etrusker müssen schon wirklich gewölbte Brücken ausgeführt haben,** und ihre Schüler auf so vielen Gebieten, **die Römer, erreichten gerade in der Brückenbaukunst die größte Meisterschaft.** Sie bauten mit Vorliebe steinerne Brücken mit Halbkreisbogen, bei welchen der Schub auf die Widerlager nicht so mächtig ist als beim Segmentbogen (Abb. 14), und ihr Wagemut und Unternehmungsgeist erreichte selbst Spannweiten bis zu 40 m.

Während in der ersten Hälfte des Mittelalters die Brückenbaukunst in Europa so ziemlich ruhte, brachten mittlerweile die Perser, Araber und Chinesen Brückenbauten zustande, die geradezu erstaunlich sind. So hat der **Viadukt** von Chaohing eine Länge von nicht weniger als **144 km** und setzt sich aus **40 000**

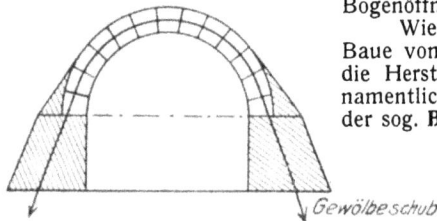

Abb. 14
Halbkreisgewölbe

Bogenöffnungen zusammen, die einen Weg von 1½ **km** Breite tragen.

Wie sich die Mönche im Mittelalter der Baukunst, besonders dem Baue von Kirchen widmeten, so ließen sich einzelne Mönchsorden auch die Herstellung von Brücken angelegen sein. In dieser Hinsicht ist namentlich der Orden der Benediktiner zu nennen, aus dem der Gründer der sog. **Brückenbrüder** hervorging. Auch beim Bau einer Anzahl deutscher Brücken ist die Mitwirkung der Geistlichkeit nachweisbar, indem die Brückenbaukosten aus den gesammelten **Milch- und Butterpfennigen** bestritten wurden.

Die im Beginne der **Flußschiffahrt** an die Wasserstraßen gestellten Anforderungen waren erklärlicherweise sehr bescheiden, und dieser Vorgang wiederholt sich auch jetzt noch überall in jenen Ländern, die dem Handel erst erschlossen werden. Die Masse der zu verfrachtenden Güter war zunächst keine große und ließ sonach selbst einen nur mit Booten befahrbaren Wasserlauf immer noch vorteilhafter erscheinen als einen nur schwer passierbaren Saumpfad.

Die ältesten Nachrichten, die wir über den Flußverkehr besitzen, beziehen sich auf die Flüsse B a b y l o n i e n s und auf den Nil. Letzterer wurde seit der Mitte des 3. Jahrtausends v. Chr. mit Last- und später auch mit Kriegsschiffen befahren. Die Chinesen wußten die Flußläufe ihres Landes in umfangreicher Weise dienstbar zu machen und in den südlichen Ländern wurde dem Wasser eine Verehrung entgegengebracht, die nur durch den großen Wert, den damals die Wasserstraßen besaßen, erklärlich erscheint. So war der **Ganges der heiligste Fluß Indiens,** sogar eine weibliche Gottheit, und jeder Kranke suchte im Gangesbade seine Genesung. Sehr viel später dürften die Flüsse Europas dem Verkehr dienstbar gemacht worden sein, nur vom Tiber, dem Po, dem R h e i n e und der D o n a u wissen wir, daß diese Flüsse schon im Altertume als Verkehrsvermittler dienten.

Bei der großen Bedeutung, die dem Wasser als Verkehrsmittel innewohnt, kann es uns nicht überraschen, daß die Menschen schon frühzeitig bestrebt waren, sich diese Verkehrswege selbst zu schaffen oder dort, wo sie vorhanden waren, durch Flußkorrektionen, Kanalisierung der Flüsse zu verbessern. Zu den ältesten Nachrichten über **Schiffahrtskanäle** gehören die Mitteilungen über die Herstellung einer künstlichen Wasserverbindung dem Mittelländischen und dem Roten Meere. Unter Ramses dem Großen, etwa 1330 v. Chr., soll zuerst der Versuch gemacht worden sein, den **Kanal von Suez** zu bauen, er wurde später auch wirklich eröffnet, aber wieder verschüttet, bis er dann erst in der Neuzeit endgültig zu einem der wichtigsten Wasserwege der Welt wurde.

Und so sehen wir, daß die Spuren des Bauwesens in allen seinen Zweigen bis ins graue Altertum sich verfolgen lassen und daß die Menschen schon frühzeitig Bauwerke der verschiedensten Art geschaffen haben, die wir heute noch bewundern müssen. Der riesenhafte Fortschritt, der auf diesen Gebieten in unserer Zeit der Eisenbahnen und der so vervollkommneten Maschinentechnik zu beobachten ist, konnte aber erst eintreten mit dem Momente, **als die Wissenschaft der Bautechnik zu Hilfe kam und ihr lehrte, die in Betracht kommenden mechanischen Kräfte richtig zu erkennen und zu berechnen.** Jetzt gibt es tatsächlich kaum mehr für den Techniker natürliche Hindernisse, die er zur Erreichung eines angestrebten Zieles nicht zu überwinden vermöchte.

DAS FELDMESSEN.

Einleitung und Inhalt: Das **Feldmessen** bildet einen Teil der **Vermessungskunde**, die die Aufgabe hat, die zur Darstellung bestimmter Erdgebiete in bezug auf Form, Begrenzung, Lage und Größe erforderlichen Messungen auszuführen und ihre Ergebnisse in zweckentsprechender Weise weiter zu verarbeiten.

Handelt es sich hierbei nur um Gebiete von **einigen hundert Quadratkilometern**, so braucht die Kugelgestalt der Erde nicht berücksichtigt zu werden. Solche Flächen lassen sich ohne wesentliche Verzerrung auf einem **ebenen Plane** darstellen.

Diese Aufgaben fallen in das Gebiet **der niederen Geodäsie, wobei der mathematische Hilfsapparat noch auf die ebene Geometrie und Trigonometrie beschränkt bleibt. Die niedere Geodäsie genügt vollkommen für die Aufgaben der Bautechnik,** die in der Übertragung der Lage und der Höhe von Bauwerken aus dem Projekte auf das Gelände bestehen. Aufgaben dagegen, bei welchen wegen zu großer Ausdehnung des darzustellenden Gebietes die Kugelgestalt der Erde nicht mehr vernachlässigt werden darf, können nur mit Hilfe der **höheren Geodäsie** bewältigt werden, **bleiben daher für uns außer Betracht.**

Die **höhere Geodäsie** sucht durch Längen- und Breitengradmessungen, Triangulation und Pendelbeobachtungen die Größe und Gestalt der Erde zu bestimmen; an das hierdurch festgelegte Netz von **Fixpunkten** schließt die **niedere Geodäsie** die **Einzelvermessung von Landesteilen** zum Zwecke der Katastervermessung, zu baulichen Aufnahmen usw. an. Die erstgenannten Arbeiten besorgt der **Geometer** oder **Feldmesser,** der ein gewiegter Kenner der **praktischen Geometrie,** unter welchem Namen diese Wissenschaft in den Schulen gelehrt wird, sein soll. Die Aufnahmen für technische Zwecke muß auch jeder Bau- und Kulturtechniker machen können, wie diesen allein das Übertragen der Projektslinien in das Gelände, d. h. das „Abstecken" der Baulinien, der Niveaus usw. obliegt.

In diesem Briefe wollen wir uns zunächst mit den Grundaufgaben der Vermessung, also **mit dem Abstecken von Punkten und Geraden, der Messung von Strecken und Winkeln** unter Benutzung der einfachsten Hilfsmittel beschäftigen, während wir im nächsten Briefe deren Verwertung zur Anfertigung von Plänen besprechen werden.

1. Abschnitt.

Grundaufgaben der Vermessung.

[2] Allgemeines.

Die **Unebenheiten der Erdoberfläche** treten wohl im Vergleiche zur Gesamtausdehnung der Erde zurück, spielen aber selbst für das aufzunehmende beschränkte Gebiet eine sehr bedeutende Rolle. **Damit stellt sich die Schwierigkeit der ebenen Abbildung einer Figur selbst in der niederen Geodäsie wieder ein,** und es bleibt uns deshalb nichts übrig, als unsere Darstellung **in eine Horizontal- und eine Vertikalprojektion zu zerlegen.**

Für viele Zwecke kommt allein die **Horizontalprojektion** in Betracht, nach welcher die Größe der zu schaffenden Bauten, ihre Entfernung sowie der gegenseitige Abstand der vertikal wachsenden Halme und Stämme sich ergibt; die bauliche oder landwirtschaftliche Ausnutzbarkeit eines Grundstückes, dessen Verkaufs- und Besteuerungswert ist nur von seiner horizontalen Erstreckung abhängig, somit keinen Schwankungen durch Erdarbeiten, Gräben, Dämme usw. unterworfen, die die Oberfläche beliebig vergrößern lassen. Gegen diese Vorteile der Horizontalprojektion treten die seltenen Fälle, wo es sich um die wahre Größe der Flächenausdehnung handelt, wie bei Pflaster- und anderen Bauarbeiten, ganz in den Hintergrund. Wir werden daher im folgenden, wenn nicht ausdrücklich etwas anderes gesagt wird, **unter Punkt oder Gerade immer jene geometrischen Gebilde verstehen, die sich horizontal als Punkt oder Gerade projizieren,** ebenso unter einer Strecke *AB* kurz die Horizontalprojektion einer Strecke *AB,* unter dem Winkel *ABC* kurz die Horizontalprojektion eines Winkels *ABC* verstehen und auch nur diese zu ermitteln trachten.

[3] Hilfsmittel zu Längenmessungen.

a) Die gewöhnlichen Streckenmeßgeräte zerfallen in zwei Hauptgruppen, nämlich in:

1. **Endmasse** I. FB. [78], deren Enden um eine bestimmte, der Messung zugrunde liegende Länge voneinander entfernt sind und

2. **Strichmasse** I. FB. [77], bei welchen Strichmarken diese Länge begrenzen; sie kommen nur bei Nivellierungen und bei feineren Streckenmessungen, den **Basismessungen,** zur Anwendung.

Über optische Hilfsmittel zu Streckenmessungen siehe später „Tachymeter".

Die hierher gehörigen Endmaße sind hauptsächlich die **Meßstangen** oder **Meßlatten,** das **Meßband** und die **Meßkette.**

1. Die **Meßlatten** sind 2, 3 oder 5 m lang, aus astfreiem trockenem Fichtenholze mit runden, ovalen oder rechteckigem Querschnitt und 2—4 cm stark. Zum genaueren Anlegen sind die Enden mit eisernen Zwingen versehen, welche in Ebenen, Schneiden oder Zylinderflächen endigen und mit Holzschrauben an den Stangen befestigt sind (Abb. 15).

Wichtig ist, daß zwischen der Zwinge und der Stirnfläche der Stange kein hohler Zwischenraum bleibt, weil sich sonst leicht die Lage ändert; deshalb empfiehlt es sich vor erstmaligem Gebrauche, die Zwinge mit einem schweren Hammer einzutreiben; gelingt dies, so wird die Zwinge abgenommen und der Zwischenraum mit Papierscheibchen ausgelegt. Zur Erleichterung des Ablesens und zur Abhaltung schädlicher Nässe versieht man die Meßstangen mit einem Ölfarbenanstriche, dessen Farbe von Meter zu Meter wechselt.

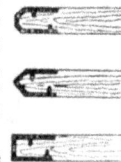

Abb. 15
Zwingen

Die Verwendung der Stangen beim Messen geschieht immer paarweise; durch verschiedenen Anstrich der beiden Individuen eines Paars schützt man sich auch etwas vor Zählfehlern.

Runde Stangen sind leicht mit einer Hand zu bedienen. Die Zwingenenden sind meist eben, wobei kleine Abweichungen in der Meßrichtung im horizontalen wie im vertikalen Sinne maßverkleinernd wirken, sich aber meistens aufheben.

2. Das **Meßband** aus Leinen mit Stahldrähten durchzogen oder aus gehärtetem Stahl ist in der Regel 10—20 m lang, 1—3 cm breit und etwa ½ mm dick. Eingeschlagene Stiftchen oder ein-

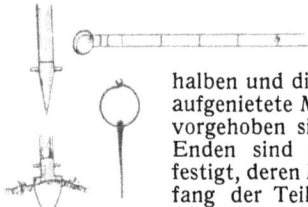

Abb. 16
Meßband

geätzte Striche bezeichnen die Endpunkte der Dezimeter, während die halben und die ganzen Meter durch aufgeniete Messingplättchen hervorgehoben sind. An den beiden Enden sind metallene Ringe befestigt, deren Mittelpunkte den Anfang der Teilung bezeichnen und die über die **Bandstäbe** gestreift werden (Abb. 16). Zur Meßeinrichtung gehört noch eine Anzahl von 20—40 cm lange eiserne Nadeln mit Ösen, die während des Messens an den Ringe getragen werden und zur jeweiligen Bezeichnung des Bandendes dienen. Zum Transport wird das Band über eine Holzhaspel gewickelt.

Die Länge der Stahlbänder ändert sich bei wechselnder Temperatur für 1° C um das 0,000012fache ihrer Länge, was z. B. bei 20° Temperaturdifferenz eine Längendifferenz von 5 mm bei 20 m Bandlänge ausmacht. Bei feineren Messungen darf dieser Betrag nicht vernachlässigt werden.

3. Die **Meßkette** ist eine Kette aus ½ m langen, durch Ringe verbundenen Metallgliedern; sie ist für genauere Messungen nicht mehr, höchstens für Straßenkilometrierung im Gebrauch.

Für rasche Messung von Straßen- oder Bahnstrecken dient das **Meßrad** von 0,3 bis 1,0 m Durchmesser, das beim Wegführen über eine Strecke Umdrehungen macht, die mit einem Zählwerke gezählt werden.

b) **Längeneinheiten** sind im Gegensatze zu der durch Teilung einer vollen Umdrehung gewonnenen Winkeleinheit **künstlich**, d. h. nicht von der Natur gegeben, sondern **durch Vereinbarung festgesetzt.**

Tatsächlich besaß noch bis gegen Ende des 18. Jahrhunderts jedes selbständige deutsche Städtchen, jede freie Reichsstadt ihre eigene Maßeinheit, wobei man sogar in einem größeren **Feld**- und einem kleineren **Werkmaße** unterschied.

Später bürgerten sich für gewisse Zweige der menschlichen Tätigkeit mit fast internationalem Geltungsbereiche die Maße desjenigen Volkes ein, das auf dem betreffenden Gebiete eine führende Rolle übernommen hat (z. B. englisches Maß im Maschinenbau usw.).

Nach langwierigen Verhandlungen und auf Grund von Gradmessungen wurde am 10. Dezember 1799 **die Länge des „Meters" mit dem 10millionsten Teil eines Erdmeridianquadranten als für Frankreich gesetzliche Längeneinheit festgesetzt und der diese Länge bei 0° C darstellende Platiniridiumstab als „Urmaß" dem Pariser Archiv einverleibt.**

Erst im Jahre 1870 schlossen sich dieser Einheit die meisten Kulturstaaten der Erde an, die dann eine möglichst genaue Kopie des Pariser „Archivmeters" erhielten. **Die für das Deutsche Reich gefertigte Kopie, das deutsche „Normalmeter", wird im Staatsarchiv in Berlin aufbewahrt und mißt bei 0° C genau 1,0000031 m.** Kopien davon werden von der Normaleichungskommission an die Eichämter ausgegeben, nach denen die vom Publikum vorgelegten Verkehrsmaße innerhalb einer gewissen Genauigkeit geeicht werden.

Die Genauigkeit beträgt für 1 m aus Messing bei Präzisionsmaßen 0,04 mm, für 1 m aus Holz bei gewöhnlichen Handelsmaßen 0,3 mm. Stahlbänder von 20 m Länge dürfen höchstens Abweichungen von ± 3,5 mm, Meßlatten von 5 m Länge höchstens Abweichungen von ± 1,6 mm aufweisen.

[4] Hilfsmittel zum Festlegen lotrechter und wagerechter Richtungen.

Als Hilfsinstrumente, die hauptsächlich auch beim Streckenmessen benutzt werden, kommen in Betracht:

1. Das Lot oder der Senkel.

Das Lot ist ein an einem Faden aufgehängter schwerer Körper, der ihm die Richtung gegen den Schwerpunkt der Erde gibt. Befindet sich der Körper in Ruhe, so liegen Aufhängepunkt, Lotschwerpunkt und Erdschwerpunkt in einer Geraden, der Vertikalen. Um den Schnittpunkt dieser Geraden mit der Erdoberfläche bequem bestimmen zu können, erhält das Lot eine nach unten spitz zulaufende Form.

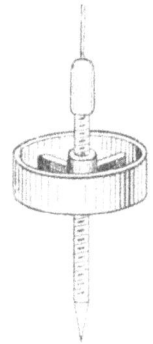

Abb. 17
Präzisionssenkel

Ob die Senkelspitze in der Verlängerung der Verbindungslinie vom Befestigungs- und Lotschnurpunkt liegt, wird untersucht, indem man den Faden zwirnt. Der Durchmesser des von der Senkelspitze hierbei etwa beschriebenen Kreises zeigt die doppelte Abweichung an. Weitere Anforderungen an einen guten Senkel sind eine genügende Schwere (0,25 bis 0,3 kg) und eine geringe Angriffsfläche für den Wind. Für genauere Arbeiten ist der vom Geometer Häussermann konstruierte Präzisionssenkel (Abb. 17) empfehlenswert.

2. Die Wasserwage oder Libelle.

Die Wasserwage dient zur Herstellung wagerechter Geraden und Ebenen, die natürlich rechtwinklig zur Richtung des Lotfadens liegen. Man unterscheidet **Röhren- und Dosenlibellen.**

a) **Die Röhrenlibelle** besteht aus einer gebogenen Glasröhre, die nach teilweiser Füllung mit Weingeist oder Schwefeläther zugeschmolzen und in eine metallene Hülse fest eingebettet ist.

Im oberen Teile der Röhre entsteht dann die sog. „Libellenblase"; die äußere Glasfläche erhält an dieser Stelle von einem Nullpunkte aus bezifferte Teilungen, die den Zweck haben, die Stellung der bei verschiedenen Temperaturen verschieden großen Luftblase gegen den Nullpunkt genau erkennen zu lassen.

Abb. 18
Tischlibelle

Die Metallplatten der Hülse erhalten bei **Tischlibellen** ein linealförmiges Verbindungsstück zum Aufsetzen auf eine Ebene (Abb. 18) oder bei **Reiterlibellen** und **Hängelibellen** y-förmige Haken, mit denen die Libelle auf einer zylindrischen Achse aufgesetzt oder aufgehängt werden kann (Abb. 19).

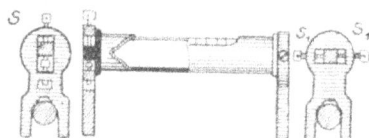

Abb. 19
Reiterlibelle

Die **Tangente,** welche man am höchsten Punkte des durch die Luftblasenenden begrenzten Bogens an letzteren gezogen denkt, d. h. **die Libellenachse, ist wagerecht.** Fällt der Halbierungspunkt der Luftblase mit dem Nullpunkte zusammen, d. h. **„spielt die Libelle ein",** so erhält die Libellenachse eine horizontale Lage. Ist dafür gesorgt, daß die Verbindungsgerade der beiden Auflagerpunkte parallel der Libellenachse verläuft, so ist in diesem Augenblicke auch die Unterlage, auf der die Libelle ruht, horizontal.

Das Maß für die **Empfindlichkeit** einer Wasserwage ist der Winkel ε, um welchen die Libelle geneigt werden muß, damit die Luftblase um einen Teilstrich fortwandere. Ist die Empfindlichkeit größer als erforderlich, so ist nicht nur der Anschaffungspreis ein hoher, sondern die Luftblase kommt langsamer zur Ruhe, was das Arbeiten unnötig erschwert. Ist sie zu gering, so ist die verlangte Einstellgenauigkeit nicht zu erreichen, merkbare Abweichungen der Libellenachse von der Horizontalen zeigen sich kaum durch Ausschläge der Luftblase an. Für gewöhnliche Einwägungen verwendet man Libellen mit 10″ bis 30″, für rohe Einwägungen solche mit 30″ bis 1′ Empfindlichkeit.

Ob die Erzeugende der Schlifffläche genau kreisförmig ist oder die Libelle die richtige Empfindlichkeit besitze, soll schon beim Ankaufe beurteilt werden. Dagegen muß man häufig auch am Felde untersuchen, **ob die Libellenachse parallel zur Lagerfläche sei, bzw. ob die Libellenfüße gleichlang sind.** Soll beim Einspielen der Libelle auch das Lager horizontal sein, so muß sie auch einspielen, wenn

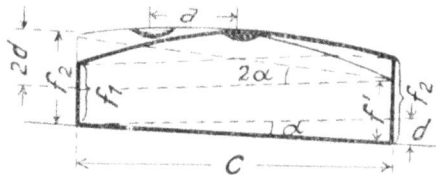

Abb. 20

die Auflagerpunkte verwechselt werden (Abb. 20). Zeigt sich aber in diesem Falle ein Ausschlag von a Teilstrichen, so beweist dies, daß die Libellenachse nicht mehr horizontal, sondern um den Winkel a ε geneigt ist, wenn die Libelle die Empfindlichkeit ε hat. Das beinhaltet die Tatsache, **daß die Unterlage um einen ∢ α und die Verbindungslinie der beiden Stützpunkte oder die Auflagerfläche der Libelle um den gleichen Winkel geneigt ist.**

Daher

$$a \cdot \varepsilon = 2\,\alpha.$$

Es ist also tg $\alpha = \dfrac{d}{c}$, mithin $\alpha \backsim \dfrac{d}{c}$ oder

$$2\,\alpha \backsim \frac{2\,d}{c},$$

d. h. **der etwaige Ausschlag von a Teilstrichen der Luftblase entspricht der doppelten Ungleichheit der Libellenfüße.** Die Hälfte des Ausschlages wird mit den Korrektionsschrauben s (Abb. 18, 19) weggebracht, während die andere Hälfte an der Unterlage verbessert werden muß. Mit den Schrauben $s_1 s_1$ (Abb. 19) kann bei Reiter- oder Hängelibellen die Libellenachse parallel zur zylindrischen Achse, auf der die Libelle ruht, gestellt werden.

Libellen müssen vor direkten Sonnenstrahlen wie vor Regentropfen oder Schneeflocken gut geschützt werden.

Die bisher vorgeführte Wasserwage läßt direkt **nur die Horizontierung gerader Linien** zu. Zur Horizontierung von Ebenen bleibt nichts übrig, als **zwei in ihr liegende, sich schneidende Gerade mit der Libelle wagerecht zu richten.**

b) **Um Ebenen durch einmaliges Aufsetzen horizontal zu richten, verwendet man eine Dosenlibelle,** die aus einem mit einer Glasplatte verschlossenen Metallgefäße besteht, das mit Weingeist oder Schwefeläther nahezu gefüllt ist (Abb. 21). Da bei dieser Konstruktion eine Verdunstung der Flüssigkeit an den mit Pfeilen bezeichneten Stellen (Abb. 22) immerhin zu befürchten steht, schmilzt man neuerlich das Glasgefäß unten zu (Abb. 23). Die innere

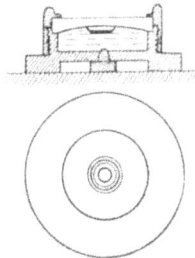

Abb. 21   Abb. 23
Dosenlibelle

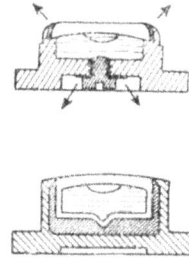

Glasfläche ist oben zu einer Kugelkappe ausgeschliffen, so daß die Oberfläche der Füllflüssigkeit die Schlifffläche nach einem Kreise schneidet, dessen Ausdehnung sich mit der Temperatur ändert. Um die jeweilige Lage des Schnittkreises beobachten zu können, sind einige konzentrische Kreise im Abstande von etwa 2 mm eingeätzt. **Spielt die Wasserwage ein, so ist die Schlifffläche im Mittelpunkte der Kreise parallel der Flüssigkeitsoberfläche, also auch parallel zur Lagerfläche. Zur Untersuchung wird die Dosenlibelle ohne Ortsveränderung um ihre Längsachse gedreht. Verbesserung erfolgt durch Abschleifen der Lagerfläche. Die Empfindlichkeit der Dosenlibelle ist erheblich kleiner als jene der Röhrenlibelle.**

Man verwendet hier Libellen von 5—10′, für die Horizontierung von Theodoliten solche von etwa 1′ Empfindlichkeit.

Statt der Dosenlibellen kann man auch **Kreuzlibellen** mit zwei kreuzweise in einer Platte eingelassenen Röhrenlibellen verwenden, deren jede für sich justierbar ist. Nur ist ihr Gebrauch viel umständlicher.

[5] Einfache Instrumente zum Messen und Abstecken von Winkeln.

Um Winkel im Felde zu messen oder abzustecken, bedarf es Vorrichtungen, die im Scheitelpunkte aufgestellt, das Absehen der beiden Winkelschenkel ermöglichen. Dieses **Absehen (Anvisieren)** kann direkt mit freiem Auge mittels der sog. Diopter oder über einen Umweg mit Spiegel und Prismen geschehen. Man unterscheidet daher **Diopter-, Spiegel- und Prismeninstrumente.**

1. Diopterinstrumente.

a) Die **Diopterinstrumente** oder auch **Kreuzscheiben** genannt, besitzen eine oder mehrere Durchseh- oder Dioptervorrichtungen, die aus zwei gegenüberliegenden, ca. 0,2 mm breiten Schlitzen oder aus einem Schlitz in Verbindung mit einem gegenüberliegenden Spalt, in den ein Roßhaarfaden gespannt ist, oder endlich aus einem kleinen Loche mit gegenüberliegendem Schlitz oder Faden bestehen.

Der Faden ist nur auf die halbe Länge der Zielvorrichtung gespannt und geht sodann in den in der Mitte geschlossenen Schlitz über, so daß nach jeder Richtung hin gezielt werden kann.

Die Form des Trägers dieser Zielvorrichtung, des sog. Kreuzscheibenkopfes, ist bestimmend für die Bezeichnung

Kegelkreuzscheibe (Abb. 24), **Winkeltrommel** (Abb. 25), **Kugelkreuzscheibe** oder **Pantometer** (Abb. 26). Der Kreuzscheibenkopf trägt zur bequemen Vertikalstellung häufig eine Dosenlibelle und wird auf einem hölzernen oder metallenen Stab, der unten in einer gehärteten Spitze endigt, befestigt.

Zum Abstecken von Winkeln konstanter Größe $\left(\text{rechter Winkel } R \text{ oder } \dfrac{R}{2}\right)$ enthält das Instrument mindestens zwei Absehvorrichtungen, die so angeordnet sind, **daß die durch sie gebildeten Ebenen genau den verlangten Winkel miteinander einschließen.**

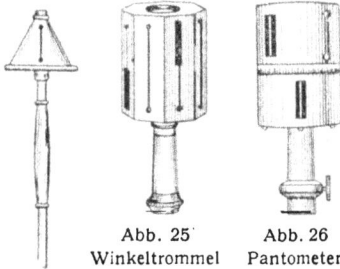

Abb. 25   Abb. 26
Winkeltrommel   Pantometer

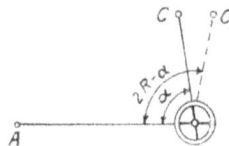

Abb. 27

Abb. 24
Kegelkreuz-
scheibe

Sollen die Instrumente zum **Messen von Winkeln beliebiger Größe** verwendet werden, so ist auf dem Mantel des um eine vertikale Achse leicht drehbaren Kopfes eine Kreisteilung angebracht, welche mit einer Ablesevorrichung korrespondiert (Abb. 26). Ein solches Instrument heißt **Pantometer.** Von den verschiedenen Dioptereinrichtungen ist jene mit zwei korrespondierenden Schlitzen die zweckmäßigste. Als Trägerform empfiehlt sich namentlich der Kegel, weil er oben bei kleiner Entfernung der Schlitze ein großes Gesichtsfeld, unten dagegen ein kleines Gesichtsfeld mit großer Genauigkeit besitzt. Der Kopf der Kegelkreuzscheibe hat etwa einen oberen Durchmesser von 4 cm, einen unteren von 12 cm bei einer Höhe von 8 cm.

b) Um zu prüfen, ob die Diopterebenen eines Instrumentes sich unter einem rechten Winkel schneiden, weist man durch die beiden Diopter (Abb. 27) die Stäbe A und C ein.

Abb. 28 Winkelspiegel

Dreht man dann die Scheibe so, daß der Stab A im Gesichtsfelde des bisher nach C gerichteten Diopters erscheint, so muß C durch das andere Diopter sichtbar sein. Eine Abweichung entspräche dem doppelten Kreuzscheibenfehler. Um auch mit einem solchen fehlerhaften Instrument einen rechten Winkel abzustecken, hat man die Entfernung CC' zu halbieren.

2. Spiegelinstrumente.

Ihre Anwendung beruht auf dem optischen Reflexionsgesetze, wonach ein Lichtstrahl in der Ebene des Einfallslotes unter demselben Winkel zurückgeworfen wird, unter dem er auftrifft, I. FB. [344].

a) Am häufigsten wird der gewöhnliche **Winkelspiegel** verwendet, der aus zwei unter 45° gegeneinander geneigten Spiegeln besteht; **durch doppelte Reflexion schließen dann die beiden Sehstrahlen einen rechten Winkel ein** (Abb. 28).

b) Den Spiegelwinkel von 90° benutzt das **Spiegelkreuz** (Abb. 29), wobei die Spiegel nicht hintereinander, sondern übereinander angeordnet sind, so daß das innerhalb des Winkelraumes befindliche Auge O die Spiegelbilder $\mathfrak{A}$ und $\mathfrak{B}$ der beiden Punkte A und B in der Schnittlinie der Spiegel übereinander erblickt. **Die Strahlen AC und BC bilden eine Gerade.** Zur Verbin-

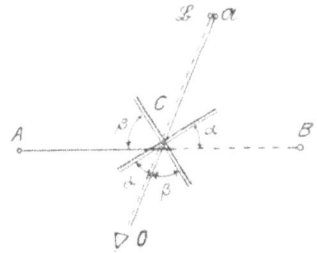

Abb. 29
Spiegelkreuz

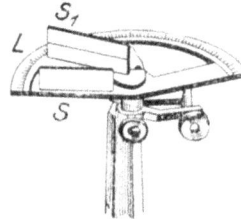

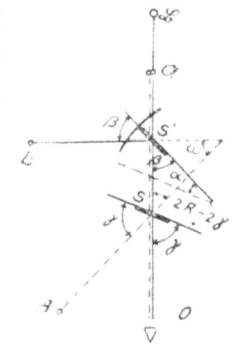

Abb. 30   Pantogon   Abb. 31

dung der Spiegel dient ein Gehäuse, in welchem der eine Spiegel fest, der andere durch Schrauben so

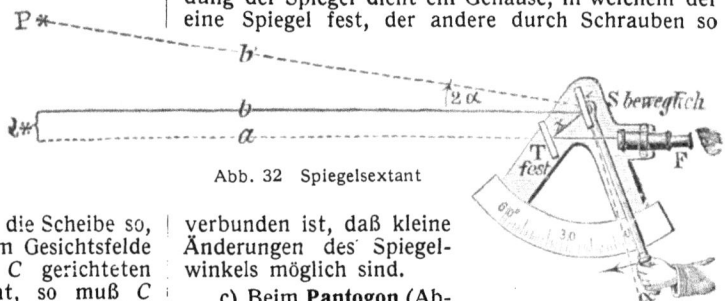

Abb. 32 Spiegelsextant

verbunden ist, daß kleine Änderungen des Spiegelwinkels möglich sind.

c) Beim **Pantogon** (Abbildung 30) enthält der Teilkreis L Intervalle von $\frac{1}{2}°$, die ihrem doppelten Betrag entsprechend beziffert sind, parallel zum Nullradius aber einen festen Spiegel S. Ein zweiter Spiegel S' ist um die Achse drehbar und endigt in einem Nonius, I. FB. [78]. Dreht man nun S' so lange, bis das durch ihn erzeugte Bild $\mathfrak{B}$ des Punktes B (Abb. 31) in derselben Richtung erscheint, wie das durch den festen Spiegel S erzeugte Bild $\mathfrak{A}$ des Punktes A, so besteht zwischen dem Winkel w der Strahlen und dem Winkel α der Spiegel die Beziehung $w = 2\alpha$.

Ähnlich ist auch der **Spiegelsextant** eingerichtet, der zur Beobachtung des Winkels von zwei Sternen dient (Abb. 32).

3. Prismeninstrumente.

Hierher gehört das einfache **Winkelprisma** (Abb. 33), bei welchem an einer Kathetenfläche totale Reflexion deshalb eintritt, weil der Winkel β zwischen ihr und dem Strahle unter den Grenzwert für die Austrittsmöglichkeit herabsinkt; deshalb fällt α bei der

Ableitung von w heraus, d. h. w wird unabhängig von etwaiger Instrumentendrehung. **Der vom Gegenstand P ausgehende und der von dem gleichweit entfernten Bild $\mathfrak{P}$ ins Auge gelangende feste Lichtstrahl stehen rechtwinkelig zueinander.**

b) Dem Spiegelkreuze entspricht das B a u e r n f e i n d s c h e **Prismenkreuz**, bei welchem die beiden dem Auge zugekehrten Kathetenflächen parallel gehen, also in eine Ebene fallen. Der Winkel w wird gleich 180°, d. h. **die von verschiedenen Seiten**

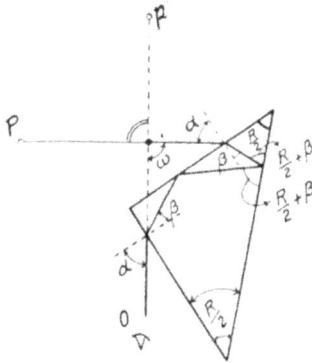

Abb. 33
Winkelprisma

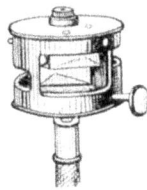

Abb. 34
Prismentrommel

ins Prisma gelangenden Strahlen bilden eine Gerade, sobald die Bilder sich decken.

c) Zu speziellen Zwecken bedient man sich auch der **Prismentrommel**, bei der das obere Prisma um eine den Seitenkanten parallele Achse drehbar ist (Abb. 34). Die Prismen lassen sich daher wohl auf Winkel beliebiger Größe, die durch 3 Punkte auf dem Gelände gegeben sind, **einstellen** und auf einen beliebigen anderen Scheitelpunkt übertragen, wie dies etwa beim Abstecken von Kreisbögen durch drei gegebene Punkte nötig ist. Zur Ermittlung des Gradmaßes solcher Winkel, wie beim Pantogon, ist die Prismentrommel dagegen nicht eingerichtet.

Über den Gebrauch aller dieser Instrumente sowie über ihre Prüfung siehe [12].

[6] Vorbereitungen zur Aufnahme des Geländes.

Mit den vorbesprochenen einfachen Hilfsmitteln läßt sich nun das Gelände dadurch aufnehmen und in einem Plane darstellen, daß man im Gelände selbst geometrische Konstruktionen ausführt, deren einzelne Bestimmungsstücke man dann in der Natur mißt oder aus anderen Bestimmungsstücken nach geometrischen Formeln berechnet. Um aber diese Arbeiten im Gelände festzulegen, ist es notwendig, gewisse markante Punkte je nach der Sachlage entweder d a u e r n d durch einen in die Erde vergrabenen **Markstein**, oder falls es sich nur um eine vorübergehende Verwendung handelt, durch einen in die Erde eingeschlagenen **Pflock** zu bezeichnen. Da die Aufnahmstätigkeit dann weiters hauptsächlich im Zielen nach solchen Punkten besteht, muß man Mittel suchen, um solche Punkte oder Gerade auch von weitem sichtbar zu machen.

1. Sichtbarmachen von Punkten.

Wir verstehen darunter die senkrechte Aufpflanzung eines Visierstabes oder einer Zielscheibe in dem durch einen Pflock oder einen Markstein bezeichneten Punkt.

Solche Visierstäbe aus Tannenholz haben eine zylindrische Form, kreisrunden Querschnitt und 2—4 cm Stärke. Ihre Länge beträgt 1—3 m; je länger sie sind, um so eher werden sie auch über Terrainwellen hinweg sichtbar, aber um so schwieriger sind sie in den Boden einzustecken und um so mehr sind sie bei windigem Wetter gefährdet. Um ihre Sichtbarkeit auf größere Entfernungen zu erhöhen, sind die Stäbe meist abwechselnd von 0,5 m zu 0,5 m mit roter und weißer Ölfarbe gestrichen. Unten sind sie mit eisernen Schuhen versehen, die in gehärteten Spitzen enden. Zur Vertikalstellung dient ein in etwa 2 m Entfernung hochgehaltener Senkel, längs dessen Faden man das Auge bewegt, um zu erkennen, ob der Stab auf seine ganze Länge parallel verläuft, **also lotrecht steht**, welche Untersuchung man in zwei aufeinander senkrechten Ebenen vornimmt. Zweckmäßig ist auch die Verwendung eines mit einer Dosenlibelle verbundenen Winkeleisens, das an den Stab angelegt wird (Abb. 35).

Kann der betreffende Stab nicht direkt aufgesteckt werden, weil dessen Materie das Eindringen der Stabspitze hindert, wie dies z. B. bei Marksteinen oder auf Felsen der Fall ist, so hilft man sich mit einem Dreifuß, durch dessen Platte man den Stab durchsteckt, oder man befestigt den Stab mittels Streben an einige in der Nähe eingetriebene Pflöcke.

Zum Verstreben eines Stabes sind auch eiserne Doppelringe zweckmäßig, die den eingetriebenen Strebestab und

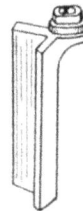

Abb. 35

Abb. 36

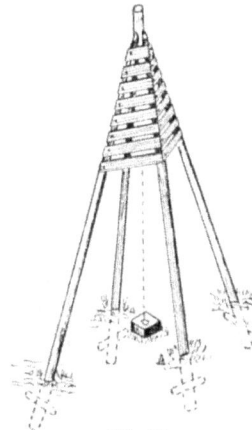

Abb. 37
Holzpyramide

den Visierstab miteinander verbinden (Abb. 36). Ist der aufzusteckende Stab nur von einer bestimmten Richtung her anzuzielen, so kann man den Stab auch **vor** oder **hinter** dem Markstein in der genannten Richtung aufpflanzen. **Nur darf dann nicht übersehen werden, die Aufsteckung zu ändern, wenn sich die Zielrichtung ändert.**

Für größere Entfernungen verwendet man **Signalscheiben, Holzpyramiden** (Abb. 37) und **Heliotropen**, die durch drehbare Spiegel das Sonnenlicht dem Beobachter zuwerfen.

2. Abstecken von Geraden.

Nur in seltenen Fällen, namentlich bei kurzen Linien, erfolgt die Bestimmung der Geraden durch „Abschnüren", sonst aber meist durch Zielung mit **freiem oder bewaffnetem Auge.** Der Gehilfe, welcher einen Stab lotrecht in der Hand hält, wird dabei durch Hand- oder Armbewegung verständigt, an welcher Stelle oder wie er den Stab einstecken soll.

a) Ein Zwischenpunkt der Geraden ist näherungsweise gewonnen, wenn er, vom Anfangspunkt aus beobachtet, den Endstab verdeckt.

Für die genaue Feststellung muß man sich aber vergewissern, ob die Bewegungen des Auges nach links und rechts gleichgroß sind, die gemacht werden müssen, um den hinteren Stab zu erblicken. Der Beobachter stellt sich dabei immer einige Schritte hinter dem Stabe auf und wählt die Zielrichtung derart, daß er Sonne und Wind möglichst im Rücken hat.

Die Art des Hintergrundes ist überhaupt für sichtliche Sichtbarmachung des Endstabes, somit auch für die Genauigkeit der abgesteckten Geraden von großer Bedeutung.

Häufig ist es vorteilhaft, wenn sich ein Meßgehilfe mit geschlossenen Beinen hinter dem Endstabe aufstellt. Ist die abzusteckende Linie kürzer als etwa 200 m, so wird von „außen herein" abgesteckt, d. h. zunächst der entfernteste und dann der näherliegende Punkt eingerichtet. Ist sie länger oder die Witterung ungünstig, so ist es besser, zuerst den zunächst gelegenen Punkt abzustecken, von diesem den zweiten usw.

b) Ist die Fortsetzung einer Geraden AB über z. B. A hinaus zu **verlängern**, so wird zuerst der äußerste Punkt so gesteckt, daß von ihm aus der Punkt A als genau eingewiesen erscheint.

Dabei ist aber zu beachten, daß jede Unrichtigkeit in der Aufsteckung eines der beiden gegebenen Punkte sich um so schädlicher äußert, je kürzer deren Entfernung und je größer das zu verlängernde Stück ist. **Ungenaue Vertikalstellung** ist **bei unebenem Gelände besonders schädlich**, wenn bald das untere, bald das obere Stabende zur Verwendung gelangt.

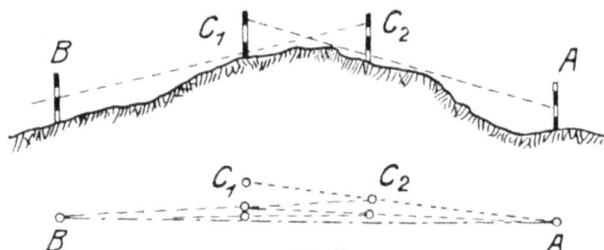

Abb. 38
„Einrücken"

c) Befindet sich zwischen den beiden Endpunkten der Geraden ein Tal, so wird zunächst **der tiefste Punkt** eingewiesen, **in welchem Fall dieser Stab besonders genau senkrecht zu stellen ist.** Zur Probe prüft man, **ob die zwei dem tiefsten Punkte benachbarten Punkte mit ihm in einer Geraden liegen.**

Bei sehr geneigtem Terrain empfiehlt sich immer die Anwendung eines Projektionsinstrumentes, z. B. eines Theodoliten, von dem später die Sprache sein wird. Ebenso wenn beide Endpunkte unzugänglich sind oder Geländeerhebungen die direkte Absteckung verwehren. Am einfachsten löst sich diese Aufgabe, wenn man den allzu niederen Endpunkt durch eine hohe, genau vertikal hochzuhaltende Meßstange oder durch einen an einem Gebäude herabzulotenden Richtpunkt ersetzt.

c) Die Methode des **gegenseitigen Einrückens** ist anwendbar, sobald sich zwei Punkte finden lassen, von welchen man über den anderen hinweg einen Endpunkt sehen kann. Man wählt zu diesem Zwecke einen Punkt C_1 möglichst entfernt von A und einen zweiten C_2 möglichst entfernt von B (Abb. 38). Nun richtet man von C_1 aus C_2 in der Richtung nach A, von C_2 aus C_1 gegen B ein und fährt damit abwechselnd fort, bis $C_1 C_2 A$ und $C_2 C_1 B$ als Gerade erscheinen.

Zu diesem Verfahren ist ein Gehilfe nötig; man kann aber auch ohne diesen durch Verwendung der Kreuzscheibe, des Spiegel- oder Prismenkreuzes auf einem Zwischenpunkte zum Ziele gelangen, wenn von diesem aus beide Endpunkte sichtbar sind.

Stehen bauliche oder Kulturhindernisse der direkten Absteckung im Wege, so wählt man eine beliebige andere Gerade, möglichst nahe der abzusteckenden. Man fällt sodann Lote von den Zwischenpunkten und mißt ihre Länge und ihren gegenseitigen Abstand.

Ist die abzusteckende Gerade sehr lang, oder gelingt es aus anderen Gründen nicht, eine Hilfsgerade auf ihre ganze Ausdehnung zu legen, wie bei Tunnelabsteckungen, Abteilungen in Wäldern usw., so ist man genötigt, einen **Polygonzug** von Strecken, deren Längen und Brechungswinkel gemessen werden, oder eine Kette **von Dreiecken** zu benutzen, deren Endpunkte durch Winkel- und Streckenmessung in gegenseitige Verbindung gebracht werden. Davon wird später die Rede sein.

Aufgabe 1.

[7] *Es sollen in einer Geraden AB Zwischenpunkte bestimmt werden, wenn die direkte Absteckung durch Gebäude gehindert ist. (Abb. 39.)*

Man fällt von einer anderen Geraden in der Nähe Senkrechte von ihr nach den Endpunkten A und B und mißt deren Länge y_A und y_B, sowie auch den Abstand x_A und x_B ihrer Fußpunkte von einem beliebigen Punkte der Geraden.

Aus $\triangle A B' B$ und $\triangle A b' b$ ergibt sich:

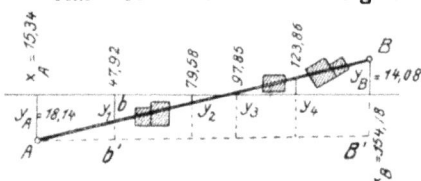

Abb. 39

$$(y_B + y_A) : (x_B - x_A) = (y_A - y_1) : (x_1 - x_A)$$

$$y_A - y_1 = \frac{y_B + y_A}{x_B - x_A}(x_1 - x_A)$$

$$y_A - y_1 = \frac{14{,}08 + 18{,}14}{154{,}18 - 15{,}34} \cdot (47{,}92 - 15{,}34) = 7{,}49 \text{ m}$$

$$y_1 = 18{,}14 - 7{,}49 = 10{,}65 \text{ m}.$$

Ebenso ist $y_2 = +3{,}23$ m, $y_3 = -1{,}01$ m, $y_4 = -7{,}04$ m.

[8] Längenmessungen.

Ist eine Gerade abgesteckt, so muß in der Regel die Länge ihrer Horizontalprojektion ermittelt werden.

a) **Die Messung selbst wird mit Meßstangen, mit Band oder Kette vorgenommen.** Erfolgt die Messung mit Meßstangen in **horizontalem Gelände**, so werden zwei Meßstangen verwendet, von denen abwechslungsweise immer eine auf dem Boden liegen bleibt, bis die nächste am vorderen Ende der ersteren angelegt ist.

Man beginnt immer konsequent mit derselben Stange, indem man sie an ihrem Ende anfaßt und durch Wippen ihr vorderes Ende in die Gerade bringt. Wichtig ist, daß durch das Anlegen der Meßlatten keine fremden Körper,

Steine u. dgl. aufgekantet werden, weil dadurch leicht Verschiebungen eintreten können. Beim Aufnehmen der hinteren Stange wird laut gezählt.

Ist die Zahl der Längeneinheiten auf den Meßstangen ungerade (3 m, 5 m), so ergibt sich beim Aufheben der 1. Meßstange immer eine **ungerade**, beim Aufheben der 2. anders gefärbten Latte eine **gerade** Summe, wodurch man einen gewissen Schutz gegen Zählfehler gewinnt.

Zerfällt eine Strecke in mehrere Abschnitte, so wird besser nicht abgesetzt, **sondern die ganze Strecke durchlaufend gemessen, aber in den Zwischenpunkten abgelesen.**

Häufig kommt es vor, daß nachträglich noch Punkte in eine vorher durchlaufend ausgeführte Messung einzuschalten sind. Beschränkt sich dies nur auf wenige Punkte, so kann man ihre Entfernung von einem vorwärts oder rückwärts gelegenen, bereits abgelesenen Punkte ermitteln. Ist die Zahl der einzuschaltenden Punkte größer, so zieht man zum

Schutze gegen Rechnungsfehler vor, von einem früher abgelesenen Punkte aus die ganze Messung zu wiederholen.

Ist eine Reihe von Meßstangen wesentlich aus der zu messenden Geraden gekommen, so ist die Fehlerwirkung auch bei erheblicheren Ausbeugungen nur unbedeutend, wenn die Rückkehr in die Gerade dann nicht plötzlich, sondern nur allmählich erfolgt.

b) Bei Messungen in unebenem Gelände kann man die Horizontalprojektion nur durch „Staffeln" erhalten. Dabei wird jede Meßstange so gelegt, daß sie nur in einem Punkte auf dem Boden ruht (Abb. 40).

Abb. 40
„Staffeln"

Mittels eines Senkels sorgt man dafür, daß das hintere Ende der anzulegenden Stange genau vertikal über oder unter dem vorderen Ende der anderen sich befindet. Die horizontale Lage wird mittels eines Gradbogens, einer Libelle oder auch bloß nach dem Augenmaß hergestellt.

Bei sehr stark geneigtem Gelände fällt das Absenkeln bei der großen Höhe des Stangenendes über dem Boden schwer. In einem solchen Falle werden mitunter Teile der Stangenlänge abgesenkelt oder ganze Stangenlängen indirekt abgelotet, indem sich der Beobachter seitwärts aufstellt und nach der Senkelschnur hinzielt. Besser und genauer ist es aber unter allen Umständen, nur ganze Stangenlängen abzuloten und zu diesem Behufe Rillen R (Abb. 41) in die Zwingenenden einzufeilen, in denen der Senkelfaden läuft.

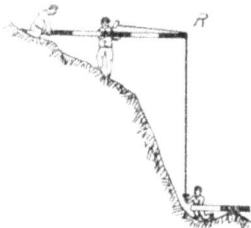

Abb. 41

Die Frage, ob bergauf oder bergab gemessen werden soll, ist teils technisch, teils wirtschaftlich. Das Bergabmessen erfordert 4 Gehilfen, während beim Bergaufmessen der 4. Gehilfe erspart werden kann, wenn der absenkelnde Gehilfe nebstbei das vordere Ende der hinteren Meßstange mit dem Fuße auf dem Boden festhält.

Ist die Geländeneigung nur gering, so ist es nicht absolut erforderlich, beide Meßstangen gleichzeitig horizontal zu halten. Ausgeschlossen ist aber diese, je einen Gehilfen ersparende Erleichterung, wenn das obere Ende der geneigt liegenden Stange den Boden nicht berührt und daher beim Kippen selbst einen Bogen um den Auflagerpunkt beschreibt (Abb. 42). Man kann auch durch „Zugeben" oder durch geneigte Messung mit einem Gefällsmesser das immerhin zeitraubende Staffelmessen ersparen, aber anderseits hat die Staffelmessung mit Latten den Vorzug, daß sie keinerlei Überlegung, sondern nur einige Übung des Meßgehilfen erfordert.

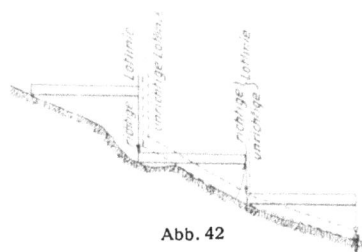

Abb. 42

c) Zum Messen mit Band oder Kette sind zwei Mann erforderlich, von denen jeder einen der durch die Endringe gesteckten Stäbe bedient. Die Zahl der vom hinteren Gehilfen gesammelten Nadeln gibt die Zahl der durchmessenen Bandlängen an.

Die Anwendung von Band oder Kette ist bei stark wechselndem Gelände sehr schwerfällig und gegenüber der Stangenmessung minderwertig, bei stark mit seichten Gräben durchzogenem, gleichmäßig wenig geneigtem Wiesengelände dagegen vorzuziehen. Immerhin verlangt sie neben dem ablesenden Techniker stets zwei Gehilfen, dafür kommt der Zeitaufwand für die Absteckung von Zwischenpunkten in die Gerade hier in Wegfall. Für feinere Messungen hat sich überall die Stangenmessung durchgesetzt.

Sind unzugängliche, nicht begehbare Strecken zu messen, so muß man indirekte Methoden anwenden, wie dies in den folgenden Aufgaben der Fall ist; freilich bringen diese Fehlerquellen in die Bestimmung, welche die direkte Messung leicht vermeidet. — Jedes abgesteckte Lot, jede eingelegte Hilfsstrecke enthält Ungenauigkeiten, deren Betrag von den benutzten Instrumenten, der Sorgfalt und Gewandtheit des Technikers abhängt. Versagen aber diese Mittel zur Erlangung der Länge nicht direkt meßbarer Strecken, so kommen je nach den Umständen Polygonzüge oder auch Dreiecksketten, mitunter auch optische Distanzmesser zur Anwendung. Für untergeordnete Längenmessungen genügt unter Umständen auch das Abschreiten, allenfalls mit Schrittzählern oder durch die Beobachtung der Zeit, in welcher man zu Fuß oder mit einem anderen Beförderungsmittel, manchmal auch der Schall die zu messende Strecke zurücklegt.

Aufgabe 2.

[9] *Es ist der Abstand des Punktes A von der Geraden MN durch einfache Längenmessung zu bestimmen. (Abb. 43.)*

Mißt man die Längen von A zu zwei beliebigen Punkten BC der Geraden MN, also AB und AC, so ergibt sich

$$A D^2 = \overline{A B}^2 + \overline{B D}^2 = \overline{A C}^2 + \overline{D C}^2,$$

also

$$A B^2 - A C^2 = \overline{D C}^2 - \overline{B D}^2$$

$$B D = BC - DC, \quad \overline{B D}^2 = \overline{B C}^2 - 2 \overline{B C} \cdot \overline{D C} + D C^2,$$

folglich

$$A B^2 - \overline{A C}^2 = D \overline{C}^2 - \overline{B C}^2 + 2 \overline{B C} \cdot \overline{D C} - \overline{D C}^2$$

$$= - B C^2 + 2 \overline{B C} \cdot D \overline{C}$$

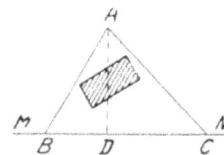

Abb. 43

und daraus

$$D C = \frac{A \overline{B}^2 - \overline{A C}^2 + \overline{B C}^2}{2 \overline{B C}},$$

ferner

$$A D = \sqrt{\overline{A B}^2 - \overline{B D}^2} = \sqrt{\overline{A C}^2 - D C^2}.$$

Aufgabe 3.

[10] *Die Länge der nicht zugänglichen Strecke $\overline{AB}$ soll durch Längenmessung allein ermittelt werden. (Abb. 44).*

Man zieht von A aus eine beliebige Gerade und macht $A C = C D$. Macht man dann auf einer Geraden von B aus $B C = C E$, so ist $D E \,\|\, A B$ und $D E = A B$.

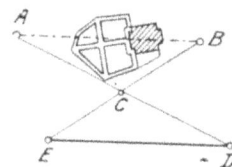

Abb. 44

Aufgabe 4.

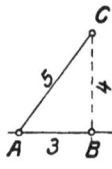

Abb. 45

[11] *In dem Endpunkte einer* 3 m *langen Geraden auf die einfachste Weise ein Lot fällen. (Abb. 45.)*

In A und B werden Schnüre von 5 bzw. 4 m Länge gemessen, angespannt und solange gedreht, bis ihre Endpunkte sich in C berühren. Dann ist C ein Punkt des gesuchten Winkelschenkels, weil $\overline{AB}^2 + \overline{BC}^2 = 3^2 + 4^2 = 9 + 16 = 5^2 = \overline{AC}^2$ (Vorstufe [209 d], Pythagoräische Zahlen).

[12] Messen und Abstecken von Winkeln.

Wie bei den Strecken, handelt es sich auch bei der Messung und Absteckung von Winkeln nicht um ihre wahre Größe zwischen den abgesteckten Schenkeln, sondern **um diejenige zwischen ihren Horizontalprojektionen.**

Man kann diese Operationen natürlich mit einem der in [5] beschriebenen einfachen Instrumenten ausführen, wobei es sich hauptsächlich darum dreht,

1. **einen Punkt** C **eines Winkelschenkels zu finden, wenn ein Punkt** A **des zweiten Schenkels und der Winkelscheitel gegeben sind;**

2. **den Winkelscheitel zu suchen, wenn die Richtung des einen Schenkels und ein Punkt** C **des andern gegeben sind.** Meist handelt es sich hierbei um rechte Winkel, d. h. um das Fällen von Loten.

Die Aufgabe läßt sich ausführen:

1. Mit Diopterinstrumenten.

a) Ist ein Schenkel und der Winkelscheitel gegeben, so wird die Kreuzscheibe im gegebenen Scheitel B (Abb. 46) vertikal aufgestellt und so gedreht,

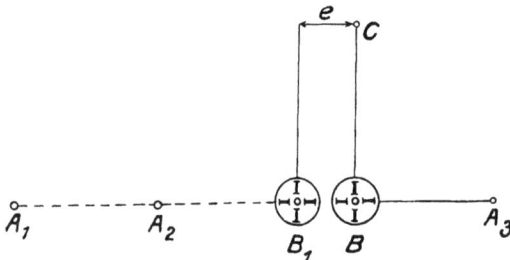

Abb. 46

daß A_2 oder A_3 im Gesichtsfeld des einen Diopters erscheint. Damit ist das Instrument orientiert. Hierauf wird durch das zweite Diopter ein Stab C eingewiesen. Ist die Anlage, d. h. die Entfernung BA_2 kürzer als der abzusteckende Winkelschenkel BC, so ist die Zielung nach einem entfernteren Punkte A_1 zu nehmen.

Zur Verlängerung einer Geraden über den Scheitelpunkt hinaus kann man dasselbe Diopter nach beiden Richtungen benutzen, doch liefert die Absteckung mit freiem Auge im allgemeinen ein schärferes Ergebnis.

b) Soll der Winkelscheitel B_1 gesucht werden, so wird er zunächst näherungsweise angenommen, in diesem auf der gegebenen Richtung $A_1 A_2 A_3$ aufgestellt und nach einem der entfernteren Stäbe A orientiert. Erscheint dann der gegebene Punkt C nicht im zweiten Diopter, so wird die Abweichung e durch Einrichtung eines Stabes in die Ziellinie gemessen. Nun wird die Kreuzscheibe um den Betrag e verstellt und das Verfahren so lange wiederholt, bis der richtige Scheitel B gefunden ist.

2. Mit Spiegelinstrumenten.

a) Man hält das Instrument, dessen Spiegelebenen den halben abzusteckenden Winkel einschließen, vertikal über den Scheitel B (Abb. 47) so auf, daß die von A_1 oder A_2 kommenden Strahlen

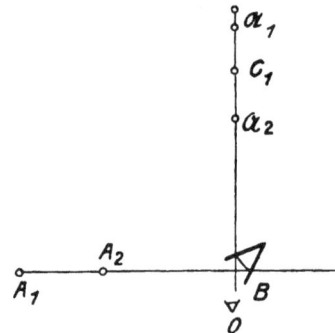

Abb. 47

durch den Spiegel ins Auge O gelangen. Dann weise man über den Spiegel hinwegschauend den Stab C_1 so ein, daß er die Fortsetzung der Spiegelbilder $\mathfrak{A}_1 \mathfrak{A}_2$ bildet; damit ist die Richtung des 2. Schenkels gefunden.

b) Um den Scheitel zu finden, bewege man den Spiegel auf der gegebenen Richtung $A_1 A_2$ hin, bis die Spiegelbilder der Stäbe A den über den Spiegel direkt gesehenen Stab decken. Dann befindet sich das Instrument vertikal über dem gesuchten Winkelscheitel. Um bei einem Winkelspiegel zu prüfen, ob sein Winkel 45° ist, steckt man mit freiem Auge eine Gerade ABC ab und hält das Instrument über den Zwischenpunkt C so auf, daß das eine Mal das Bild $\mathfrak{A}_1$ von A, das andere Mal das Bild $\mathfrak{B}_1$ von B im Spiegel sichtbar ist (Abb. 48). Beidemal wird

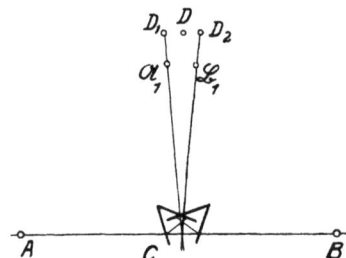

Abb. 48

ein Stab D_1 bzw. D_2 eingerichtet. Fallen die Punkte nicht zusammen, so wird die Stellung des einen Spiegels mit den Schrauben so gebessert, daß der halbierende Punkt D von den Spiegelbildern gedeckt wird.

Zur Untersuchung des Spiegelkreuzes steckt man entweder mit freiem Auge drei Punkte einer Geraden ab und verbessert hiernach den Winkel der Spiegel, oder man steckt mit dem Instrumente die Gerade von beiden Seiten einrückend ab. Die sich ergebende Abweichung entspricht im letzteren Falle dem doppelten Fehler.

3. Mit Prismeninstrumenten.

Die Anwendung des Prismas zum Abstecken rechter Winkel ist ähnlich der des Winkelspiegels. Auch hier wird zweckmäßigerweise nicht in der Richtung des gegebenen Schenkels, sondern in jener nach dem anzuwinkelnden Punkt gezielt.

Die Spiegel- und Prismeninstrumente gestatten gegenüber den Dioptern ein rascheres Arbeiten und sind billiger. Sie geben aber nicht die verlangte Horizontalprojektion, sondern, wenn die Spiegel- und Prismenflächen senkrecht zur Ebene der Schenkel gehalten werden, **die wahre Größe des Winkels zwischen den Strahlen.** Das kommt im **horizontalen Gelände** nicht in Betracht, weil beide Winkel gleich sind; dort ist auch die Verwendung der Spiegel- und Prismeninstrumente vorzuziehen. Im **geneigten Gelände** kommt dieser Fehler schon mehr zur Geltung, **wenn nicht wenigstens ein Schenkel horizontal liegt. In bergigem Gebiete** würden aber z. B. bei Absteckung eines Neubaus sehr bedenkliche Verzerrungen vorkommen, wenn nicht zufällig einer der Schenkel horizontal liegt. **Hier ist daher unbedingt ein Diopterinstrument zu benutzen.**

Aufgabe 5.

[13] *Es ist die Strecke A B zu messen, trotzdem sie nicht zugänglich ist, a) wenn von jedem der Endpunkte A und B der andere sichtbar ist und b) wenn zwischen A und B nicht zusammengesehen werden kann.*

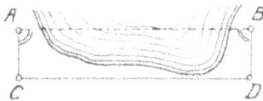

Abb. 49

Abb. 50

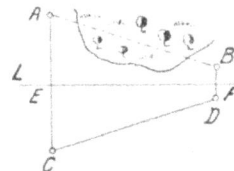

Abb. 51

a) (Abb. 49.) In A und B Senkrechte zu AB errichten und auf diesen die Länge $AC = BD$ einmessen; dann ist

$$AB = CD.$$

b) (Abb. 50.) Von einer beliebigen Geraden L werden Senkrechte nach A und B gefällt. Die Endpunkte der auf ihnen abgemessenen gleichen Strecken bestimmen die Seite CD des Parallelogrammes $ABCD$, so daß

$$AB = CD.$$

Statt des Parallelogrammes kann man auch ein Trapez wählen (Abb. 51).

Aufgabe 6.

[14] *Der Abstand des Punktes A von der Geraden MN ist zu messen, trotzdem die direkte Messung durch das Gebäude nicht möglich ist. (Abb. 52.)*

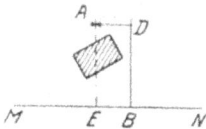

Abb. 52

Man errichte in einem beliebigen Punkt B der Geraden eine Senkrechte BD auf MN und durch D wieder $AD \perp BD$.

Man erhält dann $AE = BD$ und am Fußpunkt E der Senkrechten $EB = AD$. **Die Lote sind hier, da sich eins auf das andere aufbaut, mit besonderer Sorgfalt zu fällen.** Kleine Ungenauigkeiten wirken um so ungünstiger, je länger BD ist.

Aufgabe 7.

[15] *In einem gegebenen Punkte B ein Lot auf $A_1 A_2$ ohne Winkelinstrumente zu fällen. (Abb. 53.)*

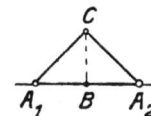

Abb. 53

Vom Scheitel B aus werden gleiche Stücke $BA_1 = BA_2$ abgetragen. Wird die Mitte eines Bandes, das länger ist als $A_1 A_2$, in B befestigt und sodann über A_1 und A_2 angespannt, so bezeichnet der Punkt C, an dem die Enden des Bandes zusammenkommen, einen Punkt des gesuchten Lotes.

Aufgabe 8.

[16] *Es ist die Entfernung zwischen zwei an verschiedenen Ufern eines Stromes gelegenen Punkten A und B zu bestimmen.*

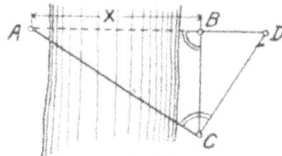

Abb. 54

Da hier weder die gesuchte Strecke, noch auch eine ungefähr in ihrer Richtung verlaufende Strecke begehbar ist, wie in [13b], ist eine andere Lösung zu suchen, deren hier drei erwähnt werden:

1. (Abb. 54.) Man fällt von B das Lot $BC \perp AB$ und in C ein zweites Lot $CD \perp AC$, welches die Verlängerung von AB in D schneidet.

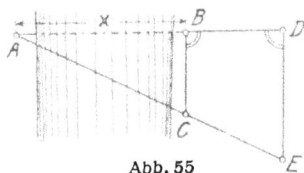

Abb. 55

Abb. 56

Es ist dann

$$AB = x = \frac{\overline{BC}^2}{\overline{BD}} \quad \text{(Vorstufe [209c])}$$

oder

$$x = AD - BD = \frac{\overline{DC}^2}{\overline{BD}} - BD = \frac{\overline{DC}^2 - \overline{BD}^2}{\overline{BD}}. \quad \text{(Vorstufe [209a])}$$

2. (Abb. 55.) Man errichte in B und in einem beliebig gewählten, in die Richtung AB einvisierten Punkt D Lote und wähle die Punkte C und E so, daß $\overline{ACE}$ eine Gerade wird.

Dann ist

$$\triangle ABC \backsim \triangle ADE$$
$$AD : AB = DE : BC$$
$$(AB + BD) : AB = DE : BC$$
$$\overline{AB} \cdot \overline{DE} = \overline{BC} \cdot \overline{AB} + \overline{BD} \cdot \overline{BC}$$
$$AB(DE - BC) = \overline{BD} \cdot \overline{BC}$$
$$AB = \frac{\overline{BD} \cdot \overline{BC}}{\overline{DE} - \overline{BC}}$$

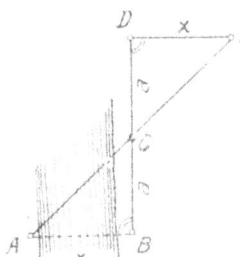

In diesem Falle ist anzustreben, den Winkel bei A annähernd gleich $45°$ zu machen, weil dann kleine Messungsfehler wirkungslos bleiben.

3. (Abb. 56.) Man errichte in B ein Lot BD, mache $BC = CD$, errichte in D ein Lot auf BD und suche auf diesem den Punkt E, der in der Geraden AC liegt, so ist

$$DE \,\|\, AB \quad \text{und} \quad AB = x = DE.$$

[17] Absteckung von Parallelen.

Parallele Gerade sind abzustecken als Grenzlinien von Straßen usw., zur Ermittlung unzugänglicher Strecken u. dgl. Liegt kein Bedürfnis nach größerer Genauigkeit vor, so führt der Aufbau von Lot auf Lot am einfachsten zum Ziele.

Ist der Parallelabstand von der Grundlinie groß und wird weitestgehende Genauigkeit der verlangten Parallelen nach Lage und Richtung gefordert, so muß sich deren Bestimmung auf mindestens zwei, besser aber auf drei oder mehr ungefähr gleichweit voneinander entfernte und genau durchzumessende Senkrechte stützen; deren Endpunkte sind dann nötigenfalls abzugleichen.

[18] Fehlergrenzen.

Infolge der Unzulänglichkeit der menschlichen Sinne sowohl, als auch infolge von äußeren Einflüssen und von Mängeln an den benutzten Instrumenten und Geräten treten bei der Ausführung aller Vermessungsarbeiten Ungenauigkeiten auf, die das Ergebnis ungünstig beeinflussen. Die groben Fehler, die durch Unachtsamkeit oder abnorme Einwirkung störender Einflüsse entstehen, sind leicht durch Kontrollmessungen oder Proben auszumerzen.

Viel wichtiger sind die sog. **unvermeidlichen Fehlerquellen**, bei welchen es von der Erfahrung des Beobachtenden, von den äußeren Verhältnissen (Witterung, Bodenoberfläche) abhängt, ob und in welchem Maße sie sich gegenseitig ausgleichen. Aber auch hier lassen sich durch Versuche Mittelwerte der im ungünstigsten Falle zu erwartenden Maximalfehler aufstellen, deren Kenntnis für den Techniker von großer Bedeutung ist und die es ihm gestatten, für seine Arbeiten Fehlergrenzen bekanntzugeben.

Erfahrungsgemäß beträgt der Fehler beim **Abstecken von Geraden** mit freiem Auge $1'$ bis $2'$,

während manche andere Beobachter mit geübten Leuten nur $10''$ und noch weniger angeben wollen. Sie heben sich bei **Längenmessungen** mehr oder weniger auf, soweit es sich nur um zufällige Fehler handelt. Für die Größe μ dieser unvermeidlichen Fehler pro m Länge nimmt man für jede Einzelmessung an bei Lattenmessung $\mu = \pm 3$ mm, bei Bandmessung $\mu = \pm 5$ mm, bei Kettenmessung $\mu = \pm 8$ mm.

Da sich aber solche zufällige Fehler bei einer größeren Meßarbeit, wie erwähnt, teilweise ausgleichen, wird natürlich die Genauigkeit der Gesamtmessung bedeutend größer sein; hierfür bestehen in den verschiedenen Ländern bestimmte Vorschriften, so z. B. für gewisse Katastermessungen eine Fehlergrenze von $2°/_{00}$.

Die Fehler beim **Abstecken von Loten** und beim **Messen von Winkeln** unterliegen denselben Einflüssen, wie die des Absteckens von Geraden mit freiem Auge. Man nimmt an bei Benutzung:

der Kegelkreuzscheibe $\pm 1,6'$, also bei 50 m Schenkellänge 2,3 cm;

des Winkelspiegels $\pm 2,6'$, also bei 50 m Schenkellänge 3,8 cm;

des Winkelprismas $\pm 1,1'$, also bei 50 m Schenkellänge 1,6 cm.

[19] Übungsaufgaben.

Aufg. 9. Es soll die Entfernung des am linken Ufer eines Flusses gelegenen Punktes A von einer auf dem rechten Ufer abgesteckten Geraden mit einer Kreuzscheibe gemessen werden. Anleitung: Unter $45°$ auf den Punkt A zielen.

Aufg. 10. Es ist auf eine Gerade AB ohne Winkelinstrument im Punkte B ein Lot zu fällen. Anleitung: Ein Band in den Punkten A und B feststecken und durch Anspannung den Mittelpunkt markieren; dann Winkel im Halbkreis.

(Lösungen im 2. Briefe)

BAUKUNDE

Bauarbeiten und Bauhilfsmittel — Grundbau.

Inhalt: Die Baukunde gliedert sich der Hauptsache nach in **Wasserbau, Brücken-** und **Tunnelbau, Straßenbau, Hochbau** und **Eisenbahnbau.** Allen diesen Zweckbauten sind gewisse **Bauarbeiten** und **Bauhilfsmittel** namentlich Erd- und Maurerarbeiten samt den zugehörigen Geräten gemeinsam, mit deren Beschreibung wir im ersten Briefe beginnen wollen. Daran schließen wir den **Grundbau** an, der bei allen Bauwerken, bei denen Mauern oder andere tragende Konstruktionen im Erdreiche versenkt, also **fundiert** werden müssen, zunächst je nach der Beschaffenheit des Baugrundes und der vorhandenen Wasserverhältnisse zweckentsprechend auszuführen ist.

1. Abschnitt.

Bauarbeiten und Bauhilfsmittel.

A. Erd- und Felsarbeiten.

[20] Einleitung.

Wenn die ausgedehnten Eisenbahnbauten der neueren Zeit auf alle Zweige des Bauwesens anregend und fördernd eingewirkt haben, so ist dies in hervorragender Weise beim Erdbau der Fall. Die **Erdarbeiten** bei Anlagen für den Verkehr, bei Herstellung der künstlichen Verkehrswege, der Eisenbahnen, Straßen und Kanäle sind außerordentlich umfangreich und bei der Raschheit, mit der solche Bauten in der Regel ausgeführt werden müssen, auch von großer Bedeutung für die Rentabilität.

Im Flachlande liegen die Verhältnisse bei Eisenbahnen oft so günstig, daß nennenswerte Erdarbeiten überhaupt nicht vorkommen, häufig aber namentlin Küstengegenden oder in Flußniederungen verlangt die Nähe des Wassers auch hier den Bau langgestreckter Dämme.

In welligem Gelände sowie im Gebirgslande bedingt dagegen die enge Grenze in den Neigungs- und Krümmungsverhältnissen, sowie die Ausgleichung an die Unebenheiten des natürlichen Bodens Abgrabungen und Anschüttungen auf große Entfernungen, deren ökonomische Durchführung mit richtiger **Massenverteilung** zu einer förmlichen Wissenschaft ausgebildet wurde.

Beim Straßenbau sowie beim Kanalbau sind meist Erdarbeiten in geringerem Umfange notwendig, weil Landstraßen sich mehr den Unebenheiten des Geländes anschmiegen und bei Kanälen mit ihrer Aufeinanderfolge von horizontalen, durch Schleusen oder Hebevorrichtungen miteinander verbundenen Strecken der Ausgleich des Auf- und Abtrages wesentlich erleichtert ist, wobei es sich hauptsächlich bei der Erdförderung um **Querbewegung der Massen** handelt. Über alle diese Verhältnisse wird noch später im Kanal-, Straßen- und Eisenbahnbau eingehender die Rede sein.

Hier soll nur das **Lösen,** das **Aufladen des Bodens,** sowie die **Beförderung** und das **Abladen der Massen** besprochen werden, weil diese Arbeiten nicht nur bei Herstellung von Verkehrswegen, sondern auch bei Ausführung aller übrigen Bauten, sowie zum Zwecke der Beseitigung des Abraumes bei Lagerstätten aller Art, endlich bei Aushebung von Baugruben in größerer oder geringerer Ausdehnung vorkommen.

[21] Bodenuntersuchungen.

a) Für die Ausführung von Erdarbeiten größeren Umfanges haben **Bodenuntersuchungen** besonderen Wert, weil die durch sie gewonnenen Kenntnisse die Anordnung der Arbeiten und die zu ergreifenden Sicherheitsmaßnahmen, wenn auch nicht immer bestimmen, so doch mehr oder weniger beeinflussen.

Die Ausdehnung solcher Untersuchungen richtet sich nach den örtlichen Verhältnissen, nach dem Wechsel der Bodenklassen, den Schichtungen und der Wasserverteilung: Oft liegt die Sache so einfach, daß es besonderer Ermittlungen gar nicht bedarf, oft aber sind umfangreiche Arbeiten nötig, namentlich im Hügel- und Gebirgslande.

Wo schon früher natürliche Erdbewegungen stattgefunden haben, werden sie leicht wieder eintreten, wenn eine kunstliche Veränderung in der Bodenverteilung vorgenommen wird. Wo demnach solche Stellen natürlicher Rutschungen durch die wellenförmige Oberfläche des Geländes, durch die oberhalb der bewegten Massen leicht entstehenden Klüfte sich kennzeichnen, bedarf es einer sorgfältigen Aufsuchung und Bestimmung der Rutschflächen. Bei Seen, Sümpfen, Morästen, Torfmooren u. dgl. kommt es nur auf die Ermittlung der Tiefenlage des tragfähigen Baugrundes und deren Mächtigkeit an. Bei wenigstens 1 m Mächtigkeit kann man meist die Schicht als tragfähig annehmen.

b) Ungleich schwieriger ist die richtige Anordnung der Bodenuntersuchungen im **Hügel- und Gebirgslande.** Da kommt es nicht auf eine große Anzahl einzelner Schürfungen, sondern auf die Erkennung jener Umstände an, welche eine sorgfältige Ausführung der Erdarbeiten verlangen, wenn Unfällen vorgebeugt werden soll. Die Wirkungen der atmosphärischen Niederschläge, der Quellen usw. zu beurteilen, erfordert eine reiche Erfahrung und einen durch Übung geschärften Blick.

Die Ergebnisse solcher Untersuchungen müssen außerdem eine tunlichst genaue Veranschlagung der Baukosten ermöglichen, was um so wichtiger ist, wenn größere Arbeiten an Unternehmer vergeben werden sollen, da aus mangelnder Kenntnis der Bodenarten für diese oder für den Bauherrn empfindliche Nachteile entstehen können.

c) Die Bodenuntersuchungen bestehen entweder in einfachen **Aufgrabungen** oder in **Bohrungen.** Bei letzteren müssen die Bohrvorrichtungen so eingerichtet sein, **daß sie den Boden aus den unteren Schichten möglichst unvermischt und in tunlichst großen Stücken zutage fördern.** Hierzu dient für weiche Bodenarten der **Löffelbohrer,** für Gesteinsarten der **Meißelbohrer,** letzterer in Gemeinschaft mit dem Löffelbohrer zum Heben des gelösten Materiales. Diese Werkzeuge werden im nächsten Abschnitte in ihren verschiedenen Formen beschrieben werden.

Die **Lage der wasserführenden Schichten** und deren Wasserreichtum ist durch Bohrungen nur annähernd zu ermitteln. In diesen wichtigeren

Fällen sollten daher **Abteufungen** nicht unterlassen werden; das sind Schächte, die 1,5—2 m² im Querschnitt erhalten und ausgezimmert werden oder ohne Ausbau bleiben.

Über die Ergebnisse werden meist sog. **Bohr- oder Schürfregister** geführt, mitunter stellt man diese Daten auch graphisch zusammen.

[22] Sonstige vorbereitende Arbeiten.

a) Bei umfangreicheren Erdarbeiten sind zunächst alle jene Maßnahmen zu treffen, welche sich auf die Organisation der Arbeiter, deren Unterbringung und Verpflegung, dann auf die Sicherheitspolizei, Gesundheitspflege sowie auf das Zahlungs- und Rechnungswesen beziehen. Zu den technischen Vorbereitungen sind die Zugänglichkeit, Abgrenzung und Einfriedung der Baustellen, die Herstellung von Baracken für die Arbeiter, Magazine für die Geräte, ev. Stallungen für die Pferde sowie die **geometrischen Arbeiten im Felde** zu zählen. Letztere bestehen im Abstecken der Linien, Aufstellen der Markierpfähle usw. Zur Bezeichnung der Neigung der Böschungen stellt man wohl am Auslauf derselben kleine Profile aus Latten auf, welche auch als Lehren für die Aufschüttungen und Abgrabungen dienen (Abb. 57).

Abb. 57
Lattenprofil

b) Die Ermittlung des natürlichen Böschungswinkels ist für Aufträge durch probeweise Aufschüttung des gelösten Materiales leicht zu bewerkstelligen. Bei Einschnitten ist es schwieriger, die zulässige Neigung durch Versuche zu bestimmen, weil in vielen, namentlich fetten Bodenarten frisch abgestochene Wände sich bedeutend steiler halten als später. **In erdigem Boden hält man meist das Böschungsverhältnis für Dämme und Einschnitte gleich und nur für Fels und Gestein verschieden.**

Im allgemeinen rechnet man die Böschungen:

für Gartenerde, Torf usw. 2fach,
„ **Lehm und Sand** . . . . . . 1½ **fach,**
„ Ton, Kies und Gerölle . . . 1¼ fach,
„ Mergel und weiches Gestein . 1 fach,
„ festes Gestein im Auftrage . . ¾ fach,
„ festes Gestein im Abtrage . . ⅓ fach.

[23] Lösen und Aufladen des Bodens.

a) Bei Auflockerung des Bodens haben wir die verschiedenen Bodenarten nach dem Grade der Schwierigkeit ihrer Gewinnung zu unterscheiden.

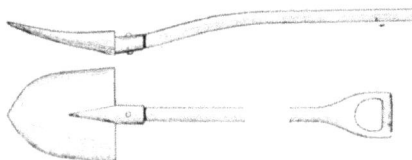

Abb. 58
Gewöhnliche Schaufel

In dieser Hinsicht möchten wir für die Erdarten im ganzen 5 Bodenklassen aufstellen:

1. Klasse bei trockenem, reinem Sande, Dammerde und ähnliche lockere Erdarten; sie werden mit gewöhnlichen **Schaufeln** (Abb. 58) **und Spaten** gewonnen und verladen.

2. Klasse bei leichteren Lehmarten, unreinem Sande, feinem Kies und Torfmoor. Zur Bearbeitung solchen Bodens bedient man sich mit Vorteil mit der **schlesischen Schaufel,** deren **keilförmiges Blatt das Abgleiten des Bodens verhindert und das Werfen erleichtert** (Abb. 59). Beim Lösen der dichteren

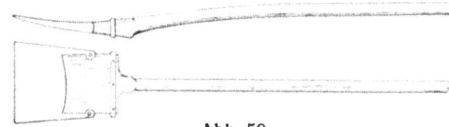

Abb. 59
Schlesische Schaufel

und zäheren Lehmarten wurden meist steile Wände von 3—4 m Höhe gebildet, von welchen man die oberen Lagen häufig durch Keile abspaltet.

3. Klasse bei schwerem Letten und Lehm, Mergel, grobem Kies, also Bodenarten, die einer besonderen Auflockerung bedürfen, ehe sie mit der Schaufel gefaßt werden können. Mergel läßt sich noch mit **Keilen** lösen, zäher Ton muß mit der **Breithacke** (Abb. 60) gelöst und mit der Schaufel verladen werden.

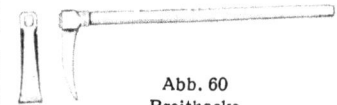

Abb. 60
Breithacke

4. Klasse bei Trümmergesteinen, Gerölle, weichem Sandsteine und kleinbrüchigem Schiefer. Diese Bodenarten bilden den Übergang zum festen Felsen und müssen mit der **Spitzhacke** (Abb. 61), der

Abb. 61
Spitzhacke

Abb. 62
Kreuzhacke

Abb. 63
Keilhaue

Kreuzhacke (Abb. 62), der **Keilhaue** (Abb. 63) und dem **Brecheisen** gelöst werden.

5. Klasse bei Felsarten in Bänken von nicht zu großer Mächtigkeit und Festigkeit, die noch mit der Spitzhacke und dem Brecheisen unter Unterkeilung der Lager gelöst werden können.

Übrigens hängt die Schwierigkeit der Gewinnung von Felsarten nicht allein von ihrer Beschaffenheit, sondern auch von der Lagerung der Schichten zu den Abtragsprofilen ab, ob sie aus dem Lager gehoben, von der Seite her gefaßt oder gar „vor Kopf" abgearbeitet werden müssen, ferner ob der Arbeitsraum eng oder weit ist.

Bei den **eigentlichen Felsarten** unterscheiden wir **zwei** weitere Klassen, je nachdem sie in geschlossenen Bänken auftreten, die mit Pulver oder Dynamit gesprengt werden können oder aus sehr festen, schwer schießbaren Massengesteinen wie Granit, Gneis, Quarz, Syenit, Porphyr bestehen. Über das Sprengen haben wir bereits im I. Fachbande [195] gesprochen. Weiteres hierüber folgt im Tunnelbau, 3. Brief.

b) Die Volumänderung infolge der Auflockerung ist bei sandigem Boden sehr gering, bei fettem Boden, Gesteins- und Felsarten kann das gelockerte Material in den Fördergefäßen oft 10 bis 30% mehr Raum einnehmen als im gewachsenen Zustande. Durch das Setzen der Dämme wird der aufgelockerte

Tabelle 1.   Kosten der Bodengewinnung und Ladung (bei einem Lohnsatze von 0,25 GM. pro Arbeitsstunde).

Bodenklassen	Arbeitsaufwand pro m³ in Arbeitsstunden	Kosten in GM. pro m³ der			Gesamtkosten in G.M. abgerundet
		Arbeitsleistung	Geräte	Sprengmaterialien	
Loser Sand, Dammerde	0,5— 0,9	—	—	—	0,15—0,25
Leichter Lehm, feiner Kies	0,9— 1,5	0,22—0,37	0,05	—	0,30—0,45
Schwerer Lehm, Mergel, grober Kies	1,5— 2,3	0,37—0,57	0,06	—	0,45—0,65
Trümmergestein, Gerölle	2,3— 3,3	0,57—0,82	0,08	—	0,70—0,95
Weicher Felsen	3,3— 4,5	0,82—1,12	0,10	—	1,00—1,30
Felsen, der gesprengt werden muß	4,5— 6,0	1,12—1,50	0,10—0,15	0,2 —0,3	1,50—2,00
Schwer schießbarer Felsen	6,0—10,0	1,50—2,50	0,15—0,2	0,30—0,40	2,00—3,20

Boden zum Teil wieder verdichtet. Die **bleibende Raumvergrößerung** beträgt im Mittel:

bei Sandboden . . . . 1—1½%
    „   Lehm und leichterer Erde   3%
    „   Mergel . . . . 4—5%
    „   festem Ton . . . . . 6—7%
    „   Felsen . . . . 8—12%

In obenstehender Tabelle 1 ist in der ersten Rubrik der Arbeitsaufwand pro m³ einschließlich der direkten Einladung in Schiebkarren berechnet, in den folgenden Rubriken sind auch die Kosten pro m³ für Arbeit, Geräte und Sprengmaterialien angegeben. Was die Geräte betrifft, so ist angenommen, daß die Arbeiter Schaufel und Spaten selbst beistellen, wie dies auch in den meisten Lohnverträgen gefordert wird. Für die schwereren Bodenarten werden dagegen den Arbeitern Hacken, Brecheisen, Schlegel, Hammer usw. geliefert. Als Lohnsatz sind 0,25 GM. für die Arbeitsstunde zugrunde gelegt.

c) In neuerer Zeit hat für größere Erdarbeiten die Bodengewinnung mittels **Maschinen** trotz der

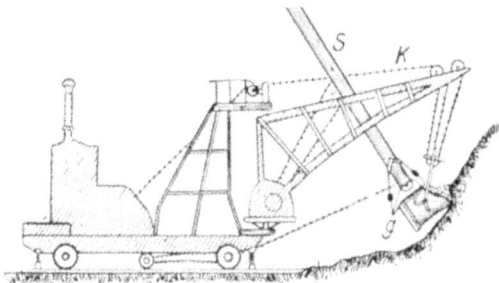

Abb. 64
Löffelbagger

hohen Anschaffungskosten weite Verbreitung gefunden, **namentlich bei größeren Abträgen in gleichmäßigem, nicht zu festem Boden.**

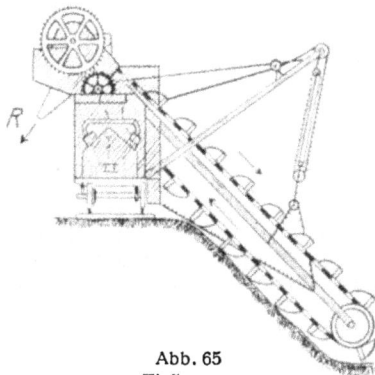

Abb. 65
Tiefbagger

Als **Trockenbagger** sind heute vorzugsweise **Löffelbagger** und **Eimerkettenbagger** in Verwendung.

Die **Löffelbagger** sind seit 1830 bekannt. Abb. 64 zeigt eine solche Maschine, bei welcher das an einem Stiele s befestigte Baggergefäß g an einem Krane aufgehängt ist und an einer Kette k hochgewunden wird, bis das Gefäß sich mit Erde gefüllt hat. Dann wird es so gedreht, daß der Kübel seinen Inhalt in einen Karren leeren kann.

Der **Eimerkettenbagger** ist den Naßbaggern, die wir noch im Wasserbau besprechen werden, nachgebildet; er trägt eine gerade Leiter, um welche die Eimerkette so läuft, daß die gefüllten Eimer auf der Oberseite der Leiter hängen, in welchem Falle die Erde durch Untergraben gewonnen wird. Steht der Bagger dagegen in Höhe der Böschungsoberkante und wird die Erde an der Böschung abgeschabt, wie in Abb. 64, so hängen die gefüllten Eimer an der Unterseite der Leiter (Abb. 65). Im ersten Falle wird mit kurzer Leiter (**Hochbagger**), im zweiten mit langer Leiter (**Tiefbagger**) gearbeitet. Die Eimerkette läßt den Boden in eine Erdrutsche R fallen, von der er in die Wagen gelangt.

[24] Beförderung des Bodens.

Die verschiedenen Arten der Bodenbeförderung, die am häufigsten beim Erdbau vorkommen, sind das **Werfen** und der **Bodentransport** in geeigneten Karren oder Wagen. Das Werfen des Bodens pflegt den Anfang einer jeden Erdarbeit zu bilden und kommt außerdem bei Grabenaushebungen und andern Herstellung in Betracht, bei denen die Förderweite oder die zu fördernde Masse zu gering ist, um andere Fördermittel mit Vorteil anwenden zu können. Die Bodenbewegungen mittels **Schiebkarren**, **Kippkarren** und **Rollwägen** auf Schienengleisen sind dagegen diejenigen Beförderungsarten, die bei uns vorzugsweise angewendet werden, wobei die Beförderung früher mit seltenen Ausnahmen durch Menschen oder Pferde geleistet wurden, heute aber häufig durch Lokomotiven auf Feldbahngleisen geschieht. Ausnahmsweise wird der Boden in südlichen Gegenden, der Landessitte entsprechend, in **Körben** oder auf **Tragbahren** getragen, in der Nähe schiffbarer Gewässer wohl auch auf **Schiffen** verladen.

1. Das Werfen mit der Wurfschaufel kommt überall dort in Betracht, wo kleine Massen auf geringe Entfernung und kleine Höhen zu fördern sind, also in schmalen Baugruben bis zu Tiefen von 4 m, bei Grabenaushebungen usw. Als Anhaltspunkt mag dienen, daß ein Arbeiter täglich etwa 10 m³ 2,5 bis 3 m weit und 1,5—3 m hoch schaufeln kann.

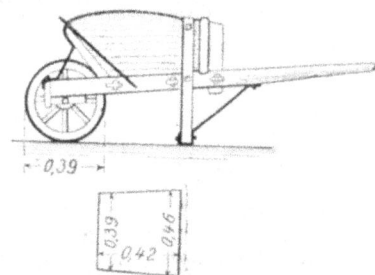

Abb. 66
Hölzerner Schiebkarren

2. Schiebkarren (Abb. 66, 67) sind dort anzuwenden, wo man in der Breite beengt ist und die Transportweite nicht mehr als 100—200 m beträgt. Um den Arbeitern das Schieben der Karren zu erleichtern, werden Bohlen aus Buchen- oder Eichenholz von 20 cm Breite und möglichst großer Länge gelegt, die an den Enden gegen ein Zersplittern mit Bandeisen umnagelt sind. Das stärkste zulässige Gefälle für diese Karrdielen beträgt $^1/_{10}$ der Länge. Weil doppelte Bahnen zwar sehr bequem, aber in der Regel zu teuer sind, ordnet man meist an passenden Stellen Ausweichplätze an.

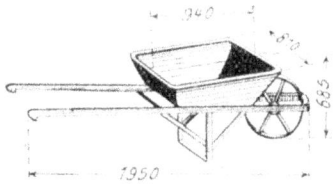

Abb. 67
Eiserner Schiebkarren

Wird als Maximum des täglichen Gesamtweges eines Arbeiters bei zehnstündiger Arbeitszeit eine Strecke von 30 km angesehen, bezeichnet ferner l die Transportlänge in Metern und wird der jedesmalige Aufenthalt beim Laden und Abstürzen zu 1,5 Minuten oder 75 m Weglänge angenommen, so ist die Zahl der täglichen Fahrten

$$x = \frac{30\,000}{2\,l + 75};$$

dies mit dem Karreninhalt J in m³ multipliziert, gibt dann die tägliche Leistung eines Arbeiters mit der Schiebkarre. Der Karreninhalt J schwankt zwischen 0,04—0,07 m³ fester Erde und 0,03—0,06 m³ gewachsenen Felsbodens. Im Durchschnitt kann man auf den m³ gewachsenen Stichbodens 15 bis 16, bei Fels 17 bis 18 Karrenladungen rechnen.

Abb. 68
Handkippkarren

3. **Handkippkarren** (Abb. 68) **werden bei Transportweiten von 200—600 m, bei welchen die Schiebkarrenbeförderung schon zu teuer wird, verwendet.** Das Gefälle der Fahrbahn, die aus Bohlen von 8—13 cm Stärke oder aus ⌐⌐Eisen von 13 cm Breite hergestellt wird, darf bei Verwendung von zwei Arbeitern für eine Karre eine Neigung von 1 : 100 nicht überschreiten; für die Rückfahrt wird meist keine Fahrt gelegt. Kolonnen werden nicht gebildet, so daß die zu einer Karre gehörenden Arbeiter unabhängig von den andern arbeiten; die fleißigeren können dadurch mehr verdienen, wobei sich jedoch die Arbeiter häufig überanstrengen.

Die Leistung läßt sich wie beim Schiebkarren berechnen, nur sind für jede Fahrt etwa 8 Minuten Zeitverlust oder 400 m Weglänge für das Abstürzen, Wenden und Laden anzunehmen, so daß die Anzahl der täglich von einer Arbeitergruppe geförderten Karren $x = \dfrac{30\,000}{2\,l + 400} = \dfrac{15\,000}{l + 200}$ zu setzen wäre. Der Laderaum enthält meist 0,5 m³ losen Boden, was 0,34 m³ fester Erde oder 0,28 m³ festem Gestein im Abtrag gemessen, entspricht. **Hier kommen also auf den m³ gewachsenen Stichbodens 3 Karrenladungen, bei Fels 3,5 Ladungen.**

Der **Pferdekarrentransport** unterscheidet sich von dem vorigen durch die Verwendung von Zugtieren statt der Menschenkraft, **was namentlich bei Transportweiten von über 600 m und Steigungen von über 1 : 100 gerechtfertigt erscheint.** Um durch die der Zugkraft eines Pferdes entsprechende größere Erdmasse die Karren selbst nicht zu schwerfällig zu machen, hängt man einfach mehrere zweirädrige Karren an einen mit dem Pferde bespannten Vorderwagen und läßt sie am Entlade- und Beladeorte von je zwei oder drei Arbeitern bedienen, so daß mit Ausnahme der Pferdetreiber die Arbeiter selbst nur am Gewinnungsorte mit der Bodenlösung und Beladung, am Verwendungsorte nur mit der Wagen-

entleerung und Planierung beschäftigt sind. In neuerer Zeit wird diese Transportart übrigens selten verwendet, da sie gegenüber den vollkommeneren Beförderungsweisen auf **Hilfsbahnen mit Lokomotiven** wohl kaum mehr Vorteile bietet. **Die letzteren werden daher stets angewendet, wo es sich um große Erdmassen auf größere Entfernung handelt und diese Verhältnisse die Kosten der Bahn und des Fahrparkes rechtfertigen.**

Zur Überwindung großer Höhenunterschiede empfehlen sich die sog. **Bremsberge**, in Form schiefer, mit Gleisen versehener Ebenen, während **Drahtseilbahnen** dort in Frage kommen, wo das zwischenliegende Gelände sich nicht zur Herstellung von Zufahrtsstrecken eignet.

Einen Vergleich der Transportkosten bei den verschiedenen Beförderungsarten ausschließlich des Lokomotivbetriebes gibt Tabelle 2.

Tabelle 2. Transportkosten pro m³ in Goldmark.

Förderweite in m³	Schiebkarren			Handkippkarren			Pferdekarren			
	Arbeitsleistung	Geräte	Gesamtkosten	Arbeitsleistung	Geräte	Gesamtkosten	Förderleistung	Entladen	Geräte	Gesamtkosten
25	0,12	0,01	0,13	0,17	0,02	0,19				
100	0,31	0,03	0,34	0,25	0,04	0,29				
200	0,56	0,06	0,62	0,35	0,06	0,41				
300	0,81	0,08	**0,89**	0,45	0,07	**0,52**	0,26	0,05	0,15	**0,46**
600	—	—	—	0,75	0,11	**0,86**	0,35	0,05	0,15	**0,55**
1000	—	—	—	—	—	—	0,50	0,05	0,15	**0,70**

Eine ganz eigenartige Methode der Erdbewegung ist in Amerika üblich, bei welcher das Aufladen und Fortschaffen des Bodens mit einem Geräte, und zwar unter nur geringer menschlicher Beihilfe durch Pferde erfolgt und der Boden

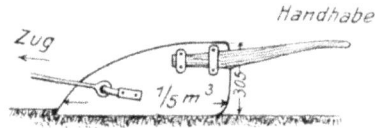

Abb. 69
Scraper

nicht höher gehoben wird, als unbedingt notwendig ist. Das Gerät, der **Scraper**, ist eine mit Seiten- und Rückwand versehene Schaufel (Abb. 69).

Aus diesem einfachen Scraper hat sich später der **Radscraper** entwickelt.

Ob sich diese Methode auch in anderen Ländern als den tropischen, wo der Tagelohn sehr hoch ist und Menschenkraft für rohe Arbeit nicht zu haben ist, einbürgern wird, ist zweifelhaft.

[25] Arbeitsbetrieb am Aufladeort.

Die Arbeiten an den Belade- und Entladestellen werden naturgemäß um so einfacher, je leichter und handlicher die Fördergefäße sind.

a) **Den Schiebkarrenbetrieb beschränkt man auf ganz kurze Einschnitte, wobei man die Fahrten möglichst auf die Oberfläche des Bodens legt und mit den Fortschritten der Arbeiten allmählich tiefer legt, bis die Einschnittswand etwa 3—4 m hoch ist.** Dann werden die Fahrten seitlich verschoben, bis man durch schichtenweises Abarbeiten das Planum hergestellt hat. Bei starkem Längengefälle kann man auch die Ladestraßen rechtwinklig zur Achse anlegen und stufenweise den Einschnitt „vor Kopf" abarbeiten.

b) Die Abtragswände, an deren Fuß die **Kippkarren** geladen werden, ordnet man rechtwinklig oder schräg zur Längenrichtung an (Abb. 70). Das Tieferlegen der Fahrten, wie wir es eben beim Schiebkarrentransporte beschrieben haben, vermeidet man soviel als möglich, weil hier das Verlegen der Fahrten

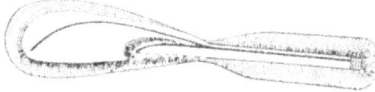

Abb. 70

und Gleise viel Arbeit und Kosten verursacht. Im Einschnitte pflegt man die Anordnung so zu treffen, daß der Boden absatzweise in Stufen von 3—4 m Höhe abgetragen wird.

c) Die bei **Beförderung auf Schienengleisen** in leichteren Bodenarten jetzt meist angewendete Methode besteht darin, daß man gleich beim Beginn der Arbeit eine größere Länge des Einschnittes in Angriff nimmt, indem man die Arbeitsgleise entweder auf das natürliche Einschnittsterrain oder bei zu starkem Gefälle in dazu vorbereitete Gräben legt, den Boden zur Seite des Gleises ausschaltet und mit den Förderwagen wegtransportiert, dann das Gleis senkt und so fortfahrend es ermöglicht, schnell bis zu einer Tiefe hinabzubringen sucht, bei der eine für die Bodenentnahme günstige Höhe der Erdwand und eine für die Beförderung der Wagen vorteilhafte Neigung entsteht. **Diese Vorteile sind für den raschen Fortgang der Arbeiten so groß, daß man auch die Vornahme einzelner verlorener Arbeiten nicht scheuen sollte.**

Das **Senken der Gleise** wird je nach der Bodenart in verschiedener Weise ausgeführt: Entweder gräbt man den Boden unter dem Gleise zwischen den Schwellen ab und läßt nur unter den Schwellen schmale Pfeiler stehen, was sich bei Sand oder anderen leichten Bodenarten gut bewerkstelligen läßt (Abb. 71), oder man gräbt in schwererem Boden eine Grube aus, in die das Gleis mit Brechstangen verschoben wird. Für die Gewinnung des Bodens ist eine möglichst hohe Erdwand vorzuziehen, nur ist das Maß dieser Höhe durch Rücksichten auf die Sicherheit der Arbeiter beschränkt.

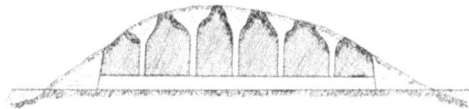

Abb. 71

Die Anlage der Gleise zeigt Abb. 70; im schweren Boden, der eine Zeitlang in steiler Böschung steht, empfiehlt sich die Herstellung von Ladebankketten.

d) Ganz verschieden von der bisher besprochenen Arbeitsweise ist der **englische Einschnittsbetrieb,** der auch in anderen Ländern große Verbreitung gefunden hat. Längs der Achse wird ein Stollen etwa in der Höhe der künftigen Einschnittssohle getrieben, in welche die Erdwagen aufgestellt und geladen werden.

Abb. 72   Abb. 73
Englischer Einschnittsbetrieb

Über diesen Stollen werden der Länge nach an verschiedenen Stellen Schächte mit einer trichterförmigen Erweiterung des oberen Teiles hergestellt (Abb. 72, 73). Indem die Arbeiter die Wände der Trichter abarbeiten, fällt das Material durch die Schächte in die bereitstehenden Wagen und wird mit diesen entfernt.

Die Vorteile dieser Betriebsart sind in die Augen springend: **Die durch das Herabrollen des Bodens erreichte Ersparnis an Ladekosten,** welche den Kosten des einmaligen Wurfes gleichgesetzt werden müssen, ferner **eine bedeutend leichtere Entwässerung, endlich eine wesentliche Ersparnis an Gleisen und**

Weichen, denn das Ladegleis wird von vornherein da gelegt, wo es während der Dauer der Hauptarbeit liegenbleiben kann.

[26] Arbeitsbetrieb am Abladeorte.

Die Arbeiten bei Herstellung von Dämmen sind so anzuordnen, daß die Auftragsmassen in einer Weise gelagert werden, die für das Bestehen des Dammes nicht nachteilig ist. **Die Schüttung hat daher in dünnen, annähernd horizontalen Lagen zu erfolgen; bei der Schüttung „vor Kopf" in vollem Profile dürfen aus der geneigten Lage der Schüttflächen keine Bodenbewegungen ausgelöst werden.**

Beim **Schiebkarrenbetrieb** wird man den Auftrag durch **Kopfschüttungen** in vollem Profile vortreiben. Soll bei Dammschüttungen in der Ebene der erforderliche Boden aus Materialgräben genommen werden, so legt man die Fahrten mit Steigungen 1 : 10 schräg an den Böschungen an und schüttet den Damm in so dünnen Schichten, etwa 1—1,5 m an, daß noch ein bequemes Entleeren der Karren ohne zu häufiges Verlegen der Fahrten möglich bleibt.

Beim **Handkipp- und Pferdekarrenbetriebe** endet die Fahrbahn kurz vor dem Absturzpunkte in einer Arbeitsbühne, auf welcher die Karren gewendet und umgekippt werden (Abb. 70). Der Damm wird dabei in der ganzen Breite vorgetrieben und je nach seiner Höhe in voller Höhe oder absatzweise geschüttet.

Am vorteilhaftesten in bezug auf Schnelligkeit und Kosten der Ausführung ist bei Beförderung auf Schienengleisen die seitliche Entladung der Erdwagen **von langgestreckten Gleisen aus, wenn auch dadurch das Gleise häufig gehoben und seitlich verschoben werden muß.**

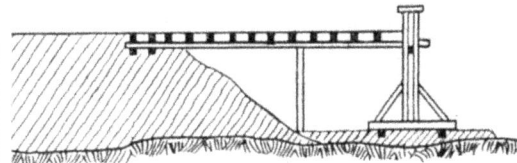

Abb. 74
Schüttgerüst

Eine andere, in solchen Fällen zweckmäßige Methode besteht darin, ein **festes Schüttgerüst annähernd bis zur Höhe des Planums zu errichten und die Wagen oben zu entladen** (Abb. 74). Diese sog. **amerikanischen Gerüste,** die oft bis zu 50 m Höhe hergestellt wurden, hatten anfangs viele Gegner, die befürchteten, daß das verschüttete Holzgerüst der Erhaltung des Dammes schaden könnte, eine Befürchtung, die sich aber nach den Erfahrungen der neueren Zeit als grundlos erwies; im Gegenteile bietet ein solches Holzgerüst dem losen Dammaterial gerade in der ersten Zeit, wo schädliche Bewegungen am meisten zu fürchten sind, einen gewissen Zusammenhang.

Ältere Methoden der Dammschüttung sind die **Kopfschüttung mit beweglichen Sturzgerüsten** und das **Vortreiben des Dammes mit Vorkippwagen** (Abb. 75). Weiteres über Massenverteilung, Sicherung von Dämmen und Einschnitten gegen Rutschungen folgt im Straßen- und Eisenbahnbau.

Abb. 75
Vorkippwagen

B. Maurerarbeiten.

[27] Allgemeines.

Die Maurerarbeiten sind für alle Steinbauten von besonderer Wichtigkeit. Unter **Steinbau** versteht man jene Bauart, bei welcher man sich der natürlichen (I. F.B. [356]) oder der künstlichen, gebrannten und ungebrannten Steine (I. F.B. [370, 371]) bedient, aus denen mit oder ohne Bindemittel, dem Mörtel (I. F.B. [359]), die Mauern hergestellt werden.

Die Bearbeitung dieser verschiedenen Materialien erfordert besondere Geschicklichkeit und wird durch **Maurer** und **Steinmetze** ausgeübt.

Während die **Steinmetze** sich lediglich mit der Bearbeitung der Werk- und Bruchsteine beschäftigen und diese, wenn sie in größeren Mengen und Dimensionen beim Baue vorkommen, auch versetzen, pflegen die **Maurer** bloß mit den Ziegeln zu manipulieren und mitunter auch die von dem Steinmetz im Bruche oder am Bauplatze zugerichteten Werksteine ordnungsgemäß an die richtige Stelle zu bringen. In vielen Gegenden, wo rohe Bruchsteine und Felsen zu Fundamenten oder auch zu größerem Mauerwerk Verwendung finden, gibt es sog. **Steinhauer**, denen es obliegt, die ganz unregelmäßigen Steine etwas lagerschichtig zu bearbeiten.

Nach ihrer Herstellung mit oder ohne Bindemittel unterscheidet man **Trockenmauern** und **Mörtelmauern**.

I. Steinverband.

[28] Trockenmauern.

Zu den **Trockenmauern** verwendet man fast nur die von anstehenden Felsen gebrochenen Steine; bloß in ganz seltenen Fällen wird anderes Material benutzt. Man nimmt sowohl lagerhafte als auch unregelmäßig geformte **Bruchsteine**; namentlich von letzteren muß der Maurer Ecken, Kanten usw. mit dem Hammer abhauen, damit sie sich besser ineinanderfügen lassen. Die Fugen zwischen den Steinen läßt man entweder unausgefüllt oder man füllt sie mit Erde, Moos, Lehm, Sand usw. aus, was für die Druckübertragung von Vorteil ist.

Auch manche **Quadermauern** werden ohne Mörtel ausgeführt und gehören dann zu den Trockenmauern. Trockenmauern finden meist nur für untergeordnete Zwecke, Stützmauern, Provisorien usw. Verwendung.

[29] Backsteinmauern.

a) Zu **Backsteinmauern** werden in Deutschland fast ausschließlich Backsteine oder Ziegel von Normalformat (25 × 12 × 6,5 cm) verwendet, sog. **Mauersteine**. Will man an Gewicht sparen, so nimmt man **Loch-** oder **Hohlsteine**, zu Mauerwerk, das bedeutender Feuchtigkeit oder Hitze ausgesetzt ist, **wohl auch Klinker**, die besonders stark gebrannt und weitgehend gesintert sind.

Die Dicke der Backsteinmauern wird meist durch **Steinstärken** (= 25 cm) ausgedrückt, wobei die Dicke der Mörtelfugen mit 1 cm angenommen wird.

Die Statik lehrt, daß dem in der betreffenden Konstruktion herrschenden größten Drucke die größte Fläche der Steine entgegenzusetzen sei, **daß also letztere senkrecht zur Druckrichtung gelegen sein soll.** Da nun im gewöhnlichen Mauerwerke lotrechte Drücke vorherrschen, **legt man die Backsteine wagerecht** und zwar ihre größte Begrenzungsfläche (25 × 12 cm), die sog. **Lagerfläche**, wodurch eine **Flachschicht** entsteht, im Gegensatze zur **Rollschicht**, bei der Steine auf ihrer langen Seitenfläche (25 × 6,5 cm) stehen.

Die im aufgehenden Mauerwerk in gleicher Höhe gelegenen Steine bilden eine **Steinschar**, die beiderseits von Lagerflächen begrenzt wird. In der Ansichtsfläche der Mauer sind die Lagerflächen durch die wagerechten **Lagerfugen** kenntlich. Die gleich-

falls sichtbaren lotrechten Fugen zwischen den Lagerflächen heißen **Stoßfugen**; bei mehr als 1 Stein starken Mauern sind noch **Zwischenfugen** vorhanden, die aber nach außen hin nicht sichtbar sind.

Jene Steine, deren längere Schmalflächen (25 × 6,5 cm) an der Ansichtsfläche der Mauer sichtbar oder zu ihr parallel gelegen sind, werden **Läufer** genannt. Senkrecht dazu liegen die **Binder** oder **Strecker**. Ein Ziegel von voller Steinbreite und ¾ der Steinlänge heißt **Dreiquartier**, ein halber Stein ist ein **Zweiquartier** und ein Ziegelstück von voller Steinbreite und ¼ der Steinlänge wird als **Quartier, Kopfstück** oder **Riemchen** bezeichnet.

b) Die eine Schar bildenden Steine dürfen nicht in ungeordneter Weise verlegt werden, sondern es muß dies im Interesse der zu erzielenden Widerstandsfähigkeit der Mauer in **verbandmäßiger** Weise geschehen, **bei der die Stoßfugen und möglichst auch die Zwischenfugen zweier aufeinanderfolgender Steinscharen nicht in dieselbe lotrechte Ebene fallen dürfen.**

Die wichtigsten Arten des Verbandes sind folgende:

1. Kreuz- oder **Blockverband.** Diese Verbände werden am häufigsten verwendet. **Beim Blockverbande (Abb. 76) liegen die Steine aller Läuferschichten**

Abb. 76
Blockverband

Abb. 77
Kreuzverband

lotrecht übereinander; beim Kreuzverband (Abb. 77) sind sie dagegen abwechselnd um eine Steinbreite gegeneinander versetzt. Der Endverband wird durch Dreiquartiere erzielt. Die je drei Schichten umfassende Verrahmung bewirkt beim Kreuzverband eine größere Widerstandsfähigkeit der Mauer als beim Blockverband.

2. Der gotische (flämische) Verband. Er setzt sich aus Steinscharen zusammen, in denen regelmäßig Läufer und Binder abwechseln (Abb. 78). Bezüglich der Festigkeit muß er als sehr günstig bezeichnet werden, weil jeder Läufer an allen vier

Abb. 78
Gotischer Verband

Abb. 79
Streckerverband

Seiten von einem Binder gehalten ist. Da indes bei ihm viel Dreiquartiere notwendig sind, die meist durch Verhau ganzer Ziegel gewonnen werden, wird er bei Backsteinmauern nur selten, mehr bei Quadermauern verwendet.

3. Der Strecker-(Binder-)Verband. Dieser Verband, **bei dem nur aus Bindern bestehende Schichten vorhanden sind**, wird hauptsächlich für 1 Stein starke Mauern benutzt (Abb. 79).

[30] Bruchsteinmauern.

Zu **Bruchsteinmauern** verwendet man Feldsteine (Findlinge) oder aus dem Felsen gehauene bzw. gespaltene Steine. Die Feldsteine werden meist in der Form benutzt, in der sie gefunden werden; größere Steine dieser Art, wie Flußgerölle werden bisweilen in der Mitte gespalten und mit den Bruchflächen in das Mauerhaupt gesetzt. Die gebrochenen Steine sind unregelmäßig — **gewöhnliche Bruchsteine**, oder man hat es mit **lagerhaften Steinen** zu tun, die zwei einander gegenüberliegende, annähernd parallele Bruchflächen zeigen.

Beim Mauern mit lagerhaften Steinen kann man einen ähnlich geregelten Verband wie bei Backsteinmauern anstreben; namentlich wird dafür zu sorgen sein, **daß nicht allzu selten längere Steine als tiefeingreifende Binder vermauert werden.** Bei allen diesen Mauern spielt der Mörtel eine große Rolle. Werden ordinäre Bruchsteine verwendet, so wird der Maurer immer gewisse Kanten und Spitzen, derentwegen sich die Steine nicht gut ineinander fügen, mit dem Hammer abhauen. Dessenungeachtet würden hier, aber auch bei lagerhaften Steinen, die Mörtelfugen zu dick ausfallen, weshalb man größere Zwischenräume zum Teil mit größeren Steinstücken ausfüllt, d. h. „**man verzwickt sie**".

Bei allen Bruchsteinmauern führe man in Höhenabständen von 1—1,50 m wagerechte **Abgleichungen** mit einigen Ziegelscharen durch (Abb. 80). **Mauern aus lagerhaften Bruchsteinen sollten nicht unter**

Abb. 80   Abb. 81
Abgleichung   Polygonalmauerwerk

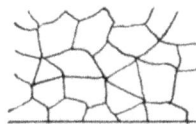

40 cm, solche aus ordinären Steinen nicht unter 60 cm Stärke erhalten.

Besondere Arten des gewöhnlichen Bruchsteinmauerwerkes bilden das **Zyklopen-** und das **Polygonalmauerwerk** (Abb. 81). Hierbei werden größere Steine so gut zusammengepreßt, daß Zwicker nicht nötig sind. Bei Mörtelmauern dieser Art werden nicht selten die Mörtelfugen besonders hervorgehoben.

[31] Quadermauern.

Über die Bearbeitung der Quadern haben wir bereits im I. F.B. [358] das Nötige erwähnt. Was im vorhergehenden über Lagerfugen, Stoßfugen, Läufer und Binder gesagt wurde, gilt auch hier, ebenso das über Steinverbände, mit dem Bemerken, daß der gotische Verband bei Quadermauern recht häufig vorkommt und auch ein gutes Aussehen darbietet.

Im Altertume und auch mehrfach später sind solche Mauern ohne Mörtel ausgeführt worden, was aber der Druckübertragung wegen eine sehr sorgfältige Bearbeitung der Fugenflächen voraussetzt. Hierdurch entstehen jedoch so hohe Kosten, daß man es heute entschieden vorzieht, die Fugen mit Mörtel auszufüllen, dafür aber nur die Flächen am Mauerhaupte exakt auszuführen (Schichtsteine).

Statt Mörtel kann man dünne Bleiplatten verwenden, wiewohl bei manchen Gesteinsarten der Mörtel auch die Steine selbst zusammenkittet.

Reine Quadermauern, das sind solche, die nur aus Hausteinen zusammengesetzt sind, kommen ihrer Kostspieligkeit wegen nur selten vor, wenn man nicht ein monumentales Aussehen des Bauwerkes anstrebt. Um so häufiger sind Mauern mit Quaderverkleidung, wobei die **Verblendquadern** oder Platten untereinander und mit der Hintermauerung durch eiserne Dübel, Klammern oder Anker verbunden werden.

Das Versetzen der Werksteine ist mit einigen Schwierigkeiten verbunden und erfordert viel Sorgfalt, damit die bearbeiteten Werkstücke unbeschädigt und ohne großen Zeitverlust an Ort und Stelle kommen. Größere Stücke werden zu diesem Behufe

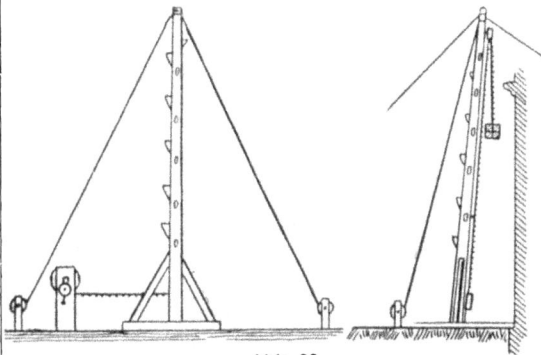

Abb. 82
Windbaum

auf ein starkes Unterlager gelegt und auf Walzen zur Arbeitsstelle gerollt. Bei Brücken baut man oft zu diesem Zwecke eigene Hilfsbahnen.

Vom Transportwagen hebt man die Quadern mit beweglichen Kranen auf. Einen einfachen Windbaum für Werkstücke zeigt Abb. 82. Zur Befestigung der Hebekette dienen Steinwölfe (I. F.B. [358]), oder man schlingt ein Seil um das Werkstück, das auf Strohbüschel gelegt wird, um die Kanten zu schonen (Abb. 83).

Abb. 83

II. Das Mauern.

[32] Das Mauern mit Backsteinen.

a) Über Mörtel ist bereits im I. F.B. [359—366] ausführlich gesprochen worden. Hier sei nur erwähnt, daß für **Ziegelmauerwerk über der Erde,** bei welchem die Ziegel nur mit der Hand aufgedrückt und mit einigen Schlägen des Maurerhammers festgelegt wurden, das Verhältnis der Kalk- zur Sandmischung im Mittel 1 : 3, für **Mauerwerk unter der Erde** im Mittel 1 : 4 gewählt wird. Bei Zementmörtel nimmt man 1 Teil Zement und 3—4 Teile Sand; ein geringerer Sandzusatz erschwert das Arbeiten mit dem Mörtel, der dann zu schnell, sozusagen „unter der Hand" abbindet.

Was die **Fugenstärke** anbelangt, ist man bei den Normalsteinen übereingekommen, **alle Stoßfugen 1 cm und die Lagerfugen 1,2 cm stark zu machen, so daß eine 1 m hohe Mauer aus 6,5 cm dicken Backsteinen gerade 13 Scharen enthält.**

b) **Backsteine müssen vor der Vermauerung unbedingt genäßt werden,** damit der Mörtel besser haftet.

Der Grad der Nässung richtet sich ganz nach der Beschaffenheit der Ziegel; so z. B. saugen sehr harte Steine

(Klinker) infolge ihrer dichten Textur nur wenig Wasser aus dem Mörtel an, sie brauchen auch nur wenig genäßt zu werden. Poröse Ziegel müssen dagegen längere oder kürzere Zeit im Wasser liegen, an heißen und trockenen Tagen länger, bei regnerischer Witterung kürzer. In der Regel geschieht das Benässen in der Art, daß etwa 10 Steine vom Maurer in einem neben ihm auf dem Gerüste stehenden Wassereimer getaucht und dann wieder auf das Gerüst gestellt werden, damit das überschüssige Wasser abtropft. Die Stelle, auf die ein Ziegel gelegt werden soll, wird im Bedarfsfalle angenäßt, dann bringt der Maurer auf sie soviel Kalkmörtel, als für eine gute Lagefuge erforderlich ist. Der Maurer greift hierauf den Ziegel mit der linken Hand so an, daß eine Diagonale senkrecht zu stehen kommt, bestreicht beide Seiten des Steines, welche die Stoßfugen bilden, mit seiner Kelle ganz und gar, aber nicht zu dick mit Mörtel, bringt nun den Stein auf sein Lager, rückt ihn rasch ein und richtet ihn mit leisen Hammerschlägen in die Flucht, wobei der überflüssige Mörtel aus den Fugen hervorquillt. Endlich wird mit der flachen Seite der Mauerkelle der Mörtel teilweise in die noch leergebliebenen Zwischenräume der Fugen zurückgedrückt und der überschüssige Mörtel über eine kurze Mauerfläche dünn verteilt.

Nur auf diese Weise läßt sich eine solide und dichte Mauer mit vollen Fugen herstellen. Leider vergessen die Maurer nur allzuoft die gehörige Annässen und bringen den Mörtel so mangelhaft an den Stein, daß man häufig durch die Stoßfugen hindurchsehen kann.

Die Höhe der Scharen wird den Maurern angegeben. Zuerst beginnen sie an den Ecken zu mauern, indem sie hier etwa 1 m hoch das Mauerwerk in liegender Abtreppung genau nach der Hochmaßeinteilung aufführen, wozu die geschicktesten Leute notwendig sind. Die Herstellung des Zwischenmauerwerks geschieht nach der Schnur, d. h. die Maurer mauern die Scharen so, daß ihre Oberfläche in der Höhe einer angespannten Schnur liegt, die über zwei Nägel in den zusammengehörigen Fugen der zwei gegenüberstehenden Mauerecken hängt und mit Gewichten gespannt ist. Außerdem müssen die Maurer darauf achten, daß die äußere Steinreihe mit dem übrigen Mauerwerk in der Flucht bleibe und die Blöcke bzw. Kreuze des Verbandes senkrecht übereinander kommen, wozu sie sich recht fleißig des Bleilotes, der Setzwage und des Richtscheites bedienen. Das Ausfugen geschieht nur bei Ziegelrohbau, sonst bleiben die Fugen offen, damit der spätere Verputz besser haftet.

c) Man nimmt allgemein an, daß **ein guter Maurer im Akkord 800 Backsteine in einem Tage vermauern könnte,** wenn die Wände stark sind und keine Öffnungen enthalten.

Zu 1000 Backsteinen braucht man 0,55—0,70 m³ Mörtel. Auf 2—3 Maurer gehört ein Handlanger und auf 8—12 Maurer ein Kalkschläger zur Mörtelbereitung. — Auf 1 m³ rechnet man 400 Ziegel deutschen Normalformates.

In neuerer Zeit werden sehr häufig **Mörtelmaschinen** angewendet, um dem bei umfangreicheren Bauten vorhandenen großen Bedarf an Mörtel zu genügen und auch eine möglichst gleichmäßige Mischung der Materialien zu bewirken. Diese Maschinen werden jetzt meist nach Art der bei der Ziegelfabrikation verwendeten Tonschneider (I. F.B. [210]) gebaut, wobei man solche mit wagerechter, senkrechter und schrägliegender Trommel unterscheidet. Kleine Maschinen liefern etwa 5 m³ täglich, größere dasselbe Quantum stündlich.

[33] Das Mauern mit Bruchsteinen und Quadern.

a) Der Mörtel zu diesen Mauern richtet sich hinsichtlich des Wassergehaltes nach der Porosität der Steine; saugen sie gar kein Wasser auf, wie z. B. der Granit, so muß der Mörtel möglichst trocken sein, saugen sie dagegen sehr viel Wasser auf, wie z. B. der Tuffstein, so bereitet man den Mörtel flüssiger. Bei harten Steinen empfiehlt sich eine Zugabe von Zement zum Mörtel, wozu etwa 8—10 Liter Zement pro m³ Mauermasse genügen.

Bevor der Bruchstein verlegt wird, muß man sein Lager reinigen und dünn mit Mörtel bestreichen; man läßt ihn sodann langsam auf sein Lager herabgleiten, rückt ihn schnell in die passende Lage und gibt ihm einige schwache Stöße, damit der Mörtel in die Höhlungen und aus den Fugen dringt, so daß der Stein nur auf den benachbarten Steinen ruht.

Das Eintreiben der äußeren Zwicken, die immer nur klein sein dürfen, weil man die größeren einmauert, muß erst an solchen Mauerteilen vorgenommen werden, die sich 1—1,2 m unter der oberen in Arbeit befindlichen Schichte befinden.

Bei einer guten Bruchsteinmauer sollen die äußeren Fugen, die übrigens stets nach Vollendung und dem Setzen der ganzen Mauer mit Zementmörtel verstrichen werden, möglichst dünn sein. Mauern, die der Feuchtigkeit oder Nässe ausgesetzt sind, fugt man sofort mit Zementmörtel aus. Bei freistehenden Mauern geschieht aber das Ausfugen am besten nach einigen Monaten, denn das Wasser aus dem Innern verdunstet ist, veranlaßt oft das Abbröckeln der ausgefugten Stellen.

b) Die **Werksteine werden am besten trocken versetzt;** zuweilen bringt man wohl Mörtel auf das horizontale Lager, jedoch geschieht dies nicht, um die Steine zusammenzukitten, sondern um die Unebenheiten der Lagerflächen auszugleichen. Nach dem Versetzen verstreicht man die Fugen von außen, da dies aber bei den dünnen Fugen sehr schwierig ist, pflegt man an den Seiten der großen Steine kleine Löcher auszuarbeiten, oder auch die Steine durch Eichenholzspäne etwas auseinanderzuhalten

Abb. 84

(Abb. 84) und dann die Fugen zu vergießen. Die kleinen Steine verlegt man wie die Ziegel mit 1 bis ½ cm dicken Fugen.

Die schweren Steine werden mit Hebezeug aufgefaßt und in die Höhe gehoben, sodann bringt man etwas Mörtel auf die Lagerfläche und setzt schließlich den Stein in die richtige Lage. Vielfach kommen die schweren Steine auf einige in Mörtel gelegte dünne und 4—5 cm große Bleiplatten, damit sich die Steinkanten nicht zu sehr drücken.

Der mechanische Verband durch **Dübeln** und **Klammern** ist bei kleinen Steinen unerläßlich, bei schweren und großen Steinen aber nicht unbedingt erforderlich. **Steinerne Dollen** läßt man beim Bearbeiten des Steines am Material stehen, verwendet sie aber meist nur bei Pfeilern und Säulen, um die Steine gegen Verschiebung zu versichern. Im vollen Mauerwerk verbindet man die nebeneinanderliegenden Steine durch Klammern aus gut verzinktem Eisen

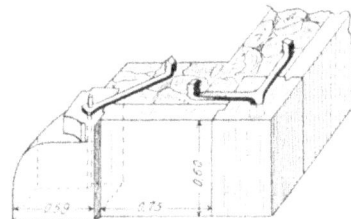

Abb. 85

(Abb. 85). Das **Vergießen** geschieht meist mit **Blei,** welches aber beim **Erkalten kleiner im Volumen wird und daher nachträglich mit Hammer und Keil festgestampft werden muß.**

Wenn die Klammern oder die schwalbenschwanzförmigen Dübel an vertikalen Seiten angebracht werden, muß man zuerst ein „Lehmnest" (Abb. 86) bauen, um das Vergußmaterial bequem einbringen zu können. Das Vergießen darf nicht eher geschehen, als bis das Klammerloch gehörig ausgetrocknet ist, weil sich sonst störende Wasserdämpfe bilden. Ein vorzügliches Vergußmaterial liefert der Asphalt; er schützt das Eisen vor Rost, erweicht aber beim Einfluß der Wärme.

Abb. 86

c) Zum Vergleich der Arbeitsleistung bei den verschiedenen Mauerwerksarbeiten diene die Tabelle 3, aus welcher die Arbeiter-Tagewerke in m³ zu ersehen sind.

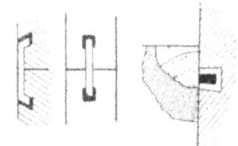

Tabelle 3. Arbeiter-Tagewerke in m³.

Mauerwerk	Stein-brecher-	Stein-hauer-	Maurer-	Tag-löhner-
	arbeit			
Trockenmauerwerk	0,85	—	1,33	0,67
Ziegelmauerwerk gew. . . .	—	—	1,20	1,20
Bruchsteinmauerwerk gewöhnlich	0,85	—	1,20	1,20
Bruchsteinmauerwerk geschichtet	1,20	2,00	1,20	1,20
Quadermauerwerk (weicher Sandstein)	2,40	3,30	1,33	1,33

Arbeitsaufwand beim Brechen und Behauen härteren Gesteines:
Harter Sandstein = 2 mal weicher Sandstein.
Harter Kalkstein, Granit = 3—4 mal weicher Sandstein.

III. Beton- und Eisenbetonarbeiten.

Die Güte und Dauerhaftigkeit der Beton- und namentlich der Eisenbetonbauten hängt wesentlich von der sachgemäßen Ausführung selbst ab, und die beste Gewähr hierfür bietet **die Leitung durch einen in diesen Sonderbauten erfahrenen Sachverständigen.** Wo der Unternehmer eine solche Fähigkeit nicht nachweisen kann, muß jedenfalls der Überwachung und Prüfung dieser Arbeiten eine besondere Aufmerksamkeit gewidmet werden.

[34] Eigenschaften der Bestandteile.

Über die verschiedenen Gattungen von Zementen, deren Erzeugung und wichtigsten Eigenschaften haben wir bereits im I. F.B. [362—366] das Wissenswerte gebracht. Es erübrigt uns somit nur mehr, diese Mitteilungen hier in bezug auf alle jene Verhältnisse zu ergänzen, die für die Herstellung und Bereitung eines **guten Betons** maßgebend sind. Wiewohl künstliche Beimengungen zum fetten Kalk, wie die Puzzolane, die Santorinerde, der Traß und die Schlacke, die dem Kalke die Eigenschaften des hydraulischen Mörtels verleihen, billiger sind, **hat doch in neuerer Zeit der Portlandzement eine solche Verbreitung gefunden, daß die anderen Zemente ganz in den Hintergrund gedrängt wurden.** Nach den vom Verein Deutscher Portlandzementfabrikanten aufgestellten Normen kann Portlandzement je nach Art der Verwendung als **langsam** oder **rasch bindend** verlangt werden.

Um die Bindezeit eines Zementes zu ermitteln, rühre man den reinen, langsam bindenden Zement 3 Minuten, den rasch bindenden 1 Minute lang zu einem steifen Brei an und bilde daraus auf einer Glasplatte durch nur einmalige Aufgeben einen etwa 1,5 cm dicken, nach den Rändern hin dünn auslaufenden Kuchen. Sobald der Kuchen so weit erstarrt ist, daß er einem leichten Drucke mit dem Fingernagel widersteht, ist der Zement als abgebunden zu betrachten. Während des Abbindens darf langsam bindender Zement sich nicht wesentlich erwärmen, wogegen rasch bindende Zemente eine merkliche Wärmeerhöhung aufweisen können. Der Zement muß vor Beginn des Abbindens verarbeitet werden.

Ferner soll Portlandzement **raumbeständig** sein.

Als entscheidende Probe hierfür soll gelten, daß der vorerwähnte Kuchen nach 24 Stunden, unter Wasser gelegt, durchaus keine Verkrümmungen oder Kantenrisse zeigen darf.

Endlich soll **langsam bindender Portlandzement bei der Probe mit 3 G.T. Normalsand auf 1 G.T. Zement nach 28 Tagen (1 Tag an der Luft, 27 Tage unter Wasser) eine kleinste Zugfestigkeit von 16 kg pro cm² und eine kleinste Druckfestigkeit von 160 kg pro cm² haben.**

Das Wasser muß möglichst rein und frei von Salzgehalten und organischen Bestandteilen sein, so daß im allgemeinen jedes Süßwasser hierzu geeignet ist.

Der zur Mörtelbereitung benutzte Sand muß grobkörnig, scharf und rein sein, darf also keine Pflanzenstoffe, lehmige oder tonige Beimischungen enthalten und muß durch ein Sieb von 7 mm Maschenweite durchfallen. 2 R.T. Sand und 1 R.T. Zement geben im Mittel zwei Teile Mörtel, wobei

die Zwischenräume des Sandes voll mit Bindemittel ausgefüllt sind.

Hinsichtlich der zur Betonbereitung zu verwendenden **Steine** wird die Bedingung gestellt, daß sie zur besseren Anhaftung des Mörtels von rauher Oberfläche und womöglich porös sein sollen, daneben auch harten Steingattungen entnommen werden, rein von Staub, und von solcher Größe sind, daß sie in eine kreisrunde Öffnung von 4—5 cm Durchmesser passen. Häufig wird auch Flußkiesel genommen. Der Mörtel soll die Zwischenräume zwischen den Steinen ausfüllen. Ein Raummeter Beton erfordert etwa 0,9 m³ Steinbrocken und 0,45 m³ Mörtel.

Durch mangelhafte Beschaffenheit der verwendeten Stoffe, durch ungünstige Eigenschaften des Wassers, durch unrichtiges Mischungsverhältnis (entweder zu magerer Mörtel oder mörtelarmer Beton) und durch unsachgemäße Herstellung und Behandlung (zu viel Wasser beim Anmachen, schlechtes Mischen, ungenügendes Stampfen und zu späte Verwendung) wird der Beton mangelhafte Erhärtung aufweisen, ja es können dadurch sogar Zerstörungserscheinungen auftreten. **Deshalb ist bei diesen Arbeiten größte Gewissenhaftigkeit unerläßlich.** Während der Bauausführung sind mit dem Mörtel und dem Beton dauernde Versuche in bezug auf Erhärtung und Festigkeit anzustellen. Auch die Gewichte der verschiedenen Mischungen geben gewisse Anhaltspunkte, solange die Ergebnisse der erwähnten Versuche noch nicht vorliegen. Dem größeren Gewichte entspricht bei gleicher Menge des Bindemittels die vollkommenere Ausfüllung der Hohlräume mit Mörtel.

[35] Bereitung des Betons.

a) Die Bereitung des Betons geschieht entweder so, daß man zunächst den Mörtel für sich fertig stellt und dann mit den Steinstücken mengt, oder indem man die Mörtelbestandteile trocken mischt, den angenetzten Steinzuschlag einsetzt und dann unter Wasserzusatz weitermischt. Hier ist meist die letztere Art der Herstellung üblich. **Niemals darf Beton auf freiem Boden bereitet werden,** weil er dadurch unrein wird. Man bedient sich hierzu eines eigenen **Mischbodens** von etwa 2,5 × 2,5 m, der aus starken Bohlen zusammengefügt wird.

Um die Bestandteile richtig zu mischen, verwendet man Kistchen, deren Inhalt dem halben Schiebkarreninhalt gleichkommt. Bei einem Mischungsverhältnis von 1 + 2 + 4 wird z. B. ein volles Kistchen Zement, 1 Schiebkarren Sand und 2 Schiebkarren Kies zu einer Mischung verwendet. Diese Quantitäten an Zement und Sand werden trocken auf dem Mischboden tüchtig durcheinandergeschaufelt, bis eine gleichmäßige Farbe entsteht und dann ringförmig ausgebreitet, worauf man in die Mitte die genau abgemessene Menge Wasser gießt; sodann wird die Mischung von allen Seiten unter vorsichtiger Sorgfalt für Erzielung gleichmäßiger Benetzung durchmischt, wobei zum Schluß der gut benetzte Kies untergemischt wird.

Da auf die Innigkeit der Mischung und die energische Durchknetung alles ankommt, werden bei größeren Arbeiten meistens **Mörtelmaschinen** verwendet, die entweder nach Art der Tonschneider oder als Fallwerke und Betonmühlen gebaut sind. Die **Fallwerke** bestehen aus hölzernen Gerüsten, in die schräg gestellte, abwechselnd links und rechts geneigte Brettwände so eingebaut sind, daß die Betonbestandteile oben eingebracht und unten fertig gemischt ankommen.

Die **Betonmühlen** bestehen, wie Mörteltrommeln, aus schwach geneigten hohlen Zylindern, die langsam gedreht werden und dabei die an einem Ende eingeschütteten Materialien derart vermengen, daß sie am andern Ende als fertiger Beton erscheinen und von hier aus in die Transportgefäße fallen. Während diese Vorrichtungen fortlaufend arbeiten, gibt es auch Mischtrommeln, die mit einer bestimmten

Materialmenge angefüllt, geschlossen und· erst nach Fertigstellung des Betons geleert werden (Abb. 87).

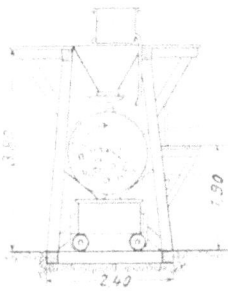

Abb. 87
Betonmischmaschine

Die Trommel stellt einen um eine wagerechte Achse drehbaren Eisenblechzylinder von 1,5 m Durchmesser und 1 m Länge dar, in dem sich 40 Stahlkugeln von 12 cm Durchmesser befinden. Am Umfange befindet sich ein 50 cm langer Rost, dessen Stäbe 11 cm Abstand haben, so zwar, daß die Betonbestandteile mittels eines Fülltrichters F in die Trommel fallen, die Stahlkugeln aber in der Trommel bleiben. Der Rost wird nach Füllung mit einer Blechkappe geschlossen und die Trommel durch ein sechspferdiges Lokomobil in Bewegung gesetzt. Die trockene Mischung dauert etwa 2 Min. Darauf wird durch die hohle Drehachse aus einem oberhalb befindlichen Gefäß Wasser in die Trommel gespritzt und nach 3 Minuten weiterer Drehung ist die Betonmischung ·fertig, die dann durch den Rost in das Fördergefäß fällt. In zehnstündiger Arbeit können 36 m³ Beton angefertigt werden. Im allgemeinen kommt die Maschinenarbeit pro m³ Beton auf 0,7—1 GM. zu stehen, während die Bereitung von Hand 2,5—3,5 GM. kostet.

[36] Betonierung im Trockenen.

Je nach der Menge des Wasserzusatzes, der übrigens nach der Art der Baustoffe, dem Mischungsverhältnis, der Witterung usw. gewählt werden muß, unterscheidet man **erdfeuchten** und **weichen Beton. Erdfeuchter Beton läßt sich mit der Hand gerade noch ballen und hinterläßt auf der Hand Feuchtigkeit. Weicher Beton enthält mehr Wasser, erfordert daher weniger Stampfarbeit, erreicht aber eine geringere Festigkeit.**

Die Betonmasse darf in die Verwendungsstelle (Baugrube, Verschalung) nur **schichtweise** eingebracht werden; die Höhe der Schichten beträgt je nach der Beanspruchung bei erdfeuchtem Stampfbeton 15—20 cm, bei weichem Stampfbeton 20 bis 30 cm; **je kleiner die Schichthöhe, desto größer die Festigkeit.** Die einzelnen Schichten müssen in der Regel „frisch auf frisch" verarbeitet werden. Treten frische Stampfschichten mit bereits abgebundenen in Berührung, so ist für ausreichend festen Zusammenschluß der Betonmassen zu sorgen, ev. muß die Verbindungsfläche mit Stahlbesen naß und scharf abgekehrt und mit dünnem Zementbrei eingeschlämmt werden.

Die Stampfer sind quadratisch oder rechteckig von 10—16 cm Seitenlänge und einem Gewichte von 10—17 kg.

Erdfeuchter Beton erfordert mehr Stampfarbeit als weicher Beton; die Grenze des Stampfens ist dann erreicht, wenn die Masse nicht mehr nachgibt oder Wasser ausscheidet. Bei weicher Betonmasse kann zu langes Stampfen sogar eine Entmischung herbeiführen.

Die Verarbeitung der Betonmasse muß in der Regel sofort nach ihrer Fertigstellung begonnen und vor dem Abbinden beendet werden. Keinesfalls darf der Beton bei warmer Witterung länger als eine Stunde, bei kühler und nasser Witterung länger als zwei Stunden unverarbeitet liegenbleiben.

Bei größeren Bauten verwendet man statt der Stampfen auch eigene **Stampfmaschinen,** die nach Art der Pochwerke (I. F. B. [197]) konstruiert sind.

[37] Betonierung unter Wasser.

Die Versenkung des Betons unter Wasser bedingt, daß der Beton nicht mit bewegtem Wasser in Be- rührung komme oder nicht frei durch Wasser falle, weil dadurch ein Auswaschen des Betons herbeigeführt würde. Die Baugrube muß daher gegen fließendes Wasser abgeschlossen sein, und es muß während der Betonierung jedes Pumpen unterbleiben. Der Beton wird mit Trichter, Kasten oder Säcken versenkt.

Die **Trichter** werden aus Holz oder Eisen angefertigt und je nach der Beschaffenheit der Baustelle so angeordnet, daß stets zwei senkrecht zueinander

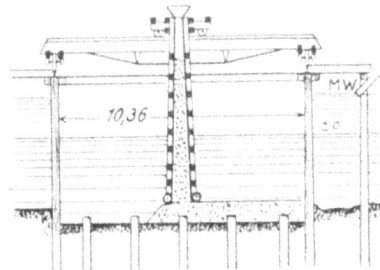

Abb. 88
Betontrichter

stehende Richtungen bestrichen werden können (Abb. 88).

Während der Betonierung bleibt der Trichter bis über Wasser mit Beton gefüllt, und indem er bis in die Nähe der Baugrubensohle hinabreicht, quillt die Betonmasse, die eben durch Nachschütten ersetzt werden muß, unten heraus. Um ein Festsetzen des Betons im Trichter zu vermeiden, ist es geraten, ihn unten eine Erweiterung herzustellen. Das erste Füllen muß mit Kasten oder sonst in einer Weise geschehen, die das Durchfallen des Betons durch das Wasser verhindert. Von da an soll der Betrieb ohne Unterbrechung fortgesetzt werden, wenn auch bei Nacht nur so weit, daß die Erhärtung des Betons im Trichter vermieden bleibt. An dem Trichter befestigte Walzen ebnen den frisch geschütteten Beton. Freilich kommt die Oberfläche der einzelnen Lagen mit dem Wasser in Berührung, wodurch der Mörtel ausgewaschen und in Mörtelschlamm verwandelt wird, der mit Sackbaggern oder Schlammpumpen entfernt werden muß. Ein weiterer Nachteil besteht darin, daß die schwereren Steine der Betonmasse längs der Böschung schneller sinken, als der leichtere Mörtel, wodurch die Gleichmäßigkeit des Mischungsverhältnisses verlorengeht.

Vorteilhafter ist daher die Versenkung mit **Kasten** oder **Trommeln,** die mit einer Windevorrichtung· vorsichtig durch das Wasser auf den Grund hinabgelassen und durch Öffnen des Bodens geleert werden.

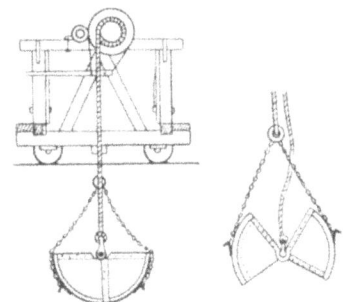

Abb. 89
Betonsenkkasten

Abb. 89 zeigt einen Betonsenkkasten, dessen beide Hälften um Bänder drehbar sind. Ist der Kasten unten angekommen, so werden die Ketten mit den Seilen hochgezogen und der Inhalt des Kastens (etwa 0,23 cm³) vollständig entleert.

Da beim Schütten des Betons aus Senkkasten einzelne Betonhaufen nebeneinander gelagert werden, ist die Oberfläche der Schüttung weniger eben als bei Anwendung von Trichtern, was aber kaum wesentliche Nachteile in sich schließt, weil vor Beginn der Mauerung solche Unebenheiten leicht ausgeglichen werden können.

Für kleinere Bauherstellungen eignet sich auch die Versenkung in Säcken, die am Boden der Baugrube geöffnet und behufs Wiederverwendung hochgezogen werden. **Besser und bei großen Bauten meist auch üblich ist es, die mit Beton gefüllten**

Säcke fest zu verschließen und in diesem Zustande auf dem Baugrunde abzulagern. Die Säcke werden aus durchlässigem Stoffe hergestellt, so daß der durch den Stoff dringende Mörtel, die Säcke zu einem einzigen festen Block verbindet. **Eine Auswaschung des Betons ist hier so gut wie ausgeschlossen.**

[38] Eisenbeton.

Erhärteter Zementmörtel besitzt einen hohen Grad von Druckfestigkeit; Eisendrähte und Eisenstäbe können bedeutenden Zugkräften widerstehen. Es war daher naheliegend, in eine Mörtel- oder Betonmasse Eiseneinlagen einzubauen und ihr dadurch eine größere Widerstandsfähigkeit gegen Druck und Zug zu verleihen.

Das Vorbild hierzu bildete die nach ihrem Erfinder benannte **Rabitzwand.** Sie besteht aus einem auf beiden Seiten mit Kalkmörtel beworfenen Drahtgewebe; letzteres wird zwischen Winkeleisen, die noch im Bedarfsfalle durch Diagonalen versteift sind, ausgespannt und daran befestigt. Eine Rabitzwand ist nur 5 cm dick und sehr feuerbeständig.

Daraus haben sich dann die seit nahezu 30 Jahren bekannten und gleichfalls nach ihrem Erfinder benannten **Monierwände** entwickelt, die aus mit Zementmörtel umhüllten Eisengerippen bestehen; letztere sind aus lotrecht und wagerecht verlaufenden Stäben, die an den Kreuzungsstellen mit Bindedraht verknüpft sind, zusammengesetzt. Ausgebildetere Eisenbetonkonstruktionen erhalten gleichfalls als Einlagen Geflechte von eisernen Tragstäben und Verteilungsstäben, die von Zementbeton umhüllt werden. Dazu gehören die Ausführungen nach **System Hennebique.** Über Mauern, Gewölbe und Decken aus Eisenbeton folgt Weiteres im Brücken- und Hochbau.

2. Abschnitt.

Der Grundbau.

[39] Einleitung.

Der Grundbau umfaßt alle Bauausführungen, die einem Bauwerke eine feste, möglichst unnachgiebige, vom Wasser und von der Luft nicht zerstörbare Unterlage verschaffen sollen. Jedes Bauwerk übt einen Druck aus, den sein Fundament auf den Baugrund überträgt. Die Ausführung des Fundamentes bezeichnet man als **Gründung, Fundierung** oder **Fundamentierung.**

Unter „**Fundamentaufbau und Flachgründung**" versteht man jene einfachen Gründungsarten, bei denen die Fundamente von einer künstlich geschaffenen oder vorhandenen Grundfläche aus wie aufgehendes Mauerwerk von unten in die Höhe gemauert werden. Da diese nicht tief hinabreichenden Fundamente bei fließendem Wasser am meisten der Unterspülung ausgesetzt sind, bedürfen sie in dieser Hinsicht besonderer Sicherheitsvorkehrungen.

Im Gegensatze hierzu steht die „**Fundamentabsenkung**", zu welchen in erster Linie die **Pfahlrostgründungen** gehören. Zu den eigentlichen „**Tiefgründungen**" sind endlich die **Brunnen-, Röhren-** und **Kastengründungen** zu zählen, bei denen ein Röhre oder ein oben und unten offener Kasten als Schutzwand für das zu errichtende Mauerwerk bleibend in das Erdreich versenkt wird. Diesen schließt sich dann in ganz natürlicher Weise die heute so hochentwickelte „**Druckluftgründung**" an.

Da diese Einteilung einige Ordnung in die ziemlich verworrenen und vielfach auch mißverstandenen Gründungsarten bringt, wollen wir im folgenden an ihr festhalten. Vorher sind aber noch einige Worte über Baugrund und Bodenuntersuchung zu sagen, weil von diesen Verhältnissen die Wahl der geeignetsten Gründungsart am meisten abhängt.

[40] Der Baugrund und seine Untersuchung.

a) Die Güte des Baugrundes hängt in erster Linie von seiner Widerstandsfähigkeit gegen den vom Bauwerke ausgeübten Normaldrucke ab. Man kann in dieser Hinsicht als **guten Baugrund** die meisten Arten von gewachsenem Fels, Kies, trockenem Ton- und Lehmboden, als **mittleren Baugrund** nassen Ton und Lehm sowie mit Ton und Lehm gemischten Sandboden und als **schlechten unzuverlässigen Grund** Humus, Torf, Moor und aufgeschütteten Boden ansehen. **Schlechter Grund muß unbedingt abgehoben, durchteuft oder künstlich gefestigt werden.** Außer der Festigkeit sind auch noch die Mächtigkeit und die Lagerung der betreffenden Bodenschichten für die Güte des Baugrundes maßgebend. So hat z. B. geschlossener Felsen, Kies und Sand in 3—4 m mächtigen wagerechten Lagen ausreichende Tragfähigkeit, wiewohl bei den letztgenannten Bodenarten Sicherungen gegen heftigen Wasserandrang nicht außer acht zu lassen sind. Das Versenken von Beton und das Eintreiben von Pfählen, die im Sande sehr fest stehen, ist daher hier zweckmäßig.

b) Aus allen diesen Gründen ist es von besonderer Wichtigkeit, vor Ausarbeitung der Pläne für ein zu errichtendes Bauwerk die Baugrundverhältnisse genau kennenzulernen und zu diesem Behufe besondere Untersuchungen vorzunehmen, falls nicht aus allgemein geologischen Aufnahmen oder Aufgrabungen in der Nachbarschaft genügende Anhaltspunkte hierfür gegeben sind.

Das Ausgraben oder die Anordnung von Probegruben und Versuchschächten gibt immer den sichersten Aufschluß über die Bodenbeschaffenheit, ist aber unter Wasser nur bis zu einer geringen Tiefe ausführbar. Zur Bestimmung der Tiefenlage des festen Baugrundes macht man häufig vom **Sondieren** Gebrauch, wozu man sog. **Sondiereisen (Visitiereisen)** benutzt. Es sind dies 2—4 cm starke Eisenstangen, die von mehreren Arbeitern durch Drehen an einem Bügel und durch Stoßen in den Boden getrieben werden. Aus ihrem Verhalten während des Stoßens und aus den beim Herausziehen am Eisen haftenden Spuren kann man beiläufig auf die Beschaffenheit des Bodens schließen.

Mit Hilfe geeigneter Bohrer stellt man **Bohrlöcher** von 7—15 cm Weite her, aus welchen man das erbohrte Material hervorholt; meist wird beim Grundbau in Tiefen bis zu 20 m gearbeitet, nur selten wird tiefer, im Bergbau sogar bis zu 1000 m und darüber, gebohrt, in welchem Falle auch die Bohrer viel größere Durchmesser haben müssen.

Die eigentlichen **Erdbohrer** werden häufig aus einem zylindrischen, an der Seite aufgeschlitzten Mantel gebildet, so daß beim Drehen derselben die Erdmasse abgeschnitten und in den Zylinder gepreßt wird.

| Abb. 90 | Abb. 91 | Abb. 92 | Abb. 93 |
| Löffelbohrer | Spitzbohrer | Amerik. Zunge | Ventilbohrer |

Der **Löffelbohrer** ist halbkreisförmig (Abb. 90) und **dient nur zum Vorbohren**, während das Loch dann mit einem zweiten in eine Spitze auslaufenden Bohrer (Abb. 91) erweitert werden muß. Zu dieser Erweiterung läßt sich auch vorteilhaft die sog. **amerikanische Zunge** verwenden (Abb. 92). Zum Sandbohren verwendet man meist **Ventilbohrer** (Abb. 93), die mit einer leichten Stange oder mit einem Hanfseile rasch auf und nieder bewegt werden, wobei sich das Ventil abwechselnd öffnet und schließt, während der Zylinder sich mit Sand füllt. Bei weiteren Löchern kann man auch den **Sackbohrer** (Abb. 94) verwenden. In lockeren Bodenschichten müssen die Bohrlochwandungen gegen das Zusammenstürzen gesichert werden, was durch das Ein- und Nachtreiben von **Futterröhren** aus Holz oder Eisen geschieht. Für steinige Bodenarten benutzt man meist **Stoßbohrer**, die meißelartig mit zwei oder mehr Schneiden gestaltet sind. Das Bohrstück löst einzelne Gesteinssplitter aus, und diese müssen als sog. Bohrschwund aus dem Loche geholt werden. Allein auch im festen Felsen kann mit **Drehbohrern** gearbeitet werden, und zwar sind dies **Röhrenbohrer**, deren unterer Rand mit stählernen Meißelzähnchen oder noch besser mit 8—12 schwarzen Diamanten besetzt ist. Das Gestänge besteht aus Stahlröhren, die rasch rotieren (100 bis 200 Umdrehungen in der Minute), wobei die Zähne bzw. die Diamanten ein ringförmiges Bohrloch aus dem Gestein herausschaben (Abb. 95).

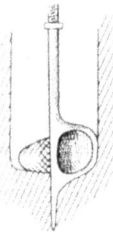

Abb. 94.
Sackbohrer

Abb. 95
Röhrenbohrer

Im Hohlraume bleibt ein zylindrischer Kern K stehen, der von Zeit zu Zeit abgebrochen und aufgeholt wird; in das Bohrloch wird ständig Druckwasser eingeführt, das die Bohrkrone abkühlt, das abgeschabte Bohrmehl nach oben schafft und so das Bohrloch rein erhält. Die aufgeholten Gesteinskerne geben genauen Aufschluß über die durchbohrten Gesteinsarten und bei geschicktem Zusammensetzen auch über die Neigung der einzelnen Bodenschichten. Die Erfolge mit dem Diamantkronenbohrer sind in vielen Fällen ganz hervorragende.

Bei großen Tiefen läßt man zweckmäßigerweise nicht das ganze Bohrgestänge, sondern nur das Bohrstück mit dem unteren Teile des Gestänges fallen, wodurch das sog. **Freifallbohren** entsteht; es kommt hauptsächlich im Bergbau in Betracht.

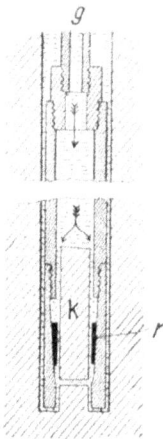

[41] Zulässige Belastung des Baugrundes. Bodenprüfung.

a) **Der Druck, den ein Bauwerk auf den Baugrund ausübt, soll nicht über ein Zehntel der Druckfestigkeit des letzteren betragen, so daß man also mit zehnfacher Sicherheit baut.**

Besteht der Baugrund aus **ganz widerstandsfähigem Felsen**, so kann der vorhandene Druck die größte zulässige Pressung des Fundamentmauerwerkes (**8—12 kg pro cm²**) erreichen; sonst kann man bei Felsen und fest gelagertem Gerölle **5—7 kg** pro cm² annehmen.

Bei Gründungen auf **weniger festem Gerölle, auf kompaktem Lehm- und Tonboden und auf reinem Sande** kann man mit **4—5** und auf aus **Sand und Ton gemischtem Boden** mit **2—3 kg pro cm²** rechnen. Besteht der Baugrund aus **aufgeschüttetem Boden, Humus, Moor oder Torf, so darf man höchstens bis zu 1 kg pro cm²** gehen, meist muß man bei so zweifelhaftem Grunde noch weit darunter bleiben.

b) Man hat verschiedene **Bodenprüfer** konstruiert, mit denen man die Tragfähigkeit der einzelnen Schichten ermittelt. Sie sind aber alle unzuverlässig und erfordern viel Sachkenntnis. Am ehesten kommt man noch mit **Probebelastungen** zu einem halbwegs verläßlichen Resultat, indem man die aufgegrabene Schichte mit Steinen, alten Eisenbahnschienen u. dgl. so lange belastet, bis sie nachzugeben beginnt. In der Regel bringt man das Doppelte der Belastung auf, die das zu errichtende Bauwerk auf die Flächeneinheit ausüben wird.

c) Bis zu gewissen Grenzen kann man weniger guten Baugrund durch künstliche Belastung der Sohle mit Steinen, Eisenbahnschienen usw., durch Abräumen, durch Einschlagen von 1—2 m langen Holzpfählen, die den Boden dichten, oder durch sog. **Füllpfähle**, bei welchen durch längere Pfähle Löcher erzeugt werden, die man dann mit Sand oder Beton ausfüllt, einigermaßen verbessern.

[42] Einfluß des Wassers.

Einen sehr wesentlichen Einfluß auf die Güte des Baugrundes übt in den meisten Fällen das Wasser aus, welches entweder als **Bodenfeuchtigkeit**, als **Grundwasser** und **als offenes, stillstehendes oder fließendes Gewässer** auftritt.

a) Die natürliche **Bodenfeuchtigkeit** ist während der kalten Jahreszeit dadurch schädlich, daß der Baugrund durch den Frost aufgelockert und nachgiebiger wird. Aus diesen Gründen muß man **die Aufstandfläche der Fundamente, wenn sie nicht auf frostfreien Felsen ruhen, in frostfreie Tiefen, also 1—1,25 m unter Erdgleiche legen.**

b) Das **Grundwasser** steigt im Mauerwerke hinauf und wird Ursache, daß die von den Mauern begrenzten Räume feucht werden. Deshalb sind, wenn das Grundwasser sich nicht ableiten oder senken läßt, **Isolierschichten** im Mauerwerk aus Asphaltpappe zur Anwendung zu bringen, oder es sind die Mauern außen durch Zementputz, Gußasphalt oder Luftgräben zu schützen.

c) **Sobald der Baugrund von Wasseradern durchzogen ist, so gehe man entweder mit der Fundamentbasis bis unter die wasserführende Schichte oder entwässere letztere in geeigneter Weise.** Etwa vorhandene **Quellen** fasse man oberhalb des Fundamentes in solcher Weise ab, daß der Wasserabfluß ungehindert erfolgen kann (siehe „Wasserbau").

Außer der rein technischen Beurteilung des Baugrundes sind aber auch noch andere Momente in Betracht zu ziehen, wenn es sich um Bauten handelt, die zu längerem oder kürzerem Aufenthalt von Menschen und Tieren dienen sollen. Abgesehen von der Bodenfeuchtigkeit, die sich sehr leicht den betreffenden Räumen mitteilt, darf der Baugrund keine gesundheitsschädlichen Gase, namentlich nicht solche abgeben, die von der Verwesung organischer Stoffe herrühren.

A. Fundamentaufbau und Flachgründung.

[43] Allgemeines.

Hierher gehören jene Fundamente, die am allerhäufigsten zur Ausführung kommen. In den meisten Fällen gräbt man die zutage liegenden lockeren, also nicht tragfähigen Bodenschichten ab, bis man auf genügend festen Boden gelangt. Man bildet in solcher Weise die sog. **Baugrube**, und auf deren Sohle stellt man, von unten nach oben fortschreitend, den Fundamentkörper her.

Daß man einem solchen Gründungsverfahren den Vorzug gibt, ist völlig gerechtfertigt, denn einerseits lernt man dabei die Bodenbeschaffenheit genau kennen und anderseits ist ein sehr sorgfältiges Herstellen des Fundamentmauerwerkes leicht möglich.

Je nachdem der Fundamentkörper aus Mauerwerk, aus Beton, aus Sandschüttung oder einer Rostkonstruktion besteht, unterscheidet man:

1. **vollgemauerte Fundamente,**
2. **Pfeilerfundamente,**
3. **Fundamente aus Stampfbeton,**
4. **Fundamente aus Sand- und Steinschüttung,**
5. **liegende Roste** und
6. **Schwimm- und Senkkasten.**

[44] Die Baugrube, deren Ausschachtung und Zimmerung.

a) **Die Ausführung einer Baugrube wird um so teurer, je größer die auszuschachtenden Bodenmassen sind.** Man wird daher hier möglichst sparsam vorgehen und die Wandungen tunlichst lotrecht halten, was bei Bodenarten von größerer Kohäsion ohne weiteres gelingt; sonst aber muß man die Wandungen der Baugrube böschen oder, falls dies aus anderen Gründen nicht geschehen darf, die Wandung durch eine **Zimmerung** vor dem Einsturze bewahren. Für

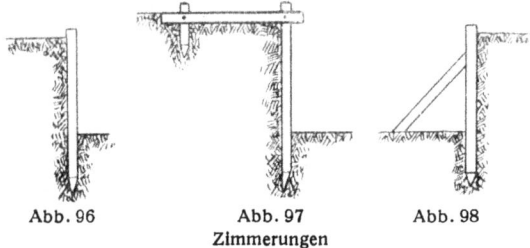

Abb. 96　　　　Abb. 97　　　　Abb. 98
Zimmerungen

ausgedehntere Baugruben zeigen die Abb. 96, 97, 98 solche Zimmerungen.

Abb. 99
Pölzung

Handelt es sich dagegen um schmale Baugruben, um Fundamentgräben oder Gräben zum Legen von Rohrleitungen usw., so werden die beiden Grabenwandungen gegeneinander **durch Spreizen abgesteift, gepölzt**; bei größerer Tiefe werden die Spreizen (Pölzriegel) gleichzeitig als Unterlage für die aus einfachen Bohlen bestehenden Wurfgerüste benutzt, die in etwa 1 m Höhe abwechselnd links und rechts anzuordnen sind (Abb. 99); bei beweglichem Boden, Triebsand u. dgl. werden hinter die Vertikalspreizen oft gespundete Schalbohlen angeordnet, wobei man die entstehenden Hohlräume mit Stroh, Pferdemist usw. sorgfältig abdichtet, damit keine gefährlichen Bodenbewegungen ausgelöst werden können.

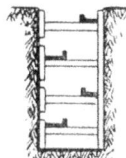

b) Das Ausschachten der Bodenmassen geschieht meist mittels **Grabearbeit,** die man auf etwa ⅓ m unter Wasser fortsetzen kann, im Felsen oder sonstigen festen Boden durch **Sprengen.** Nicht selten stößt man beim Niedergraben auf Wasser, meist

Grundwasser, das, um die Weiterarbeit zu ermöglichen, mit Pumpen oder andern Wasserschöpfmaschinen beseitigt wird; indes kann man auch Brunnenschächte anlegen und in diesen den Wasserspiegel absenken. Wenn es die Verhältnisse gestatten, gräbt man um die Baugrube eine Rinne, in die das Wasser abfließt.

[45] Spundwände und Fangdämme.

Soll ein Bauwerk am Ufer eines Gewässers oder im Wasser selbst errichtet werden, und will man die Gründung doch im Trockenen vornehmen, so muß man die Baugrube mit Spundwänden, Pfahlwänden oder Fangdämmen umschließen, um sie trocken legen zu können.

a) Was zunächst die allgemeine Anordnung der Fangdämme betrifft, so müssen sie imstande sein, dem Druck des äußeren Wassers zu widerstehen; sie müssen ferner gegen die Angriffe des Wassers an ihrer Außenfläche gesichert und endlich genügend dicht sein, um einesteils die Bildung von Wasseradern, die sich leicht erweitern und dann gefahrbringend für den Damm selbst werden, zu verhüten, andernteils um nicht mehr Wasser in die Baugrube treten zu lassen, als durch Schöpfvorrichtungen leicht wieder beseitigt werden kann.

Der Wasserdruck, welchen der Fangdamm abhalten soll, ist von wesentlichem Einfluß auf die Herstellungs- und Unterhaltungskosten, und man muß daher die Gründungsarbeiten möglichst in die Zeit des niedrigsten Wasserstandes legen.

Ist aber der Umfang der Arbeiten zu groß oder tritt auch in der günstigsten Bauzeit ein häufiger Wechsel zwischen Hoch- und Niedrigwasser ein, so ist es geraten, die Baugrube zeitweise unter Wasser zu setzen und bei Eintritt des niedrigen Wasserstandes wieder leer zu pumpen.

Die Krone des Fangdammes läßt man über den höchsten Wasserstand um etwa **0,3—0,5 m** überragen. Die Breite des Dammes macht man nach einer alten Regel **bis 2,5 m gleich der Höhe, darüber hinaus gleich der halben Höhe + 1,25 m.**

1. **Erddämme** sind zur Umschließung der Baugrube dann angebracht, wenn sie als Erdkörper aus gewachsenem Boden stehen bleiben können. **Als aufgeschüttete Dämme bieten sie nur geringen Schutz und finden daher meist nur bei geringen Höhen und ruhigem Wasser Anwendung.**

2. **Erddämme mit einseitigen Holzwänden** haben den Vorteil, daß man die Erde an den auf der Innenseite angebrachten Holzwänden feststampfen kann. Die Holzwand wird dabei aus **Spundbohlen** (Abb. 100) oder aus zwei Reihen in den Fugen sich überdeckender,

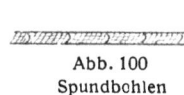

Abb. 100
Spundbohlen

Abb. 101　　　　Abb. 102
Stülpwände　　　　Bretterwände

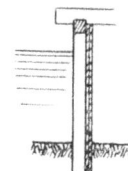

in den Boden eingetriebener **Stülpwände** (Abb. 101), oder endlich aus **Bretterwänden,** die sich gegen einen von leichten Pfählen getragenen Holm lehnen (Abb. 102), gebildet. Sie können bei Höhen von etwa 1,5 m in Frage kommen. Die Dichtung wird durch Mist, Laub, Stroh, auf die Erde angestampft wird, erreicht.

3. **Kastenfangdämme sind die gebräuchlichste Art der Fangdämme, die in ihrer einfachsten Anordnung in der Weise hergestellt werden, daß man zwei Reihen von Pfählen in Abständen von 1,25—1,5 m schlägt, auf jeder Pfahlreihe Holme anbringt und an die Innenseite dichte Bretter- oder Bohlenwände einsetzt (Abb. 103).**

Die zum Zusammenhalten der Wände dienenden Zangen werden über die Holme gekämmt (Abb. 104), oft auch durch

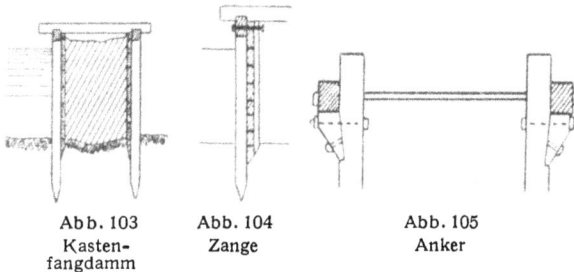

Abb. 103
Kasten-
fangdamm

Abb. 104
Zange

Abb. 105
Anker

eiserne Anker ersetzt (Abb. 105). Die Wände werden aus wagerechten Bohlen gebildet, die man bei geringer Tiefe an den Pfählen hinabschiebt, wobei man dafür sorgt, daß der Stoß zwischen zwei Pfosten auf die Mitte eines Pfahles trifft (Abb. 106). Weil aber die unteren wagerechten Bohlen bei unebenem Boden diesem sich nicht genau anschließen, stellt man sie ebenso häufig lotrecht.

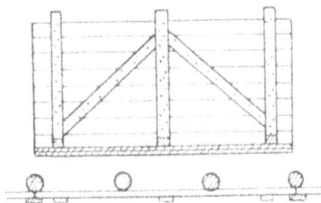

Abb. 106
Bohlentafeln

Die zur Ausfüllung des Raumes zwischen den Wänden verwendeten Bodenarten sind meist Ton, Lehm oder feste Erde, die aber vom Wasser nicht so durchweicht werden dürfen, daß sie den Zusammenhang verlieren. Von Wichtigkeit ist es auch, früher allen losen, weichen und durchlässigen Boden sorgfältig auszubaggern. Die Gefahr der Entstehung von undichten Stellen ist meist da vorhanden, wo Verbindungsteile quer durch den Damm reichen. Wo möglich, sind solche zu vermeiden. **Wenn eine Querverbindung unbedingt nötig ist, ist sie durch eiserne Anker zu bewirken (Abb. 105).**

b) **Spundwände und Pfahlwände nehmen wenig Raum ein, sind billig in der Herstellung und leicht zu beseitigen, erfordern aber eine große Steifigkeit, um gegen Wasserdruck fest genug zu sein, und eine sorgfältige Dichtung.**

Spundwände bestehen aus **Spundpfählen** oder, wenn sie schwächer sind, aus **Spundbohlen**, die durch sog. Spundung aneinander gefügt sind (Abb. 107); unten erhalten sie eine Schneide oder bei steinigem Boden einen eisernen Blechschuh.

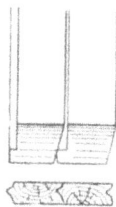

Abb. 107
Spundwände

Abb. 108

Abb. 109
Pfahlwände

Pfahlwände werden aus dicht nebeneinander eingerammten Pfählen gebildet, die auch mit einer Schneide oder Spitze versehen sind (Abb. 108, 109). Diese Wände werden in der Regel abgesteift, bei geringer Ausdehnung der Baugrube oft gegen-

einander. Die Dichtung erfolgt durch Ausstopfen der Fugen mit Moos oder Werg, durch Ausgießen mit Zement, in neuerer Zeit aber durch Verwendung von geteertem Segeltuch.

Auch **eiserne Spundwände** sind zur Anwendung gekommen; man bildet sie entweder aus **gußeisernen Platten** von geeignetem Querschnitt oder aus **Wellblech** oder aus passenden **Fassoneisen.**

[46] Trockenlegung der Baugrube.

Ist die Trockenlegung und Trockenerhaltung der Baugrube nach der gewählten Gründungsart und der Tiefenlage des Grundmauerwerkes zum Wasserstande erforderlich, so muß sie durch unmittelbare Beseitigung des eindringenden Wassers überall dort erfolgen, wo, wie hier, die Sohle der Baugrube offengelegt und durch eine natürliche oder künstliche Umschließung, Fangdämme usw. gegen den unmittelbaren Andrang des Wassers geschützt ist.

Nicht immer ist es zulässig, bei starkem Wasserandrange und bei durchlässigem Boden die Trockenlegung durch kräftiges Wasserschöpfen erzwingen zu wollen, weil dabei eine nachteilige Auflockerung des Bodens eintreten kann; mitunter ist es auch bei der Menge des zufließenden Wassers unmöglich. In diesen Fällen muß entweder eine andere Gründungsart gewählt werden, oder es ist das Streben auf eine Verminderung des Wasserzuflusses und auf eine zweckmäßige Anordnung der Wasserschöpfarbeiten zu richten, wenn nicht überhaupt die Baustelle in günstigere Verhältnisse oder die Bauzeit **in die Zeit des niedrigsten Wasserstandes**, also meist im Spätsommer oder Herbst verlegt werden kann.

a) Häufig gelingt es, durch Anlage eines Abzugsgrabens, eines Stollens u. dgl. das Wasser abzuleiten und den Grundwasserspiegel zu senken, nachdem man wohl auch die Wasseradern unterirdisch abgefangen hat, ehe sie die Baugrube erreichen. Wird durch Brunnen usw. eine Senkung des Grundwasserspiegels bis unter die Sohle der Baugrube ermöglicht, so fließt das Wasser nicht mehr dieser, sondern dem tieferen Brunnen zu und jede Auflockerung des Bodens wird vermieden. Tritt in der Baugrube selbst das Wasser an einzelnen Stellen besonders kräftig hervor, so hat man es mit **Quellen** zu tun, die gedichtet oder eingedämmt werden müssen. **Das Verstopfen solcher Quellen mit Zement usw. nützt in der Regel nicht viel. Besser ist es, die Quelle mit einer Röhre zu umschließen und sie in das Außenwasser zu leiten.** Stark quelligen Boden hat man zuweilen durch eine Lage Beton, durch einen sog. **Grundfangdamm** gedichtet.

Zur Beseitigung des in die Baugrube eindringenden Wassers legt man außerhalb des Grundbaues geeignete Wasserzüge an, durch die das Wasser in eine eigene Grube, den sog. **Sumpf**, abgeleitet wird. Dadurch wird die Sohle trocken gelegt und werden die gröberen Erdteile abgelagert, bevor sie in die Schöpfmaschinen gelangen.

b) **Das Wasser soll nicht höher gehoben werden, als es nach dem Stande des Außenwassers unbedingt nötig ist.** Legt man, wie es gewöhnlich der Fall ist, den Abfluß in die Kronenhöhe des Fangdammes, die zumeist noch etwa 0,30 m höher ist als der höchste Wasserstand, so hebt man unnötig hoch und erhöht dadurch zwecklos die Kosten. In solchen Fällen werden durch den Fangdamm in verschiedener Höhe Abzugsgräben angelegt und wieder beseitigt, wenn das Wasser steigt. Auch durch Anbringung von **Hebern** kann man das Wasser über den Fangdamm leiten, ohne die Hubhöhe zu vergrößern.

Zum **Wasserschöpfen** verwendet man die verschiedenartigsten Vorrichtungen und Maschinen, die zum Teil schon im I. Fachbande [245] beschrieben worden sind, zum Teil noch eingehender im III. Fachbande „Maschinenbau" besprochen werden sollen.

Hier sei nur erwähnt, daß man bei geringem Wasserzuflusse häufig die **Wurfschaufel** benutzt, die in der Regel an einem 1—1,5 m langen Stiele befestigt ist. Die **Schwungschaufel** wird an einem hölzernen Gerüste aufgehängt und mit einem Seile oder einer Stange hin und her bewegt.

Häufig werden auch **Handeimer** und die den Paternosterwerken nachgebildeten **Eimerketten** zur Wasserschöpfung verwendet, welch letztere das Wasser bis zu etwa 3 m Höhe mit einer Geschwindigkeit von ca. 1 m pro Sekunde fördern. Außerdem sind zu erwähnen die **Kettenpumpe** (Abb. 110), bei

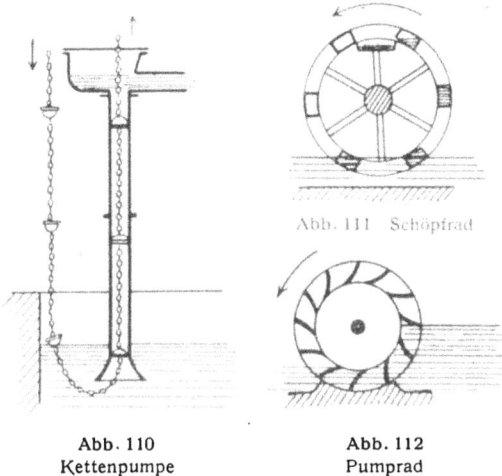

Abb. 111 Schöpfrad

Abb. 110
Kettenpumpe

Abb. 112
Pumprad

der die Gefäße durch Scheiben ersetzt werden, die das Wasser in einem Rohre emporheben, das **Chinesische Schöpfrad** (Abb. 111), das **Pumprad** (Abb. 112) usw.

Trotz der großen Fortschritte der Technik im Pumpenbau behält die menschliche Kraft für diese Zwecke doch immer ihre Bedeutung **bei wenig umfangreichen und nur kurze Zeit andauernden Arbeiten, schon wegen weniger umständlicher Vorbereitung, des geringeren Raumerfordernisses und der leichter möglichen Vermehrung der Arbeitskräfte im Falle dringenden Bedarfes,** Voraussetzungen, die gerade im Bauwesen nur allzu häufig sich geltend machen.

1. Vollgemauerte Fundamente.

[47] Fundamentbasis.

a) Das bei Hochbauten am meisten, aber auch im Ingenieurbauwesen (Brückenbau und Wasserbau) sehr häufig angewendete Gründungsverfahren besteht darin, **daß man auf der Sohle der Baugrube, also auf genügend tragfähigem Grund den Fundamentkörper aufmauert.** Das Verfahren verbindet Einfachheit mit großer Sicherheit: Auf der entsprechend abgeebneten Sohle wird zunächst ein Mörtelbett ausgebreitet und in dieses die unterste Steinschichte verlegt. Ist die Sohle von glattem Felsen, so wird sie früher aufgerauht und werden etwaige Höhlungen überwölbt oder ausgegossen. **Für die untersten Schichten des Fundamentkörpers nehme man womöglich lagerhafte Steine von sehr großen Dimensionen** und bei nicht ganz zuverlässigem Grunde rauhe Quadern in Rollschichten. Da auch für die übrigen Fundamentteile großstückiges Steinmaterial den herrschenden Druckverhältnissen am besten entspricht, verwendet man Backstein

nur ungern, in welchem Falle man scharfgebrannten Klinker vorzieht.

Bei geringerer Tiefe kann man gewöhnlichen Luftmörtel verwenden, **sonst aber nimmt man am vorteilhaftesten den rasch erhärtenden Zementmörtel.** Sind Erschütterungen oder Stöße von Maschinen zu erwarten, so mauere man mit **Asphaltmörtel.**

Die beim Fundamentmauerwerk zulässigen Höchstpressungen sind:

bei Mauern aus harten Quadern 30—50 kg pro cm²
aus Klinkern mit Zementmörtel . 12—14 „ „ „
aus Bruchsteinen . . . . 10—15 „ „ „
aus gewöhnlichen Backsteinen:
    in Zementmörtel . . . . . .   11 „ „ „
    in Kalkmörtel . . . .   7 „ „ „

b) Hiernach muß die Aufstandsfläche des Fundamentes berechnet, nötigenfalls **verbreitert** werden, **was meist absatzweise geschieht** (Abb. 113). Zu schmale Absätze sind wenig wirtschaftlich, **zu breite fehlerhaft, weil sie leicht Risse bekommen.** In der Regel wählt man das Verhältnis $l : h = 1 : 2$.

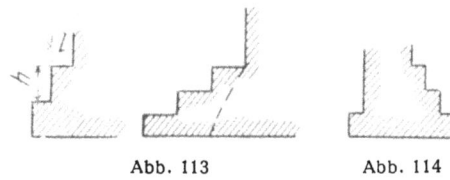

Abb. 113   Abb. 114

Die günstigste Druckverteilung würde sich ergeben, wenn die Druckrichtung den Schwerpunkt der Basis trifft; **es genügt aber, wenn der Angriffspunkt des Druckes im mittleren Basisdrittel gelegen ist;** in anderen Fällen soll dieser Punkt nicht außerhalb der sog. „Kernlinien" fallen [77], was man oft nur durch unsymmetrische Anordnung der Basisgestalt erreichen kann (Abb. 114).

Die Fundamentbasis wird zumeist wagerecht gelegt; ist aber der Druck nicht lotrecht, sondern wie bei Gewölben, Stützmauern schräg, so empfiehlt es sich, auch die Aufstandsfläche schräg zu halten, nötigenfalls durch Schwellen, Abtreppungen usw. (Abb. 115) gegen das Abgleiten zu sichern.

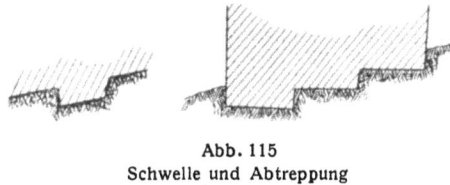

Abb. 115
Schwelle und Abtreppung

c) **In der Regel wird,** wenn der Baugrund nicht aus festem Felsen besteht, **ein Setzen des Bauwerkes eintreten,** was aber insolange unschädlich ist, als die Setzung nicht zu groß und durchaus gleichmäßig erfolgt. Ist die Möglichkeit eines ungleichmäßigen Setzens gegeben, so muß dem schon durch Wahl der Gründungsart vorgebeugt werden, **wobei aber solche Teile nicht in gegenseitigen Verband gebracht werden dürfen.**

2. Pfeilerfundamente.

[48] Fundamentpfeiler und Erdbögen.

a) **Diese Gründungsart kommt vornehmlich da in Betracht, wo der Grundbau Gebäudeteile mit leeren Zwischenräumen aufzunehmen hat und daher verschieden belastet wird.** Man bringt in diesen Fällen nur einzelne **Fundamentpfeiler** zur Ausführung, überspannt sie mit Gurtbögen, den sog. **Grundbögen,** worauf man eine wagerechte Abgleichung herstellt, auf die man das Tagemauerwerk setzt (Abb. 116). Man erspart dadurch wohl etwas an Bodenausschachtung, dafür ergeben sich Mehrkosten an den beengten Arbeiten in den schachtartigen Baugruben für die Pfeiler. **Die Pfeiler selbst, die große Lasten zu tragen haben, werden mit harten und lagerhaften**

Abb. 116
Grundbögen

Abb. 117
Erdbögen

Bruchsteinen, bei sehr starkem Drucke auch mit Hausteinen in hydraulischem Mörtel fundiert. Sehr wichtig erscheint es, dafür zu sorgen, daß an keiner Stelle eine Trennung der Teile in wagerechter Richtung erfolgt; man wählt daher hier meist halbkreisförmige Bogen oder bei mangelnder Höhe auch Stichbögen, die keinen allzustarken Seitenschub erzeugen.

b) Muß die Fundierung auf einen Baugrund geschehen, der nicht genügend fest ist **oder sogar einen Auftrieb gewärtigen läßt,** so ordnet man außerdem umgekehrte Gewölbbögen, sog. **Erdbögen,** zwischen den Pfeilern an (Abb. 117).

3. Fundamente aus Stampfbeton.

[49] Betonfundamente und Betonplatten.

a) **Fundamente aus Stampfbeton bilden eine einheitliche Masse ohne Lager- und Stoßfugen, die bei genügender Mächtigkeit die wirksamen Drücke sehr gut auf den Baugrund übertragen und bei ungleichartigem Baugrunde geeignet sind, schädlichen Setzungen im Bauwerke entgegenzuwirken.** Man kann Betonfundamente sowohl in wasserfreien Baugruben, als auch in solchen, die ausgeschöpft werden, herstellen. Dringt Grundwasser in bedeutendem Maße aus der Sohle nach, so ist im Gegenteile eine gute Betonschichte geeignet, den Wasserzutritt abzuhalten.

Die Verbreiterung nach unten geschieht in der Regel allmählich im Verhältnis 3 : 4 (Abb. 118).

Meist nimmt man zum Beton hydraulischen Mörtel, **bei stärkerem Wasserandrange aber unbedingt Zementmörtel.** Der Beton

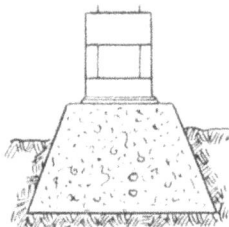

Abb. 118
Betonfundament

wird in 8—10 cm dicken Lagen eingebracht und jede Lage mit eisernen Stößern gestampft.

Bei einer Mächtigkeit von 1 m kann guter hydraulischer Beton mit 10—15 kg pro cm² belastet werden. Meistens nimmt man aber bei weniger lastenden Bauwerken eine Stärke der Betonplatte von **75 cm** oder noch weniger an.

b) Unter gewöhnlichen Verhältnissen wird bei Hochbauten jeder Mauer ein besonderes Betonfundament gegeben. **Dort, wo aber der Boden sehr nachgiebig ist und Neigung zum Auftriebe zeigt oder das**

Eintreten von Grundwasser befürchtet wird, **legt man unter das ganze Gebäude eine genügend starke Betonplatte, die man noch durch Eiseneinlagen** nach Art der Monierschen Bauweisen gegen das Eintreten von Trennungen und Rissen **zu verankern trachtet.**

c) Ist die Baugrube mit Wasser gefüllt, das man nicht ausschöpfen kann oder will, so geht es nicht an, den Beton für das Fundament in kleinen Mengen in das Wasser zu schütten, weil der Mörtel dann ausgewaschen und der Beton nicht erhärten würde. In diesen Fällen muß man die Betonierung im Wasser unter den in [37] erwähnten Vorsichtsmaßregeln vornehmen. Bei kleineren Ausführungen, wie sie namentlich im Hochbau häufig vorkommen, verwendet man hierzu **Betonschaufeln,** d. s. Blechkasten, die an entsprechend langen Stielen befestigt sind und mit einem Deckel verschlossen werden oder **gewöhnliche Kaffeesäcke.**

Bei größeren Betonmengen verwendet man die bereits erwähnten **Betontrichter** oder **Versenkkästen.**

4. Fundamente aus Sand- und Steinschüttungen.

[50] Sandschüttung.

a) Guter und reiner Quarzsand komprimiert sich zwar unter einer aufgebrachten Last ziemlich stark; ist aber eine gewisse Grenze erreicht, so bildet er eine kaum mehr preßbare Bodenschichte, die auch um die Last herum seitlich nicht emporsteigt.

Von diesen guten Eigenschaften des Sandes macht man Gebrauch, sobald man es mit aufgefülltem Boden zu tun hat. Man gräbt den Boden ab und ersetzt ihn durch Quarzsand, doch muß die Sandschichte vor den Begrenzungen der darauf sitzenden Mauer um ebensoviel vorragen, als sie dick ist (Abb. 119).

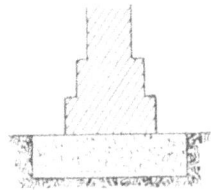

Unter 75 cm sollte die Mächtigkeit der Sandbettung nicht betragen; doch wird man nur selten über 2,5 m zu gehen haben. Freilich vermag eine derartige Sandschichte keine große Belastung

Abb. 119
Sandschüttung

auszuhalten. **Bei 1,5—2 m Mächtigkeit sollte der Druck 2 höchstens 3 kg pro cm² betragen.**

b) Für derartige Fundamente nehme man am besten ganz reinen, scharfen und grobkörnigen Quarzsand und bringe ihn in wagerechten Lagen von 20—30 cm Dicke ein, die man mit Wasser begießt und mit Handrammen feststößt.

[51] Steinschüttung.

Bauwerke von geringerer Bedeutung, die keine längere Dauer haben sollen und den Baugrund nur wenig belasten, kann man auf trockenes Bruchsteinmauerwerk gründen, wie man das bei vielen altägyptischen, griechischen und römischen Bauten vorgefunden hat. Wohl muß der Baugrund fest genug und dürfen die Steine nicht zu klein sein.

a) **Ganz untergeordnete Bauwerke, wie Einfriedungsmauern, kleine ländliche Gebäude usw.** kann man auf gutem Baugrund auf **Steinpackungen,** also auf eine Schichte von kleineren Steinen setzen, die in einem leidlichen Verband verlegt sind.

b) **Für leichtere Bauten am und im Wasser** stellt man die Fundamente aus losen **Steinwürfen** her, nachdem man die Bausohle durch Ausbaggern tunlichst vom Schlamme befreit hat. Die Steine müssen so groß sein, daß sie von der Strömung nicht mitgerissen werden. Hat man solche nicht in genügender Menge zur Verfügung, so muß man die kleinen Steine im Kerne der Steinschüttung verwenden und sichert die Böschungen durch Aufbringen von großen Steinen oder künstlichen Quadern (Abb. 120).

Abb. 120

c) **Bei bedeutenden Wassertiefen und mächtigem Wellenschlage fundiert man mit Steinen von ungewöhnlichen Abmessungen** bis zu 100 m³ Rauminhalt, die aus Zementbeton gestampft sind. Sie werden von Schiffen aus versenkt und durch Taucher in die richtige Lage gebracht.

5. Liegende Röste.

[52] Einfache Röste.

Liegende Rostkonstruktionen, die meist aus Holz hergestellt werden, kommen bei nachgiebigem Baugrunde zur Ausführung; sie verteilen den Druck in recht günstiger Weise und bringen im Fundamentkörper eine sehr wünschenswerte Längsverankerung hervor. Die einfachsten Röste sind die **Bohlenröste**, die aus einer oder zwei Lagen von 7—10 cm dicken Bohlen bestehen; sie werden auf der abgeebneten Sohle verlegt und durch Holzdübel verbunden. **Der zulässige Druck beträgt höchstens 1 kg per cm²,** der aber auf 2 kg gesteigert werden kann, wenn man stärkere Hölzer bis zu 15 × 15 cm verlegt.

[53] Schwellröste.

a) **Die Hauptbestandteile der Schwellröste bilden zwei Lagen von Holzschwellen: Lang- und Querschwellen, welche bei regelmäßiger Grundrißgestalt einander rechtwinklig kreuzen.** Die viereckigen Felder dazwischen erhalten eine Bettung aus Kies, festem Bauschutt oder Bruchsteinmauerwerk, worauf ein Bohlenbelag aufgebracht wird, auf dem das Mauerwerk sitzt (Abb. 121). Bei lotrechten Drücken ist es gleichgültig, welche Schwellenlagen nach unten zu liegen kommen;

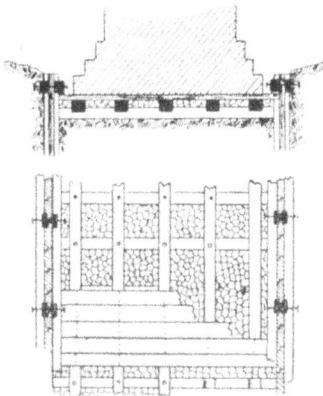

Abb. 121
Schwellrost

sind die Drücke aber schief gerichtet, wie z. B. bei Stützmauern, Gewölbewiderlager usw., **so lege man die Langschwellen nach unten.** Lang- und Querschwellen dürfen sich nicht völlig überschneiden; es

ist vielmehr die obere Lage in die untere um einige Zentimeter einzulassen bzw. zu „**verkämmen**".

Die Langschwellen (25 × 33 cm) sind 0,75—1 m, die Querschwellen (22 × 30 cm) 1,25—1,5 m voneinander entfernt. Dicke des Bohlenbelages 7—10 cm.

b) **Die Oberkante der Holzkonstruktion ist mindestens 30 cm, besser 50 cm unter den niedrigsten Wasserstand zu legen.** Durch Nichtbeachtung dieser Vorschrift hat man schon sehr böse Erfahrungen gemacht: Das Holz verrottet allmählich; das darauf ruhende Mauerwerk setzt sich infolgedessen ungleichmäßig und bekommt Risse.

Schwellröste werden nur mehr selten, höchstens in holzreichen Gegenden, verwendet. Die Längsverankerung erzielt man besser durch Betonplatten mit Eiseneinlagen.

[54] Eisenbetonröste.

Besonders kräftige und tragfähige Rostkonstruktionen erzielt man, wenn man übereinandergelegte einander kreuzende Lagen von alten Eisenbahnschienen, T- oder I - Trägern in Zementbeton einstampft. In Amerika wird hiervon viel Gebrauch gemacht, wo meist zu unterst eine Betonplatte zu liegen kommt (Abb. 122). **Ein solcher eiserner Schwellrost hat den Vorteil der vollständigen Unabhängigkeit vom Wasserstande des Grundwassers.**

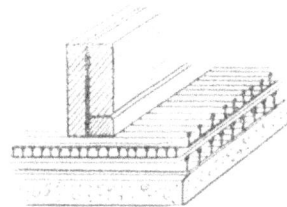

Abb. 122
Eisenbetonrost

6. Schwimm- oder Senkkasten.

Die Gründung mit **Senkkasten** kann da in Frage kommen, wo die Umschließung der Baugrube mit Fangdämmen und die nachherige Trockenlegung sich aus örtlichen Gründen verbietet oder des Kostenaufwandes wegen vermieden werden soll. Es sind mit Boden- und Seitenwänden versehene, oben offene Kästen aus Holz oder Eisen, welche schwimmend einen Teil des Fundamentmauerwerkes aufnehmen und mit diesem auf den Baugrund hinabgelassen werden. **Es handelt sich also hier nicht um eine wirkliche Absenkung des Fundaments, sondern um eine Flachgründung,** bei der die Seitenwände des Kastens die Spundwände und unter Umständen auch die Fangdämme ersetzen sollen und nach Bedarf wieder beseitigt werden können. Behufs sicherer Führung des Kastens wird eine leichte Umschließung der Baustelle nötig sein, die in wenig bewegtem Wasser aus einer einfachen Rüstung bestehen kann, bei stärkerer Strömung aber mit Faschinen bekleidet wird, so daß innerhalb der Umschließung eine ruhige Wasserfläche entsteht. Manchmal wird auch der Boden des Kastens weggelassen, in welchem Falle man von **Mantelgründungen** spricht, bei welchen die Mäntel wieder entfernbar, also nur zu vorübergehender Verwendung dienen. Hierher gehört auch der **Steinkistenbau,** der in verschiedenen Ländern verbreitet ist.

[55] Sicherung der Grundbauten gegen Unterspülungen.

Hauptsächlich die weniger tief hinabreichenden, sowie die von leicht beweglichem Boden umgebenen

Grundbauten sind es, die eines besonderen Schutzes gegen die ausspülende Einwirkung des fließenden Wassers bedürfen. Als Schutzwerk in diesem Sinne kann man Schutzwände, Steinschüttungen, Faschinen mit oder ohne Pfahlwerken und Bettungen unterscheiden.

Mit **Schutzwänden,** die aus Spund- und Pfahlwänden bestehen, umgibt man den Grundbau mantelartig im Boden und schützt so den Untergrund gegen Ausweichen. **Sie werden meist quer durch das Bett des Wasserlaufes vor dem zu schützenden Objekt angeordnet.**

Die **Steinschüttungen** sind ein sehr gebräuchliches Mittel, um den Angriff des Wassers zu mäßigen. Man lagert sie in flacher Böschung, bringt die größeren Steine an der Oberfläche an und schützt sie nötigenfalls durch eine regelmäßige Abpflasterung.

Faschinenwerke, welche teils als gewöhnliche Faschinen durch aufgebrachte Belastungen versenkt, besser aber als eigentliche Senkfaschinen verwendet werden, haben eine ähnliche Wirkung wie Steinschüttungen. Von diesen Faschinenwerken wird noch im „Wasserbau" die Rede sein.

Steinschüttungen und Faschinenwerke werden mitunter außerdem durch Pfahlwerke gesichert und können dann steilere Böschungen erhalten.

Häufig sind endlich **Befestigungen der Sohle** des Wasserlaufes im weiteren Umfange nötig, die man **Bettungen** nennt. Bei Durchlässen und sonstigen Bauwerken in kleineren Wasserläufen bringt man sog. **Herdpflasterungen** an, zwischen welchen noch, um das Auswaschen einzelner Steine zu hindern, tiefer reichende Quermauern, die sog. **Herdmauern,** angeordnet sind. Die Herdmauern können auch durch Spundwände, namentlich am Ein- und Auslaufe, ersetzt werden.

Manchmal kommen in Verbindung mit Schwellrösten **hölzerne Böden** vor, die aber behufs dauernden Bestandes stets unter Wasser bleiben müssen.

B. Fundamentabsenkung.

1. Eingetriebene und eingedrehte Fundamente.

Im Gegensatze zu den aufgebauten Fundamenten, die von der Sohle einer Baugrube nach oben auszuführen sind, sucht man die tragfähige Schicht auch durch **Pfähle** zu erreichen, die man durch die lockere, nicht tragfähige Bodenschicht eintreibt oder eindreht. **Derartige Fundamente kommen in Frage, wenn die auf dem tragfähigen Grunde lagernde lockere Schicht eine so bedeutende Mächtigkeit hat, daß deren Abgrabung unwirtschaftlich wäre.** Freilich bilden dann diese Pfähle meist nur die tragfähige Basis für einen **Rost** oder einen **Senkkasten,** der mit großer Sicherheit darauf gelagert werden kann. Solche Pfähle, die auf ihrer ganzen Länge im Boden stehen oder ihn nur um ein geringes überragen, heißen **Rostpfähle,** zum Unterschiede von **Langpfählen,** die in ihrem oberen Teile freistehen und hauptsächlich bei hölzernen Brückenpfeilern oder als Schiffshalter usw. verwendet werden.

[56] Rostpfähle.

a) Hölzerne Pfähle sind meist aus Nadelholz oder aus Eichenholz, das besser der wechselnden Einwirkung des Wassers und der Luft widersteht, aber sehr teuer ist, hergestellt. **Man gebraucht hierzu gerne Holz kurz nach dem Fällen, weil es dann zähe ist und beim Einrammen weniger leicht splittert.** Die Hölzer werden zu Rostpfählen meist als Rundholz verwendet und entrindet.

Ihre Dicke d in cm hängt von Länge l in m ab; in der Regel kann man $d = 12 + 3\,l$ annehmen, ein Grundpfahl von 10 m Länge würde demnach ungefähr 42 cm in der Mitte haben. **Ihre Tragfähigkeit beträgt bei Moorboden 0,8 bis 1,2, bei besserem Bodenmaterial 3—5, bei festem Boden und Sand bis 7 kg pro cm³.** In Fällen, wo keine Erfahrungen vorliegen, ist es jedenfalls geboten, Probepfähle einzutreiben und zu belasten.

Damit die Pfähle in den Boden eingerammt werden können, werden sie am unteren Ende drei- oder vierfach angespitzt und mit **eisernen Schuhen** versehen (Abb. 123).

Den **Pfahlkopf** versieht man mit einem sorgfältig aufgepaßten eisernen Ringe, dessen Abmessungen sich nach der Schwere des Rammbären und nach der Fallhöhe richten. Muß infolge unzureichender Länge eines Pfahles ein Stück **aufgepfropft** werden, so läßt man die Hölzer stumpf aneinanderschließen und befestigt sie durch eiserne Schienen in der Längenrichtung (Abb. 124).

Zum **Abschneiden von Pfählen** benutzt man über Wasser die Schrotsäge (I. F.B. [392]), bei größeren Tiefen die **Grundsägen,** die als **gerade Sägen** mit großen Zähnen und starker Schränkung, als **Pendelsägen** und als **Kreissägen** ausgeführt werden.

b) Die Vergänglichkeit des Holzes beim Wechsel von Wasser und Luft, seine im Seewasser oft erfolgte Zerstörung durch den Bohrwurm (I. F.B. [60]) haben zunächst dazu geführt, Pfähle aus Gußeisen und, weil auch dieses Material namentlich im Meerwasser nicht von unbegrenzter Dauer ist, **aus Schmiedeeisen und Eisenbeton** zu verwenden.

Massiv geschmiedete Pfähle, welche nicht eingeschlagen sondern eingedreht werden, erhalten im unteren Teile eine Pfahlschraube (Abb. 125) und dürfen bis zu 12 kg pro cm² belastet werden. Diese **Schraubenpfähle** können fast in jede Bodenart, harten Felsen ausgenommen, eingedreht werden.

c) Neuerer Zeit verwendet man den **Eisenbeton** zur Herstellung von **Fundamentpfählen;** der Querschnitt dieser Pfähle ist kreisrund, drei- oder viereckig. Abb. 126 zeigt einen **Hennebique-Rammpfahl,** bei welchem die 4 Rundeisen in den Ecken mit Verbindungsdrähten zusammengehalten sind. Die Metallkappe a soll den Kopf gegen Rammschläge schützen, zu welchem Behufe sie noch außerdem mit Sägespänen gefüllt wird.

Abb. 123
Rostpfahl

Abb. 124
Aufpfropfen

Abb. 125
Schraubenpfahl

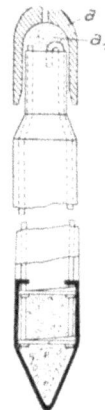

Abb. 126
Hennebique-Rammpfahl

[57] Das Einrammen der Pfähle.

a) Die zum Eintreiben von Pfählen benutzten Rammen sind:

1. **Handrammen** (Abb. 127), bei welchen der Rammklotz an den daran befestigten Handhaben von den Arbeitern unmittelbar erfaßt, gehoben und auf den einzutreibenden Pfahl gestoßen wird; sie sind im Grundbau selten angewendet, weil die Rammwirkung sehr gering ist, selbst wenn das Gewicht der auf einer Rüstung stehenden Arbeiter mitwirkt. Man rechnet per Mann 12—15 kg Gewicht, so daß der Rammklotz bei 4 Mann nur 60 kg schwer sein darf.

Abb. 127
Handramme

2. **Zugrammen** (Abb. 128), **deren besonderes Merkmal die feste Verbindung des Rammbären mit dem Zugseil ist.** Das Tau trägt in einer Höhe von etwa 5 m das **Kranztau** mit so viel Zugleinen, als Arbeiter angestellt werden sollen.

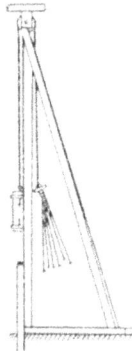

Abb. 128
Zugramme

Alle 2 Sekunden erfolgt ein Schlag und nach einer „Hitze" von 20—25 Schlägen wird eine Pause von 2—3 Min. gemacht. Die gewöhnliche Hubhöhe ist **1,2 m,** das Gewicht des Rammbären **200—600 kg.**

3. **Kunstrammen,** bei denen das Gewicht des Bären mit Hilfe einer Windevorrichtung gehoben und durch die „Katze" (Abb. 129) im richtigen Momente vom Seil losgelöst wird. **Man ist daher bei diesen Rammen in bezug auf die Fallhöhe und das Gewicht des Bären weniger beschränkt.** Statt mit der Handwinde werden Kunstrammen auch oft mit Dampf be-

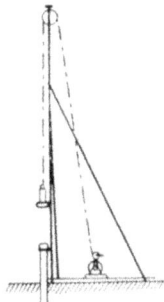

Abb. 129
Kunstramme

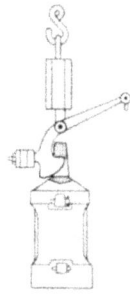

Abb. 129a
Die „Katze"

trieben. Das Gewicht beträgt **600—800 kg,** die Fallhöhe **2—6 m.**

4. **Dampframmen, die hauptsächlich verwendet werden, wenn viele Pfähle in kurzer Zeit zu rammen sind.** Bei der **Naßmythschen** Dampframme ist der Kolben beweglich, während bei der **Riggenbachschen** Konstruktion der Kolben feststeht und der mit dem Bären festverbundene Dampfzylinder sich bewegt. **Immer werden die Dampframmen unmittelbar auf dem einzutreibenden Pfahle befestigt, so daß ein**

Nachstellen während des Eindringens des Pfahles nicht notwendig wird. Das Gewicht des Bären beträgt etwa **1000—2500 kg,** seine Fallhöhe aber nur **0,75 m bis 1 m.**

5. **Pulverrammen,** ein Produkt der Neuzeit (Abb. 130), bei welchen der Mörser *M* mit der Patrone auf den Pfahl aufgesetzt wird. Der Rammbär *R* bringt nun mit seinem Stempel die Patrone zur Explosion, wird nach oben geworfen, bis der Puffer *B* ihn mit Luftdämpfung aufhält. Die Wirkung auf den Pfahl wird durch den Rückstoß der Explosion und durch das Fallgewicht des Bären ausgeübt. Die Leistungsfähigkeit der verschiedenen Rammen ergibt sich aus Tabelle 4 (siehe unten).

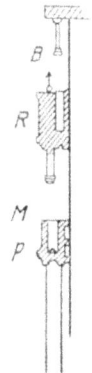

Abb. 130
[Pulverramme

b) Je nach der Einrichtung der Baustelle und der Bestimmung der Rammpfähle werden die Rammmaschinen entweder in die Baugrube oder auf festen Gerüsten oder Schiffen aufgestellt. Zu den festen Gerüsten schlägt man einzelne Rostpfähle mit leicht beweglichen Rammen ein und kämmt über sie Holme, die durch Zangen und Streben in der richtigen Lage erhalten werden.

Müssen Pfähle in tiefen engen Baugruben eingerammt werden, so kann man sich der **Tieframmen** bedienen, bei denen die Rammstuben sich in Bodenhöhe befinden, während die Läuferruten, längs welchen sich der Rammbär bewegt, bis auf die Sohle der Baugrube hinabreichen. Mit Vorteil kann man auch bei großer Tiefe den Erdbohrer zum Vorbohren benutzen.

2. Pfahlroste.

[58] Tiefliegende Pfahlroste.

a) Bei allen Pfahlrosten werden die wesentlichen Konstruktionsteile durch die Rostpfähle gebildet, welche eigentlich den Baukörper tragen. Auf die nur wenig aus dem Boden hervorragenden und in gleicher Höhe abgeschnittenen Pfahlköpfe wird meist ein Schwellrost [53] verlegt, und zwar derart, daß jeder Kreuzungspunkt von Lang- und Querschwelle durch einen Pfahl unterstützt wird (Abb. 131). Die Pfähle werden meist so gegenübergestellt, daß sie die Ecken eines Rechteckes bilden, seltener im **Versatz** angeordnet. Die Schwellen werden mit den Pfählen durch Zapfen verbunden, die bei zu befürchtendem Wasserauftriebe, wie z. B. bei Schleusenböden, durchgehen und verkeilt sind.

Die Reihenfolge der Arbeiten richtet sich danach, ob die Rammarbeiten im Trocknen vorzunehmen sind oder nicht. Im ersteren Falle werden zunächst die Fangdämme hergestellt, worauf die Baugrube unter Wasserschöpfen ausgehoben wird; dann werden auf die Sohle die Rammbühnen gelegt und die Rostpfähle geschlagen. Darauf folgt das Abschneiden der Pfähle und das Anarbeiten der Zapfen. Soll das Einrammen vor Trockenlegung erfolgen, so werden von schwim-

Tabelle 4. Leistungsfähigkeit verschiedener Rammen bei sandigem Boden und 12 stündiger Arbeit.

Art der Ramme	Schläge pro Minute	Gewicht des Bären in kg	Hubhöhe in m	Arbeiterzahl	Eingedrungene Pfahllänge pro Tag in m	Anschaffungskosten in GM.
Zugramme	30	500	1,2—1,5	30	10—15	600
Kunstramme	$^{1}/_{2}$—1	600—800	2—6	5	9—10	900
Dampfkunstramme	3—6	750—800	2—6	3	35—40	3 600
Dampframme	75—100	2500	0,75—1	5	80—110	27 000

menden Gerüsten aus die Pfähle der Spunddämme und Fangdämme geschlagen, um diese als Rammrüstungen für die Rostpfähle zu benutzen. Dann wird die Baugrube umschlossen, trockengelegt, worauf die weiteren Arbeiten in der bereits beschriebenen Weise folgen.

Häufig wird bei Bauten an und im Wasser die Umschüttung der Pfähle mit Steinen vorgenommen, um sie gegen Unterspülung zu schützen. In Deutschland werden meist Spundwände geschlagen,

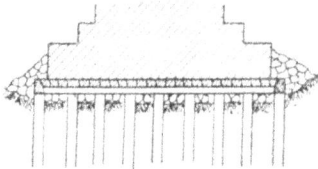

Abb. 131
Pfahlroste

Abb. 132
Schiefe Pfähle

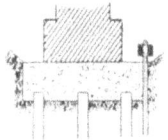

Abb. 133
Beton auf Pfählen

die später noch in Fangdämme verwandelt werden können.

b) Am vorteilhaftesten ist es, wenn die Rostpfähle auf dem tragfähigen Grunde ruhen; mitunter ist das aber wegen der Mächtigkeit der lockeren Schichten gar nicht möglich und dann müssen die Pfähle nur durch ihre Reibung wirken.

Die Pfähle werden am besten in der Richtung des herrschenden Druckes, **also in der Regel lotrecht eingerammt.** Bei Stützmauern oder unter Gewölbewiderlagern stehen die Pfähle meist schief (Abb. 132).

c) Statt des Schwellrostes kann man auch Beton aufbringen, der dann einen Teil des Fundamentmauerwerkes darstellt (Abb. 133), wodurch man unabhängiger von der Höhe des Wasserspiegels wird.

Man kann auch Eisenbetonplatten auf Eisenbetonpfählen anordnen, so daß Holz ganz vermieden bleibt.

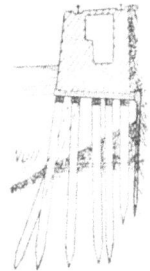

[59] Hochliegende Pfahlröste.

Am offenen Wasser, namentlich am Meere, stößt das Herstellen und Trockenlegen der Baugrube oft auf große Schwierigkeiten. Verlangt aber der Boden doch eine Pfahlgründung, so läßt man die eingerammten Pfähle auf einen bedeutenden Teil ihrer Länge hervorragen (Abb. 134). Man nennt dann einen solchen Pfahlrost ein **Stelzenfundament** und die Rost- oder Grundpfähle **Langpfähle.** Um die Pfähle zu versteifen, bringt man Steinschüttungen, Schrägpfähle usw. an.

Abb. 134
Stelzenfundament

C. Tiefgründungen.

[60] Allgemeines.

Das Kennzeichnende dieser Gründungsart liegt darin, daß zunächst ein Teil des Fundamentmauerwerkes zur Ausführung kommt und **daß dann erst unter dem so geschaffenen Fundamentteil der lockere Boden weggenommen wird, wodurch die Fundamentsohle so lange sinkt, bis der tragfähige Grund erreicht ist.** Auch hier kommt es aber mitunter vor, daß der tragfähige Boden überhaupt nicht erreicht werden kann und die erforderliche Standsicherheit nur durch Reibung erzielt wird.

In manchen Fällen ist die lockere Oberschicht zu mächtig, um Pfahlgründungen auszuführen, wogegen Brunnenfundierungen noch immer zum Ziele führen können.

[61] Brunnenpfeiler.

a) In [48] wurden Fundamentpfeiler beschrieben, die voll auf der tragfähigen Schicht von unten nach oben ausgeführt sind. **Hier werden aber die Pfeiler zunächst hohl hergestellt, durch die lockeren Schichten bis auf den tragfähigen Grund versenkt, dann erst entsprechend ausgefüllt und so in massive Fundamentpfeiler verwandelt.**

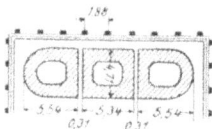

Mit Rücksicht auf den allseitig wirkenden Erddruck wäre für Brunnenpfeiler der kreis-

Abb. 135

förmige Querschnitt am vorteilhaftesten, nur müßte er oben, um mit den Nachbarbrunnen vereinigt zu werden, durch Auskragen der oberen Schichten in den quadratischen Querschnitt übergehen; um diese Doppelkonstruktion zu vermeiden, wird für Senkbrunnen meist von vornherein quadratischer oder rechteckiger Grundriß gewählt (Abb. 135).

Das Brunnenmauerwerk wird zunächst auf den sog. **Brunnenkranz** oder „Schling" aufgesetzt, der aus Holz gefertigt, häufig mit Eisen verstärkt wird oder ganz aus Eisen besteht (Abb. 136). Man gibt

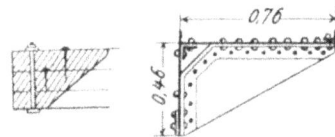

Abb. 136
Brunnenkränze
aus Holz aus Eisen

dem Brunnenkranze gern einen keilförmigen Querschnitt, damit er leichter in den Boden eindringe; er besteht meist aus 2—3 Lagen 4—5 cm starker Bohlen. Findet die Gründung im Wasser statt, so wird der Kranz mit Ketten an einem Gerüste aufgehängt und nach Maßgabe des Mauerfortschrittes allmählich hinabgelassen.

Für das Mauerwerk empfehlen sich gute Klinker mit Zementmörtel; bei kleinen und mittelgroßen Brunnen bis zu etwa 6 m Durchmesser genügt eine

Wandstärke von 1 Stein. Mitunter besteht das Mauerwerk auch aus Beton oder Eisenbeton und wird mit dem Kranz verankert. **Damit der Widerstand beim Niedergehen möglichst gering ist, führe man die Außenwände tunlichst glatt mit gut verriebenem Mörtelputz aus.**

b) Ist dann das Mauerwerk entsprechend hoch ausgeführt und der Kranz auf dem Boden angekommen, so beginnt die **Versenkarbeit, indem man unter dem Kranze den Boden möglichst gleichmäßig abgräbt, so daß der Brunnen durch sein Eigengewicht niedergeht.** Das Abgraben geschieht vom Innern des Brunnens aus entweder durch Handarbeit mit geeigneten Werkzeugen, wobei das ausgegrabene Material mit Eimern nach oben befördert wird, oder mittels geeigneter Baggervorrichtungen, unter welchen der **Stielbagger,** den man von oben aus mit einem langen Stiele in der Mitte grabend einwirken läßt, der **Sackbohrer** (Abb. 94) und die **indische Schaufel** (Abb. 137) am verbreitetsten sind.

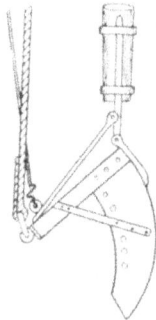

ADD. 137
Indische Schaufel

c) Wenn der Brunnen bis auf den tragfähigen Grund abgesenkt ist, wird er mit gutem Steinmaterial oder mit hydraulischem Beton ausgefüllt. Dann erst müssen die benachbarten Brunnen so miteinander vereinigt werden, daß man Tagmauerwerk daraufsetzen kann. Stehen sie nahe aneinander, so werden Steinplatten aufgelegt und diese allmählich vorgekragt. Bei größerem Abstande müssen Grundbögen [48] gespannt werden.

d) **Die Hauptsache bei der Brunnenfundierung ist, daß die Versenkung gleichmäßig und lotrecht vor sich geht.** Größere Steine und Hölzer müssen mit **Teufelsklauen** oder ähnlichen Vorrichtungen beseitigt werden. Finden sich solche Hindernisse unter den Brunnenkränzen, so können daraus die größten Schwierigkeiten erwachsen, die dann nur von Tauchern zu beheben sind.

[62] Senkröhren.

a) **Die eisernen Röhren, die namentlich in England große Bedeutung erlangt haben, bieten den gemauerten Brunnen gegenüber die Vorteile des innigeren Zusammenhanges der Wandung, des geringeren Widerstandes beim Eindringen in den Boden und der schnelleren Aufstellung, Vorteile, die besonders bei großen Gründungstiefen und bei starker Strömung voll zur Geltung kommen.** Dagegen wird durch das verhältnismäßig kostspielige Material der Wandungen, welches nur wenig zum Mittragen beihilft, ein neues Element eingeführt, welches bei Brunnengründungen fehlt. Freilich wird die Ausführung von kostspieligem Mauerwerk in Quadern oder Blendsteinen zum Teile erspart, wenn die Röhren bis zum Überbau fortgesetzt werden, wie es bei Brückenpfeilern üblich ist.

Gußeiserne Röhren werden aus Ringstücken zusammengesetzt, die entweder in einem Stücke gegossen sind oder aus mehreren Teilen bestehen. **Schmiedeeiserne Senkröhren** werden aus Blechringen aufgebaut, die durch Laschen und Winkeleisen miteinander verbunden sind. Der Durchmesser der Röhren beträgt etwa 1,4—1,6 m. Das Versenken der Röhren geschieht in der Regel durch Sackbohrer wie bei Senkbrunnen (Abb. 138) oder mittels Preßluft.

Bei geringerer Tiefenlage des festen Baugrundes werden statt der eisernen Röhren auch hölzerne Kasten versenkt.

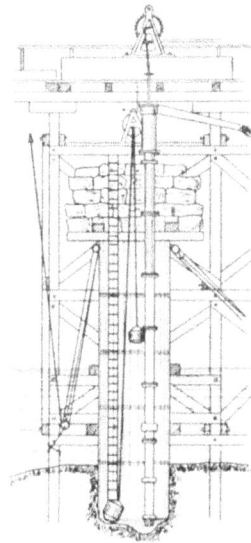

Abb. 138
Senkröhrenfundierung

D. Druckluftgründungen.

[63] Einleitung.

a) Die erste Vorrichtung, dessen sich die Menschen bedient haben, um unter Wasser Arbeiten im Trocknen ausführen zu können, war die sog. **Taucherglocke** (1645). Praktische Verwendung erhielt sie erst 1779 durch Smeaton, der sie aus Gußeisen genügend groß herstellte, damit ein Mann in ihr Platz finden konnten. Die Luftzuführung geschah mittels einer Luftpumpe (siehe auch I. F.B. [118]).

Im Jahre 1841 wurde die Gründung mittels Druckluft bedeutend vervollkommnet durch den französischen Ingenieur Triger, der die Luftschleuse erfand.

Das Wesen dieser heute sehr gebräuchlichen Gründungsart besteht darin, daß man unter dem zu versenkenden Fundamentkörper einen Arbeitsraum schafft, in dem Arbeiter das Lösen der lockeren Bodenschicht vornehmen können und aus dem zu diesem Zwecke das Wasser durch Preßluft (Druckluft, komprimierte Luft) verdrängt wird, also durch eine Luftmenge, deren Dichtigkeitsgrad einen Druck erzeugt, der größer ist, als der vorhandene Wasserdruck. Daher auch der Name **„atmosphärische"** oder **„pneumatische"** Gründung. Versenkt werden auf diesem Wege Senkröhren und massiv aufgeführtes Mauerwerk.

Allein auch wassersammelnde Fundamentbrunnen können in solcher Weise in sehr großen Tiefen fundiert werden: 15, 20, 25 m sind durchaus keine Seltenheit, und man vermag sonach auch bei sehr bedeutender Mächtigkeit der lockeren Bodenschicht ein standsicheres Fundament herzustellen.

[64] Versenkung von Röhren.

Wie bereits [62] erwähnt, werden eiserne Senkröhren auch auf dem Wege der Preßluftgründung versenkt.

Bei den ersten Ausführungen dieser Art wurde stets die ganze, oben in geeigneter Weise geschlossene Senkröhre wasserfrei gemacht, was natürlich große Mengen von Preßluft erforderte.

Später hat man durch eine eingezogene wagerechte Decke den untersten Teil der Röhre abgeschlossen und damit eine **Arbeitskammer** geschaffen, in der die Arbeiter ihre Arbeiten vollführen können. Diese Kammer stand durch einen oder zwei Schächte mit der Außenwelt in Verbindung, durch die die Arbeiter ein- und aussteigen und die ausgegrabenen Erdmassen ins Freie befördern konnten. Hierdurch wurde wesentlich an Preßluft gespart und auch das Einsenken der Röhre durch das Gewicht des oberhalb der Kammerdecke außerhalb der Schächte befindlichen Wassers gefördert. In derselben Absicht hat man auch die Röhren und die Arbeitskammer zum Teile ausgemauert, um das Eigengewicht zu vermehren.

Hat die Röhre mit ihrer Unterkante die vorgesehene Senkungstiefe erreicht, so wird sie mit hydraulischem Mörtel ausgefüllt, wobei man natürlich mit dem Ausfüllen der Arbeitskammer beginnt.

[65] Caissongründungen.

a) Will man einen massiv aufgemauerten bzw. aus Beton gestampften Fundamentkörper versenken, so muß man darunter gleichfalls eine Arbeitskammer herstellen. Bei Brückenpfeilern, welcher Fall am häufigsten vorkommt, wird meist diese Kammer durch einen schmiedeeisernen, oben und seitlich geschlossenen, durch Konsolen versteiften Kasten gebildet, dessen Grundrißform der künftigen Grundrißgestalt des Pfeilers entspricht (Abb. 152). Dieser Kasten, den man **Caisson** nennt, wird auf Gerüsten zusammengesetzt, die auf Pfählen so aufgestellt sind, daß der Caisson senkrecht über seiner Verwendungsstelle steht. Sie besitzen meist zwei Böden, von denen der untere zur Zusammensetzung der Eisenkonstruktion bestimmt und dann leicht entfernt werden kann, während auf dem obern Boden Hängeschrauben aufgelagert werden, an denen der fertige Caisson mit Ketten aufgehängt wird (Abb 139).

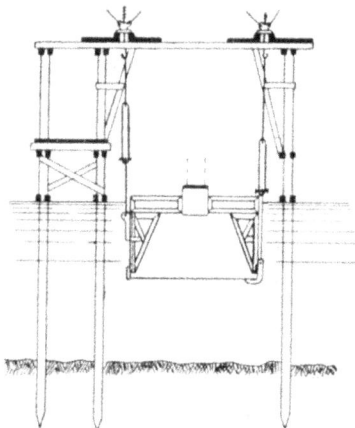

Abb. 139
Caissongründung

b) Der Arbeitsvorgang ist nun folgender: Sobald die Arbeitskammer fertig und auf ihre Dichtigkeit geprüft ist, wird sie an den Ketten etwas gehoben, damit der Rüstboden entfernt werden kann, und dann hinabgelassen, bis die Decke der Kammer ins Wasser taucht. Man setzt dann das erste Mantelblech, das den Mauerwerkskörper zum Schutze gegen Zugspannungen im Mauerwerk infolge der Reibung im Boden umschließt, auf und beginnt gleichzeitig mit der Aufmauerung auf der Blechdecke und zwischen den Deckenbalken nach Maßgabe des Mauerfortschrittes mit dem langsamen Hinablassen des Caissons, welche Arbeiten fortgesetzt werden, bis der Caisson den Boden des Flußlaufes berührt.

Ist die Wassertiefe groß, so dient der Blechmantel auch als Fangdamm, weil das Mauerwerk oft um mehrere Meter unter dem Wasserspiegel zurückbleibt; der Blechmantel muß gegen den Wasserdruck versteift werden.

Bei festem Untergrunde wird die Mauerung bis zum Wasserspiegel nachgeführt, gleichzeitig werden die Steigeschächte und Luftschleusen aufgesetzt, Luft in die Arbeitskammer gepreßt **und die Aufhängung gelöst,** so daß die Arbeitskammer frei auf dem Grunde aufsteht und ihre Eingrabung beginnen kann. Bei beweglichem Untergrunde gräbt man **vor der Lösung der Ketten** den Caisson um seine eigene Höhe in den Boden ein, so daß die Kolkung des Untergrundes, die durch das Einbringen des Caissons flußaufwärts leicht entsteht, nicht mehr schaden kann.

[66] Luftschleuse.

a) Die konstruktiven und sonstigen Einzelheiten der Preßluftgründung sind ungemein mannigfaltig; sie auch nur annähernd erschöpfen zu wollen, ginge weit über den Rahmen des TS. hinaus.

Eine der wichtigsten Einrichtungen ist die **Luftschleuse.** Wollte man die Steig- und Förderschächte einfach durch einen Deckel schließen, so würde beim Ein- und Aussteigen eines Arbeiters oder beim Heraus- bzw. Hineinbefördern von Material die ganze Druckluft verlorengehen. **Weiters muß aber der Übergang aus der dünneren Außenluft in die verdichtete Innenluft und namentlich der umgekehrte** Vorgang sich ganz allmählich vollziehen, damit er den Arbeitern nicht gefährlich wird. Dazu dient nun hauptsächlich die Luftschleuse, die auf dem Einsteigschacht s aufsitzt (Abb. 140). Zwei nach unten sich öffnende Klappen a und c ermöglichen das Ein- und Aussteigen, während die Ventile e und n, die sich von außen und von innen öffnen lassen, zur Handhabung und Regelung der Luftzuströmung dienen.

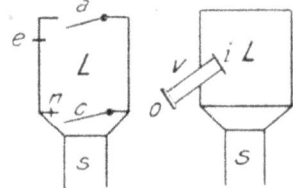

Abb. 140
Luftschleuse

Will jemand einsteigen, so öffnet er zunächst das Ventil e und schließt n; dann strömt aus der Luftschleuse Luft, während die Klappe e geschlossen bleibt. Dagegen läßt sich jetzt Klappe a öffnen, und der Arbeiter kann einsteigen. Nun schließt er das Ventil e und öffnet n. Die Schleuse füllt sich mit Preßluft, bis die Klappe c abfällt, worauf der Arbeiter in den Schacht steigen kann. Ähnlich vollzieht sich auch der umgekehrte Vorgang beim Aussteigen. Bei neueren Luftschleusen verwendet man statt der Klappen Türen.

b) Zum Zwecke der Materialförderung ist die Luftschleuse unterteilt und in einen Teil ragt eine schräg liegende Röhre, die sog. „Hose" hinein, die durch die Deckel i und o luftdicht geschlossen werden kann.

Normal ist i geöffnet und o geschlossen; sobald ein mit Erde gefüllter Eimer in der Luftschleuse einlangt, wird er in die Röhre v entleert. Ist letztere gefüllt, so wird der Deckel i geschlossen und o geöffnet.

[67] Gesundheitsmaßnahmen bei Caissonarbeiten.

a) Alle gewöhnlichen Beleuchtungsmittel brennen in der Preßluft rascher und unvollständiger als im Freien. Der mit Druckluft gefüllte Raum wird daher mit feinen Kohlenteilchen geschwängert, die sich in alle vertieft liegenden Teile des menschlichen Körpers, Ohren, Nase, Augenlider, Lunge niederschlagen und auch zum Husten reizen. **Wo es daher halbwegs angeht, soll in Caissons stets elektrische Beleuchtung eingerichtet werden.**

b) Nach Eintritt in die Luftschleuse und damit in die Preßluft empfindet jedermann einen Druck auf das Trommelfell der Ohren, der sich bis zu heftigem Schmerz steigern kann. **Abhilfe wird getroffen durch rasches Hinunterschlucken der gepreßten Luft.** Eine Gefahr des Sprengens des Trommelfelles ist immer gegeben, wenn man den Lufthahn zu rasch öffnet. Am einfachsten ist es, durch geeignete Konstruktion des Hahnes das rasche Einschleusen unmöglich zu machen.

Der Aufenthalt in der Druckluft hat kein Gefühl des Schmerzes oder auch nur von Unbehagen zur Folge, solange der Überdruck nur 1,2—1,5 m beträgt, man daher in einer Wassertiefe von 12—15 m arbeitet. Bei 2 at Überspannung versteht man seine Mitarbeiter nur noch schwer, und auch bei gesunden Männern treten häufig bei 35 m Tiefe unter Wasser Schlaganfälle und Lähmungen ein. **Herz- und lungenkranke Leute oder Alkoholiker dürfen zu Caissonarbeiten absolut nicht verwendet werden.**

Der Aufenthalt in Druckluft scheint nicht von schlimmen Folgen begleitet zu sein, sofern er nicht länger als 6—8 Stunden, also die Zeit zwischen zwei Mahlzeiten andauert.

Besondere Vorsicht erfordert der Austritt aus der Druckluft ins Freie nicht nur wegen der plötzlichen Abnahme der Temperatur in der Schleuse, wo durch Ablassen der Druckluft Expansion eintritt und damit Wärme gebunden wird, daher leicht Ver-

kühlungen sich ergeben, **sondern hauptsächlich dadurch, daß Blutgefäße in den Lungen platzen können, wenn der äußere Druck allzurasch abnimmt;** auch hier muß durch geeignete Konstruktion der Hähne das langsame Abblasen der Luft gesichert werden.

Beim wochenlangen Arbeiten im Caisson empfinden wohl manche Arbeiter in den Gelenken, namentlich in den Knien, Schmerzen, die sich aber niemals in der Druckluft, sondern nur in der freien Luft bemerkbar machen.

Im allgemeinen kann gesagt werden, daß das Arbeiten in Druckluft niemanden dauernd schadet, der gesund und nüchtern ist, so daß die oft erwähnte, eigentlich nicht existierende Caissonkrankheit kaum gegenüber den besonderen Vorteilen der Druckluftgründung in Betracht kommt.

Zur Beachtung: In Aufgabe 13 [75] bringen wir zum ersten Male **ein Programm, und zwar** diesmal **über die Fundierung eines Mittelpfeilers.** In jedem der folgenden Hefte werden solche Programme gebracht werden, nach denen die betreffenden Bauwerke zu berechnen und zu projektieren sind, und zwar werden anfangs den Programmen ausgeführte Konstruktionszeichnungen, später aber zum Teile nur Skizzen beigegeben werden, nach welchen der Selbstschüler die nötigen Pläne und Zeichnungen anzufertigen haben wird. **Wir empfehlen die Programme der besonderen Aufmerksamkeit unserer Leser,** denn diese Neuerung erscheint uns als das beste Mittel, den Studierenden zu zeigen, **wie man technische Aufgaben anpackt und den gegebenen Verhältnissen entsprechend durchführen soll.** Nur durch solche Übungen können sie allmählich selbständige Projektanten und Konstrukteure werden.

BAUMECHANIK

Inhalt: Unter dem Titel „Baumechanik" werden wir die **allgemeine Mechanik**, die wir schon im I. Fachbande besprochen hatten, in jenen Teilen ausführlicher behandeln, **die für den Bautechniker von besonderer Bedeutung sind.** Hierbei wollen wir soweit als möglich uns dem Studiengange der „Baukunde" anschließen, sonach mit dem **Erddrucke** beginnen, sodann zu der für den Wasserbau wichtigen Ermittlung der **Geschwindigkeit in neuanzulegenden Wasserläufen,** der **Ausflußmenge** bei **Überfällen** und **Stauwerken** übergehen und daran die Berechnungen von **Trägern,** von **Dach-Brückenkonstruktionen,** von **Gewölben** usw. anschließen, die zum Studium des Brücken- und Hochbaues nötig sein werden.

In diesem Briefe werden wir uns zunächst mit dem **Erddrucke** und mit der **Berechnung von Stütz- und Futtermauern** befassen.

1. Abschnitt.

Vom Erddrucke.

[68] Allgemeines.

Unter **Erddruck** versteht man den gegen eine beliebig gerichtete und geformte Mauerfläche ausgeübten Druck der Hinterfüllungserde. Zur Ermittlung der Größe dieser Kraft hat man sich bisher zweier verschiedener Verfahren bedient: Das erste unter dem Namen der Lehre vom „**Erdprisma des größten Druckes**" bekannte Verfahren, das von **Coulomb, Culmann, Rebhann** u. a. ausgebildet und für die Praxis nutzbar gemacht wurde, nimmt an, daß sich beim Nachgeben der Wand von der gestützten Masse ein Prisma loslöst, welches in der Trennungsfläche von einer Ebene begrenzt ist.

Das zweite neuere Verfahren von **Rankine, Winkler** u. a. bezeichnet man als die „**Lehre vom Erddrucke im unbegrenzten Erdkörper**" und geht, wie die moderne Elastizitäts- und Festigkeitslehre, vom Gleichgewichte des Erdelementes im Erdkörper aus; nur setzt es an Stelle des Elastizitätsgesetzes die Gesetze der Reibung und der Kohäsion; diese Anschauung hat aber praktisch eine sehr begrenzte Bedeutung und läßt sich bloß in einzelnen besonderen Fällen, wie z. B. bei den Schrägflügeln der Brücken, mit Vorteil ausnutzen.

Im folgenden soll nun nur **die erstere Methode besprochen werden, die in der Praxis vorwiegend angewendet wird** und auch genügend genaue Resultate gibt. Was die Art der Ableitung betrifft, so führt der rechnerische Weg schon bei verhältnismäßig einfachen Aufgaben zu verwickelten Formeln, **während sich das graphische Verfahren stets einfach und leicht prüfbar gestaltet.**

[69] Der natürliche Böschungswinkel.

Wird eine lockere Erdmasse auf einer festen Unterlage aufgeschüttet, so wird sie sich von selbst so abböschen, **daß ihre Begrenzungslinie mit der horizontalen Fläche einen Winkel einschließt, dessen Größe von der Beschaffenheit der Erdmasse abhängt.** Dieser Winkel heißt der **natürliche Böschungswinkel** des Materials und kann bei feuchter Dammerde und eckigem Gerölle mit 45°, bei nassem Sande mit 24°, **für die meisten Erdarten jedoch im Mittel mit 30°** angenommen werden.

Tabelle 5. Böschungswinkel und Gewicht der verschiedenen Erdgattungen.

Material	Böschungs-winkel	Gewicht pro m³
Lockere Dammerde, trocken	40°	1400
„ „ feucht .	45°	1580
„ „ naß . .	27°	1800
Lockere Lehmerde, trocken .	40°	1500
„ „ feucht .	45°	1550
„ „ naß . .	27°	2040
Sand, trocken	35°	1640
„ feucht	40°	1740
„ naß	24°	2000
Gerölle, eckig	45°	1770
„ rundlich	30°	1770

[70] Ermittlung der Gleitfläche.

a) Soll eine Erdmasse unter einem größeren Winkel als dem natürlichen Böschungswinkel abgeböscht werden, so ist zu ihrer Stützung eine Wand ab, eine Stützmauer, erforderlich (Abb. 141). Infolge der Reibung zwischen dem Erdkörper und

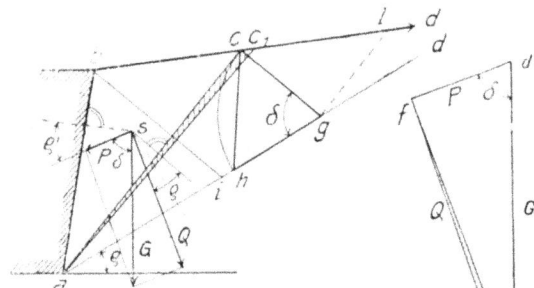

Abb. 141

Abb. 142

der Wand längs ab, ausgedrückt durch den Reibungswinkel ϱ', wird bei einem Nachgeben der Wand die Erdmasse nicht auf der natürlichen Böschung, sondern längs einer **steileren** Böschung, der sog. **Gleitfläche,** abrutschen. Um die Richtung dieser Fläche zu bestimmen, nehmen wir vorläufig willkürlich eine Gleitfläche ac an. **Der von dem Keile abc auf die Wand ausgeübte Druck heißt der Erddruck;**

man erhält ihn durch Zerlegung des Gewichtes G des Erdkeiles in zwei Seitenkräfte P und Q, von welchen P unter dem Reibungswinkel ϱ', welcher, wie oben erwähnt, zwischen der Wand ab und der Erdmasse wirkt, während Q unter dem Böschungswinkel ϱ gegen die Normale zu ac geneigt ist.

P gibt die Größe des gegen die Wand ausgeübten Erddruckes an.

b) Zu den Kräften G, P und Q zeichnet man nun das Kräftedreieck def und wählt hierfür einen solchen Kräftemaßstab, daß $fe = ac$ wird (Abb. 142). Für eine andere, der ursprünglich angenommenen Gleitfläche ac unendlich naheliegende Gleitfläche ac_1 ergibt sich das Kräftedreieck de_1f. Es ist:

$$\triangle abc : \triangle acc_1 = G : g,$$

wobei g gleich dem Gewicht des Erdprismas acc_1 ist.

$$G : g = de : ee_1.$$

Weiters ist aber auch

$$de : ee_1 = \triangle def : \triangle efe_1$$

oder $\triangle abc : \triangle acc_1 = \triangle def : \triangle efe_1.$

Da nun die kleinen Dreiecke acc' und efe' einander annähernd gleichen, folgt, daß $\triangle \boldsymbol{abc} = \triangle \boldsymbol{def}$ ist. Zieht man durch c die Linie cg unter dem Winkel δ gegen die natürliche Böschung, so folgt, da die beiden Dreiecke die 3 Winkel und eine Seite gleich haben,

$$\triangle def \cong \triangle acg$$

und daraus

$$\triangle \boldsymbol{abc} = \triangle \boldsymbol{acg}.$$

Zieht man nun die Linie bi parallel zu cg und gl parallel zu ac, so erkennt man jetzt aus Abb. 141 die folgenden Beziehungen:

$$ag : ad = cl : cd = bc : cd$$
$$bc : cd = ig : gd$$
$$ag : ad = ig : gd = (ag - ai) : (ad - ag)$$
$$ag\,(ad - ag) = ad\,(ag - ai)$$
$$\overline{ag} \cdot \overline{ad} - \overline{ag} \cdot \overline{ag} = \overline{ad} \cdot \overline{ag} - \overline{ad} \cdot \overline{ai}$$

$$\boxed{ag^2 = \overline{ad} \cdot \overline{ai}}$$

Die Strecke ag ist die mittlere geometrische Proportionale zwischen den Abschnitten ad und ai (siehe Vorstufe [204a]).

Aus dem Vorstehenden ergibt sich folgende Konstruktion zur Ermittlung der Gleitfläche: **Man zeichnet die Linie ad (Abb. 143) unter dem natür-**

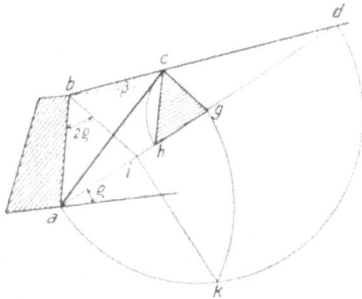

Abb. 143

lichen Böschungswinkel, zieht durch b die Linie bi unter einem Winkel $\varrho + \varrho'$ oder, da in der Regel der Reibungswinkel zwischen Erde und Mauerwerk jenem zwischen Erde und Erde gleichgesetzt werden

kann, **unter dem Winkel 2ϱ geneigt zur Linie ab und konstruiert nun in bekannter Weise zu den Strecken ad und ai die mittlere geometrische Proportionale ag; die Parallele durch g zu bi liefert auf der Terrainlinie einen Punkt c der Gleitfläche und diese ist demnach durch die Linie ac gegeben.**

Die Linie bi wollen wir im folgenden die Stellungslinie heißen.

c) **Schneidet sich die natürliche Böschung mit der Terrainlinie außerhalb der Zeichenfläche**, so hilft man sich dadurch, daß man mittels einer Parallelen ii_1 zu bc (Abb. 144) den Punkt i nach i_1 überträgt

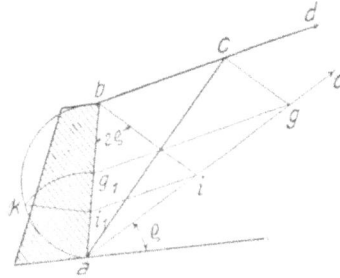

Abb. 144

und zu den Strecken ab und ai_1 die mittlere geometrische Proportionale ag_1 konstruiert; wird g_1 mittels einer Parallelen gg_1 zu bc nach g übertragen, so ergibt sich der Punkt c und damit die Gleitfläche.

[71] Größe, Richtung und Angriffspunkt des Erddruckes.

a) Macht man $gh = gc$ (Abb. 141), so verhält sich das Dreieck agc zu $\triangle cgh$ wie $= G : P$; das Dreieck cgh stellt die Grundfläche eines Prismas von der Höhe gleich Eins dar, und das Gewicht dieses Prismas gibt die Größe des auf die Wand ab ausgeübten Erddruckes an. Man bezeichnet deshalb das Dreieck cgh kurzweg als **Druckdreieck.** Um also die Größe des Erddruckes auf die Wand ab zu bestimmen, ermittelt man die Gleitfläche ac, konstruiert dann das $\triangle cgh$ und berechnet das Gewicht jenes Prismas, das bei der Höhe 1 dieses Dreieck zur Grundfläche hat. **Dieses so ermittelte Gewicht stellt den Erddruck auf die Längeneinheit der Wand dar.**

b) **Die Richtung des Erddruckes bildet mit der Normalen zur gedrückten Wand den Reibungswinkel ϱ.**

c) Um endlich den **Angriffspunkt** dieser Kraft zu finden, ermittelt man die Erddrücke auf die einzelnen Wandstücke (Abb. 145) bm, $bn \ldots ba$ und trägt die ermittelten als Senkrechte mm', $nn' \ldots aa'$ zur Wand ab auf, dann stellt die Verbindungslinie b, m', n', a' eine **Parabel** mit dem Scheitel in b dar, durch welche die Zunahme des Erddruckes nach unten zu veranschaulicht wird. Man kann diese Kurve als die **Drucklinie des Erddruckes** bezeichnen. Die von dieser und der Wand eingeschlossenen Fläche $ba'a$ bedeutet das statische Moment des ganzen Erddruckes hinsichtlich des Drehungspunktes a; der Inhalt dieser Fläche ist $\frac{1}{3}\overline{aa'} \cdot \overline{ab}$. Ist weiterhin o der Angriffspunkt der Mittelkraft des Erd-

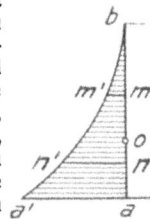

Abb. 145

druckes, so ist das statische Moment desselben $= ao \cdot aa'$; daher $\overline{ao} \cdot \overline{aa'} = \dfrac{1}{3} \cdot \overline{aa'} \cdot \overline{ab}$ und

$$ao = \frac{1}{3}\, ab.$$

Der Angriffspunkt des Erddruckes auf eine ebene Wand liegt bei ebener Abgrenzung der Erdmasse in einem Drittel der Wandhöhe.

[72] Ermittlung des Erddruckes in besonderen Fällen.

a) Ist die **Terrainlinie unter den natürlichen Böschungswinkel gegen die Horizontale geneigt** (Abb. 146), so versagen alle bisher gegebenen Konstruktionen. Es ergibt sich aber das Druckdreieck auch hier sehr einfach, indem man die Stellungslinie bg zeichnet und $hg = bg$ macht. Der Angriffspunkt des Erddruckes liegt in einem Drittel der Höhe der gedrückten Wand.

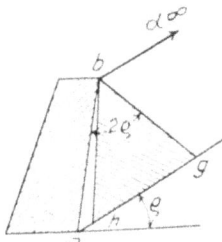
Abb. 146

b) Bildet **die Terrainlinie eine gebrochene Linie** (Abb. 147), so verwandelt man das Dreieck abl in das flächengleiche Dreieck aln (Vorstufe [226]), wobei der Punkt n in die verlängerte Linie ld fällt,

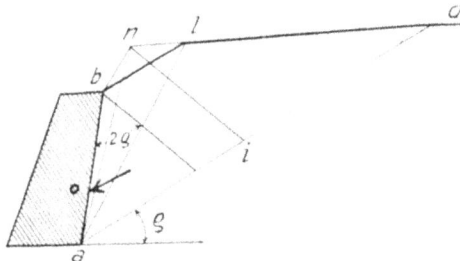
Abb. 147

zieht ni parallel zur Stellungslinie und verfährt dann in gewöhnlicher Weise, um c zu erhalten.

Zur Ermittlung des Angriffspunktes o verschafft man sich den Schwerpunkt der Fläche $ablc$; die Parallele durch ihn zur Gleitfläche liefert auf ab den Angriffspunkt des Erddruckes. Man erhält da je nach der Gestaltung der Terrainlinie Werte zwischen $\dfrac{1}{3}\, ab$ und $\dfrac{3}{8}\, ab$ und darf daher, ohne einen

großen Fehler zu begehen, in diesem Falle gleichfalls $ao = \dfrac{1}{3}\, ab$ annehmen.

c) Ist **die Terrainlinie belastet,** so reduziert man die zufällige Belastung auf Belastung durch Erdmaterial, indem man die Höhe x rechnet, bis zu welcher gleichartige Erde aufgeschüttet werden müßte, um die gegebene Belastung zu erzielen. Ist Q die gegebene Belastung pro m², G das Gewicht der Erde pro m³, so ist $x = \dfrac{Q}{G}$. Man betrachtet dann die Oberkante der gerechneten Belastung als Terrainlinie. Als zufällige Belastung bzw. Verkehrslast nimmt man bei **Eisenbahndämmen 1400 kg, bei Straßendämmen 400 kg** für den m² an.

d) Bildet endlich **die Begrenzung der Wand eine gebrochene Linie** (Abb. 148), so bestimmt man den Erddruck P_1 auf die Wand nb mittels des Druck-

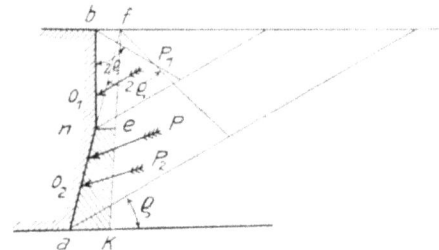
Abb. 148

dreieckes in bekannter Weise. Hierauf verlängert man die Linie an bis zum Schnitt f mit der Terrainlinie und bestimmt den Erddruck auf die Wand af ebenfalls mit dem sich ergebenden Druckdreieck. Letzteres verwandelt man in ein flächengleiches Dreieck fak, von welchem die Horizontale durch n das Trapez $nlka$ abschneidet, dessen Flächeninhalt ein Maß für den Erddruck auf an darstellt.

Der **Angriffspunkt** o_1 von P_1 liegt auf nb so, daß $no_1 = \dfrac{1}{3}\, nb$; jener von P_2 findet sich im Durchschnittspunkte o_2 der durch den Schwerpunkt des Trapezes $nlka$ gezogenen Horizontalen mit der Wandfläche.

Der Erddruck P auf die ganze Wand ergibt sich nun als Mittelkraft der beiden Erddrücke P_1 und P_2 und bestimmt sich am einfachsten durch das Kräfte- und Seilvieleck (I. F.B. [16]).

Diese Methode ist zwar nur annähernd richtig, weil dabei das Dreieck bnf vernachlässigt wird, gibt aber für die Praxis genügend genaue Resultate.

Aufgabe 11.

[73] *Eine 6 m hohe Dammkrone ist mit 1400 kg pro m² belastet (Abb. 149); der Damm selbst ist einfüßig geböscht und auf 4,00 m von einer vertikalen Stützmauer gehalten. Das Dammaterial ist nasse, lockere Lehmerde mit 30° Böschungswinkel und einem Gewichte von 2040 kg pro m³. Wie groß ist der Erddruck auf die Stützmauer, und wo greift er an?*

Die Höhe der durch die zufällige Belastung sich ergebenden Mehraufschüttung

$$x = \frac{Q}{G} = \frac{1400}{2040} = 0,68 \text{ m.}$$

Man verwandelt das Dreieck ABl in das flächengleiche Dreieck Anl, zieht von n aus unter dem Winkel $2\varrho = 60°$ die Gerade ni und konstruiert das Druckdreieck cgh.

Der Erddruck $P = 2040 \cdot \dfrac{3,4 \cdot 3,1}{2} = \mathbf{10\,750\ kg}$

pro lfd. m; er greift in einer Höhe $A_0 = 1,33$ m unter einem Winkel von 30^0 zur Normalen gegen die Wandfläche an.

Aufgabe 12.

[74] *Die Stützwand bildet eine gebrochene Linie A N B, die in ihrem unteren 4,80 m hohen Teil auf 1 : ¹/₅ geneigt, im oberen 3,00 m hohen Teit jedoch vertikal ist. Die Terrainlinie ist horizontal, das Schüttmaterial rundliches Gerölle von 30⁰ Böschungs-winkel und einem Gewichte von 1770 kg per m³. Wie groß ist der Erddruck auf die ganze Stützmauer und wo liegt der Angriffspunkt dieser Kraft? (Abb. 150.)*

Der Erddruck auf den oberen Teil BN wird in gewöhnlicher Art ermittelt und gibt

$$P_1 = 1770 \cdot \frac{1,8 \cdot 1,5}{2} = \mathbf{2389\ kg}\ \text{per lfd. m;}$$

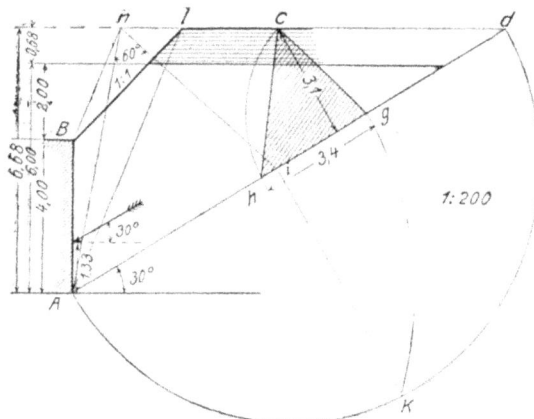
Abb. 149

sie greift in einem Drittel der Höhe an. Dann wird Gerade AN bis zur Terrainlinie verlängert, die sie in f schneidet.

Das Druckdreieck cgh ergibt einen Erddruck

$$P_2 = 1770 \cdot \frac{3,8 \cdot 3,5}{2} = \mathbf{11\,770\ kg}\ \text{pro lfd. m.}$$

Dieses Druckprisma in ein flächengleiches Dreieck von der Höhe 7,80 m verwandelt, ergibt eine Basis von $\dfrac{3,8 \cdot 3,5}{7,80} \backsim 1,80$. Der Schwerpunkt des Trapezes s liegt in einer Höhe von ca. 2 m; durch s eine Hori-zontale gelegt, ergibt den Angriffspunkt o_2 der Kraft P_2.

Um die Mittelkraft P zu finden, konstruiert man das Kräftevieleck mit dem Pol p etwa im Maß-stabe 1 mm = 600 kg. Der Schnittpunkt im Seil-vieleck gibt dann den Angriffspunkt o der Mittel-kraft P in einer Höhe von 2,70 m. Die Mittelkraft selbst ist rund **15 000 kg**.

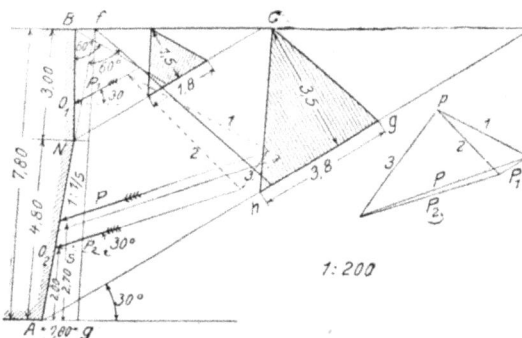
Abb. 150

Aufgabe 13.

Programm Nr. 1 für die Fundierung eines Brücken-pfeilers.

[75] *Der Mittelpfeiler einer 15 m breiten Straßen-brücke von 35 m Spannweite ist unter Voraus-setzung einer aus zwei Hauptträgern bestehenden eisernen Balkenbrücke an der durch Angaben über* die Bodenbeschaffenheit gekennzeichneten Baustelle *(Abb. 151) zu gründen.*

a) Welche Gründungsart ist im gegebenen Falle zu wählen und b) wie ist der Pfeiler zu dimensionieren?

Bemerkung: In den, den Programmen beigegebenen Abbildungen wird jener Maßstab unter Klammern angegeben, in welchem die betreffenden Zeichnungen den gegebenen Verhältnissen gemäß am besten anzufertigen sind. Die Abbildungen selbst werden aus Raumrücksichten entsprechend verkleinert.

a) Nach Abb. 151 ist 1,5 m unter Niederwasser Kies und Schotter in einer Mächtigkeit von 2,5 m vorhanden, dann folgt eine 5 m mächtige Schicht von feinem Sande mit Tegelnestern, an die sich fester Tegel reiht. Diese Bodenbeschaffenheit läßt nicht gut eine andere Fundierungsart zu als die Druckluftgründung. Die Herstellung eines Fangdammes erscheint kaum zulässig, weil er behufs genügender Dichtung eine zu große Breite erhalten und dadurch das Flußbett einengen würde. Eine Brunnengründung würde sich aber wegen der Durchfahrung der 5 m starken Schicht aus feinem Sand mit Tegelnestern nicht empfehlen, weil der Brunnen leicht ersaufen und daher nicht sicher abgesenkt werden könnte.

b) Daß die unterste Schicht, der feste Tegel, der zu erwartenden Belastung durch den Auflagerdruck, das Gewicht des Pfeilers und des Caissons entspricht, ergibt sich aus nachstehender Betrachtung: Das Eigen-gewicht der Brücke kann mit 350 kg pro m² angenommen werden. Die Verkehrslast bei Straßenbrücken ist im ungünstigsten Falle Menschengedränge von 460 kg pro m²; somit ergibt sich ein Auflagerdruck von im ganzen $(350 + 460) \cdot 15 \cdot 35 \backsim \mathbf{426}$ t. Das Eigengewicht des Pfeilers ergibt sich aus seinen Dimensionen. Die Breite wurde mit 3 m ange-nommen, um die Auflagerkonstruktion für 2 Hauptträger besser unterbringen zu können. Die Höhen ergeben sich aus den Höhen der Wasserstände und der Bodenschichten (Abb. 151). Danach ist $h_1 = 5$ m, $h_2 = 0,60$ m und $h_3 = 5,90$ m.

Die Grundflächen der einzelnen Pfeilerteile sind dann

$$f_1 = (13,5 \cdot 3) + \frac{1}{2} \cdot 3^2\, \pi = 54,6 \text{ m}^2, \qquad h_1 = 5,00 \text{ m},$$

$$f_2 = (13,5 \cdot 3,60) + \frac{1}{2} \cdot \overline{3,60}^2 \cdot \pi = 68,9 \text{ m}^2, \quad h_2 = 0,60 \text{ m},$$

$$f_3 = (13,5 \cdot 4,4) + \frac{1}{2} \cdot \overline{4,4}^2 \cdot \pi = 89,7 \text{m}^2, \quad h_3 = 5,90 \text{ m}.$$

Das Volumen ist daher $54,6 \cdot 5 + 68,9 \cdot 0,60 + 89,7 \cdot 5,90 \backsim 843$ m³. Mit dem spez. Gewicht des Quadermauerwerkes von 2,6 t/m² multipliziert, ergibt sich das Eigengewicht des Pfeilers mit **2191 t.** Das Gewicht des Caissons ist nach einer beiläufigen Rechnung 29 t, so daß die resultierende Belastung beträgt $426 + 2191 + 29 = $ **2646 t**, welche Belastung sich auf eine Fläche von 900 000 cm² verteilt. **Die mittlere Bodenpressung ist daher 2,94 kg pro cm²**, während fester Tegel ruhig mit **4—6 kg pro cm² belastet werden kann.**

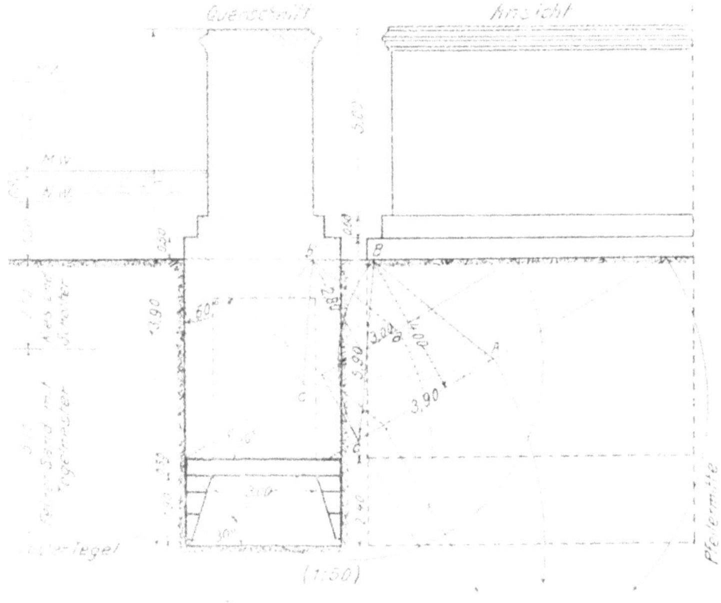

c) Zum Schlusse wollen wir noch die Berechnung des Caissons in den Hauptdimensionen andeuten Die Austeilung der Decken- und Konsolträger ist aus Abb. 152 zu entnehmen. Die Deckenträger sind frei auflagernde Träger mit gleichmäßig verteilter Belastung. Es wird hierbei die Annahme gemacht, daß die Last nur dem Gewichte des in einer Tagesschichte hergestellten Bruchsteinmauerwerkes gleich ist. Wenn das Fundament eine Höhe gleich der Breite des Caissons erreicht hat, so nimmt man an, daß die oberen Schichten schon genügend erhärtet sein werden, um sich frei zu tragen, daher die Deckenträger nicht mehr belasten. Das Gewicht dieses Belastungskörpers pro m Länge ist daher $Q = 4,4 \cdot 1,88 \cdot 2,6 \backsimeq 22$ t.

Abb. 151

Aus diesem Gewichte und der Länge des Trägers läßt sich, wie wir später bei den Trägerberechnungen hören werden, das Maximalmoment ermitteln und sodann aus Tabellen das richtige Profil des Deckenträgers finden.

In ähnlicher Weise wird auch der Konsolträger zu berechnen sein, nur ist hier noch der Erddruck zu berücksichtigen. In Abb. 151 sind die Druckdreiecke ABC für den Erddruck E bis zur Tegelsohle und abc für den Erddruck E_1 bis zur Oberkante des Caissons konstruiert.

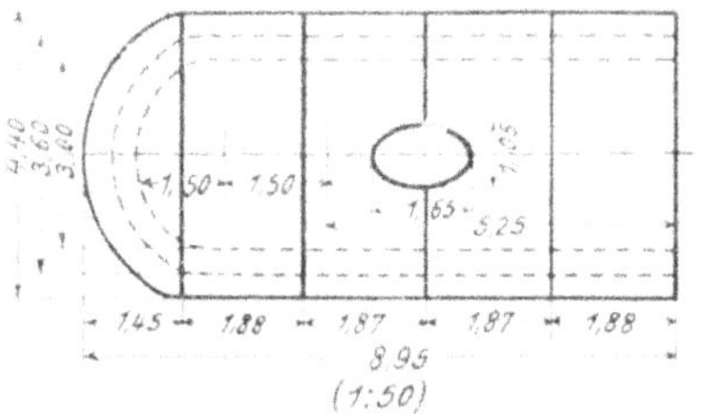

$$\triangle\, ABC = \frac{1}{2} \cdot 3,90 \cdot 4,00 = 7,8\,\text{m}^2; \quad \triangle\, abc = \frac{1}{2}\, 2,80 \cdot 3,00 = 4,2\,\text{m}^2.$$

Abb. 152

Da sich der Erddruck E_1 auf das Mauerwerk gegenseitig aufhebt, bleibt der Erddruck auf die Konsole bei 2 t Erdgewicht und 1,88 m Konsolenentfernung $E - E_1 = (7,8 - 4,2) \cdot 2,0 \cdot 1,88 \backsim 13$ t, der in einer Höhe von 1,13 m auf die Konsole wirkt. Vor Ausführung der Arbeiten sind noch die Aufhängevorrichtungen und die wichtigeren Gerüstbalken zu berechnen, wozu uns aber vorläufig die nötigen Grundlagen noch fehlen. Wir behalten uns vor, alle diese Berechnungen später nachzutragen.

2. Abschnitt.

Stütz- und Futtermauern.

[76] Allgemeines.

Unter **Stützmauer** ist eine Mauer zu verstehen, welche den Druck einer **aufgeschütteten** Erdmasse aufzunehmen hat, während eine **Futtermauer** sich an den **gewachsenen** Boden anlehnt. Bei der Berechnung solcher Mauern macht man trotzdem keinen Unterschied, wiewohl der Erddruck bei Stützmauern meist größer sein wird als bei Futtermauern. Lehnen sich Futtermauern an gewachsenen Felsen an, so dienen sie lediglich zur Verkleidung und haben gar keinen Erddruck aufzunehmen. — Grenzt die Mauer ein fließendes oder stehendes Gewässer gegen einen Erdkörper ab, so entsteht die **Ufer-** oder **Kaimauer.**

Schließt endlich eine Mauer ein Tal ab zum Zwecke der Wasseranstauung, hat sie also dieselbe Aufgabe, wie ein Teichdamm, so nennt man sie eine **Talsperre** oder eine **Teichmauer.**

Mit den letztgenannten Mauergattungen, bei welchen der Wasserdruck ins Spiel kommt, werden wir uns erst im nächsten Briefe beschäftigen; hier wollen wir uns nur auf einseitigen Erddruck beschränken.

[77] Allgemeine Stabilitätsbedingungen.

a) Wirkt eine äußere Kraft P, etwa der Erddruck oder ein Wasserdruck oder ein Gewölbeschub usw. auf eine freistehende Mauer (Abb. 153), so wird ein horizontaler Querschnitt, z. B. cd, beansprucht durch die Mittelkraft R, die sich aus der Kraft P und dem über dem Querschnitt stehenden Mauergewichte G ergibt. Die Mittelkraft R zerlegt sich in zwei Seitenkräfte H und N, von denen die erstere parallel, die letztere senkrecht zur Querschnittsfläche cd gerichtet ist. **Die Kraft H** sucht den über cd stehenden Mauerkörper über cd hinwegzuschieben und **muß von der Reibung des Mauerwerkes** längs der Fugenfläche cd **überwunden werden; die Kraft N beansprucht die Querschnittsfläche cd auf Druck oder sucht den Mauerwerkskörper umzukanten**, wenn ihr Angriffspunkt außerhalb der Querschnittsfläche fällt. Daraus ergeben sich die beiden Hauptbedingungen für die Stabilität:

Abb. 153

1. Damit die Mauer die nötige Sicherheit gegen das **Abgleiten** einer Fuge über der anderen gewährt, **muß der Winkel der Mittelkraft aus äußerer Kraft und der auf der Fuge stehenden Mauergewichte mit der Normalen zur Fugenfläche kleiner sein als der Reibungswinkel des Mauerwerkes.**

2. Die Mittelkraft R muß, wenn ein **Umkanten** der Mauer nicht eintreten soll, die Fugenfläche cd innerhalb ihrer Begrenzung treffen.

3. Die auftretenden **Druckspannungen** dürfen nirgends, auch im äußersten Querschnittsrande, die für das betreffende Material zulässigen Grenzen überschreiten.

Sind alle diese Bedingungen voll erfüllt, so ist die Mauer als stabil zu betrachten.

Um namentlich der letzteren Bedingung zu entsprechen, soll die Mittelkraft **ins mittlere Drittel des Mauerquerschnittes**, in den sog. **Mauerkern**, fallen.

Der **Reibungswinkel im Mauerwerk beträgt für frisches Mauerwerk 25°, für altes 35° und darüber.**

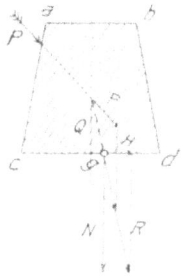

Tabelle 6. **Druckfestigkeit und Gewicht von Mauerwerk.**

Material	Zulässige Druck- festigkeit kg pro cm²	Durch- schnittliches Gewicht kg pro m³
Gewöhnliches Ziegelmauer- werk in Kalkmörtel . .	7	1600
Klinkermauerwerk in Zementmörtel	12—14	1900
Kalkstein } in Kalkmörtel Sandstein }	10—15	2500
Granit	45	2700
Reiner Zement	20—30	2100
Zementmörtel 1 : 3 . . .	10—15	2100
Kalkmörtel	3—6	1700
Beton 1 : 3 : 5	10—15	2000

b) Dieselben Stabilitätsbedingungen gelten auch für Stützmauern, es darf infolge des auf sie wirkenden Erddruckes weder ein **Abgleiten**, noch ein **Umkanten** des Mauerwerkes stattfinden.

[78] Berechnung von Stützmauern.

Die Berechnung läßt sich nur näherungsweise durchführen. So nimmt man bei sorgfältig ausgeführten Stützmauern und trockener, wagerecht gelagerter Hinterfüllung $b = \dfrac{2}{7} h$ (b = mittlere Mauerstärke, h = Höhe), **bei Mauern gewöhnlicher Konstruktion und nicht zu nasser Hinterfüllung** $b = \dfrac{1}{3} h$ und bei lehmiger Hinterfüllung, die leicht abrutschen kann, $b = \dfrac{3}{7} h$ an.

Genauere Anhaltspunkte für die Berechnung von Stützmauern bei Dämmen liefert untenstehende Tabelle 7.

Ist das Gewicht γ des Mauerwerkes weniger als 2100 kg pro m³, so ist die Kronenbreite mit $\dfrac{2100}{\gamma} \cdot b$ anzunehmen.

Nach diesen Angaben konstruiert man dann in erster Annäherung die Stützmauer, bestimmt die Mittelkraft des Erddruckes und setzt diese mit dem Gewicht der Mauer zusammen. Genügt die Rechnung den in [77] entwickelten Stabilitätsbedingungen, so kann die Mauer als definitiv entworfen betrachtet werden; andernfalls muß man die Rechnung für eine verstärkte Mauer neuerdings durchführen und in dieser Art so lange fortfahren, bis die richtigen Dimensionen gefunden sind. Natürlich wird man diesen etwas umständlichen Vorgang nur dort wählen, wo es sich um wichtige Objekte handelt. Bei nebensächlicheren Anlagen dürften wohl die obigen beiläufigen Daten vollkommen ausreichen.

Tabelle 7. **Kronenbreite bei Stützmauern.**

Höhe der Über- schüttung in m von	Kronenbreite b bei einer Mauerhöhe in m von						Anmerkung
	1	2	5	10	14	20	
0,3	0,60	0,61	1,15	2,05	2,77	3,85	Die Stützmauer ist aus Bruchstein in Zementmörtel; Vorderseite 1 : ¹/₅; Hinterseite von der Krone 0,6 m lotrecht, dann 1 : ¹/₅.
2	0,60	0,69	1,30	2,23	2,96	4,05	
6	0,60	0,75	1,51	2,53	3,30	4,42	
10	0,60	0,76	1,63	2,77	3,59	4,74	
16	0,60	0,76	1,72	3,02	3,90	5,14	

[79] Stabilitätsuntersuchung.

Um bei gegebenen oder angenommenen Ausmaßen zu überprüfen, ob die Stabilitätsbedingungen erfüllt sind, ist in manchen Fällen, wie erwähnt, eine eigene Untersuchung notwendig.

Wie man dabei vorgeht, wollen wir an einem kleinen Beispiele zeigen:

Hat die Stützmauer das Profil nach Abb. 154, so teilt man dasselbe in entsprechende Abschnitte I, II, III, bestimmt deren Flächeninhalte und die Gewichte der Mauerkörper, sowie die Erddrücke mit ihren Angriffspunkten. 1 m³ Mauerwerk wiege 2000 kg, 1 m³ Erdmaterial 1600 kg und der natürliche Böschungswinkel betrage 30°.

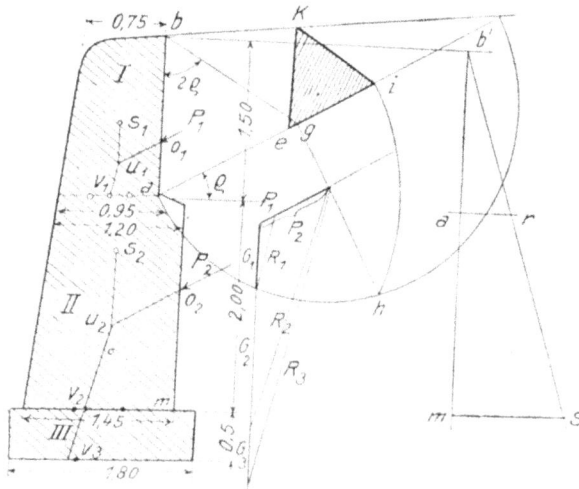

Abb. 154

1. Berechnung des Mauergewichtes:

Teil I: $\dfrac{0,95 + 0,75}{2} \cdot 1,50 \cdot 2000 = \textbf{2550 kg.}$

Teil II: $\dfrac{1,20 + 1,45}{2} \cdot 2,0 \cdot 2000 = \textbf{5300 kg.}$

Teil III: $1,80 \cdot 0,50 \cdot 2000 = \textbf{1800 kg.}$

2. Bestimmung des Erddruckes:

Verwandelt man das Druckdreieck ike in ein Dreieck $b'ar$, dessen Höhe ab' gleich der Wandhöhe ab ist, so erhält man sehr einfach die übrigen Druckdreiecke längs der ganzen Wand durch Verlängerung der Seiten $b'a$ und $b'r$.

Die Erddrücke ergeben sich sonach:

für die Wand ab: $P_1 = \dfrac{1,50 \cdot 0,50}{2} \cdot 1600 = \textbf{600 kg,}$

für die Wand bam: $P_2 = \dfrac{3,50 \cdot 1,20}{2} \cdot 1600 = \textbf{3360 kg.}$

Für das Fundament III gibt es keinen Erddruck.

A. Untersuchung, ob die Mauer gegen das Abgleiten in der untersten Fuge gesichert ist (Punkt 1 der allgemeinen Stabilitätsbedingungen [77]).

Der größte Erddruck P_2 auf den Teil II wirkt unter 30° auf die Stützwand. Seine Horizontalkomponente beträgt somit $P_2 \cdot \cos 30° = 3360 \cdot 0,866 = \textbf{2910 kg.}$ Der Reibungswinkel ist für frisches Mauerwerk 25°, der Reibungskoeffizient sonach $K = \operatorname{tg} \alpha = 0,466$. Die Reibung in der Fuge kann daher bei einer Pressung R_2 von 10000 kg (siehe B) mit $10000 \cdot 0,466 = 4660$ kg angenommen werden, also um mehr als die Horizontalkomponente des größten Erddruckes beträgt. Es ist somit hinlängliche Sicherheit gegen seitliche Verschiebung der Mauer geboten.

B. Untersuchung, ob die Mauer gegen das Umkanten und gegen allzu große Druckspannungen gesichert ist (Punkt 2 und 3 der allgemeinen Stabilitätsbedingungen [77]).

3. Bestimmung der Mittelkräfte:

Konstruiert man die Schwerpunkte s_1 von I und s_2 von I und II, ebenso die Angriffspunkte o_1, o_2 von P_1 und P_2 und hierauf mittels des Kräfteplans die Mittelkräfte R_1 und R_2 der Größe, Richtung und Lage nach, so ergeben sich die Angriffspunkte v_1 und v_2 sowie, wenn man die Mittelkraft R_3 aus G_1 bis G_3 und P_2 konstruiert, auch der Punkt v_3 in der Fundamentsohle.

Aus der Lage der Mittelkräfte und der Punkte v_1, v_2 und v_3 ist ersichtlich, daß die Stabilität gegen das Umkanten gesichert ist.

Aus der Zeichnung ist zu entnehmen:

$$R_1 = 10 \cdot 300 = \textbf{3000 kg}$$
$$R_2 = 34 \cdot 300 = \textbf{10000 kg}$$
$$R_3 = 41 \cdot 300 = \textbf{12400 kg}$$

4. Fugenpressung:

Für die Fuge $v_1 a$ erhält man als Pressung

$$\sigma = \frac{R_1}{F} = \frac{3000}{9500} \backsim \textbf{0,3 kg pro cm}^2,$$

für die Fuge $v_2 m$

$$\sigma = \frac{R_2}{F} = \frac{10000}{14500} \backsim \textbf{0,7 kg pro cm}^2,$$

und für die Fundamentsohle

$$\sigma = \frac{12400}{18000} \backsim \textbf{0,6 kg pro cm}^2 \text{ Baugrund.}$$

Da an keiner Stelle die zulässigen Beanspruchungen des Materialkernes überschritten werden, überdies auch die Angriffspunkte v_1, v_2 und v_3 noch innerhalb des Kernmauerwerkes oder sehr nahe außerhalb liegen, kann die Stützmauer auch in dieser Hinsicht als stabil betrachtet werden.

[80] Ausführung der Stützmauern.

a) Das Querprofil der Stützmauern wird in sehr verschiedener Form ausgeführt. Mauern mit lotrechter Vorder- und Hinterfläche (Abb. 155) erfordern

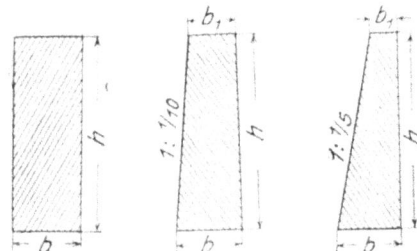

Abb. 155   Abb. 156   Abb. 157

viel Material, wogegen Mauern mit geböschter Vorder- und lotrechter Hinterfläche (Abb. 156, 157) in dieser Hinsicht vorteilhafter sind. Legt man Wert auf eine vertikale Vorderfläche, so kann man zum Zwecke der Materialersparnis auch eine solche Form wählen. Am ökonomischsten sind Profile mit beiderseitiger Böschung, wie sie in den Abb. 158 u. 159 dargestellt sind.

Größere Ersparnisse an Material lassen sich durch unterschnittene Querschnitte erzielen, die

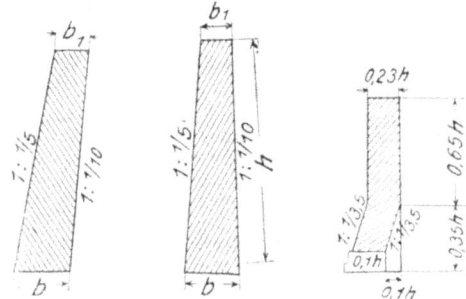

Abb. 158   Abb. 159   Abb. 160

auch in der Vorderseite mit einer stark geneigten Schräge versehen sind (Abb. 160).

Mitunter hält man die eigentliche Stützmauer etwas schwächer, verstärkt sie aber durch an der

Vorder- und Rückseite vorgesetzte **Pfeiler**. Sind zwischen diesen Strebepfeilern Gewölbe eingespannt, (Abb. 161), so wird zwar der Mauerwerksbedarf etwas niedriger, dafür kostet aber die Ausführung bedeutend mehr, weshalb sich solche Herstellungen nur bei schlechtem Baugrunde empfehlen dürften.

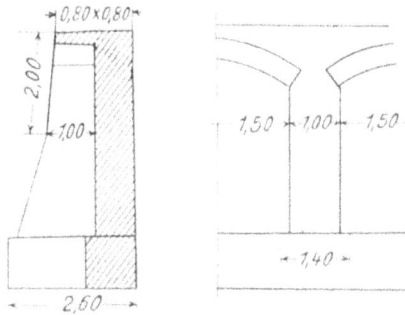

Abb. 161

Die geringste Stärke beträgt bei Bruchsteinen 0,6—0,75 m, bei Ziegeln 2 Steine des Normalformates. Um das Gleiten in den Lagerfugen zu erschweren, gibt man häufig den Lagerfugen eine bestimmte Neigung gegen die Wagerechte, wobei man in der Regel die Vorderfläche der Mauer so böscht, daß die Fugen rechtwinklig zu ihr zu stehen kommen. Freilich ist die Dauerhaftigkeit derartiger Mauern geringer, **weil die geneigten Fugen die Feuchtigkeit in das Innere der Mauer leiten**, wenn der Mörtel die Fugen nicht ganz ausfüllt. **Die Krone der Mauer ist durch möglichst eng nebeneinander gelegte Deckplatten von 10—15 cm Stärke oder bei Ziegelmauern mit einer Ziegelrollschichte abzudecken.**

b) **Mit besonderer Sorgfalt ist auf die Entwässerung der Stützmauer zu achten**, damit sich kein Wasser hinter der Mauer ansammle und der gestützte Erdkörper möglichst trocken bleibe. Es ist zweckmäßig, über der Grundmauer bzw. in der Höhe der undurchlässigen Erdschichte kleine Kanäle von 15 × 10 cm Querschnitt auszusparen und sie an der rückwärtigen Seite mit wasserdurchlässigem Gerölle zu verschließen. Im Falle der Erdkörper sehr feuchter Natur ist, tut man gut, die Rückseite der Mauer mit einer **Sickerschicht**, die aus einer Steinpackung oder einer groben Kiesschicht besteht, zu versehen und längs des Fußes der Mauer einen **Entwässerungskanal** anzulegen, aus welchem in bestimmten Entfernungen das Wasser mit Hilfe von Querkanälen durch die Mauer geführt wird. Die Mauer selbst schützt man gegen das Eindringen der Nässe hinreichend, indem man sämtliche Fugen an der Vorder- und Hinterseite mit gutem Zementmörtel (1 T. Z., 1 T. S.) sorgfältig verstreicht.

c) **Für die Haltbarkeit des in Kalkmörtel hergestellten Mauerwerkes ist es notwendig, es durch einige Wochen unerfüllt stehen zu lassen, damit es gehörig austrocknen kann.** Die Hinterfüllungserde ist dann in einzelnen **wagerechten** Schichten von etwa 30 cm Höhe einzubringen und **jede Lage gehörig zu stampfen**. Geneigte Erdschichten nach der Mauer sind unbedingt zu vermeiden, da sie bei weniger durchlässigem Untergrunde leicht ins Gleiten kommen und dann einen erheblich größeren Druck ausüben als er berechnet wurde.

[81] Übungsaufgaben.

Aufg. 14. Welchen Erddruck hat eine 7 m hohe vertikale Stützwand auszuhalten, wenn die obere Terrainlinie 1 : 10 geneigt ist und das Hinterfüllungsmaterial bei 35° Böschungswinkel ein Gewicht von 1640 kg pro m³ hat?

Aufg. 15. Wie groß ist der Erddruck bei einer 5 m hohen, 1 : ¹/₃ geböschten Stützwand, wenn die Terrainlinie ein Gefälle 1 : 2,5 hat und die Erdmasse bei 35° Böschungswinkel 1400 kg pro m³ wiegt?

(Lösungen im 2. Briefe.)

LEBENSBILDER

berühmter Techniker und Naturforscher.

Graf Alessandro Volta.

(* 1745, † 1827.)

Während alle übrigen Energieformen schon in uralter Zeit bekannt und verwendet wurden, war es der Praxis lange nicht möglich, die Elektrizität in einer solchen Form zu gewinnen, daß der Mensch je auf den Gedanken kommen konnte, sie in seinen Dienst zu stellen, bevor sie in die leitende Hand der Wissenschaft kam. Heute mag es uns ja recht einfach erscheinen, eine Zink- und eine Kupferplatte in Salzwasser zu stellen und mit einem Drahte zu verbinden; aber selbst den Chinesen, die doch so vieles ausgetüpfelt haben, blieb der elektrische Strom mit seinen vielartigen Wirkungen gänzlich unbekannt. **Die Kenntnis und die Verwertung dieser Naturkraft konnten sich eben erst dann entwickeln, als es gelungen war, Strom in zuverlässiger Weise zu erzeugen,** und unsere moderne Elektrotechnik führt mit Recht ihren Ursprung auf keinen andern als den Italiener **Volta** zurück, der mit seinem ersten Stromerzeugungsapparat auch die Möglichkeit des Studiums der Gesetze der Elektrizität und deren Anwendung für praktische Zwecke schuf.

Volta entstammte einer angesehenen, in Como ansässigen Familie und zeigte schon in frühester Jugend ebensoviel Neigung für die exakten Wissenschaften wie für die Dichtkunst. Anfangs

Professor der Physik in Como, später in gleicher Eigenschaft an die Universität in Pavia berufen, erfand er 1777 das **Elektrophor** und das **Elektroskop,** 1782 den **Kondensator.** In der Folge erhöhte seinen Ruhm die Erfindung der nach ihm benannten **Voltaschen Säule,** durch welche er der Entdeckung Galvanis einen hohen wissenschaftlichen und praktischen Wert verschaffte. Nach dem ursprünglichen Entdecker Galvani und dem Erfinder der Voltaschen Säule bezeichnet man den Inbegriff aller Erscheinungen, Gesetze und Erklärungen, die sich auf die elektrischen Vorgänge **bei Berührung chemisch ungleichartiger Leiter** beziehen, auch heute noch mit den Worten „Galvanismus" oder „Voltaismus". Während aber Galvani bei seinen zufälligen Experimenten mit den präparierten Froschschenkeln das

Metall nur als den Entlader ansah, schloß Volta nach wiederholten Versuchen ganz richtig, daß **die Berührung verschiedener Metalle** die Quelle der Elektrizität sei, die sich im Froschkörper ausgleicht und ihn in Zuckungen versetzt. Volta hat daher an den Galvanischen Froschschenkelversuch zwar angeknüpft, aber in der Folge unabhängig von Galvani wichtige Beobachtungen gemacht, die zu weiteren großen Entdeckungen und Erfindungen führten. Zunächst gelangte er 1801 **zu dem Gesetz der Spannungsreihe,** wonach sich die Elektrizitätserreger in die Reihe: **Zink, Blei, Zinn, Eisen, Kupfer, Silber und Kohle** so ordnen lassen, **daß jeder voranstehende Körper bei der Berührung des folgenden positiv elektrisch wird und daß der elektrische Unterschied um so größer wird, je weiter die Glieder in der Reihe voneinander abstehen.** Während der Feststellung dieser Reihe erfand Volta 1801 seine **Voltasche Säule,** die in Paris eine solche Bewunderung fand, daß ihn das Französische Institut als Mitglied aufnahm. Mitglied der Royal Society in London war Volta schon seit 1791. Napoleon ernannte ihn zum Grafen und Senator des Königreiches Italien, Kaiser Franz (1815) zum Direktor der philosophischen Fakultät an der Universität in Pavia. Später lebte er in Como, wo er am 5. März 1827 starb.

Die Wiege der Elektrotechnik stand fraglos in Italien, und die internationale Gelehrtenwelt hat den Namen des Begründers dieser jüngsten technischen Wissenschaft wohl nicht besser verewigen können, als indem sie **die Einheit der elektromotorischen Kraft, das Volt,** für alle Zeiten nach ihm benannte.

2. BRIEF.

Den Faulen wird man nicht zur Arbeit zwingen — er fürchtet
jede Schwierigkeit;
Dem Bessern wird der Anfang nur gelingen — dann schreckt
ihn ab die Schwierigkeit;
Der **Fleißige** wird jedes Werk vollbringen — er **achtet nicht**
der Schwierigkeit.

(Bohlen.)

DAS FELDMESSEN

Inhalt: Nachdem wir im vorigen Abschnitte schon einigermaßen die Tätigkeit des Geometers im freien Felde kennengelernt haben, soll nun im folgenden gezeigt werden, wie die Ergebnisse dieser Feldarbeiten zur Aufnahme von Figuren und zum Darstellen in Plänen sowie zum Berechnen der Flächen verwertet werden können. Damit ist das Wesentliche besprochen, wie bei wenig umfangreichen Bauten das Gelände in bezug auf seine Horizontalprojektion mit einfachen Apparaten aufgenommen werden kann. **Ebenso wichtig oder vielleicht gerade für den Bautechniker noch wichtiger** ist es, die **Höhenverhältnisse** im Terrain festzustellen. Auch hier wollen wir zunächst ausführlich nur das Wissenswerteste bringen, damit der Selbstschüler imstande ist, diese Aufgaben praktisch und mit den primitivsten Mitteln zu lösen. Das braucht der Anfänger am allernotwendigsten; hat er das Einfache erfaßt und gründlich geübt, so wird ihm dann die Gebarung mit den feineren Instrumenten, die bei Messungen im größeren Umfange nicht zu entbehren sind, wenig Kopfzerbrechen mehr bereiten.

2. Abschnitt.

Die Aufnahme von Figuren.

[82] Die Methoden der Aufnahme.

a) Um die Horizontalprojektion eines abgegrenzten Vieleckes nach Gestalt und Größe darstellen zu können, müssen wir zunächst diejenige Zahl voneinander unabhängiger **Bestimmungsstücke** — Strecken oder Winkel — ermitteln, welche nach den Grundsätzen der Planimetrie (Vorstufe [82]) dazu nötig ist.

Da aber allen durch Beobachtung gefundenen Größen Mängel und Unvollkommenheiten anhaften, die, obwohl an sich bedeutungslos, doch bei unzweckmäßiger Anordnung der fehlerhaften Stücke in ihrem Zusammenwirken das gewünschte Resultat erheblich und ungünstig beeinflussen, **muß man in der Praxis bei Auswahl und Anordnung der Bestimmungsstücke viel größere Überlegung walten lassen als in der reinen Planimetrie.**

Man denke dabei nur an einen durch zwei sich sehr schief schneidende Gerade oder Kreisbögen unsicher und daher unter Umständen unrichtig festgelegten Punkt. Bestimmt man dann von diesem mindestens zweifelhaften Punkte aus einen zweiten und von diesem wieder einen dritten Punkt unter denselben Verhältnissen, so wird man leicht erkennen, daß durch Addition solcher kleiner Einzelfehler die wahre Gestalt der aufzunehmenden Figur ganz wesentlich verzerrt werden kann.

b) Diese Rücksichtnahme hat zu geeigneten Aufnahmemethoden geführt, die bei allen Verfahren zur Festlegung von hauptsächlich in Zahlen ausgedrückten Streckenlängen verwendet werden und der Hauptsache nach folgende sind:

1. Die **Einbindemethode**. Sie verwendet ausschließlich **Längenmaße, die auf dem Felde aufgenommen werden,** und zwar derart, daß zunächst ein Netz aus passend gewählten Verbindungslinien gebildet wird, das man zu einem oder mehreren Dreiecken zusammensetzt. Die Konstruktion dieses Netzes erfolgt dann leicht zu Hause, indem man die gemessenen Längen in den Zirkel nimmt und gegenseitig zum Schnitte bringt. In dieses **Grundnetz** bindet man schließlich die einzelnen Begrenzungslinien der aufzunehmenden Figuren durch **Einvisieren** und **Einmessen** auf die Verbindungslinien ein (Abb. 162).

Man braucht hierzu nur die gewöhnlichsten Meßgeräte (Stangen und Stäbe), ist beim Übergange vom „Großen zum Kleinen" in der Wahl der Messungslinien völlig frei, kann sie also nach Maßgabe der örtlichen Verhältnisse so wählen, daß die genaueste Messung möglich wird. **Dagegen pflanzen sich hier Fehler in recht ungünstiger Weise fort.**

2. Die **Polarkoordinatenmethode** bestimmt die aufzunehmenden Punkte durch Messung von Polarkoordinaten (Vorstufe [350]) in bezug auf einen beliebig gewählten oder gegebenen Punkt als Nullpunkt und eine durch ihn gehende Gerade als Abszissenachse.

Von dem als Nullpunkt angenommenen Punkte *O* werden die Entfernungen nach allen übrigen Punkten und die Winkel gemessen, die die Verbindungsstrahlen mit der x-Achse ein-

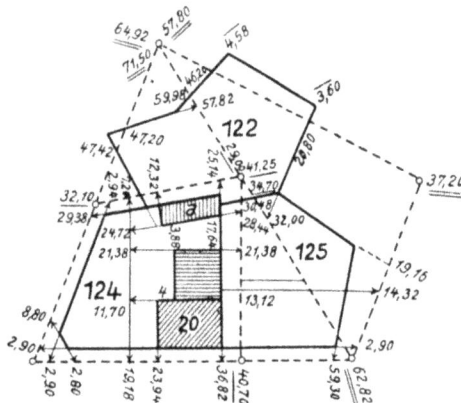

Abb. 162

schließen (Abb. 163). **Etwaige Fehler übertragen sich bei dieser Methode nicht auf weitere Aufnahmeteile**, sondern erzeugen lediglich eine Verschiebung des betreffenden fehler-

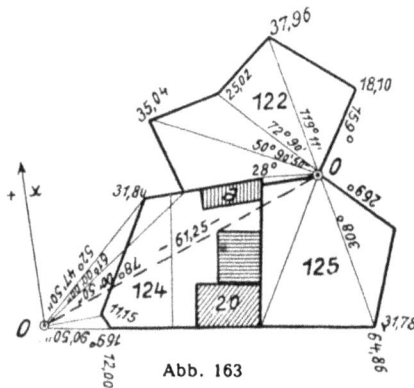

Abb. 163

haft vermessenen Punktes, dagegen ist die Gesamtlänge der zu messenden Strecken unverhältnismäßig groß und zu jeder Aufnahme ist überdies die Verwendung komplizierter Winkelinstrumente erforderlich.

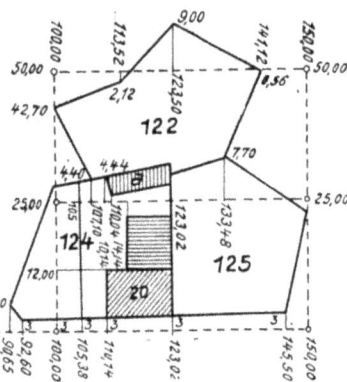

Abb. 164

3. Häufiger wird von der **Methode mit rechtwinkligen Koordinaten** Gebrauch gemacht, **bei welcher man eine Gerade, die sog. Aufnahmelinie, durch das aufzunehmende Gebiet legt und die Eckpunkte**

der Figur durch die Länge und den gegenseitigen Abstand der auf die Aufnahmelinie gefällten Lote (Ordinaten) festlegt (Abb. 164).

Reicht eine einzige Aufnahmelinie nicht aus, so tritt an ihre Stelle ein System von solchen, die senkrecht oder parallel zueinander angeordnet werden. **Auch hier bleiben etwaige Ablese- oder Winkelfehler nur auf einzelne Punkte beschränkt**, die Arbeiten sind leicht zu kontrollieren; als Nachteile sind die Erschwerung der Streckenmessungen infolge gebundener Meßrichtung und die Möglichkeit langer und ungenauer Lote zu erwähnen.

4. Die **Polygonalmethode verbindet die aufzunehmenden Punkte durch einen Streckenzug, der durch die Winkel zweier aufeinander folgender Strecken und deren Länge festlegt wird** (Abb. 165).

Abb. 165

Diese Methode ist überall anwendbar, weil sich die Polygonseiten der Geländeform am leichtesten anpassen lassen; eine durchgreifende Kontrolle gegen grobe Fehler ist schon bei einem einzigen überschüssigen Stück, z. B. einer Diagonale möglich, dagegen **ist die Fehlerfortpflanzung die denkbar größte**, insoferne als ein einziger Streckenfehler den ganzen ferneren Zugteil parallel verschiebt, ein Winkelfehler denselben sogar verschwenkt.

c) Außer den **kleinen unvermeidlichen** Fehlern, deren möglichste Unschädlichmachung Aufgabe der gewählten Aufnahmemethode ist, können sich bei den Messungen infolge äußerer Störungen, von Unachtsamkeit und Ungewandtheit des Technikers usw. auch noch **grobe Fehler**, wie Zählfehler, Ablesefehler u. dgl. einschleichen; sie sind noch verhängnisvoller als die ersteren, weil ein einziger solcher Fehler eine vollständige Verzerrung der Grundstücksgrenzen herbeiführen kann, **und müssen daher unter allen Umständen erkannt und beseitigt werden.** Die wiederholte Messung gibt hierzu kein geeignetes Mittel, weil erfahrungsgemäß einmal gemachte Fehler sich gerne wiederholen. Besser ist es, andere Größen, **Kontrollmaße**, zu ermitteln, die mit den eigentlichen Bestimmungsstücken in bekannter Beziehung stehen. Wie viele solcher Kontrollmaße und welche zur Aufdeckung grober Fehler im gegebenen Falle nötig sind, läßt sich allgemein nicht sagen. Zumeist mißt man direkte Verbindungsstrecken oder Diagonalen zwischen den aufgenommenen Punkten. Ob wir die Kontrollmaße lediglich als Warnungssignale für grobe Fehler gelten lassen oder sie zur Verbesserung der Bestimmungsmaße heranziehen wollen, hängt von der verlangten Genauigkeit und den verfügbaren Mitteln ab. Jedenfalls bietet die im letzten Falle mögliche **Ausgleichsrechnung** ein wichtiges Hilfsmittel der Vermessungskunde.

Zur Beachtung: Die praktische Durchführung der verschiedenen Aufnahmemethoden bietet ein vorzügliches Mittel zur Übung im Feldmessen. Die hierzu nötigen Geräte, wie Signalstangen, Meßlatten, eventuell Dioptervorrichtungen sind überall vorhanden oder lassen sich leicht beschaffen. Wenn der Studierende dann nach den verschiedenen Verfahren bestimmte Grundstücke oder Gebäudekomplexe seiner Bekannten aufnimmt und sich auf Grund der Messungen in einem Plane ein Bild davon anfertigt, so wird ihm das nicht nur sehr viel Vergnügen machen, sondern er wird dabei auch vielmehr im Feldmessen lernen als durch bloßes Studium aller Buchweisheiten.

[83] Bauaufnahmen und Katasteraufnahmen.

a) Für die Durchführung von **Aufnahmen zu Bauzwecken** bestehen zumeist keine behördlichen Vorschriften. Zweckmäßigerweise werden die Aufnahmelinien so gelegt, daß die Bauarbeiten möglichst wenig gestört werden, aber anderseits dem Bauobjekte tunlichst benachbart verlaufen und jederzeit leicht absteckbar sind.

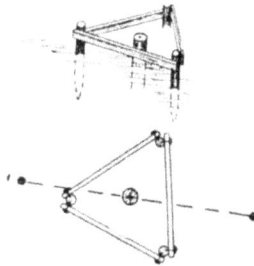

Abb. 166
Lattendreieck

Die **Hauptpunkte des Liniennetzes werden** derart **versichert**, daß sie bis zur Beendigung des Baues jederzeit leicht und unzweideutig **auffindbar** sind (Abb. 166). Gegen Beschädigung schützen versenkte, mit den Hauptpunkten durch Messung verbundene Pflöcke.

Die notwendige **Messungsgenauigkeit** ist größer in nächster Nähe des Bauobjektes, geringer in solcher Entfernung davon, daß die Aufnahme nur mehr zu Zwecken der Übersicht dient. **In bergigen und bewaldeten Gebieten empfiehlt sich für die Aufnahme der hauptsächlichsten Grenzzüge die Anwendung der Polygonalmethode, während die Einschaltung der Details in der Nähe des Bauobjektes meist nach der Koordinatenmethode geschieht.**

Im **offenen, ebenen Terrain** kann man für die Aufnahmelinien die Bedingung parallelen oder senkrechten Verlaufes stellen und spricht dann von einer **Parallelmethode.**

In allen Fällen werden die Ergebnisse der Aufnahme (Maßzahlen, Aufnahmelinien, Kulturen, Eigentümer, topographische Einzelheiten, Datum der Aufnahme usw.) in ein **Feldbuch** eingetragen. Jede solche Bauaufnahme, welche alles für das auszuführende Bauobjekt Wichtige — Eigentumsgrenzen, Bäume, Zäune, Brunnen, Quellen, vorhandene Bauten usw. — zu enthalten hat, bildet eine für sich bestehende Arbeit, die sich nicht in eine andere in der Nachbarschaft ausgeführte Vermessung eingliedern läßt.

b) Ganz verschieden hiervon sind die sog. **Katasteraufnahmen**, deren Gegenstand die genaueste Vermessung sämtlicher Grundstücke nach ihren Eigentums-, Kultur- sowie ihren öffentlichen und privaten Rechtsverhältnissen bildet.

Diese Aufnahmen werden nur von beeideten Organen der staatlichen Verwaltung besorgt und kann daher deren Durchführung nicht Gegenstand des TS. sein. Da aber sehr häufig Bautechniker und Landwirte Katasterpläne als Grundlage für ihre weiteren Arbeiten benutzen, sie überhaupt in ihrem Berufe

sehr viel mit den Einrichtungen der Katasterämter und mit den Grundbüchern zu tun haben, sollen an dieser Stelle wenigstens die Grundsätze dieser Aufnahmen besprochen werden.

Die Aufnahmen für Katasterzwecke zerfallen in „**Neuaufnahmen**" — Feststellung und Vermessung der zur Zeit der Aufnahme vorhandenen Grundstücke und Bodenkulturen zum Zweck der Anlegung von Grundstücksplänen und Grundsteuer- oder Eigentumskatastern — und in „**Fortführungsaufnahmen**" — Feststellung der infolge Kaufs, Tauschs, Neubaues usw. im Laufe der Jahre vor sich gegangenen Änderungen am ursprünglichen Bestande —. **Gegenüber den Bauaufnahmen haben die Katastermessungen eine unbegrenzt lange Wirkung,** und danach richtet sich auch die **Vermarkung** der Grenz- und Messungspunkte sowie die Wahl der immer wieder zu benutzenden Aufnahmelinien. Ursprünglich nur dem Bedürfnis einer gerechten Bemessung der Grundsteuer entsprungen, sind die Katastermessungen nach 100jähriger stetiger Entwicklung **für den Verkehr mit Grund und Boden, also volkswirtschaftlich, von größter Bedeutung geworden.**

Die wichtigste Vorbereitung der Stückvermessung bildet die Vermarkung sämtlicher Eigentumsgrenzen mit ca. 50 cm langen, vierkantig zugerichteten **Natur- oder Kunststeinen,** und zwar bei Kleinbesitz derart, **daß eine möglichst große Zahl von Mittelmarken auf eine die Grundstücksgrenzen quer schneidende Gerade, die sog. Steinlinie zu stehen kommt, die hernach die Rolle einer Aufnahmelinie spielt.** Die Hauptpunkte der Aufnahmelinien werden gleichfalls, **wo nötig,** unter der Ackerkrume durch Steinplatten, Hohlziegel, Stücke von Eisenbahnschienen u. dgl. vermarkt.

Das auf Dreiecksmessung (Triangulierung), von der später die Rede sein wird, gestützte **Polygonnetz** besteht aus einem System von gebrochenen Linienzügen mit Punktabständen von 50 bis zu einigen hundert Metern, das mit den genauesten Instrumenten sorgfältigst vermessen wird. Sobald Polygonisierung und Grenzvermarkung abgeschlossen sind, erfolgt die **Absteckung des Liniennetzes** und die **Stückvermessung** nach sog. „Gemarkungen", die in der Regel mit den Grenzen von Bezirken zusammenfallen, und in „Fluren" und in fortlaufend bezifferten Parzellen zerlegt werden. Die Messungspunkte werden wieder durch unterirdische Vermarkung so gesichert, daß sie mit den Steinlinien jederzeit in Verbindung gebracht oder von diesen aus leicht eingemessen werden können.

Die Ergebnisse der Vermessung werden in „**Handrisse**" eingetragen, nach welchen die **Katasterkarten,** je nach dem Grade der Parzellierung, im Maßstabe von 1 : 500 bis 1 : 2000 angefertigt werden. Darauf folgt die Einzelberechnung für alle einzelnen Parzellen.

Von jeder **Fortführungsvermessung** wird verlangt, daß sie die Tatsache und Ausdehnung jeder Grenzveränderung in der Genauigkeit der Uraufnahme feststelle.

3. Abschnitt.

Planzeichnung und Flächenberechnung.

[84] Planzeichnung.

a) Bei der Aufzeichnung geodätischer Aufnahmen kann es sich nur um **verkleinerte** ähnliche Bilder des darzustellenden Gebietes handeln, wobei die Verjüngung je nach dem Zwecke des Planes von 1 : 100 bis 1 : 5000 üblich ist.

Da auf die Genauigkeit der Zeichnung namentlich da viel ankommt, wo Projekte und Eigentumsfeststellungen sich darauf gründen, muß für besondere Güte der Zeichenhilfsmittel gesorgt werden. Außer den im I. Fachbande [504] erwähnten Zeichenmaterialien werden bei geodätischen Arbeiten noch Transversalmaßstäbe (Vorstufe [201 b]) und Transporteure (Vorstufe [56e]) verwendet, soweit die damit erreichbare Genauigkeit genügt.

Größere Arbeitsbeschleunigung und Genauigkeit beim Auftragen von durch rechtwinklige Koordinaten aufgenommenen Punkten läßt sich durch besondere Apparate erzielen, die in den verschiedensten Ausführungen unter dem Namen **Koordinatometer** oder **Koordinatographen** bekannt sind.

b) Die **Planzeichnung** beginnt mit dem Auftragen des grundlegenden **Quadratnetzes**, welches aus in Entfernungen von 1 dm rechtwinklig aufeinander gezogenen Linien besteht, was z. B. bei einem Maßstabe von 1 : 1000 einer Maschenentfernung in der Natur von 100 : 100 m entspricht; innerhalb dieses Netzes werden zunächst die Aufnahmelinien und dann erst die auf sie bezogenen Einzelobjekte eingetragen.

Dieses Netz hat insoferne auch eine Bedeutung, weil sich das zur Planzeichnung verwendete Papier unter dem Einflusse veränderter Feuchtigkeit und Temperatur ausdehnt und diese Veränderung, welche bis zu 2—3 % betragen kann, mit dem im festen Maßstabe konstruierten Quadratnetze am leichtesten festgestellt und korrigiert werden kann.

c) Sollen **Kopien** angefertigt werden, so geschieht das auf zeichnerischem Wege am einfachsten durch **Pausen auf Ölpapier.**

Für **Kopien auf Zeichenpapier** kann man die einzelnen Punkte des Originalplanes mit feinen **Kopiernadeln** durchstechen, worunter freilich der Originalplan einigermaßen leidet. Besser ist es, auf den Plan ein engmaschiges **Quadratnetz** aufzulegen und dieses auf die Kopie entweder im gleichen Maßstabe, vergrößert oder verkleinert zu übertragen. Innerhalb der Quadratfelder wird dann entweder mit freiem Auge oder mit mechanischen Hilfsmitteln, hauptsächlich mit dem sog. **Storchschnabel** oder **Pantographen** gezeichnet.

Letzteren zeigt in seiner einfachsten Ausführung Abb. 167. Vier Flachschienen aus Holz oder Metall werden beliebig veränderlich derart verbunden, daß sich verhält:

$$PC_2 : PC_1 = C_2 Z . C_1 F =$$
$$= m : n.$$

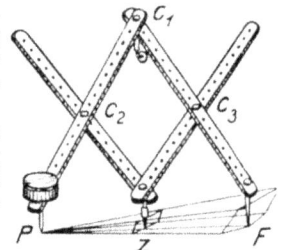

Abb. 167
Pantograph

Stellt man daher den Polstift P irgendwo fest und umfährt mit dem Fahrstift F eine beliebige Figur, so beschreibt der Zeichenstift Z die gesuchte Figur in dem eingestellten Verhältnisse $m : n$.

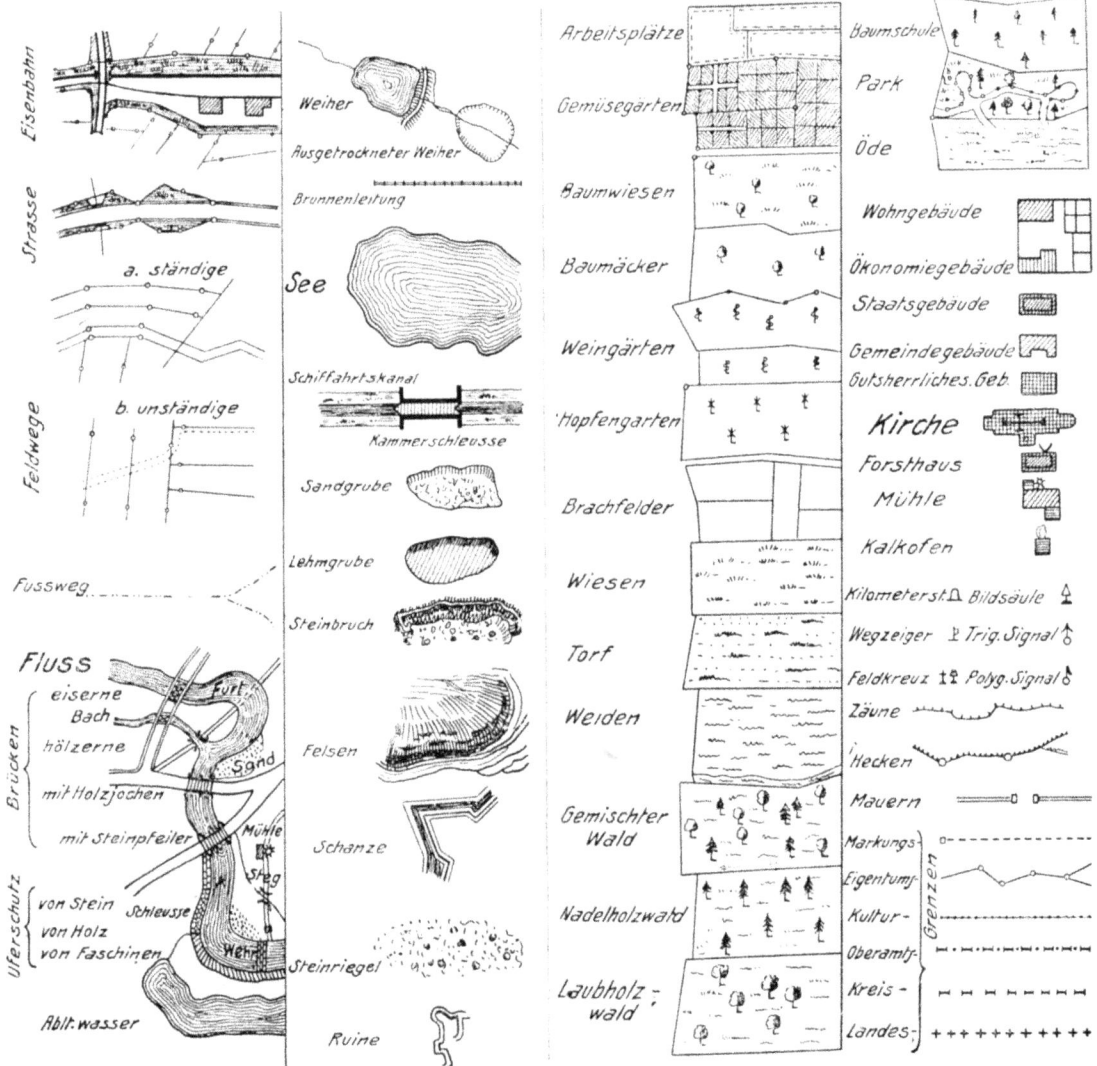

Abb. 168   Signaturen

— 54

Die Vervielfältigung von Plänen in beliebiger Verkleinerung oder Vergrößerung erfolgt heute am einfachsten durch irgendein photomechanisches Verfahren.

d) In den Zeichnungen werden die Kulturarten und andere Einzelheiten durch konventionelle Zeichen sog. **Signaturen**, dargestellt. Abb. 168 gibt eine Zusammenstellung der am häufigsten hierfür gebrauchten Zeichen.

[85] Flächenberechnung.

a) Die Ermittelung von Flächengrößen ist bei Horizontalmessungen häufig das Endziel der Aufnahmen, bei Vertikalmessungen, wenn es sich um Verwendung von Querprofilflächen zur Berechnung von Körperinhalten handelt, nur Mittel zum Zweck. **Die Flächenberechnung kann aus gemessenen oder berechneten Maßzahlen ohne Planbenutzung, mit teilweiser Benutzung des Planes, also halb graphisch oder rein graphisch nur nach dem Plane erfolgen.**

Als Flächeneinheit gilt in Deutschland das Quadratmeter
$$(m^2) = 10000 \ cm^2 = 1\,000\,000 \ mm^2 = \frac{1}{1\,000\,000} \ km^2;$$
1 Ar (a) $= 100 \ m^2$; 1 Hektar (ha) $= 100$ a $= 10000 \ m^2$; 1 $km^2 = 100$ ha; 1 geographische Meile $= 55 \ km^2$.

b) **Das Flächenausmaß nach direkt aufgenommenen oder aus indirekt berechneten Maßen** ergibt sich am einfachsten aus Dreiecken, aus Vierecken, bei letzteren als Summe zweier Dreiecke, oder aus den Koordinaten der Eckpunkte in bezug auf ein beliebiges Koordinatensystem (siehe Vorstufe [225 und 350, 2]).

Die **halbgraphische Flächenberechnung** nimmt jede Einzelfläche als Produkt einer direkt gemessenen Strecke und einer aus dem Plane abgegriffenen Strecke an. **Sie steht der Berechnung aus direkten Maßzahlen in bezug auf Genauigkeit nicht merklich nach, erfordert einen wesentlich geringeren Zeitaufwand und läßt sich bei jedem Aufnahmeverfahren anwenden.** Sie ist besonders geeignet bei langgestreckten schmalen Figuren, die leicht in Dreiecke oder Vierecke zerlegt werden können, deren Höhe aus dem Plane abgegriffen wird. Zum Abgreifen benutzt man den Zirkel, wenn man nicht **Glastafeln mit eingeätzten Parallellinien** verwenden will, um den Plan zu schonen. **Die rein graphische Berechnung**

muß besonders häufig bei **Querprofilen angewendet werden, wo keine Maßzahlen zur Verfügung stehen.** Auch hier werden Dreiecke oder Vierecke in den Plan eingezeichnet und deren Seitenlängen abgegriffen, wenn man nicht dazu über besondere Hilfsmittel (Schiebedreiecke usw.) verfügt. **Die Flächen unregelmäßig begrenzter Figuren werden jedoch meist mit Planimetern bestimmt, von welchen das Polarplanimeter am häufigsten verwendet wird.**

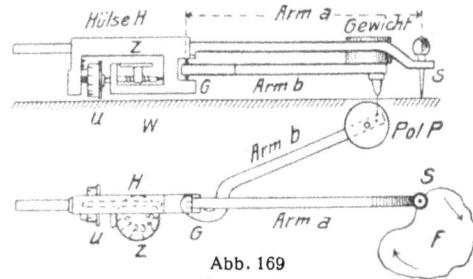

Abb. 169
Planimeter

Es ist im Jahre 1856 durch Professor Amsler in Schaffhausen erfunden worden (Abb. 169) und besteht der Hauptsache nach aus der Stange a, mit der durch das Gelenk G der Arm b verbunden ist, der in einem beim Gebrauche des Instrumentes festen Punkt P, dem **Pole**, endigt. Der Pol P wird durch ein Gewicht Q beschwert. Der **Fahrarm** a endigt in einem Fahrstift S, mit dem die Grenzen der Figur umfahren werden; über ihm ist die Hülse H gestreift, die die Lager für die Laufrolle u trägt. Durch ein Zahnrad werden die Umdrehungen der Rolle auf eine geteilte Scheibe Z übertragen, deren Umfang sich an einem mit der Hülse verbundenen Zeiger vorbei bewegt. Zur Ablesung von Teildrehungen der Rolle ist der Umfang der Scheibe in 100 Teile zerlegt, während mit einem Nonius. (I. FB. [87]) noch $^1/_{100}$ einer Rollendrehung abgelesen, $^1/_{1000}$ geschätzt werden können. Die Abwicklung A des Rollenumfanges, die am Zählwerk abgelesen wird, entspricht der Bewegungssumme A des Fahrarmes von der Anfangsstellung bis zur Rückkehr zu derselben und gibt, sofern der Pol sich **außerhalb** der umfahrenen Figur befindet, den Flächeninhalt J derselben nach der Formel

$$\boxed{J = K \cdot A.}$$ Die Instrumentenkonstante K ist abhängig von der Einrichtung, insbesondere von der Länge des Fahrarmes; ist sie nicht am Apparate angegeben, so kann man sie leicht dadurch ermitteln, daß man mit dem Fahrstifte eine Figur von bekanntem Flächeninhalte f, am besten einen Kreis umfährt und dabei die Ablesung a erhält. Es ist dann $K = \dfrac{f}{a}$.

Bei größeren Figuren, bei welchen der Pol **in** die Figur gelegt werden muß, gilt die Formel: $F = K \cdot A + C$, wobei die Konstante C wieder mit einer Probemessung bestimmt wird.

Aufgabe 16.

[86] *Die Fläche des mit rechtwinkligen Koordinaten aufgenommenen Grundstückes 0—8 ist aus den gemessenen Maßen zu berechnen. (Abb. 170.)*

Jede zwischen zwei Koordinaten liegende Fläche läßt sich ausdrücken durch das arithmetische Mittel der Ordinaten multipliziert mit der Abszissendifferenz (Abb. 171). Um aber die Arbeit des Halbierens zu er-

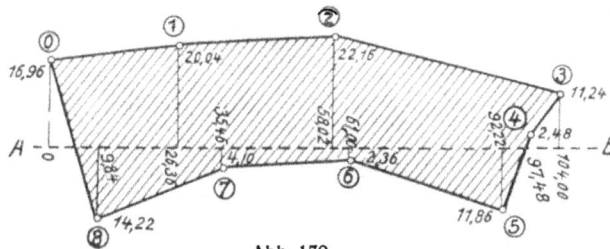

Abb. 170

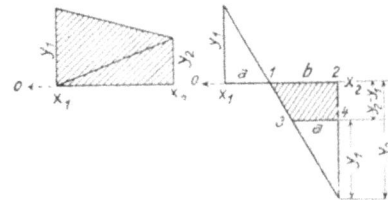

Abb. 171   Abb. 172

sparen und die Gefahr der Stellenvermehrung und des Mitschleppens von mm zu vermeiden, rechnet man bei solchen Anlässen immer **die doppelte Fläche und diese ist gleich dem Produkt aus der Ordinatensumme und der Abszissendifferenz.** Liegen die Ordinaten auf **verschiedenen** Seiten der Abszissenachse, was meist nur dann eintritt, wenn eine Grenzlinie die Aufnahmelinie schneidet, so darf man die Ordinaten nicht addieren, **sondern muß die kleinere von der größeren abziehen.** Dadurch erhält man beim **verschränkten** Trapez nicht die Summe, sondern die Differenz der beiden entstandenen Dreiecke in dem Trapeze 1, 2, 3, 4 (Abb. 172)

$$2\,F = (y_2 - y_1)\,(a + b) = (y_2 - y_1)\,(x_2 - x_1).$$

Die Rechnung selbst wird meist tabellarisch durchgeführt:

Abstich	Abszissendifferenz	Ordinatensumme	Doppelter Inhalt	
			+	—
0—1	26,36 — 0 = 26,36	16,96 + 20,04 = 37,00	975,32	
1—2	58,02 — 26,36 = 31,66	22,16 + 20,04 = 42,20	1336,05	
2—3	104,00 — 58,02 = 45,98	11,24 + 22,16 = 33,40	1535,73	
3—4	104,00 — 97,48 = 6,52	— (11,24 + 2,48) = — 13,72		89,45
4—5	97,48 — 92,22 = 5,26	11,86 — 2,48 = 9,38	49,34	
5—6	92,22 — 61,00 = 31,22	11,86 + 2,36 = 14,22	443,95	
6—7	61,00 — 35,46 = 25,54	2,36 + 4,10 = 6,46	164,99	
7—8	35,46 — 9,84 = 25,62	4,10 + 14,22 = 18,32	469,36	
8—0	9,84 — 0 = 9,84	— (16,96 — 14,22) = — 2,74		26,96
			4974,74	116,41

$$2\,F = 4858,33$$
$$F = 2429,16 \text{ m}^2.$$

Wird größere Sicherheit verlangt, so werden zur Kontrolle die Verbindungslinien zwischen den Eckpunkten gemessen oder aus dem Plane abgegriffen, wodurch das Grundstück in Dreiecke zerfällt, deren Flächensumme der obigen gleich ist. Der Leser trage das Grundstück in einen Plan auf, greife die Verbindungslinien ab und führe die Kontrollrechnung durch.

4. Abschnitt.

Höhenmessungen.

Wie wir schon eingangs erwähnt haben, genügt für viele praktische Bedürfnisse, namentlich für Zwecke der Bautechnik die Horizontalvermessung allein nicht, sondern meist ist auch die **Höhenlage** und **Geländeform** von besonderer Bedeutung. Diese Messungen und die hierzu notwendigen Hilfsmittel wollen wir nun in diesem Abschnitte kennenlernen, soweit sie zur Aufnahme von Längen- und Querprofilen notwendig sind.

[87] Begriffsbestimmung.

a) Unter **Höhe eines Punktes** verstehen wir dessen lotrechten Abstand von einem der Höhenbestimmung zugrunde gelegten Festpunkte, dessen Höhe gegenüber der Meeresoberfläche schon früher durch genaue Nivellements festgestellt wurde. Auf diese Festpunktsbestimmung werden wir noch später zu sprechen kommen.

Die **Meeresoberfläche** ist nicht an allen Küsten gleich hoch gelegen, überdies auch an gleichen Punkten infolge Ebbe und Flut, Windströmungen usw. veränderlich. Man hat daher in den Hafenorten auf Grund langjähriger Beobachtungen den **Mittelwasserstand** festgestellt und diesen als Nullpunkt des betreffenden Pegels bezeichnet. 1878 wurde für **Deutschland ein einheitlicher Horizont — Normal-Null (N.N.) —** gewählt, der durch eine an der Kgl. Sternwarte in Berlin eingemauerten Normalhöhenpunkt bestimmt ist. Er geht etwa durch den Nullpunkt des Amsterdamer Pegels und liegt ca. 0,149 m über dem Mittelwasser der Nordsee. Von diesem Höhenpunkte ausgehend und zunächst den Eisenbahnlinien und Hauptstraßen folgend, wurde von staatlichen Behörden durch ganz Deutschland die genaue Höhe von Marken (Festpunkten) ermittelt, die an gut fundierten sicheren Bauwerken angebracht wurde. **Jedes zu beliebigen Zwecken durchzuführende Nivellement muß auf einen solchen Festpunkt bezogen** „angebunden" **werden und mit allen übrigen in der Strecke gelegenen Festpunkten übereinstimmen**; nur dann kann man von der Richtigkeit der gemachten Höhenmessung überzeugt sein.

b) **Die in einem Punkte P liegende wagerechte Ebene,** sein **scheinbarer Horizont,** ist durch eine in demselben Punkte ruhende Flüssigkeitsoberfläche gekennzeichnet. In ihr liegen alle durch den Punkt gehenden **wagerechten** oder **horizontalen Geraden** und diese stehen rechtwinklig zu der in dem Punkte mittels Lots feststellbaren Richtung der Schwerkraft, der **Lotrechten** oder **Vertikalen** (I. F. B [152]).

Der „wirkliche" Horizont des Punktes P steht nicht bloß in P, sondern in allen seinen anderen Punkten rechtwinklig zur Richtung der Schwerkraft, bildet daher eine gekrümmte, zur Erdoberfläche bzw. zum Meeresspiegel parallele Fläche. Beim Feldmessen wird nur mit dem scheinbaren Horizont gearbeitet, weil in den hier in Betracht kommenden, verhältnismäßig kleinen Gebieten die Krümmung der Erde außer Betracht bleiben kann.

Unter der **Neigung (Steigung oder Gefäll)** einer durch P gehenden Geraden verstehen wir den **Vertikal-** oder **Höhenwinkel** zwischen ihr und ihrer **Horizontalprojektion.** Sie wird entweder im **Gradmaße** oder nach der auf 100 m Horizontalentfernung entfallenden Höhendifferenz in **Prozenten** (= 100 × tg α) oder durch die auf 1 m Steigung nötige Horizontalentfernung (ctg α) ausgedrückt. (Ein Neigungswinkel von 26° 34′ entspricht z. B. einer Steigung von 5% oder 1 : 20.)

c) Die **geometrische Höhenbestimmung,** das „**Nivellieren**" oder „**Einwägen**" verwendet ausschließlich horizontale Gerade, den **Instrumentenhorizont,** von welchem aus die Vertikalabstände der zu nivellierenden Punkte gemessen werden. Durch Subtraktion je zweier solcher Abstände erhält man die Höhenunterschiede der zugehörigen Punkte. **Will man Höhen über den gewählten Nullhorizont, also absolute Höhen** erhalten, was bei ausgedehnteren Nivellements fast immer der Fall ist, **so muß man von einem in seiner absoluten Höhe bereits bestimmten Festpunkte ausgehen.** Solche Festpunkte findet man längs allen Eisenbahnlinien und Hauptstraßen entweder als **Höhenmarken an Gebäuden** (Abb. 173), als Höhen**bolzen** (Abb. 174) oder auch als **Höhen-**

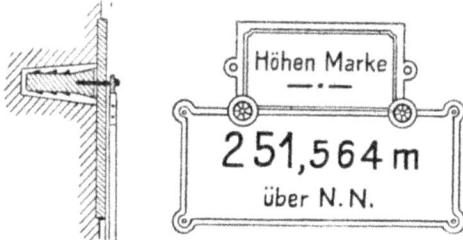

Abb. 173
Höhenmarke

zeichen an Sockelmauern, Treppenstufen, Randsteinen (Abb. 175) oder, wenn solche nicht vorhanden, auf eigens in Beton eingelassenen Steinpfeilern (Abb. 176).

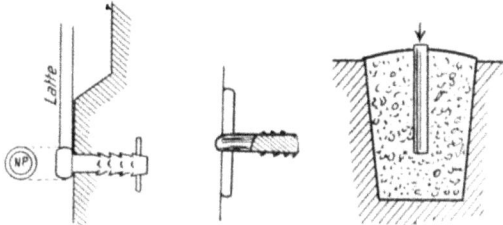

Abb. 174   Abb. 175   Abb. 176
Höhenbolzen   Höhenzeichen

pfeilern (Abb. 176). Die absoluten Höhen der einzelnen Punkte ergeben sich dann durch Addition oder Subtraktion der gemessenen Vertikalabstände.

[88] Einfache Vorrichtungen zum Einwägen.

Zur Herstellung horizontaler Geraden dienen drei Vorrichtungen, die wir schon an anderer Stelle kennengelernt haben; es sind dies die **Bleiwage** und die **Setzlatte**, weiters auch die **Kanalwage**.

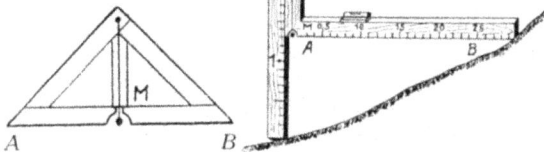

Abb. 177   Abb. 178
Bleiwage   Setzlatte

Bei der · **Bleiwage** (Abb. 177) und der **Setzlatte** (Abb. 178) wird die Lagerkante AB mit einem Senkel oder einer Libelle horizontal gestellt. Die Untersuchung der Marke M geschieht durch Aufsetzen auf einer ebenen Unterlage und Verwechseln der Auflagerpunkte. Etwaige Abweichung entspricht dem doppelten Fehler. Bei windigem Wetter ist die Verwendung einer Libelle zweckmäßiger, deren Untersuchung auf ihre Richtigkeit wir bereits unter [4₂] beschrieben haben.

Die Bleiwage wird meist zur Herstellung genähert horizontaler Flächen (Lagerfugen beim Mauerwerk), die Setzlatte zur Aufnahme von Querprofilen verwendet.

Beide benutzen materielle Gerade, während sich für die meisten Arbeiten horizontale Ziellinien besser eignen. Hierher gehört die **Kanalwage** (Abb. 179), die aus einer 50—100 cm langen Röhre a mit zwei Glaszylindern b besteht und auf einen Dreifuß aufgesetzt wird. Füllt man die

Abb. 179
Kanalwage

Röhre mit gefärbtem Wasser, so bildet die Linie bb eine Horizontale, längs der mit bloßem Auge nach einem entfernten vertikalen Maßstab gezielt werden kann.

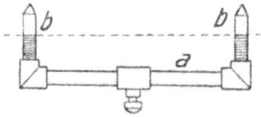

Diese Visur ist aber sehr unsicher, weshalb die Kanalwage schon längst durch einfache Nivellierinstrumente ersetzt wird. Für jene untergeordneten Zwecke, für welche die Kanalwage noch in Betracht kommen kann, ist ihre neuere Form, die **Schlauchwage**, bei der die Röhre durch einen kürzeren oder längeren, mitunter bis zu 20 m langen Gummischlauch ersetzt ist, zweckmäßiger, weil dadurch das Instrument sehr handlich wird und sich auch ohne Zielen auf größere Entfernung brauchen läßt.

[89] Nivellierinstrumente.

a) Es sind dies Instrumente mit Fernrohren, bei denen die horizontale Ziellinie durch Einstellen mit einer Röhrenlibelle [4₂a], die meist auf dem Fernrohr sitzt, geschaffen wird.

Das Fernrohr ist stets ein **astronomisches,** mit einem aus einer Kron- und Flintglaslinse gebildeten Objektiv und einem sog. **Ramsdenschen Okular.** (I. FB. [353 III].) Um das Fernrohr zum **Zielfernrohr** zu machen, wird in der Bildebene ein fester Punkt angebracht, der mit dem Mittelpunkte des Objektivs, den „Zielstrahl", die „Absehlinie" bestimmt. **Diese sonach in der Bildebene anzubringende Zielmarke ist das Fadenkreuz**, das ist ein auf eine feine Glasplatte eingerissenes Linienkreuz oder in der Regel ein auf einem im Fernrohr angebrachten Rahmen p nach

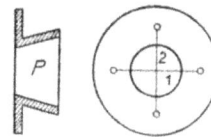

Abb. 180   Abb. 181
Fadenkreuz   Auszugsrohr

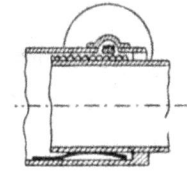

Abb. 180 aufgespanntes Kreuz aus feinen Spinnfäden. Da das Fadenkreuz zur Vermeidung der sog. **Parallachse** genau ,in der Ebene des vom Objektiv entworfenen Bildes stehen muß, ist der Fadenrahmen auf einem mit einem Trieb verschieblichen Auszugsrohr angebracht (Abb. 181); weiters muß

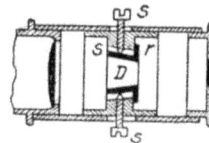

Abb. 182   Abb. 183
Okular

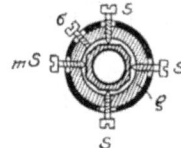

auch das Okular für jedes Auge so gestellt werden, daß das Fadenkreuz durchaus scharf erscheint, weshalb dasselbe für sich wieder verstellbar eingerichtet ist (Abb. 182, 183).

Zur Befestigung des Fernrohres mit der Libelle auf dem Stativ dient bei einfachen Instrumenten eine **Kugel**, die in einem **Zapfenstativ** festgeschraubt werden kann (Abb. 184). Es gibt aber auch Instru-

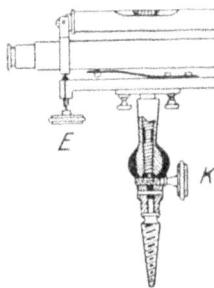

Abb. 184
Zapfenstativ

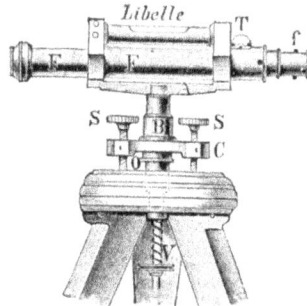

Abb. 185
Scheibenstativ

mente, deren Fernrohr auf einer **Scheibe (Alhidade)** aufruht, die mit drei Stellschrauben auf der Holzplatte eines sog. **Scheibenstativs** eingestellt werden kann (Abb. 185).

b) Bei einfachen Nivellierinstrumenten, von welchen vorläufig allein die Rede sein soll, sind die Hauptbestandteile, Fernrohr, Libelle und Fußgestell fest miteinander verbunden. Zur Vornahme von Einwägearbeiten ist jede Zielung wagerecht zu richten. Beim Einspielen der Libelle hat zwar die Libellenachse diese Lage angenommen; ob aber auch die Zielachse unter allen Umständen wagerecht gerichtet ist, hängt davon ab, daß

1. **die Libellenachse und die Ziellinie parallel sind,**
2. **die Libellenachse senkrecht auf der Vertikalachse steht und**
3. **der Horizontalfaden in die Bewegungsebene der Ziellinie fällt.**

Die wichtigste Prüfung beim Nivellierinstrument, die unter allen Umständen auch bei höchstem Zeitmangel vorgenommen werden muß, ist die, ob Libellenachse und Ziellinie parallel sind, weil es sonst keine genaue Einwägung gibt. Man hat dafür zwei Methoden, das **Einwägen aus der Mitte** und die **Gegenzielung.**

I. Einwägen aus der Mitte.

In der Mitte von zwei nicht allzu verschieden hohen 60 bis 80 m voneinander entfernten Punkten A und B wird das Instrument in C aufgestellt. Mit dem Fernrohr wird sodann bei einspielender Libelle an den in A und B vertikal aufgestellten Latten abgelesen (Abb. 186). Angenommen nun, daß der ver-

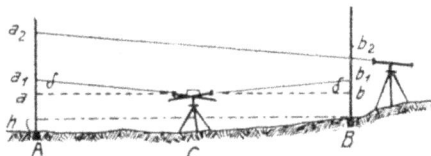

Abb. 186

langte Parallelismus nicht vorhanden sei, ergeben sich statt der Ablesungen a und b bei richtigem Instrumente etwa die Ablesungen a_1 und b_1. Statt der richtigen Höhendifferenz $h = a - b$ erhielte man $h_1 = a_1 - b_1$. Da aber der Winkel zwischen Ziellinie und Libellenachse konstant, die Libellenachse

horizontal und der Aufstellungspunkt von A und B gleich weit entfernt ist, so ist a_1 und b_1 um denselben Betrag δ zu groß bzw. zu klein, und man hat

$$a_1 = a + \delta \text{ und } b_1 = b + \delta, \text{ also}$$
$$h_1 = a_1 - b_1 = (a + \delta) - (b + \delta) = a - b = h,$$

d. h. der Höhenunterschied zweier Punkte ist auch mit fehlerhaftem Instrument richtig, wenn man letzteres in der Mitte zwischen beiden aufstellt.

Daraus ergibt sich die **Regel, bei allen Nivellierungen möglichst gleichlange Rück- und Vorzielung zu wählen,** weil auch, wenn das Instrument nicht ganz richtig eingestellt ist oder sich nachträglich verstellt hat, die Messung dann doch keinen Fehler aufweist.

Stellt man hierauf das Instrument so nahe bei einem der Punkte, z. B. B auf, daß man B durchs Fernrohr gerade noch anzielen kann, und macht bei einspielender Libelle die Ablesungen a_2 und b_2, so müßte bei horizontaler Zielung sein

$$h = a_2 - b_2 = a_1 - b_1.$$

Stimmt diese Gleichung nicht, so ist wegen der geringen Entfernung b_2 jedenfalls nahezu richtig, und man muß den Fadenkreuzrahmen mit der Korrektionsschraube ss so lange verschieben, bis man die Ablesung $a_2 = h + b_2 = (a_1 - b_1) + b_2$ erhält. Vorsichtshalber wird man noch kontrollieren, ob die Ablesung b_2 sich infolge der Verschiebung des Fadenkreuzes sich nicht geändert hat.

II. Untersuchung durch Gegenzielung.

Stellen wir das Instrument beide Male in derselben Entfernung d von A und B auf (Abb. 187), so werden, da Zielneigung und Ziellänge in beiden

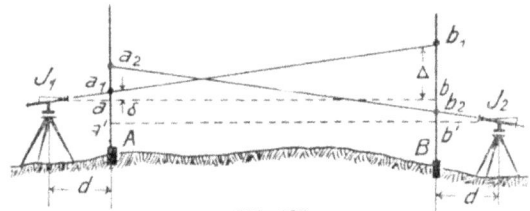

Abb. 187

Fällen gleich sind, bei mangelndem Parallelismus zwischen Libellenachse und Ziellinie die Ablesungen a_1 und b_2 um denselben unbekannten Betrag δ, die Ablesungen b_1 und a_2 um denselben Betrag $\varDelta$ unrichtig sein.

Wir erhalten daher den richtigen Höhenunterschied aus dem Standpunkte J_1

$$h = a - b = (a_1 - \delta) - (b_1 - \varDelta) = a_1 - b_1 - \delta + \varDelta$$

aus dem Standpunkte J_2

$$h = a - b = (a_2 - \varDelta) - (b_2 - \delta) = a_2 - b_2 + \delta - \varDelta$$

Durch Addition beider Gleichungen erhält man

$$2h = a_1 - b_1 - \delta + \varDelta + a_2 - b_2 + \delta - \varDelta$$
$$h = \frac{(a_1 - b_1) + (a_2 - b_2)}{2}.$$

Daraus geht hervor, **daß auch das arithmetische Mittel aus zwei durch Gegenzielung erhaltenen Höhenunterschiedswerten frei vom Einfluß etwaiger Divergenz zwischen Libellenachse und Ziellinie ist.**

Wieder wird vom Standpunkte J_2 die Ablesung b_2 weniger beeinflußt sein; wir verschieben daher das Fadenkreuz solange, bis wir die gerechnete Ablesung

$$a_2 = h + b_2 = \frac{(a_1 - b_1) + (a_2 - b_2)}{2} + b_2 \text{ erhalten,}$$

Nach den Verfahren I und II kann nur erreicht werden, daß auch die Ziellinie bei einspielender Libelle horizontal ist; damit ist aber noch nicht gesagt, daß Ziellinie und Libellenachse einander **parallel liegen,** denn sie können ebensogut in horizontalen Ebenen liegen, aber sich kreuzen. Will man daher die Libelle nicht jedesmal in der jeweiligen Zielrichtung zum Einspielen bringen, so muß man das Instrument auch **allgemein horizontieren,** d. h. dafür sorgen, daß die Libellenachse rechtwinklig zur Vertikalachse steht. Man bewirkt zunächst die **allgemeine Horizontalstellung durch Einspielen der Libelle in zwei zueinander rechtwinkligen Lagen,** dreht dann das Fernrohr um **die Vertikalachse des Instrumentes um 180°,** wobei **die Libelle wieder einspielen soll.** Ein etwaiger Ausschlag entspricht dem **doppelten** Fehler, der zur Hälfte mit Hilfe der Korrektionsschrauben der Libelle, zur anderen Hälfte mittels der Stellschraube *E* des Instrumentes (Abb. 182) beseitigt wird. Dabei beachte man, daß die Korrektionsschrauben korrekt behandelt werden, also immer die eine gelöst wird, bevor die andere angezogen wird.

Eine zweite **Bequemlichkeitsforderung,** deren Erfüllung wünschenswert, aber nicht unerläßlich ist, ist die, daß der Horizontalfaden in die Bewegungsebene der Ziellinie fällt, weil sonst nur auf den Kreuzungspunkt der Fäden eingestellt werden kann. Zur Untersuchung wird dieser auf einen festen Punkt eingestellt und dann das Instrument um das halbe Gesichtsfeld nach links und rechts gedreht. Deckt hierbei der Faden immer denselben Punkt, so ist dieser Faden wirklich horizontal, der andere vertikal und kann daher auch die Vertikalstellung der Latte kontrollieren. Eine etwaige Abweichung wird im vollen Betrage durch Drehung des Okularkopfes beseitigt.

c) Die **Nivellierlatten** sind Maßstäbe zur Ermittlung des lotrechten Abstandes der einzuwägenden Punkte von der wagerechten Ziellinie.

Aus trockenem, mit Öl getränktem Tannen-, Eschenoder Ahornholz gefertigt, haben sie 3—5 m (durch anschraubende Verlängerungsstücke zuweilen noch vermehrbare) Länge, 8—12 cm Breite und 2—4 cm Stärke. Für untergeordnete Zwecke können sie zum Zwecke bequemerer Transportfähigkeit zum Zusammenklappen eingerichtet werden.

Zur Versteifung gegen Biegung und Bruch und, um die Teilung gegen Abscheuern zu schützen, erhält die Latte ⊢⊣-förmigen Querschnitt. Die beiden Enden werden mit Eisen beschlagen, während das untere Ende außerdem mit einem in einen Kugelabschnitt auslaufenden Zapfen versehen wird. Gegen den zerstörenden und längeverändernden Einfluß der Feuchtigkeit sucht man die Nivellierlatten durch doppelten Ölfarbenanstrich zu bewahren, auf den sodann die Einteilung in m, dm, cm und ½ cm samt der Bezifferung kommt. Man wählt entweder Felder- (Abb. 188) oder **Strichteilung** (Abb. 189). Die Einschätzung der Ablesestelle ist bei der **Felderteilung** sicherer als bei der **Strichteilung;** sie kann bei schachbrettartiger Anordnung noch erleichtert werden, wenn man **grundsätzlich den schwarzen Horizontalfaden des Fernrohres auf ein weißes Feld bringt.** Der Teilungsnullpunkt soll sich am unteren Stellende befinden, weil sich dann die Latte auch zur direkten Messung beliebiger anderer Strecken verwenden läßt.

Wichtig ist die genaue Vertikalstellung der Nivellierlatte während der Ablesung; der Fehler wächst mit der Größe der Ablesung und dem cos der Lattenschiefe. Abweichungen von der Vertikalebene der Ziellinie werden vom beobachtenden Techniker leicht entdeckt, die viel häufiger vorkommenden in größeren Beträgen auftretenden **Abweichungen in der Vertikalebene der Ziellinie;** dagegen schützt man sich bei verläßlichen Gehilfen nur durch Anbringung eines Lotes oder einer Dosenlibelle, sonst aber durch leichtes Vor- und Rückwärtsschwenken der Latte, wobei die im Fernrohre gemachte **niederste** Ablesung der Vertikalstellung der Latte entspricht.

Abb. 188   Abb. 189
Nivellierlatten

[90] Das Nivellieren.

a) Zur Bestimmung der Höhenunterschiede von auf dem Gelände gegebenen oder nach Bedarf zu wählenden Punkten stellt man das Stativ samt dem darauf befestigten Instrumente auf einen beliebigen, doch so gelegenen Punkte auf, **daß von ihm aus bei annähernd horizontaler** Zielung die in Entfernungen von 40 bis 300 m vor- und rückwärts aufgestellte Latte gesichtet werden kann, damit nicht später bei definitiver Aufstellung des Instrumentes die Ziellinie unterhalb der Latte in den Boden trifft oder ihr oberes Ende nicht mehr erreicht.

Dabei sorgt man, um nicht durch allzu ausgiebige Verwendung der Fußgestellschrauben zu viel Zeit zu verlieren, daß die Stativscheibe möglichst eine horizontale, bei anderen Instrumenten der Stativzapfen eine vertikale Lage erhält. Letzteres wird dadurch erleichtert, daß man zwei Stativbeine sofort fest in den Boden einpreßt, das dritte aber seitlich und axial bei geöffneten Stativflügelschrauben entsprechend verschwenkt und dann gleichfalls in den Boden eindrückt. Nachdem die Flügelschrauben leicht angezogen sind, erfolgt nun die allgemeine Horizontalstellung, indem man die Libelle in zwei aufeinander rechtwinkelige Stellungen mit den Stellschrauben zum Einspielen bringt.

Nötig ist nur, vor jeder Lattenablesung etwaige **kleine Libellenausschläge durch geringe Drehung der jeweils am stärksten wirkenden Stellschraube** *E* **wegzuschaffen,** wobei wohl die absolute Höhe der Zielung nicht geändert werden darf.

Die Operationen bei jeder Ablesung sind nunmehr folgende:

1. **Anzielen,**
2. **Hellstellen** (Verschrauben des Okulars, bis die Latte deutlich sichtbar ist und das Fadenkreuz auch bei Bewegung des Auges vor dem Okular denselben Punkt deckt),
3. **Horizontalstellen** (Libelle einspielen lassen),
4. **Ablesen.**

b) Um nun das Gelände abzunivellieren, stellt man zunächst die Latte auf dem nächstgelegnen Höhenfestpunkt und das Instrument ungefähr 40 bis 60 m entfernt auf. **Die Ablesung zur bekannten absoluten Höhe des Festpunktes addiert, gibt die Zielhöhe.** Zieht man von ihr die vom gleichen Instrumentenstandpunkte aus gemachten Ablesungen auf den in der Umgebung für die Charakterisierung des Terrains geeigneten oder für das Bauobjekt notwendigen **Neupunkten** ab, so ergibt sich deren Höhe. **Ist so von diesem Standpunkte alles Nötige aufgenommen, so bleibt die Latte auf dem letzten Wechselpunkte unverrückt stehen, der Beobachter geht mit dem Instrument um ca. 100 m vorwärts** und stellt das Instrument auf einem passend gewählten Punkt wieder auf.

Zunächst wird die Latte auf dem rückwärtigen W e c h s e l p u n k t e, nachdem sie vorsichtig ohne Änderung ihrer Höhenlage gegen das Instrument gekehrt wurde, abgelesen und dadurch die neue Zielhöhe bestimmt, dann werden wieder allenfalls nötige Neupunkte und vorhandene Festpunkte abnivelliert, bis beim letzten dieser Punkte, dem vorderen Wechselpunkte, der Gehilfe mit seiner Latte stehen bleibt und das Instrument auf den dritten Standpunkt getragen wird, usw.

Stellen H_E **und** H_A **die Höhen des End- und des Anfangspunktes dar, so muß**

$$H_E = H_A + [\text{Summe aller Rückwärtsablesungen}] - - [\text{Summe aller Vorwärtsablesungen}]$$

sein, was eine sehr gute Rechenprobe für die Höhen der Wechselpunkte abgibt.

Hält man daran fest, stets die n a c h f o l g e n d e n Ablesungen von den v o r h e r g e h e n d e n abzuziehen, so bedeutet ein **positiver** Unterschied ein „Steigen", jeder **negative** Unterschied ein „Fallen" der Verbindungsstrecke, woraus sich gleichfalls eine vorzügliche Kontrolle der ganzen Messung ergibt.

Bei jeder solchen Arbeit wird fortlaufend ein eigenes **Feldbuch** geführt, nach welchem dann zu Hause die Skizze mit der Höhenberechnung gemacht werden kann.

Aufgabe 17.

[91] *In einem Nivellement-Feldbuch finden sich folgende im Felde mit Tintenstift (hier in schiefer Schrift) gemachte Aufzeichnungen:*

Punkt Nr.	Lattenablesung			Höhe		Bemerkungen
	rückwärts	zwischen	vorwärts	der Zielung	des Punktes	
0	1,926 + 0,002			329,571 (329,569)	327,643	Laut Festpunkt Verz. Nr. 145.
+ 20		1,78				
+ 40		1,43				
+ 60		1,16				
+ 74		0,74				
+ 80		1,10				
1			2,006		327,565 (327,563)	
	0,043 + 0,002			327,610 (327,606)		
+ 20		1,02				
+ 24,6		1,14				Bachböschung oben.
+ 26,2		1,86				
+ 28,0		2,89				} Bachsohle.
+ 32,2		2,96				
+ 35,2		1,20				
+ 40		1,18				
+ 60		1,00				
+ 80			0,424		327,186 (327,182)	
	3,162 + 0,002			330,350 (330,344)		
2			2,08		328,270 (328,264)	Die Höhe dieses Festpunktes ist im Verz. Nr. 146 = 328,270.
	5,131		4,510			

+ 0,621
Hierzu H_1 = 327,643

gibt H_2 = 328,264; H_2 soll 328,270 sein; Differenz = + 0,006 mm, die auf drei Wechselpunkte zu verteilen ist.

a) |*Es ist zunächst die Differenz mit dem Festpunkte Nr. 146 im Feldbuche auszugleichen (geschieht hier in stehender Schrift).*

b) Danach sind alle Ziel- und Punkthöhen neu zu berechnen und in das Feldbuch einzutragen (geschieht hier in stehender Schrift).

c) Es ist eine Skizze des Nivellements zwischen den Festpunkten 1 und 2 anzufertigen.

Lösung: a) Zunächst handelt es sich darum, die Ablesungsergebnisse mit den gegebenen, durch Präzisionsnivellements festgestellten Höhen der Festpunkte in Einklang zu bringen. Zu diesem Zwecke addiert man im Feldbuche alle rückwärts und vorwärts gemachten Ablesungen und bildet die Differenz der beiden Summen. Sie macht 0,621; dies zur Höhe H_1 des ersten Festpunktes per 327,643 addiert, ergibt die Höhe H_2 des zweiten Festpunktes mit 328,264, die um 6 mm kleiner ist, als sie im Festpunktsverzeichnis steht. Es sind daher die drei Zielhöhen um je 2 mm zu erhöhen.

b) Die weiteren Berechnungen ergeben sich aus nachstehender Hilfstabelle:

Punkt Nr.	Lattenablesung		Zielhöhe	Steigen	Fallen	Punkthöhe	Bemerkungen
	Wechselp.	Zwischenp.					
0	1,926 + 0,002		329,571			327,643	Festpunkt Nr. 145
+ 20		1,78		0,148		327,79	
+ 40		1,43		0,35		328,14	
+ 60		1,16		0,27		328,41	
+ 74		0,74		0,42		328,83	
+ 80		1,10			0,36	328,47	
1		2,006			0,906	327,565	
	0,043 + 0,002		327,610				
+ 20		1,02			0,975	326,59	
+ 24,6		1,14			0,12	326,47	Bachböschung oben
+ 26,2		1,86			0,72	325,75	
+ 28,0		2,89			1,03	324,72	} Bachsohle
+ 32,2		2,96			0,07	324,65	
+ 35,0		1,20		1,76		326,41	
+ 40		1,18		0,02		326,43	
+ 60		1,00		0,18		326,61	
+ 80		0,424		0,576		327,186	
	3,162 + 0,002		330,350				
2		2,080		1,084		328,270	Festpunkt
				4,808	4,181		

$$\text{hierzu } H_0 = \begin{array}{r} 0,627 \\ 327,643 \\ \hline 328,270 \end{array}$$

d. i. schon die richtige Höhe H_2 des 2. Festpunktes. Die berechneten Zielhöhen und Punkthöhen können dann im Feldbuch eingetragen werden.

c) Die Skizze, aus welcher die Entfernungen der einzelnen Punkte und deren Höhenablesungen ersichtlich sind, zeigt dann deutlich die Konfiguration des betreffenden Terrainabschnittes (Abb. 190).

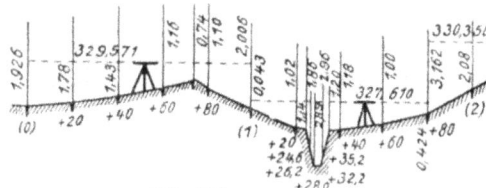

Abb. 190

[92] Längen- und Querprofile.

a) Längenprofile dienen zur bildlichen Wiedergabe der Geländeform längs bestimmter Linien; sie bilden die am häufigsten vorkommende Einwägungsaufgabe zur endgültigen Projektierung von Bauten, wie zur Abrechnung der sich dabei ergebenden Erdbewegungen.

In kultivierten Gegenden, wo alle möglichen Karten und Pläne (Katastralpläne mit genauer Horizontalmessung, Touristenkarten mit Höhenkoten usw.) leicht erhältlich sind, genügen diese Behelfe vollkommen, um die **Trasse** einer Straße, einer Eisenbahn, eines Kanallaufes oder sonst eines langgestreckten Bauwerkes **generell** festzulegen. Wie das gemacht wird, wird in den bezüglichen Abschnitten der Baukunde gezeigt werden. Häufig stellen solche Karten das Gelände durch **Horizontalkurven (Schichtenlinien)** dar, die die Punkte gleicher Höhe miteinander verbinden, wobei die Schichtenlinien oft bis zu 100 m Vertikalabstand haben.

Genügt das nicht, so kann man auch Schichtenlinien interpolieren, zu welchem Zwecke man auf Pauspapier in dem Maßstabe der Karte eine Reihe paralleler Linien zeichnet, die man wie die Teilstriche eines Maßstabes bezeichnet (Abb. 191). Handelt es sich z. B. darum, zwischen zwei Punkten m und n, deren Koten ohne Dezimalen 265 und 342 m sind, die vollen Koten von 10 zu 10 m zu interpolieren, so legt man den durchsichtigen Maßstab auf die Punkte m und n und sticht mit der Pikiernadel die Punkte durch, in denen sie von den Transversallinien getroffen werden, welche Methode also eigentlich auf dem Prinzip des Transversalmaßstabes beruht.

In unkultivierten Gegenden, wo weder Karten noch Pläne vorhanden sind, bleibt nichts übrig als selbst zur generellen Festlegung der Trasse durch Meßtisch- und tachymetrische Aufnahmen das Gelände in größerer Ausdehnung darzustellen, wovon später die Rede sein wird.

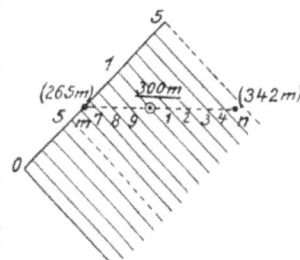

Abb. 191

Ist nun die Trasse in irgendeiner Weise im Plane bestimmt und auf das Gelände übertragen worden, so müssen zur Detailprojektierung das Längenprofil und nach Bedarf auch die Querprofile angefertigt werden.

Dem Längennivellement geht die **Verpflockung** der Trasse voraus, welche in gleichen horizontalen

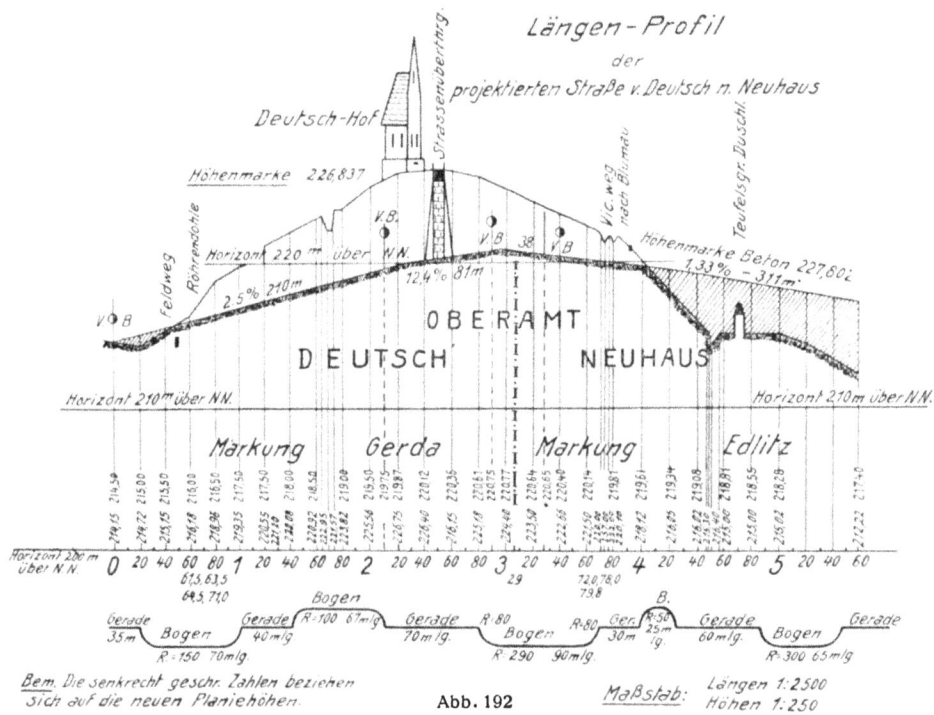

Abb. 192

gegenseitigen Entfernungen, je nach der Geländeart 10 bis 50 m, erfolgt. Jeder Pflock wird auf Terrainhöhe eingetrieben und mit der Längenangabe, bei großen Bauten in Einheiten von km z. B. 24 + 260, bei kleineren in hm z. B. 18 + 20 bezeichnet. Für die Geländeform wichtige Punkte, wie z. B. Gefällwechsel, Böschungskanten, Mauern usw. werden in gleicher Weise verpflockt und eingemessen. Wichtige Punkte der Trasse, Tangentenschnitte usw. werden überdies durch Lattendreiecke (Abb. 166), versenkte Pflöcke oder Marksteine gesichert.

Die nun folgende **Einwägung** der Bodenpflockhöhen, der Höhen sonstiger für den Bau wichtiger Punkte (Wasserspiegel, Hochwassermarken, Pegelnullpunkte usw.) erfolgt zum Schutze gegen grobe Fehler nach zwei Richtungen mit kleinen Instrumenten (Libellenempfindlichkeit 10″ bis 20″, Fernrohrvergrößerung 15fach) unter Ablesung bis auf cm. **Bei Einwägungen für ausgedehntere Bauten werden mindestens zwei Höhenfestpunkte einbezogen.** Nur bei untergeordneten Einwägungen kann vom Anbinden an entfernter gelegene Festpunkte abgesehen und sonach ein beliebiger Horizont gewählt werden, auf den alle Punkte zu beziehen sind; in solchen Fällen sind aber einzelne, leicht auffindbare Punkte an Bauwerken, Steinpfeilern vorübergehend als Festpunkte auf das mm einzuwägen, um in Zweifelsfällen einwandfreie Höhen zur Verfügung zu haben. **Die scharfe Wiedergabe der Höhenlage ist für die technische Verwendung eines Längenprofiles von größerer Bedeutung als jene der Horizontalentfernungen.** Aus diesem Grunde wird die Höhenlage in möglichst großem Maßstabe aufgetragen, wogegen die Horizontalentfernungen, um den Plan in handlichem Formate zu halten, in kleinerem Maßstabe gezeichnet werden. **Maßabnahmen aus einem so verzerrten Längenprofile sind daher nur in horizontaler und in vertikaler Richtung, niemals aber in schiefer Richtung möglich.** Der Lageplan steht in bezug auf die horizontalen Entfernungen mit dem

Längenprofile in Übereinstimmung. Die Höhen werden nicht ihrem ganzen Betrage nach aufgetragen, sondern von einem eigens für die Zeichnung passend gewählten „Horizont".

Die Verwendung von Millimeterpapier fördert die Arbeit des Aufzeichnens wesentlich.

Die Geländelinie, die Ordinaten und Horizonte sowie alle zugehörigen Zahlen werden schwarz, die Wasserlinien blau, die Linien projektierter Bauten mit den zugehörigen Ordinaten und Zahlen rot eingetragen, die Auffüllflächen rot, die Einschnittsflächen gelb, die Terrainfläche in sepia koloriert. Unten werden noch die Krümmungsverhältnisse der Trasse schematisch angedeutet. Maßstab, Über- und Unterschrift dürfen nicht fehlen.

Als Beispiel diene das Längenprofil einer Straße von Deutsch nach Neuhausen in Abb. 192.

b) Die Aufnahme von Querprofilen erfolgt normal zum Linienzug des Bauwerkes an allen ins Längennivellement einbezogenen Punkten. Ist der Punkt ein Bruchpunkt des Linienzuges, so wird das Querprofil in der Richtung der Winkelhalbierenden aufgenommen.

Die Absteckung der Richtung eines Querprofiles ist im allgemeinen nicht mit allzu weitgehender Schärfe nötig, da das Längenprofil fast immer Linien von geringer Neigung folgt, bei denen kleine Verdrehungen der Querprofile kaum eine veränderte Höhenlage der Geländepunkte verursachen, weshalb hier alle im I. Abschnitte erwähnten einfachen Meßgeräte benutzt werden können. Um in Brechungspunkten der Trasse auf dem Gelände einen Punkt der Winkelhalbierenden zu finden, mißt man auf beiden gegebenen Richtungen gleiche Strecken ab und halbiert die Verbindungsstrecke. Verläuft die Trasse im Kreisbogen, so macht man dasselbe bei beiden Sehnen nach den vom Scheitelpunkte gleich abständigen Bogenpunkten. Die seitliche Verpflockung unterbleibt, wenn nicht bei zu großer Breiteausdehnung die Aufnahme eines Längenprofiles über die Endpunkte sämtlicher Querprofilendpunkte zur Probe wünschenswert erscheint.

Die Aufnahme erfolgt mit zwei oder drei Meßgehilfen **nach Horizontalprojektion und Höhe gleichzeitig,** entweder mit der Kanalwage, dem Nivellierinstrument oder der Setzlatte. Häufig kann man von einem Instrumentstandpunkte aus mehrere Profile aufnehmen. Da der im Längenprofile enthaltene Achspflock unbedingt mit aufgenommen wird,

erhält man hierdurch zuverlässige Proben über die Zielhöhe. Sämtliche Maße werden im **Feldbuche** entweder
schematisch oder als Skizze (Abb. 193) eingetragen.

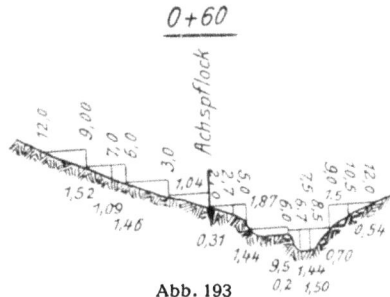

Abb. 193

Die Querprofile werden am besten auf Millimeterpapier
unverzerrt im Maßstab der Höhen des Längenprofiles direkt
nach der Feldaufnahme gezeichnet und bezüglich der Ausführung ähnlich wie das Längenprofil behandelt. Die auf ein
Blatt vereinigten Querprofilzeichnungen werden so angeordnet,
daß die Achspunkte in einer Vertikalen liegen. Über jedem
Profil wird in deutlicher Schrift die zugehörige Nummer gesetzt.

Zur Beachtung: **Die Aufnahme von Längen- und
Querprofilen bildet eine gute Übung in Feldarbeiten,
die dem angehenden Techniker bei seiner weiteren
Bautätigkeit sehr zustatten kommen wird.** Die dazu
notwendigen Vorrichtungen sind leicht zu beschaffen,
nötigenfalls mit billigen Mitteln selbst anzufertigen.
Auch der **Landwirt** wird gut tun, sich auf diese Weise
mit den Feldmeßarbeiten möglichst vertraut zu
machen. Er wird dadurch mit der Zeit viel Geld für
Hilfskräfte ersparen.

[93] Flußnivellements.

a) Ihr Zweck ist die Darstellung der Sohlen-
gestaltung, des Gefälles, der Stromverhältnisse sowie
der Ufer- und Wasserhöhen von Gewässern als Vorarbeiten zur Durchführung von Flußbauten. Auch
sie zerfallen in Längen- und Quernivellements.

Die **Längennivellements** umfassen die Linien des
Mittelwassers womöglich an beiden Ufern, ferner
der Sohle im Stromstrich, die Hoch- und Nieder-
wasserlinie sowie die Höhe etwaiger Flußeinbauten.
Die **Quernivellements** umfassen dagegen Schnitte
normal zum Wasserlauf. Die Höhenlage der Flußsohle
wird dabei vom Wasserspiegel aus durch Messung der
Wassertiefe aufgenommen, was man **Peilung** nennt.

Die Arbeit zerfällt in folgende Abteilungen:

1. Die **Verpflockung** derjenigen Punkte zu beiden
Seiten des Flusses, von denen je zwei die Richtung
eines Quernivellements bestimmen sollen, wobei die
Pflöcke, die sog. **Wasserstandspfähle,** vom Wasser
bespült werden sollen.

2. **Die Horizontalaufnahme dieser Pflöcke** mit
den für das zu projektierende Bauwerk wichtigen
Gegenständen, wie Böschungen, Leinpfade usw.
auf ein festgelegtes Netz von Aufnahmelinien.

3. Das **Einmessen des Wasserstandes von den
Köpfen der Wasserstandspfähle aus an beiden Ufern,**
wofür eine Zeit gewählt werden soll, in der die Wasser-
höhe einen gewissen Beharrungszustand zeigt.
Eventuell kann an einem benachbarten **Pegel** der
Mittelwasserstand abgelesen werden. Bei ausgedehnteren Aufnahmen müssen an einzelnen Wasser-
standspfählen Zwischenpegel angebracht werden, mit
deren Hilfe alle Ablesungen auf **Mittelwasser** zurückgeführt werden.

4. Das **Nivellieren der Köpfe sämtlicher Wasserstandspfähle, der Pegelnullpunkte** usw.

5. Die **Aufnahme der Querprofile, Peilung,** die
bei Bächen oder anderen kleinen Wasserläufen mit
einem aus zwei rechtwinklig zueinander angeordneten
Stäben gebildeten Haken vorgenommen werden.
Über breitere Wasserläufe wird eine Meßleine oder
ein geteilter Draht von einem Pfahl zum zweiten so
gespannt, daß der Nullpunkt bei einem der Wasserstandspfähle liegt. In Abständen von etwa 2 m
wird von einem Kahne aus mit der „Peilstange"
die Wassertiefe gemessen, was bei starker Strömung
viel Kraft und Gewandtheit erfordert.

Ist die Breite des Flusses oder Sees so groß, daß sich
ein Draht nicht mehr gut spannen läßt, so wird die Profilrichtung an beiden Ufern durch je zwei Visierstangen AA_1
und BB_1 abgesteckt (Abb. 194), in die sich der Kahnführer

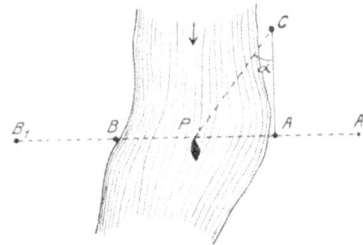

Abb. 194

einvisiert. Im Augenblicke des Peilens wird die Peilstange
von einem gegen das Profil festgelegten Punkt C aus angezielt
und der Winkel ACP gemessen. Ist $\sphericalangle CAA_1 = 90°$, so
hat man einfach $AP = AC \cdot tg\,\alpha$.
Die Aufnahme der Gestalt des Grundes großer Seen und
des Meeres erfolgt durch **Tiefenmessungen,** die von eigenen
Lotschiffen aus vorgenommen werden, und zwar um Untiefen
Felsen, Pfahlbauten usw. mit Sicherheit festzustellen, in
Ufernähe in kleineren, entfernter vom Ufer in größeren
Abständen. Die jeweilige Stellung des Lotschiffes wird mit
Distanzmessern durch Sextantenbeobachtung oder nach Art
der Triangulierung bestimmt. Ist eine Eisdecke vorhanden,
so kann man auch die Aufnahme großer Seen und breiter
Flüsse durch Einwägen und Peilen bequemer ausführen.

**Auch die mit der Peilstange ermittelten Wasser-
tiefen sind auf Mittelwasser zurückzuführen.** Die
Meereshöhe der Flußsohle oder des Seegrundes ergibt sich dann als Unterschied der Meereshöhe des
Mittelwassers und der Mittelwassertiefe.

[94] Flächennivellements.

a) **Flächeneinwägungen** dienen zur Darstellung
des Terrains nicht bloß längs einzelner Linien, sondern
über nach allen Richtungen beliebig ausgedehnte
Gebiete.

Solche Darstellungen sind, abgesehen von der Bearbeitung
topographischer Kartenwerke, auch sehr häufig nötig zum
generellen Entwurfe größerer Bauobjekte, wenn diese sich
nicht leicht an Ort und Stelle projektieren, oder sich aus
gewöhnlichen Plänen nicht alle hierbei in Betracht kommenden
Momente gleich gut übersehen lassen.
Es ließen sich wohl auch die Einzelheiten so ausgedehnter
Gebiete durch Längen- und Querprofile erfassen; es kostet
aber vielmehr Zeit und Arbeit, als wenn man das ganze Gelände eigens für den gedachten Zweck neu aufnimmt.
Solche Aufnahmen empfehlen sich namentlich bei Erdbewegungen, bei allen Bewässerungs- und Entwässerungs
anlagen usw.

Bei ziemlich ebenem Gelände kann eine Art
Rost von in gleichen Abständen gelegten parallelen
und dazu rechtwinklig angeordneten Geraden gewählt werden, an deren Knotenpunkten man die
Höhen bestimmt. Etwaige besonders notwendige
Zwischenpunkte, deren Zahl gewiß nicht sehr groß
sein wird, lassen sich dann leicht nach den Netz-
linien einmessen und einwägen.

Nach diesen Koten lassen sich **Schichtenpläne** (Abb. 195)
entwerfen, aus welchen sich dann die Geländeform, Mulden
(ab) und Wasserscheiden (cd), Linien des größten Falles (e) usw.
erkennen lassen. Macht man Schnitte durch den Schichten-

plan (Abb. 196), so erhält man Anhaltspunkte für die Kubatur-
berechnung bei Abgrabungen und Anschüttungen. Über
Schichtenlinien und Schichtenpläne wird später noch ausführlicher gesprochen werden.

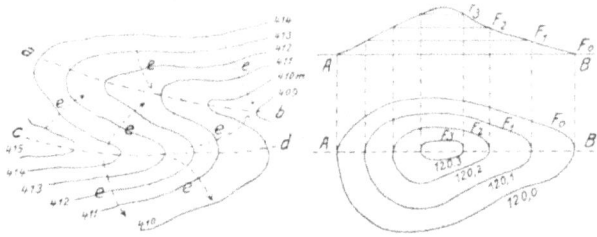

Abb. 195   Abb. 196

Bei **unebenem Gelände** wäre diese Methode jedoch
unzweckmäßig, weil dadurch viele unwichtige und
gleichgültige Geländepunkte einbezogen würden, was
immerhin zwecklose Kosten verursacht. In solchen
Fällen ist es besser, nur den Verlauf aller höchsten
und tiefsten Geländelinien, die Wasserscheiden,
Gefällswechsel, Böschungskanten, zu erfassen. Deren
Aufnahme erfolgt in bezug auf Horizontalprojektion
und Höhe gleichzeitig.

b) **Dort, wo Katasterpläne zu haben sind,** genügt
es oft, auf diesen die Punkte festzustellen, von denen
die Geländeform in vertikaler Richtung am meisten
abhängt. Zielungen sind bei dieser Arbeit noch bis
zu 300 m unbedenklich, namentlich wenn die Höhenangaben auf dm abgerundet werden sollen. In diesem
Falle läßt sich auch die barometrische Höhenmessung,
die später erörtert werden soll, mit Vorteil anwenden.

c) **Stehen aber weder Karten oder Pläne zur Verfügung, wie dies in unkultivierten Ländern meist der
Fall ist, und verlangt das Bauobjekt unbedingt die
Aufnahme so ausgedehnter Gebiete,** so muß eine
tachymetrische oder photogrammetrische Aufnahme
gemacht werden, worüber später eingehender gesprochen werden wird.

[95] Fehlergrenzen und Zeitaufwand.

Bei Nivellements für technische Zwecke — und
nur um solche handelt es sich in diesem Abschnitte —
kann man als **zulässigen Fehler** in den Höhenangaben
bei D km Horizontalentfernung mit $18\sqrt{D}$ in mm
annehmen, was z. B. bei einem Nivellement von
100 km in dem Höhenunterschiede zwischen Anfangs-
und Endpunkt einem Maximalfehler von 0,18 m
entspräche. Bei Präzisionsnivellements ist man in
Hinblick auf die Fortschritte im Instrumentenbau
natürlich mit der Genauigkeit schon viel weiter gegangen. So beträgt der mittlere Höhenfehler für
das gesamte preußische Höhennetz rd. ± 2 mm
und bei den neueren Arbeiten bleibt der direkte
Messungsfehler sogar unter ± 1 mm.

Der nötige **Zeitaufwand** für die Durchführung
von Nivellements ist sehr bedeutend von Witterungs-
und Geländeverhältnissen sowie von der Geschicklichkeit des Technikers und seines Hilfspersonals
abhängig. **Als ungefähre Mittelwerte einer Tages-
leistung können bei techni-
schen Nivellements 6 bis
12 km gelten.** Für Flächen-
nivellements im ebenen Gelände kann man etwa 300
Punkte pro Tag rechnen.

[96] Übungs-
aufgaben.

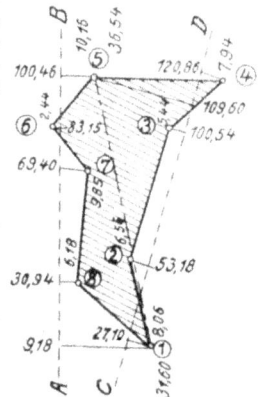

Aufg. 18. Es ist die Fläche der
in Abb. 197 gezeichneten
Fig. 1—8 zu berechnen. Die
beiden Aufnahmelinien AB
und CD stehen durch die
von den Punkten 1 und 5 gemessenen beiderseitigen Koordinaten in Verbindung.

Aufg. 19. Bei Aufnahme eines
Querprofils sind im Feld-
buche folgende Aufzeich-
nungen vermerkt:

Abb. 197

Links							Rechts						
Ordinate	Ablesung			Zielhöhe	Punkthöhe	Bemerkung	Ordinate	Ablesung			Zielhöhe	Punkthöhe	Bemerkung
	rückw.	zwi-schen	vorw.					rückw.	zwi-schen	vorw.			
Profil 0 + 80													
0	1,52			329,99	328,47	Achspflock des Längenprofiles	0	1,52			329,99	328,47	Achspflock des Längenprofiles
7,50			0,41			Mauer unten	5,00			3,50			Böschung oben
7,50	3,98						5,00	0,24					
7,75		1,75				do. oben	8,60		2,51				
17,00		1,04					11,20		2,54				} Bachsohle
23,80			0,86				15,10			0,35			
							15,10	3,41					Böschung oben
							26,00		3,64				
							35,00		2,87				
							43,00			0,58			
							43,00	4,15					
							50,20		3,06				
							61,40			1,87			

Es sind die Punkthöhen zu berechnen, die Proberechnung
zu machen und das Profil zu zeichnen [92].

(Lösungen im 3. Briefe.)

[97] Lösungen der im 1. Briefe unter [19] gegebenen Übungsaufgaben.

Aufg. 9. (Abb. 198.) Man zielt von C aus unter 45° nach A
und errichtet ein Lot von A nach B. Dann ist $BC = AB$.

Aufg. 10. (Abb. 199.) Das eine Ende eines Bandes wird im
gegebenen Scheitel B, das andere in einem Punkte A der
Geraden AB festgesteckt und der Mittelpunkt des Bandes
in D markiert. Hierauf wird das Bandende bei B in die

Verlängerung von AD nach C versetzt derart, daß das
gespannte Band über D geht. C ist ein Punkt des gesuchten

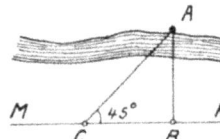
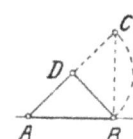

Abb. 198   Abb. 199

Winkelschenkels, weil $DA = DB = DC$ und ADC eine
Gerade ist.

BAUKUNDE

Wasserbau I.

Einleitung und Inhalt: Unter den vielen Zweigen der Technik ist der **Wasserbau** für das Wohlergehen der Kulturmenschen von hervorragendster Bedeutung: so segensreich das Wasser und die im Wasser sich unter Umständen zu gewaltiger Größe sammelnden Kräfte sind, so ungemein gefahrdrohend und unheilverbreitend können sie der Menschheit und allen ihren Werken werden, wenn sie nicht in ihren Schranken erhalten bleiben. Wir denken dabei nicht in erster Linie an alle jene technischen Errungenschaften, die dem Wasser seine gefährlichen und verderblichen Eigenschaften nehmen oder sie wenigstens mäßigen sollen. In dieser Hinsicht gibt es fast kein Werk der Bautechnik, das nicht schon vom Grund auf vor den schädlichen Wirkungen des Wassers geschützt werden muß. Das Wasser ist vielmehr von seiner Quelle und dem Wildbache an bis zum Meere in sorgsam gehüteten und nötigenfalls künstlich geschaffenen Bahnen zu leiten; man muß es nach den Grundsätzen der so hochentwickelten **Kulturtechnik** da in genügender Menge dem Boden zuführen, wo es fehlt, dort aber auch dem Boden entziehen, wo es im Überschusse vorhanden ist und erst dann wird wirklich diese Naturgabe in vollem Maße das bieten, was sie verspricht.

Schon aus diesen Schlagworten ergibt sich die natürliche Gliederung des ungemein interessanten und umfangreichen Gebietes.

Wir werden uns daher zunächst mit dem sog. **Meliorationswesen**, mit der **Entwässerung und Bewässerung des Bodens**, dann mit den **Sicherungsarbeiten an fließenden Gewässern**, der **Wildbachverbauung**, dem **Uferschutze**, den **Flußregulierungen** und den **Deichanlagen** beschäftigen. Im nächsten Briefe wird dann der „Wasserbau II" das Gebiet mit der **Wasserversorgung** und **Kanalisation**, den **Schiffahrtskanälen** und den jetzt so hervorragend wichtigen **Wasserkraftanlagen** abschließen. Die **Mechanik des Wassers**, soweit sie für die Bau- und Kulturtechnik in Betracht kommt, also hauptsächlich die **Messung und Berechnung der Wassermengen und Wassergeschwindigkeiten**, wollen wir als „**Hydraulik**" in der **Baumechanik** behandeln.

3. Abschnitt.

Bodenentwässerung und Bewässerung.

[98] Allgemeines.

a) Die ungleichförmige Verteilung der auf den Erdboden gelangenden Niederschlagsmengen innerhalb kleinerer und größerer Zeitperioden wurden besonders in landwirtschaftlicher Beziehung seit jeher sehr unangenehm empfunden. Der zeitweise eintretende **Wassermangel** wie anderseits ein allzu großer **Wasserüberfluß** machte sich in den verschiedensten Ländern fühlbar, und war man schon im Altertum bestrebt, diesen Übelständen durch eine geregeltere **Wasserwirtschaft** wirksam zu begegnen.

Nach den neuesten Forschungen hat sich ergeben, daß die Anfänge der Kulturtechnik etwa 4500 Jahre v. Chr. Geburt zurückreichen und namentlich in Babylonien und Assyrien schon damals zu einer hochentwickelten Bodenkultur geführt haben. Natürlich machte sich das Bedürfnis künstlicher Bewässerungen in den heißen südlichen Ländern am meisten und am frühesten geltend. Wasserhebewerke in Form von Schöpfrädern haben sich in China in ihrer ursprünglichen Gestalt bis heute erhalten. Die Bewässerung der Ländereien selbst geschah im Altertum zumeist durch das System der Überstauung, seltener durch jenes der Berieselung.

Anderseits trat aber auch in den sumpfigen, häufigen Überschwemmungen ausgesetzten Talniederungen des Euphrat und Tigris die Notwendigkeit künstlicher **Entwässerung** hervor, durch die weit ausgedehnte Ländereien einer gedeihlichen Kultur zugeführt wurden. In Ägypten bedingten wieder die ungenügenden und ungünstig verteilten Niederschläge schon sehr zeitig die rationelle Ausnützung des Nilwassers; große Kanäle, wie der 420 km lange Josefskanal, der sich 5 m über dem Niederwasser des Nilstromes hinzieht, versorgten den fruchtbarsten Teil Mittelägyptens in der trockenen Zeit mit Wasser. Unter den zur Aufspeicherung des Wassers dienenden Becken ist der uralte Mörissee hervorzuheben, der 3—4000 Millionen m³ Wasser sammelte und auch mit Schiffen befahren worden sein soll. In Ägypten finden wir sogar die ersten Verbauungen von Wildbächen, die aus mächtigen Talsperren zur Zurückhaltung des Geschiebes bestanden.

Besondere Verhältnisse herrschten seit jeher in Indien, wo die Regenzeit nur auf die Zeit von Juni bis September beschränkt ist, während die übrigen acht Monate fast gar kein Regen fällt. Die Wasserwirtschaft dieses Landes ist daher besonders gekennzeichnet durch die kolossale Zahl von künstlichen Teichen, den Tanks, die zur Bewässerung der ausgedehnten Reisfelder dienen.

In Europa wurde zuerst Griechenland einer hochentwickelten Kulturtechnik teilhaftig, aber im Gegensatze zu den in anderen Ländern vorherrschenden Bewässerungsarbeiten gab dort das oft im Übermaße vorhandene Wasser den Anstoß zur Durchführung bedeutender **Entwässerungsarbeiten**. Die größte dieser antiken Anlagen ist die Trockenlegung des Kopaisseebeckens in Böotien. Durch das Steigen dieses Sees, der keinerlei Abfluß hatte als einige natürliche, durch Erdbeben oft verstopfte, unterirdische Abflußhöhlen, wurden mehrere Städte zerstört, und erst später sind durch Freimachung dieser Kanäle und Absenkung des Wasserspiegels die Ruinen dieser Städte bloßgelegt worden.

Analoge Bestrebungen machten sich auch im antiken Italien, im großen römischen Reiche geltend. Das älteste Entwässerungswerk der Römer ist die Ablassung des Albanersees um das Jahr 396 v. Chr. 100 Jahre später folgte die **Entwässerung der Pontinischen Sümpfe**, um dadurch in der römischen Campagne die sanitären Verhältnisse zu verbessern und namentlich die Bedingungen für die Entstehung der Malaria zu beheben. Die Entwässerungsanlagen bestanden zumeist aus einem ausgedehnten dichten Netze von unterirdischen, schließbaren Kanälen (Cuniculi), die durch Einsteigschächte mit der Erdoberfläche in Verbindung standen.

Der Zensor Appius Claudius ließ dann durch die Pontinischen Sümpfe die bereits unter [1] erwähnte nach ihm genannte Straße, die Via Appia, anlegen.

b) **Bodenmelioration, Amelioration, Bonifikation** bedeutet im allgemeinen die **Erzielung einer bleibenden**, sich bis zu einer gewissen Grenze stetig steigernden **Bodenertragserhöhung**.

Betreffen diese Bodenverbesserungen unkultiviertes Land, so nennt man sie Urbarmachung, die aber als spezifisch landwirtschaftlicher Natur nicht in das Gebiet der Kulturtechnik gehört.

Hierher zählen vielmehr jene Meliorationen, die entweder sofort oder bald nach ihrer Durchführung Gewinn abwerfen, **die die natürlichen Produktionsbedingungen des Bodens** infolge von Störungen in den das Pflanzenwachstum bedingenden Wechselwirkungen zwischen Erdboden, Wasser und Luft **durch künstliche Mittel dauernd verbessern.**

Mit diesen Wechselwirkungen wollen wir uns zunächst beschäftigen, um daraus die Notwendigkeit einer Melioration und die besten und billigsten Mittel hierzu zu erkennen.

[99] Der Boden.

a) In landwirtschaftlichem Sinne bildet der **Kulturboden** die oberste Schichte, welche zumeist ein Produkt der jüngsten (Alluvial-) Zeit, sonach ein Produkt der Anschlämmung, Anwehung und Verwitterung der den Erdkörper bildenden Gesteinsmassen darstellt, auf welchen wieder die oberste fruchtbarste Schichte — wenn eine solche überhaupt vorhanden ist — **Humus, Ackererde** oder ohne Rücksicht auf die Fruchtbarkeit **Erdkrume** genannt wird.

Soweit der Boden vom Kulturtechniker in Betracht gezogen wird, also auf eine Tiefe bis zu etwa 2 m und in sehr seltenen Fällen bis zu 4 m und darüber (Moorkulturen), kann diese Bodenschichte auch älteren Formationen, dem Diluvium und der Tertiärzeit angehören (s. I. F. B., „Unsere Erde" [419]). Der unter der Erdkrume gelegene Teil des Bodens heißt **Untergrund.**

b) Im allgemeinen können wir **leichte** und **schwere** Böden unterscheiden: **Leichte Böden sind jene lokkeren Böden, die der Bodenbearbeitung sowie dem Eindringen der Luft, des Wassers und der Pflanzenwurzeln keinen wesentlichen Widerstand bieten;** hierher gehören außer den vorläufig außer Betracht bleibenden Moorböden der **Sandboden,** die Kies- oder Geröllböden, ferner die sandigen Lehmböden und lehmigen Sandböden, also Bodenarten, die in bezug auf ihre Gewinnung nach [23] zur ersten Klasse zählen.

Schwere Böden setzen infolge innigen Aneinanderhaftens der einzelnen Teilchen **sowohl der Bearbeitung, wie dem Eindringen der Pflanzenwurzeln, der Luft und des Wassers großen Widerstand entgegen, so zwar, daß sie auch als vollkommen wasserundurchlässig gelten können.** Der Hauptrepräsentant dieser Böden ist der **Letten-** und **Tegelboden.** Zwischen beiden liegen die mittelschweren Böden, deren Hauptvertreter der Lehm- und der Lößboden sind. Diese sind zur zweiten und erstere zur dritten Klasse der unter [23] genannten Bodenkategorien zu zählen.

Man unterscheidet daher:

1. **Sandboden, Kies- und Geröllboden. Dieser Boden,** wenn bloß aus Quarzsand bestehend, ist **unfruchtbar und sehr trocken,** da er das Wasser rasch annimmt, aber ebenso schnell abgibt. Er trocknet auch wegen des raschen Eindringens der Luft schnell aus, strahlt aber die rasch aufgenommene Wärme langsam aus.

Als Untergrund ist er in nicht allzu regenarmen Gegenden sehr vorteilhaft, da durch denselben eine natürliche Entwässerung Platz greifen kann. Als produktionsfähige Ackerkrume darf der reine Sand höchstens 60—90 % des Gesamtvolumens betragen. Als Leitpflanzen für diesen Boden wären zu nennen das gemeine Heidekraut, die Strohblume und der Schwarzkiefer; als ihm gedeihen die Kulturpflanzen am besten Roggen (Korn) und Kartoffeln.

2. **Tonboden.** Er vertritt je nach dem Sand- und Tongehalt die leichten, mittleren und schweren Böden. Ton im allgemeinen entsteht aus der Verwitterung aller tonerdehaltigen Mineralien, also zumeist aus den Feldspaten (s. I. F. B. [368] und Vorstufe [367]). Als jüngstes alluviales Anschwemmungsprodukt heißt er **Lehm**; in seiner älteren diluvialen Form — ein Produkt der Anwehung — nennt man ihn **Löß**, der wegen seines Sandgehaltes weniger plastisch ist und stets kohlensauren Kalk und etwas Magnesia enthält. Der tertiäre Ton heißt **Tegel**, mitunter auch „blauer Tegel"; er kann nur durch seine Fossilien von dem ihm sonst ziemlich ähnlichen **Letten** unterschieden werden, wonach Tegel eine Meeresbildung, Letten eine Süßwasserbildung ist. Tegel-

schichten können oft Hunderte von Metern mächtig sein, während Letten nie eine größere Mächtigkeit erreicht, welchem Umstande bei Bohrungen nach Tiefwasser besonders Rechnung getragen werden muß.

Im allgemeinen zieht der **Tonboden** stark **Wasser** an und **trocknet sehr langsam aus.** Auch nimmt er die Wärme langsam an und gibt sie rasch ab, weshalb er auch **kalter Boden** genannt wird. **Im ganzen ist er ein schwerer Boden, der aber, entsprechend aufgeschlossen und für den Zutritt von Luft und Wasser zugänglich gemacht, recht fruchtbar sein kann.**

Dieser Boden ist gekennzeichnet durch das häufige Vorkommen des Raigrases, des Hahnenfußes, der Eiche, Buche, des Haselstrauches, des Huflattichs usw.; seine **Kulturpflanzen** sind hauptsächlich Weizen, auf warmen Lehmböden Gerste, Klee und Zuckerrübe, auf nassen, kalten Lehmböden Hafer.

3. **Kalkböden** sind gebildet aus den Verwitterungsprodukten von Kreidekalk in England, Frankreich und auf der Insel Rügen, vom Quadersandstein, vom Plänerkalk und den Kalksteinen des Jura, der Trias usw. (s. I. F. B. „Unsere Erde" [419] und [356 II]). Der Kalkboden unserer Gegend führt diese Bezeichnung, wenn er mindestens 20—30 % Kalk und nebst dem geringeMengen Magnesia, Gips und Phosphate enthält; er erwärmt sich rasch und gibt die Wärme schnell ab, was auch mit dem Wasser der Fall ist. **Reiner Kalkboden, z. B. Kreidekalk, ist unfruchtbar.**

4. **Mergelboden** ist jener Boden, der bloß etwa 10 % Kalk und sonst nur Ton enthält; er ist durch das häufige Vorkommen der sog. Mergelknollen gekennzeichnet. Der Mergel wird speziell **Tonmergel** genannt, wenn der Tongehalt mindestens 60 % beträgt, sonst **Kalk-** oder **Sandmergel. Alle diese Mergelböden gehören zu den warmen, fruchtbaren Böden.**

Als Kalkpflanzen sind zu nennen der wilde Reseda, der Rittersporn, der Wacholder, die Nelke, die Leberblume und das fleischrote Heidekraut. Auf kalkärmeren Böden kommen auch vor die Ranunkel, der Ehrenpreis und das Hungerblümchen. An **Kulturpflanzen** gedeihen auf Kalkböden die Esparsette und Luzerne.

Zu bemerken ist noch, daß die **Leitpflanzen** für nassen und versumpften Grund Rohr, Schilf und Riedgräser, für stickstoffreichen Grund die Brennessel, der Schierling, das Bilsenkraut, der Stechapfel und der Storchschnabel sind.

5. Endlich ist noch der **Humusboden,** die Damm- und Gartenerde, zu erwähnen, der ein inniges Gemenge von organischen und unorganischen Stoffen bildet.

Wenn die organischen Bestandteile bedeutend überwiegen, spricht man nicht mehr von Humus, sondern von **Moor** oder **Torf.**

Sonst bildet der Humus die Decke des Untergrundes, besitzt eine bedeutende Wasserkapazität, und gibt das Wasser auch nur langsam ab.

Je mächtiger die Humusschichte ist, desto besser reguliert er die Feuchtigkeitsabgabe und verhindert die Erkaltung des Untergrundes.

Der Humusboden fördert die Oxydation durch den leichten Eintritt von Sauerstoff und liefert den Pflanzen im Wege der Verwesung und Zersetzung die nötigen Nährstoffe.

Die Grenzen zwischen den vorgenannten Bodenarten lassen sich nicht so scharf aufstellen, weil der Boden nie rein, sondern immer gemischt ist; als Anhaltspunkt kann aber diese Einteilung immerhin gelten.

In vielen Fällen wird man sich jedoch nicht mit der oberflächlichen Beurteilung der Bodenkategorien begnügen, sondern die zu untersuchende Bodenart noch mechanischen und chemischen Analysen unterziehen, deren Erörterung aber hier zu weit führen würde.

c) Um über die Mächtigkeit und Beschaffenheit der einzelnen Bodenschichten, über die Höhe des Grundwassers usw. Aufschluß zu gewinnen, ist es meist üblich, auf dem Meliorationsterrain eine Anzahl von Probegräben und Bohrlöchern bis auf Tiefen von 2—3 m abzuteufen. Die hierzu notwendigen Werkzeuge usw. sind unter [40] beschrieben. Wie man die Ergebnisse solcher Untersuchungen graphisch darstellt, möge aus Abb. 200 entnommen werden.

d) Der lufttrockene Boden vermag eine gewisse Menge Wasser in sich aufzunehmen und durch eine gewisse Zeit zu behalten, was man als **Wasserkapazität des Bodens** bezeichnet. In regenreichen Gegenden wünscht man gar nicht eine allzu große Wasserkapazität, wenn nicht der hierdurch bedingte schädliche Wasserüberfluß durch künstliche Entwässerung auf ein für die Vegetation günstiges Maß reduziert werden kann. Anderseits kann eine größere Wasserkapazität ausgleichend wirken und so große Extreme zwischen Nässe und Trockenheit mildern. In dieser Hinsicht werden „feuchte" und „trockene" Böden unterschieden, nur muß man diesen Begriff der **kapillaren Feuchtigkeit** oder **Trockenheit** strenge von der Kategorie der **versumpften, feuchten** oder **nassen und** jener **durch Entwässerung erzielten trockenen Böden** trennen. Eine vollständige Sättigung des lufttrockenen Bodens vorausgesetzt, haben außerdem die Bodenarten die Fähigkeit, neu hinzukommenden Wässern den Durchgang durch ihre Poren leichter oder schwerer zu gestatten oder aber sich als vollkommen **undurchlässig**, also **wasserdicht** zu erweisen. Der **Grad der Durchlässigkeit** ist aber überdies von der Druckhöhe des über dem Boden befindlichen Wassers oder **eigentlich von dem senkrechten Abstande zwischen Wasserspiegel und Abflußniveau**, der Vorflut, abhängig. Bei größeren Druckhöhen können dann manche Bodenarten wasserdurchlässig werden, die bei geringeren Druckhöhen undurchlässig sind.

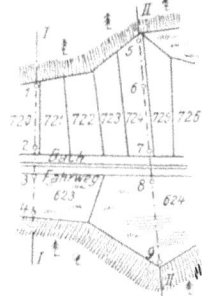

Abb. 200

[100] Das Wasser.

Über die verschiedenen Aggregatzustände des Wassers als Tau, Reif, Nebel, Wolken, Schnee, Hagel und Eis haben wir im I. F.B. unter [278], über den mächtigen Kreislauf des Wassers und über seine Eigenschaften in Vorstufe [244] gesprochen. Es erübrigt uns daher, nur mehr hier ergänzend jene Momente anzuführen, die auf die Niederschlagsmengen, deren Messung und Berechnung Bezug haben.

a) Die **Menge der atmosphärischen Niederschläge** ist überall von den herrschenden Winden abhängig, die wieder **mit der Verteilung des Luftdruckes** im Zusammenhange stehen.

Die starke Abkühlung der Kontinente im Winter begünstigt die Entwicklung eines sehr hohen Luftdruckes über denselben, und die Luft erhält das Bestreben, gegen den Äquator und die wärmeren Meere hinzufließen. Im Sommer ist es umgekehrt; es entsteht eine Reduzierung des Luftdruckes über dem Festland, und die über dem Meere unter höherem Drucke befindliche Luft wird gegen die Kontinente vorzudringen trachten.

Weiters wurde durch vielfache Messungen gefunden, daß die **Mengen des Niederschlages mit der Seehöhe des Ortes zunehmen**; höher über dem Meere gelegene Landstriche weisen in der Regel eine größere jährliche Regenmenge auf, als dies bei niedrig gelegenen der Fall ist. Ebenso sind die **Regenmengen** im **steilen Gebirgslande größer** als im sanft abgedachten, wellenförmigen Hügellande und werden in den Ebenen zum Minimum. Liegt entgegen der vorherrschenden, meist regenbringenden Windrichtung ein höherer und längerer Gebirgszug, an dem die mit Wasserdampf gesättigten Luftschichten eine rasche Kondensation erfahren, so wird die vor dieser Gebirgskette liegende Gegend häufigeren und intensiveren Regengüssen ausgesetzt sein. Endlich übt auch die Pflanzenwelt und namentlich der **Wald** einen ganz bedeutenden Einfluß aus.

Die Vegetation empfängt die Sonnenbestrahlung durch zahllose Blätter und Äste und erzeugt eine lebhafte Verdunstung, wodurch Wärme absorbiert und die Luft kühler erhalten wird als im Freien. Die nächtliche Ausstrahlung geht dagegen um so langsamer vor sich, je größeren Widerstand der Abfluß der wärmeren Luft an den Blättern findet. **Die Regenwahrscheinlichkeit wird daher bei Wald und dichter Vegetation eine größere sein als in einer vegetationslosen Gegend,** namentlich in der wärmeren Jahreszeit, in welcher die Temperaturdifferenz zwischen der freien Atmosphäre und jener im Walde ihr Maximum erreicht. Deshalb werden auch Hochgebirgswälder größere Regenmengen veranlassen, als in der Ebene gelegene Wälder.

b) **Die Menge der Niederschläge wird allgemein durch die Höhe ausgedrückt, welche der Regen innerhalb einer gewissen Periode in einer gleichmäßig über die ganze Fläche ausgebreiteten Wasserschichte einnehmen würde, und nennt man dieses Maß die Regenhöhe;** sie wird durch **Ombrometer** oder **Regenmesser** ermittelt.

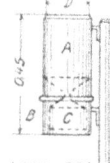

Abb. 201
Regenmesser

In Deutschland ist hauptsächlich das System **Hellmann** verbreitet. Der den Regenmesser bildende Zylinder (Abb. 201) besteht aus zwei Teilen: der obere Teil *A* bildet das eigentliche Auffanggefäß und besitzt im Innern einen trichterförmigen Boden; der untere Teil *B* dient als Behälter für das blecherne Sammelgefäß *C*. Dieses muß nach jedem Regen entfernt und wird als Regenquantum in einer eigenen Röhre gemessen. Bei Schneefall muß der Schnee erst geschmolzen und dann als tropfbar-flüssiges Wasser der Messung unterzogen werden.

Der Regenmesser wird auf einem freien Ort aufgestellt, so daß auch bei schräger Regen bis zu 45° zur Auffangfläche gelangen kann und wird normal täglich um 7 Uhr früh, nach besonders starken Regenfällen auch zu anderen Zeiten entleert.

Um nicht nur die durchschnittlichen Regenhöhen pro 24 Stunden, sondern auch Anfang und Ende jedes Regenfalles sowie seine Kulmination zu beobachten, stellt man in wichtigen meteorologischen Beobachtungsstationen selbstregistrierende **Ombrographen** auf, die die Bewegung eines Schwimmers auf den Schreibstift übertragen.

c) Die **Regenmenge wird nun aus der Regenhöhe gefunden, wenn man die Regenhöhe mit der Niederschlagsfläche multipliziert.** Man kann daraus das Wasserquantum bestimmen, das ein Wasserlauf an einer bestimmten Stelle abzuführen hat; zu diesem Behufe muß erst das Niederschlagsgebiet des Wasserlaufes festgesetzt werden. Man findet es aus Landkarten, in die man die Wasser-

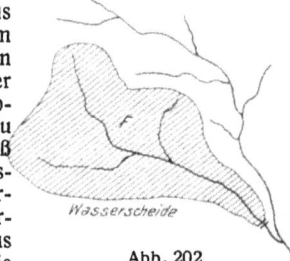

Abb. 202

scheiden einzeichnet (Abb. 202) und dann die Fläche *F* planimetriert.

Beispiel: Das Niederschlagsgebiet eines Baches ergibt sich mit 6,583 km², die Regenhöhe sei 15 mm; die Regenmenge ist $R = 6\,583\,000 \text{ m}^2 \cdot 0,015 \text{ m}$

$$= 98\,745 \text{ m}^3.$$

Der **Abflußkoeffizient,** d. i. das Verhältnis des Wasserquantums, das der Bach abzuführen hat, zur Regenmenge ist bei $^2/_3$ Verdunstung und Versickerung $^1/_3$, sonach die

Abflußmenge $\dfrac{1}{3} \cdot 98\,745 = 32\,915 \text{ m}^3.$

d) Die **durchschnittlichen Regenhöhen pro Jahr** betragen für Deutschland im Mittel **650 mm**; davon entfallen

auf den Winter . . . . 130 mm,
„ „ Frühling . . . 141 „
„ „ Sommer . . . . 217 „
„ „ Herbst . . . . 162 „

In anderen Gegenden überschreitet die jährliche Regenhöhe dieses Maß ganz bedeutend; so betrug sie z. B. in Bengalen im Jahre 1861 **12 500 mm**, ja am 14. Juni 1876 fielen dort binnen 24 h **1036 mm**, in **Gibraltar** in den 90er Jahren **838 mm** binnen 26 h, im Riesengebirge 1897 **345 mm**.

Für viele Aufgaben des Wasserbaues und der Kulturtechnik ist die Kenntnis der außerordentlichen Regenfälle hochwichtig, indem diese beinahe ausschließlich die Ursache der so gefährlichen **Sommerhochwässer** bilden; freilich gehen Wolkenbrüche selten über größere Gebiete als 5—6 km² nieder, während Landregen oft binnen 24 h eine Regenhöhe von 100 mm aufweisen. Auf Grund vieljähriger Erfahrung berechnet man das Abfuhrvermögen von Brücken, Bächen und Flüssen bei Niederschlagsgebieten von 10—500 km mit einer Regenhöhe von 100 mm.

e) **Die gesamte Regenmenge ist nur bei Freiland in Rechnung zu ziehen**, wogegen im Waldland ca. 25% in den Baumkronen zurückgehalten werden.

[101] Grundwasser und Quellen.

a) Das auf den Boden als Regen oder Schnee auffallende Wasser gelangt **zum Teile zur Verdunstung, zum Teile fließt es oberflächlich ab** und erreicht unter dem Einfluß der Schwerkraft die tiefsten Stellen des Bodens, die Rinnen, Mulden, Täler, sammelt sich daselbst **und bildet Bäche, Flüsse, Teiche und Seen; zum restlichen Teile endlich versickert es** und gibt Anlaß zur Bildung von Quellen und Grundwasser.

Die Mengen des verdunsteten, versickerten und abgeflossenen Wassers sind prozentuell sehr verschieden: Auf steilen, kahlen Felsflächen wird der größte Teil abfließen, während Wald und üppiger Graswuchs den Abfluß verzögern und Anlaß zu größerer Verdunstung und Versickerung geben, namentlich wenn das Gefälle ein sanftes ist. In der heißen Jahreszeit wird die Verdunstung und bei vor dem Regen ganz ausgetrocknetem Boden die Versickerung am größten sein. Jedenfalls wird es in wichtigen Fällen unerläßlich sein, sich in dieser Hinsicht Lokalkenntnisse zu sammeln und sich nicht mit den in Büchern angegebenen Durchschnittszahlen zu begnügen.

Unter dieser Beschränkung sei die allgemeine Angabe erwähnt, daß von den auf den Boden gelangenden Niederschlagsmengen ⅓ verdunstet, ⅓ versickert, wovon etwa 5—10% der Jahresregenhöhe für Speisung der Quellen und Erhaltung des Grundwasservorrats entfällt, und endlich ⅓ frei abfließt.

Ganz abnormale Verhältnisse bieten die Karstgebiete in **Krain, Istrien, Bosnien und Herzegowina**, wo ganze Bäche und Flüsse versickern und unterirdisch weiterfließen; ähnlich ist es im Oberlaufe der Donau zwischen **Möhringen** und **Tuttlingen**, wo große Wassermengen verschwinden und erst nach einem 12,5 km langen Laufe im **Rhein**-Niederschlagsgebiet als Achquelle hervortreten.

Um genaue Daten über die verschiedenen Wasserstände zu erhalten, wird man an einer geeigneten geschlossenen Durchflußstelle einen **Wasserstandsmesser**, einen **Pegel** aufstellen und insbesondere den Eintritt und das Ende der Hochwässer feststellen [114]. Aus diesen höchsten Wasserständen und der gemessenen oder gerechneten Geschwindigkeit [139] wird sich das maximale sekundliche Abflußquantum genau ermitteln lassen.

Für approximative Berechnungen der Hoch- und Niederschlagsmengen aus den verschiedenen Niederschlagsgebieten kann man für größere Bäche und Flüsse, d. h. also für Gebiete von etwa mehr als 300 km², die Abflußmengen aus Tabelle 8 entnehmen:

Tabelle 8. Abflußmengen.

Beschaffenheit des Niederschlagsgebietes	Abflußmengen Q m³ pro sek und km²	
	Hochwasser	Niederwasser
Stark gebirgige Gegend . . .	0,30—0,45	0,003
Bergige Gegend	0,20—0,25	0,002
Hügelland	0,15—0,17	0,002
Flachland	0,10—0,12	0,002

Hochwässer der aus Wäldern kommenden Bäche und Flüsse werden wohl länger dauern, niemals aber so gewaltig und rasch anschwellen wie die aus kahlen Gebirgen kommenden Gewässer.

b) Von dem zur Versickerung gelangenden Prozentsatz der atmosphärischen Niederschläge wird ein Teil vom Boden zurückgehalten und von den Pflanzen absorbiert. Der Rest fließt unterirdisch ab, passiert die durchlässige Bodenschichte, **gelangt endlich auf eine geneigte wasserundurchlässige, die sog. wasserhaltende Schichte, auf der sich das Wasser als Grundwasser nach abwärts bewegt und dort, wo diese Schichte zutage tritt, als Quelle ausfließt.** Grundwasser ist somit nichts anderes als unterirdisches Quellwasser, welches dieselben guten Eigenschaften hat und niemals mit Horizontal-, Sumpf- oder Moorwasser verwechselt werden darf; es bildet daher unterirdische Wasserläufe und Wasserbecken, deren Mächtigkeit und Gefälle für viele Aufgaben der Kulturtechnik ebenso wichtig ist wie jene der offenen Wasserläufe. Dazu ist es notwendig, das Gebiet durch Bohrungen, Probeschächte usw. aufzuschließen, die gefundenen Wasserspiegel zu nivellieren und danach einen **Grundwasserschichtenplan** zu konstruieren.

In breiten, ebenen, aus sehr durchlässigem Materiale bestehenden Talniederungen der größeren Flüsse und Ströme tritt das Wasser bei sehr geringem Gefälle mitunter zu beiden Seiten in den Untergrund ein und stellt sich gleich hoch mit dem Fluß wasserspiegel. Dieses fast stagnierende Wasser heißt **Horizontalwasser.** Ein ähnlicher Fall kann eintreten, wenn das Grundwasser bei buchtförmiger Lagerung der wasserundurchlässigen Schicht in dem unterirdischen Becken fast vollständig zur Ruhe und nur zeitweilig durch Überschreiten der unterirdischen Wasserscheide zum Abflusse gelangt (Abb. 203); kommt dabei der Wasserspiegel ganz nahe unter das Terrain, so wird er eine **Versumpfung** erzeugen; tritt er teilweise über das Terrain, so haben

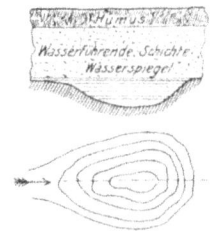

Abb. 203

wir einen wirklichen Sumpf vor uns, der bei größerer Tiefe in einen natürlichen Weiher oder Teich übergehen kann.

c) **Der Grundwasserstand ist abhängig von der Niederschlagshöhe**, freilich nur insoferne, als sich die Zu- und Abfuhr im Laufe des Jahres ändert:

Im Sommer wird zwar mehr Wasser abfließen, verdunsten und von den Pflanzen mehr absorbiert werden, dafür werden aber in diesen Monaten die Niederschläge ihr Maximum erreichen; trotzdem **wird das Grundwasser** infolge der großen **Verluste sinken**, so lange, bis die Wasserzufuhr und der Verlust gleich groß sind. Im Spätherbst **wird die maximale Depression** des Grundwasserspiegels eintreten, und von da an wird das Grundwasser wieder steigen, weil zwar in dieser Zeit die Niederschläge wieder geringer werden, dafür aber namentlich zur Zeit der Schneeschmelze das Wasser mehr Zeit hat, in den Boden einzudringen. **Beiläufig im Mai wird** wieder Zufuhr und Verlust gleich werden.

Durch den **Wald** kann eine andauernde Senkung des Grundwasserspiegels nur **bei Vorhandensein eines stagnierenden Grundwassers**, also einer Art unterirdischen Sees, veranlaßt werden, wenn ein seitlicher Wasserzufluß verhindert wird, weil dann die Baumwurzeln ihren gesamten Wasserbedarf von unten her decken werden.

Bei fließendem Grundwasser kann dagegen durch den Wald weder eine Depression noch ein Anschwellen des Grundwassers hervorgerufen werden.

Dagegen können mit Recht **die Gebirge**, namentlich **im bewaldeten Zustande**, als die Hauptreservoire eines Landes bezeichnet werden, ja auch auf die Quellenbildung einen sehr günstigen Einfluß ausüben.

Die Größe der Verdunstung in einem Gebiete ist abhängig von der Lufttemperatur, den Windverhältnissen und von der Dichte und Höhe der Vegetation. Auch die Größe der Verdunstung wird durch eigene Apparate (**Athmometer**) gemessen und wie die Regenhöhe in mm ausgedrückt. Man wird aber von diesen Zahlen nur bei freien Wasseroberflächen wie bei Stauweiheranlagen Gebrauch machen können.

Von Quellen wird im Abschnitte „Wasserversorgung" die Rede sein.

A. Die Bodenentwässerung.

[102] Allgemeine Grundlagen.

a) Die **Entwässerung** kann sich entweder auf die Trockenlegung großer versumpfter Flächen beziehen, um sanitäre Übelstände (Malaria usw.) zu beseitigen und schädlichen Überschwemmungen vorzubeugen, oder sich bloß auf die Entwässerung kleinerer Grundkomplexe oder einzelner Grundstücke zum Zwecke der Verbesserung der Pflanzenkultur beschränken. Erstere Anlagen bestehen in der Durchführung von Fluß- und Stromregulierungen, in der Herstellung von Entlastungskanälen, Horizontalgräben, Retentionsreservoiren im Gebirge usw., worüber später gesprochen werden wird. Hier sollen in erster Linie die speziellen Bodenentwässerungen einzelner Gründe, wie solche auch häufige Aufgaben des Landwirts sind, erörtert werden.

b) Wie bekannt, entnehmen die Pflanzen den größten Teil ihres Wassergehaltes dem Boden durch die Wurzeln, welche bei Kulturpflanzen nur bis höchstens 1,25 m (seichtwurzelige Pflanzen wie Gräser, die meisten Getreidearten usw.), mitunter aber wie bei einzelnen Hülsenfrüchten, Rübe, Raps usw. auch mehrere Meter tief hinabtreiben. Steht nun das Grundwasser permanent hoch, so werden diese Pflanzen nicht entsprechend tief hinabsinken, und Wasserüberfluß einerseits wie Wassermangel anderseits werden die Vegetationsentwicklung dauernd schädigen.

Es verlangen also die meisten Kulturpflanzen einen mehr oder weniger tiefen Stand des Grundwassers unter der Terrainoberfläche, wobei natürlich kurz andauernde Anschwellungen ohne wesentlichen Einfluß bleiben.

Wird aber diese Höhe dauernd überschritten, so haben wir es mit einem „nassen" Boden zu tun.

c) **Nasse** oder **gar versumpfte Böden** haben nun sehr viele Nachteile:

Sie geben Anlaß zur Verwesung organischer Stoffe, beeinträchtigen die sanitären Verhältnisse durch die Bildung von Miasmen, Gasen wie Schwefel- und Phosphorwasserstoff und rufen durch eine hier häufig ansiedelnde Moskitoart die unter der Bezeichnung „Sumpffieber" oder „Malaria" bekannte Krankheitserscheinung hervor.

Ein solcher Boden ist erfüllt von dem stagnierenden Grundwasser und gestattet daher der Luft und damit dem Sauerstoff keinen oder nur geringen Zutritt, wodurch die Oxydation der Nährstoffe verhindert, das Atmen der Wurzeln erschwert, die Vegetation saurer Gräser, Schilf usw. begünstigt wird.

Durch die ständige Verdunstung des Wassers wird der Luft und dem Boden Wärme entzogen; **nasse Böden sind daher kalt,** leiden unter Nachtfrösten, in kalten Gegenden am meisten. Das Eindringen von Regenwasser, welches sonst den Boden anfeuchtet, womit durch die Poren frische Luft und Sauerstoff in den Boden nachgesaugt wird, ist verhindert, kurz die Vegetationsentwicklung vermindert und verzögert. Nasse Böden können auch erst viel später bestellt werden, so daß die Pflanzen bei Eintritt der warmen Witterung noch nicht kräftig genug sind, um Hitze zu ertragen. Im Herbste leidet die Vegetation durch Kälte und Reif.

Wenn von einer direkten Sumpfbildung mit über dem Terrain stehenden Wasserspiegel abgesehen wird, so erkennt man nasse oder versumpfte Böden daran, **daß der Boden beim Betreten elastisch nachgibt,** oft unter schwachem Austritte von Wasser in den Fußstapfen, **durch das üppige Vorkommen von Sumpf- und Wasserpflanzen,** durch die zurückgebliebene Vegetation, die fahle Farbe des Getreides sowie verspätetes Reifen und häufiges Auswintern desselben. Oft lassen sich bei sonst trockener Oberfläche Stellen beobachten, wo einzelne dieser Anzeichen sich bemerkbar machen und nach jedem stärkeren Regen und nach der Schneeschmelze besonders auffallend werden; meist sind lokal auftretende Quellen die Ursache dieser Erscheinung.

In den meisten Fällen wird man auch hier durch Bohrungen oder besser durch 2 m tiefe Probegruben die Verhältnisse näher untersuchen.

d) **Die Ursachen der Versumpfung oder zu großen Nässe des Bodens** können mannigfaltige sein:

1. **Durch Tagwasser oder fremdes Wasser,** das auf den schwer durchlässigen, vielleicht muldenförmig gestalteten oder ebenen Boden des Grundstückes gelangt und nicht abfließen kann. Dem kann nur durch Anlage eines Abfanggrabens abgeholfen werden.

2. **Durch Fehlen der natürlichen Vorflut,** d. h. der Möglichkeit, das Grundwasser nach einem tiefer gelegenen Rezipienten, in ein fließendes Gewässer, in einen Teich oder See abzuführen. In diesen Fällen ist entweder die natürliche Vorflut durch Drainage herzustellen oder eine Vorflut künstlich durch Wasserfördermaschinen zu schaffen.

3. **Durch zu hoch eingebaute feste Stauanlagen,** dem nur durch deren Erniedrigung oder Beseitigung abgeholfen werden kann.

4. **Durch allzu starke Serpentinierung eines Wasserlaufes,** wodurch das Gefälle vermindert, die Kapazität des Durchflußprofiles verkleinert und dadurch der Wasserstand erhöht wird. Die entsprechende Durchführung von Durchstichen, also eine „Regulierung" des Wasserlaufes, wird hier gründlich abhelfen.

5. **Durch auf dem Grunde oder in der Nähe entspringende Quellen,** die natürlich gefaßt und abgeleitet werden müssen.

Von den besprochenen Maßnahmen sollen nur jene hier eingehender erörtert werden, die speziell der den Kulturtechniker besonders interessierenden Bodenentwässerung dienen, nämlich die **Bodenentwässerung mittels offener Gräben und durch Drainage;** alle übrigen Vorkehrungen hängen mit anderen Wasserbauarbeiten zusammen und sollen dort Erwähnung finden.

Technisch sehr interessant, aber nur selten anwendbar ist die Versenkmethode oder die Entwässerung mittels **Schlucker,** die darin besteht, daß das durch Röhrendrainage gesammelte Wasser durch senkrechte, die undurchlässige Lehmschichte durchteufende Röhren in die tiefergelegene

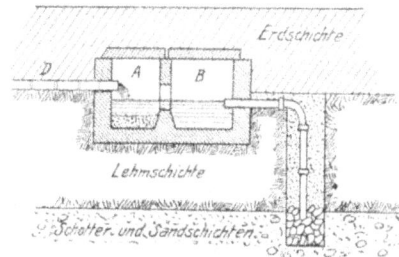

Abb. 204
Holländische Drainage

Sand- oder Schotterschichte abgeleitet wird (Abb. 204). Diese Methode wird „holländische Drainage" genannt, weil sie in Holland häufig angewendet wird.

Ähnlich werden die Karstkesseltäler, namentlich in Krain, unterirdisch entwässert. Das Karstgebiet weist zahlreiche trichterförmige Einsenkungen, sog. **Dolinen,** auf, in welchen sich das Meteorwasser sammelt. Diese Talmulden können nun nur dadurch entwässert werden, daß man deren Sohle durch natürliche Saugtrichter oder Schlünde, die in Bosnien und der Herzegowina „Ponore" genannt werden, oder durch künstliche Abteufungen mit der Talsohle in Verbindung bringt, wo sie oft als starke Quellen wieder auftreten.

Ist die Ursache der Versumpfung in einer zu starken **Serpentinierung** des Wasserlaufes gelegen, so kann durch eine Regulierung auf der Strecke ab die Länge l in l' abgekürzt werden (Abb. 205),

Abb. 205

wobei die Höhe h' ungeändert, das Gefälle aber vergrößert wird.

Dadurch wird der Bachwasserspiegel und der Grundwasserspiegel gesenkt, wodurch freilich oft die früher bestandene Möglichkeit einer natürlichen Bewässerung im Frühjahr entfällt.

Mitunter kann man auch die Höhenlage des Grundwassers unverändert lassen und die Terrainoberfläche durch Ablagerung von Sinkstoffen allmählich erhöhen. Diese sog. **Kolmationsmethode** besteht darin, daß man in das zu erhöhende, durch kleine Staudämme in ein Staubecken verwandelte Terrain Wässer einleitet, das viel Schlick und Sinkstoffe mit-

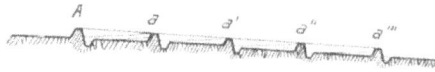

Abb. 206
Kolmation

führt (Abb. 206). Eine solche Kolmation, deren technische Einzelheiten noch später bei der Bewässerung besprochen werden soll, wird auch dort zu empfehlen sein, wo die Entwässerung von Sümpfen wegen mangelnder Vorflut nicht möglich ist, weshalb die Terrainoberfläche künstlich erhöht werden muß.

I. Entwässerung mittels offener Gräben.

[103] Anlage der Gräben.

a) **Die Methode der offenen Gräben ist entschieden die billigste Entwässerungsart;** sie empfiehlt sich hauptsächlich für Wiesen, wo es sich um rasche Abfuhr von Tagwasser oder um Fälle handelt, wo man zeitweilig bei sehr trockener Witterung durch künstliche Stauung den Grundwasserspiegel heben will, um durch Rückstau eine Anfeuchtung der Pflanzen von unten aus zu bewirken. Speziell bei Wiesen muß man sich dabei immer auch die Möglichkeit einer temporären Hebung des Grundwassers vor Augen halten. Offene Gräben sind auch sehr billig in der Erhaltung, nur wird die Bewirtschaftung durch Übergänge, Überfahrten usw. einigermaßen erschwert. Bei kleinen Parzellen und strengem Boden wird man von der Anlage offener Gräben ganz absehen müssen und nur Röhrendrainage verwenden können.

b) Der Hauptgraben zieht sich gewöhnlich in dem tiefsten Punkte der Talmulde, im Talwege hin und führt das durch Nebengräben einfließende Wasser dem Flusse oder Bache zu.

Zunächst ist die Tiefe festzusetzen, auf die der Grundwasserspiegel zu senken ist, also bei Ackerboden 1,25—2 m, bei Wiesen 0,60—1 m; daraus gibt sich bei 0,10 m Wassertiefe in den Nebengräben die Sohlentiefe der Hauptgräben und deren Gefälle. Dann handelt es sich um die Berechnung der maximalen Wassermenge Q_{max}, die für das gesamte Entwässerungsgebiet angenommen werden muß.

Das abzuführende Wasser ist Regen- oder Grundwasser, oftmals beides gleichzeitig. Da aber in der Regel das Regenwasser überwiegen wird, so nimmt man einen anhaltenden Landregen an, also z. B. 100 mm für 14 Tage. Wir erhalten somit als Regenmenge $R = 100 \cdot 100 \cdot 0,1$ m $= 1000$ m³; bei 14tägiger Abflußdauer kommt also ohne Verdunstung und Versickerung in der niedrigen Frühjahrstemperatur $Q_{max} = \dfrac{1\,000\,000 \text{ Liter}}{1,109600 \text{ sek}} = 0,82$ Liter pro Sekunde (sl) zum Abfluß. Im Sommer erzeugt ein Landregen von 4 mm pro Stunde und 24 Stunden Dauer im Flach- und Hügellande die größten Hochwässer; davon würden in der heißen Zeit nur 60 % zur Abfuhr gelangen, die aber in diesem Falle nur eine Woche dauern wird. Auf diese Weise gelangt man zu einem pro Sekunde abzuführenden Wasserquantum von 0,95 sl.

Hat man für jeden Graben das abzuführende Quantum berechnet, so ergeben sich nach den noch in der Baumechanik zu besprechenden Formeln von Ganguillet und Kutter die Geschwindigkeiten und schließlich die Grabendimensionen, wobei die Sohlenbreite mit 0,3 m und die Grabenböschungen bei lehmiger Erde mit 1 : 1½ angenommen werden.

Abb. 207 zeigt das Beispiel der Entwässerung eines durch die Deiche D eingeschlossenen Gebietes, „Polder" genannt.

Da das Wasser vom angrenzenden Höhenland zum Teil in den Polder fließt, so wird zunächst dieses fremde Wasser durch den Randgraben G abgefangen. Durch die tiefste Einsenkung der Niederung legt man den Hauptgraben E, an

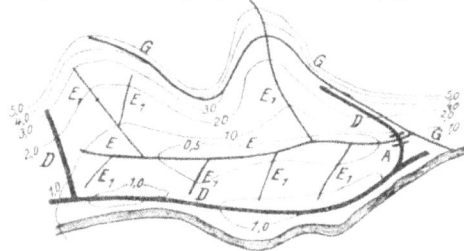

Abb. 207

den die Seitengraben E_1 in den tiefsten Bodensenkungen sich anschließen. Bei A, wo der Hauptgraben den Deich kreuzt, ist ein Abflußwerk (Siel) einzubauen.

[104] Schaffung der Vorflut.

Steht für die Anlage der Gräben genügend Gefälle zur Verfügung, so läßt sich die Entwässerungsanlage mit „natürlicher Vorflut" [102, c, 2] ausbauen. Andernfalls muß man dadurch eine „künstliche Vorflut" schaffen, daß man an geeigneter Stelle das Wasser mit Schöpfwerken so weit hebt, daß es dann weiter mit natürlichem Gefälle abfließen kann. Besonders häufig müssen eingedämmte Niederungen künstlich entwässert werden, wenn während der Vegetationszeit hohe Außenwasserstände von längerer Dauer zu erwarten sind.

Für kleinere Anlagen genügen **Wasserhebemaschinen,** wie wir sie im I. F.B. unter [245] und in diesem Bande unter [46] beschrieben haben. Der Antrieb dieser für kleinere Wassermengen bestimmten Hebevorrichtungen geschieht durch Göpel (I. F.B. [143]) oder Lokomobile in den für die Entwässerung vorteilhaftesten Zeitperioden oder kontinuierlich durch **Windmotoren,** deren Beschreibung und Berechnung im „Maschinenbau" folgen wird.

II. Gedeckte Entwässerung mittels Drainage.

Der unter Umständen große Kulturlandverlust und die Erschwerung der Bewirtschaftung bei Entwässerungen von Ackerland mit offenen Gräben hat schon frühzeitig zu Versuchen angeregt, unterirdisch zu entwässern, d. h. offene Gräben herzustellen, auf die Sohle einen Sickerkanal zu bauen und dann den Graben wieder zuzuschütten, was natürlich nicht zur raschen Abfuhr von Meteorwasser, sondern nur für Grundwassersenkungen und -ableitungen anwendbar ist. Erst in den 1850er Jahren ist man zuerst in England, später aber überall zur vollkommensten der Einwässerungsmethoden zur **Röhrendrainage,** übergegangen.

[105] Sickerkanäle und Sickerdohlen.

a) Die **Sickergräben** oder **Steindrains** bestehen aus 1—1,25 m tiefen, oben 0,80 m, unten 0,30 m breiten Gräben, welche nach Ablaufen des stagnierenden Grundwassers auf der Sohle ca. 0,30 m hoch mit Feldklaubsteinen, Schlacken oder Ziegelbrocken so ausgeschichtet werden, daß größere Zwischenräume bleiben; darauf kommt eine 0,20 m hohe Schichte kleinerer Schotters und dann Rasenziegel, Schilf, Stroh, Moos usw. (Abb. 208). Der Nachteil dieser wie Röhrendrains geführten Steindrains ist, daß sie sich bald verstopfen und unwirksam werden.

Abb. 208
Steindrains

b) In gebirgigen, waldreichen Gegenden, wo keine Klaubsteine vorkommen, verwendet man auch Faschinen [119], die aus Weidenruten oder trockenem Reisig mit Drahtbändern oder Weidenschlingen gebunden werden.

In den Gräben wird kreuzweise Prügelholz gelegt und der obere Teil mit aufgehauenen Faschinen ausgefüllt und mit Rasen gedeckt (Abb. 209), oder es werden drei gebundene

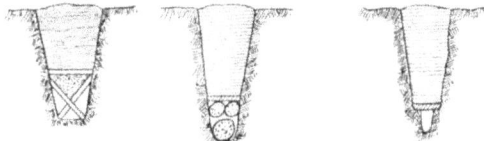

Abb. 209   Abb. 210   Abb. 211
Sickergräben   Erddrains

Faschinenwalzen auf die Grabensohle gelegt und mit Rasenziegeln abgedeckt (Abb. 210). In sehr fetten Lettenböden können in den Erdboden Rinnen ausgehoben und mit Rasenziegeln abgedeckt werden (Abb. 211), welche **Erddrains** wohl als die ungünstigste Entwässerungsart zu bezeichnen ist.

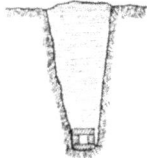

Abb. 212
Sickerdohle

c) Ein permanentes oder wenigstens längere Zeit offen bleibendes Durchflußprofil schafft nur die **Sickerdohle**, die aus drei Dachschiefern oder einem aus Klaubsteinen oder Ziegeln trocken geschlichteten Kanal (Abb. 212) besteht. Den Übergang zur Röhrendrainage bildet der früher in England gebräuchlich gewesene Dachziegeldrain.

[106] Röhrendrainage.

a) Die **Röhrendrainage** besteht aus einem systematisch angelegten Netze aus Drainageröhren, das sind 0,32 m lange, starkwandige, gebrannte, unglasierte Tonröhren, die stumpf aneinanderstoßend in einem schmalen · Erdgraben direkt ohne weitere Unterlage gelegt und mit dem Aushubmateriale bedeckt werden.

In einem derartigen Drainsystem (Abb. 213) unterscheidet man

1. **Saugdrainstränge** a_1-a_7, welche das kleinste Kaliber (40—50 mm Lichtweite) haben und meist parallel zueinander liegen.

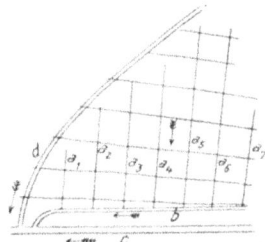

Abb. 213

2. **Sammeldrains** b, die die von den Saugdrains zugeführten Wassermengen vereinigen und einem Hauptsammeldrain oder dem Vorflutrezipienten (Bach, Abflußgraben usw.) zuführen. Diese Sammeldrainrohre haben 60—230 mm Lichtweite.

3. **Kopf- oder Grenzdrains** d, die das von der Nachbarschaft kommende fremde Wasser direkt in den **Vorflutgraben** c abführen.

Als Grundsatz gilt, möglichst wenig Auslaufobjekte zu machen. Die Grenze ist der größte Sammeldraindurchmesser von 230 mm, über den man nicht gern hinausgeht.

Eventuell vereinigt man 2—3 große Sammeldrains in einem **Sammelbrunnen**, der durch einen **gemauerten Kanal** mit dem als Rezipient dienenden Wasserlauf in Verbindung steht. **Das durch den Boden sickernde Grundwasser gelangt nur durch die Stoßfugen der Drainrohre in die letzteren, keineswegs aber durch das poröse Tonmaterial.**

Eine einfache Rechnung lehrt, daß das Durchflußprofil der Stoßfugen schon bei 20, 40 mm weiten, auf 0,5 mm Stoßfugenweite gelegten Rohren dem Lichtprofil des Rohres gleich wird.

Wenn die Saugdrains längs der Linie des größten Falles, also senkrecht zu den Schichtenlinien ange-

ordnet sind, spricht man von **Längsdrainage** (Abb. 214) wenn sie parallel oder schief zu ihnen liegen von **Querdrainage** (Abb. 215).

c) Die Berechnung der pro Hektar durch die Drainröhren abzuführenden Wassermenge ist ähnlich wie bei den Gräben durchzuführen.

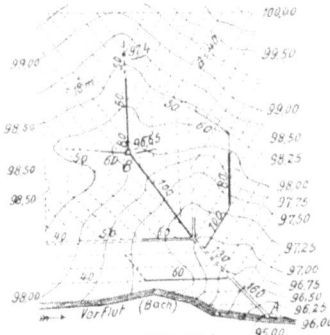

Abb. 214
Längsdrainage

Hier ergibt sich unter ähnlichen Annahmen für die Sommer- und für die viel wichtigere Frühjahrsentwässerung ein abzuführendes Wasserquantum Q pro Hektar von **0,65 sl**, das bei Generalprojekten für schwere und mittlere Böden angenommen werden sollte. In durchlässigeren Böden mit stärkeren Niederschlägen wäre besser Q mit **0,75 sl** und in sehr durchlässigen Böden Q mit **1,00 sl** zu rechnen. Aus den Wassermengen könnten nun nach den in der „Baumechanik" gegebenen Formeln die Geschwindigkeit gerechnet werden, wobei man aber wohl berücksichtigen muß, daß das Wasser in Drainagerohren höchstens voll, aber nie unter Druck fließen kann, ferner daß das Wasser an vielen Stellen eintritt und die Rauhigkeit wegen der Stoßfugen sehr schwer zu bestimmen ist. Jedenfalls muß die Geschwindigkeit mindestens so groß sein, daß der durch die Fugen eintretende Sand nicht

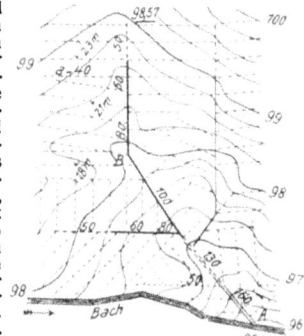

Abb. 215
Querdrainage

liegen bleibt, weil sonst der Strang verstopft werden würde. Nimmt man diese Minimalgeschwindigkeit $v_{min} = 0,225$ m an, so ergibt sich daraus ein Minimalgefälle von 3⁰/₀₀ bei Drainagen bis zu 160 mm, von 2⁰/₀₀ bei Sammeldrains bis 230 mm; das Maximalgefälle von 100⁰/₀₀ oder 10 % soll wegen Auswaschens der Fugen und des Untergrundes nicht überschritten werden.

Unter diesen Annahmen genügt ein kleiner Saugdrain (40 mm) für die Entwässerung von **0,5 ha**, ein Sammeldrain von 80 mm für **1,5** und von 160 mm für **5,5 ha.**

Die Länge der Saugdrains macht man höchstens 200 m.

[107] Ausführung von Röhrendrainagen.

a) Nach Untersuchung des Bodens mittels Probegruben und Bohrlöchern folgt die Nivellierung des Meliorationsterrains [94] und die Eintragung der Höhenkoten in eine Kopie des Katastralplanes, aus welcher dann der Schichtenplan konstruiert wird.

Die Einzeichnung des Drainagenetzes erfolgt bei sehr ebenem Terrain, wo das Gefälle kleiner ist als das Minimalgefälle der Saugdrains, also kleiner als 3⁰/₀₀, in der Weise, daß man zunächst den Hauptsammeldrain in der Richtung der Talmulde projektiert. Dann werden die Nebensammeldrains und die Saugdrains so zu verteilen sein, daß die Einmündung in den Sammeldrain nicht senkrecht, sondern womöglich unter einem Winkel von 60—70⁰ erfolgt; senkrechte Einmündungen erzeugen eher Kontraktionen im Abfluß und Ablagerungen, während bei zu spitzem Winkel die Ausführung der Einmündung schwierig und schlecht wird. Der Drainageplan wird entweder in Farben (Drainstränge und Drainkoten rot, Wasserläufe und Wasserkoten blau) oder in verschiedenen Strichstärken schwarz ausgeführt; er dient zur Aufstellung des Erfordernisausweises an Drainröhren, in welchen noch 5 % für Bruch zuzuschlagen ist.

Bei Terrain mit mäßigem Gefälle $>$ als $3^0/_{00}$ muß man sich dem Terraingefälle möglichst anpassen, **wobei man bei Längsdrainage die Richtung der Saugdrains annähernd senkrecht auf die Richtung der Schichtenlinien annehmen wird. Bei der Wahl der Querdrainage liegen die Saugdrains mehr oder weniger parallel zu den Schichtenlinien. Übrigens ist die Frage, ob Längs- oder Querdrainage vorzuziehen ist, noch nicht entschieden.**

Letztere hat gewiß den Vorteil, daß die Sammeldrains im größten Gefälle liegen, wodurch der Querschnitt kleiner, das Entwässerungsgebiet dagegen größer wird, daß Verstopfungen weniger zu befürchten sind und die Saugstränge weiter voneinander liegen können. Dagegen ist das Abstecken und Verlegen der parallel zu den Schichtenlinien gelegten Saugdrains schwieriger; das Erkennen der Wirkung der Drainstränge in bezug auf ihre Entfernung wird viel schwerer sein, was eine lange Bauzeit erfordert; endlich ist auch eine Verstopfung der vielen und engen Saugdrains bei der kleinen Wassergeschwindigkeit eher zu befürchten. Soviel steht fest, daß in stark geneigtem Terrain die Querdrainage unbedingt vorzuziehen ist. Weil aber bei sehr großem Gefälle die Gefahr des Unterwaschens des im größten Gefälle liegenden Sammeldrains naheliegt, legt man diesen oft in eine Zickzacklinie. An der Hand des Plans werden nun der Hauptdrain, die Nebensammeldrains und die einzelnen Saugdrains abgesteckt;

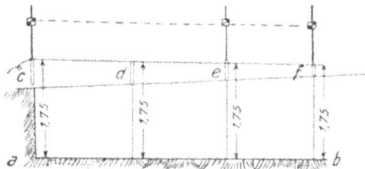

Abb. 216

von einer in der künftigen Gefällsrichtung der Grabensohle gespannten Schnur wird dann immer der gleiche Abstich (z. B. 1,75 m in Abb. 216) genommen.

b) Bei abnormal tiefen Gräben erfolgt der Aushub mit den gewöhnlichen Werkzeugen, wobei ein Mann auf der Sohle das Legen der Rohre besorgt, sonst

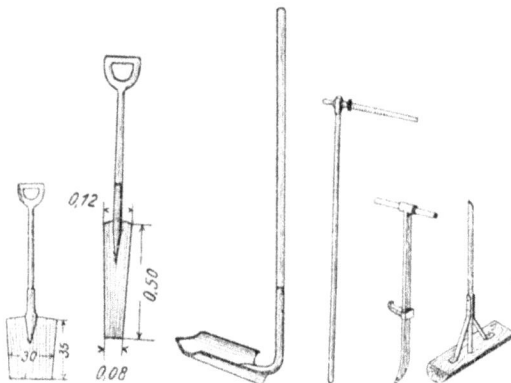

Abb.   Abb.   Abb. 219   Abb.   Abb.   Abb.
217   218   220   221   222

Abb. 217: Breitspaten — 218: Stichspaten — 219: Schippe — 220: Legehacken — 221: Stoßpickel — 222 Sohlenstampfer

Drainwerkzeuge

gebraucht man eigene **Drainwerkzeuge** (Abb. 217 bis 222), um den Aushub und das Legen der Rohre zu besorgen.

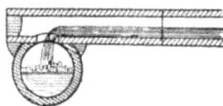

Abb. 223
Formstücke

c) Die **Verbindung der Saugdrains mit den Sammeldrains** wird durch eigene Formstücke bewerkstelligt (Abb. 223). Bei Kreuzung von Sammeldrains mit

offenen Gräben, Wasserläufen und Wegen müssen die Stoßfugen mit **Übermuffen** gedeckt und mit Zement oder Asphalt abgedichtet werden.

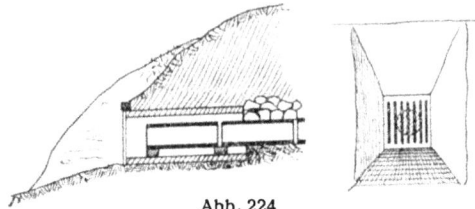

Abb. 224
Hölzernes Auslaufobjekt

Es ist entschieden verfehlt, das letzte Rohr, welches in den Vorflutgraben oder in den Bach mündet, über die Böschung einfach frei heraussstehen zu lassen, weil es sich dann leicht verstopft und auch Tiere

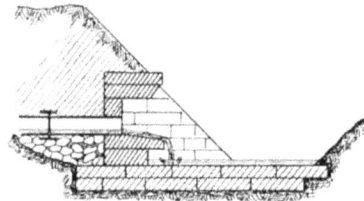

Abb. 225
Gemauertes Auslaufobjekt

hineinkriechen können. An solchen Punkten müssen immer **Auslaufobjekte** hergestellt werden, welche entweder aus Holz (Abb. 224) bestehen oder gemauert sind (Abb. 225).

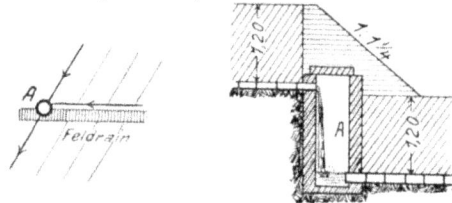

Abb. 226
Absturzschacht

Treffen mehrere Sammeldrains zusammen, so wird an dieser Stelle ein **Sammelbrunnen** angelegt, der bei Kreuzung mit steilen, hohen Feldrainen in einen **Absturzschacht** übergehen kann (Abb. 226).

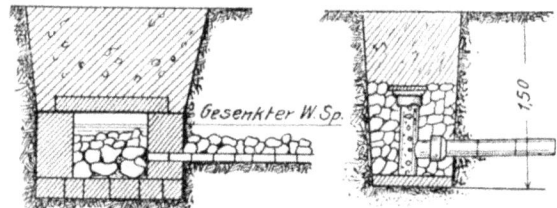

Abb. 227   Abb. 228
Quellenfassung

Lokale Quellen müssen separat gefaßt werden, was durch **Schächte** (Abb. 227) oder **durch gelochte Steinzeugrohre** (Abb. 228) geschehen kann. Kreuzt endlich der Hauptsammeldrain einen zu tief gelegenen Wasserlauf, so muß dieser durch eine Unterleitung, **Siphon** oder **Dücker** genannt, unterfahren werden. Die Drainstränge sollen mindestens 5 m von Bäumen usw. entfernt liegen.

d) **Die beste Zeit für die Ausführung von Drainagen ist unbedingt der Herbst bis gegen Ende Oktober,** weil man noch vor Eintritt des Frostes den drainierten Boden bearbeiten kann, was die Wirkung der Drainage sehr beschleunigt.

Die Fabrikation der Drainageröhren ist ganz ähnlich jener der Ziegel (I. F.B. [368—369]), wozu Tonschneider, Ziegelstrangpressen und Ringöfen benützt werden. **Drainageröhren müssen gut gebrannt sein, glatte Innenfläche haben und dürfen nicht zu porös sein.** Wo gebrannte Drainröhren zu teuer sind, verwendet man auch **Zementröhren,** die oft an Ort und Stelle erzeugt werden.

Im Durchschnitt kann man die Kosten einer offenen Grabenentwässerung oder einer gedeckten Drainage pro Hektar mit etwa 100—350 G.M. annehmen.

[108] Moorkultur.

Deutschland besitzt ausgedehnte Flächen von **Nieder- und Hochmooren** (I. F.B. [484]). Die Entstehung des Moorbodens sowie seine physikalischen und chemischen Eigenschaften lassen es erklärlich erscheinen, daß die Pflanzen auf ihm an übergroßer Bodennässe leiden und nicht genügend mineralische Nährstoffe vorfinden, daß die Saat kein gutes Keimlager hat und leicht ausfriert.

Auf Niedermooren kann man vorzügliche Äcker durch die **Rimpausche Moordammkultur** erzielen.

Das Moor wird zunächst durch offene Gräben in 20—40 m Entfernung und 1—2 m Tiefe, eventuell auch durch Röhrendrains in 10—15 m Entfernung und Tiefen von 0,90—1,20 m entwässert (Abb. 229). Je tiefgründiger das Moor ansteht und je weniger weit die Verwesung seiner Pflanzenbestandteile vorgeschritten ist, desto weniger leicht gibt es sein Wasser an Gräben und Drains ab, desto mehr ist aber auch mit der späteren Wasserabgabe ein Setzen des Moores zu erwarten.

Solche Moore müssen daher tiefwirkende Entwässerungsanlagen mit Stauvorrichtungen erhalten, damit die Entwässerungstiefe nach dem Zustande des Moores und der Witterung geregelt werden kann. Die Oberfläche des Moores

Abb. 229
Rimpausche Dammkultur

wird dann geebnet und nach Rimpau mit einer Sandschichte von 12—14 cm bedeckt. Der Landwirt soll nur die Deckschicht bearbeiten, also eine Mischung von Moor und Sand vermeiden. Zum Ersatze fehlender mineralischer Stoffe wie Kalk, Kali und Phosphorsäure wird mit **Kainit** und **Thomasschlacke** gedüngt (Vorstufe [259]). Mit der Rimpauschen Deckkultur lassen sich auch gute Moorwiesen herstellen, die Gräben von nur 0,80 m Tiefe und eine Deckschicht von 4—8 cm Höhe erhalten.

Bei Hochmooren läßt sich die Rimpausche Methode wegen der Größe und Tiefgründigkeit derselben nicht durchführen. Hier kann man nur entwässern.

Auch die **auf holländischen Mooren** mit vielem Erfolg hergestellten „Veenkulturen", bei denen ein Teil der Moormasse zu Brenntorf verwertet, der Rest in der Oberkrume tüchtig mit städtischen Abfallstoffen durchgearbeitet wird, lassen sich in Deutschland nicht nachahmen. Die von der Regierung in Angriff genommene **deutsche Hochmoorkultur** besteht darin, daß die kleinsten Gräben, die sog. **Grippen,** für Ackerkulturen nur 50—60 cm Tiefe und 7—10 m Entfernung, für Wiesen nur 40 cm Tiefe und 20 m Entfernung erhalten. Drainage ist hierbei auch verwendbar. Vor der Bebauung wird die Moordecke umgehackt, dann stark gekalkt und wieder durchgearbeitet, damit die Zersetzung des Moores schneller vor sich geht. **Durch derartige Kultivierung der Hochmoore lassen sich noch weite Landstriche unseres Vaterlandes nutzbar verwerten.**

B. Bodenbewässerung.

[109] Allgemeine Grundlagen.

a) Die Wassermengen, die die Kulturpflanzen zu ihrer Entwicklung brauchen, sind ganz bedeutend.

Je trockener das Klima eines Landstriches ist, um so häufiger wird es daher vorkommen, daß es auf höher gelegenen Flächen an Wasser zum gedeihlichen Wachstum fehlt, welchem Mißstand man nur durch Bewässerung abhelfen kann. Das zugeführte Wasser dient nicht nur unmittelbar als Pflanzennahrung sondern auch als Beförderungsmittel für andere im Wasser lösliche oder schwebende Nährstoffe, und man spricht deshalb von **anfeuchtender** und von **düngender Bewässerung.** Erstere geschieht **in den trockenen Sommermonaten während der Vegetationszeit, bei den Wiesen besonders nach dem ersten Schnitt, letztere wird besser vor und nach der Vegetationszeit, somit im Frühjahr und Herbst vorgenommen.** Die anfeuchtende Bewässerung überwiegt in heißen Ländern, während bei uns die düngende Bewässerung die wichtigere ist.

Natürlich darf das Wasser keine Stoffe enthalten, die den Pflanzen schädlich sind. Wasser aus Bächen, in denen Fische und Frösche leben und an deren Ufern zu Viehfutter brauchbare Wasserpflanzen gedeihen, kann daher ohne weiteres zur Bewässerung verwendet werden, wobei für die Ableitung überschüssigen Wassers unbedingt gesorgt werden muß.

b) **In Deutschland kommt die Bewässerung nur für Wiesenflächen in Betracht.** Handelt es sich lediglich um Anfeuchtung, so genügt **bei leichtem Boden** schon die dauernde Zuführung von etwa **1 sl** pro Hektar, **bei mittlerem und schwerem Boden** reichen sogar schon **0,65 l** pro Hektar aus.

Bei der **düngenden Bewässerung** richtet sich die zuzuführende Wassermenge nach dem Gehalte an Nährstoffen; bei mittlerem Nährstoffgehalt kann man schon bei 50 sl pro Hektar mit recht guten Erfolgen rechnen, aber auch bei 20 sl pro Hektar sieht man bereits merkbare Ergebnisse. Für Wasserverluste durch Verdunstung, Versickerung usw. werden Zuschläge von 10—17% gemacht. Bei der **anfeuchtenden Bewässerung** rechnet man mit dem völligen Verbrauch des zugeführten Wassers, während bei der **düngenden** Bewässerung, die ohnehin großer Wassermengen bedarf, die Wasserverluste vernachlässigen und sogar eine mehrmalige Benutzung desselben Wassers vorsehen.

c) Da nach Vorstehendem auf die Flächeneinheit immer nur eine sehr geringe Wassermenge entfällt und man solche geringe Wasserzuführung ohnedies nicht gleichmäßig verteilen könnte, so führt man nicht dauernd die ganze Wassermenge Q der ganzen Fläche zu, sondern man teilt die Fläche in n nahezu gleiche Teile und führt jedem einzelnen Teile in $1/n$ Zeit das ganze Wasser zu, während inzwischen die übrigen Flächen trocken bleiben. n wählt man bei der düngenden Bewässerung gleich 3—6, bei der anfeuchtenden größer, bis etwa 15, und stellt das Wasser nach 1—14 Tagen auf den nächsten Teil um. **Gerade ein solcher Wechsel zwischen gründlicher Anfeuchtung und Durchtrocknung ist den meisten Pflanzen besonders zuträglich.**

[110] Die Bewässerungssysteme.

Hinsichtlich der Art der Aufbringung des Wassers auf die zu bewässernden Grundstücke können wir dem Prinzipe nach zwei Hauptgruppen der Bewässerung unterscheiden, **die Staumethoden und die Riesel-**

methoden. Bei den ersteren Systemen handelt es sich um die Einbringung eines **ruhig stehenden** Wasserkörpers, bei den zweiten um die Aufbringung einer **fließenden** Wasserschichte auf die zu bewässernden Grundstücke, was sich im allgemeinen nur bei Wiesenland tun läßt, während die Staumethoden auch bei anderen Kulturarten Anwendung finden könnten.

I. Die Staumethoden.

a) Schon bei der Entwässerung von Wiesen [103] wurde erwähnt, daß man die Senkung des Grundwasserspiegels nicht zu weit treiben und die Möglichkeit einer temporären Hebung des Grundwassers nicht außer acht lassen darf. Dies kann nun durch Einbau von Stauschleusen oder einfachen Staubrettern in den Hauptentwässerungsgräben geschehen. Dieser sog. **Rückstau ist die primitivste, jedoch billigste Bewässerungsart,** die aber einen stark durchlässigen Untergrund und ein sehr geringes Gefälle der Meliorationsfläche voraussetzt.

b) Besser ist die **Einstauung,** bei der über die ganze Fläche mit dem Pflug Furchen gezogen werden, in die man Wasser einleitet. **Hier erfolgt also die Bewässerung von oben, nicht wie beim Rückstau von unten; diese Methode ist bei jedem Boden, bei jedem Gefälle und bei allen Kulturen anwendbar.**

Bei Mais, Rüben und Kartoffeln pflegt man die Furchen 0,8 m, bei Gemüsefeldern 1,5—2,0 m entfernt zu halten. Die Furchen werden vom Hauptbewässerungskanal *ab* gespeist, der sein Wasser aus einem naheliegenden Bache bezieht.

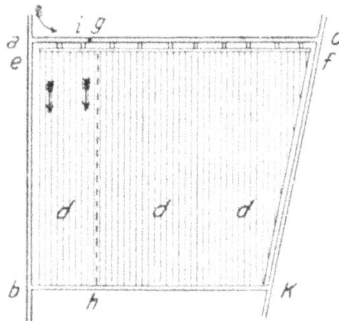

Abb. 230
Einstauung

zieht. In Abb. 230 ist *ac* der Wasserkanal (Zubringer) für die Fläche *ackb;* mit diesen steht die mit dem Pflug aufgeworfene Furche *ef* in Verbindung, die je fünf Furchen durch eine kleine Rinne *g* speist. Sollen zunächst die ersten Reihen bis *gh* Wasser erhalten, so wird bei *i* geschlossen, während die Rinne *ef* bei *g* mit einer Schaufel Erde gesperrt wird. Das überschüssige Wasser wird durch den Sammelgraben in den Hauptgraben zurückgeleitet.

c) Während bei der Einstauung nur die Furchen und Gräben unter Wasser gesetzt werden, wird beim **Überstauungssystem die ganze Fläche zeitweilig mit Wasser bedeckt.** Zu diesem Behufe wird die Fläche durch niedere Staudämme in ein künstliches Staubecken verwandelt, in das Wasser eingelassen und zeitweise wieder abgelassen wird (Abb. 231).

Durch Öffnen der Einlaßschleuse bei *a* tritt das Wasser in die Hauptzuleitungsgräben *ad* und *af* ein, wird hier durch eingebaute Stauschleusen gestaut und kann nun durch Öffnen kleiner Durchlässe in den Dämmen in die einzelnen Reviere eingelassen werden. Die Dämme werden einerseits aus Materialgräben hergestellt, die an den inneren Dammfüßen zur besseren Verteilung des Wassers dienen, andererseits durch das Material gedeckt, welches durch Aushub des Entwässerungsgrabennetzes *gh* gewonnen wird. Die Trockenlegung erfolgt durch in die Dämme eingebaute Ablaßschleusen.

Auch diese Methode ist **nur bei ebenem oder schwach geneigtem Terrain** möglich, weil sonst die

Staudämme sehr hoch oder die Staureviere sehr klein werden müßten, wenn der Betrieb nicht zu umständlich und zu teuer werden soll. **Das Einlassen des Wassers wird am besten dann geschehen, wenn** es möglichst trübe, also reich an Schlamm ist, was

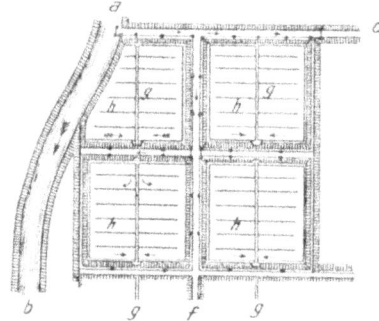

Abb. 231
Überstauung

meist bei Hochwasserstand des Flusses der Fall sein wird. Die Stauhöhe beträgt gewöhnlich 0,15 m, die Dämme werden wegen der Begehung um 0,25 m höher gehalten. Die einzelnen Staubassins macht man nicht größer als 10 ha. Zur raschen und gleichförmigen Verteilung des Wassers dienen eigene **Verteilungsgräben,** zur raschen Trockenlegung Entwässerungsgräben *gh* in jedem einzelnen Revier.

Diese Methode wird hauptsächlich für die Reiskulturen in Italien angewendet, welche Sumpfpflanze am besten in stagnierendem Wasser gedeiht; in Frankreich wird eine Überstauung der Weingärten in frostfreier Winterszeit vorgenommen, um die Reblaus zu vertilgen. Auch bei Wiesen hat man damit recht gute Erfolge erreicht.

d) Sorgt man dafür, daß durch die Ablaßschleuse der Abfluß gleich dem Zuflusse, **daß also der Wasserspiegel im Staubassin konstant bleibt,** so geht die Überstaumethode in eine **Stauberieselung** über, bildet daher den Übergang zu den Rieselmethoden. Um ein Aufwühlen der abgelagerten Schlickteile zu verhindern, läßt man das Wasser von **oben** nach unten ab und fixiert die Überfallkante um jenes Maß unter dem normalen Stauspiegel, der jenem Quantum entspricht, das kontinuierlich durchfließen soll.

II. Die Rieselmethoden.

Diese Methoden finden nur bei geneigterem Terrain und bei Wiesenland Anwendung und bestehen darin, daß die Fläche oder Teile derselben durch eine längere Zeit hindurch durch darüber fließende Wasserschichten bewässert werden.

a) Zu diesem Behufe wird das in größeren Gräben, den **Hauptzubringern,** der Wiese zugeleitete Wasser durch kleinere Gräben, den **Verteilungsgräben,** verteilt und endlich in ganz kleine Rinnen, den **Rieselrinnen,** geleitet, aus welchen es, über das Bord derselben austretend, die Wiesenflächen überrieselt und sich an den tiefsten Punkten in den **Entwässerungsgräben** ansammelt, aus welchen es entweder zur Wiederverwendung oder zur gänzlichen Ableitung gelangt.

Findet das Überrinnen des Wassers aus den Rieselrinnen nur auf einer Grabenkante statt, dann nennt man das System einen Hangbau; tritt das Wasser gleichzeitig und gleichförmig über beide Grabenbordseiten aus, so heißt die Anlage Rückenbau; es handelt sich um **natürlichen Hang- und Rückenbau,** wenn die Wiese ganz oder nahezu in einer ursprünglichen Gestaltung bleibt, man spricht aber von **künstlichem**

Hangbau und Kunstrückenbau, wenn die Terrainoberfläche zum Zwecke der Bewässerung durchgreifend planiert oder vollständig umgebaut werden muß.

Das Gefälle der Rieselflächen, der Hänge- oder Rückenflächen darf kein zu großes sein, da sonst das mit großer Geschwindigkeit herabrieselnde Wasser nicht Zeit hat, seine Sedimente abzusetzen, in den Boden zu dringen und ihn gehörig zu durchfeuchten. Die Erfahrung hat gezeigt, daß bei Gefällen von **über 25⁰/₀₀** der **Hangbau,** bei Gefällen von **unter 25⁰/₀₀** der **Rückenbau** auszuführen ist.

1. Der Hangbau.

Besitzt die entsprechend stärker abfallende Wiesenfläche keine bedeutenden Mulden und Unebenheiten, so ist **das natürliche Hangbausystem die billigste aller Berieselungsmethoden.**

In Abb. 232 ist ab der Hauptzubringer, der **Bewässerungshauptkanal,** der, auf der höchsten Stelle der zu bewässernden Wiesen beginnend, sich dem Terrain möglichst anschmiegt, wodurch die Herstellungskosten auf ein Minimum reduziert werden. Von diesem Zubringer zweigt nach der Linie des größten Gefälles der Verteilungsgraben ef ab, der das Wasser den einzelnen Rieselrinnen $r'r''r'''$ usw. zuführt; diese Rieselrinnen werden horizontal geführt, also nur bei ebenem Terrain n geraden Linien verlaufen, sonst aber den Schichtenlinien folgen. Aus ihnen erfolgt der Austritt des Wassers in den

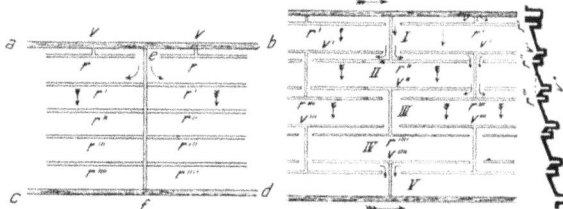

Abb. 232
Natürlicher Hangbau

Abb. 233
Kunsthangbau

Entwässerungsgraben cd. Der quadratische Querschnitt der Rieselrinnen beträgt bei kurzen Rinnen 15/15, bei 25 m langen Rinnen 25/25 cm; ihre Entfernung ist bei starkem Gefälle 10—12 m, bei schwachem Gefälle 5—6 m. Die Verteilungsgräben werden 30—50 cm breit und 15—25 m tief gemacht. Die Ent- und Bewässerungsgräben müssen berechnet werden.

Einen **Kunsthangbau** mit Wiederbenutzung des Wassers zeigt Abb. 233, wobei die 1. und 2. Tafel mit frischem Wasser, die 3. Tafel dagegen mit den Abwässern der 1. Tafel gespeist werden. Beim **Kunsthangbau** werden die Hangtafeln planiert und die Rieselrinnen aufgedämmt.

2. Der Rückenbau.

Ist das Flächengefälle zwischen dem Zubringer EF und dem Entwässerungsgraben GH kleiner als 25⁰/₀₀, so ist eine Hangbewässerung nicht mehr durchführbar, und es muß das nötige Gefälle durch eine künstliche Erhöhung des Terrains in Form von dachförmigen Flächen (Rücken) senkrecht auf das Terraingefälle gewonnen werden, was

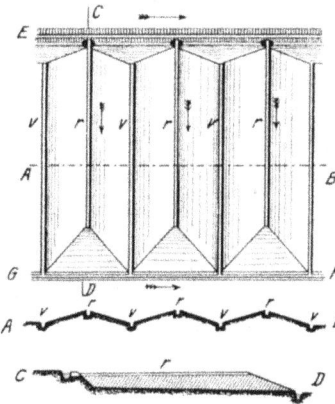

Abb. 234
Rückenbau

die Anlage natürlich sehr verteuert. Die Grundform eines **Rückenbaues** zeigt Abb. 234. Die beiden dachförmigen Flächen nennt man zusammen die **Rückentafel,** jede einzelne für sich **Rückenhang,** die Riesel-

rinne r den **First,** während in die tiefgelegene Mulde zwischen zwei Rückenhängen die **Entwässerungsrinne** v zu liegen kommt.

Die **Rückenbreite** macht man gleich einem Vielfachen der sog. „Schwadenbreite" beim Mähen, etwa 2 m, so daß die schmalsten Rücken 8 m für je 2 Schwaden auf einem Hange, die breitesten 16—56 m sind. Der Hangbau läßt sich meist im natürlichen Terrain ohne besondere Umgestaltungen anwenden, während beim Rückenbau die Kunstanlage überwiegt.

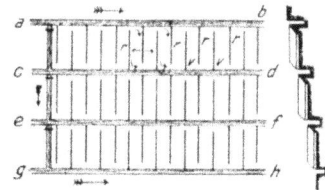

Abb. 235
Kunstrückenbau

Die Wiederbenutzung des Wassers beim Rückenbau zeigt Abb. 235.

[111] Beschaffung des Wassers.

a) Das einem Flusse oder Bache zu entnehmende Wasser wird in allen Fällen mittels einer Wasserleitung, dem Hauptzubringer, der Bewässerungsfläche zugeführt werden müssen, welcher meistens aus einem **offenen Graben** und nur, wenn sich Besitzschwierigkeiten ergeben, aus einer **Rohr-** oder **Kanalleitung** aus Steinzeug, Zement, Eisen, Beton oder Eisenbeton besteht.

Am Beginne des Hauptkanales ist eine Einlaßschleuse anzuordnen, welche sich aus der Schützentafel, der Aufzugvorrichtung und dem Schützen-

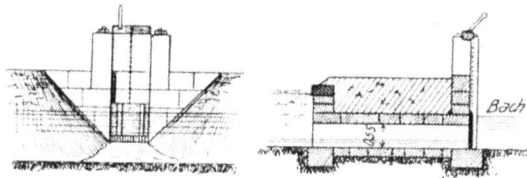

Abb. 236
Einlaßschleuse

rahmen zusammensetzt und den Hauptkanal entweder ganz absperrt oder aber den Einfluß des Wassers aus dem Flusse nach Bedarf regeln kann (Abbildung 236).

Sowohl als Einlaßschleusen wie auch als Ablaßschleusen des Hauptbewässerungsgrabens zum Schutze gegen das Eindringen von Hochwasser in das hinter einem Damme gelegene

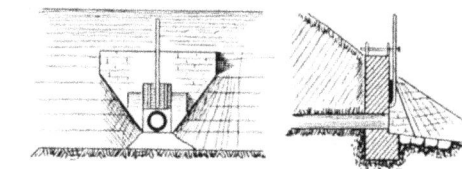

Abb. 237
Rohrdurchlaß

Meliorationsterrain können mitunter **Rohrdurchlässe** angeordnet werden, deren einfachste Konstruktion aus Abb. 237 zu ersehen ist. An den Stellen, wo die Zubringer zweiter Ordnung abzweigen, sind im **Hauptzuleitungsgraben** noch **Stauschützen** einzubauen. Dort, wo aber vom Zuleitungsgraben, der das Wasser den einzelnen Wasserrevieren zuführt, die eigentlichen Wassergräben abzweigen, sind kleinere **Stauschützen** anzubringen, wie es Abb. 238 zeigt.

In den **Wassergräben** werden **Stauschützen** aus Holz

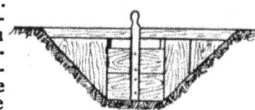

Abb. 238
Handstauschütze

(Abb. 238) oder in Mauerwerk (Abb. 239) stabil eingebaut, während nach Bedarf an geeigneten Stellen sog. **Stech-** oder **Steckschützen** angebracht werden, die etwas größer als das lichte Profil der Rieselrinnen sind und einfach in das Erdreich eingedrückt werden, um das Überfließen der Riesel-

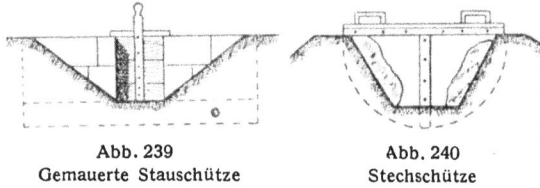

Abb. 239
Gemauerte Stauschütze

Abb. 240
Stechschütze

rinnen oberhalb zu veranlassen (Abb. 240). Wenn der Fluß, in welchen die Entwässerungsgräben einmünden, höher liegt, so ist zwischen der Grabensohle und dem Flusse eine **Ablaßschleuse** einzubauen.

Die **Überfahrten** werden meist mit den Stauschleusen kombiniert, wo dies nicht möglich ist, werden eigene Brücken gebaut.

Kreuzungen des Zubringers mit offenen Wasserläufen, tiefen Gräben und Mulden werden über dem Terrain durch **Aquädukte**, unter Terrain durch **Dücker (Siphons)** vermittelt.

b) Zur Hebung des Wasserspiegels im Flusse — zu einer **Aufstauung** desselben — dienen **Stauwehre** oder **Stauschleusen.** Das **Stauwehr** besteht aus einem hölzernen oder steinernen Wehrkörper, der senkrecht auf den Flußlauf gestellt ist und dessen obere Kante die **Wehrschwelle** oder die **Wehrkrone** bildet.

Man unterscheidet **feste und bewegliche Wehre**, je nachdem die Wehrkrone bereits in der zur Erreichung der minimalen Stauhöhe nötigen Höhe liegt, wodurch der Wasserspiegel eine permanente Stauung erfährt oder der Stau zeitweilig ganz oder zum Teil wieder aufgehoben werden kann.

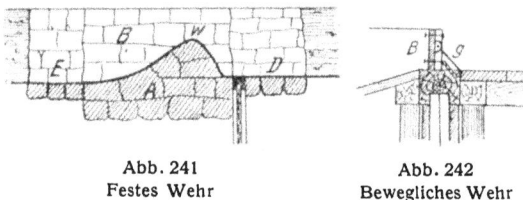

Abb. 241
Festes Wehr

Abb. 242
Bewegliches Wehr

(Abb. 241 und Abb. 242). **Da feste Stauanlagen zur Hebung des Grundwassers und damit zur Versumpfung beitragen können, wird man meist bewegliche Wehre errichten,** um außerhalb der Bewässerungsperioden eine rasche Senkung des Grundwassers zu erzielen und auch bei Hochwasser das ganze Flußprofil öffnen zu können. Dies wird schon dadurch erreicht, wenn wir die in Abb. 243 gezeichneten Bohlwände *m* abnehmbar machen, in welchem Falle man eine

Abb. 243   Abb. 244
Wehraufsatz

solche mobile Stauanlage einen **Wehraufsatz** nennt. Derartige Wehraufsätze müssen einfach sein, leicht und sicher von einem Manne vom Ufer aus bedient und nach abgelaufenem Hochwasser bequem wieder aufgerichtet werden können. Die Stützen *n* können im Wehrschweller eingelassen und durch Riegel (Abb. 245) oder automatisch durch Schwimmer, die bei einer gewissen Überfallhöhe den Zapfen aus dem Ringe am Aufsatzbrett *B* auslösen, niedergelassen werden (Abb. 246). Oft ist es erwünscht, die Stauhöhe nach Bedarf zu vergrößern oder zu verkleinern, was durch Umlegen und Aufrichten eines Aufsatzbrettes geschehen kann (Abb. 247). Bei größeren Stauhöhen sind für diese Zwecke auch **Nadelwehre** zu empfehlen (Abb. 248), wobei von

Stege aus durch Hinabschieben von Holzpfosten, der sog. Nadeln, das Durchflußprofil verengt und ein Steigen des Wassers bewirkt werden kann.

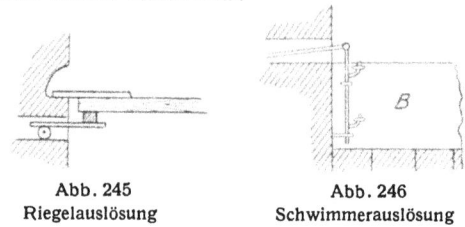

Abb. 245
Riegelauslösung

Abb. 246
Schwimmerauslösung

Die in dem Flusse eventuell einzubauenden Stauschleusen sind ähnlich konstruiert wie die im Hauptzubringer, nur viel

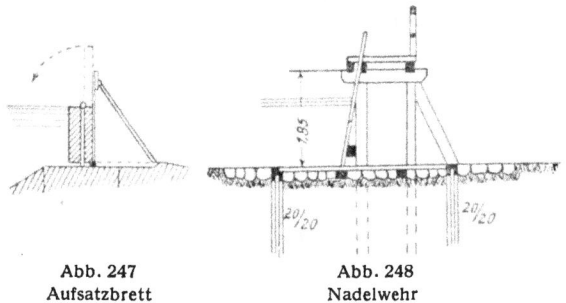

Abb. 247
Aufsatzbrett

Abb. 248
Nadelwehr

größer dimensioniert und werden später bei den Wasserkraftanlagen beschrieben werden.

Bei allen diesen Objekten spielen Spundwände eine ziemlich große Rolle, weshalb wir darüber noch einige Details

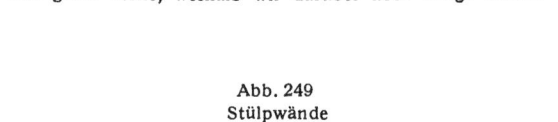

Abb. 249
Stülpwände

in größerem Maßstabe (Abb. 249—252) bringen. Im übrigen verweisen wir bezüglich der Fundierung dieser Bauten und deren Sicherung gegen Unterspülung und Unterwaschung

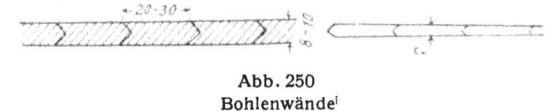

Abb. 250
Bohlenwände

durch Spundwände, Bettungen usw. auf den 2. Abschnitt der Baukunde über ,,Grundbau'' [45—55].

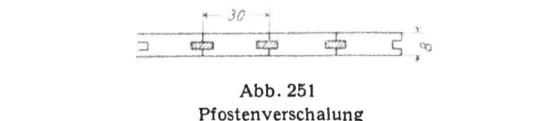

Abb. 251
Pfostenverschalung

Wo schließlich das zu bewässernde Terrain **so hoch** über dem Wasserspiegel des Flusses liegt, **daß man mit Stauung nichts mehr erreicht**, wird man zur **künstlichen Hebung des**

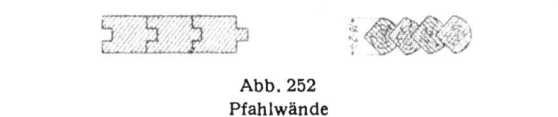

Abb. 252
Pfahlwände

Wassers mit Schöpfrädern, Paternosterwerken oder Pumpen schreiten müssen. Häufig werden diese Wasserhebemaschinen mit Windmotoren betrieben.

c) Auch die im Gebirge auf den Tallehnen entspringenden Quellen können zur Bewässerung der unterhalb liegenden Bergwiesen benutzt werden.

Das Wasser der in Abb. 253 in *S* und *M* entspringenden und oft sehr primitiv in alten Fässern ohne Boden gefaßten Quellen wird in einem kleinen umdämmten Teich gesammelt, der bei *o* eine Ablaßschütze hat, aus welcher das Wasser durch den Graben *b* in die Verteilgräben *dr* und in die

Rieselrinnen v_1 einfließt. In ähnlicher Weise kann das Drainage-wasser in Sammelteichen aufgespeichert werden.

Ebenso kann das durch Drainage von Ackerflächen gewonnene Wasser durch den Sammeldrain in das

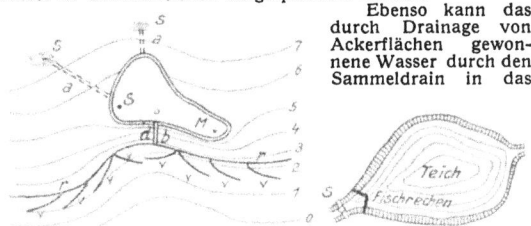

Abb. 253
Wasserentnahme aus Quellen

Abb. 254
Teichanlage

offene Bewässerungsgrabennetz einer tiefergelegenen drainierten Rieselwiese, also mit natürlichem Drucke eingeleitet und zur Bewässerung verwendet werden, zu welchem Behufe das Wasser in eine kleine Teichanlage mit Fischrechen und Ablaßschütze s geleitet wird (Abb. 254).

Endlich kann man nach **System Petersen** das gesammelte, durch $s_1 s_2$ aufgestaute Drainagewasser durch Vertikalröhren auf die Terrainoberfläche derselben Wiesenparzelle bringen und zur Bewässerung benutzen (Abb. 255).

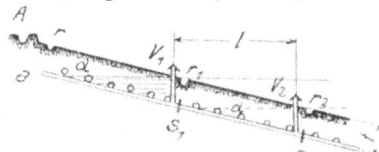

Abb. 255
System Petersen für Rieselwiesen

d) Vielfach ist man daran gegangen, die Abwässer kanalisierter Städte und Ortschaften zur Landbewässerung heranzuziehen, um hiedurch einerseits die Abwässer unschädlich und andererseits ihren Nährstoffgehalt für die Pflanzen nutzbar zu machen. Davon wird noch im 5. Abschnitt die Rede sein.

Übrigens wird bei Abwässern nicht nur vom Rieselsystem, sondern auch vom **Spritzverfahren** Gebrauch gemacht, welches bei der anfeuchtenden und düngenden Bewässerung von Ackerkulturen sehr am Platze ist und mit Strahlrohren und Spritzwagen bewerkstelligt wird.

[112] Bauausführung.

a) Wenn auch Entwässerungen, ebenso Überstauungs- und Stauberieselungsanlagen oft von gewöhnlichen Arbeitern gemacht werden, empfiehlt es sich doch, derartige Kunstbauten **nur durch geschultes, erfahrenes Personal** ausführen zu lassen. Da beim Kunstbau eine völlige Umgestaltung der Terrainoberfläche stattfindet, muß in erster Linie bei Wiesenland die Rasendecke „abgestochen" oder „abgeschält" werden, weil nach Vollendung der Arbeiten ein **Rasenbelag** immer der wohl viel billigeren **Besämung** vorzuziehen ist.

Bei guter, dichter Rasendecke nimmt man die Abschälung mit der **Rasenschaufel** (Abb. 256) vor, nachdem der Rasen

mit einem **Wiesenmesser** (Abb. 257) oder mit dem **Wiesenbeil** (Abb. 258) durchgeschnitten ist. Letzteres dient auch wie die **Wiesenhacke** (Abb. 259) zum Abheben der ca. 0,30 m breiten und 2—3 m langen Rasenstreifen, die zusammen-

Abb. 256
Rasenschaufel

Abb. 257
Wiesenmesser

Abb. 262
Rasenklatsche

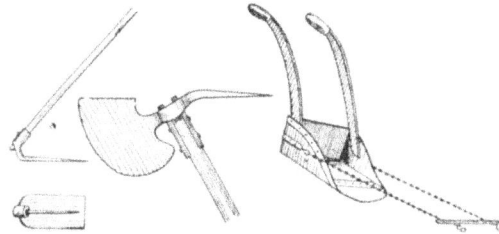

Abb. 259
Wiesenhacke

Abb. 258
Wiesenbeil

Abb. 260
Pferdeschaufel

Werkzeuge für Wiesenbauer

gerollt und seitwärts deponiert werden. Zu den Planierungsarbeiten wird bei nicht steinigem Boden oft die **Mulden-** oder **Pferdeschaufel** (Abb. 260) verwendet, die einge Ähnlichkeit mit dem in [24] erwähnten Scraper hat.

Das **Nivellement** der Rieselkante geschieht seitens der praktischen Wiesenbauern in der Weise, daß das Wasser in die mit eigenem Rieselrinnenstecher ausgehobenen Gräbchen eingelassen wird, bis es die später einzuhaltende Rieselhöhe erreicht hat. Dieser Wasserstand wird durch Pflöcke fixiert und dann das Wasser abgelassen. Danach werden die Rieselkanten ausgeglichen, wobei auf die Stärke des später aufzubringenden Rasenbelages Rücksicht zu nehmen ist.

Die Aufbringung des Rasenbelages bei aufgedämmten Gräben zeigt Abb. 261; der gewachsene Rasen wird bei ab durchschnitten, in Streifen cc geschnitten und aufgerollt, dann die Aufdämmung ausgeführt, worauf die Böschungen mit dem

Abb. 261

abzurollenden Rasenstreifen, der noch bei steileren Böschungen mit kleinen Pfählchen angeheftet werden kann, bedeckt werden. Nach Aufbringung der Rasendecke wird sie durchfeuchtet und mit der **Rasenklatsche** (Abb. 262) festgeschlagen.

Bei natürlichen Bauten können das Frühjahr und der Spätherbst als Bauzeit gewählt werden, Kunstbauten müssen aber gleich nach der Heuernte begonnen werden.

b) Die Baukosten pro Hektar betragen bei Stauberieselung 50—100 G.M., beim Kunstrückenbau 500—1300 G.M., die Erhaltungskosten etwa 12 G.M. pro Jahr.

4. Abschnitt.

Sicherungsarbeiten an fließenden Gewässern.

Fließende Gewässer, die sich selbst überlassen sind, verwildern von Natur aus und geben dann Ursache zu den mannigfaltigsten Veränderungen der Erdoberfläche, die oft zu den kostspieligsten, mitunter aber auch zu höchst gefährlichen Übelständen führen können. Zu den Sicherungsarbeiten, die diesen Übelständen vorbeugen oder sie unmöglich machen sollen, gehören in erster Linie die Verhinderung der Schotter- und Geschiebeerzeugung durch die **Wildbachverbauung**, der **Uferschutz**, und die gegen Hochwasser zu treffenden Vorkehrungen, namentlich durch Herstellung von Deichen. Bevor wir aber in die Erörterung der einzelnen Sicherungs-

arbeiten eingehen, müssen wir noch einige den fließenden Gewässern eigentümliche Eigenschaften in Kürze besprechen.

[113] Flußbett und Flußlauf.

a) Bei den meisten Flüssen, die ihren Ursprung im Gebirge haben, kann man einen **Ober-**, einen **Mittel-** und einen **Unterlauf** unterscheiden.

Der **Oberlauf** liegt im Gebirge, hat steile Gefälle und ein festliegendes Bett, dessen Ufer von den Berghängen gebildet werden, so daß der Fluß ganz der Richtung des Tales folgt. Wo er aber in seinem tieferen Teile durch Talerweiterungen und am Fuße des Gebirges über angeschwemmte Schottermassen, über Schuttkegel dahinfließt, verästelt er sich oft in zahlreiche geschlängelte und sich bei jedem Hochwasser verlegende Arme.

Im **Mittellaufe** sind die Gefälle bereits wesentlich schwächer als im Oberlaufe. Die Talsohle des Mittellaufes ist mit gröberen, in den oberen Schichten immer feiner werdenden Geschieben gefüllt, die zur Eiszeit aus dem Gebirge mitgeführt worden sind. Die Deckschichte der Talsohle besteht aus Anschwemmungen, die sich in der jüngsten Periode der Erdgeschichte, dem Alluvium, gebildet haben. **Im ganzen ist diese Strecke weniger Veränderungen unterworfen, wie der Ober- und Unterlauf.**

Der **Unterlauf** endlich hat noch schwächere Gefälle, und sein Bett liegt zur Gänze in dem leicht beweglichen Alluvialboden. **Er wird gekennzeichnet hauptsächlich durch seine ausgesprochene Neigung zum „Serpentinieren"** und durch seine zahlreichen Krümmungen, die sich infolge des ständigen Wasserangriffes auf die Sohle und das konkave Ufer das Bestreben zeigen, sich zu vergrößern und nach abwärts zu verschieben, so daß sich die Windungen immer näher kommen. Die weiten Täler der Niederungsflüsse zeigen deshalb viele alte, zum Teil versandete Flußarme als Zeugen dieser stetigen Laufveränderungen.

b) Die größten Tiefen liegen am konkaven Ufer und sind diesem um so näher, je schärfer die Krümmung ist, während das andere Ufer flach wird und versandet. **Die Tiefen sind in der Krümmung um**

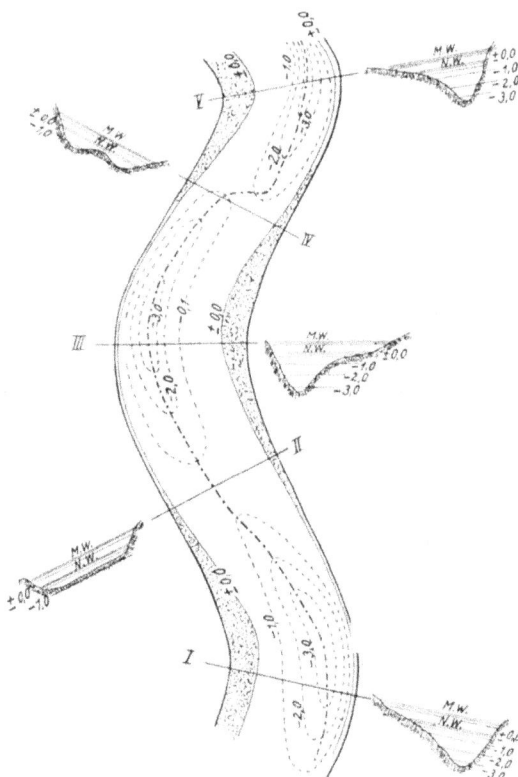

Abb. 263

so größer, je kleiner der Krümmungsradius, je größer die Wassergeschwindigkeit und je beweglicher der Boden ist. Zwischen den Krümmungen liegen die sog. **Stromschwellen** oder **Stromschnellen**, in denen die Tiefen gleichmäßiger verteilt, aber im ganzen

geringer sind. Dadurch wird der Gesamtquerschnitt in den Übergängen oft so verkleinert, daß oberhalb Aufstauungen entstehen, die eine Gefällsvermehrung des Wasserspiegels zur Folge haben. Die Verteilung der Tiefen zeigt Abb. 263, worin die stark ausgezogene Uferlinie die **Mittelwasserlinie,** die schwächer ausgezogene Uferlinie die **Niedrigwasserlinie** darstellen. Die strichpunktierte Linie ist der **Talweg, die Verbindungslinie der größten Tiefe)** er nähert sich in den Krümmungen stets der konkaven Seite. **Die Stromrinne, auch Stromstrich genannt, ist die Linie, in der die größte Wassergeschwindigkeit vorhanden ist.**

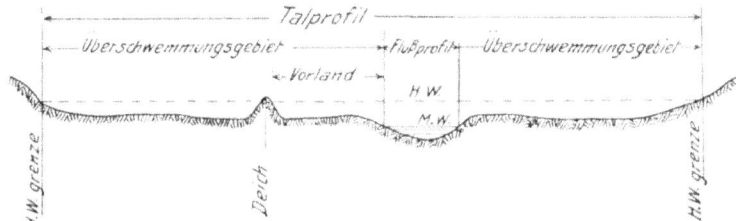

Abb. 264

Bei mittlerem und niedrigem Wasserstande schließt sich der Stromstich dem Talwege an; bei höheren Wasserständen ist dagegen der Stromstich weniger stark gekrümmt wie der Talweg.

Besonders schwierig gestaltet sich die Schiffahrt bei den verschobenen **Übergängen** (Abb. 263, Profil IV), bei denen der Talweg unterbrochen ist, sich sonach in den betreffenden Querschnitten zwei größte Tiefen vorfinden. Die ausnutzbare Fahrtiefe ist nämlich die über dem Rücken zwischen den beiden größten Tiefen, und da sich dieser von einer Anlandung zur nächsten hinzieht, müssen die Schiffe bei Niederwasser fast rechtwinklig zur Flußrichtung gesteuert werden.

Vom **Flußprofil** ist das **Talprofil** (Abb. 264) strenge zu unterscheiden, da dieses auch das Überschwemmungsgebiet umfaßt. In breiten Niederungen wird das natürliche Überschwemmungsgebiet vielfach auf einer, häufig aber auch auf beiden Seiten durch Deiche eingeengt.

[114] Wasserstände.

Wie aus [113] hervorgeht, besitzen die verschiedenen Wasserstände einen maßgebenden Einfluß auf das Flußbett. **Der häufige Wechsel des Wasserstandes ist eine der bemerkenswertesten Eigenschaften aller fließenden Gewässer** und muß vom Wasserbautechniker sorgfältig beobachtet werden.

Hierzu dienen die **Pegel,** das sind Meßlatten mit einer Teilung von 2 zu 2 cm (Abb. 265); meist stehen sie lotrecht; bei geneigter Lage auf der Böschung muß die Verzerrung des Maßstabes bei der Teilung berücksichtigt werden.

Damit bei der Ablesung negative Zahlenangaben vermieden bleiben und der Nullpunkt niemals trocken ist, muß dafür gesorgt werden, **daß der Pegelnullpunkt unter dem tiefsten bekannten Wasserstande liegt.** Ebenso soll der Pegel lang genug sein, daß auch die höchsten Wasserstände noch trocken abgelesen werden können; sonst teilt man den Pegel in zwei oder mehr Teile oder setzt bei außerordentlichem Hochwasser **Hilfspegel,** deren Nullpunkte später einnivelliert werden. Der Pegel muß unbedingt unverrückbar festgemacht sein; trotzdem prüft man jährlich seine Neigung und Höhenlage, wozu drei in ihrer örtlichen Lage voneinander unabhängige, in der Nähe des Pegels sicher angebrachte Festpunkte dienen, die mit Bolzen in das Mauerwerk oder in Beton eingelassen werden [87c].

Abb. 265

Die Ablesung des Wasserstandes erfolgt täglich mittags und wird in Tabellen eingetragen; bei Hochwasser erfolgt die Ablesung häufiger.

Für wasserbauliche Zwecke wichtig sind folgende Wasserstände:

1. **N.W. = Niedrigwasser ist der niedrigste bei ungestörtem Abflusse beobachtete Wasserstand**, der immer wieder erwartet werden kann, solange keine Veränderungen des Flußquerschnittes und des Gefälles eingetreten sind.

2. **M.N.W. = Mittelniedrigwasser, d. i. das arithmetische Mittel aller Niedrigwasserwerte einer längeren Reihe von Jahren.** Er dient vielfach für Regulierungswerke mit bestimmter Wassertiefe.

3. **M.W. = Mittelwasser, d. i. das arithmetische Mittel aus allen Wasserständen in einer längeren Reihe von Jahren;** ist für Flußregulierungen besonders wichtig, da er für die Kronenlage fast aller Regulierungswerke maßgebend ist.

4. **M.S.W. = mittlerer Sommerwasserstand, d. i. das arithmetische Mittel aus allen Sommerwasserständen einer längeren Reihe von Jahren** (Mai bis Oktober).

5. **G.W. = gewöhnlicher Wasserstand ist kein Mittelwert, sondern ein wirklich beobachteter Wasserstand, der im Jahr ebensooft überschritten, als nicht erreicht wird;** am Meere ist es der höchste Wasserstand der gewöhnlichen Flut. Er ist in rechtlicher Beziehung von Wichtigkeit.

6. **H.W. = Hochwasser, d. i. der höchste, bei ungestörtem Abflusse vorkommende Wasserstand.**

7. **M.H.W. = Mittelhochwasser, d. i. das ametrithische Mittel aus den Hochwasserständen einer längeren Reihe von Jahren.**

8. **S.H.W. = Sommerhochwasser** ⎱ ist für Deichanlagen
9. **W.H.W. = Winterhochwasser** ⎰ wichtig.

10. **H.sch.W. = höchster schiffbarer Wasserstand**, von dem die Höhenlage der Brücken abhängt.

Den Übergang von den Mittel- zu den Hochwasserständen bildet in Flüssen mit nicht zu tiefen Betten der „**bordvolle Wasserstand**", bei deren Überschreitung zunächst „Ausuferungen" und dann „Überschwemmungen" eintreten.

Sehr wertvoll für die Beurteilung der Wasserstandsbewegungen ist die Auftragung von Jahrespegelkurven, in welchen die Pegelstände als Ordinaten und die Beobachtungstage als Abszissen gezeichnet werden. Aus dem Vergleiche der Kurven für die aufeinanderfolgenden Pegel eines Flusses gewinnt man wertvolle Anhaltspunkte für die Beurteilung der Fortpflanzung der Hochwasserwellen. Durch einen gut organisierten **hydrographischen Dienst**, wie er heute in den meisten Kulturländern für die Ströme und deren Nebenflüsse üblich ist, kann man den Hochwasserverlauf für das mittlere und untere Stromgebiet meist schon auf Tage mit einer Genauigkeit von ungefähr 20 cm voraussagen.

[115] Gefälle.

Zur Klarstellung der Gefällsverhältnisse dient das Längenprofil eines Flußlaufes, in dem die Höhen der Deutlichkeit wegen in einem größeren Maßstabe

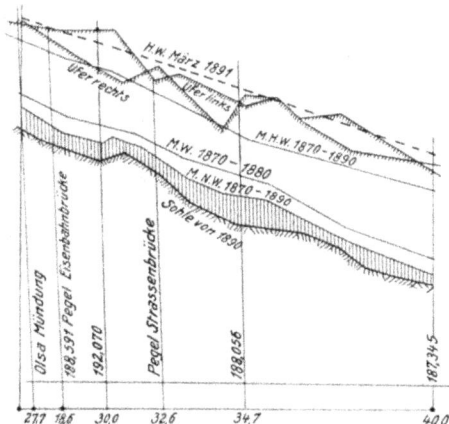

Abb. 266

aufgetragen werden [93]. **Im ganzen ergibt sich bei allen Flüssen ein allmählicher Übergang von den steilsten Gefällen im Quellgebiete zu immer flacher werdenden im Mittel- und Unterlauf.** Der Wechsel von einem zum anderen Gefälle ist oft nur durch kurze Übergangsstrecken vermittelt, häufig auch sprunghaft.

Manchmal kommen Gefällsverstärkungen vor, wie z. B. wenn eine Strecke mit weiten Profilen sich an eine zweite mit engem Bette anschließt. Da muß sich notwendig eine größere Geschwindigkeit und damit ein stärkeres Gefälle entwickeln, weil die sekundlich abzuführende Wassermenge sich nicht vermindert. Das ist unterhalb von Stromspaltungen regelmäßig der Fall, da in der Stromspaltung die Summe der Querschnitte größer ist als der Querschnitt im einheitlichen Bette.

Abb. 266 zeigt das Längenprofil eines Flusses. Beim N.W. ist das Gefälle des Wasserspiegels stark von den Unebenheiten der Sohle abhängig, welcher Einfluß bei M.W. zum Teil, bei H.W. aber fast zur Gänze verschwindet. Es stellt sich dann ein Durchschnittsgefälle ein, das etwas stärker als das durchschnittliche Sohlengefälle ist, weil der Stromstrich nicht mehr den Windungen des Talweges folgt und dadurch seine Länge kürzt. In dem Werte $J = \dfrac{h}{l}$ wird daher l kleiner und J dadurch größer. Bei steigendem Hochwasser tritt überdies noch eine Gefällsvermehrung durch die Form der Hochwasserwelle ein. In Abb. 267 stellt die Linie r den

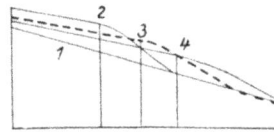

Abb. 267

Wasserstand vor Eintritt des Hochwassers dar, die Punkte *2, 3* und *4* geben die Stellung des Scheitels der Hochwasserwelle an drei aufeinanderfolgenden Tagen dar, woraus die Gefällsvermehrung und die Abflachung der Welle nach unten deutlich ersichtlich ist.

Von Wichtigkeit ist noch die Tatsache, daß der Wasserspiegel in Krümmungen am konkaven Ufer höher ist als am konvexen.

[116] Eisverhältnisse.

Die Bildung des Eises geht in fließenden Gewässern anders vor sich, als in stehenden Gewässern (I. F.B. [261 b]), weil die Wassertemperatur im ganzen Flußbette nahezu die gleiche ist. **Die Eisbildung fängt an der Sohle an,** wo sich die Eiskristalle zuerst an den Kies- und Sandkörnern ansetzen. Es bildet sich also **Grundeis,** das mit der Zeit, wenn der Auftrieb immer größer wird, in einzelnen Schollen als **Treibeis** schwimmt; ein anderer Teil des Treibeises bildet sich schwimmend. Je größer die Treibeismengen sind, um so leichter kommen sie durch Untiefen, in Profilverengungen, Krümmungen, bei Brücken und Wehren zum Stillstande, wodurch sich der Fluß in seiner ganzen Breite mit einer Eisdecke überzieht, die bei anhaltendem Frostwetter mitunter auch für schwere Fuhrwerke passierbar wird. Regelmäßig beginnt dieser als „**Eisstand**" bezeichnete Zustand an den Mündungsstrecken mit ihren geringen Wassergeschwindigkeiten, der aber nach oben hin rasch an Ausdehnung gewinnt. Wenn nun mit dem ersten Frühjahrstauwetter der Wasserstand steigt, kommt es zu dem oft sehr stürmisch und gewaltsam vor sich gehenden **Eisaufbruch,** bei dem die Eisschollen in einem wilden Durcheinander sich in der vollen Breite des Stromes in Bewegung setzen. Geht dieser „**Eisgang**" glatt vor sich, so bietet er nur ein gewaltiges Naturschauspiel. Wird er aber in Strömungen oder bei Brücken gehemmt, so kommt es zur **Eisversetzung** oder bei vollständigem Abschlusse zur **Eisverstopfung,** die oft Anlaß zu den verheerendsten Überschwemmungen wird. Um dem vorzubeugen, muß die Eisdecke rechtzeitig von unten her durch Eisbrechdampfer oder Sprengungen aufgebrochen werden.

A. Wildbachverbauung.

[117] Geschiebe und Sinkstoffe.

Die Sohle der fließenden Gewässer liegt bei Hochwasser nur in Felsstrecken fest. Auf anderen Strecken werden die die Flußsohle bildenden und auf ihr liegenden Sand-, Kies- und Geröllmassen bei höheren Wasserständen durch die Stoßkraft des Wassers in Bewegung gesetzt. Diese Massen heißen **Geschiebe,** und das gröbste Geschiebe, das **Geröll,** findet sich fast ausschließlich im Oberlaufe. Es verdankt seine Entstehung der Verwitterung und der nagenden Wirkung des Wassers. In steilen Abstürzen wird es zertrümmert, durch Reibung abgeschliffen und allmählich zu Kies zerkleinert. Die abgeschliffenen Bestandteile halten sich lange im Wasser schwebend und bilden mit anderen fein verteilten mineralischen Bestandteilen vom Hügel- und Flachlande den sog. **Schlick,** der nur in den ruhigeren Wasserflächen langsam zu Boden sinkt. Schlick und Sand werden als **Sinkstoffe** bezeichnet. Die großen Sandmassen des Unterlaufes entstammen dem Alluvialboden des Unterlaufes selbst.

Die Größe der Geschiebe richtet sich nach der Größe der Wassergeschwindigkeit.

Nach Franzius setzen sich in Bewegung:
feiner Sand und Schlamm bei einer Geschwindigkeit
von . . . . 0,5 m,
gewöhnlicher Sand und fester Moorboden bei einer Geschwindigkeit von . . . . 1,0 „
toniger und sehr grober Sand bei einer Geschwindigkeit von . . . . 1,5 „
grober Kies bei einer Geschwindigkeit von . . . 2,0 „

Unter diesen Geschwindigkeiten ist nur die **mittlere Profilgeschwindigkeit** zu verstehen. **Die Sohlengeschwindigkeit ist halb so groß.**

Die Geschiebeablagerungen geben nun Anlaß zu Verwilderungen, und namentlich in den Übergängen bilden sich leicht **Geschiebebänke,** die bei Niederwasser hervortreten und sich schließlich zu **Inseln** ausbilden. Uferablagerungen geben Anlaß zu neuen Krümmungen und Ablagerungen an den Einmündungsstellen der Flüsse in Seen und in das Meer führen in der Regel zur **Deltabildung. Soll daher allen diesen Unregelmäßigkeiten, die oft zu großen Gefahren für die Ländereien führen, vorgebeugt werden, so** muß man schon im Oberlaufe die Geschiebeerzeugung möglichst hintanhalten, was die unter dem Namen „Wildbachverbauung" zusammengefaßten Wasserbauten zu einer sehr dringenden und höchst ökonomischen Maßregel werden läßt.

[118] Das Wesen der Wildbachverbauung.

a) Die auf die Erdoberfläche fallenden oder durch Schneeschmelze entstehenden Wassermengen suchen so rasch als möglich den tiefsten Punkt, die Flußtalsohle zu erreichen und wählen in dieser Absicht den kürzesten Weg, **die sog. Linie des größten Falles.** Bei dieser Bewegung verrichten die Wassermengen mechanische Arbeit, der der Boden einen gewissen Widerstand entgegensetzt. Ist dieser gering, so wird der Boden aufgewühlt, und es entsteht ein **Wasserriß,** der im weiteren Verlaufe schotterführend wird und sich zum **Wildbach** ausbildet. Diese **Wildbäche,** die in Tirol und Vorarlberg **Tobel** genannt werden, sind sonach Gebirgsbäche, die bei Regen stark anschwellen und hierbei soviel Erd- und Gesteinsmaterial mitreißen, daß im schlimmsten Falle statt des Wassers sich ein förmlicher Schlamm- und Gesteinsstrom als Muhre herabwälzt und oft ganze Ortschaften zerstört.

b) An jedem **Wildbache** sind drei Hauptteile zu erkennen:

1. **Das Sammelgebiet** cde **(Abb. 268) besitzt das größte Gefälle und durch Erosion der Bachsohle das meiste Geschiebe.**

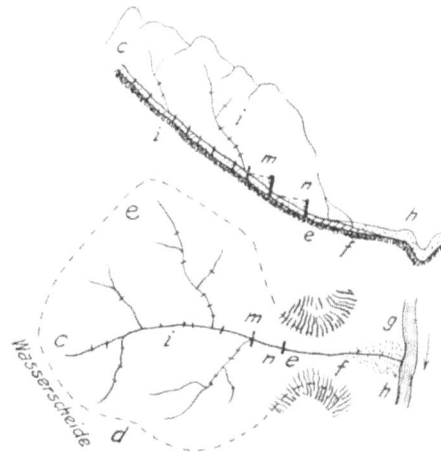

Abb. 268

Zu oberst dieses Gebietes liegt in der Regel noch die **Wassersammelstelle,** die geringeres Gefälle und keine Erosion, sondern meist feuchte und sumpfige Wiesen ohne eigentlichen Bachlauf zeigt. Ist dieses oberste Gebiet nicht bewaldet, so gelangt der gesamte Niederschlag konzentriert und rasch in die steile Schlucht des Sammelgebietes und beginnt hier seine erodierende Wirkung, auch wenn dort Hochwald vorhanden ist. **Man sieht daher, wie wichtig es ist, dieses oberste Gebiet aufzuforsten und zu berasen.**

2. **Der Abfluß- oder Sammelkanal** ef**, jener mittlere Teil eines Wildbaches, kurz vor dem Austritte auf den Talboden, wo die Bergwände von beiden Seiten nahe zusammentreten und oft die sog. Klamm oder Enge bilden.**

Hier erfährt weder die Abflußmenge noch das Geschiebe eine wesentliche Vermehrung, sondern die nicht im höheren Gebiete zurückgehaltene Schuttmasse wird in ihrer ganzen Menge fortgetrieben.

3. **Der Schuttkegel** fgh**, welcher im Tale durch die Ablagerung der von den Fluten herabgebrachten Materialmassen gebildet wird.**

Er hat seine Spitze in f und breitet sich gegen den Fluß kegelförmig aus. Mitunter setzt sich diese Ablagerung auch durch den Talfluß fort, wodurch flußaufwärts ein Rückstau und eine Versumpfung, flußabwärts dagegen eine Stromschnelle entsteht.

Die Wildbachverbauung wird nun durch Ausführung einer entsprechenden Anzahl von quer über

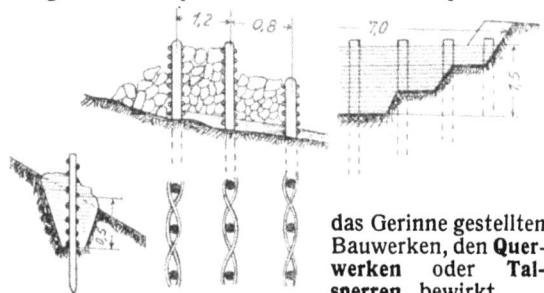

Abb. 269   Abb. 270
Flechtzäune

das Gerinne gestellten Bauwerken, den **Querwerken** oder **Talsperren,** bewirkt.

Im Sammelgebiete sind es meistens **Grundsperren** oder **Grundschwellen** ii, die, gleichsam Fixpunkte bildend, jede weitere Unterwühlung und Vertiefung der Bachsohle verhüten. Solche Sperren, etwa 0,5 m hoch, werden aus einem einfachen, bei einer Höhe bis zu 1,0 m aus doppelreihigen und bis zu ca. 1,5 m Höhe aus dreiteiligen **Flechtzäunen** hergestellt, deren Zwischenräume mit Geschiebe und Schotter ausgefüllt und die oben abgepflastert und talabwärts durch eine dicke Faschinenspreitlage vor Unterkolkung gesichert sind (Abb. 269, 270). Notwendige lokale Bachregulierungen und Bauten zum Schutze anbrüchiger, schotteriger Ufer können als Steinsätze oder in Holz ausgeführt werden (Abb. 271).

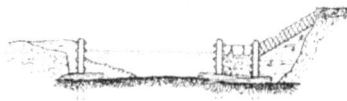
Abb. 271

Durch höhere Talsperren *mn* wird vor allem das große Wildbachgefälle gebrochen, die starke Neigung der Grabensohle in eine Treppenlinie aufgelöst, die zwischen gering geneigten Strecken plötzliche, aber unschädliche Abstürze über die Talsperren aufweist. **Der beckenförmige Raum unmittelbar oberhalb der Talsperren erfährt durch das zurückgehaltene Geschiebe sehr bald eine Ausfüllung;** hierdurch erscheint die ursprüngliche Bachsohle gleichsam in die Höhe gehoben und zugleich auch verbreitert, weil in größerer Höhe die beiderseitigen Berglehnen weiter voneinander abstehen. Die Füllung der Sperren wird am sichersten erreicht, wenn der Ausbau von unten nach oben vorgenommen wird und hohe Sperren erst nach und nach zur vollen Höhe ausgebaut werden. Durch solche Einbauten wird die Geschwindigkeit und die Stoßkraft des Wildbaches herabgemindert, und er ist nicht mehr imstande, solche Abbrüche am Bachbette zu veranlassen und solche Geschiebsmassen zu Tal zu fördern wie früher.

Talsperren sind in beide Tallehnen tief einzubinden und, wenn sie aus Holz sind, zu begrünen, da sonst die

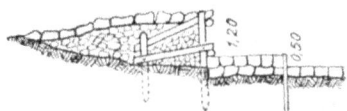
Abb. 272

Pfähle und die Flechtruten bald absterben. Holzsperren zeigen die Abb. 270, 272, Sperren aus Stein Abb. 273 und eine bogen-

förmig gemauerte Sperre Abb. 274, bei welch letzterer zur Hintanhaltung eines Wasserdruckes für die Möglichkeit des Wasserabflusses ein oder zwei Grundablässe anzuordnen sind.

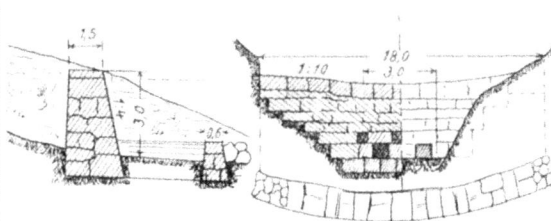
Abb. 273   Abb. 274
Talsperren

Talsperren dienen übrigens nicht nur zur Wildbachverbauung, sondern oft in ganz gewaltigen Dimensionen zur Bildung von Stauweihern, in denen Wasser zur Wasserversorgung von Städten oder zur Gewinnung der Wasserkräfte angesammelt werden sollen. Sie werden daher später noch eingehende Besprechung finden.

c) So wie der Hauptwildgraben sind auch die denselben speisenden Wasserrisse durch ähnliche kleinere Querwerke *i* (Abb. 268) zu staffeln, d. h. in etwas weniger steile Stufenlinien zu zerlegen. In einigen Fällen, wo leicht unterwaschbare Lehnenfüße noch besonders geschützt werden sollen, kommen auch **Längswerke** als ausschlagfähige Flechtzäune zur Anwendung.

Durch übermäßige Nässe aufgeweichte, leicht abrutschbare und abschwemmbare Stellen der Berglehnen sind durch **Sickerschlitze** [105] zu entwässern und durch Flechtzäune zu sichern.

Wenn ein Zurückhalten des Geschiebes auf längere Zeit nicht möglich erscheint, sorgt man für das unschädliche Abführen desselben in einem muldenförmigen, gepflasterten Gerinne, welches **Schale** genannt wird. Diese pflegt man fast immer auf dem Schuttkegel herzustellen. Manchmal legt man auch am Ausgange einen Ablagerungsplatz für Geschiebe ein, der talabwärts von Dämmen begrenzt ein Bassin bildet, in dem sich das Hochwasser ausbreitet und seine Geschiebe absetzt.

B. Der Uferschutz.

[119] Der Faschinenbau.

Der **Faschinenbau** wird häufig zum Uferschutz und zu Flußregulierungen verwendet. Da er eine ganz eigene Bauweise des Wasserbaues darstellt, müssen wir ihm einige Worte der Beschreibung widmen.

Alle Faschinenbauten bestehen aus Faschinen, den nötigen Bindemitteln, den Faschinenpfählen und den Beschwerungsstoffen.

Die Faschinen sind Reisigbündel von 2,5—3 m Länge; die einzelnen Reiser sollen am Stammende nicht stärker als 2—3 cm sein und möglichst die Länge der Faschinen haben (Abb. 275). Die Stammenden liegen alle nach einer Seite, und die Bündel werden durch zwei oder, wenn die Reiser gestoßen werden, durch drei Weidenschlingen oder durch geglühten Eisendraht von 1—2 mm Stärke zusammengehalten.

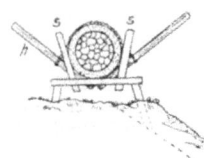
Abb. 275
Faschinen

Die fertige Faschine soll am Stammende ca. 30 cm Durchmesser haben. Zur Herstellung eignen sich alle Holzarten, besonders Durchforstungsreisig aus jungen Schonungen. Für manche Zwecke, wie bei Wildbachsperren, braucht man grüne, ausschlagfähige Weidefaschinen, die Ende Juli also vor dem zweiten Triebe geschnitten, im Wasser eingelegt und dann bald verbaut werden. Zum Aufnageln der Faschinenwürste

dienen 1—1,25 m lange und 4—6 cm starke Pfähle aus Kiefern- oder grünem Weidenholz. Als Beschwerungsstoffe wählt man alle Steine, die leicht und billig zu beschaffen sind, also Kies, kleine Feldsteine, Bruchsteinabfall usw.

Daraus werden nun gemacht:

1. **Faschinenwürste** oder **Wippen** in einer Baulänge von etwa 20 m Länge; ihre Herstellung erfolgt auf der Wurstbank (Abb. 276).

2. **Senkfaschinen** oder **Sinkwalzen**, die durch eine Steinfüllung beschwert werden; sie sind 3,5 bis 6 m

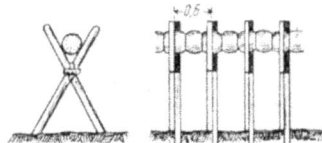
Abb. 276   Abb. 277
Wurstbank   Senkfaschinen

lang und haben einen Durchmesser von 0,5—1 m. Ihre Herstellung erfolgt auf besonderen Bänken (Abb. 277), auf denen sie auch gewürgt werden. Bei Uferbauten werden sie entweder über die Böschung ins Wasser gerollt oder von einem Prahm aus versenkt.

3. **Sinkstücke,** das sind größere am Land hergestellte Faschinenkörper von 1—2 m Höhe. Sie können Längen bis zu 20 m erhalten.

Das Gelände, auf welchem sie hergestellt werden, erhält eine Neigung von ungefähr 1 : 10; auf dieses werden Streckbalken in Entfernungen von 2 m gelegt und mit Pfählen versichert; auf diesen liegen dann in Entfernungen von etwa 2 m **Abrollwalzen,** die durch Pfähle in ihrer Lage erhalten werden. Senkrecht darauf, also senkrecht zur Flußrichtung, werden wieder in 1 m Abstand 5 cm starke Bohlen gelegt, die an Fangeisen befestigt sind, damit sie beim Abrollen des fertigen Sinkstückes nicht verlorengehen. Auf dieser Unterlage beginnt man nun mit dem Bau, indem man Faschinenwürste auf die Bohlen und senkrecht darauf Querwürste legt, so daß ein **Rost** von 1 m Maschenweite entsteht. An den Kreuzungsstellen wird der Rost mit gewöhnlichem Bindedraht

Abb. 278
Sinkstücke

gebunden. In jede Kreuzungsstelle am Rande und in jede zweite innen wird ein entsprechend langer **Luntpfahl** gesteckt und mit 2 mm starkem verzinkten Eisendraht festgebunden. Nunmehr beginnt das Auflegen der Faschinen in rechtwinkelig gekreuzten Lagen, so daß nach außen nur Stammenden oder Längsseiten zu liegen kommen. Hat die Faschinenpackung die nötige Stärke, so kann man dann die Unebenheiten durch zweckentsprechend gelegte, ev. „aufgehaute" Faschinen ausgleichen. Darauf wird ein oberer Rost parallel zum unteren gelegt und festgebunden; die Luntpfähle werden herausgezogen und die Luntdrähte fest angezogen und verknotet. Das Abrollen ins Wasser geschieht mit Tauen, die an dem Sinkstücke befestigt werden, dessen Transport zur Verwendungsstelle mit Kähnen, von denen das Stück versenkt wird (Abb. 278).

4. Das **Packwerk** wird je nach Bedarf aus Faschinen, Senkfaschinen und Beschwerungsmaterial aufgebaut. **Im allgemeinen wird Packwerk nur bis zur Höhe des Mittelwassers angewendet.** Unter Niederwasser kann es nur schwimmend hergestellt und durch Beschwerung versenkt werden. Darüber folgt Weiteres bei den Buhnen und Parallelwerken.

Eine Bindewurst kostet fertig etwa 0,12 G.M. 1 m³ Senkfaschine braucht 1,1 m³ Faschinen, 0,3 m³ Schotter und 0,4 kg Draht, kostet versenkt 5,00 G.M. 1 m³ Sinkstück braucht 1,25 m³ Faschinen, 4 Pfähle, 5 m Luntdraht, 7 m Würste und 0,2 m³ Schuttsteine, kostet versenkt 5,5 G.M.

1 m³ Packwerk erfordert 1,25 m³ Faschinen, 6 Pfähle 0,4 m³ Beschwerung und 2,8 m Würste, kostet fertig 3,5 G.M.

[120] Sicherung von Schrägufern.

a) Ungeschützte Ufer in nicht felsigem Boden leisten dem Stromangriffe keinen dauernden Widerstand und müssen schon zugunsten der Erhaltung des Besitzes der Anrainer gesichert werden. **Steilufer bringt man nur an, wo der Raum beschränkt und der Grund sehr teuer ist, oder bei Ladestellen, sonst sind Schrägufer vorzuziehen; sie sind weniger dem Erddrucke und der Unterspülung ausgesetzt und können bei Sohlenvertiefungen höchstens beschädigt, niemals aber vollständig wie das Steilufer zerstört werden.**

Mit der Uferbefestigung, die man **Deckwerke** nennt, verbindet man meist auch eine Regulierung der Uferlinie durch Abgrabungen und Anschüttungen. **Am billigsten wird die Böschung durch Rasen geschützt.**

Im unteren Teile belegt man sie am besten mit **Flachrasen**

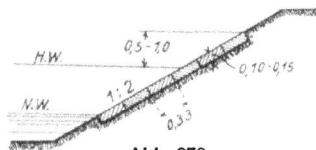

Abb. 279
Flachrasen

(Abb. 279), der im Verbande von unten nach oben gelegt, festgestampft und zuweilen noch mit Holznägeln angeheftet wird. Steilere Böschungen werden mit **Kopfrasen** belegt (Abb. 280); hierbei werden die einzelnen Ziegel, **Soden** genannt, mit der Wurzelseite nach oben aufeinander geschlichtet, eingeebnet, festgeschlagen und durch Aussaat begrünt.

Abb. 280
Kopfrasen

Die untere Grenze für den Rasenschutz ist die Linie der anhaltenden Sommerwasserstände; in tieferen Lagen verfault das Gras. Man verwendet dann ein **Bruchsteintrockenpflaster** von 25—40 cm Stärke auf einer 15 cm Kiesunterlage oder, wenn das zu teuer ist, **Weidenpflanzungen mit Stecklingen** (Abb. 281). Besser aber teurer als die Stecklingspflanzung ist die Herstellung von Grünlagen aus grünen Weidenfaschinen, sog. **Spreitlagen,** bei welchen man in

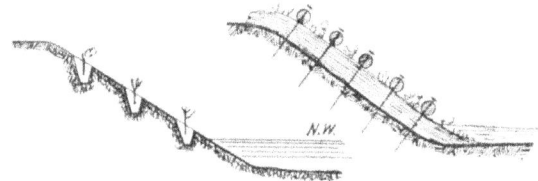

Abb. 281   Abb. 282
Stecklinge   Rauhwehr

1,5 bis 2 m Abstand kleine Parallelgräben in der Stromrichtung aushebt, sie mit „aufgehauten" Faschinen belegt und diese durch Würste festhält, und **Rauhwehren,** bei denen man die Gräben senkrecht zur Stromrichtung aushebt (Abb. 282). In beiden

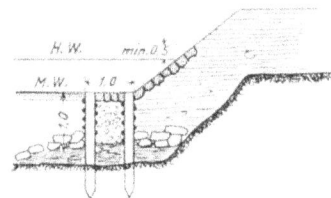

Abb. 283
Steinwurf mit Flechtraum

Fällen wird das Bauwerk mit Erde beworfen, das die Weiden vor der Sonne schützt und das Ausschlagen erleichtert. **Als Bauzeit kommt nur Frühjahr**

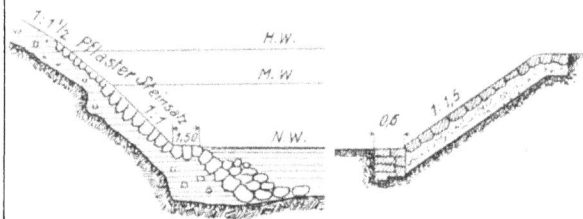

Abb. 284
Steinfuß mit Böschungspflaster

und Herbst in Betracht, weil sonst auf ein Auswachsen der Weiden nicht gerechnet werden kann.

Die **Sicherung des Böschungsfußes** besteht entweder aus **Steinwurf** mit **Flechtzaun** (Abb. 283), aus

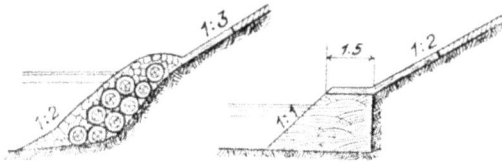

Abb. 285   Abb. 286
Sicherung der Böschung mit Faschinen und Packwerk

einem **Steinfuß** mit **Böschungspflaster** (Abb. 284), in steinarmen Gegenden aus **Faschinen** (Abb. 285) oder **Packwerk** (Abb. 286).

[121] Sicherung von Steilufern.

Steilufer können mit Bohlwerken oder Ufermauern geschützt werden.

Der billigste Baustoff für **Bohlwerke** ist Holz. Meist wählt man Rundpfähle aus Eichenholz, hinter denen die Bohlen wagerecht aufeinandergelegt und aufgenagelt werden. Unter Niederwasser wird die Bohlwerkswand durch eine Spundwand ersetzt (Abb. 287). Zur Längsverbindung erhalten die Pfähle oben einen aufgezapften **Holm**, der behufs leichterer Entwässerung abgerundet ist.

Über 3 m Höhe sind ein bis zwei Anker erforderlich, die entweder an jedem Pfahl angreifen oder durch Gurthölzer für mehrere Pfähle wirksam gemacht werden.

Außen liegende Gurthölzer (Abb. 289) haben den Nachteil, daß am Bollwerke liegende Schiffe sich bei steigendem Wasser unter ihnen fangen, bei fallendem Wasser auf sie aufsetzen können. Meist sind die Anker aus Rundeisen. In Abb. 288 dient der Holzteil des Ankers nicht als Zuganker, sondern bildet vielmehr eine druckfeste Verbindung zwischen dem Bollwerk und dem Ankerpfahle. Die Anker sind mit Schraubenschlössern versehen.

In neuerer Zeit verwendet man vielfach statt der Holzpfähle T-Eisen, und der Bohlenbelag wird durch Eisenbetonplatten ersetzt. Auch die Spundwände sind in diesem Falle aus Eisen.

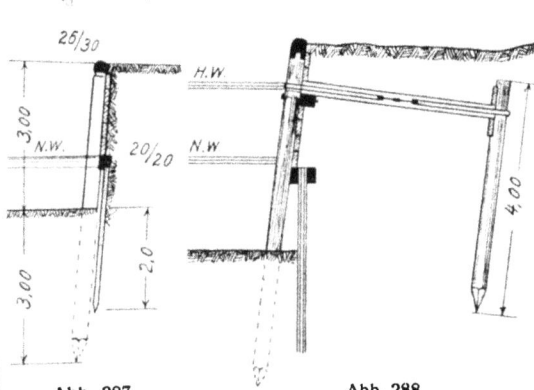

Abb. 287   Abb. 288
Bohlwerke

Die solideste aber auch kostspieligste Uferversicherung ist immer die **Ufermauer** [76]. Zu bemerken ist nur noch, daß das Profil mit lotrechter Vorderfläche für den Schiffsverkehr am günstigsten ist, und daß man an Mauerhöhe sparen kann, wenn man die Mauer auf einen hochliegenden Pfahlrost legt [59], der natürlich ganz unter Niederwasser zu liegenkommt. Zur Aufnahme des Erddruckes muß bei allen Ausführungen eine kräftige Spundwand vorhanden sein, die am besten aus Eisen bestehen wird.

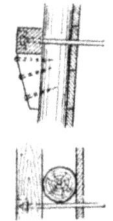

Abb. 289
Gurthölzer

C. Schutz gegen Hochwasser (Deichanlagen).

[122] Deiche.

Zur Abwendung der Gefahren, die den Flußniederungen durch Hochwässer erwachsen, dienen in erster Linie die **Deiche**. Wo Dörfer und Städte im Überschwemmungsgebiete liegen, richtet jedes Hochwasser Schaden an, wo aber nur Wiesen den Überschwemmungen ausgesetzt sind, sind nur die unzeitigen Hochwässer schädlich, während die Hochwässer vor Beginn der Vegetationsperiode durch düngende Schlickablagerung sogar günstig wirken. Man pflegt daher nur die niedrigeren Sommerhochwässer abzuhalten, das Winterhochwasser bei Beginn der Schneeschmelze jedoch übertreten zu lassen. Man unterscheidet daher hochwasserfreie Winterdeiche und Sommerdeiche, die nur das Sommerhochwasser abhalten sollen.

Jede Eindeichung bringt für den Hochwasserabfluß unerwünschte Veränderungen. Das Abflußprofil wird eingeengt, wodurch das H.W. steigt. Die Verkleinerung des Überschwemmungsgebietes bringt weiters eine Vergrößerung der sekundlichen Abflußmenge mit sich, die um so bedenklicher ist, je größer die eingedeichte Fläche ist. Eine einzelne Eindeichung macht sich natürlich nicht fühlbar, die Vergrößerung der sekundlichen Abflußmenge muß aber in ihren Wirkungen geltend machen, wenn das natürliche Überschwemmungsgebiet um 60—80% kleiner wird, wie dies jetzt bei allen unseren größeren Strömen der Fall ist. Eine weitere nachteilige Wirkung ist, daß die eingedeichten Flächen keinen Schlick erhalten, während sich die Vorländer nach wie vor durch Schlickfall erhöhen. Dadurch, daß das eingedeichte Land immer mehr austrocknet und sozusagen zusammensinkt, wird die natürliche Entwässerung der Niederung immer schwieriger und muß durch künstliche ersetzt werden. Über-

dies leidet die Niederung bei länger andauerndem Hochwasser durch das unfruchtbare **Qualm-** oder **Kuvérwasser**, das als Sickerwasser von unten aufsteigt und den Boden auslaugt.

Außer Winter- und Sommerdeichen unterscheidet man noch:

1. **Geschlossene Deiche, die das eingedeichte Gebiet vollständig umschließen**, indem sie oben und unten in hochwasserfreiem Gelände auslaufen.

2. **Offene Deiche, die nur oben einen hochwasserfreien Anschluß haben und das Hochwasser von unten her in die Niederung eintreten lassen.** Der untere Teil wird rückwärts bis zur Geländehöhe überstaut, die gleich der Hochwasserhöhe am unteren Ende des Deiches ist.

Ferner nennt man noch **Flügeldeiche** solche Anlagen, die ebenfalls unten offen sind, aber nicht dem eigentlichen Hochwasserschutz dienen, sondern nur den Stromstrich ablenken sollen, **Binnendeiche**, die als Quelldeiche besonders tiefliegende Stellen ringförmig umschließen, um das hier stark austretende Qualmwasser zusammenzuhalten oder als Querdeiche die ganze Fläche in einzelne Entwässerungsgebiete, **Polder**, zerlegen usw.

Um zu verhindern, daß durch Anlage der Flußdeiche das Hochwasser wesentlich eingeengt und deshalb erhöht werde, ist das durch dieselben begrenzte Hochwasserprofil weit genug zu belassen, um Stauungen zu verhindern, und ist das Niederwasserprofil mit konstanter Breite bei gleichmäßigem Gefälle anzuordnen. Die Deiche sind daher in einer gewissen

Entfernung von den Ufern bei Niederwasser anzulegen.

An einem Deiche unterscheidet man **die Krone** oder Kappe (Abb. 290 *ab*), **die äußere Böschung** *ac*, **die gegen das Hochwasser zugekehrt ist**, die innere Böschung *bd*, die **Außenberme** *ce* und die **Innenberme** *df*, an die sich zuweilen noch ein Graben anschließt.

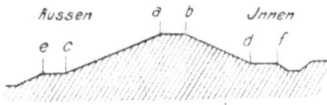

Abb. 290
Deichprofil

Die üblichen Abmessungen sind die folgenden:

Bei **Sommerdeichen** liegt die Krone 30—50 cm **über dem Spiegel des abzukehrenden Sommerhochwassers** (Abb. 291), **die Innenböschung wird sehr**

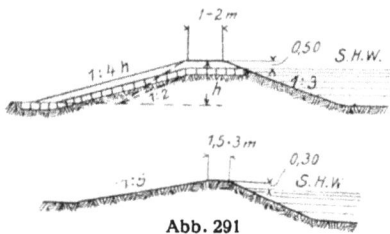

Abb. 291
Sommerdeiche

flach gewählt, etwa 1:5, damit die Überströmung des Deiches bei höherem Hochwasser gefahrlos für den Deich bleibt.

Will man die Überströmung in ganzer Länge des Deiches vermeiden, so legt man Überlaufstellen von solcher Länge an, daß der Polder annähernd gefüllt sein kann, bevor das Hochwasser die Deichkrone erreicht. Die Innenböschung braucht dann nur zweifach zu sein, und nur an Überlaufen, dessen Krone gepflastert wird, macht man die Innenböschung besonders flach.

Am äußeren und inneren Deichfuße müssen Geländestreifen als Schutzbermen liegen bleiben, die von der Rasendecke nicht entblößt werden dürfen.

Bei **Winterdeichen** (Abb. 292) liegt die Krone 0,6—1,0 m über H.W., ihre Breite beträgt 2,5 bis 4 m, damit sie im Interesse der Deichverteidigung befahrbar ist. Die **Innenböschung** ist hier meist **zweifach**, wogegen man die **Außenböschung dreifach** macht, weil steilere Böschungen leichter durch Wellenschlag angegriffen werden können.

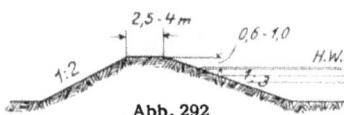

Abb. 292
Winterdeiche

Die **Ausführung der Deiche** geschieht so, daß zunächst der vorhandene Rasen abgedeckt und der Mutterboden sowie die Humusschichte ausgehoben und seitlich deponiert wird, damit sich die Deicherde mit dem gewachsenen Boden innig verbinden kann. Als Deicherde ist etwas sandiger Ton (40 bis

Abb. 293

45% Sand) zu wählen (Abb. 293). Findet er sich nicht vor, so kann man die Erde auch künstlich mischen. Die Schüttung erfolgt in Lagen von 30 cm Stärke, die schräg nach außen geneigt oder etwas gewölbt sind. Jede Lage wird gut abgestampft oder abgewalzt. Die Krone wird ebenso abgeschrägt oder gewölbt. Wegen der Setzungen wird die

Krone um $^1/_{15}$—$^1/_4$ *h* höher hergestellt, als sie später liegen soll. Ebenso werden die Böschungen etwas nach oben gewölbt. Die Sicherung der Böschungen geschieht mit Flachrasen auf einer Unterlage des deponierten Mutterbodens, während die Berasung der Krone auch durch Besamung erzeugt werden kann.

Wege werden auf **Rampen** über den Deich geführt und sollen außen stromabwärts fallen (Abb. 294).

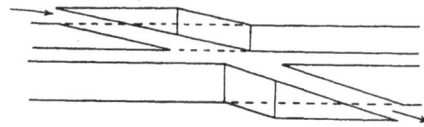

Abb. 294
Rampe

Da solche Rampen aber den Verkehr hemmen, legt man meist **Deichscharten** an, in denen der Scheitel der Rampe tiefer als die Deichkrone liegt.

Seitlich werden sie durch Wangen- und Flügelmauern begrenzt. Bei Hochwasser werden diese Lücken durch zwei Reihen Dammbalken geschlossen und durch dazwischen ge-

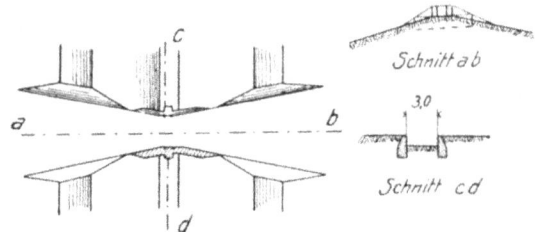

Abb. 295
Deichscharte

stampften Dünger oder Lehmboden gedichtet (Abb. 295). In besonderen Fällen, wenn es sich z. B. um die Durchführung von Eisenbahngleisen handelt, werden die Deichscharten bis auf Geländehöhe hinabgeführt, dann aber durch Stemmtore bei Hochwasser geschlossen.

[123] Deichsiele.

Die in jedem Deiche vorhandenen S i e l e haben den Zweck, bei niedrigem Außenwasser das Wasser der inneren Entwässerungsgräben durch den Deich zu führen oder bei höherem Außenwasser das Bewässerungswasser einzulassen. Man unterscheidet daher Ent- und Bewässerungssiele; letztere werden außen gewöhnlich durch Schützen verschlossen, während bei ersteren Klappen oder Stemmtüren angebracht sind, die sich beim Steigen des Außenwassers von selbst schließen und bei höherem Binnenwasser von selbst öffnen, weil es namentlich im Ebbe- und Flutgebiet zu umständlich wäre, diese oft entlegenen Siele rechtzeitig zu bedienen. Da Siele immer schwache Punkte im Deiche bilden, sucht man ihre Zahl durch das Zusammenführen vieler Entwässerungsgräben möglichst zu beschränken. Die Gräben erhalten dann vor dem Siele größere Abmessungen, die um so notwendiger sind, als sich hier das Binnenwasser während einer längeren Schließung des Sieles ansammelt, so daß sie oft künstlich entwässert werden müssen. Da man die großen Gräben in den Marschgegenden Nordwestdeutschlands als „Tiefe" bezeichnet, spricht man dort von Binnen- und Außentiefen.

Für die Lage des Sieles ist **bei Entwässerungssielen die tiefste**, bei Bewässerungssielen die höchste Stelle des Geländes am Deich zu wählen; überdies muß das Siel vor Wellenschlag, Strömung und Eisgang möglichst geschützt bleiben. Lange Außentiefen werden leicht versandet, können aber durch plötzliches Ablassen des aufgestauten Binnenwassers gut gespült werden.

Nach dem Baustoff unterscheidet man **hölzerne, eiserne** und **steinerne Siele.** Hölzerne Siele kommen nur in Binnendeichen vor und haben dann kleine Abmessungen 0,20 × 0,20 bis 0,50 × 0,50 m Querschnitt (Abb. 296). Die Klappe besteht aus einer 5 mm starken Eisenblechtafel, die lotrecht nach unten hängt und mit einer Handhabe zum Anheben versehen ist, um angeschwemmtes Holz, Blätter u. dgl. vor Eintritt des Hochwassers entfernen zu können. In den Küstenmarschen baut man wegen des sehr weichen Baugrundes auch hölzerne Siele in größeren Dimensionen als Ständer- oder Balkensiele. **Ständersiele** bestehen aus einzelnen Balken-

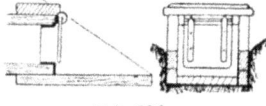

Abb. 296
Hölzernes Siel

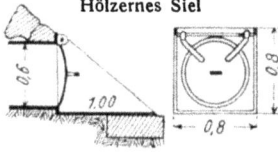

Abb. 298
Röhrensiel

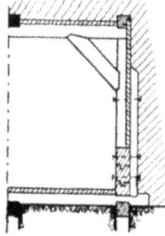

Abb. 297
Ständer- und Balkensiel

gebinden, die oben und unten durch Längsschwellen zusammengehalten werden und außen mit 7—12 cm starken Bohlen bekleidet sind. Die **Balkensiele** werden vollständig aus 20/35 cm Balken gebildet, die an den Seitenwänden in der Längsrichtung, an der Decke und am Boden aber quer liegen. Abb. 297 zeigt eine Kombination beider Konstruktionen. Sie werden nicht besonders fundiert, stehen aber häufig auf Pfählen.

Eiserne Röhrensiele sind dauerhafter; man stellt sie aus gußeisernen Muffenröhren her und verschließt sie mit einer gewölbten Blechtafel (Abb. 298).

Ein größeres gemauertes Siel stellt Abb. 299 dar, dessen

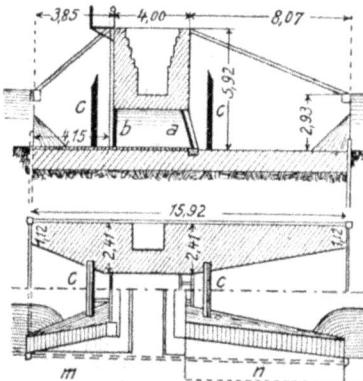

Abb. 299
Gemauertes Siel

Flügelmauern *mn*, die den Anschluß an das Erdreich vermitteln, parallel zur Sielachse stehen. (Über Flügelmauern siehe übrigens „Brückenbau".)

Der äußere Verschluß wird durch eine hölzerne Klappe *a* mit festem Hebel gebildet. Zur Zurückhaltung von Binnenwasser ist an der Innenseite ein durch eine Hebellade bewegbare Schütze *b* vorhanden. Außerdem kann ein Notverschluß durch Einschieben von Dammbalken *cc* in vorhandene Falze bewirkt werden. Für größere Sielweiten und im Ebbe- und Flutgebiet verwendet man gewöhnlich **Stemmtore**, die auch einen oberen Anschlag aus vorkragenden Werksteinen erhalten; hiervon wird noch bei den Schleusen und Wehren die Rede sein.

[124] Erhaltung und Verteidigung von Deichen.

a) Die Erhaltung der Deiche erfordert zunächst eine gute Rasendecke.

Unkraut, namentlich Disteln und Wegerich, sind zu entfernen. Die Benützung als Weide für Rindvieh, Pferde und Schafe ist vorteilhaft, dagegen müssen Schweine und Hühner ferngehalten werden. Sträucher und Bäume sind in der Nähe des Deiches nicht zu dulden. Maulwürfe und Mäuse lassen sich durch häufiges Abwalzen mit einer schweren Rasenwalze vertreiben. **Tierbauten,** besonders die wilden Kaninchen, können dem Deiche gefährlich werden und **sind unbedingt zu beseitigen,** indem man sie vollständig entfernt und gute Deicherde einstampft.

Nach jedem Hochwasser sind etwa entstandene Schäden sofort auszubessern. Vor Verstärkungen und Aufhöhungen, die bei jedem Deiche immer wieder und zwar meist an der Außenböschung vorzunehmen sind, ist die Rasendecke abzunehmen und durch Aufrauhen der alten Deicherde und kräftiges Abstampfen der Neuschüttung eine innige Verbindung der alten und neuen Deicherde zu bewirken.

b) Bei Hochwasser ist ein besonderer **Wachtdienst** zu organisieren, da nur bei rechtzeitigem Erkennen einer Bruchgefahr der Deich erfolgreich verteidigt werden kann.

Die wichtigsten Ursachen eines Deichbruches und die Mittel, der Gefahr zu begegnen, sind folgende:

1. **Überströmung,** die infolge von Eisversetzungen oder bei abnorm hohen Hochwässern eintritt, muß durch **Aufhöhung (Aufkadung)** begegnet werden (Abb. 300).

Abb. 300
Aufkadung

2. **Quellenbildung,** die meistens durch Tierbauten veranlaßt wird. Hochliegende Quelladern können mitunter durch kräftiges Abrammen der Deichkrone verstopft werden. Sonst muß man die Ursprungsstelle an der Außenböschung suchen und durch Sandsäcke schließen. Findet man die Eintrittsstelle des Wassers nicht, so muß man die Austrittsstelle an der Binnenseite mit einem **Fangdamm,** einer **Quellkade** umgeben, die bald die Quellströmung durch den Druck des Binnenwassers zum Stehen bringen wird (Abb. 301). Nach Ablauf des Hochwassers müssen quellige Deichstrecken aufgegraben und durch Einstampfen guter Deicherde wieder verschlossen werden.

Abb. 301
Quellkade

Abb. 302
Durchfeuchtung

3. **Durchfeuchtung** (Abb. 302) kann bei langanhaltendem Hochwasser entstehen, wenn die Deicherde zu sandig ist.

Die durchdringenden Wasseradern (*a*) weichen den Deichfuß allmählich auf, so daß die Binnenböschung ins Rutschen kommt. Dieselbe Gefahr besteht, wenn der Deich auf sandigem Untergrund ruht (*b*).

Die Verteidigung besteht in der sofortigen Beschwerung der durchfeuchteten Stellen mit Sandsäcken. Sind Rutschungen bereits entstanden, so muß die Krone verstärkt werden.

4. Bei Beschädigung der Außenböschung durch **Wellenschlag und Eisgang** kann man die Böschung durch Faschinen (Wipfel nach unten) schützen (Abb. 303). Stellen, die erfahrungsgemäß immer beschädigt werden, müssen gepflastert werden. Ausrisse sind mit Sandsäcken zu bedecken.

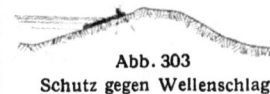

Abb. 303
Schutz gegen Wellenschlag

c) Ist trotz aller Verteidigungsmaßnahmen ein **Deichbruch** entstanden, so muß zunächst versucht werden, das Loch durch Sandsäcke und Senkfaschinen so zu decken, daß sich

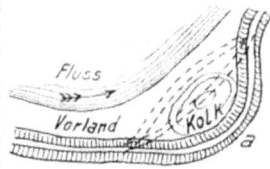

Abb. 304
Grundbruch

die Bruchstelle nicht erweitern kann. Ist bei dem Bruche nur der Deich gerissen, so spricht man von einem **einfachen Deichbruch,** ist dagegen an der Bruchstelle ein tiefer Kolk entstanden, so handelt es sich um einen sog. **Grundbruch.** Ist aber das Vorland so aufgerissen, daß sich das Wasser auch nach dem Ablaufe des Hochwassers durch die Bruchstelle ergießt, so nennt man den. Bruch einen **Strombruch.** Am häufigsten ist wohl der Grundbruch (Abb. 304). Der neue Deich a wird auf der Binnenseite als sog. **Einlage** angelegt. Bei sehr langen Kolken durchdeicht man den Kolk.

D. Flußregulierungen.

[125] Allgemeines.

a) Während der **Uferschutz** in erster Linie im Interesse der Landwirtschaft ist und so wie die **Maßnahmen gegen die Gefahren der Hochwässer** eigentlich das Wohlsein der ganzen Bevölkerung in dem bezüglichen Gebiete betreffen, **liegt die Erzielung eines guten Flußlaufes mit einheitlichem, ausreichend tiefem Profile, also die Flußregulierung, vorwiegend im Interesse der Schiffahrt,** wiewohl auch da gleichzeitig die Ufer befestigt und unter Umständen Deiche zum Schutze gegen Überschwemmungen angelegt werden müssen. Die **Hauptaufgaben jeder Flußregulierung** sind daher

1. **die Schaffung eines regelmäßigen Flußschlauches** mit Beseitigung aller Inseln und Schließung aller Nebenarme durch **Sperrwerke,**
2. **die Abflachung zu starker Krümmungen,** nötigenfalls die Anlegung von **Durchstichen,**
3. **die Regelung der Geschiebeführung,**
4. **die Schaffung einer ausreichenden Fahrtiefe** für die Schiffahrt, wobei die **Einschränkungswerke,** mit deren Bau stets am oberen Ende der zu regulierenden Strecke begonnen wird, selbst durch den anfangs bewirkten Aufstau und der dadurch bedingten Gefällsvermehrung selbst die Sohle zu vertiefen bestrebt sind.

b) Die **Festsetzung des Normalprofiles,** welches bei der Regulierung angestrebt werden soll, **wird auf Grund theoretischer Berechnungen festgesetzt.**

Hierzu sind Vorarbeiten notwendig, die in erster Linie die Regenmessungen, die Pegelbeobachtungen, Wassermessungen und die Ermittlung der Größe der Niederschlagsgebiete betreffen. Auf Grund dieser Erhebungen erfolgt dann die Aufnahme des Lageplanes nach den uns bereits bekannten Regeln der Feldmeßkunst, womöglich unter Benutzung der Katastralpläne und sonstiger Detailpläne, in welchen die Mittellinie des künftigen Flußlaufes eingezeichnet und stationiert wird.

Das Längenprofil des Flußlaufes [93] wird bezüglich der Längen im Maßstabe des Lageplanes gezeichnet, die Höhen werden in einem größeren Maßstabe gehalten, wobei die Ordinaten der Sohle, der Ufer, etwa vorhandener Deichkronen, Wehren und Brücken den Querprofilen entnommen werden können. Endlich sollen die Wasserstände eingetragen werden, wofür besondere Längennivellements auszuführen sind, nachdem die Verpfählung des eben vorhandenen Wasserstandes vorgenommen wurde. Für Hochwasser und die übrigen Wasserstände muß man die Pegelangaben zu Hilfe nehmen.

c) Die Aufnahme der Querprofile kann nur bei seichten Bächen mit dem Nivellierinstrument und durch Staffeln geschehen. Bei Flüssen wird die Querschnittsform durch Peilung von einem Kahne aus festgestellt, wozu bis 6 m tiefe Peilstangen, darüber aber Peillote verwendet werden.

[126] Buhnen.

a) **Die wichtigsten Querbauten, die vom Ufer aus quer in den Fluß eingebaut werden und als Einschränkungswerke dienen, sind die Buhnen,** die man nach der Lage ihrer Achse zur Stromrichtung als **deklinante, rechtwinkelige** und **inklinante** Buhnen bezeichnet (Abb. 305). Ihr Hauptzweck ist, durch allmähliche Anlandung die eingerissenen Ufer auszugleichen

und zu schützen, **in welcher Beziehung die Verhältnisse bei den inklinanten Buhnen am günstigsten sind, weshalb auch diese fast ausschließlich zur Anwendung kommen;** der Richtungswinkel gegen die Stromrichtung beträgt 70—80⁰. Rechtwinkelige Buhnen werden wegen der wechselnden Stromrichtung nur im Ebbe- und Flutgebiet gemacht. Deklinante Buhnen verwendet man nur bei Einmündung von Nebenflüssen.

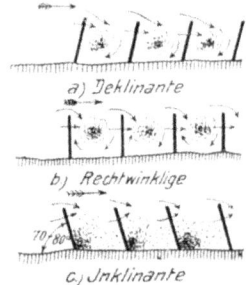

Abb. 305
Buhnen

Für die richtigste Entfernung sind schwer sichere Angaben zu machen. Jedenfalls ist es nicht gut, wenn der Strom zu stark in die Buhnenfelder einfällt, anderseits ist aber das Einfallen notwendig, damit Geschiebe in die Felder eingeführt wird. In der Regel wählt man den Abstand gleich der 1½- bis 2½ fachen Buhnenlänge. Man kann auch die Buhnen zunächst kürzer halten und sie nach eingetretener Verlandung verlängern oder später Zwischenbuhnen einschalten.

Die Anordnung erfolgt immer in Gruppen; die erste Buhne ist dauernd dem Stromangriffe ausgesetzt, wenn man sie nicht durch ein vorgescho-

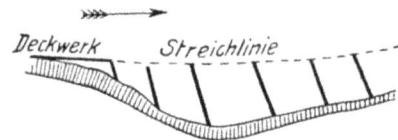

Abb. 306
Buhnengruppe

benes **Deckwerk** schützt (Abb. 306), während die zweite und die folgenden Buhnen bald durch die fortschreitenden Anlandungen dem Angriffe entzogen werden.

Ständigen und heftigen Angriffen bleiben nur die Köpfe der Buhnen ausgesetzt, weshalb sie an der Spitze eine flache Neigung erhalten und durch Sinkstücke, Senkfaschinen oder Steinwurf an dieser Stelle geschützt werden.

Jedenfalls müssen sich die Buhnen genau und fest an das Ufer anschließen und dürfen letzteres an Höhe nicht überragen. In der Regel hat der **Kopf** der Buhne die Höhe des Niederwassers, die **Wurzel** beim Ufer jene des Mittelwassers.

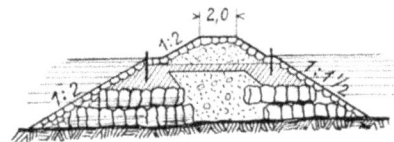

Abb. 307
Faschinenbuhne

Je nach dem Baumaterial unterscheidet man Faschinenbuhnen (Abb. 307), Steinbuhnen (Abb. 308) und mit Spundwänden verkleidete Erdbuhnen, welche sehr ähnlich den in [45] beschriebenen Fangdämmen sind.

b) Die Buhnen bedürfen einer sorgfältigen Beobachtung und Unterhaltung, da sie leicht Auskolkungen und Wirbel veranlassen. ¡Die Buhnen-

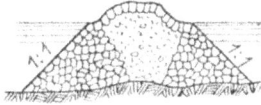

Abb. 308
Steinbuhnen

köpfe müssen alljährlich und nach jedem Hochwasser gepeilt und bei sehr großen Wassertiefen nachgebaut werden.

Zur Verbauung übergroßer Tiefen, wie sie oft unterhalb von Stromschnellen vorkommen, ordnet man **Grundschwellen** an, das sind Querbauten, deren Krone etwas tiefer liegt als die Regulierungssohle, und die Sohle aufhöhen sollen; die vor der Vertiefung meist gelegene Sohlenerhöhung muß freilich weggebaggert werden.

c) Sehr oft muß man zur Ergänzung der Verlandungen noch **Zwischenwerke, Schlickfänge** errichten, die die Verlandung von offen gebliebenen Rinnen in bereits erzielten Verlandungen oder nur deren Erhöhung herbeiführen sollen.

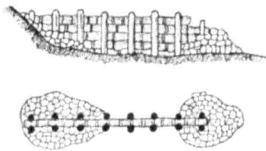

Abb. 309   Abb. 310
Schlickfänge

Im ersten Falle handelt es sich um Bauwerke, die wie Grundschwellen und Buhnen wirken sollen, im zweiten Falle sind es Schlickfänge im engeren Sinne. Den Querschnitt eines schweren Schlickfanges aus Packwerk zwischen Pfählen zeigt Abb. 309 und einen solchen aus Senkfaschinen (Abb. 310).

Mitunter wird auch der **Schlickfang** nur aus einem einfachen **Flechtzaun** gebildet (Abb. 311), der die Strömung nur

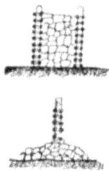

Abb. 311   Abb. 312
Flechtzaun   Strauchbuhne

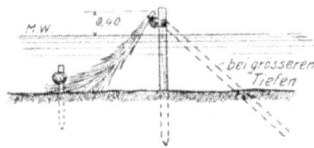

wenig ablenkt, aber doch so schwächt, daß sich die Sinkstoffe ablagern können. Ähnlich wirken einfache Weidenpflanzungen. Die Schlickfänge sind um so wirksamer, je nie-

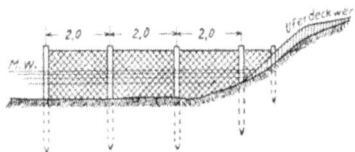

Abb. 313
Drahtbuhne

driger sie sind, und man erhöht sie nach eingetretener Verlandung.

Die Flechtzäune bilden den Übergang zu den sog. **durchlässigen Werken, die nur die Geschwindigkeit mäßigen, aber**

Geschiebe durch ihre Lücken durchlassen, die sich hinter ihnen ablagern. Später, wenn sie sich immer mehr verdichtet haben, wirken sie wie Schlickfänge. Hierher gehören die **Strauchbuhnen** (Abb. 312) und die **Drahtbuhnen** (Abb. 313).

[127] Parallelwerke.

a) **Parallel- oder Leitwerke sind Einschränkungswerke, die parallel zum Strome liegen und die Regulierungsstreichlinie bilden. Ihre Krone liegt meist auf Mittelwasser.** Sie werden daher bei Hochwasser überströmt, wodurch die Gefahr einer Nebenströmung hinter dem Werke entsteht. Da diese eine Sinkstoffablagerung verhindern würde und dem Bestande des Werkes gefährlich werden könnte, verbindet man das Parallelwerk durch „Traversen" genannte Querbauten (Abb. 314).

Die natürliche Aufhöhung der Sohle hinter Parallelwerken geht nur sehr langsam vor sich, weil sie nur durch Sinkstoffablagerung hervorgerufen wird.

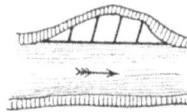

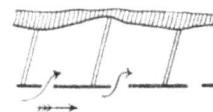

Abb. 314   Abb. 315
Traversen   Unterbrochenes Parallelwerk

Man schreitet daher gerne zur künstlichen Verfüllung, die gelegentlich von Baggerungen in der Nähe vorgenommen wird. Eine Beschleunigung der natürlichen Aufhöhung ist aber möglich, wenn man in der Krone des Werkes dicht hinter den Traversen Lücken läßt, wodurch bei höheren Wasser-

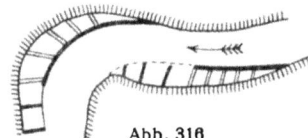

Abb. 316
Parallelwerke und Buhnen

ständen tiefere und an Sinkstoffen reichere Wasserschichten in die Felder eintreten (Abb. 315); außerdem bieten dann die Felder gute Laichplätze für die Fische. In scharfen Krümmungen kommen **Parallelwerke in Verbindung mit Buhnen**

Abb. 317
Parallelwerke als Schutzhafen

vor (Abb. 316). Nicht selten werden auch unten offene Parallelwerke ohne Traversen zu **Schutzhäfen** ausgebaut, in welchem Falle die Krone natürlich hochwasserfrei liegt (Abb. 317).

b) **Die Parallelwerke haben große Vorzüge vor den Buhnen. Die erstrebte Vertiefung wird rascher und gleichmäßiger erreicht, auch die Strömung ist ruhiger als bei Buhnen.** Dagegen sind Buhnen billiger im Bau und in der Unterhaltung und können bei Änderung der Streichlinie leicht nachreguliert werden.

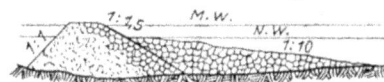

Abb. 318
Parallelwerk aus Stein

c) **Die Herstellung der Parallelwerke erfolgt von oben nach unten, weil man so dem geringsten Strom-**

angriff ausgesetzt ist, und die Ablagerungen während des Baues die Bautiefe verringern.

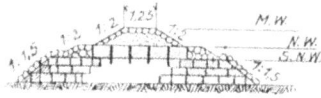

Abb. 319
Leitwerk in gemischter Bauweise

Abb. 318 zeigt den Querschnitt eines Leitwerkes aus Stein, Abb. 319 einen in gemischter Bauweise und Abb. 320 einen solchen [aus Packwerk. Wie bei den Buhnen wählt man

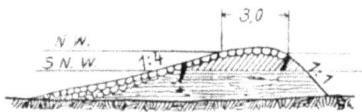

Abb. 320
Leitwerk aus Packwerk

auch hier unter Umständen **durchlässige Werke**. In dieser Beziehung scheinen sich die sog. **Wolfschen Gehänge** sehr gut zu bewähren, die aus einem auf einem Gerüste aufgehängten

Abb. 321   Abb. 322
Wolfsche Gehänge

und den Strom in seinen obersten Schichten ablenkenden Faschinengehänge bestehen (Abb. 321). Abb. 322 zeigt verschiedene Anordnungen der Gehängereihen.

[128] Durchstiche und Sperrwerke.

a) Bei sehr scharfen Windungen einer Flußstrecke, die der Schiffahrt hinderlich sind, bei Eisgang gefährlich werden und den Fluß verwildern, schafft die Anlage eines **Durchstiches** gründliche Abhilfe (Abb. 323). Anfangs wird das Gefälle im Durchstiche größer sein; nach und nach tritt aber, wenn die Sohle nicht sehr fest ist, eine Ausgleichung des Gefälles und damit eine Senkung des Wasserstandes ein, die die Vorflut der anliegenden Ländereien befördert und für diese von Nutzen ist. **Der Aushub des Durchstiches erfolgt entweder in der vollen Profil-**breite bei kleinen Wasserläufen oder so, daß ein oder zwei Gräben von etwa $^1/_{10}$ der ganzen Breite an der Seite ausgehoben werden und der stehenbleibende Kern dem Abtriebe des Wassers überlassen wird.

Voraussetzung dafür ist, daß die abgetriebenen Erdmassen unterhalb passende Stellen zur unschädlichen Ablagerung finden. Die neuen Ufer werden noch vor der Eröffnung des Durchstiches gut befestigt, weswegen der vorläufige Böschungsfuß durch eine wagrecht auf N.W.-Höhe liegende mit Steinen beschwerte Faschinenklapplage gesichert wird. Der Aushub der Gräben erfolgt von unten her, damit das Grund- und Tagewasser Abfluß hat. Oben läßt man einen schmalen Damm stehen, der erst bei eintretendem höheren Wasserstande durchstochen wird, und von da an übernimmt dann das Wasser die weitere Ausbildung des Durchstiches. Man kann sie beschleunigen, wenn man den Altarm durch ein Sperrwerk schließt.

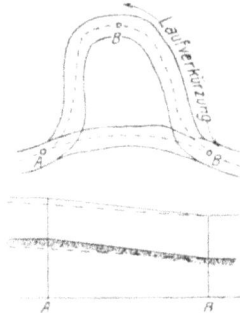

Abb. 323
Durchstich

Sperrwerke oder **Kupierungen,** die auch sonst zur Schließung von Nebenarmen verwendet werden, erhalten eine Krone in der Höhe des Mittelwassers; freilich verliert man damit die Aussicht auf baldige Verlandung des Altarmes, wenn man nicht eine Lücke im Sperrwerk läßt. Der Grundriß solcher Sperrwerke ist meist bogenförmig, um das überstürzende Wasser vom Ufer abzulenken (Abb. 324); aus demselben Grunde läßt man auch die Krone gegen das Ufer zu ansteigen.

Abb. 324   Abb. 325
Bogenförmiges   Schrägliegendes
                Sperrwerk

Schrägliegende Sperrwerke (Abb. 325) ordnet man an, wenn die Treidelschiffahrt betrieben wird, in welchem Falle der Leinpfad über die Krone des Werkes geführt wird. In der Regel ist auch ein Sturzbett hinter dem Werke notwendig.

Beim Bau solcher Sperrwerke wird zuerst die unterste Lage von Sinkstücken gelegt und damit erst fortgefahren, bis sich die Sohle um die Sinkstückhöhe aufgehöht hat. Ebenso wartet man auch mit dem Packwerksbau. Der durch Rauhwehr gesicherte Kiesdamm dichtet das Werk und sichert die Beschwerungserde vor dem Herausspülen.

BAUMECHANIK

Hydraulische Berechnungen.

Inhalt: So wichtig es für den Bautechniker wie für den Kulturtechniker wäre, ihren Konstruktionsarbeiten auf dem Gebiete des Wasserbaues genaue Berechnungen zugrunde legen zu können, wie dies z. B. heute in der Statik schon in den meisten Fällen möglich ist, kann dieser Forderung bisher nicht in allen Beziehungen entsprochen werden, weil die überwiegende Mehrzahl der Formeln in der praktischen Hydraulik nicht aus Gesetzen, nach denen die Bewegung des Wassers in Wirklichkeit vor sich geht, abgeleitet ist, sondern nur trachtet, auf Grund von Beobachtungen und Versuchen eine mehr oder minder rohe Annäherung an die tatsächlichen Verhältnisse zu liefern. Wir werden uns daher im folgenden darauf beschränken müssen, für die dem Praktiker am häufigsten vorkommenden Fälle möglichst einfache, jedoch erprobte Formeln anzugeben, ohne sie strenge nachweisen zu können. Immerhin werden diese Regeln bei entsprechender Vorsicht eine für praktische Zwecke ausreichende Grundlage bieten.

Den in diesem Teile „Wasserbau I“ in der Baukunde gemachten Fortschritten entsprechend, werden wir hier hauptsächlich die **Wasserbewegung in Rohrleitungen und offenen Gerinnen, den Ausfluß des Wassers bei Überfällen** und die **Stauwirkungen** bei den das Durchflußprofil einengenden Einbauten besprechen.

[129] Einleitung.

a) **Die Hydraulik oder Hydromechanik ist die Lehre von dem Gleichgewichte und der Bewegung der Flüssigkeiten, speziell des Wassers.** Während aber die rein theoretische **Hydrodynamik** bisher noch ziemlich unfruchtbar geblieben ist, hat die **Hydraulik**, die mehr mit empirischen Formeln arbeitet, schon zu sehr fruchtbaren Ergebnissen geführt und damit in der Technik eine überaus große Bedeutung erlangt.

Die Aufgaben der Hydraulik erstrecken sich zunächst **auf den Ausfluß des Wassers aus Behältern,** wozu außer den gewöhnlichen Gefäßen des Tagesgebrauches auch alle **natürlichen** und **künstlichen Wasseransammlungen,** stagnierendes Grundwasser, Teiche, Seen, Weiher, Stauweiher und Reservoire usw. gehören, dann auf die **Bewegung des Wassers in Flüssen, Kanälen und Röhren** und endlich auf die Stauwirkungen, die durch Einbauten in fließenden Gewässern bewirkt werden.

b) Bevor wir aber in diesem Gebiete vorwärtsgehen, müssen wir uns an die Lehren der **Hydrostatik** erinnern, die im I. Fachbande [230—237] entwickelt worden sind.

Deren Hauptsätze sind, entsprechend ergänzt, folgende:

1. **An irgendeiner Stelle einer Gefäßwand ist der Wasserdruck für die Flächeneinheit gleich dem Gewichte einer Wassersäule, die die Flächeneinheit zur Basis und die Tiefe der Stelle unter dem Wasserspiegel zur Höhe hat.**

2. **Der Wasserdruck wirkt stets als Normalpressung,** d. h. senkrecht zum Flächenelement der Gefäßwand.

3. **Der Angriffspunkt des Wasserdruckes und der Schwerpunkt der gedrückten Fläche fallen nie zusammen;** der Druckmittelpunkt liegt stets tiefer als der Schwerpunkt.

3. Abschnitt.

Ausfluß aus Behältern (Überfälle).

[130] Ausfluß durch Öffnungen.

a) Wie wir aus I. F.B. [239] wissen, fließt das Wasser aus einer Öffnung mit einer Geschwindigkeit aus, welche derjenigen eines aus der Höhe h der Wassersäule frei herabfallenden Körpers gleich ist. Es ist also

$$v = \sqrt{2\,g\,h}.$$

Die theoretisch in 1 Sekunde durch den Querschnitt F fließende Wassermenge ist dann

$$Q = v \cdot F = F \cdot \sqrt{2\,g\,h}.$$

Die ausfließende Wassermenge erreicht aber nicht ihren theoretischen Wert, sondern sie ist in Wirklichkeit kleiner, und zwar

$$Q = \mu \cdot F \cdot \sqrt{2\,g\,h},$$

wobei der **Ausflußkoeffizient** μ stets erheblich kleiner ist als 1. **Der ausfließende Wasserstrahl zieht sich nämlich zusammen, und sein Querschnitt ist in geringer Entfernung von der Öffnung bedeutend kleiner als die Fläche der letzteren.**

Die Zusammenziehung ist am größten bei den Öffnungen mit sehr scharfen, dem Strome zugewandten Kanten in einer dünnen Wand, sie wird vermindert, die Abflußmenge also vermehrt durch Abrundung der Ränder, durch Leitflächen im Innern, die sich an die Öffnung glatt anschließen und durch ebensolche Ansatzstücke nach außen. Die Geschwindigkeit ist dabei nicht an allen Stellen des Wasserstrahles gleich groß, sondern an den Rändern geringer und nimmt gegen die Mitte zu bedeutend zu. **Für Öffnungen mit scharfen Kanten ist** $\mu = 0{,}62$: **er kann aber bei Leitflächen innen und außen bis 0,70 und darüber steigen.**

b) Stellen wir uns jetzt vor, **daß das Gefäß im Wasser steht,** das wir zum Unterschiede von dem im Gefäße befindlichen **Oberwasser Unterwasser** nennen wollen (Abb. 326), **so wird die Ausflußmenge verschieden sein, je nachdem der Ausfluß frei, also über dem Unterwasser oder im Unterwasser stattfindet.** Im ersteren Falle ist

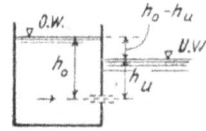

Abb. 326

$$v = \sqrt{2\,g \cdot h_o}$$

und im zweiten

$$v = \sqrt{2\,g\,(h_o - h_u)}.$$

In beiden Fällen wird wieder die sekundliche Ausflußmenge $Q = \mu \cdot F \cdot v$ sein.

c) Ist aber die Öffnung in der vertikalen Wand größer, so ergeben sich drei Fälle:

1. Die Öffnung liegt frei über dem Unterwasser (Abb. 327): In diesem Falle sind in den verschiedenen Höhen der Ausflußöffnung verschiedene Druckhöhen vorhanden

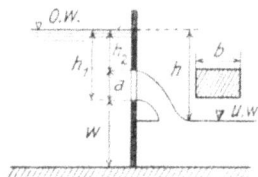

Abb. 327

und, wenn der Ausflußquerschnitt die konstante Breite b hat, so ergibt die höhere Mathematik, daß

$$Q = \frac{2}{3} \cdot \mu \cdot b \cdot \sqrt{2\,g}\,[\sqrt{h_1{}^3} - \sqrt{h_2{}^3}].$$

2. Die Öffnung liegt ganz im Unterwasser (Abb. 328):

$$Q = \mu \cdot F \sqrt{2\,g\,h}.$$

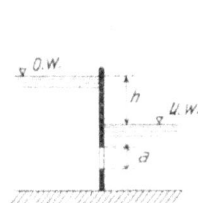

Abb. 328   Abb. 329

3. Die Öffnung liegt teilweise im Unterwasser, wo es sich um eine Verbindung der Fälle 1 und 2 handelt (Abb. 329).

Dann ist:

$$Q = \frac{2}{3} \cdot \mu\, b \cdot \sqrt{2\,g}\,[\sqrt{h^3} - \sqrt{h_2{}^3}] + $$
$$ + \mu\, b \cdot (h_1 - h) \sqrt{2\,g\,h}.$$

Diese Formeln haben zwar für den Ausfluß aus gewöhnlichen Gefäßen wenig Bedeutung; **sie bieten aber einen vorzüglichen Übergang zur Berechnung der Wehren,** die für den Wasserbautechniker besonders wichtig ist.

[131] Stauanlagen.

a) Natürliche Ansammlungen von Wasser, also von der Natur gebotene Wasserbehälter, sind die **Teiche und Seen,** die das in ihrem Sammelgebiete abfließende Wasser aufnehmen und außerdem noch durch Grundwasser und durch die auf ihre Oberfläche direkt niederfallenden Niederschläge gespeist werden. Ebenso geben sie Wasser durch Abfluß oder Verdunstung ab. **Ihr Wasservorrat nimmt innerhalb eines bestimmten Zeitraumes zu oder ab, je nachdem die Summe aller Zuflüsse größer oder kleiner ist als jene der Abflüsse.** Dieser Vorrat läßt sich nun vermehren durch Hemmung der Abflüsse, wobei der Wasserspiegel steigt. In dieser Weise entstehen **künstliche Sammelbecken, die** nur ausnahmsweise durch Ausgrabung, sondern **fast ausschließlich durch Anstauung des Wassers, durch Stauanlagen hergestellt werden.**

Soweit solche Sammelbecken für Bewässerungen oder auch in leerem Zustande zum Schutze gegen Überschwemmungen dienen und bei der Wildbachverbauung verwendet werden, wurden sie bereits besprochen. Welche Bedeutung sie bei der Wasserversorgung, zur Speisung von Schiffahrtskanälen und **namentlich, was heute wohl in die erste Linie gerückt ist, für die gewerbliche und industrielle Verwertung von Wasserkräften haben,** wird noch im Wasserbau II erwähnt werden.

b) Bei jedem derartigen Stauwerke, das zur Herstellung eines künstlichen Sammelbeckens dient oder durch Einbau quer über ein fließendes Gewässer errichtet wird, entsteht eine sog. **Fallhöhe** zwischen dem gehobenen, gestauten Wasserspiegel oberhalb des Stauwerkes, d. i. dem **Oberwasser,** und dem ursprünglichen tieferen Wasserspiegel, also dem **Unterwasser.**

In dem Becken oberhalb der Stauanlage findet infolge Verminderung der Wassergeschwindigkeit eine Ablagerung von Sinkstoffen und hiermit eine Flußbetterhöhung statt, die, wenn das gestaute Wasser zu nahe der Oberfläche des anliegenden flachen Tales gelegen ist, oft zu Versumpfungen oder bei Hochwasser auch zu Überschwemmungen Anlaß bieten kann.

Deshalb und auch wegen der **Stauweite,** von der noch die Sprache sein wird, wird auch in der Regel der **Höchststau** und mitunter auch der **Mindeststau** behördlich vorgeschrieben und durch Eichmarken und Eichpfähle amtlich gekennzeichnet.

Eine allenfalls notwendig werdende Entleerung geschieht bei **Staudämmen, deren Krone nie vom Wasser überströmt wird,** durch **Grundablässe,** das sind **Abzugskanäle** und Abzugsleitungen, die an der **tiefsten Stelle** des Teiches oder des Staudammes angeordnet sind, bei **Wehren, deren Krone immer vom Wasser mehr oder weniger überflossen wird,** durch **Grundablässe** und **Überfälle,** bei Deichen durch **Siele,** bei Wasserstraßen und Schiffahrtskanälen durch **Schleusen.**

Letzterer Ausdruck gilt übrigens allgemein für jede Absperrwand oder Bauanlage, welche den Abfluß eines höherstehenden Wassers mehr oder minder absperrt **und im Bedarfsfalle beseitigt bzw. geöffnet werden kann,** um den Abfluß oder den Durchgang freizugeben. So spricht man von einer **Stauschleuse,** von einer **Ablaßschleuse, Einlaßschleuse, Spülschleuse,** bei Schiffahrtskanälen von **Kammerschleusen** usw. Von der technischen Ausführung aller dieser Anlagen wird im „Wasserbau II" die Rede sein.

[132] Berechnung von Wehren.

a) Bei den Wehren unterscheidet man:

1. **Überfallwehre** oder **vollkommene Wehre,** wenn deren Krone höher liegt als der Unterwasserspiegel,
2. **Grundwehre** oder **unvollkommene Wehre,** deren Krone **unter dem Unterwasserspiegel** liegt, **Grundschwellen** oder **Stauschwellen** nennt man Wehre, deren Krone stets **unter dem Niedrigwasserspiegel** verbleibt.

Nach der Richtung des Wehres zum Stromstriche teilt man sie in **gerade** (a), **schiefe** (b), **gebogene** (c) und **gebrochene** (d) (Abb. 330), nach ihrer Bauart in **feste** und **bewegliche** ein; deren Einzelkonstruktionen werden in der Baukunde beschrieben werden.

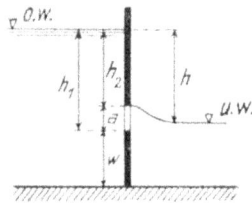

Abb. 330

b) Die **hydrotechnische Berechnung** der Wehre bezieht sich auf die Aufstauungen des Oberwassers, die **Stauhöhe,** die übrigens meistens gegeben ist, und die **Staukurve,** endlich aber auch auf die **Leistungsfähigkeit der Wehre** in bezug auf die **Abflußmengen.**

Bei all diesen Berechnungen wollen wir vorerst annehmen, **daß der Wasserzufluß sehr gering und die Stauhöhe h groß,** somit die Geschwindigkeit des gestauten Wassers und sein Spiegelgefälle sehr klein, nahezu Null ist, wie dies bei allen sog. **stehenden Gewässern** zutrifft und als **hydrostatischer Stau** bezeichnet wird. Hier genügt es, **die Staulinie als eine horizontale Linie aufzufassen**, die von der oberen Grenze der jeweiligen Stauhöhe ausgeht und sich mit dem flußaufwärts gelegenen Terrain schneidet. Die Stauweite ist dann die Entfernung dieses Schnittpunktes von der Stauanlage und berechnet sich mit

$$l = \frac{h}{J}.$$

Die Berechnungen für die Fälle, wenn die Zuflußmenge größer und die Stauhöhe kleiner wird, also im Staubereich eine gewisse Wassergeschwindigkeit vorhanden ist, werden wir im Abschnitte über „Die Bewegung des Wassers in Gerinnen" nachtragen.

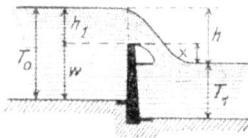

Abb. 331
Der freie Überfall

I. Der freie Überfall.

Die Abflußmenge Q berechnet sich aus der Formel, die wir in [130, c, 1] gegeben haben, wenn die Öffnung bis zum Spiegel des Oberwassers reicht und daher h_2 Null gesetzt wird (Abb. 331).

Die Wasserhöhe h_1 muß in einiger Entfernung von dem Wehre, wo sich der Wasserspiegel noch nicht gesenkt hat, gemessen werden.

$$Q = \frac{2}{3} \cdot \mu \cdot b \cdot h_1 \sqrt{2 g h_1}.$$

Da $\mu = 0{,}62$ und $\sqrt{2 g} = \sqrt{2 \cdot 9{,}81} = 4{,}43$ ist, so ist

$$\boxed{Q = 1{,}82\, b \cdot h_1 \sqrt{h_1}.}$$

II. Grundwehr.

Grundwehre entsprechen einer Ausflußöffnung, die zum Teile im Unterwasser liegt (Abb. 332), aber wie beim freien Überfall bis zum Oberwasser reicht. Man zerlegt hier den Durchflußquerschnitt in zwei Abschnitte, die durch den Unterwasserstand getrennt werden und betrachtet den oberen Teil als freien Überfall, den anderen als Ausflußöffnung unter Wasser.

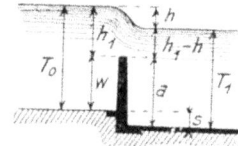

Abb. 332
Grundwehr

In der in [131, c, 3] gegebenen Formel ist $h_2 = 0$ zu setzen, und man erhält

$$Q = \mu \cdot b \cdot \sqrt{2 g} \cdot \left[\frac{2}{3} \cdot \sqrt{h^3} + (h_1 - h) \cdot \sqrt{h} \right]$$

$$\boxed{Q = 1{,}82\, b \cdot h \cdot \sqrt{h} + 2{,}75 \cdot b\,(h_1 - h) \cdot \sqrt{h}}$$

Aufgabe 20.

[133] *Die in Abb. 333 dargestellte Kaimauer dient sowohl als Stützmauer gegen den Erddruck als auch zur Abgrenzung eines Wasserlaufes. Es ist die Stabilitätsuntersuchung dieser vorläufig nur nach [78] mit Annäherung konstruierten Kaimauer durchzuführen, wobei das Erdmaterial 1600 kg, das Mauerwerk jedoch 2000 kg pro m³ wiegt.*

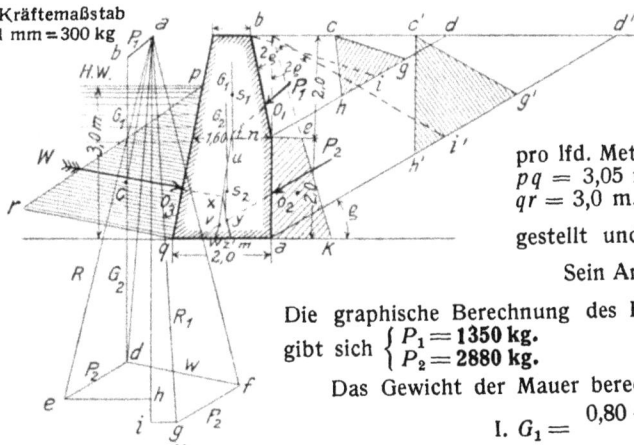

Kräftemaßstab
1 mm = 300 kg

Abb. 333

Wenn durch die Linie HW der höchste überhaupt auftretende Wasserstand gegeben ist, so ergibt sich die Größe des auf die Wand pq treffenden Wasserdruckes pro lfd. Meter aus dem Produkte der gedrückten Fläche $pq = 3{,}05$ m² mal der Tiefe unter dem Wasserspiegel $qr = 3{,}0$ m. Er ist daher durch das Dreieck pqr dargestellt und beträgt $W_1 = \dfrac{3{,}05 \cdot 3{,}0}{2} \cdot 1000 \sim 4600$ kg.

Sein Angriffspunkt liegt in o_3 und $o_3 q = \dfrac{1}{3} \cdot p \cdot q$. —

Die graphische Berechnung des Erddruckes ist uns aus [71] bekannt. Es ergibt sich $\begin{cases} P_1 = \mathbf{1350\ kg.} \\ P_2 = \mathbf{2880\ kg.} \end{cases}$

Das Gewicht der Mauer berechnet man:

I. $G_1 = \dfrac{0{,}80 + 1{,}60}{2} \cdot 2 \cdot 2000 = \mathbf{4800\ kg}$

II. $G_2 = \dfrac{1{,}60 + 2{,}0}{2} \cdot 2 \cdot 2000 = \mathbf{7200\ kg.}$

Das Gewicht G_1 wirkt als vertikale Kraft im Schwerpunkt S_1 von I, G_2 gleichfalls als vertikale Kraft im Schwerpunkt S_2 von II.

Soll die Mauer stabil sein, so muß sie

1. die vollen Erddrücke aufnehmen ohne Berücksichtigung der Gegenwirkung durch den Wasserdruck.

Diese Untersuchung ist in gleicher Weise wie unter [79] mit Hilfe des Kräfteplanes $abde$ durchzuführen.

Vereinigt man P_1 und G_1 zu einer Mittelkraft, so geht diese durch den Schnittpunkt t von $G_1 \times P_1$ und ist // ac. Diese Mittelkraft trifft G_2 in u und vereinigt sich mit G_2 zu einer Mittelkraft, die durch u geht und // ad ist. Letztere Mittelkraft trifft P_2 in v und vereinigt sich mit P_2 zu einer Mittelkraft R, die durch v geht, // ae ist und die Fuge aq in w schneidet, welcher Punkt noch innerhalb des Kernes liegt.

Die Vertikalkomponente von R ist gleich ah;

$$R = \mathbf{14\,300\ kg.}$$

Fugenpressung in aq ist daher

$$\sigma = \frac{14\,300}{20\,000} \sim 0{,}7 \text{ pro cm}^2.$$

Muß 2. die Mauer den Erddruck und den Wasserdruck aufnehmen:

Die Mittelkraft aus P_1, G_1 und G_2 trifft die Linie W in x und vereinigt sich mit W zu einer Mittelkraft gehend durch x und parallel zur Linie af. Diese Mittelkraft trifft P_2 in y und vereinigt sich mit P_2 zu einer Mittelkraft R_1, die durch y parallel zur Linie ag geht und die Fugenfläche aq in z' schneidet, welcher Punkt ebenfalls im Kerne liegt. Die Vertikalkomponente

$$R_1 = a\,i = 15\,200 \text{ kg}$$

gibt eine Fugenpressung in aq

$$\sigma_1 = \frac{15\,200}{20\,000} \sim 0{,}76 \text{ pro cm}^2.$$

Die geplante Konstruktion entspricht daher allen Anforderungen der Stabilität.

Aufgabe 21.

[134] *Für die in Abb. 334 im Querschnitt dargestellte, vorläufig auch nur näherungsweise projek-tierte Talsperre ist die Stabilitätsuntersuchung durchzuführen; die Mauer wiegt 2400 kg pro m³.*

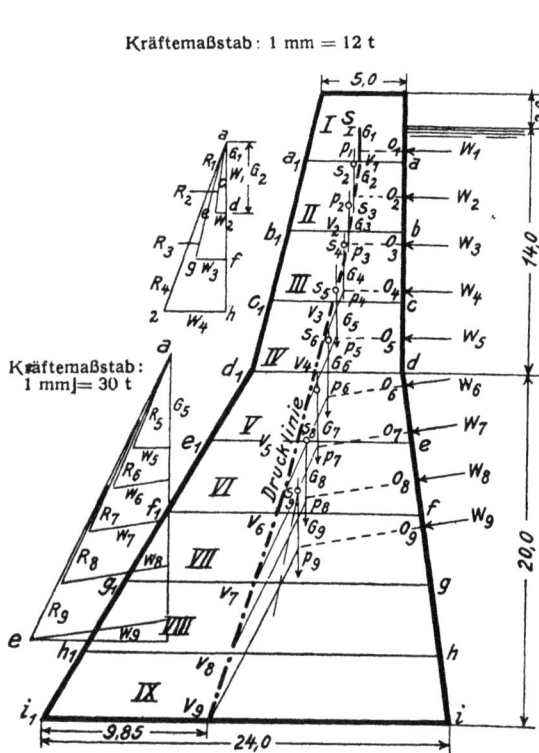

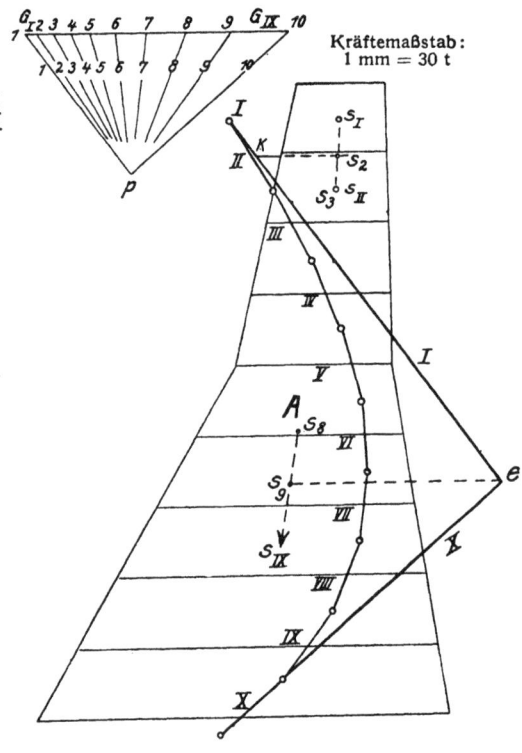

Abb. 334   Abb. 335

Man teilt den Mauerquerschnitt in die Teile I bis IX von je 4 m Höhe, berechnet die Gewichte G_I bis G_{IX} sowie die Wasserdrücke W_1 bis W_9 der über die Fugenflächen aa_1, bb_1 usw. stehenden Wasserkörper:

$G_I = \dfrac{5+6}{2} \cdot 4 \cdot 2400 =$ 52,8 t	$W_1 = 2 \cdot 1 \cdot 1000 =$	2 t
$G_{II} =$ = 62,4	$W_2 = 6 \cdot 3 \cdot 1000 =$	18
$G_{III} =$ = 72	$W_3 = 10 \cdot 5 \cdot 1000 =$	50
$G_{IV} =$ = 81,6	$W_4 =$	= 98
$G_V =$ = 100,8	$W_5 =$	= 162
$G_{VI} =$ = 129,6	$W_6 =$	= 242
$G_{VII} =$ = 158,4	$W_7 =$	= 338
$G_{VIII} =$ = 187,2	$W_8 =$	= 450
$G_{IX} =$ = 216	$W_9 =$	= 578

Die **Schwerpunkte** s_1 bis s_9 bestimmt man am bequemsten mittels des Seilvielecks, indem man sich die Gewichte G_I bis G_{IX} als horizontale Kräfte wirkend denkt. Man trägt diese Kräfte zu einem Kräftezug aneinander auf, wählt den Pol p und konstruiert das Seilvieleck A in Abb. 335; dann ergibt sich z. B. s_2 im Schnitt der Verbindungslinie $s_I s_{II}$, den Schwerpunkten der Trapeze I und II mit der durch den Schnittpunkt K der Seilstrahlen I und III gezogenen Horizontalen. Im Schwerpunkt s_2 greift aber das Mauergewicht über der Fuge $b b_1$, also $G_I + G_{II} = G_2$ an. s_2 liegt im Schnitte der Verbindungslinie $s_8 s_{IX}$ mit der durch den Schnittpunkt e der Seilstrahlen I und X gezogenen Horizontalen usw.

Nun setzt man in bekannter Weise die Mauergewichte mit den Wasserdrücken zu den Mittelkräften R_1 bis R_9 zusammen, die in p_1 bis p_9 angreifen. Diese Mittelkräfte treffen die Fugenflächen in v_1 bis v_9, und die Verbindungslinie dieser Punkte gibt eine durch das Mauergewicht und den Wasserdruck hervorgerufene **Drucklinie** im Mauerkörper, welche in ihrem ganzen Verlaufe im Kern des Mauerquerschnitts verbleiben muß. Da dies hier der Fall, ist die Mauer in bezug auf **Umkanten** als stabil zu betrachten. R_9 ist gleich 1,060000; die Fläche = 240000, daher $\sigma = \dfrac{1,060\,000}{240\,000} = \dfrac{106}{24} = 4{,}5\,\text{kg}$ pro cm², eine **Pressung**, die ohne weiteres vom Mauerwerk aufgenommen werden kann.

Da die Drucklinie, wiewohl noch im Kerne verlaufend, die unterste Fuge doch schon exzentrisch trifft, empfiehlt es sich hier der größeren Sicherheit halber auch die Pressungen an den Enden A und B des Kernes zu bestimmen (Abb. 335 a). Die Länge der Fuge $i i_1$ ist 24,00 m, der Kern sonach 800 cm und bis zur Fugenmitte $e = \dfrac{2400}{6} = 400$ cm lang. Von der Mitte der Fuge ist v_9 entfernt $x = 1200 - 985 = 215$ cm.

Abb. 335 a.

Sonach $x_1 = e + x = 400 + 215 = 615$ cm, $x_2 = e - x = 400 - 215 = 185$ cm

$$\sigma_1 = \sigma \cdot \frac{615}{400} = 6{,}9\ \text{kg pro cm}^2$$

$$\sigma_2 = \sigma \cdot \frac{185}{400} = 2{,}0\ \text{kg pro cm}^2;$$

auch diese Pressungen können vom Mauerwerk aufgenommen werden.

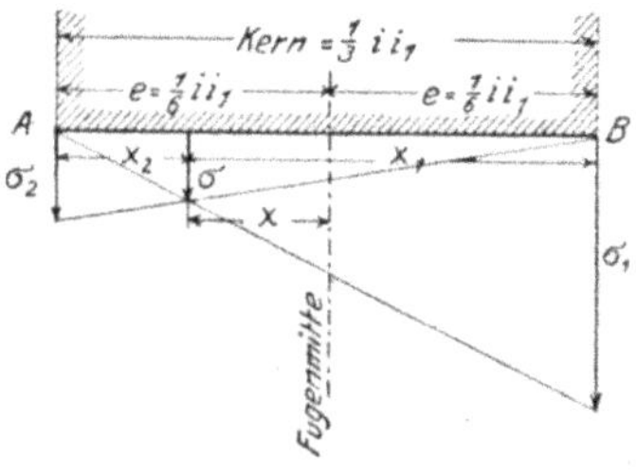

Will man endlich untersuchen, ob die Mauer auch hinlänglichen Widerstand gegen eine **Verschiebung** durch den Wasserdruck leistet, so hat man nur die Reibung längs der Fläche $i i_1$ zu berechnen. Nimmt man den Reibungswinkel für altes Mauerwerk mit 35°, also den Reibungskoeffizienten (tg α) mit 0,7 an, so ist, da das Gesamtgewicht der Mauer 1060 t beträgt,

$$R = 1060 \cdot 0{,}7 = 742\ \text{t}.$$

Da der größte horizontale Wasserdruck 578 t beträgt, ist auch in dieser Beziehung genügende Sicherheit vorhanden.

Aufgabe 22.

[135] *Gegeben ist bei einer Wehranlage mit vollkommenem Überfall der zugelassene Höhenunterschied h zwischen Ober- und Unterwasser und die über das Wehr laufende Wassermenge Q. Wie hoch darf das Wehr über dem Unterwasser emporragen?*

Nach Abb. 331 ist $x = h - h_1$.
Nach [132₁] ist $Q = 1{,}82 \cdot b \cdot h_1^{3/2}$, daher

$$h_1 = \left(\frac{Q}{1{,}82 \cdot b}\right)^{2/3} = \sqrt[3]{\left(\frac{Q}{1{,}82\,b}\right)^2}$$

und die gesuchte Größe ist $x = h - \sqrt[3]{\left(\dfrac{Q}{1{,}82\,b}\right)^2}$.

Aufgabe 23.

[136] *Die Wassermenge eines Grundwehres sei Q, dessen Breite b. Wie hoch ist die Krone über der Sohle des Sammelbeckens anzuordnen, wenn das Oberwasser die Tiefe T_0 nicht überschreiten soll.*

Hier handelt es sich nach Abb. 332 darum, aus den gegebenen Größen Q, T_0, T_1 und s, w zu berechnen.

$$T_0 = h_1 + w = T_1 - s + h.$$

Daraus $h_1 = T_0 - w$ und $h = T_0 - T_1 + s$.
Nach [132₁₁] ist $Q = 1{,}82 \cdot b \cdot h^{3/2} + 2{,}75 \cdot b \cdot (h_1 - h) h^{1/2}$ sonach $Q = 1{,}82 \cdot b \cdot (T_0 - T_1 + s)^{3/2} + 2{,}75 \cdot b \cdot (T_1 - s - w)(T_0 - T_1 + s)^{1/2}$.
Daraus ist w zu bestimmen.

4. Abschnitt.

Bewegung des Wassers in Gerinnen.

[137] Allgemeines.

Wir unterscheiden bei der Wasserbewegung hauptsächlich zwei Arten:

1. Das **Fließen**, das aus der gleitenden Stromfadenbewegung in ruhiges „Fließen" oder Strömen und schließlich wie bei Wildbächen in turbulentes Schießen übergeht; es ist das die Bewegung unter Einwirkung der Schwere und der Bewegungsenergie, wenn der Wasserquerschnitt vollkommen von Wandungen begrenzt ist wie in Rohrleitungen oder bei offenen Gerinnen von einem Bett getragen ist,

2. Das **Stürzen**, wenn jede Führung des Wassers durch Wände oder ein Bett in Wegfall kommt und es sonach den äußeren Kräften ungehindert zu folgen vermag.

Die Lehre von der **Hydrometrie** umfaßt alle jene Mittel und Methoden, um das in offenen oder geschlossenen Gerinnen fließende Wasser seiner Quantität nach zu bestimmen, **also bei vorhandenen Wasserläufen zu messen, bei neuen erst zu schaffenden Gerinnen aber zu berechnen.**

Einige von den zur Vornahme der erstgenannten, sog. hydrometrischen Arbeiten nötigen vorbereitenden Maßnahmen, wie die Pegelablesungen, Peilungen, Wasser-

standsbeobachtungen, Flußnivellements, in die auch, wie erwähnt, die **Merkpfähle für den „Höchst-" und „Mindeststau"** einbezogen werden müssen usw., haben wir bereits kennengelernt. Hier handelt es sich nur noch um die Methoden der Wassermessung und der Geschwindigkeitsmessung bei bestehenden Gerinnen, während die Berechnung dieser Größen in künftig auszuführenden Rohrleitungen und offenen Gerinnen auf Grund theoretischer Ergebnisse erfolgt, die durch Erfahrungskoeffizienten mit den wirklich beobachteten Bewegungserscheinungen in Übereinstimmung gebracht werden müssen.

I. Messung der Wassermengen und Wassergeschwindigkeiten.

[138] Wassermessungen.

a) Die Bestimmung der sekundlichen Wassermengen geschieht meist nach einem der folgenden Verfahren:

1. Durch direkte Messung. Ganz geringe Wassermengen kann man dadurch ermitteln, daß man sie in ein Gefäß von bekanntem Rauminhalt leitet und die zur Füllung des Gefäßes notwendige Zeit feststellt.

2. Durch Überfallmessung. In Gräben und Bächen mit kleiner Wasserführung wird häufig eine Holztafel mit rechteckigem Ausschnitt in den Wasserlauf gestellt und seitlich sowie an der Sohle gut mit Rasenstückchen und Erde gedichtet, so daß Durchsickerungen ausgeschlossen sind. Die Kanten des Überfalles müssen scharf und mit der Abschrägung nach außen und unten gekehrt sein (Abb. 336).

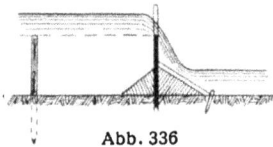
Abb. 336

An einem Pfahl, dessen Kopf genau in der Höhe der Überfallkante liegt, wird die Überströmungshöhe gemessen, wobei es wünschenswert ist, die Überfallkante nur so lang zu machen, daß sich wenigstens 10 cm Überströmungshöhe ergeben. Mit der in [132 I] entwickelten Formel wird dann die Wassermenge Q gerechnet.

Praktisch anwendbar ist das Verfahren nur bei kleineren Wassermengen und wenig durchlässigen Böden, ferner wegen der Kosten nur dort, wo fortlaufende Messungen vorgenommen werden müssen, wie dies bei den gesetzlich vorgeschriebenen **Wasserzöllen** und den seit dem 16. Jahrhundert eingeführten **Wassermodulen** zur Regelung des Wasserbezugs größerer Quantitäten für genossenschaftliche Bewässerungsanlagen der Fall ist, bei welchen an die Grundbesitzer nach Maßgabe der „Wasserordnung" das jedem einzelnen Interessenten zukommende Wasserquantum pro Sekunde genau zugemessen werden muß.

[139] Geschwindigkeitsmessungen.

a) Das genaueste Verfahren zur Bestimmung größerer fließender Wassermengen beruht auf der Messung der Wassergeschwindigkeit. Bezeichnet v die sekundliche Geschwindigkeit des Wassers in m und F den Querschnitt in m², so erhält man die sekundliche Wassermenge Q in m³ aus der Beziehung

$$Q = v \cdot F,$$

welche Formel aber voraussetzt, daß alle Wasserfäden die gleiche Geschwindigkeit besitzen. Da das aber nie der Fall ist, muß man die an den verschiedenen Stellen des Querschnittes vorhandenen Geschwindigkeiten messen und sie mit dem zugehörigen Flächenteil f des Querschnittes multiplizieren. Die Summe aller Produkte $f \cdot v$ ist dann die gesuchte Wassermenge.

$$Q = \Sigma v \cdot f.$$

In der ursprünglichen Form $Q = v \cdot F$ darf man die Formel nur anwenden, wenn man unter v die **mittlere** Geschwindigkeit versteht.

1. Flügelmessung. Zur genauesten Messung der Geschwindigkeiten dient der **hydrometrische Flügel,** dessen erste Konstruktion von Woltmann stammt, aber später zahlreiche Vervollkommnungen erfahren hat.

Er ist im I. Fachbande [25] in Abb. 40 dargestellt und besteht aus einem Flügelrade W mit zwei oder mehr nach einer Schraubenfläche geformten Schaufeln. Auf der Achse des Rades befindet sich eine Schraube ohne Ende, in die ein zweirädriges Zählwerk z mit Hilfe eines Fadens von her eingerückt werden kann. Die große Steuerfläche A soll das Einstellen des Apparates in die Strömungsrichtung erleichtern. Die ganze Vorrichtung kann durch Klemmschrauben an beliebigen Stellen einer Stange, die von einem Kahn oder von einer Brücke aus in das Wasser gestellt wird, befestigt werden, so daß Messungen in jeder beliebigen Tiefe vorgenommen werden können. Statt der Stange verwendet man bei großen Tiefen eine Aufhängekette oder ein Drahtseil. Ist das Instrument eingetaucht, so beginnt sich das Flügelrad zu drehen; man wartet ab, bis es beiläufig die Zahl der Umdrehungen, die der Wassergeschwindigkeit entspricht, erreicht hat und rückt dann das Zählwerk ein. Nach 50 und mehr Sekunden nimmt man den Apparat heraus und liest die Zahl der Umdrehungen ab. Dividiert man diese durch die Sekundenzahl, so erhält man die Zahl der sekundlichen Umdrehungen des Flügelrades. Vorher muß der Flügel geeicht werden, indem man ihn in stehendem Wasser mit verschiedenen Geschwindigkeiten bewegt und danach die entsprechenden Umdrehungszahlen ermittelt, wobei man annimmt, daß die Anzahl der Umdrehungen bei bewegtem Flügel im stehenden Wasser ebenso groß ist wie bei der Messung, wo sich das Wasser bewegt und der Flügel stillsteht.

Zur Vornahme einer Flügelmessung teilt man das Profil, möglichst unter Berücksichtigung der Sohlenbrechpunkte, in lotrechte Streifen (Abb. 337). In den Mittellinien der Streifen werden die Messungen zunächst dicht an der Sohle und dann in Vertikalabständen von

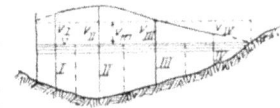
Abb. 337

ca. 1,0 m vorgenommen. Daraus kann man die mittleren Vertikalgeschwindigkeiten und schließlich die den einzelnen Streifen entsprechende Wassermenge erhalten, deren Summe die Gesamtmenge des das Profil durchströmenden Wassers ergibt. Die Geschwindigkeit pflegt mit der Tiefe zu wachsen, im Stromstriche ist sie am größten und nimmt gegen die Ufer zu ab.

2. Schwimmermessung. Da die Flügelmessung sehr umständlich und zeitraubend ist, begnügt man sich häufig mit der Messung der **Oberflächengeschwindigkeit** durch **Schwimmer.** Hierbei steckt man auf einer geraden und möglichst regelmäßigen Flußstrecke drei Profile in gleichem Abstande von etwa 10 m oder bei größeren Geschwindigkeiten auch in größeren Entfernungen aus. Das mittlere Profil ist das Meßprofil, das genau aufgenommen werden muß.

Als Schwimmer dienen 8 cm starke Holzscheiben von etwa 30 cm Durchmesser, die mit Eisenstücken oder Steinen beschwert werden, mitunter auch mit Wasser, Schrotkörnern, Sand usw. gefüllte Blechkugeln; sie werden ungefähr 20 m vor dem ersten Profil in das Wasser geworfen, gelangen sehr bald in den Stromstrich, und ihre Geschwindigkeit erhält man, wenn man die mit einer Stoppuhr gemessene Schwimmzeit durch die Profilentfernung dividiert. Das Mittel aus den Geschwindigkeiten in den beiden Strecken ist die Geschwindigkeit, mit der der Schwimmer durch das Meßprofil gegangen ist.

Aus dieser Oberflächengeschwindigkeit v_0 erhält man erfahrungsgemäß die **mittlere Geschwindigkeit** v_m aus $v_m = 0{,}75\ v_0$.

Wird eine Pfeilerbrücke als Meßprofil gewählt, was man aber möglichst vermeiden soll, so muß dem Aufstau vor dem Pfeiler Rechnung getragen werden. **Bei geringen Tiefen kann mittels Stabschwimmern direkt die mittlere Geschwindigkeit annähernd gemessen werden.**

Außerdem gibt es noch **hydrometrische Röhren,** mit denen man Geschwindigkeiten mißt; sie sind aber bisher nur selten in Anwendung.

II. Berechnung der Wassergeschwindigkeiten und Wassermengen in erst herzustellenden Gerinnen.

A. Rohrleitungen.

[140] Wassergeschwindigkeit in Rohrleitungen.

a) In den ganz mit Wasser gefüllten Rohrleitungen ist an jeder Stelle der Wasserquerschnitt F und folglich für eine durchfließende Wassermenge Q vermöge der Beziehung $Q = F \cdot v$ auch die mittlere Geschwindigkeit v bekannt. Während aber in offenen Betten die Geschwindigkeit des Wassers an jeder Stelle fast ausschließlich von dem gerade dort vorhandenen Gefälle abhängt, **kommt für die in einer Rohrleitung stattfindenden Geschwindigkeiten nur das Gesamtgefälle zwischen Anfangs- und Endpunkt der Leitung in Betracht.** Die Geschwindigkeiten an den einzelnen Profilstellen sind dagegen von deren Höhenlage unabhängig, indem ihr Verhältnis zueinander nur durch die Bedingung, daß das Produkt $F \cdot v$ überall gleich groß sein muß, gegeben ist.

Von dem Gesamtgefälle H einer Leitung von der Länge l und dem lichten Durchmesser d wird ein Teil w für die Überwindung der Reibungswiderstände in Anspruch genommen, und der Rest ist die sog. **Geschwindigkeitshöhe**, die wir im I. Fachbande [241] als „freie Fallhöhe" bezeichnet haben.

Es ist also $\dfrac{v^2}{2\,g} = H - w$, wobei unter v die Geschwindigkeit am unteren Ende der Rohrleitung, also die **Ausflußgeschwindigkeit** zu verstehen ist, soferne die Leitung verschieden große Querschnitte haben sollte.

Wollen wir nun voraussetzen, daß die Leitung überall gleich groß, ohne Verengungen, scharfe Biegungen und Abzweigungen sei, **so ist der Widerstand im Innern der Leitung gleichmäßig verteilt und wird um so größer, je länger die Leitung und je kleiner der Rohrdurchmesser d ist.**

Dieser Widerstand ist bisher in seiner Entstehung und Wirkung noch nicht bekannt; daß aber auch die Bewegungsvorgänge in einer Rohrleitung durchaus nicht so einfach sind, wie man glauben sollte, daß dabei auch unregelmäßige und wirbelnde Bewegungen vorkommen, ersieht man in Glasröhren sehr deutlich, wenn man dem Wasser Sägespäne beimengt.

Der innere Widerstand errechnet sich aus der Formel

$$w = \frac{v^2}{2\,g} \cdot \xi \cdot \frac{l}{d},$$

wobei ξ ein Koeffizient ist, den Weißbach für ganz glatte Rohre mit $\xi = 0{,}0144 + \dfrac{0{,}0095}{\sqrt{v}}$ angibt.

Es ist sonach

$$\frac{v^2}{2\,g} = H - \frac{v^2}{2\,g} \cdot \xi \cdot \frac{l}{d},$$

daraus

$$\frac{v^2}{2\,g}\left(1 + \xi \cdot \frac{l}{d}\right) = H,$$

und man erhält

$$v = \sqrt{\frac{2\,g\,H}{1 + \xi \cdot \dfrac{l}{d}}}$$

als die bekannte **Weißbachsche Formel,** die aber strenggenommen nur für längere Leitungen und für kreisförmigen Querschnitt gilt.

Die Wassermenge berechnet sich mit $Q = F \cdot v$ oder bei kreisförmigem Querschnitt

$$Q = \frac{d^2\,\pi}{4} \cdot v.$$

In praktischer Verwendung steht u. a. noch die Formel von **Eitelwein**

$$v = 26{,}44 \sqrt{\frac{H \cdot d}{l + 54\,d}}$$

Da diese Formel einfacher ist, empfiehlt es sich, das v vorerst nach Eitelwein zu berechnen und den gefundenen Wert dann in die Weißbachsche Formel für den Koeffizienten ξ einzusetzen.

Beispiele: 1. Es sei $l = 20$ m, $H = 1{,}15$ m, $d = 0{,}237$ m (9 Zoll).

Das Gefälle $J = \dfrac{H}{l} = 0{,}0575 = 57{,}5\,^0/_{00}$, es ist also der Fall einer kurzen, größeren Leitung mit kleinem Gefälle.

Nach Eitelwein ergibt sich $v = 2{,}41$ m und $Q = 106$ sl. Nach Weißbach findet man $v = 2{,}65$ m und $Q = 117$ sl.

2. Es sei $l = 1000$ m, $d = 0{,}100$ m, $H = 100$ m, $J = \dfrac{H}{l} = 0{,}1 = 100\,^0/_{00}$, also eine lange Rohrleitung von kleinem Kaliber und mit größerem Gefälle.

Nach Eitelwein $v = 2{,}64$ m und $Q = 20$ sl. Nach Weißbach $v = 2{,}35$ m und $Q = 18$ sl.

Die **Geschwindigkeit in den Leitungen** beträgt gewöhnlich nur **0,4 bis 0,8 m** in der Sekunde; viel kleiner soll sie wegen der Gefahr der Ablagerungen nicht sein, wogegen Geschwindigkeiten über 3 m in eisernen Leitungen als unzulässig gelten, weil sonst der übliche Asphaltüberzug abgerissen wird. **Übrigens wächst auch der innere Widerstand sehr stark mit der Geschwindigkeit,** und es ist allein schon aus diesem Grunde zweckmäßig, durch die Wahl einer reichlicheren Rohrweite die Geschwindigkeit möglichst unter 1 m zu halten.

Die **Bewegungswiderstände** sind von der Beschaffenheit der Wandungen abhängig und demgemäß **am geringsten für Wandungen aus glattem Zement und Holz, etwas größer bei Wandungen aus Ton, Quadern oder Backstein; dann folgen die eisernen Wandungen und die aus Bruchsteinmauerwerk.**

Übrigens ist ein großer Genauigkeitsgrad in der Berechnung der Geschwindigkeiten und Wassermengen in geschlossenen Leitungen nicht zu erreichen. Die Abweichungen betragen oft 10—20 %, und es ist dies erklärlich wegen der Schwierigkeit der Reinigung der Rohrleitung und der starken Einschränkung, die der Querschnitt durch solche Anwüchse erleidet. Für beiläufige Rechnungen diene die Tabelle 8, die die Wassermengen in Sekundenlitern angibt.

Zu den Bewegungswiderständen kommen noch besondere Druckhöhenverluste für scharfe Krümmungen, Querschnittsveränderungen, Abzweigungen usw., die aber bei gekrümmten

Röhren und allmählichen Übergängen in der Regel vernachlässigt werden können.

c) Ähnlich erfolgt auch die Berechnung von Unterleitungen, Siphons oder Dückern, nur muß mit Rücksicht auf die Widerstände beim Ein- und Austritte, wegen der scharfen Krümmungen und der möglichen Verschlämmung, der Durchmesser d reichlicher bemessen werden. Gegeben ist stets die sekundlich abzuführende Wassermenge Q und entweder die Wassergeschwindigkeit oder der zulässige Druckverlust im Dücker.

Tabelle 8.

Wassermengen $Q = 1000 \dfrac{\pi d^2}{4} \cdot v$ in l/sek.

Durchmesser d mm	Geschwindigkeit v in m/sek						
	0,20	0,40	0,60	0,80	1,00	1,50	2,00
100	1,57	3,14	4,71	6,28	7,85	11,78	15,71
200	6,28	12,57	18,85	25,13	31,42	47,12	62,83
300	14,14	28,27	42,41	56.55	70,69	106,03	141,37
400	25,13	50,27	75,40	100,53	125,66	188,55	251,33
600	56,55	113,10	169,65	226,19	282,74	424,11	565,49
800	100,53	201,06	301,59	402,12	502,66	753,98	1005,3
1000	157,08	314,16	471,24	628,32	785,40	1178,1	1570,8

d) Heberanlagen kommen nicht nur bei Wasserfassungen, sondern vielfach auch bei Stauwerken statt der Überfälle vor. Ihr Scheitel muß entlüftet werden, ihre untere Mündung zur Verhinderung des Lufteintrittes unter Wasser gelegt oder verengt

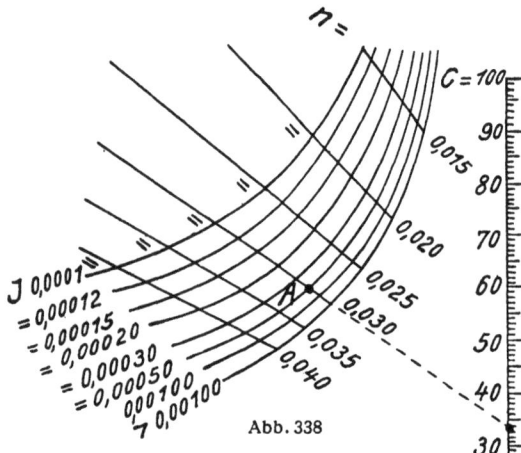

Abb. 338

werden. Die treibende Kraft ist stets die Gefällshöhe h; vielfach benützt man für die Geschwindigkeit die Näherungsgleichung

$$v = \sqrt{2gh} \quad \text{und} \quad Q = \xi v \cdot F,$$

wobei ξ mit 0,5 angenommen werden kann.

B. Offene Gerinne und Kanäle.

[141] Berechnung der Geschwindigkeiten.

a) Die Bewegung des Wassers wird eine **gleichförmige** genannt, wenn die mittlere Geschwindigkeit in den aufeinanderfolgenden Querschnitten sich nicht verändert, **die fließende Wassermasse also weder eine**

Beschleunigung, noch eine Verzögerung erfährt, was natürlich auch voraussetzt, daß die Querprofile in ihrer Form nicht sehr verschieden sind.

Unter der Annahme, daß in einem Gerinne alle Wasserteilchen gleiche Geschwindigkeit haben, sich ohne Wirbel abwärts bewegen, daß ferner der beschleunigenden Kraft der Schwere nur der Widerstand der Wandungen entgegenwirkt, ergibt sich die Geschwindigkeit des Wassers nach der Formel

$$\boxed{v = c \sqrt{\frac{F}{p} \cdot J,}}$$

worin c eine erst näher zu bestimmende Konstante, F die benetzte Querschnittsfläche, p der benetzte Umfang und J das Gefälle ist.

Man schreibt sie auch einfach

$$\boxed{v = c \sqrt{R \cdot J,}}$$

wobei $R = \dfrac{F}{p}$ ist.

Aus dieser Grundformel fand **Eitelwein,** daß

$$v = 50,93 \sqrt{R \cdot J,}$$

nahm also c als konstant an, was sich aber später als irrig erwies, weil c nicht nur vom Gefälle, sondern auch von der Rauhigkeit der Wände abhängt.

Für den Wert c hat **Bazin** die Formel aufgestellt

$$c = \frac{87}{1 + \dfrac{a}{\sqrt{R}}},$$

worin a einen besonderen Beiwert darstellt, der die Rauhigkeit des Bettes berücksichtigt. a ist für Holzwände 0,06, für Wände aus Quadern 0,16, aus Bruchstein 0,46, für Gerinne aus Erde mit gepflasterten Böschungen 0,85.

b) Eine noch genauere **und heute allgemein im Gebrauch stehende** Formel für c stammt von **Ganguillet und Kutter:**

$$c = \frac{\dfrac{1}{n} + 23 + \dfrac{0,00155}{J}}{1 + \left(23 + \dfrac{0,00155}{J}\right) \dfrac{n}{\sqrt{R}}}$$

Die Größe des Rauhigkeitsbeiwertes n ist

für sehr glatte Kanäle	. . . . . .	$= 0,010,$
» Kanäle aus Brettern	. . . . .	$= 0,012,$
» » Quadern und Backsteinen	. . . .	$= 0,014,$
» Kanäle aus Bruchsteinen	. . . .	$= 0,017,$
» Bäche und Flüsse in sehr gutem Zustande	. . . . . .	$= 0,025,$
» Gewässer mit etwas Geschiebe oder geringer Verkrautung	. . . .	$= 0,030,$
» Gewässer mit groben Geschieben oder stärkerer Verkrautung	. . .	$= 0,035.$

Der Gebrauch der Formel ist zeitraubend. Kutter hat Tabellen berechnet und eine graphische Tafel herausgegeben, deren wichtigste Linien in Abb. 338 dargestellt sind. Verbindet man den Schnittpunkt der zutreffenden J- und n-Linien mit jenem Punkte auf der Wagrechten, der dem Werte $\sqrt{R}$ entspricht, so schneidet die Verbindungslinie die lotrechte Teilungslinie im Werte c. Für genaue Rechnungen muß man die im Verlag von Parey in Berlin erhältliche Originaltafel verwenden.

Den Wert $R = \dfrac{F}{p}$ bezeichnet man als **mittleren Profilradius** oder **hydraulischen Radius. Je größer F gegenüber p ist, je größer also der hydraulische Radius ist, desto größer ist die mittlere Geschwindigkeit.**

Zu bemerken ist noch, daß das **relative** Spiegelgefälle J immer das Verhältnis des Höhenunterschiedes zweier Punkte zu ihrer Entfernung angibt. Ist daher das **absolute** Gefälle angegeben, so muß die Division ausgeführt werden, um den Höhenunterschied auf 1 m Länge zu erhalten.

Beispiel: Beträgt das absolute Gefälle zweier 800 m voneinander entfernten Punkte 0,44 m, so ist das relative Gefälle

$$J = \frac{0,44}{800} = 0,00055 = 0,55\,^0/_{00}.$$

Will man aber das Gefälle in der Form 1 : x erhalten, so muß man Zähler und Nenner durch 0,44 dividieren

$$J = \frac{0,44 : 0,44}{800 . 0,44} = 1 : 1818.$$

Die Formel von Ganguillet und Kutter gilt auch für **gedeckte Kanalleitungen, das sind Rohrleitungen, welche normal nie voll fließen, und das Rohr daher selbst bei vorübergehender Füllung des Durchflußprofiles niemals unter Druck steht.** Sie sind normal keinem inneren Wasserdrucke ausgesetzt und können aus Ziegelmauerwerk, Beton, Steinzeug bestehen.

Aufgabe 24.

[142] *Wie groß ist die Leistungsfähigkeit des in Abb. 339 dargestellten Profiles, wenn $J = 0,0005$ und $n = 0,03$ ist.*

Die Querschnittsfläche ist $F = \dfrac{1}{2}\,(10,0 + 14,8) \cdot 1,2 = \mathbf{14,88}$ m².

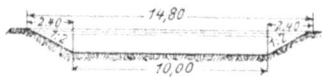

Abb. 339

Der benetzte Umfang $U = 10 + 2\sqrt{(1,2)^2 + (2,4)^2} = \mathbf{15,36}$ m.

Daraus ergibt sich der hydraulische Radius mit

$$R = \frac{14,88}{15,36} = \mathbf{0,97} \quad \text{und} \quad \sqrt{R} = \mathbf{0,985}.$$

Verbindet man nach Abb. 338 den Punkt A mit B, so ergibt sich c im Schnittpunkte C mit **33.** Die Geschwindigkeit $v = 33\sqrt{0,97 \cdot 0,0005} = \mathbf{0,728}$ m und die Wassermenge $Q = v \cdot F = 0,728 \cdot 14,88 = \mathbf{10,83}$ m³ pro Sekunde.

[143] Zulässige Geschwindigkeit und zweckmäßigste Profilform bei offenen Gerinnen.

a) Überschreitet die Geschwindigkeit eine gewisse Grenze, dann wird das Material, aus welchem das Gerinne besteht, von dem fließenden Wasser angegriffen, das Gerinne selbst sonach allmählich zerstört werden. Bei Annahme eines gewissen sekundlichen Abfuhrvermögens, welches ein neu herzustellendes Gerinne besitzen soll, wird die erzeugte Geschwindigkeit hauptsächlich von dem Gefälle abhängen; man wird daher dieses so zu bestimmen haben, daß die Geschwindigkeit gewisse Grenzen nicht überschreitet; diese Grenzen sind aus Tabelle 9 zu ersehen.

Überschreitet die in einem künstlichen, aus Felsen oder Hausteinen bestehenden Gerinne zu erzeugende Geschwindigkeit etwa 5 m, dann empfiehlt sich die Verkleidung der Wände und der Sohle mit Holz in Form von Dielen, Pfosten oder Balken, weil das elastische Holz gegen den Angriff des Wassers viel widerstandsfähiger und in einzelnen Partien auch leicht und billig auswechselbar ist.

Zur Vermeidung von Schlamm- und Sandablagerungen, die die Sohle erhöhen und die Abfuhrmenge verringern, **muß die mittlere Geschwindigkeit** wenigstens **0,20 m,** bei grobem Sand **0,50 m** betragen. Ist bei diesen Geschwindigkeiten nach Tabelle 9 schon ein Angriff auf das Material zu befürchten, so müssen die Uferböschungen und die Sohle durch Berasung oder Abpflasterung gesichert werden.

Tabelle 9. Zulässige Geschwindigkeit in offenen Gerinnen.

Material des Wassergerinnes	Maximale		
	Ober-flächen-	mittlere	Sohlen-
	Geschwindigkeit in Metern		
Schlammige Erde und magerer Ton	0,15	0,10	0,08
Feiner Sand	0,20	0,15	0,10
Fetter Ton	0,30	0,25	0,15
Lehm und grober Flußsand	0,60	0,45	0,30
Kiesiger Boden	1,20	1,00	0,70
Grobsteiniger Boden . .	1,50	1,25	0,95
Konglomerat und Schiefer .	2,20	1,85	1,50
Lagerhafte Gebirgsarten . .	2,75	2,25	1,80
Harter, ungeschichteter Fels	4,25	3,70	3,15

b) Die zweckmäßigste Profilform in Erde ist die Trapezform. Bei gewachsenem Boden ist bei den Böschungen der natürliche Böschungswinkel [69] einzuhalten, bei Trockenmauerwerk könnte man bis zu 63⁰, bei Mörtelmauerwerk bis 90⁰ gehen. In der Praxis wird jedoch der Sicherheit halber die Böschungen etwas flacher ausführen, und zwar:

in lockerer Erde . . 1:2 (nach dem alten Längenmaße „zweifüßig"),
„ dichterer Erde . . 1:1½,
„ dichter Erde . . 1:1¼,
bei Steinpflaster und Trockenmauerwerk. . . 1:1,
„ Mörtelmauerwerk . . . . . 4:1 oder 6:1.

III. Stauberechnungen bei fließenden Gewässern.

[144] Stauweite.

a) Das Gefälle der Bäche und Flüsse stimmt nur selten mit dem der Sohle überein, weil es durch die in den benachbarten Strecken veranlaßten Hebungen und Senkungen des Wasserstandes beeinflußt wird. Dieser Einfluß ist am auffälligsten oberhalb von Stauanlagen, welche durch teilweise Verbauung des Flußbettes oft eine sehr beträchtliche Hebung des Wasserspiegels bewirken.

Das Durchflußprofil wird oberhalb des Stauwerks bedeutend vergrößert, die Profilvergrößerung bedingt eine

Abnahme der mittleren Geschwindigkeit und demzufolge ein geringeres Wasserspiegelgefälle, als es der ungestaute Wasserspiegel hatte. Hieraus entsteht nach aufwärts eine Abnahme der Stauhöhe, der gestaute Wasserspiegel kommt dem ungestauten immer näher, bis schließlich der Unterschied nicht mehr bemerkbar ist. Innerhalb der **Stauweite** wird die Geschwindigkeit bei allen nicht ganz unregelmäßig gestalteten Wasserläufen stromabwärts immer geringer, **die Wasserbewegung ist also verzögert.**

b) Statt des hydrostatischen Staues, der in [132b] erwähnt und berechnet wurde, stellt sich der **hydraulische Stau** ein, bei welchem man annehmen kann, daß **die Staukurve eine Parabel** ist, deren Scheitel am Wehr so liegt, daß die Tangente horizontal verläuft und deren oberer

Abb. 340

Zweig den ungestauten Wasserspiegel tangential berührt (Abb. 340). **Die Stauweite ist dann doppelt so groß wie beim hydrostatischen Stau,** und zwar:

$$l = \frac{2\,h}{J}$$

Dieser Wert ist aber bloß eine Annäherung, weil die Annahme, daß die Staukurve eine Parabel sei, nicht ganz zutreffend ist. Genauere Berechnungen wurden von verschiedenen Fachleuten gegeben und finden sich in Ingenieurkalendern und Sonderwerken über Wasserbau. In den meisten Fällen, namentlich bei **Berechnungen von Staubecken** genügt es, die Staulinie als horizontale Linie aufzufassen und die Stauweite mit $l = \dfrac{h}{J}$ zu berechnen.

Nur wenn es sich um rechtliche Fragen handelt, z. B. wenn durch eine neue Stauanlage das Interesse des oberhalb gelegenen Besitzers infolge von Stauung seines Unterwassers geschädigt oder fremder Grund bei übermäßiger Stauung durch Versumpfung oder Überschwemmung gefährdet werden könnte, **muß die Stauweite genau berechnet werden.**

[145] Stauanlagen in fließenden Gewässern.

In [132] haben wir die Leistungsfähigkeit der Wehren unter der Voraussetzung berechnet, daß das Wasser an der Abflußstelle ohne merkbare Geschwindigkeit ankommt. Trifft aber diese Annahme nicht zu und darf die Ankunftsgeschwindigkeit nicht vernachlässigt werden, so muß die **Geschwindigkeitshöhe** des zufließenden Wassers [140] $k = \dfrac{v^2}{2\,g}$ mit in Rechnung gezogen werden.

Es ist dann beim **freien Überfall**

$$Q = \frac{2}{3} \cdot \mu \cdot b \cdot \sqrt{2\,g}\ \left(\sqrt{(h_1 + k)^3} - \sqrt{k^3}\right)$$

oder, wenn man wieder $\mu = 0{,}62$ und $\sqrt{2\,g} = 4{,}43$ einsetzt,

$$Q = 1{,}82\ b \cdot \left[\sqrt{(h_1 + k)^3} - \sqrt{k^3}\right],$$

beim **Grundwehr** aber

$$Q = \mu \cdot b \cdot \sqrt{2\,g}\ \left[\tfrac{2}{3}\sqrt{(h + k)^3} - \sqrt{k^3}\right] + \mu \cdot b\ (h_1 - h)\,\sqrt{h + k}$$

oder

$$Q = 1{,}82\,b\,\left[\sqrt{(h + k)^3} - \sqrt{k^3}\right] + 2{,}75\,b\,(h_1 - h\,)\,\sqrt{h + k}$$

worin h_1 die Abflußhöhe über dem Unterwasser und $h_1 - h$ die Abflußhöhe zwischen Unterwasser und Wehrkrone bezeichnet. Wenn das Wasser mit merklicher Geschwindigkeit an der Ausflußstelle ankommt, so ist in allen Fällen die betreffende Geschwindigkeitshöhe k der Höhe des Oberwassers zuzusetzen.

b) Bei **schräg zur Stromrichtung liegenden Wehren** darf zur Ermittlung der Geschwindigkeitshöhe k

nicht die volle Geschwindigkeit des ankommenden Wassers verwendet werden, sondern nur die zur Wehrrichtung senkrechte Komponente u. Ist α die Richtung des Wehres zum Stromlauf, so ist nach Abb. 340a $u = v \cdot \sin \alpha$.

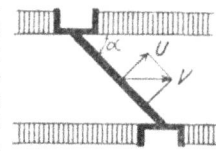

Abb. 340 a

[146] Stauhöhe bei Einbauten (Brücken).

Jede Verengung des Durchflußprofils verursacht eine Anstauung des Wassers, die zwar bei Wehren der Zweck ihrer Anlage ist, bei anderen Einbauten, z. B. bei Brückenpfeilern, eine fatale, aber sehr wichtige Nebenwirkung darstellt, die für den Fall des Hochwassers genau untersucht werden muß. **Denn gerade bei Hochwasser wird das Durchflußprofil um so mehr verengt, je höher das Wasser steigt.** Es sei v die mittlere Geschwindigkeit oberhalb der Brücke und v_1 diejenige in der Brücköffnung, dann beträgt die Stauhöhe $h = \dfrac{v_1^2 - v^2}{2\,g}$, und es handelt sich also nur noch um die richtige Bestimmung von v und v_1.

In dem ungestauten Strom sei F die Profilfläche und B die Wasserspiegelbreite oberhalb der Brücke, Q die Wassermenge, ferner b die Breite und a die mittlere Tiefe der Brücköffnung. Durch den Einbau wird zunächst v vermindert, weil der Querschnitt um Bh größer wird.

$$v = \frac{Q}{F + B \cdot h}.$$

Für die Berechnung von v_1 ist zu berücksichtigen, daß der wirksame Querschnitt nicht völlig die Öffnungen zwischen den Pfeilern ausfüllt, sondern eingeschnürt wird, daher

$$v_1 = \frac{Q}{\mu \cdot b\,(a + h)},$$

worin μ den Einschnürungskoeffizienten bedeutet, der bei Zwischenpfeilern mit zugeschärften Vorköpfen mit 0,90—0,95 und, wenn die Lichtweite im Verhältnis der Pfeilerdicke sehr groß ist, mit 1 angenommen werden kann.

Daraus

$$h = \frac{1}{2\,g}\left[\left\{\frac{Q}{\mu \cdot b\,(a + h)}\right\}^2 - \left(\frac{Q}{F - B \cdot h}\right)^2\right],$$

welche Gleichung am einfachsten dadurch gelöst wird, daß man im Klammerausdruck obiger Formel $h = 0$ setzt und dadurch einen Näherungswert

$$h_1 = \frac{1}{2\,g}\left[\left(\frac{Q}{\mu \cdot b \cdot a}\right)^2 - \left(\frac{Q}{F}\right)^2\right]$$

erhält, den man dann im Klammerausdruck für h einführt.

b) Die **Stauhöhe bei Wehren** ist nach den in [145] gegebenen Formeln zu berechnen. Bei den **Schützenwehren,** deren Öffnungen verschließbar sind, kommt es hauptsächlich darauf an, daß das Wasser nach Freimachung sämtlicher Öffnungen ohne Überschreitung der zulässigen Stauhöhe abfließen kann. Diese **Einbauten sind also vorzugsweise mit Rücksicht auf das Hochwasser derart anzuordnen, daß sie das Durchflußprofil des letzteren wenig verengen.** Bei mittleren und niedrigen Wasserständen läßt sich die Stauhöhe durch entsprechende Handhabung der Verschlußvorrichtungen beliebig verändern. **Feste Wehre erfordern dagegen eine nach der Niedrigwassermenge** zu bemessende Höhenlage der Wehrkrone, weil eine bestimmte Stauhöhe h des Oberwassers über dem Unterwasser eingehalten werden soll.

c) Von Interesse ist es noch, daß **die Hochwasser-wellen in den Flüssen mit einer Geschwindigkeit fort-schreiten, welche um ⅓ größer ist als die Geschwindig-keit des fließenden Wassers.**

Wenn z. B. die Geschwindigkeit des fließenden Wassers 1,05 m war, so beträgt die Fortpflanzungsgeschwindigkeit des Hochwassers $\frac{4}{3} \cdot 1,05 = 1,40$ m.

Das Voraneilen der Anschwellungen könnte befremdlich erscheinen, indem an einer unterhalb gelegenen Stelle die Wassermenge bereits größer werden und der Wasserstand steigen soll, bevor die oberen stärkeren Zuflüsse ankommen. Die Erscheinung erklärt sich aber aus der Fortpflanzung des verstärkten Druckes, den die größeren Zuflüsse ausüben. Auch in einer geschlossenen langen Rohrleitung wird der Ausfluß am unteren Ende sofort stärker, wenn die Wasser-höhe am oberen Ende vergrößert wird. Die Anschwellungen pflanzen sich hauptsächlich im Stromstriche fort, weniger an den Ufern, weshalb das Wasser bei anschwellenden Flüssen im Stromstriche höher steht als an den Ufern, während eine solche überhöhte Form der Oberfläche normal nicht vor-kommt.

Aufgabe 25.

[147] *Eine durch lotrechte Ufermauern begrenzte Flußstrecke soll überbrückt werden. Es ist für Hochwasser gegeben Q = 600 m³, B = 70 m und F = 280 m². Die mittlere Geschwindigkeit in der Brückenöffnung darf nicht größer sein als $v_1 = 3,20$ m und ist $\mu = 90$ anzunehmen. Wie groß muß die Breite b der freien Brückenöffnung sein?*

Näherungsweise ist

$$h = \frac{(3,20)^2 - \left(\frac{600}{280}\right)^2}{19,62} = 0,288 \text{ m}$$

Genauer ergibt sich

$$h = \frac{(3,20)^2 - \left(\frac{600}{280 - 70 \cdot 0,288}\right)^2}{19,62} = 0,321 \text{ m}$$

$$a = \frac{280}{70} = 4,00 \text{ m}$$

$$b = \frac{600}{0,90 \,(4,00 + 0,321) \cdot 3,20} = 48,4 \text{ m}.$$

Wenn der Stau von 0,32 nicht zulässig wäre, müßte natürlich b größer gemacht werden.

Aufgabe 26.

Programm Nr. 2 für eine Stauanlage.

[148] *Es ist eine Stauanlage für ein Wasserkraftwerk zu errichten. Die günstigste Baustelle ergab sich hierfür auf Grund eingehender Vorerhebungen in einem geraden Gerinne, dessen maßgebendes Querprofil in Abb. 341 dargestellt ist. Das mittere Gefälle bei den verschiedenen Wasserständen kann mit 15,60⁰/₀₀ in Rechnung gestellt werden. Die zur Verfügung stehende Wasserkraft ist unter der Annahme zu vermitteln, daß das Gefälle des Gerinnes auf eine Länge von 12,0 km ausgenutzt und daß während der N.W.-Periode im 24 stündigen Durchschnitt ein sekundlicher Zufluß von 6 m³ er-wartet werden kann. Die Ausgleichung der täglichen Schwankungen im Wasserverbrauche erfolgt durch einen Stausee oberhalb des Wehres, dessen nutzbarer Inhalt derart zu bemessen ist, daß auch während der N.W.-Periode eine Steigerung der disponiblen Energie bis auf 26000 PS durch zwei Stunden im Tage gewährleistet wird. Das Werk arbeitet durch 6 Tage in der Woche und wird in diesen Werktagen die durch den Zufluß von 6 m³/sek. gewährleistete Energie voll aufbrauchen. Die erwähnte Steigerung der Energie soll nun eine Woche hindurch im angegebenen Ausmaße möglich sein, d. h. der Wasservorrat im Stauraume muß die Ausgleichung der erforderlichen Wassermengen die ganze Woche über gestatten. Es sind der nötige Stauraum und die erforderliche Stauhöhe zu ermitteln.*

a) Bei einer Ausnutzung des Gerinnes auf eine Länge von 12 km und bei einem mittleren Gefälle von 15,6⁰/₀₀ ergibt sich eine Gefällshöhe von $H = 12\,000 \times \frac{15,6}{1000} = 187,2$ m und daraus nach [124] im I. Fachbande eine Leistung

$$L_{NW} = Q/\text{sek} \times H_m = 6 \text{ m}^3/\text{sek} \cdot 187,2 \text{ m} = 11{,}232 \text{ PS}$$

oder rund **11,500 PS.**

Bei gleicher Gefällshöhe braucht man für **26,500 PS** $Q_1 = 26500 : 187,2 = 14,2$ m³/sek.

Da aber der sekundliche Zulauf aus dem 6 m³ beträgt, so muß für einen Wasservorrat von 14,2 — 6 = 8,2 m³/sek gesorgt werden, um Wasser für 26 500 PS zur Verfügung zu haben.

Damit bei gleichbleibendem täglichen Energieverbrauche die weitere Wassermenge von 8,2 m³/sek während zweier Stunden an jedem Werktage entzogen werden kann, muß der Stauraum um einen Rauminhalt von 8,2 × 6 × 2 × 3600 = 354 240 m³ vergrößert werden. Der regelmäßige Zulauf von 6 m³/sek wird nun an Werktagen durch den 24 stündigen normalen Betrieb voll aufgebraucht. Der Vorrat von 354 240 m³ kann daher dem Staubecken **nur während des arbeitslosen Sonntags** zufließen, welcher Zufluß in 24 Stunden 24 × 3600 × 6 = 518 400 m³ beträgt, von dem nach obigem 354 240 m³ gebraucht werden, während der Überschuß von 518400 — 354240 = 164160 m³ abfließen oder als Reserve gesammelt werden kann.

Nehmen wir, weil Techniker immer mit einiger Sicherheit rechnen sollen, noch ca. 50000 m³ als Reserve dazu, so ergibt sich der Stauraum mit **400000 m³**.

Nach dem gegebenen Profile kann die mittlere Breite b mit **43 m** angenommen werden. In allen Fällen, wo es sich um Berechnung von Staubecken handelt, kann nach [144] die Staulinie mit genügender Genauigkeit als eine horizontale Linie angenommen werden, woraus sich, wenn die Stauhöhe mit x bezeichnet wird, bei einem Gefälle von 15,6⁰/₀₀, d. h. 15,6 m pro 1000 m, die

Stauweite l mit $l = \dfrac{x \cdot 1000}{15{,}6}$ ergibt; damit wird der Inhalt des Stausees

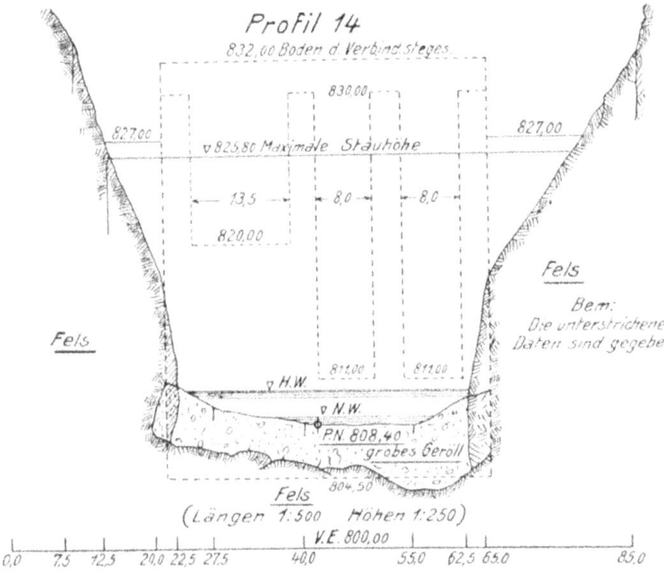

$$Q = b \cdot x \cdot \frac{l}{2} =$$
$$= \frac{b}{2} \cdot \frac{x^2}{15{,}6} \cdot 1000 = 1378\, x^2.$$

Profil 14

Abb. 341

Für Q den obigen Wert von 400000 eingesetzt, gibt 400000 = = 1378 · x² und x = **17,4 m**.

Danach kann die Stauanlage als Schützenwehr mit drei Öffnungen zu 8,0, 8,0 und 13,5 m Breite projektiert werden, wie dies in Abb. 341 angedeutet ist. Die Schwellenhöhe der kleinen Schützen liegt auf Kote **811,0 m**, jene der großen Schütze auf Kote **820,00 m**, ungefähr 6 m unter der maximalen Stauhöhe von 825,80 m.

Die Regulierung des Abflusses erfolgt im Sommer durch die Grundablässe. Während der Niederwasserperiode müssen voraussichtlich alle drei Schützen geschlossen und allenfalls nötige Regulierungen nur mit der großen Schütze 13,5 × 6 ausgeführt werden. Die Abfuhr des Geschiebes, das der Fluß während des Hochwassers mitführt, geschieht durch die beiden je 8 m breiten Grundablässe.

[149]   Übungsaufgaben.

Aufg. 27. Wie groß ist die sekundliche Wassermenge, die über einen 4 m breiten Überfall bei 0,25 m Überfallhöhe fließt? [132 I.]

Aufg. 28. In einem Graben ist gemessen die Tiefe mit 1,20 m, die Sohlbreite mit 1,5 m und die Wasserspiegelbreite mit 5,1 m; ferner ist beobachtet worden, daß ein Schwimmer eine 60 m lange Strecke durchschnittlich in 150 Sekunden durchläuft. Wie groß ist die mittlere Geschwindigkeit und die abgeführte Wassermenge?

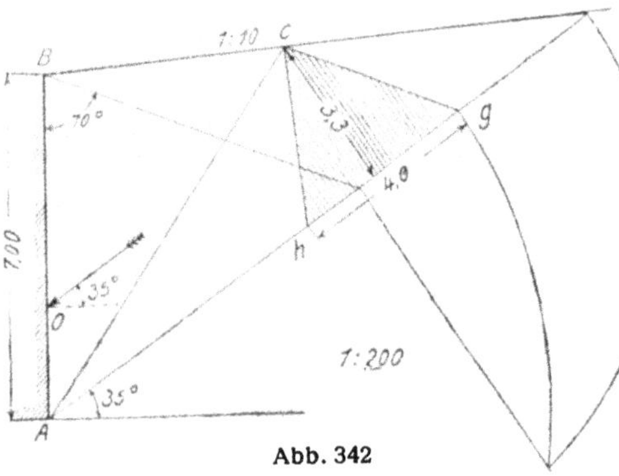

Abb. 342

Aufg. 29. Ein Graben von 1,5 m Sohlbreite mit 1½fachen Böschungen hat 1,20 m Wassertiefe und das Gefälle beträgt 0,60 m auf 400 m Länge. Wie groß ist die Geschwindigkeit und die abfließende Wassermenge? [141 a.]

Aufg. 30. Wenn die Stauhöhe eines Wehres 1,8 m beträgt und der ungestaute Fluß ein Gefälle $J = 0,0025$ oder 1 : 400 hat, wo liegt dann die Staugrenze? [144 b.]

Lösungen im 3. Briefe.

[150] Lösungen der im 1. Briefe unter [81] gegebenen Übungsaufgaben.

Aufg. 14. (Abb. 342.) Das Druckdreieck cgh ergibt die Größe des Erddruckes $P = \dfrac{4{,}0 \cdot 3{,}3}{2} \cdot 1640 = 10800$ kg pro m.

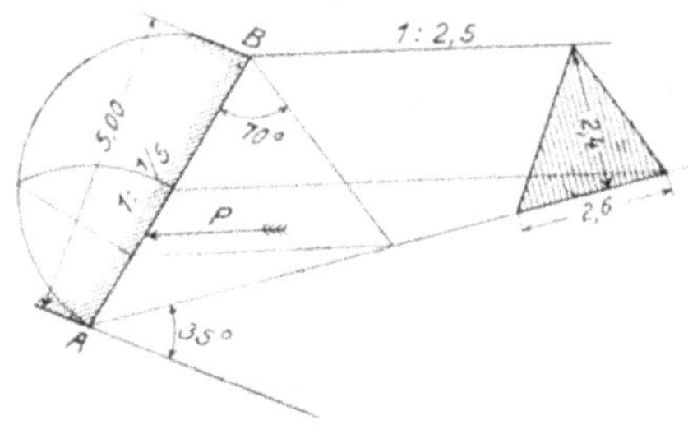

Abb. 343

Aufg. 15. (Abb. 343.) Da sich die Böschungs- und die Terrainlinie sehr schief schneiden, muß von der unter [70, c] erwähnten Hilfsmethode Gebrauch gemacht werden.

$$P = \frac{2{,}6 \cdot 2{,}4}{2} \cdot 1400 \sim 4370 \text{ kg pro m.}$$

ALLERLEI WISSENSWERTES

aus Technik und Naturwissenschaft.

Der Bergbau.

[151] Inhalt: Nach einer gedrängten Übersicht über die Entwicklung des Bergbaues in vergangenen Zeiten werden alle jene Vorkehrungen geschildert, die nötig sind, um die Lagerstätten unserer wichtigsten, dem Mineralreiche zugehörigen Baustoffe aufzusuchen und zu erschließen. In der weiteren Folge werden die zur **Förderung, Fahrung** und **Wasserhaltung** dienenden Einrichtungen und schließlich die Fragen der für den Bergbau so maßgebenden **Wetterwirtschaft** in großen Zügen erörtert.

Der deutsche Bergmann ist eine ebenso beliebte als bekannte Gestalt in unserem Volksleben. Die bei aller Eintönigkeit doch sehr anstrengende und in den leider auch heute nur allzu häufigen Momenten höchster Gefahr für jeden einzelnen verantwortungsvollste Tätigkeit der Bergleute ist so ganz dazu geschaffen, ernste, stille und abgeschlossene Männer zu erziehen, die gerne an den Gewohnheiten, am Althergebrachten hängen und mit besonderer Zähigkeit sogar an den Ausdrücken und Bezeichnungen festhalten, die schon ihre Väter gebraucht haben. Dadurch hat sich bei ihnen ein gewisser Kastengeist entwickelt, der sich von Generation auf Generation forterbte und nicht wenig dazu beitrug, die Angehörigen dieses Berufes mit einer Romantik zu umgeben, die anderen schaffenden Ständen nicht zugeschrieben wird. Trotz all diesem Konservativismus kann man aber durchaus nicht behaupten, daß der moderne Bergbaubetrieb irgendwie rückständig sei, im Gegenteile hat sich technisch der **Tiefbau** im Bergwesen in einer geradezu beispielgebenden Art fortentwickelt; das Maschinenwesen zeigt in den verschiedenen „**Künsten**" des Bergmannes eine musterhafte Vervollkommnung, und in den Fragen, die in der Neuzeit überall dort brennend werden, wo viele Arbeiter unter höchst ungünstigen Umständen beschäftigt werden müssen, waren gerade die Bergleute in erster Linie dazu berufen, die beste Lösung zu suchen und zu finden.

Die erste bergmännische Gewinnung weicher Mineralien ist zweifellos mittels steinerner Werkzeuge erfolgt und erst als die hüttenmännische Darstellung des Eisens und des Kupfers und später die Herstellung der Bronze sowie die Härtung des Eisens zu Stahl allgemeiner bekannt wurden, gelangte der Mensch in den Besitz von Werkzeugen, die ihm die, wenn auch mühevolle Bearbeitung harter Gesteine mittels **Hammers, Keiles** und **Meißels** gestatteten. Die häufige Verwendung des Feuers zu hüttenmännischen Arbeiten und zum Brennen der Tonwaren führten dann schließlich zur Kunst des **Feuersetzens**, mit dessen Hilfe auch sehr harte Gesteine leicht aus ihrem Zusammenhange gelöst werden konnten. **Hammer, Meißel** und **Keil** einerseits und das **Feuersetzen** mit darauffolgender **Abkühlung** anderseits blieben bis zur allgemeinen Anwendung des Sprengpulvers, also etwa bis zum Jahre 1690 **die einzigen Mittel für die Arbeit in harten und sehr harten Gesteinen.**

Daß unter solchen Umständen die Verbreitung des Bergbaues im Altertume eine sehr spärliche blieb, darf uns daher nicht verwundern. Ein Hauptsitz keltischer Kultur war das heutige **Hallstadt**, woselbst bereits mehrere Jahrhunderte v. Chr. Geburt das Salz bergmännisch gewonnen wurde. Das Eisen aus Noricum (heute Steiermark und Kärnten) hatte schon im Altertume Ruf, und es ist erwiesen, daß die Römer dort schon im 2. Jahrhundert unserer Zeitrechnung Bergbau betrieben.

Als aber im Laufe der Jahrhunderte die Reiche des Nordens sich innerlich festigten und durch das Erstarken des deutschen Kaisertums ein neuer weltgeschichtlicher Schwerpunkt entstand, wurde die hohe Bedeutung des Bergbaubetriebes vollauf gewürdigt. Zunächst waren es die an Metallen so reichen Gebiete **Böhmen, Sachsen** und **am Rheine**, wo sich der Bergbaubetrieb am raschesten entwickelte, und schon im 18. Jahrhundert breitete sich in Deutschland der **Steinkohlenbergbau**, der bis dahin wegen des Waldreichtums und des verhältnismäßig geringen Brennstoffbedarfes weniger geschätzt wurde, immer mehr und mehr aus.

Im Jahre 1861 begann in **Staßfurt** der Abbau der Kalisalze, während über den berühmten **Mansfelder Kupferschieferbergbau** schon aus dem 13. Jahrhundert verläßliche Nachrichten vorliegen.

Die Werte, die der Bergbau heute erzeugt, sind jährlich nach Milliarden Mark zu bemessen, **und zwar steht das Gold nur mehr an dritter Stelle: es mußte im Zeitalter der Technik der Steinkohle sowie dem Eisen den Vortritt überlassen.** Jetzt werden mit Ausnahme des Silbers, das etwas zurückgegangen ist, alle Bergbauprodukte in immer größeren Mengen erzeugt; am auffallendsten bei den Kohlen, deren Produktion sich in den letzten 35 Jahren nahezu versechsfachte und bei den Eisenerzen, deren Erzeugung auf mehr als das Achtfache stieg.

Unser vaterländischer Dichter **Rudolf Baumbach** hat das in seinem Gedichte „**Eisen auf immerdar**" sozusagen vorgeahnt: nach seiner Erzählung erschien der Berggeist den Germanen, die Ende des 5. Jahrhunderts die Römer aus den Alpenländern vertrieben, und fragte sie:

„Sprecht, wollt ihr Gold auf hundert Jahr,
oder Eisen auf immerdar?"
Da klirrten zusammen die Schwerter gut,
rot beronnen von Feindesblut,
und brausend rief die ganze Schar:
Eisen, Eisen auf immerdar!"

Die meisten verwendbaren Mineralien treten auf der Erdoberfläche in verhältnismäßig so geringen Mengen auf, daß ihre Gewinnung sich häufig nicht mehr auszahlt. Anhäufungen solcher Mineralien, deren bergmännische Ausbeutung sich lohnt, nennen wir **Lagerstätten,** die, so mannigfach sie auch in bezug auf Form und Entstehen sein mögen, sich doch in einzelne leicht unterscheidbare Gruppen einteilen lassen (Abb. 344). Solche, die als eine Schichte des gelagerten Gebirges aufzufassen sind, nennen wir bei sehr

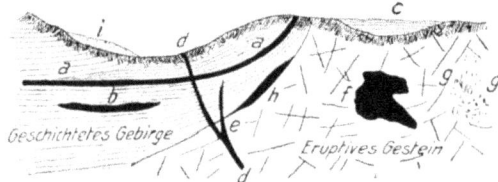

Abb. 344
Lagerstätten

großen Flächen **Flöze** (a), bei kleinerer Ausdehnung und annähernd linsenförmigem Querschnitte **Lager** (b). So spricht man von Stein- und Braunkohlenflözen, dem Mansfelder Kupferschieferflöz, während die Anhäufung von verschiedenen Erzen und Kiesen nur als **Lagerzug** einer größeren Anzahl ausgedehnter Erzlinien bezeichnet werden können.

Gänge sind dagegen mit verschiedenen Mineralien ausgefüllte Spalten in der festen Erdrinde, wie sie sich bei der allmählichen Abkühlung unseres Erdkörpers gebildet haben dürften (d). Die **erzführenden Partien des Ganges** nennt man das **Erzmittel,** während die **tauben Mittel** meist nur die zu den Erzen nicht gehörigen Gangarten enthalten, unter welchen wir vorwiegend Quarze und die verschiedenen Spatarten (Kalkspat, Braunspat, Flußspat usw.) vorfinden.

In Flözen, Lagern und Gängen folgt die Mineralführung der Hauptsache nach einer Ebene, einer **Schichte,** die man, wenn sie älter ist, im Bergbau und in der Geologie **das Liegende** zum Unterschiede von der jüngeren Schichte, **dem Hängenden,** nennt. Ihre Mächtigkeit ist, in der Richtung des **Streichens** größer und in der Richtung des stärksten Falles, dem **Fallen,** kleiner. Die Lage des Streichens wird nach den Himmelsrichtungen, z. B. NO — SW, das Fallen durch den Fallwinkel mit der wagerechten Ebene festgelegt. Die Schichtung des Gesteines vermag man häufig bei einigem Kennerblicke schon von weitem zu erkennen, ja manche Gebirgsschichten verraten schon von selbst ihre Gesteinsbeschaffenheit. Tatsächliche Aufklärung aber erhält der Bergmann nur, indem er an den verdächtigen Stellen gräbt, wie er sagt schürft, oder indem er mit Hilfe des **Tiefbohrers** auf verhältnismäßig schnelle und wohlfeile Art in größere Tiefen eindringt. Solche mühevolle geologische Untersuchungen sind aber nicht jedermanns Sache, und da war es nicht erstaunlich, daß im Zeitalter der Alchimie auch bequemere Mittel versucht wurden, um die Gegenwart von Erzen zu erforschen. In der Mitte des vorigen Jahrhunderts ist die **Wünschelrute** aufgetaucht, mit der man unter besonderen Beschwörungsformeln einen Erzgang zu finden hoffte. Der Aberglaube ist abgetan, aber doch sind heute noch Rutengänger und deren Anhänger zu finden, die die Kraft der Wünschelrute sogar wissenschaftlich beweisen wollen.

Die Schürfarbeiten, wozu in allen Ländern von den Bergbehörden eigene Schurfrechte verliehen werden, **bleiben natürlich nur nahe der Oberfläche.** Um den Gebirgsbau eingehender zu untersuchen sowie Flöze und Lager auszukundschaften, die der mächtigen Bedeckung wegen durch Schürfen nicht zugänglich sind, greift man zum **Tiefbohrer.** Die Tiefbohrtechnik ist jetzt so weit vervollkommnet, daß man in einigen Tagen in losen Boden bis zu 10 m, in festem Fels etwa 3 bis 4 m zu bohren vermag. Man ist schon in Tiefen bis zu **2000 m** gelangt, wozu freilich vorzüglich geschulte Mannschaft und musterhafte Werkzeuge gehören, da letztere nur von der Oberfläche aus gehandhabt werden können.

Während Bohrungen in weichem Boden mit dem **Sackbohrer** (Abb. 94) ausgeführt werden können, müssen in harten Gesteinen schon Stahlmeißel, ja sogar Diamanten zu Hilfe genommen werden. Um die Stauchungen des Gestänges beim Niederfallen zu vermeiden, bedient man sich in neuerer Zeit immer mehr der Freifallbohrer (Abb. 345), durch die das Gestänge in einen oberen Teil, das Obergestänge und in einen unteren Teil, das Untergestänge mit dem Meißel zerlegt wird. Beide sind soweit unabhängig voneinander, daß die Schläge des Meißels sich nicht mehr auf das Obergestänge übertragen können. Das Untergestänge endigt in das Abfallstück A, während das Obergestänge in der Zange Z endigt, die den Kopf K des Abfallstückes fassen und niederfallen lassen kann. Das Bohrloch ist hierbei mit Wasser angefüllt.

Das Aufbohren und Einlassen des Bohrgestänges ist wegen des Abschraubens der einzelnen Teile sehr zeitraubend. Deshalb kommt das in China übliche **Seilbohren** auch bei uns mehr in Anwendung, bei dem das stoßende Bohren statt am Gestänge an einem Seile ausgeführt wird.

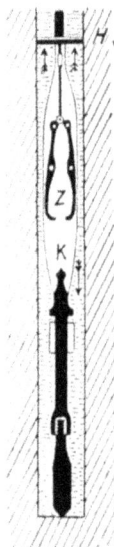

Abb. 345
Freifallbohrer

Einen wesentlichen Fortschritt in der Tiefbohrtechnik erzielte man seit 1864 mit **Diamantbohrmaschinen.** Das Bohrwerkzeug, die Bohrkrone, besteht aus einem stählernen Ring (Abb. 95), dessen Durchmesser jenem des Bohrloches entspricht; die untere Fläche des Ringes ist mit schwarzen Diamanten, den Carbonados, besetzt, die aus Brasilien kommen und aus einer porösen, dem Koks ähnlichen Masse bestehen. Das Einsetzen dieser immerhin recht kostspieligen Bohrdiamanten ist eine ebenso heikle als schwierige Arbeit. Die Krone, die durch eine Dampfmaschine in sehr schnelle Rotation versetzt wird, schleift einen ringförmigen Raum aus; im mittleren Teile bleibt ein zylindrischer Bohrkern stecken, der dann abgebrochen und als Gesteinsprobe aufgebohlt wird. An die Bohrkrone schließt sich das Bohrgestänge g an, durch das fortdauernd Wasser eingepumpt wird, um das entstehende Bohrmehl durch Spülung zu entfernen. Solche Bohrmaschinen werden sehr oft auch durch Druckluft oder Elektrizität betrieben. Sind durch diese Vorarbeiten die Lagerstätten in bezug auf ihre wahrscheinliche Ergiebigkeit genügend bestimmt, so kann dann in dem günstigsten Falle mit dem eigentlichen **Grubenbau** begonnen werden.

Mit Ausnahme der verhältnismäßig seltenen **Tagebaue,** die unmittelbar an der Erdoberfläche liegen und den freien Himmel über sich haben, handelt es sich im Bergbau fast immer um Baue, die sich weiter in die Tiefe erstrecken und sonach künstlich beleuchtet werden müssen. Zunächst wird ein senkrechter oder geneigter (flacher) **Schacht** an geeigneter Stelle zumeist im Felsgehänge von der Oberfläche in die Tiefe (Abb. 346) „abgeteuft". Die Öffnung B legt man gewöhnlich einige Meter über den gewachsenen Boden an, damit man zum Aufstürzen des wertlosen Gesteins Platz erhält, die dort aufgeschichteten Massen nennt man die **Halde** H. Dort, wo Strecken in den Schacht münden, wird für die verschiedenen Arbeiten, die später nötig sind, ein verbreiteter Raum, der **Füllort** F, geschaffen. Den tiefsten Teil des Schachtes, indem sich Wasser sammelt, um ausgepumpt zu werden, nennen die Bergleute den **Schachtsumpf**.

Der Querschnitt eines solchen Schachtes ist im festen Gestein gewöhnlich rechteckig, im lockeren kreisrund gehalten. Um den Schacht für den Verkehr der Mannschaft und den Einbau von Maschinen benützen zu können, ist er durch Hölzer oder Schienen in verschiedene Abteilungen geteilt, deren jede in der Bergsprache ein „**Trum**" genannt wird. Die Abb. 347 und 348 geben je ein Beispiel für einen rechteckigen und einen kreisrunden Schacht; F sind die „**Fördertrümer**", W das „**Kunsttrum**" (es ist dies der Raum für die Wasserhaltungsmaschine, die wie jede in Bergwerken aufgestellte Maschine als „**Kunst**" bezeichnet wird), Fa das „**Fahrtrum**".

Geht ein Grubenbau vom Schachte aus horizontal oder mit schwachem Gefälle im Gebirge, so nennt man diesen Teil des Baues einen **Stollen**; der Punkt, wo er beginnt, nennt man sein **Mundloch**.

Die von Schächten und Stollen weiter sich verzweigenden Grubenbaue nennen die Bergleute im allgemeinen **Strecken.** Sie verlaufen meist horizontal, oft in verschiedener Tiefe, und sind dann durch Zwischenschächte miteinander verbunden. Auch Strecken und Stollen sind rechteckig oder elliptisch ausgelegt und haben oben den **First** oder das **Dach**, unten die **Sohle**, während die seitlichen Wandungen die **Stöße** heißen. Das Ende jeder Strecke im Gesteine heißt ein **Ort.** Der richtige Bergmann hat aber für alles seine besonderen Fachausdrücke: das Herstellen einer Strecke nennt er „**treiben**" oder „**auffahren**", während den Schacht nach unten „**abgeteuft**", nach oben aber „**über sich gehaut**" oder kurz „**überhaut**" wird, weil der Arbeiter in diesem Falle tatsächlich das über ihm befindliche Gestein über seinem Kopfe bearbeiten muß. Ein halbwegs ausgedehnter Grubenbau stellt daher ein förmliches Labyrinth von Schächten, Stollen

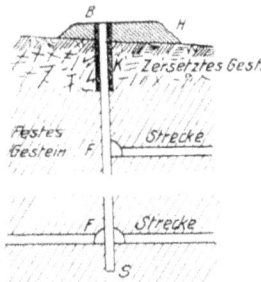
Abb. 347
Querschnitt eines rechteckigen Schachtes

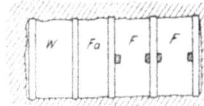
Abb. 348
Querschnitt eines runden Schachtes

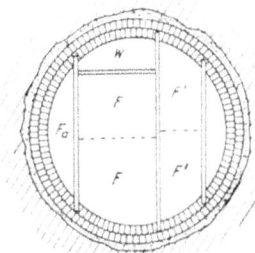
Abb. 346
Grubenbau

und Strecken dar, deren Anlage immer dem Hauptziele, dem Streben nach tunlichst reinem **Abbau** der Lagerstätte um so mehr angepaßt sein muß, als die Natur selbst jedem Bergbaubetrieb durch das Andrängen des Wassers und durch die Zunahme der Wärme mit der Tiefe ohnedies ziemlich enge Grenzen zieht.

Um nun den Betrieb eines Bergwerkes zweckentsprechend fortführen zu können, ist eine genaue Vermessung und die Anfertigung eigener, alle Einzelheiten der Anlage enthaltenden **Grubenrisse** unerläßlich; deren Herstellung und Evidenz obliegt eigenen Beamten, den sog. **Markscheidern**; ihr Titel dürfte wohl davon abzuleiten sein, daß man früher die Grenzen der Grubenfelder „Markscheiden" nannte, und daß es auch heute noch die wichtigste Aufgabe der Vermessungsbeamten ist, die Grubengrenzen auf der Oberfläche festzustellen und ihre Lage in den Grubenbauen, also unter Tag, zu bestimmen. Die Markscheider bedienten sich seinerzeit hauptsächlich des Hängekompasses, um die Richtung gegen den magnetischen Meridian, und des Gradbogens, um die Neigung gegen den Horizont festzulegen. Heute verwendet man hierzu Grubentheodolite, deren Benutzung im Düster des Grubenraumes äußerst schwierig ist und besondere Erfahrung voraussetzt.

Die eigentlichen Gesteinsarbeiten, die die Hauer mitunter oft unter den schwierigsten Verhältnissen verrichten müssen, können wir hier sehr kurz abtun, weil sie bei verschiedenen anderen Gelegenheiten (Tunnelbau usw.) zur Sprache kommen werden. Nur erwähnt sei anzuführen, daß für weniger feste Gesteine gewöhnlich die **Keilhaue** (Abb. 63), das eigentliche Wahrzeichen des Bergmannes, benutzt wird, daß in klüftigem Gestein häufig die Keilarbeit mit Spitz- und Flachkeilen, wie wir sie in der Technologie beschrieben haben, angewendet wird und daß bei festem Gestein heute der Sprengarbeit **die größte Bedeutung** zugesprochen werden muß. Die Bohrlöcher werden **einmännisch** und **zweimännisch** ausgeführt, wo nicht eigene Gesteinsbohrmaschinen von äußerst sinnreicher Konstruktion zur Anwendung gelangen. Wichtiger für uns ist die Frage, wie die Grubenräume ausgebaut werden sollen, damit sie dauernd zugänglich bleiben. In sehr festem Gesteine, wie Gneis, Kalkstein halten sich die Grubenbaue fast eine unbegrenzte Zeit lang in dem ursprünglichen Zustande, und auch in manchen weniger festem Gestein, wie Steinsalz, Stein- und Braunkohlen halten sie sich recht gut, soferne der Gebirgsdruck nicht allzu groß ist. Andernfalls wird häufig, wenn allzu große Gebirgsmassen in Bewegung kommen, auch der kräftigste und kostspieligste Ausbau zerstört. Die Hauptsache für den Bergbaubetrieb ist daher, den Gebirgszusammenhang möglichst zu erhalten und so den Druck überhaupt nicht zur Wirkung gelangen zu lassen, was durch das Stehenlassen von Teilen der Lagerstätte also durch sog. Pfeiler und durch Wiederauffüllung der abgebauten Räume mit taubem Gestein, dem sog. **Bergeversatz**, am wirksamsten erreicht wird.

Das Material für den Grubenausbau ist entweder Holz (Grubenzimmern), Stein (Grubenmauern) und sehr oft auch Eisen oder Stahl. Der Zeit- und Raumbedarf sind beim Ausbau in Holz und Eisen erheblich kleiner als bei der Mauerung, dafür wird leider die Haltbarkeit des Holzes durch Fäulnis, jene des Eisens durch saure Grubenwasser wesentlich beeinträchtigt. Im Falle des Zusammendruckes läßt sich die Zimmerung am schnellsten ausbessern. Was die Form der Baue betrifft, so ist Holz geeigneter für rechteckige

Querschnitte, das auch in Abbauen und in für voraussichtlich nur kurze Zeit in Verwendung stehenden Strecken vorzugsweise verwendet wird. In den Abbauen handelt es sich gewöhnlich nur darum, das Hangende zu unterstützen, wozu Hölzer von entsprechender Länge, **Stempel** oder **Bolzen** genannt, in bestimmten Abständen. senkrecht zwischen den Flächen des Liegenden und Hängenden eingetrieben werden. Beim Ausbau von Strecken sind hauptsächlich die Firste zu verwahren. In Kohlenbergwerken besteht der Ausbau meist aus Türstöcken mit Stempel am Firste, die durch zwei andere Stempel gestützt werden. Der Ausbau der Schächte lehnt sich in seinen Einzelheiten an den der Strecken an. Bei der **Bolzenschrottzimmerung** (Abb. 349) werden Geviere oder Jöcher *J* hergestellt, die auf Tragstempel *T* gelegt werden. Der Verzug *V* besteht aus Brettern, die dicht zusammenschließen, und wird durch Keile in seiner Lage erhalten. In druckhaftem Gebirge werden, um

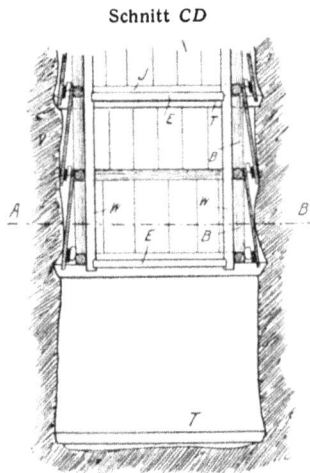

Schnitt *CD*

Schnitt *AB*

Abb. 349 Bolzenschrottzimmerung   Abb. 350 Streckenausbau

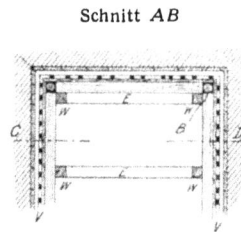

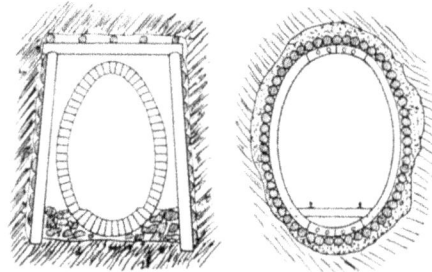

das Verschieben der Jöcher zu verhüten, senkrechte Hölzer, die Wandruten *W*, eingebaut und durch Einstriche *E*, die zugleich die Schachttrümer trennen, an die Jöcher gedrückt.

Bei Eisen und Mauerwerk wird meist ein gerundeter Querschnitt gewählt (Abb. 350).

Ganz eigentümlich ist der **Betrieb** eines Bergwerkes: so unterscheidet der Bergmann sehr scharf zwischen „**Förderung**" und „**Fahrung**". Unter **Förderung** versteht er den Transport der gewonnenen Materialien **aus** der Grube und jenen von Holz, Ziegel, Schienen usw. **in** die Grube; er geschieht in den Gruben hauptsächlich mit Hilfe kleiner Wagen, der sog. **Hunde,** die auf den Hauptstrecken bei mehr als 3 % Steigung abwärts durch eine bremsende, aufwärts, falls dies nötig wird, durch haspelnde Bewegung gefördert werden. Die Hunde sind hierbei an ein Seil befestigt, welches auf eine Trommel aufgewickelt ist. Soll abwärts gefördert werden, so ist mit der Welle der Trommel eine Bremsvorrichtung verbunden; in umgekehrter Richtung greift an der Welle Maschinenkraft, meist Preßluft, an. Derart eingerichtete Strecken heißen **Brems-** bzw. **Haspelberge.**

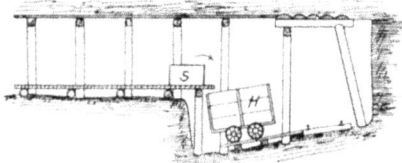

Bei größeren Mengen ist es zweckmäßig, **zweitrümig** zu fördern, d. h. es sind zwei Geleise und zwei Seile vorhanden, die in entgegengesetztem Sinne auf eine Trommel der gemeinschaftlichen Welle gewickelt sind; beim zweitrümigen Bremsberge läuft jedesmal der beladene Hund abwärts und zieht den am anderen Seil befestigten leeren Hund herauf. In flach beginnenden Lagerstätten von sehr geringer Mächtigkeit fehlt häufig die für die Streckenhunde nötige Höhe; man benützt dann entweder kleinere Hunde oder wohl auch **Schleppkästen,** das sind stark gebaute Holzkästen, die an kurzer Kette auf hölzernen Pfosten gezogen und auf der Hauptstrecke von hochgelegenen Bühnen aus beladen werden (Abb. 351).

Abb. 351 Umladen mit Schleppkästen

In steil einfallenden oder stockförmigen Lagerstätten läßt man das Material durch kleine Schächte, die im Bergeversatze ausgespart werden, oder auf Rutschen bis auf die Hauptstrecke abwärts rollen und dort auf die Hunde verladen. Bei größerer Leistungsfähigkeit wird auf den Hauptstrecken mit Wagen oder **deutschen Hunden,** die mit ihren Radkränzen auf 7 cm hohen Gleisschienen laufen, gefördert. Der Inhalt eines Hundes wird bei Kohle mit etwa 7 hl, bei Erzen mit 4—5 hl bemessen; ein Mann „**stößt**" höchstens zwei Hunde. Bei größeren Mengen stellt man Züge von etwa 10 Hunden mit einem **Pferde** zusammen, welche braven Tiere sich außerordentlich schnell an den Grubenbetrieb gewöhnen. Manche werden täglich ein- und ausgefahren, andere haben ihre Stallungen in der Grube und bleiben ihr Leben lang unter Tage. Auch elektrische oder Preßluftlokomotiven fördern Züge von je 10 Wagen mit ca. 3 m Geschwindigkeit, während der Pferdebetrieb höchstens 1 m per Sekunde zuläßt. Die allergrößten Leistungen erzielt man auf geraden Strecken mit der **Ketten-** oder **Seilförderung.** Es ist das ein Seil ohne Ende, das über zwei Scheiben läuft, von denen eine von einer stationären Maschine angetrieben wird. Die Hunde werden einzeln mittels Seilgabeln angekuppelt. Die Förderung in den Hauptschächten ist überall zweitrümig und geschieht jetzt ausschließlich mit Dampfbetrieb. Fördergeschwindigkeiten von 15—18 m per Sekunde sind keine Seltenheit mehr; in den Förderkörben stehen die Hunde, die auf der Hängebank entladen werden und im nächsten Moment schon in die Grube zurückkehren.

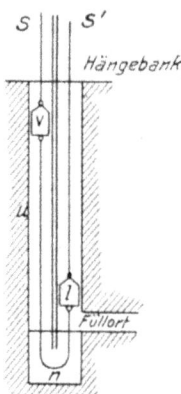

Die Förderungsmaschinen werden durch die sehr starken und daher auch sehr schweren Drahtseile höchst ungleich belastet, weshalb man an den beiden Fördergestellen unten noch das **Unterseil** anhängt (Abb. 352). *S* ist das Seil des vollen, *S₁* jenes des leeren Gestelles, *U* das Unterseil; ist dieses pro laufenden Meter ebenso schwer wie die Förderseile, so wirkt in jedem Trume das gleiche Seilgewicht.   (Schluß folgt.)

Abb. 352 Förderung mit Unterseil

LEBENSBILDER

berühmter Techniker und Naturforscher.

Luigi Galvani.

(* 1737, † 1798.)

Wie wir im Lebensbilde Voltas erwähnt hatten, gelang diesem italienischen Gelehrten durch eine zufällige Beobachtung seines Zeitgenossen Galvani die in der Folge so weittragende Entdeckung des Gesetzes der Spannungsreihe und bald darauf die epochemachende Erfindung des ersten Stromerzeugungsapparates in der nach ihm benannten Säule. Sowie die Nachwelt auch dem Namen des ursprünglichen Entdeckers **Galvani** gerecht wurde, indem alle mit der Berührungselektrizität in Zusammenhang stehenden Erscheinungen als „**Galvanismus**" bezeichnet wurden, ist es auch für uns ein Gebot der Gerechtigkeit, dieses glücklichen und auch auf anderen Gebieten der Wissenschaft mit Erfolg tätig gewesenen Forschers auch in unseren Lebensbildern zu gedenken.

Galvani war am 9. September 1737 zu Bologna geboren, studierte Medizin und wurde 1762 Professor der praktischen Anatomie an der Universität seiner Vaterstadt. Nachdem er sich schon in der Physiologie der Vögel in namhafter Weise betätigt hatte, führte ihn der bloße Zufall zu einer ihn berühmt machenden Entdeckung, die dann in ihrer weiteren Ausbildung durch Volta zum Grundstein der ge-

samten Elektrotechnik wurde. Da seiner erkrankten Gattin zur Stärkung Brühen von Froschkeulen verordnet wurden, hatte Galvani, während er gerade mit Versuchen über Elektrizität beschäftigt war, der er schon immer eine wesentliche Mitwirkung bei den Muskel- und Nervenfunktionen des Körpers zuschrieb, eine Anzahl abgehäuteter Frösche in seinem Zimmer liegen, bei denen er bemerkte, daß sie allemal in eigentümliche Zuckungen gerieten, wenn aus dem Konduktor seiner Elektrisiermaschine ein Funken gezogen wurde. Um den Einfluß der atmosphärischen Elektrizität hierbei zu beobachten, hängte Galvani präparierte Frösche mittels eines in der Wirbelsäule befestigten Kupferdrahtes an dem eisernen Balkongeländer auf und suchte sie durch Hin- und Her-

schwenken mit möglichst viel Luft in Berührung zu bringen; die Frösche blieben dabei ganz ruhig und zuckten nur heftig, wenn sie an das Eisengeländer anstießen. Diese Tatsache, die Galvani veröffentlichte, setzte nun die wissenschaftliche Welt in das größte Erstaunen. Er selbst erklärte die Erscheinung in der Art, daß durch die metallische Leitung eine besondere, „der Elektrizität ähnliche Flüssigkeit" von den Nerven zu den Muskeln übergeführt werde, daß der organische Körper sich wie eine geladene Leidener Flasche verhalte, deren Belegungen einerseits die Nerven, anderseits die Muskeln seien und deshalb durch die Entladung in Zuckungen versetzt werde. Ein großer Teil der Gelehrten hielt lange an dieser Erklärung fest, trotzdem sie sehr bald durch die ausgezeichneten Untersuchungen Alessandro Voltas widerlegt und durch eine neue Theorie ersetzt wurde, welche die Grundlage der Lehre vom Galvanismus geworden ist.

Auf einer Reise fand Galvani noch die Ursache der bei den Zitterrochen sich zeigenden elektrischen Erscheinungen. Als er während der Revolution der Cisalpinischen Republik 1797 den Beamteneid zu leisten verweigerte, verlor er seine Ämter und Einkünfte, wurde aber bald rehabilitiert und starb im Dezember 1798.

Hermann von Helmholtz.

(* 1821, † 1894.)

Einer unserer ersten Naturforscher war **Hermann Helmholtz,** dessen Eltern in Potsdam in ziemlich bescheidenen Verhältnissen lebten. Hermann, der am 31. August 1821 zur Welt kam, war schwächlich, zeigte aber schon früh eine seltene Beobachtungsgabe; er war ein stilles Kind, das sich, andauernd ans Bett gefesselt, mit Bilderbüchern und namentlich mit Bauhölzern beschäftigte, durch welche Spiele er so viel empirische Geometrie lernte, daß er sich später in der Volksschule ganz vertraut mit ihren Grundgesetzen zeigte. Durch rationelle Körperpflege, auf die sein Vater hielt, stärkte sich seine Gesundheit, so daß er mit neun Jahren in das Potsdamer Gymnasium eintreten konnte, dessen Klassen er mit ungewöhnlicher Schnelligkeit durchmachte. Als angehender Student kaufte er sich aus seinen Ersparnissen ein Mikroskop, um praktisch arbeiten zu können, und machte damit später seine ersten Entdeckungen über Gärung.

Gleich Newton, dem er geistig verwandt war, war er hervorragend mathematisch begabt. So drang er in seinen Mußestunden durch Selbststudium in die schwierigsten mathematischen Disziplinen ein und beherrschte sie mit einer Sicherheit, die ihn seinerseits befähigte, physikalische Fragen von einer genialen Höhe aus zu behandeln. Sein ganzes leidenschaftliches Streben galt aber einzig und allein der Naturlehre, und er gestand selbst in seinen „Erinnerungen", daß er, während die Klasse „ihm langweilige" Dinge von Cicero oder Virgil las, unter dem Tische den Gang der Strahlenbündel durch Teleskope berechnete und dabei optische Sätze fand, die ihm seinerzeit bei der Konstruktion seines Augenspiegels recht nützlich wurden.

Er mußte und wünschte, Naturwissenschaften zu studieren; da jedoch sein Vater auch nicht entfernt die Mittel dazu besaß, gab es keinen andern Ausweg, als die Medizin als Brotstudium mit in Kauf zu nehmen. So kam er denn an die Militärarzneischule, der „Pepinière", nach Berlin, wo er einen ausgezeichneten persönlichen Umgang pflegte. Namentlich der berühmte Physiologe Johannes Müller nahm ihn ganz gefangen. Durch diesen Gelehrten kam Helmholtz mit Du Bois-Reymond, Brücke und Virchow in nahe Berührung und erlebte mit ihnen die begeisterte Stimmung, welche stets an den Entwicklungspunkten einer neuen Wissenschaft herrscht. So war es ganz natürlich, daß er selbst in diese Arbeitsrichtung gezogen wurde und als Thema seiner Doktordissertation eine Untersuchung über den Ursprung der Nervenfasern wählte. Helmholtz wurde dann als Chirurg an der Charité angestellt und arbeitete in seinen freien Stunden bei Johannes Müller an einer Untersuchung über die Ursachen der Gärung und Fäulnis, über welche Frage eben damals zwischen Liebig und Berzelius ein Streit in bezug auf die „katalytische Kraft" ausgebrochen war. Inzwischen waren seine äußeren Verhältnisse bequemer geworden, indem er als Eskadronschirurg nach Potsdam versetzt wurde und dienstlich nicht viel in Anspruch genommen war. Die freie Zeit war Helmholtz um so willkommener, als er zu dieser Zeit in eine Ge- und Joules (1843) gekannt zu haben.

dankenreihe über Wärme im Tierkörper, sonach in eine Frage von ungewöhnlicher Tragweite eintrat, die ihn schließlich sehr viel weiter führte, als er voraussehen konnte. Er versuchte das Verhältnis zwischen Arbeit und Wärme allgemein zu klären und kam so zu der Idee **der gegenseitigen Umwandelbarkeit von Arbeit und Wärme**, und zwar, wenn ein Perpetuum mobile ausgeschlossen werden soll, **unter gleichzeitiger Erhaltung des Gesamtbetrages solcher Leistungen.** Die Resultate dieser Betrachtungen veröffentlichte Helmholtz 1847 als junger Militärarzt in Potsdam in seiner denkwürdigen Schrift **„Über die Erhaltung der Kraft",** ohne die vorangegangenen Veröffentlichungen Mayers (1842)

Diese Arbeit begründete seinen wissenschaftlichen Ruhm. Wenn er auch nicht, wie später gegen seinen Willen Berliner Kreise proklamierten, der Entdecker des Gesetzes von der Erhaltung der Kraft war, so hat er sich doch durch diese gründliche Zusammenfassung einen großen Einfluß auf die Entwicklung der Wissenschaft endgültig gesichert, **denn er hat als erster das ganze Feld dieses wichtigen Grundgesetzes festgelegt,** während sich die anderen Forscher mit der Bearbeitung einzelner Gebiete begnügt hatten.

Bald darauf (1849) wurde er Professor der Physiologie in Königsberg, 1855 erhielt er die Professur in Bonn, die er jedoch 1858 mit jener in Heidelberg vertauschte. Später übernahm er die Professur für Physik an der Universität in Berlin und 1888 auch die Leitung der Physikalisch-Technischen Reichsanstalt in Charlottenburg.

Seine bedeutsamsten Werke sind, abgesehen von den bisher erwähnten Arbeiten und der bahnbrechenden Erfindung des **Augenspiegels,** das **„Handbuch der physiologischen Optik"** und **„die Lehre von den Tonempfindungen",** in welchen Helmholtz alle wichtigen Fragen der Optik und Akustik untersucht und eine Fülle von neuen Forschungen bringt. Diese Werke wirkten außerordentlich befruchtend auf die Erfinder der ganzen Welt, und sogar der berühmte Erfinder des Telephons, **Graham Bell,** gestand ausdrücklich, daß diese Erfindung von ihm gar nicht gemacht worden wäre, wenn er die Helmholtzschen Werke nicht früher gelesen hätte.

Die **Faraday-Maxwellsche Betrachtungsweise der elektrischen Erscheinungen,** die bekanntlich sein bevorzugter großer Schüler, der leider zu früh verstorbene Heinrich Hertz, zu einem entscheidenden Abschlusse brachte, verfocht Helmholtz eifrig in Deutschland und verhalf ihr zu jener überragenden Stellung, die sie heute besitzt. Hochgeehrt von allen zeitgenössischen Gelehrten der Welt starb Hermann von Helmholtz am 8. September 1894. Er war trotz seiner Kränklichkeit 73 Jahre alt geworden und hatte seine enorme Leistungsfähigkeit, deren weittragende Erfolge auch nur annähernd aufzuzählen, hier ganz unmöglich wäre, fast unvermindert bis an das Ende bewahrt.

3. BRIEF.

Das Wissen ist ein Quell,
der unversiegbar quillt,
den nie der Durst erschöpft
und der den Durst nie stillt.

(Rückert.)

DAS FELDMESSEN

Inhalt: Während wir bisher nur die einfacheren Feldmeßarbeiten kennengelernt haben, die in der Praxis so häufig angewendet werden müssen, um das Gelände in seiner horizontalen und vertikalen Gestaltung aufzunehmen, wollen wir nun Apparate beschreiben, mit denen man bequem **ausgedehntere** Vermessungen ausführen kann. Hierher gehört der **Meßtisch**, der früher zu den wichtigsten geodätischen Instrumenten zählte, heute aber noch bei generellen topographischen Arbeiten vorzügliche Dienste leistet, dann der **Theodolit**, der die jetzt allgemein übliche **zahlenmäßige Messungsmethode** ermöglicht. Hierauf wollen wir das Wesen der **Triangulierung** in Kürze erklären, soweit dieses Vermessungsverfahren in das Gebiet der niederen Geodäsie gehört.

5. Abschnitt.

Meßtischaufnahmen.

[152] Einleitung.

Der **Meßtisch** hatte in früheren Zeiten eine sehr ausgedehnte Verwendung nicht nur für kartographische Zwecke, sondern auch für Katasteraufnahmen gefunden. Er ist aber in neuerer Zeit, wenn von erstmaligen Eigentumsvermessungen in erst der Kultur zu erschließenden Gebieten abgesehen wird, in seiner Bedeutung wesentlich zurückgegangen und mehr und mehr zu einem Instrument für solche Arbeiten geworden, bei denen das angewandte starke Verjüngungsverhältnis es gestattet, die Aufnahme auf wenige Punkte zu beschränken und die Ergänzung bezüglich der zwischenliegenden Einzelheiten nach dem Auge zu bewirken; seine Verwendung für Katasterzwecke ist in Deutschland sogar behördlich verboten worden.

An diesem Rückgang trägt jedoch weniger die geringe, mit ihm erreichbare Genauigkeit — die Schwerfälligkeit in seinem Gebrauche, seine Abhängigkeit von der Witterung und die Notwendigkeit, zeichnerische Arbeiten mit den weit kostspieligeren Feldarbeiten zu verquicken —, als hauptsächlich der Umstand die Schuld, daß für die Auswertung von Katasteraufnahmen ein **Zahlen- und nicht ein graphisches Werk** erforderlich ist, das jederzeit die Herstellung beliebig vieler Originalpläne in beliebigem Verjüngungsverhältnis gestattet, während der Meßtisch nur einen einzigen Plan liefert.

Immerhin bieten Meßtischaufnahmen soviel interessante und geodätisch ungemein lehrreiche Gesichtspunkte, daß deren eingehendere Beschreibung schon an dieser Stelle des T. S. wohl gerechtfertigt ist.

[153] Der Meßtisch und seine Hilfsapparate.

a) Der Meßtisch ist ein Apparat, auf welchem die zur Herstellung eines geodätischen Elaborats not-

wendigen Horizontalprojektionen der Feldwinkel **graphisch, d. h. nicht im Gradmaße, sondern durch Zeichnung bestimmt werden.** Er besteht aus dem **Stative**, dem **Zwischengelege** Z und der **Meßtischplatte** M (Abb. 353).

Das **Stativ** hat einen dreieckigen Stativkopf k und drei Stativfüße, von denen in der Zeichnung nur F_1 und F_2 abgebildet sind, die mit dem Kopfe durch Fußschrauben (S_1

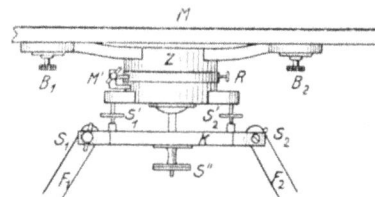

Abb. 353

und S_2) in Verbindung stehen. In der Mitte des Kopfes geht die **Herzschraube** S'' durch, während drei Stellschrauben, von welchen wieder nur S_1' und S_2' gezeichnet sind, zum Horizontalstellen der Platte dienen. Das **Zwischengelege** endet nach unten hin in der Herzschraube S'', durch deren Anziehen es mit dem Stative fest verbunden werden kann, und gestattet **eine grobe und feine Rotation** sowie eine **Parallelverschiebung** der Tischplatte um einige Zentimeter in jeder Richtung, die mit drei Schrauben B_1 und B_2 (die dritte B_3 fehlt in der Zeichnung) bewerkstelligt werden kann. Die Tischplatte ist ein mit einem Außenrahmen zusammengeleimtes, quadratisches Blatt aus Linden- oder Ahornholz von ca. 3 cm Stärke und 55 cm Seitenlänge, auf deren glatt und eben gearbeiteter Oberfläche ein Zeichenblatt aufgespannt werden kann.

Zu jedem Meßtische gehört:

1. Ein Perspektivlineal, die **Kippregel**, die dazu dient, **eine vertikale Visierebene herzustellen und die**

8

Schnittgerade derselben mit der horizontal gestellten Tischplatte, also **ihre Horizontalspur** zu zeichnen.

Die Kippregel besteht aus einem ca. 5 cm breiten und ungefähr 55 cm langen metallenen, unten mit feinem Papier beklebten Lineale, der „Regel", zum Ziehen oder „Einschneiden" der Ziellinien auf dem Zeichenblatt und aus einer auf ihm aufgebauten Zielvorrichtung, die für flüchtige Kleinaufnahmen aus einem Fadendiopter und bei feineren Instrumenten aus einem in der Visierebene kippbaren Fernrohr mit Libelle gebildet wird (Abb. 354).

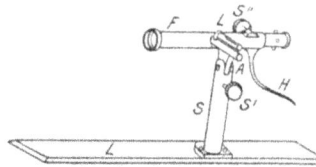

Abb. 354
Kippregel

2. Eine **Lotgabel,** um irgendeinen beliebigen Meßtischpunkt auf den Boden herabzusenkeln oder umgekehrt einen bestimmten Geländepunkt auf das Zeichenblatt zu übertragen. Sie besteht (Abb. 355) aus einem Holzwinkel, der einen Senkel trägt.

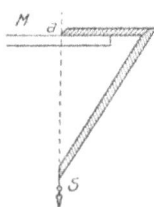 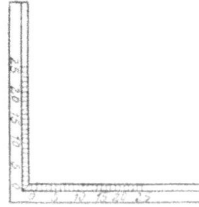 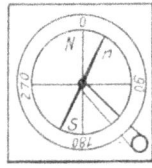

Abb. 355	Abb. 356	Abb. 357
Lotgabel	Ordinatenwinkel	Bussohle

Außerdem ist zu jeder Meßtischaufnahme eine **Tischlibelle** zum Horizontalstellen der Tischplatte und ein **Ordinatenwinkel** (Abb. 356) erforderlich; wünschenswert ist noch die Beigabe einer **Bussole** (Abb. 357) zur flüchtigen Orientierung des Meßtisches. Außerdem hat sich der Geometer mit den notwendigen Zeichenrequisiten, wie Haarzirkel, Transversalmaßstab, einigen harten und weichen Bleistiften, Radiergummi und Pikiernadeln zu versorgen.

b) **Die Oberfläche der Tischplatte muß unbedingt eben sein,** was nach ihrer Horizontierung durch Aufsetzen der Wasserwage an verschiedenen Stellen des Plattenrandes untersucht werden kann.

Bei der **Kippregel** ist zu prüfen, **ob die Kippachse des Fernrorhes ⊥ zur Ziellinie und ∥ zur Linealauflagerfläche steht,** sowie **ob die Kippebene durch die Zeichenkante des Lineals geht.** Da das Fernrohr der Kippregel meist weder durchgeschlagen noch umgelegt werden kann, beschränkt sich hier die Untersuchung darauf, **daß man den Fadenkreuzungspunkt auf eine vertikale Gerade (Hauskante oder längerer Sockelfaden) einstellt und dann das Fernrohr auf- und abbewegt;** bei horizontaler Platte darf der Fadenkreuzungspunkt keine Abweichung von dieser Vertikalen zeigen. Ein eventueller Fehler ist entweder mit den Korrektionsschrauben am Fadenkreuzrahmen oder mit den Verbesserungsschrauben des einen Lagers oder des Ständers zu beseitigen. Ist aber das Fernrohr umlegbar oder zum Durchschlagen eingerichtet, so muß die Prüfung ebenso gemacht werden, wie es später beim Theodoliten beschrieben werden wird.

Um zu konstatieren, **daß die Kippebene durch die Linealkante geht,** zielt man bei horizontierter Platte auf einen Punkt einer längeren vertikalen Geraden, z. B. einer scharfen Hauskante, und steckt knapp an die Zielkante recht weit voneinander zwei Nadeln **vertikal** in die Platte. Visiert man jetzt von einiger

Entfernung aus über die Nadeln nach der Hauskante, so muß Deckung stattfinden. Im Gegenfalle ist der Ständer der Kippregel entsprechend zu drehen.

[154] „Meßgerechte" Aufstellung des Tisches.

Im Prinzipe ist die Aufstellung eines Meßtisches eine recht einfache Sache. Man braucht dazu nur zwei **Feldpunkte A, B, und am Meßtische die Gerade a b entsprechend der Feldgeraden A B** — also eine Strecke, die z. B. der 1000. Teil der Feldstrecke A B ist, wenn im Verhältnis 1:1000 gezeichnet werden soll, oder der 2500. Teil, wenn das Verjüngungsverhältnis 1:2500 beträgt (Abb. 358 a). **Man stellt nun den Meßtisch horizontal und so auf, daß a vertikal über A und a b in der Richtung A B liegt.** a über A stellen heißt den Meßtisch **zentrieren,** a b in die Richtung von A B drehen, heißt ihn **orientieren;** einen Meßtisch horizontal stellen, zentrieren und orientieren heißt ihn „meßgerecht" **aufstellen.**

Im Detail ist aber hierbei so mancherlei zu berücksichtigen: Wenn a über A und a b in der Richtung A B liegt, so befindet sich der **Tischmittelpunkt m** der Schnittpunkt der beiden Diagonalen der Tischplatte — und **nur nach diesem** kann zentriert werden — über einer ganz bestimmten Stelle M des Bodens. **Der Stativmittelpunkt muß daher über M gestellt werden,** wenn es überhaupt möglich sein soll, a über A und a b in die Richtung von A B zu bringen.

Es ist nun leicht möglich, den Punkt M am Boden zu bestimmen, denn er liegt genau so zu A B, wie m am Tisch zu a b. Nimmt man daher einen Ordinatenwinkel und legt ihn so auf den Tisch, daß eine Schenkel auf a b, der andere auf m zu liegen kommt (Abb. 358 b), so kann man sagen: m liegt mit Rücksicht auf

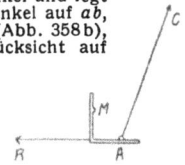

| Abb. 358 a | Abb. 358 b | Abb. 358 c |

 a b — von a gegen b gesehen — x cm vorwärts und y cm rechts. Nun wird der Winkel ebenso auf den Boden gelegt (Abb. 358 c) und der Punkt M markiert. Darauf folgt die meßgerechte Aufstellung des Stativs; es wird **bei offenen Fußschrauben** so gestellt, **daß der Kopf in bequemer Höhe und beiläufig horizontal ist, daß der Stativmittelpunkt, an dem ein Senkel befestigt ist, vertikal über M liegt,** daß keiner der drei Füße den Punkt A, von oben gesehen, deckt und daß die Fußspitzen bereits im Boden stecken. Nach Anziehen der Fußschrauben wird das mit der Meßtischplatte normal verbundene Zwischengelege auf die Stellschrauben gelegt und bei **offener Herzschraube** die Platte horizontal gerichtet. Zu diesem Behufe legt man die bereits geprüfte Libelle in die Richtung zwischen zwei Stellschrauben und hierauf in eine dazu senkrechte Stellung. In beiden Lagen wird die Libelle zum Einspielen gebracht, worauf die Herzschraube angezogen wird.

Nach durchgeführter **Horizontierung** der Tischplatte erfolgt die rohe Orientierung, indem man eine Kante der Libellenfläche an die Linie a b anlegt und den Tisch solange dreht, bis man über die Libelle hinweg auf den bei B stehenden Visierstab zielen kann. Ist M richtig ausgemittelt, so muß a über A liegen, was man mit der Lotgabel prüft. Ist der auf a eingestellte Senkel um mehr als etwa 2 cm von A entfernt, so muß nach Lüftung der Befestigungsschrauben B_1, B_2 und die Meßtischplatte parallel zu sich selbst der Abweichung entgegengesetzt verschoben werden, worauf die Schrauben wieder angezogen werden können. **Dadurch ist der Tisch zentriert.** Auf diese Manipulation folgt die **Orientierung,** indem man die Kippregel an die Linie a b oder deren Randmarken anlegt und, um den jeder Geraden durch kurze Striche am Rand der Platte anbringt, um die Richtung möglichst zu verlängern.

Vorher müssen aber noch gewisse optische Vorbereitungen getroffen werden, wozu das Deutlichmachen des Fadenkreuzes und des Bildes B, welches schon bei halbwegs gelungener Orientierung im Gesichtsfelde des Fernrohres erscheinen wird, ferner das Beseitigen jeder **Parallaxe** [90 a 2], [160 c] durch Korrektur an der Okularlinse gehört, um Fadenkreuz und Bild in die gleiche Ebene zu bringen.

Erst **nach** diesen Vorbereitungen wird die Zielkante des Lineales **scharf an die Gerade** ab **angelegt,** die Horizontalachsenlibelle **genau** zum Einspielen gebracht **und der Tisch so lange fein gedreht, bis die Ziellinie genau durch den Bodenpunkt** B **geht.** Damit ist der Meßtisch „meßgerecht" aufgestellt.

[155] Meßtischoperationen.

a) Die Meßtischoperationen bieten im allgemeinen wenig Schwierigkeiten; bei der Ausführung muß jedoch der Anfänger besondere Sorgfalt aufwenden, weshalb wir sie hier ausführlicher besprechen wollen. Dies empfiehlt sich um so mehr, als die mit dem Meßtische mögliche „graphische Triangulierung" eine vorzügliche Vorschule für die ungleich schwerer verständliche „rechnerische Triangulierung" abgibt, die wir am Schlusse dieses Briefes behandeln werden.

Vorläufig wollen wir nur allgemein von „Feld-" und „Standpunkten" sprechen, ohne uns weiter darum zu kümmern, ob und auf welche Art diese **trigonometrisch festgelegt,** also zu **Triangulierungspunkten** geworden sind.

b) Nach meßgerechter Aufstellung des Meßtisches folgt die eigentliche **Richtungsbestimmung,** das **Rayonieren oder „Einschneiden",** wozu immerhin einige Übung erforderlich ist, um einerseits genau auf

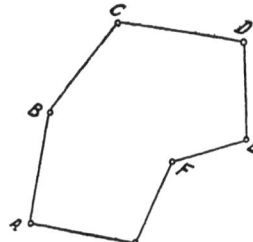
Abb. 359

den aufzunehmenden Punkt C zu zielen und dabei die Linealkante der Kippregel fest an den Tischpunkt a anzuhalten (Abb. 359). Ist das endlich gelungen, **so wird längs der Zielkante mit hartem Blei eine Linie gezogen und auf dieser von** a **aus die früher gemessene Strecke** AC **verjüngt aufgetragen. Das Ende dieser Strecke ist der gewünschte Punkt** c. Man nennt diese Art der Bestimmung eines Neupunktes kurz „Rayonieren und Messen" oder „Rayon und Maß" zum Unterschiede von dem noch zu besprechenden „Rayonieren und Schneiden" oder kurz „Rayon und Schnitt".

c) Die Arbeiten mit dem Meßtisch sind ganz verschieden, je nachdem die Aufnahme eine **selbständige** ist, die mit keiner früheren Arbeit, sei es wieder eine Meßtischaufnahme, eine Triangulierung oder eine bloße Stückvermessung, in Zusammenhang gebracht werden soll oder aber **die Fortsetzung oder Ergänzung** einer vorgegangenen Vermessung bildet. Eine **selbständige Aufnahme kann man von jedem beliebigen Punkte des Geländes aus beginnen,** indem man dort den Meßtisch aufstellt, **zentriert, aber nicht orientiert,** dafür jedoch die aufzunehmenden Feldpunkte **rayoniert** und abmißt.

Soll dagegen die Aufnahme an eine frühere Vermessung anschließen, dann müssen **mindestens** zwei Festpunkte am Felde gegeben und durch ihre Koordinaten auch auf der Tischplatte eingezeichnet sein. In diesem Falle wird man den Meßtisch in dem einen Festpunkte aufstellen, daselbst **zentrieren** bzw. nach dem zweiten Festpunkte nach der Verbindungslinie der gegebenen Festpunkte oder mit der Bussole **orientieren,** falls die frühere Aufnahme auch nach der Bussole orientiert war. Die

Aufnahme selbst kann dann auch durch „**Rayonieren und Schneiden**" erfolgen, wobei Streckenmessungen in der Regel ganz vermieden bleiben.

Liegen noch andere Festpunkte innerhalb des aufzunehmenden Gebietes, so wird es wie bei Nivellements empfehlenswert sein, sie in die Aufnahme einzubeziehen, weil dadurch eine sehr wirkungsvolle Kontrolle geschaffen wird.

I. Rayonieren und Messen.

1. Aufnahme einer geschlossenen Figur durch Umzielung.

Gegeben ist das Feldpolygon $ABCDEFG$ **und die der Feldstrecke** AB **entsprechende Strecke** ab **auf der Tischplatte. Es ist das Polygon** $abcdefg$ **zu zeichnen** (Abb. 360).

Nach erfolgter Messung aller Feldstrecken besteht die Lösung dieser Aufgabe eigentlich nur in der mehrmaligen Wiederholung der meßgerechten Aufstellung des Tisches in den einzelnen Feldpunkten und dem Rayonieren nach den nächstfolgenden Feld-

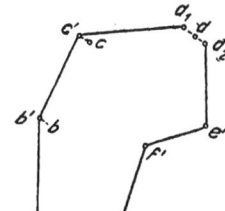
Abb. 360　　　　Abb. 360a

punkten. Zweckmäßig ist es, das Polygon zur graphischen Aufnahme in zwei Polygonzüge, z. B. $ABCD$ und $AGFED$, zu zerlegen. Man stellt zuerst in B meßgerecht auf, orientiert nach A und bestimmt c, dann überträgt man den Tisch nach C, bestimmt d. — Hierauf stellt man meßgerecht in C auf, orientiert nach B und bestimmt in gleicher Weise sukzessive die Punkte g, f, e und wieder d. **Das zuerst gefundene** d soll d_1, **das zuletzt gefundene** d_2 **heißen.**

Ist die Lage der Strecke ab am Meßtischblatt freigestellt, so soll sie womöglich so erfolgen, daß das ganze Polygon auf dem Blatt Platz findet, was nur auf Grund einer Skizze gelingen kann.

Zu beachten ist ferner, daß jeder Rayon, nach welchem orientiert werden muß, hier also ab, bc, ag, gf und fe **Randmarken** erhalten muß und daß **vor** dem Verlassen eines Aufstellungspunktes die Koordinaten des Tischmittelpunktes für die nächste Station zu ermitteln sind.

Von großer Wichtigkeit ist es auch, sich **vor** dem Verlassen einer Station durch **Rückkontrolle** zu überzeugen, daß keine groben Fehler in der Richtungsbestimmung unterlaufen sind, indem man die Kippregel noch einmal flüchtig an die Orientierungsgerade anlegt und nachsieht, ob die Visierlinie durch den Orientierungspunkt geht, wodurch sich eine Verschwenkung sofort anzeigt.

Der **Schlußfehler** $d_1 d_2$ hat seine Ursache entweder nur in unvermeidlichen oder in groben **und** in unvermeidlichen kleinen Fehlern.

Grobe Fehler lassen sich jedenfalls bei der Winkelmessung durch die Rückkontrolle, bei der Längenmessung durch zweckmäßige Kontrollmaßnahmen und durch Überprüfung der Auftragungen konstatieren. Ob aber die Summe der übrigbleibenden, unvermeidlichen Fehler zulässig ist, hängt lediglich von der Genauigkeit ab, die erreicht werden soll. Ist der Fehler zu groß für den Zweck der Arbeit, so muß das Polygon durch besser bestimmte Festpunkte in mehrere Polygonzüge zerlegt oder der Meßtisch durch ein genaueres Instrument ersetzt werden.

Der als zulässig erachtete Fehler $d_1 d_2$ ist jedenfalls **auf alle Polygonpunkte zu verteilen. Man halbiert** $d_1 d_2$ **in** d **und betrachtet diesen Punkt und den Anfangspunkt** a **als definitiv. Der weitere Vorgang soll durch Abb. 360a und 361 erläutert werden.**

Um z. B. die Punkte b' und c' zu korrigieren, werden die Seiten des Zuges $a b' c' d'$ auf eine Gerade xy (Abb. 361) nach einander aufgetragen, durch a, b', c' und d' Senkrechte zu xy gezogen, auf der letzten Senkrechten die Strecke $d d'$ aufgetragen und d mit a verbunden. Werden nun in den Polygonpunkten b' c' Parallele zu $d_1 d_2$ gezogen und auf diesen die Längen $b b'$ und $c c'$ aus Abb. 361 aufgetragen, so ergibt sich die proportionale Verschiebung der Punkte b und c. Ebenso erfolgt die Korrektur der Punkte g', f', e'.

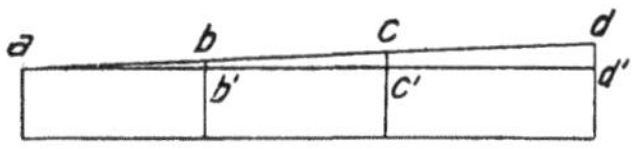

Abb. 361

2. Aufnahme einer zwischen zwei Standpunkten gelegenen, gebrochenen Strecke:

Gegeben sind die eventuell durch Triangulierung festgestellten Standpunkte A und B (Abb. 360) und die entsprechenden Punkte a und b am Meßtische, Zwischen diesen ist der dem Polygonzuge A, II, III, IV, V, B am Felde entsprechende Polygonzug a, 2, 3, 4, 5, b zu zeichnen.

Nach durchgeführter Messung der Strecken $A II$, II, III usw. ist der Vorgang genau derselbe wie bei 1. Die Orientierung bei der meßgerechten Aufstellung in A erfolgt nach B oder einem anderen Festpunkte C, wenn dieser vom Punkte A aus sichtbar und der zugehörige Tischpunkt c am Meßtische verzeichnet ist. Die Orientierung in B erfolgt nach A, eventuell nach C.

Wiewohl solche Polygonisierungen meist bei Waldaufnahmen durchgeführt werden, um für untergeordnete Zwecke (Wege, Bestandsgrenzen) geeignete Verknotungspunkte zu schaffen, daher in der Regel in einem Terrain stattfinden, das keine Übersicht gestattet, kommt es doch hier wie bei 1. mitunter vor, daß man von einem Punkte II des aufzunehmenden Zuges **nicht nur** nach dem **nächsten** Punkte III sondern auch nach einem dritten Punkte IV und einem vierten V visieren kann, **wodurch sich die Aufstellungen in III und IV ersparen**

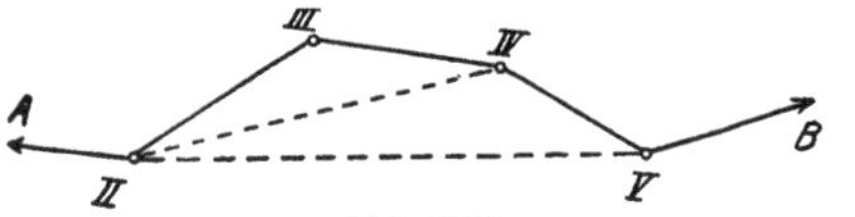

Abb. 362

lassen (Abb. 362). Man visiert dann von dem vertikal über M befindlichen Tischpunkt nach III, IV und V, zieht die diesen Visuren entsprechenden Rayons, bestimmt 3, faßt hierauf die verjüngte Strecke III IV in den Zirkel, setzt in 3 ein und pikiert den von 2 gegen IV gezogenen Rayon; dann setzt man mit der verjüngten Strecke IV, V im Zirkel in 4 und pikiert den Rayon von 2 gegen V usw. Die Randmarken sind in diesem Falle nur für 2,5 notwendig.

3. Das Polygon $ABCDEFG$ ist in übersichtlichem Terrain nach der Polarmethode zu bestimmen (Abb. 363):

Abb. 363

Man stellt den Meßtisch **im Innern des Polygones** horizontal und so auf, daß man von ihm nach allen Polygonpunkten visieren und messen kann, nimmt dann auf der Tischplatte einen Punkt p an, visiert von ihm nach allen Polygonpunkten und zieht die betreffenden Rayons. Nun wird p herabgelotet, von diesem Punkte P nach allen Polygonpunkten gemessen; diese Distanzen, in verjüngtem Maßstabe auf die Rayons am Meßtisch aufgetragen, ergeben die Tischpunkte $a b c d e f g$.

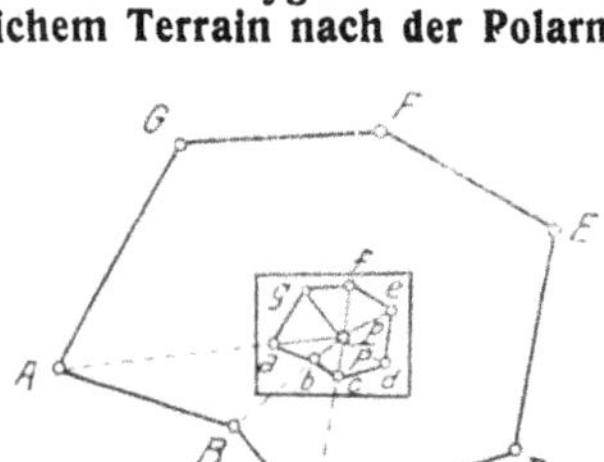

Diese Methode ist besonders dann zu empfehlen, wenn sich die Distanzen optisch bestimmen lassen, wozu die Kippregel mit einem Distanzmesser ausgerüstet sein muß.

4. Aufnahme eines Waldweges mit Hilfe der Orientierungsbussole:

Um einen abgeschlossenen Waldkomplex aufzunehmen, wurde um denselben ein Polygon gelegt, dessen Eckpunkte mit A, B, C bezeichnet sind. **Dieses Polygon ist bereits nach 1. oder 2. aufgenommen und am Meßtische mit a, b, c bezeichnet. Nahe am Punkte A (Abb. 364) geht in den Wald ein Weg, in dessen Nähe ein Polygonzug gelegt werden muß, um daran die markanteren Wegpunkte anheften zu können. Dieser Polygonzug ist nun mit Hilfe der Bussole zu bestimmen.** Das Kennzeichnende dieser Polygonisierung besteht darin, daß man sich nicht mehr in **jedem** Punkte, sondern nur mehr **in jedem zweiten** aufstellt und daß die **Auspflockung des Zuges** also die Feststellung seiner Eckpunkte erst **während der Aufnahme** erfolgt.

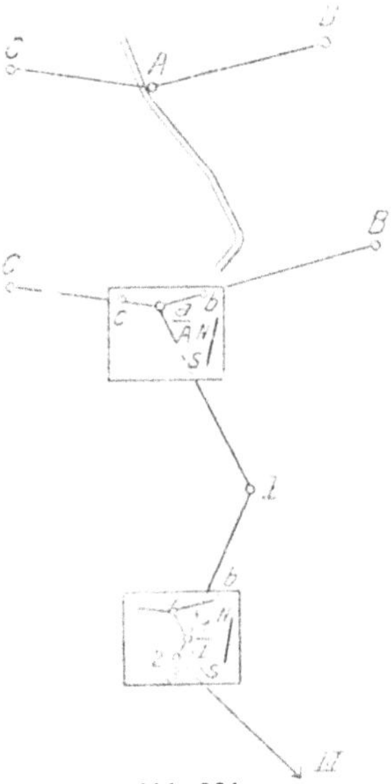

Abb. 364

Zunächst wird der Meßtisch in A meßgerecht aufgestellt, d. h. a vertikal über A gestellt, was wir künftig mit $\frac{a}{A}$ bezeichnen wollen, und ab in die längere Richtung AB gebracht. Nun legt man die Bussole auf den Tisch, richtet sie so, daß die Nordspitze auf 360^0, die Südspitze auf 180^0 zeigt, legt die Kippregel an eine zu NS parallele Kante der Bussolenplatte und zieht nach der Zielkante eine Gerade mit Randmarken. Diese mit NS bezeichnete Gerade nennt man die **magnetische Richtlinie**. Dann wird von a aus nach dem ersten Wegpunkte I visiert und der Rayon ohne Randmarken gezogen. Nun sucht man den Standort II so, daß die Strecke I II nahe am Wege liegt und das Visieren wie das Messen zuläßt; die Strecke I II muß also „visier- und meßfrei" sein. In II wird jetzt der Meßtisch orientiert aufgestellt, ohne daß der Bodenpunkt bestimmt ist. Man stellt den Tisch horizontal, legt die Bussolenplatte an NS an und dreht den Tisch samt Bussole so lange, bis die Nordspitze wieder auf 360^0 zeigt. Dann ist der Tisch orientiert. Während der Aufstellung in II ist die Strecke A I gemessen worden, die man verjüngt auf den vorher gegen I gezogenen Rayon aufträgt, wodurch man dem Feldpunkte I entsprechenden Tischpunkt 1 erhält. Dieser Punkt wird mit der Lotgabel auf den Boden übertragen und dann erst gepflockt. Hierauf legt der Geometer die Kippregel an 1, visiert nach I und zieht einen Rayon gegen sich, der mit a 1 denselben Winkel einschließt, wie I II mit A I. Der Winkel II I A ist demnach aufgenommen. Um nun den dem Feldpunkte II entsprechenden Tischpunkt 2 zu erhalten, wird I II gemessen und auf dem gezogenen Rayon von 1 aus verjüngt aufgetragen.

Von 2 wird nun nach III rayoniert, womit Station II abgetan ist. Die Station II darf aber keinesfalls verlassen werden, ohne sich zu überzeugen, daß der Tisch nicht verschwenkt wurde, was dadurch geschieht, daß man die Bussolenplatte wieder an NS anlegt und den Stand der Nadel prüft. Das ersetzt bei dieser interessanten Methode die früher erwähnte Rückkontrolle.

Bei der gewöhnlichen Polygonisierung hängen die **Richtungen der Seiten voneinander ab,** hier aber nur von der Genauigkeit der Tischorientierungen. Da nun diese wegen der Unsicherheit des Nadelstandes stets verhältnismäßig gering ist, geht man stets mit **kurzen Seiten** vor, dann sind die seitlichen Verschiebungen der Polygonpunkte kaum merkbar.

II. Rayonieren und Schneiden.

5. Das Polygon $ABCDEFG$ ist in übersichtlichem Terrain nach der Methode „Vorwärts abschneiden" (Standlinienmethode) aufzunehmen (Abb. 365):

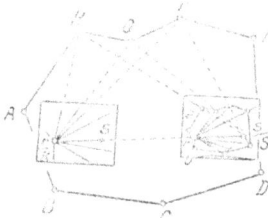

Abb. 365

Man nimmt eine beliebige Gerade RS als **Standlinie** an, die sich leicht messen läßt und von deren Endpunkten R und S alle Punkte anvisiert werden können. Hierauf wird RS gemessen und auf einer entsprechend angenommenen Geraden rs in verjüngtem Maße aufgetragen. Nun stellt man den Meßtisch in R meßgerecht auf $\left(\dfrac{r}{R}\right.$ und rs in der Richtung $RS\Big)$, visiert nach allen Polygonpunkten und zieht die Rayons, die man vorläufig nur mit Buchstaben bezeichnet, ohne die Randmarken zu ziehen.

Nach erfolgter Rückkontrolle und Bestimmung der Koordinaten des Tischmittelpunktes für S wird der Tisch nach S übertragen, dort meßgerecht aufgestellt $\left(\dfrac{s}{S}\right.$ und sr in Richtung $SR\Big)$, worauf man von s nach allen Polygonpunkten rayoniert. **Der Schnittpunkt von zwei nach demselben Punkte gezogenen Rayons ergibt den betreffenden Tischpunkt.**

Bei dieser **sehr beliebten** Methode braucht man nur **eine einzige Strecke** zu messen, um oft eine sehr große Zahl von Punkten zu bestimmen.

Selbstverständlich darf man nur **scharfe** Schnitte benutzen. Schneiden sich zwei Strahlen unter weniger als 30°, so wird der Punkt entweder durch „Rayon und Maß" bestimmt oder an die Verbindungsgerade von zwei benachbarten, bessergeschnittenen Punkten mittels rechtwinkliger Koordinaten angebunden. Da aber solche Mittel unbequem sind, soll man die Standlinie mit besonderer Vorsicht wählen.

6. Das Rückwärtseinschneiden oder die Pothenotsche Vierecksaufgabe:

Ist die Aufstellung des Meßtisches auf den gegebenen Festpunkten unmöglich oder soll sie erspart werden, so kann die Lage eines weiteren Punktes durch Rayons bestimmt werden dadurch, daß man den Meßtisch vorerst noch roh über diesen Punkt aufstellt, das vorhandene Bild der gegebenen drei Festpunkte einorientiert und dann die genauen Rayons nach diesen zieht.

Gegeben sind die Festpunkte A, B, C und die diesen Punkten entsprechenden Tischpunkte a, b, c (Abb. 366).

Der Meßtisch ist nun **an einer passend gewählten Stelle** des Vermessungsgebietes, die der Punktgruppe A, B und C nicht allzu nahe ist, aber nicht so weit von ihr entfernt liegt, daß einzelne Rayone schlecht geschnitten werden, so aufzustellen, daß abc annähernd dieselbe Lage hat wie ABC, **daß also die**

Feldseiten des Dreieckes mit den entsprechenden Tischseiten nahezu parallel liegen. Die genaue Orientierung — die nur Zufall sein kann — zeigt sich sofort darin, daß sich die Rayons aA, bB und cC in einem **einzigen Punkte** d **schneiden.**

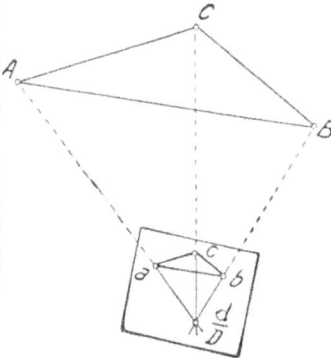

Abb. 366

Senkelt man diesen Punkt auf den Boden herab, so ergibt sich ein Feldpunkt D, dessen Beziehung zu A, B und C genau dieselbe ist, wie die des Punktes d zu a, b, c. Es muß dann die Relation gelten:

$$ad : bd : cd =$$
$$= AD : BD : CD.$$

Da man den Meßtisch nach Augenmaß orientiert, so werden sich die drei Rayons — in der Regel — **nicht in einem Punkte schneiden,** sondern sie werden im allgemeinen ein größeres oder kleineres **Fehlerdreieck ergeben,** dessen Größe von der Verschwenkung des Tisches abhängen wird. Weiters wird das Fehlerdreieck mit Rücksicht auf die **Mittelvisur** cC verschieden liegen, je nachdem der Tisch von der richtigen Lage rechts oder links abweicht (Abb. 367).

Um rasch zwei geeignete, entgegengesetzt liegende und entsprechend große Fehlerdreiecke zu erhalten, benutzt man die Orientierungsbussole: Man legt sie an die magnetische

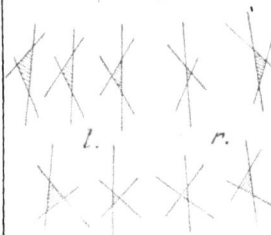

Abb. 367

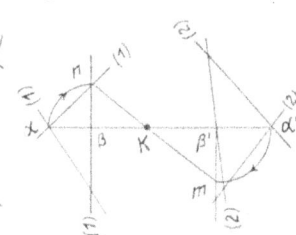

Abb. 368

Richtlinie an und stellt den Meßtisch mit ihrer Hilfe absichtlich um 3—4 Grade falsch, und zwar einmal gegen Osten und ein zweites Mal gegen Westen verschwenkt.

Aus zwei solchen Fehlerdreiecken findet man den richtigen Punkt k, indem man durch β' (Abb. 368) eine Parallele zur Basis des ersten Dreieckes zieht und $\beta'm = \beta'\alpha'$ macht. Ebenso wird $\beta n = \beta\alpha$ gemacht und m mit n verbunden. Der Schnittpunkt von mn mit $\alpha\alpha'$ gibt den Punkt k, von dem die richtige Mittelvisur ausgeht. Die Kippregel wird nun an k und c angelegt und der Meßtisch so lange gedreht, bis die Visur durch C geht. Damit ist der Meßtisch richtig orientiert und alle Rayons cC, aA und bB schneiden sich im Punkte k.

Diese Methode versagt vollkommen, wenn der seltene Fall eintritt, daß man sich in die Peripherie des durch A, B, C denkbaren Kreises aufstellt. Dann muß eine andere Punktgruppe zum „Rückwärtseinschneiden" gewählt werden.

7. Das Seitwärtsabschneiden:

Gegeben sind die beiden Feldpunkte A

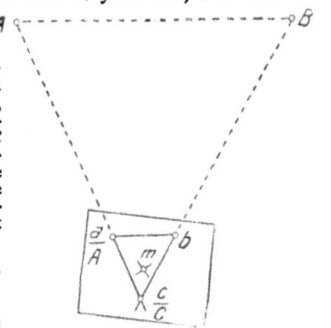

Abb. 369

und B und die zugehörigen Tischpunkte a und b (Abb. 369). Der Punkt B ist unzugänglich, daher muß die Aufstellung des Tisches im Neupunkte erfolgen, dessen Bestimmung nur nach der Methode des „Seitwärtsabschneidens" geschehen kann. Man stellt zunächst den Meßtisch in A auf, zentriert und orientiert ihn nach B, worauf man den Rayon AC mit den Randmarken zieht.

Man begibt sich hierauf in die Nähe des Punktes C und stellt nun den Tisch so auf, daß c in die Richtung der Feldgeraden AC fällt. Damit ist der Tisch orientiert und $ab \parallel AB$. Jetzt legt man an b an, visiert nach B und schneidet mit dieser Visur entsprechenden Rayon den Rayon von a nach C durch. **Der Schnittpunkt ist offenbar c, der durch Hinabloten den wirklichen Punkt C ergibt.**

[156] Geländeaufnahme mit dem Meßtische.

a) Ist mit Hilfe eines Systemes von Triangulierungspunkten, die in irgendeiner Art trigonometrisch bestimmt und auf die Tischplatte aufgetragen worden sind, das Detail auf dem Meßtische festzulegen, so kann man sich an verschiedenen Stellen des Vermessungsgebietes mit Hilfe der Festpunkte zentrieren, orientieren und von den gewählten Standpunkten aus die Detailpunkte durch „**Rayon und Maß**" oder durch „**Rayon und Schnitt**" bestimmen.

Als eine der schönsten Kombinationen geodätischer Operationen gilt mit Recht die zweckmäßige Verbindung des Pothenotschen Problems und des seitlichen Schnittes mit dem „Rayonieren und Schneiden", weil sich dadurch auch große und stark parzellierte Komplexe ohne jeder Längenmessung festlegen lassen.

Es seien z. B. A, B und C drei Festpunkte, I, II .... VI eine Reihe von Parzellenecken, also Detailpunkte. Um diese festzulegen, wird der Tisch in der Nähe der Detailpunkte in D und D' durch „Rückwärts- oder Seitwärtseinschneiden"

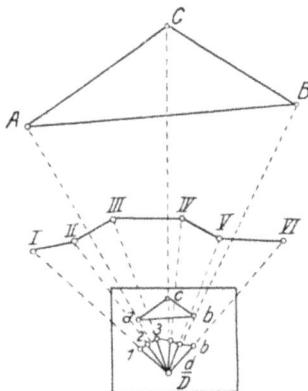

Abb. 370

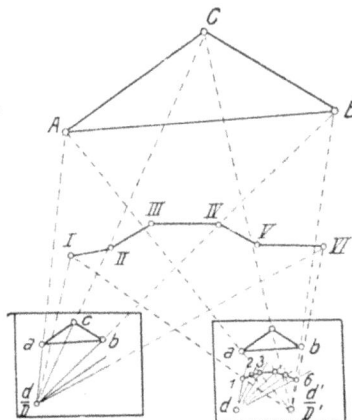

Abb. 371

orientiert und zentriert. Alles übrige ist nach dem Vorhergegangenen aus der Abb. 370 und 371 leicht verständlich. **Die Gerade DD' repräsentiert die Standlinie, welche jedoch nicht gemessen, sondern nur durch Meßtischoperationen bestimmt wird.**

Natürlich können solche Aufnahmen nur in übersichtlichem Terrain gemacht werden. Trotzdem werden auch da oft genug einzelne unsichtbare Punkte ebenso wie ganze Punktgruppen mit Hilfe von rechtwinkligen Koordinaten angebunden werden müssen. **Für unübersichtliches Gelände, ausgedehntes Waldterrain usw. eignet sich der Meßtisch überhaupt nicht.**

„Rayon und Maß" wird bei einer großen Zahl von aufzunehmenden Punkten, also zur „Massenarbeit" nur dann verwendet, wenn die Kippregel für optische Distanzmessung eingerichtet ist.

b) Die rationelle Durchführung von „Rayon und Schnitt" und „Rayon und Maß" fordert noch die zweckmäßige **Ausflockung** des aufzunehmenden Gebietes, damit der Gehilfe keine überflüssigen Gänge zu machen hat, wenn er nach den Pflocknummern vorwärts geht. Während der Ausflockung ist eine gute Skizze herzustellen, die ein vorzügliches Kontrollmittel abgibt und auch zur weiteren Ausführung des Elaborates unentbehrlich ist.

Große Aufmerksamkeit ist der **Bezeichnung der Rayons** der Tischplatte zuzuwenden, weil sonst leicht Verwechslungen vorkommen können, schon deshalb, weil die Rayons sich um den Tischpunkt herum stark zusammendrängen und deshalb nicht bis zum Tischpunkte herangezogen werden, aus welchem Grunde man die Nummern nicht am Anfang und Ende sondern **auf** den Rayons selbst schreibt. Die schneidenden Rayons werden nur beim Schnittpunkte gezogen; der Schnittpunkt selbst aber sofort pikiert, geringelt und numeriert.

c) Von nicht geringer Wichtigkeit ist das **Signalisieren** zwischen dem Techniker und dem Figuranten.

Zum Bezeichnen der Detailpunkte während des Anzielens benutzt man gewöhnliche **Absteckstäbe** oder eigene **Figurierstangen** mit rotweißen Fähnchen. Gewöhnlich wird der Figurant angewiesen, die Einheiten 1—4 durch ein- oder mehrmaliges Vertikalstrecken 5 Einheiten durch Strecken des Armes unter 45° und die Zahl der Zehner durch ein- oder mehrmaliges Horizontalstrecken des Armes anzuzeigen, während dem Figuranten durch einmaliges Schwenken einer Figurierstange aufgetragen wird, **zum nachfolgenden Pflock vorwärts zu gehen**, durch mehrmaliges Schwenken aber veranlaßt wird, **auf den früheren Pflock zurückzugehen**.

Bemerkung. Wir haben uns bemüht, die einzelnen Meßtischoperationen so ausführlich als möglich zu beschreiben. **Trotzdem raten wir dem Anfänger dringend, alle diese einzelnen Operationen von der meßgerechten Aufstellung an im Felde einzuüben, weil er dadurch sehr viel lernen kann.** Freilich wird ihm dabei weder ein Meßtisch mit den nötigen Nebenapparaten, noch ein Gehilfe zur Verfügung stehen. Da es aber bei solchen Übungsarbeiten weder auf Genauigkeit noch auf Raschheit ankommt, wird ein auf irgendeinem Stativ oder einem Dreifuß befestigtes Zeichenbrett genügen, um mit Hilfe einer Lotgabel das Zentrieren und mit einer kleinen Bussole das Orientieren einzuüben. Als Kippregel kann man jedes Lineal benutzen, auf welchem eine Dioptervorrichtung so befestigt wird, daß die Zielebene durch die Linealkante geht. Hat man auch kein Diopter zur Verfügung, so wird man mit zwei Nadeln, die auf einem Lineal senkrecht zur Linealfläche befestigt werden, daß die durch sie gebildete Visierebene nahezu durch die Zeichenkante geht, zur Not ganz gut zielen und die Rayons aufzeichnen können, womit die Voraussetzungen für alle vorbesprochenen Meßtischoperationen gegeben sind. Die schon in der Vorstufe unter [222] erwähnten Vorteile solcher praktischer Übungen gelten auch für den vorliegenden Fall in vollem Maße. Abgesehen davon, daß sich der Anfänger durch solche Arbeiten mit einfachen Hilfsmitteln, wie z. B. Gerade und Winkel abstecken und messen [6—16], Stückvermessung [82], Einwägen [92], Meßtischoperationen [154] usw. einige Übung im praktischen Feldmessen erlangen kann, die ihm später, wenn er wirkliche Aufnahmen mit den richtigen Apparaten ausführen soll, sehr zustatten kommen wird, bekommt er speziell hier schnell und richtig zu orientieren, was ihm auch als Tourist viel Vergnügen und Befriedigung bieten wird.

[157] Verwendung des Meßtisches zum Höhenmessen.

Bisher war nur von der **graphischen Triangulierung**, d. h. von der **Horizontalaufnahme des Geländes** die Rede, die sich mit Hilfe des Meßtisches auch für eine sehr große Zahl von Punkten einfach durchführen läßt, ohne in der Regel mehr als eine einzige Standlinie wirklich messen zu müssen.

Will man aber gleichzeitig auch die **Höhenverhältnisse** des Geländes aufnehmen, was bei topographischen und kartographischen Aufnahmen meist notwendig ist, so muß **die Kippachse des Fernrohres mit einem Höhenkreis versehen und das Fernrohr zum Distanzmessen ausgerüstet sein.** Dann kann der Meßtisch ohne weiteres auch für **Schnellmessungen,** also für **tachymetrische Arbeiten** Verwendung finden, worüber das Weitere später folgen wird.

6. Abschnitt.

Der Theodolit.

[158] Allgemeines.

a) Das wichtigste und für alle grundlegenden Messungen heute unentbehrliche **Winkelmeßinstrument** ist der **Theodolit,** der die Horizontalrichtungen nicht wie der Meßtisch durch unmittelbare Aufzeichnung, sondern durch genaue Kreisablesung festzustellen gestattet.

Snellius hatte bei seinen berühmten Triangulierungen am Ende des 17. Jahrhunderts einen einfachen Winkelquadranten mit Dioptern benutzt. Erst zu Beginn des 19. Jahrhunderts ist der Theodolit, der mittlerweile zum exakten und leicht transportablen geodätischen Instrument ausgebildet worden ist, zur allgemeinen Anwendung gelangt und hat bald auch die mit drehbaren Diopterarmen ausgestatteten **Astrolabien** sowie die Bussole aus der Feldmessung verdrängt.

Der **einfache Theodolit,** wie er im Feldmessen benutzt wird, besteht der Hauptsache nach aus dem

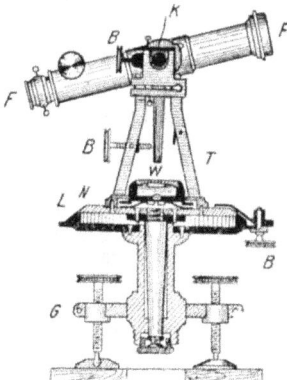

Abb. 372
Theodolit

Abb. 373
Universalinstrument

Fußgestell G, das auf dem Stative aufgestellt und befestigt werden kann. Mit ihm fest verbunden ist der

Abb. 374
Repetitionstheodolit

Teilkreis oder **Limbus** L, der eine feine Winkelteilung trägt, an der die Größe der mit der Zielvorrichtung jeweils ausgeführten Horizontaldrehung abgelesen wird (Abb. 372). Durch den Limbus tritt in die Büchse des Fußgestelles gelagert die Drehachse der **Alhidade** N, die mit Trägern T die Nonien zur Ablesung trägt. Auf diesen Stützen ruht die **Kippachse** K, welche mittels eines Ringes das **Fernrohr** F umfaßt und mit welcher bei den zum Messen von Vertikalwinkeln eingerichteten Universalinstrumenten der **Höhen-** oder **Vertikalkreis** (Abb. 373) fest verbunden ist. Bei dem zu genaueren Messungen, wie sie bei großen Triangulierungen und Grad-

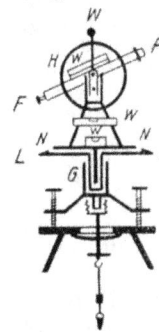

messungen vorkommen, bestimmten **Repetitionstheodolit** (Abb. 374) läßt sich neben der Alhidade N auch der Teilkreis L um eine durch die Büchse G des Fußgestelles gehende Achse drehen. Kann das Fernrohr um beliebig große Winkel gekippt, d. h. „durchgeschlagen" werden, so nennt man den Theodoliten einen **Kompensationstheodolit,** weil, wie wir gleich hören werden, bei dessen Verwendung die schädliche Wirkung einer Reihe von Instrumentfehlern **kompensiert,** also zum Verschwinden gebracht werden kann.

b) Der Teilkreis hat einen Durchmesser von 12—35 cm und ist meist nach der „alten" Teilung in 360^0 — mitunter aber auch nach der **Zentesimalteilung** in 400^0 geteilt.

Die Teilung ist auf einem in die Kreisplatte eingelassenen Silberstreifen angebracht. Je nach der Größe des Instrumentes wird 1^0 in 2, 3 oder 6 Teile (30', 20', 10') geteilt, so daß auf den beiden um 180^0 voneinander abstehenden Nonien (s. I. F. B. [78]) noch etwa **ganze Minuten** abgelesen werden können.

Bei sehr feinen Instrumenten werden **Ablesemikroskope** verwendet, mit denen noch Sekunden abgelesen und Zehntelsekunden geschätzt werden.

Steht die Absehlinie des Fernrohres rechtwinklig zur Kippachse und ist diese horizontal, so beschreibt die Absehlinie beim Kippen eine lotrechte Richtungsebene.

Zur scharfen Einstellung der Absehlinie auf den Zielpunkt dient eine „Feinstellvorrichtung" B, das ist eine Mikrometerschraube, die mit der Alhidade fest verbunden werden kann und einen an den Trägern befestigten Mitnehmer federnd bewegt. Eine ebensolche Feinstellvorrichtung ist auch am Fernrohrträger zur Ausführung seiner Kippbewegungen angebracht.

Sind sehr steile Zielungen auszuführen, die sonst durch den Horizontalkreis gehindert werden, aber besonders bei astronomischen Messungen notwendig werden, so kann das Fernrohr auch seitlich außerhalb des Fernrohrträgers angeordnet sein oder durch ein gebrochenes Fernrohr mit Prisma ersetzt werden (s. I. F. B. [353, III]).

[159] Prüfung und Richtigstellung von Fehlern bei Messung von Horizontalwinkeln.

a) **Die Annahme, daß die auf der Kreisteilung gemachten Ablesungen die tatsächliche Größe der vom Fernrohr bewirkten Horizontaldrehung, also den Wert des Horizontalwinkels, anzeigen, stützt sich auf die Voraussetzung, daß die Kippbewegung des Fernrohres bei jeder Zielung in einer vertikalen Ebene erfolgt und daß der Teilkreis nicht bloß eine horizontale Lage hat, sondern auch eine richtige Teilung trägt.** Sind nicht alle Anforderungen, die man an einen richtigen Theodoliten stellt, erfüllt, so läßt sich das Instrument innerhalb gewisser Grenzen durch den Techniker selbst verbessern, d. h. **justieren und rektifizieren.** Andere Fehler sind **nicht verbesserbar** und müssen wenigstens in ihrer Wirkung durch geeignete Beobachtungsverfahren möglichst unschädlich gemacht werden.

b) Die Reihenfolge der Untersuchung und Richtigstellung der **verbesserbaren** Fehler muß stets eine solche sein, daß eine bereits erfolgte teilweise Justierung durch eine folgende nicht wieder aufgehoben wird, und hängt daher in erster Linie von der Konstruktion des Instrumentes ab. In dieser Hinsicht unterscheidet man zwei Konstruktionen, **je nachdem die Libelle fest mit der Alhidade verbunden oder abnehmbar ist.**

I. Libelle, fest mit der Alhidade verbunden (Dosenlibelle, Trägerlibelle).

Wir beginnen mit der Forderung:

1. Vertikale Drehachse ⊥ Libellenachse.

Wäre diese Anforderung nicht erfüllt, so würde die um die Vertikalachse gedrehte Libellenachse eine Kegelfläche beschreiben, von der höchstens zwei Mantellinien horizontal gerichtet sein könnten; die Libelle könnte also nur in diesen beiden Lagen einspielen.

Die Untersuchung geschieht wie folgt:

Allgemeine Horizontallage mittels der Fußgestellschrauben, indem man die Libelle in zwei aufeinander senkrecht stehenden Lagen zuerst über zwei Stellschrauben, dann über die dritte zum Einspielen bringt. Drehung um 180°; der sich zeigende Ausschlag von n

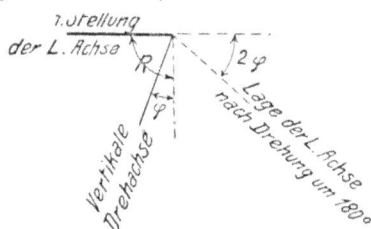

Abb. 375

Teilstrichen entspricht dem doppelten Fehler der Achsenstellung (Abb. 375), der zur Hälfte an den Korrektionsschrauben der Libelle zu verbessern ist.

2. Vertikalfaden in der Kippebene,

da sonst immer nur mit dem Fadenkreuzungspunkt gezielt werden kann. Man zielt mit dem Kreuzungspunkte nach einem festen Punkt, etwa einer Blitzableiterspitze, die der Vertikalfaden während des Kippens nicht verlassen darf. Etwaige Verbesserung geschieht durch Drehen des Okularkopfes.

3. Ziellinie ⊥ zur Kippachse,

da sonst die Ziellinie beim Kippen eine Kegelfläche um die Kippachse beschreiben würde. Die Untersuchung kann im Zimmer erfolgen, indem man einen fernen Punkt P anvisiert, dann die Kippachse aushebt und unter Verwechslung der Lager „umlegt" (Abb. 376). Der Punkt P muß wieder durch das Fadenkreuz gedeckt sein. Eine etwaige Abweichung entspricht dem doppelten Fehler 2φ, der zur Hälfte durch seitliches Verschieben des Fadenkreuzes des Diaphragmas wegzubringen ist. Oder man kann nach Zielen auf den Punkt P das Fernrohr durchschlagen und die Alhidade um 180° drehen.

Kann das Fernrohr nicht durchgeschlagen werden, wie dies bei Kippregeln und Tachymeter-Theodoliten häufig der Fall ist, so muß man auf dem Weg, den die Ziellinie beim Kippen längs einer Hauswand oder einer durch ein Gewicht gespannten Senkelschnur macht, verfolgen (Abb. 377).

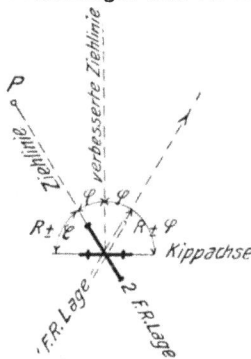

Abb. 376

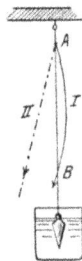

Abb. 377

Etwaige wachsende und dann wieder abnehmende Abweichung nach Linie I würde die mangelnde Senkrechtstellung von Ziellinie und Kippachse beweisen und wäre durch versuchsweise Verschiebung des Diaphragmas mittels seiner horizontal wirkenden Verbesserungsschräubchen wegzubringen.

4. Kippachse senkrecht zur Vertikalachse.

Die beim Kippen von der Ziellinie beschriebene Ebene muß während der Messung vertikal sein. Auch hier geschieht die Untersuchung durch Anzielen eines hochgelegenen Punktes A bei horizontiertem Instrument. Man kann zu diesem Zwecke einen Faden befestigen, an dem man ein Gewicht anhängt, das man zur Dämpfung der Pendelbewegungen in Wasser eintaucht (Abb. 377). Ist die Abweichung von der Vertikalen **stetig wachsend nach Linie II,** so ist die Kippachse nicht wagrecht, also nicht senkrecht zu Vertikalachse, ein Fehler, der nur mit den Verbesserungsschrauben des einen Lagers zu beseitigen ist. Man kann aber auch eine horizontale spiegelnde Fläche (Gefäß mit

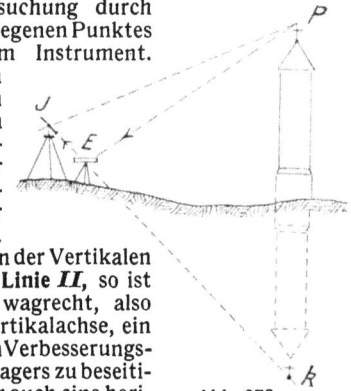

Abb. 378

reiner Tinte oder einen Spiegel) als künstlichen Horizont verwenden (Abb. 378). Deckt das Fadenkreuz nach entsprechender Kippung den Punkt P und sein Spiegelbild K, so ist die Kippbewegung vertikal.

II. Libelle, auf der Kippachse umsetzbar (Reiterlibelle).

Man beginnt mit der Untersuchung, ob die Kippachse senkrecht zur Vertikalachse ist. Bei beliebig gestelltem, also nicht unbedingt horizontiertem Instrument und festgebremster Vertikalachse wird die Reiterlibelle mit den Stellschrauben zum Einspielen gebracht und dann umgesetzt. Ein sich ergebender Libellenausschlag würde Ungleichheit der Libellenfüße im doppelten Betrage anzeigen und wäre wie in [4, 2] je zur Hälfte mit den Korrektionschrauben der Libelle und den Fußgestellschrauben zu beseitigen.

Hierauf folgt die Untersuchung,

Vertikalachse ⊥ Libellenachse,

Vertikalfaden in der Kippebene

und Ziellinie ⊥ Kippachse, wie unter I.

c) **Alle übrigen Achsenfehler sowie auch die Exzentrizität des Fernrohres werden in ihrer Wirkung aufgehoben durch Messung in zwei Fernrohrlagen durch das sog. „Durchschlagen" oder „Umlegen",** wobei Horizontalachse und Fernrohr um 180° gedreht **und durch Ablesen an zwei um 180° voneinander abstehenden Nonien.** Bei Horizontalmessungen ist die wichtigste Forderung die, daß die **vertikale Drehachse senkrecht auf der Libellenachse stehen muß, d. h. die Libelle muß bei Drehung um die Vertikalachse im ganzen Kreis herum einspielen,** was bei Nivellierinstrumenten, wie wir unter [89, II] gehört haben, nebensächlich ist.

Die Prüfung des Theodoliten bei Messung von Vertikalwinkeln wird später, im Abschnitt über „Tachymetrie", folgen.

[160] Die optischen Eigenschaften des Instrumentes und dessen Handhabung.

Wir haben zwar schon bei den einfachen Nivellierinstrumenten [89] und bei der Kippregel [153 b] mit

Fernrohren zu tun gehabt und dort auch erwähnt, welche optische Vorbereitungen an dem Fernrohre zu treffen sind, **um richtig und genau zielen zu können.** Da aber die Eigenschaften des Fernrohres gerade beim Theodoliten entscheidend für seine Verwendbarkeit sind, wollen wir uns hier mit den optischen Eigenschaften der bei geodätischen Arbeiten zur Verwendung gelangenden Fernrohre etwas eingehender befassen.

a) Wie bekannt, verwendet man hier fast ausschließlich die **astronomischen Fernrohre, bei denen die Bilder umgekehrt sind.** I. F. B. [353, III, a]. Bei mangelnder Übung des Beobachters wirkt das einigermaßen störend, besonders wenn an einer Teilung abgelesen werden soll. Man könnte zwar, wie wir bereits wissen, die Bilder durch Einschaltung einer weiteren Sammellinse aufrichten, was aber nur auf Kosten der Helligkeit geschehen könnte.

Fernrohre, mit denen gezielt werden muß, sind mit einem **Fadenkreuze [89]** ausgestattet, **das beim Ramsdenschen Okular außerhalb der Linsen,** dem Objektive zu (Abb. 379), **beim Huyghensschen Okular** zwischen beiden Linsen (Abb. 380) liegt.

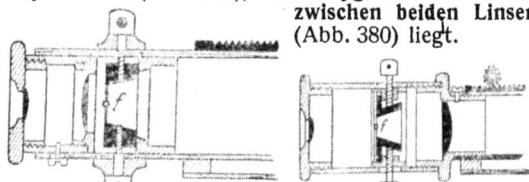

Abb. 379
Ramsdensches Okular

Abb. 380
Huyghenssches Okular

b) Bevor mit einem Fernrohr gearbeitet werden kann, muß man das Fadenkreuz und das Bild des anzuziehenden Gegenstandes (Stab oder Latte) scharf und deutlich sehen. Zu ersterem Zweck wird das Fernrohr gegen einen hellen Hintergrund gerichtet und beim Ramsdenschen Okular das ganze Okularglas, beim Huyghensschen Okular aber nur das in Längsschlitzen durch Schrauben festgehaltene Diaphragma solange verschoben, **bis das Fadenkreuz deutlich schwarz erscheint.** Die Okularröhre ist mittels des Getriebes bei jeder Zielung aufs neue „hell zu stellen", so daß das Bild des Zielpunktes deutlich sichtbar ist. Erst dann bringt man das bei jeder Okularstellung gleich gut sichtbare Bild des Kreuzungspunktes der Fäden mit dem Bild des Zielpunktes zur Deckung, d. h. „man stellt ein".

c) Hierbei darf sich aber keine **Parallaxe [90]** ergeben, **die die genaue Einstellung eines Punktes unmöglich macht,** wenn das Bild des Zielpunktes nicht in der Ebene des Fadenkreuzes entsteht. Man erkennt diese Erscheinung daran, daß sich diese Bilder beim Hin- und Herbewegen des Auges vor der Okularlinse gegeneinander verschieben; sie rührt entweder vom mangelhaften Hellsehen oder von unrichtiger Entfernung zwischen Okular und Fadenkreuz her. **Man beseitigt diesen Fehler durch Verschieben des Okularauszuges oder durch Verschieben des Diaphragmas gegen das Okularglas.**

d) Der Transport des Instrumentes erfolgt in eigenen Kästen unter möglichster Vermeidung von stoßweisen und erschütternden Bewegungen. Um Verbiegungen an Instrumentteilen vorzubeugen, **geschieht das Aus- und Einpacken stets mit gelösten Bremsschrauben** und ohne jeden größeren Kraftaufwand. Die Bremsvorrichtungen sind daher im Kasten immer nach vorne anzuordnen. Erst **nachdem man sich beim Einpacken von der richtigen Lage aller Teile überzeugt** und zur Probe die Kastentüre vorläufig geschlossen **hat, erfolgt das Anziehen der Schrauben.**

e) Vor Regen und Sonne ist das Instrument während der Arbeit durch einen großen Schirm, vor plötzlichen Staubwolken durch eine Schutzkappe zu schützen. Von Zeit zu Zeit, namentlich nach regnerischem und staubigem Wetter, ist das Instrument sorgfältig mit einem Pinsel zu reinigen und in den Achsen leicht zu ölen.

[161] Messung von Horizontalwinkeln.

a) Die Horizontierung des Teilkreises und die Zentrierung seines Mittelpunktes auf den Winkelscheitel erfolgen nicht getrennt, sondern in allmählicher Annäherung.

Zunächst wird der auf dem Stative befestigte Theodolit so über den Scheitelpunkt gebracht, daß die Stativscheibe annähernd horizontal und das in die Achse eingehängte Lot beiläufig auf den gegebenen Geländepunkt einspielt. Dann werden die Stativfüße eingedrückt und die Flügelschrauben angezogen, worauf sukzessive die genaue Horizontalstellung mit den Libellen und die genaue Zentrierung mit dem Lot erfolgt.

Je länger die Zielungen und je größer die erforderliche Genauigkeit ist, um so mehr sind die Zeit- und Nebenumstände zu berücksichtigen. **Sonne und Wind soll man im Rücken bekommen. Die Spätnachmittag- und Abendstunden sind zumeist die günstigsten,** weil da das Flimmern infolge des Aufsteigens der erwärmten Luft am geringsten ist. Die Einstellung der Zielpunkte geschieht möglichst mit dem Kreuzungspunkte der Fäden, indem man das Fernrohr tunlichst weit unten am Ringe anfaßt, während das Kippen nur am Objektivende geschieht, um das Okular nicht zu verschieben.

b) Zur einfachen Winkelmessung dient der gewöhnliche Theodolit, bei dem nur die Alhidadenachse drehbar ist; auf dessen Teilkreis macht man nach Einstellung des Fernrohres auf den Zielpunkt A an den zwei Nonien zwei Ablesungen a_1 und a_2. Nachdem man durch Drehung der Alhidade und soweit als nötig durch Kippen des Fernrohres auf den Zielpunkt B eingestellt hat, ergeben sich zwei andere Ablesungen b_1 und b_2. Es ist dann der zu messende Winkel $w = b_1 - a_1 = b_2 - a_2$. **Um die unverbesserbaren Fehler auszumerzen, wiederholt man die Messung bei durchgeschlagenem Fernrohr,** wobei durch Drehung des Instrumentes andere Stellen des Teilkreises zur Verwendung kommen sollen. **Das arithmetische Mittel aus den vier Meßergebnissen gibt den wahrscheinlichsten Mittelwert.**

Die einmalige, in rechtsläufiger Linie erfolgende Anzielung der Zielpunkte und die zugehörigen Kreisablesungen ergeben einen „Halbsatz"; die Beobachtung in der zweiten Fernrohrlage gibt den zweiten Halbsatz und das arithmetische Mittel aus beiden Halbsätzen den **vollständigen Satz.** Zur Erhöhung der Genauigkeit und Herabminderung der verschiedenen Beobachtungs- und Ablesefehler werden diese Sätze wiederholt, wobei die einzelnen Sätze so angeordnet werden, daß die Ablesungen über den ganzen Kreis gleichmäßig verteilt sind. Bei Haupttriangulierungen werden bis zu 12 Sätze, bei Kleintriangulierungen 3—6 Sätze gemessen. Diese Beobachtungsergebnisse werden schließlich nach der hier nicht weiter zu erörternden Methode der kleinsten Quadrate, der sog. **Stationsausgleichung,** unterworfen, so daß der Fehler bei Haupttriangulierungen kleiner als 1", bei Kleintriangulierungen aber nur wenige Sekunden beträgt.

c) In vielen Fällen ist durch örtliche Hindernisse besonders bei Aufstellung des Instrumentes auf hohen Beobachtungsgerüsten, auf Gebäuden usw. der **Instrumentenstand** S nicht identisch mit dem eigentlichen **Dreieckspunkte** C, dem Zentrum der Station. In solchen Fällen ist das Beobachtungsergebnis auf die zentrale Sicht umzurechnen, zu zentrieren.

d) Ist endlich der Zielpunkt R durch irgendein Hindernis verdeckt, gelingt es aber vom Standpunkte C aus, einen ihm benachbarten Nebenpunkt N_1 anzuzielen, so kann man aus den zu messenden Exzentrizitätselementen ε_1 und ε_1 den Zuschlag δ_1 berechnen.

7. Abschnitt.

Triangulierung.

[162] Trigonometrische Punktbestimmung.

a) Bei großer räumlicher Ausdehnung in ebenem, offenem Gelände könnte man zwar ganze Markungen, ja sogar Länder auf dem Wege der **Stückvermessung**, also durch geometrisch gegeneinander festgelegte Systeme von Aufnahmelinien aufnehmen und mit allen ihren Einzelheiten in Plänen darstellen.

Allein die bei solchen Vermessungen unvermeidlichen Ungenauigkeiten würden dabei um so stärkere Verzerrungen des Planbildes und beliebiger daraus gewonnener Strecken, Winkel und Figuren ergeben, je größer die Einzelfehler sind und je öfter durch Aneinderreihen Gelegenheit zu ihrer Addition gegeben wäre.

Aus diesem Grunde sind wir schon bei der Stückvermessung von einem weiten Netz von Aufnahmelinien [82] ausgegangen und haben diese in einen möglichst genauen Zusammenhang gebracht, ehe wir nach dem Grundsatze vom „Großen zum Kleinen" an die eigentliche Grundstückaufnahme gingen.

Diese Sicherung für den Zusammenhang der verschiedenen Netze von Aufnahmelinien ist in erhöhtem Maße nötig, **wenn ihre Eckpunkte durch lange und daher ungenauer bestimmbare Strecken bestimmt sind.** Als sicherster Rahmen für sie dient am besten eine Anzahl der einfachsten Figuren, **ein Dreiecksnetz, dessen Eckpunkte auf dem Gelände vermarkt werden.**

b) Zur Bestimmung der gegenseitigen Lage der Eckpunkte jedes Dreiecks kann man ausschließlich **Strecken-** oder nach Gewinnung einer einzigen Dreieckseite **Winkelmessung** anwenden.

Meist erweist sich die Winkelmessung als vorteilhafter. Man beschränkt sich daher, seit Snellins 1617 und Schickhart 1629 den Weg dafür gewiesen haben und der Bau feiner Winkelinstrumente entsprechende Fortschritte gemacht hat, bei der Triangulierung auf die Messung der Dreieckswinkel und weil diese allein zwar die Form, aber nicht die Größe bestimmen, auf die genaueste Messung einer einzigen Dreieckseite, der sog. Basis.

Unter normalen Umständen wählt man für das grundlegende Dreiecksnetz gleichseitige Dreiecke mit einer Seitenlänge von 20—50 km.

Mit der rein geometrischen Bestimmung einiger 20—50 km voneinander entfernter Punkte ist aber die Aufgabe der **trigonometrischen Vermessung**, der **Triangulierung**, noch nicht erschöpft, weil einerseits große Vermessungen nicht nur mit der **praktischen** Zwecken sondern auch verschiedenen für die Erdkunde wichtigen **wissenschaftlichen** Untersuchungen dienen sollen, **für diese Zwecke aber das Dreiecksnetz unbedingt sich auf die wirkliche Gestalt der Erde beziehen muß.** Anderseits nicht, weil ein so weitmaschiges Netz für den Anschluß der Stückvermessung durchaus nicht genügt.

Man schafft daher **ein Dreiecksnetz mit geographischen Koordinaten** und nennt dieses ein **Dreiecksnetz 1. Ordnung,** durch welches gewisse Punkte in ihrer Lage auf der Erde (geogr. Länge und Breite) festgelegt werden. In dieses Netz werden dann noch weitere Dreiecksnetze II, III . . . Ordnung mit stufenweise abnehmenden Seitenlängen derart eingehängt, daß jeder einem Netz höherer Ordnung angehörige und seiner Lage nach bestimmte Punkt für das Netz niederer Ordnung als fehlerfrei feststeht und die gegenseitige Entfernung dieser Festpunkte schließlich nur noch etwa **1 km** beträgt.

Über die geographischen Koordinaten (Länge und Breite) sowie über deren Bestimmung wird übrigens später noch in einem Aufsatz über Astronomie und in der „Schiffahrtskunde" gesprochen werden.

Alle Arbeiten für die Netze I. und II. Ordnung, bei welchen natürlich die Krümmung der Erdoberfläche berücksichtigt werden muß, sowie der Übergang von diesen gekrümmten (sphärischen) Koordinaten zu ebenen Koordinaten gehört in das Gebiet der höheren Geodäsie und sollen hier nicht

weiter berührt werden. Wer sich für **Gradmessungen** und **Landestriangulierungen** interessiert, findet genug Sonderwerke, um sich darüber zu informieren. Unsere Leser werden gewiß damit nichts, sondern nur mit der **Kleintriangulierung** zu tun haben, die sich auf Festpunkte stützt, die schon im Gelände versichert und durch ihre ebenen Koordinaten festgelegt sind. Sowie nun jedes Nivellement an amtlich bestimmten Höhenmarken angebunden werden muß, soll auch jede Horizontalvermessung von den amtlich gegebenen Festpunkten des betreffenden Gebietes ausgehen und nur nach jeweiligem Bedarf durch Einschalten von **Neupunkten** und durch Einschaltung neuer Dreiecksnetzen oder **Dreiecksketten** ergänzt werden.

[163] Kleintriangulierung.

a) Sind durch Triangulierung höherer Ordnung die ebenen Koordinaten einer Anzahl von auf dem Gelände versicherten Festpunkten gegeben, so können diese Angaben als Grundlage **für die Einschaltung weiterer Dreieckspunkte, für den engmaschigen Ausbau des Dreiecksnetzes** dienen, wie er für den besonderen Zweck der Aufnahme, z. B. die Festlegung weiterer Aufnahmelinien bei der Stückvermessung, die Absteckung einer unterirdischen Tunneltrasse usw., jeweilig erforderlich wird. Da es sich bei solchen Aufnahmen nur ausschließlich um die Bestimmung von Richtungen und Messung der von ihnen eingeschlossenen Winkel handelt, kann die Aufgabe **rein graphisch** durch Einzeichnung der Richtungen mit Hilfe des Meßtisches oder **rein rechnerisch** durch die **Triangulierung** erfolgen.

b) Am häufigsten ergibt sich bei der rechnerischen Kleintriangulierung die Aufgabe, mit Hilfe der rechtwinkligen Ordinaten eines Punktes A im Gelände, seiner Entfernung von einem zweiten Festpunkte B und den Winkel, den die Richtung AB mit der Richtung AC oder BC einschließt, die rechtwinkligen Koordinaten eines aufzunehmenden **Neupunktes C** zu bestimmen, eine Aufgabe, die sich nach den Sätzen der ebenen Trigonometrie unschwer lösen läßt.

c) **Ist die Winkelbeobachtung auf den gegebenen Festpunkten unmöglich,** oder soll sie vermieden werden, **so ist die Lage eines Neupunktes auch bestimmt durch zwei Winkel, welche die Strahlen von ihm nach drei gegebenen Festpunkten miteinander einschließen.**

Auch diese Aufgabe tritt in der Vermessungspraxis sehr häufig auf und wird der **Rückwärtseinschnitt** oder die **Pothenotsche Viereckaufgabe** genannt [154, 6].

Man kann bei der Punkteinschaltung auch von einem kombinierten Vor- und Rückwärtseinschnitt Gebrauch machen, wenn die Winkelmessungen in den Festpunkten und im Neupunkte stattfinden.

Alle diese Aufgaben sind, wie gesagt, im Prinzipe nach den Regeln der Trigonometrie verhältnismäßig einfach zu lösen. Im einzelnen Falle wird aber die Rechnung mit allen ihren Kontrollen und ihren verschiedenen **Fehlerausgleichungen** so kompliziert, daß wir hier nicht weiter darauf eingehen können; immer wird sich der Leser des T. S. mit Hilfe der bisher erworbenen mathematischen und geometrischen Vorkenntnisse in jedem gegebenen Falle unter entsprechender Anleitung leicht zurechtfinden. Eine zur Triangulierung gehörige Aufgabe findet sich in Vorstufe [223].

[164] Polygonisierung.

a) Während bei der Triangulierung die gegenseitige Lage der aufgenommenen Punkte hauptsächlich mit **Winkelmessung**, bei der Stückvermessung aber vorwiegend mittels der **Streckenmessung** bestimmt wird, verwendet die Polygonisierung hierzu **Winkel- und Streckenmessung.** Sie ähnelt in dieser Beziehung der bei den Meßtischaufnahmen erwähnten Methode „Rayon und Maß"; es wird zu diesem Zwecke eine Reihe von Strecken zu einem Polygonzug aneinandergereiht, der von einem durch Koordinaten festgelegten Punkt ausgeht und womöglich auch in einem solchen endigt. Ein **Polygonzug, der in sich selbst zurückkehrt, heißt ein geschlossener Zug.**

In offenem, nicht allzu bergigem Terrain könnte man freilich die Triangulierung so weit treiben, daß die Verbindungslinien der Dreieckspunkte direkt als Aufnahmelinien für die Stückvermessung dienen könnten. Ein so engmaschiges trigonometrisches Netz wäre selbst in geeignetem Gelände sehr teuer, in Waldgebieten aber überhaupt undurchführbar. In allen diesen Fällen stellt nun der Polygonzug die richtige Verbindung zwischen dem rein geometrischen Netz der Stückvermessung und der Triangulierung her. **Auch bei der Polygonisierung handelt es sich um Koordinatenberechnung, um die Aufstellung der Bedingungsgleichungen und um Messungs- und Kontrollproben,** wodurch Mittel zur ausgleichenden Verbesserung der gemessenen Größen und zur Berechnung etwa fehlender Stücke in Vielecke gewonnen werden.

b) Noch wichtiger als bei der Stückvermessung ist bei der Polygonisierung die vorhergehende **Vermarkung** der Berechnungspunkte, die namentlich bei Eisenbahngleisen auf die Bahnachse eingemessen werden müssen.

In städtischen Straßen erfolgt die Vermarkung durch in den Boden eingebettete oder eingetriebene Eisenröhren, die auf benachbarte Gebäude eingemessen werden, bei Vermessungen für Bauzwecke durch Lattendreiecke (Abb. 166). — Auf landwirtschaftlich benutztem Gelände wird . der

Markstein beibehalten und durch Tonröhren oder eichene Pflöcke unter der Ackerkrumme gesichert.

c) Die Winkelmessung erfolgt mit kleinen Theodoliten, **wobei auf scharfe Zentrierung des Instrumentes über den Winkelscheitel und genaue Aufsteckung der Zielpunkte zu achten ist,** weil sich Winkelfehler ungünstig fortpflanzen.

Bei der Streckenvermessung ist besondere Vorsicht gegen grobe Fehler geboten, zu welchem Zwecke die Polygonseiten doppelt, und zwar nach verschiedenen Verfahren (optisch) gemessen werden.

Jedenfalls ist anzustreben, daß:
1. **die Seiten jedes Zugs** möglichst **gleichen Geländeverhältnissen angehören,** damit die regelmäßigen Längenfehler in gleicher Stärke wirken,
2. die Polygonpunkte so gewählt werden, daß das **Anzielen am Fußende der Stäbe** möglich ist,
3. die **Polygonseiten möglichst gleich lang sind,** und
4. die **Anzahl der Brechungspunkte nicht allzu groß ist,** etwa 4—5 Brechungspunkte pro 1000 m, also die normale Länge der Polygonseite ca. 200 m mißt,
5. der Zug möglichst gestreckte Form hat.

[165] Lösungen der im 2. Briefe unter [96] gegebenen Übungsaufgaben.

Aufg. 18.

Abstich	Abszissendifferenz	Ordinatensumme	2 F +	2 F −
		Für die Figur 1 — 2 — 3 — 4 — 5		
1—2	53,18 — 27,10 = 26,08	8,06 — 6,56 = 1,50	39,12	
2—3	100,54 — 53,18 = 47,36	6,56 + 5,44 = — 12,00		568,32
3—4	120,86 — 100,54 = 20,32	7,94 — 5,44 = 2,50	50,80	
4—5	120,86 — 109,60 = 11,26	36,54 — 7,94 = 28,60	322,04	
5—1	109,60 — 27,10 = 82,50	36,54 — 8,06 = 28,48	2349,60	
		Für die Figur 1 — 8 — 7 — 6 — 5		
1—8	30,94 — 9,18 = 21,76	— (31,60 + 6,18) = — 37,78		822,09
8—7	69,40 — 30,94 = 38,46	— (9,85 + 6,18) = — 6,03		616,51
7—6	83,15 — 69,40 = 13,75	— (9,85 — 2,44) = — 7,41		101,89
6—5	100,46 — 83,15 = 17,31	— (10,16 — 2,44) = — 7,72		133,69
5—1	100,46 — 9,18 = 91,28	31,60 + 10,16 = 41,76	3811,85	
			6573,41	2242,50

$$2\ F = 4330,91\ m^2$$
$$F = 2165,45\ m^2.$$

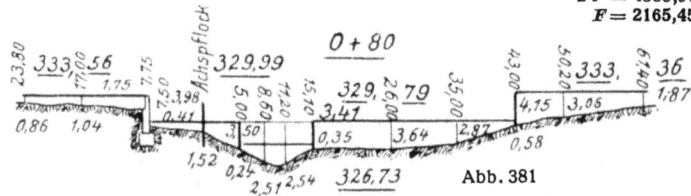

Abb. 381

Aufg. 19.

Ordinaten	Links Ablesung rückw.	zwischen	vorw.	Zielhöhe	Punkthöhe	Bem.	Ordinaten	Rechts Ablesung rückw.	zwischen	vorw.	Zielhöhe	Punkthöhe	Bem.
			Profil	**0 + 80**									
0	1,52			329,99	**328,47**	Achspflock	0 '	1,52			329,99	**328,47**	Achspflock
7,50			0,41		229,58	Mauer unten	5,00			3,50		326,49	Böschung oben
7,50	3,98			333,56		δ = oben	5,00.	0,24				326,73	
7,75		1,75			331,81		8,60		2,51			324,22	} Bachsohle
17,00		1,04			332,52		11,20		2,54			324,19	
23,80			0,86		332,70		15,10			0,35		326,38	Böschung oben
	5,50		1,27				15,10	3,41			329,79		
		4,23					26,00		3,64			326,15	
		328,47					35,00		2,87			326,92	
		332,70					43,00			0,58		329,21	
							43,00	4,15			333,36		
							50,20		3,06			330,30	
							61,40			1,87		331,49	
								9,32		6,30			

Das Querprofil ist in Abb. 381 dargestellt.

$$3,02 + 328,47 = 331,49$$

BAUKUNDE

Wasserbau II.

Inhalt: Bisher war nur die Rede von den **natürlichen Wasserläufen**, deren Erhaltung und Verteilung, während die Verwendung ihres kostbaren Inhaltes nur in beschränktem Maße bei der **Bodenbewässerung und Entwässerung** zur Sprache kam. Jetzt soll aber die **Verwendung des Wassers** als Nutz- und Trinkwasser, zum Transport von Schiffen und für industrielle Zwecke mit den dazu dienenden Anlagen in den Vordergrund treten. Die meisten dieser Bauten bedürfen **künstlicher Gerinne, Röhrenleitungen und Kanäle.** Hier handelt es sich zunächst um die Zuführung von Trink- und Nutzwasser sowie um die Ableitung der überflüssigen Abwässer, also um die **Wasserversorgung und Kanalisation von Städten und Ortschaften,** dann um **die künstlichen Wasserstraßen,** die aus kanalisierten Flüssen bestehen, die durch eigene Schiffahrtskanäle miteinander in Verbindung gebracht werden und endlich um die **Wasserkraftanlagen,** die durch die Möglichkeit der elektrischen Kraftübertragung nunmehr eine erhöhte Bedeutung erlangt haben. Damit dürfte der Wasserbau, soweit er für den Bau- und Kulturtechniker in Betracht kommt, abgeschlossen sein und können wir uns im nächsten Briefe anderen Zweigen der Bautechnik, in erster Linie dem **Hochbau,** sowie dem **Straßen- und Tunnelbau** zuwenden.

5. Abschnitt.

Wasserversorgung und Kanalisation.

A. Wasserversorgung.

[166] Allgemeines.

a) **Das Wasser ist eines der wichtigsten Lebensbedürfnisse des Menschen,** welches von jeher für den Ort seiner Ansiedlung bestimmend war. Mit dem Wachsen der Ortschaften stieg für den einzelnen die Schwierigkeit, das für den Haushalt nötige Wasser in einwandfreier Weise zu erlangen um so mehr, als gerade durch die Anhäufung der Bewohner und die Entwicklung von Gewerbe und Industrie eine zunehmende Verunreinigung der natürlichen Entnahmestellen eingetreten ist.

Während die im Altertume hergestellten **Kanalisationsanlagen** ganz unzureichende waren und den Anforderungen der Hygiene keineswegs entsprachen, war das technische Gebiet der **Wasserversorgung** durch oft ganz bedeutende, unser Staunen herausfordernde Kunstbauten vertreten.

Bekannt sind die Wasserversorgungsanlagen der Griechen und Römer, wobei sich die Zuleitungen nicht immer dem Terrain anpaßten, sondern durch Tunnels und über riesige Aquädukte geführt wurden. Leider gerieten diese Zeugen hervorragender Tätigkeit auf dem Gebiete des hygienischen Wasserbaues später in Verfall und wurde auch im Mittelalter und in der Neuzeit diesen wichtigen Aufgaben wenig Aufmerksamkeit gewidmet. **Erst der neuesten Zeit blieb es vorbehalten, zum Wohle der Menschheit hier Wandel zu schaffen;** es brach sich die allgemeine Erkenntnis der Notwendigkeit einer entsprechenden **Wasserversorgung** selbst in den kleinsten Orten erst zu Ende des vorigen Jahrhunderts allmählich Bahn.

b) Das Wasser kann oft nicht zum Genusse für Menschen und Tiere verwendet werden; man spricht dann von **Nutzwasser,** das für öffentliche und gewerbliche Zwecke oft in sehr großen Quantitäten gebraucht wird.

Einwandfrei für Trink- und Haushaltungszwecke verwendbares Wasser nennen wir **Trinkwasser,** dessen Eigenschaften und Reinigung bereits in der Vorstufe [244] besprochen worden ist. **Das Ideal jeder Wasserversorgung wäre die einheitliche Beschaffung von Trink- und Nutzwasser,** das aber selbst in größeren Ortschaften und Städten leider nicht immer zu erreichen ist. **Der Bedarf an Trinkwasser schwankt zwischen 30—100 l pro Kopf und Tag.**

Der öffentliche Bedarf ergibt sich aus den Anforderungen für Straßenreinigung, Besprengung, Spülung der Entwässerungskanäle; der gewerbliche Bedarf läßt sich nur sehr beiläufig schätzen. **Für Trink- und Nutzzwecke zusammen kann man den mittleren Tageskonsum annehmen**

für Ortschaften und mittlere Städte mit 100 l, in Großstädten mit 200 l pro Kopf.

Dazu ist ein Zuschlag von 2—5 % für Verluste in den Rohrleitungen und von 10—12 % für Verluste in den Filteranlagen, wenn solche vorkommen, zu machen.

Als größter Tagesbedarf ist das Anderthalbfache des durchschnittlichen täglichen Verbrauchs, als größter Stundenkonsum $1/18$—$1/8$ des größten Tagesbedarfes anzunehmen.

Das Wachstum der einzelnen Ortschaften ist nach den in Vorstufe [307] gegebenen Formeln auf Grund der jährlichen Bevölkerungszunahme zu berechnen.

Die **Wassergewinnung** hat im Laufe der Zeit ihre Bezugsorte vollständig geändert. Von der früher ganz allgemein üblichen Sammlung der Niederschlagswässer und der Entnahme des Wassers aus Flüssen und Seen geht man mit Rücksicht auf die zunehmende Verunreinigung dieser Wässer jetzt zur **Quellen- und Grundwasserversorgung** über. Die Sammlung von Niederschlagswässern kommt nur noch in gebirgigen Gegenden in Frage, woselbst deren Gestaltung die Bildung von **Sammelbecken** (Stauweihern) durch Abschließung mittels **Erddämmen** oder **Sperrmauern** gestattet.

[167] Quellen und deren Fassung.

a) **Die meisten Quellen können als Austritte des Grundwassers angesehen werden,** welches dort, wo die wasserhaltende Schichte zutage tritt, zum Ausflusse gelangt [101]; sie sind **Schichtquellen,** die aus einer wasserführenden Schotter- oder Sandschichte stammen, während die **Felsenquellen** aus zerklüfteten, ungeschichteten Gesteinen stammen, also aus Felsspalten hervorquellen.

Zu letzteren gehören auch die **Karstquellen,** die in Kalkgebieten verschiedener Formationen, namentlich im Kreidekalk und im Karstkalk auftreten und richtiger als Höhlenquellen oder Höhlenflüsse angesprochen werden.

Die **Ergiebigkeit** der Quellen ist sehr verschieden und hängt von der Größe und Beschaffenheit des Alimentierungsgebietes sowie von der Menge und Verteilung der Niederschläge ab. **Deren Temperatur stimmt mit der des Grundwassers überein und kann bei 25—30 m unter der Bodenoberfläche je nach der Seehöhe mit 5—10° C angenommen werden.**

Die **Härte** der Quellwässer ist von der Zusammensetzung der Gesteine und von der Dauer des unterirdischen Laufes abhängig. **Sehr weiche Wässer kommen aus den Urgebirgsformationen** Granit, Gneis,

Schiefer usw. Bei Sandsteinen ist die Härte verschieden, je nachdem das Bindemittel der Quarzkörner ein kalkiges oder kieseliges ist. **Sehr harte Wässer stammen aus Tegel, Kalk und Dolomit.** Der **Quellenaustritt** kann bei geschichtetem Gestein immerhin einigermaßen aus der Lagerung der Schichten erkannt werden, so z. B. bilden jedenfalls die **Verwerfungsspalten,** die gewöhnlich mit durchlässigem Gestein ausgefüllt sind, günstige Stellen für die Erschrotung von Quellwasser, ebenso auch **Formationsgrenzen** und **horizontal (söhlig) gelagerte Schichten,** die in der Regel reichliches und vorzügliches Quellwasser liefern.

Die Aufsuchung von Dauerquellen geschieht am besten im **Winter,** weil die dann höhere Temperatur des Quellwassers gegenüber der Lufttemperatur das Wachstum einer üppigen Quellwasserflora begünstigt, die sich von der weißen Schneedecke deutlich abhebt.

Von der Besprechung anderer Mittel, wie z. B. der viel besprochenen „Wünschelrute" kann hier füglich abgesehen werden. Das überlassen wir lieber ihren Anhängern und den vielen Gegnern.

b) Die bauliche Konstruktion von Quellenfassungen zerfällt meist in zwei Hauptteile:

1. **die eigentliche Sammelanlage,**
2. **die Quellenstube,** bei größeren Ausmaßen auch **Wasserschloß** genannt.

Die **Sammelanlage** kann entfallen, wenn die Quelle nur an einem Punkte zutage tritt und auch im Winter vor der Schneeschmelze genügende Ergiebigkeit hat. Sie kann aus einfachen Drainageröhren, besser gelochten Steinzeugröhren oder aus gemauerten Sickerkanälen bestehen. Aus dieser Anlage führt eine Eisen- oder Tonrohrleitung das Wasser der tiefer gelegenen Quellstube (Abb. 382) zu, in die event.

Abb. 382   Abb. 383
Quellenstube   Brunnenstube

noch andere derartige Leitungen einmünden können. Abb. 383 zeigt eine Quellfassung von in Basalttuff lokal auftretendem Quellwasser, welcher in seinen unteren Schichten die wasserführende Schichte darstellt. Die lokale Quelle wird durch ein gelochtes, glasiertes Steinzeugrohr T gefaßt, welches, auf einer Betonplatte B stehend, oben mit einem eisernen Deckel geschlossen ist. Der Zutritt des Wassers erfolgt durch eine Schlichtung von Trockenmauerwerk, auf welcher ein Einsteigschacht aufgemauert ist. Durch die Leitung r findet das Quellwasser seinen Abfluß in die Quellsammelstube oder in das Hochreservoir. Bezüglich der Ausführung ist im allgemeinen noch zu bemerken, **daß alles Mauerwerk in Zement herzustellen ist, daß Holz und Moos nicht verwendet werden darf, daß das Trockenmauerwerk sehr solid aufzuschlichten ist und daß alle Gewölbe mit Zement oder Asphalt abzudecken sind,** damit kein Tagewasser in die Quellstube gelangt. Endlich soll für die Ventilation größerer Brunnenstuben gesorgt werden.

Zu den Quellen gehören noch die **artesischen Brunnen,** welche infolge hydrostatischen Überdruckes über den Boden aufsteigen (I. FB. [235 d]). Sie sind bezüglich ihrer Ergiebigkeit und namentlich ihrer Steighöhe sehr unzuverlässig und können nur durch Tiefbohrungen erschlossen werden.

Über intermittierende Quellen, Gas- und heiße Quellen siehe den Aufsatz „Unsere Erde", I. Fachband [319].

[168] Sammelanlagen für Grundwasser.

a) Für den bedeutenden Wasserbedarf großer Versorgungsgebiete werden wohl nur in seltenen Fällen Quellen von ausreichender Ergiebigkeit zur Verfügung stehen, wenn es nicht wie bei der **Wiener Wasserversorgung** gelingt, **Hochquellen** aus dem Gebirge auf große Entfernungen heranzuziehen. **Meist wird man daher diesen Bedarf einem Grundwassergebiete entnehmen,** falls ein solches in bezug auf Qualität und Quantität in der Nähe des zu versorgenden Gebietes vorhanden ist. Die **Fassungsanlage** wird dann aus in Reihen angeordneten **Brunnen, Brunnenhaltungen** bestehen, die möglichst senkrecht zu der durch die Vorarbeiten festgestellten Richtung der Grundwasserströmung herzustellen sind.

Die erforderliche Zahl ergibt sich aus der durch Pumpversuche ermittelten **Ergiebigkeit eines Brunnens.** Zu diesem Behufe ist eine Versuchsbohrung durch Einhängen eines Filters zu einem Versuchsbrunnen zu machen und durch mehrmonatliche Dauerpumpversuche dem Brunnen in Tag- und Nachtschichten die größtmögliche Wassermenge zu entnehmen, bis ein Beharrungszustand der Absenkung eintritt. **Die Absenkungs- oder Depressionskurve** (Abb. 384) ist eine einer Parabel ähnliche Linie, deren Gestalt durch Probebohrungen (verrohrten Bohrlöchern 1, 2, und 3) genau bestimmt werden kann.

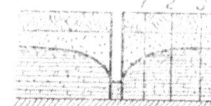

Abb. 384
Absenkungskurve

Aus solchen Untersuchungen ergibt sich, daß bei **gleicher Spiegelsenkung, gleicher Brunnentiefe und durchlässigen Brunnenwandungen der Durchmesser wenig Einfluß auf das Wasserquantum hat.** Wegen der Kosten, die natürlich proportional dem Querschnitte wachsen, **wird man daher lieber eine Anzahl kleinerer Brunnen statt einen einzigen großen wählen.** Ihrer Konstruktion nach unterscheidet man **Schachtbrunnen,** die dann, wenn aus ihnen die Hebemaschine bei größeren Anlagen das Wasser direkt entnimmt, **Saugbrunnen** heißen. Die Durchlässigkeit des Mantels erzielt man bei Grundwasserträgern von grobem Kern durch offene Fugen im Mauerwerk, bei feinerem Korn durch Einlage von Filtern in den Mantel. Erhalten die Brunnen nur einen kleinen Durchmesser, so nennt man sie **Rohrbrunnen.**

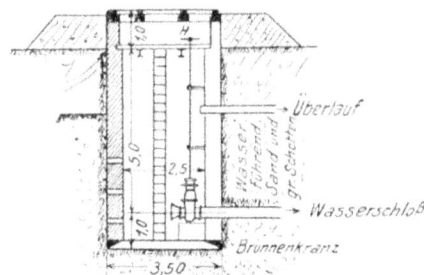

Abb. 385

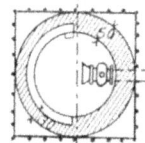

Abb. 386
Schachtbrunnen

b) Alle **Schachtbrunnen,** und die Mehrzahl aller Pumpbrunnen sind Schachtbrunnen (Abb. 386), werden auf einem **Brunnenkranz** aufgesetzt.

Die **Stärke** des Mauerwerkes ist bei 1,50 m Lichtweite 32 cm, bei 2—2,5 m Lichtweite 50 cm usw. bis zu 1 m zu bemessen. Besteht die wasserführende Schicht aus sehr feinem Sande, dann fließt mit dem Wasser auch Sand in die Brunnenröhre und verstopft sie bald. In dem Falle wählt man den Brunnendurchmesser sehr groß, damit die Eintrittsgeschwindigkeit des Wassers klein wird, oder man macht **Filterbrunnen**, bei welchen ein weites, vollwandiges Rohr eingelassen wird, in das man ein zweites enges Rohr stellt, das bis zur Höhe der wasserführenden Schichten mit Schlitzen versehen ist. In den ringförmigen Raum wird dann ein in der Korngröße abnehmendes Filter eingesetzt, worauf man das äußere Rohr herauszieht.

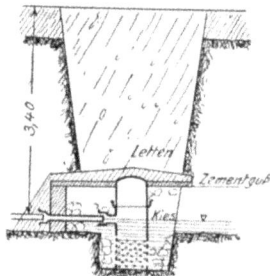

Abb. 387
Sammelkanal

Dort, wo das Grundwasser höher liegt als die zu versorgende Ortschaft und der Grundwasserspiegel in mäßiger Tiefe unter dem Terrain liegt, kann man das Grundwasser statt durch Brunnen auch mit Sammelkanälen, gelochte Steinzeugröhren oder Saugkanäle (Abb. 387, 388) erschließen und in einen dichten Sammelbrunnen leiten, von wo es in die Stadt gelangt. Diese Saugleitungen sind senkrecht auf die Linie des größten

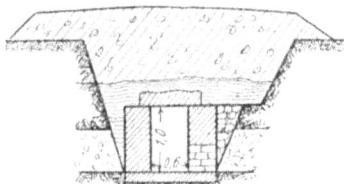

Abb. 388
Saugkanal

Grundwassergefälles, also in die Talmulden zu legen.

c) **Ein Grundwasser, welches sich auf einer in nur geringer Tiefe unter der Erdoberfläche liegenden undurchlässigen Schichte befindet, ist reich an Bakterien, während in einer Tiefe von 2—3 m die Mikroorganismen fehlen,** falls diese Schichten nicht aus grobem Schotter und Gerölle bestehen. Selbst in einem durch Abfallstoffe stark verunreinigtem Grunde ist in dieser Tiefe das Grundwasser **keimfrei,** was nur der filterenden Kraft des Bodens, der niederen Temperatur und dem Kohlensäuregehalt der Grundluft zuzuschreiben ist.

Die Verunreinigungen in Brunnen rühren wohl meist von der Oberfläche her oder, wenn Abfallstoffe in der Nähe der Brunnen direkt in die wasserführende Schichte gelangen. **Je tiefer der Brunnen, desto geringer ist die Möglichkeit einer Infektion, weshalb Tiefbrunnen in der Regel ein keimfreies Wasser liefern werden.**

Dagegen wurden bei artesischen Brunnen oft viele Keime beobachtet, namentlich wenn sie aus großen Becken gespeist werden, die stärkeren Verunreinigungen ausgesetzt sind.

Im kleinen kann Wasser durch Erhitzen auf 100° unbedingt keimfrei gemacht werden; bei größeren Betrieben muß das bedenkliche Wasser Reinigungsmethoden unterzogen werden, die wir bei der Wasserentnahme aus offenen Wasserläufen besprechen werden.

[169] Wasserentnahme aus Bächen und Flüssen.

a) **Das** gewöhnlich sehr weiche Wasser der Flüsse findet meist nur als Nutzwasser Verwendung; es gibt aber auch Wasserwerke größerer Städte, **die filtriertes Flußwasser auch zum Trinken benutzen.**

Die Gesamtanlage (Abb. 389) besteht gewöhnlich aus einer Stauanlage, einer Hauptzuleitung, die das Oberwasser des Wehres mittels

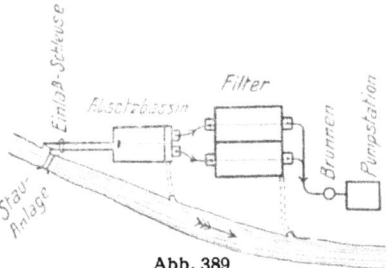

Abb. 389
Wasserwerk

Röhren, gemauerten Kanälen oder offenen Gräben den **Absetzbassins** zuführt, **in welchen die gröbsten Bestandteile des trüben oder schlammigen Wassers abgesetzt werden.** Von diesen fließt das Wasser durch eine Rohrleitung in die **Filterbassins,** wo es mechanisch vollständig gereinigt wird, und gelangt schließlich in das **Hochreservoir** oder in den **Maschinenpumpbrunnen,** aus welchem es in die Stadt geleitet wird.

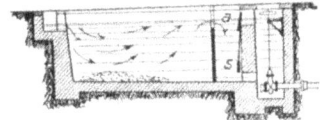

Abb. 390
a) im Winter

b) im Sommer
Abb. 391
Absetzbassin

Die **Absetzbassins** sind 2—3 m tiefe, offene, seltener eingewölbte Behälter, die immer doppelt angelegt werden, um bei Reparaturen eine Betriebsstörung zu vermeiden. Zur Erhöhung der Wirkung werden Eintauchplatten verwendet, die im Winter herabgelassen und im Sommer aufgezogen sind, um im Winter das obere Wasser, im Sommer das untere kalte Wasser zum Abflusse zu zwingen (Abb. 390, 391).

Die **Filterbassins** sind zum Schutze gegen Verunreinigungen meist geschlossen und mit Sand gefüllt (Abb. 392). Soll das Wasser zum Trinken verwendet werden, also keimfrei sein, so dürfen pro m² Filterfläche täglich höchstens 3 m³ Wasser filtriert werden. Danach muß die Filtriergeschwindigkeit bemessen werden.

Jedes noch so sorgfältig hergestellte Filter liefert anfangs trübes und erst nach einigen Tagen klares Wasser, bis es sich nach ca. 1 Monat „verstopft", also gar kein Wasser mehr durch-

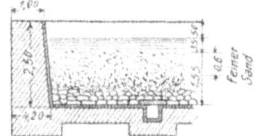

Abb. 392
Filterbassin

läßt. Dann muß der Sand wieder gewaschen werden. Unbedingt ist für gleichen Zu- und Abfluß zu sorgen, damit die oberste, eigentlich filtrierende Schichte, die Filterhaut nicht vor der Verstopfung durchbrochen wird. Bei großen Filteranlagen sollen drei Reservefilterbecken vorhanden sein.

Um an Grund für die großen Filterbecken zu sparen, hat man **Schnellfilter** in den verschiedensten Konstruktionen gebaut. Zur Sterilisation des Wassers verwendet man neuestens auch **ultraviolette Strahlen,** die mit Quecksilberdampflampen (I. F.B. [457c]) erzeugt werden, und **Ozonapparate** (Vorstufe [253]).

[170] Wasseransammlung durch Stauweiher.

Wo zur Versorgung weder Quell- und Grundwasser, noch offene Wasserläufe ausreichen, muß zur Errichtung großer **Stauweiher,** von sog. **Gebirgsreservoiren,** geschritten werden. Die Filteranlage wird hierbei entweder beim Stauweiher oder beim Hochreservoir zu errichten sein.

Die technischen Einzelheiten so hoher Stauwerke werden im nächsten Briefe unter „Wasserkraftwerke" behandelt werden.

[171] Reservoire.

a) Der Transport des Wassers vom Bezugsort zum **Reservoir** kann durch offene Gräben oder durch geschlossene Kanäle oder Rohrleitungen erfolgen. **Offene Gerinne werden nur bei Nutzwasser verwendet, weil das Wasser darin stark der Erwärmung und der Verunreinigung ausgesetzt ist.**

Bei Trinkwasser verwendet man entweder Kanäle oder Rohrleitungen; erstere haben gegenüber Rohrleitungen den Vorteil der längeren Dauer, leisten größere Sicherheit gegen Betriebsstörungen, brauchen ein geringeres Gefälle bis 0,1 %, ohne die Qualität des Wassers besonders zu schädigen, während Druckrohrleitungen kein kleineres als das einer Geschwindigkeit $v = 0,3 — 0,6$ m entsprechendes Gefälle besitzen sollen; dagegen sind sie leicht von Schlamm und Sand zu reinigen.

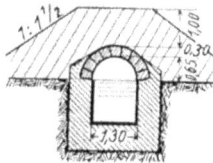

Abb. 393
Kanalprofil

Das Profil des Kanales wird zweckmäßig im Einschnitt verlegt, um Setzungen vorzubeugen. Die Kanalleitungen bestehen aus Beton- oder Monierröhren, aus Kanälen aus Stampfbeton oder Mauerwerk und werden im benetzten Umfange mit 2—6 cm geschliffenem Portlandzement verputzt (Abb. 393). In gewissen Abständen müssen Einsteig- und Revisionsschächte eingeschaltet werden.

Werden innen und außen glasierte **Steingutröhren** verwendet, so müssen die Röhren mit den Muffen nach aufwärts gelegt werden, und zwar womöglich 1,50 m unter dem Terrain. Die beste Dichtung besteht dann neben den zuerst einzustopfenden Teerstricken aus einem Gemenge von 1 Teil Teer und 2 Teilen Ton oder die Muffen werden mit Teer und Asphalt ausgegossen.

Bei größeren Gefällsbrüchen und längeren Leitungen baut man **Entlastungsschächte** ein (Abb. 394),

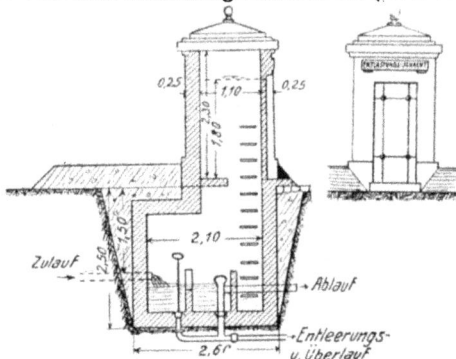

Abb. 394

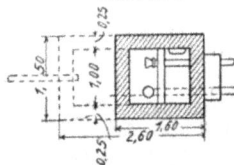

Abb. 395
Entlastungsschacht

die auch bei eisernen Druckrohrleitungen notwendig sind, wenn der Druck wegen des Höhenunterschiedes 6—7 at übersteigt, wie dies mitunter im Hochgebirge der Fall ist.

In der Mehrzahl der Fälle legt man aber heute der Billigkeit wegen **eiserne Druckrohrleitungen** in die frostfreie Tiefe von 1,50 m.

Die eisernen **Muffenröhren** sind innen und außen heiß asphaltiert und werden mit Hanfstricken und Blei gedichtet. An allen höchsten Punkten werden **Luftventile,** an allen tiefsten Punkten **Spülauslässe** angeordnet.

b) Liegt die Wassersammelanlage tiefer als das Abgabegebiet oder das zur Versorgung desselben mit natürlichem Druck entsprechend hoch zu lagernde Hochreservoir, so muß in nächster Nähe des Sammelbrunnens eine Pumpstation errichtet werden, um das Wasser künstlich zu heben.

Als Motor zum Antrieb der Saug- und Druckpumpen dienen Wasserräder, Turbinen, Göpel, Windmotoren, Dampf- und Elektromotoren; statt des Dampfmotors können auch Verbrennungsmotoren verwendet werden. Die Berechnung dieser Motoren folgt später im Maschinenbau.

Für kleine Anlagen und Fördermengen bis zu 6 s/l können mit Vorteil auch hydraulische Widder in Anwendung gebracht werden (I. F. B. [245]).

c) Der Wasserbedarf ist während des Jahres ein variabler, und zwar **beträgt er im Winter ein Minimum, während er im Sommer das Maximum erreicht.** Ebenso ist auch der Tagesverbrauch ein verschiedener und gelangt oft binnen 6—12 Stunden zur Abgabe. Um nun diese Konsumschwankungen auszugleichen und trotzdem für Feuerlöschzwecke usw. jederzeit einen Vorrat zur Verfügung zu haben, **werden eigene große Behälter, Hochreservoire, geschaffen, deren Fassungsraum beiläufig dem ²/₃ fachen Tagesbedarfe entspricht.** Bei kleinen Anlagen muß man sogar bis zum 1—1½ fachen Tageskonsum gehen.

Die Reservoire selbst sind tunlichst nahe der Stadt, womöglich auf einem Hügel anzulegen. Ist keine natürliche Höhe vorhanden, so ist das Reservoir auf eiserne Gerüste oder auf gemauerte **Wassertürme** aufzustellen.

Als maßgebende Größe für die Höhenlage des Reservoirs wird der Gesamthöhenunterschied H zwischen dem Hochreservoirwasserspiegel und dem höchsten Terrainpunkte der Stadt, dem höchstgelegenen Versorgungsobjekt ins Auge zu fassen sein und wird $H = h' + h'' + h'''$ anzunehmen sein; h' ist die Tiefe des Reservoirwasserstandes, der bei kleinen Reservoiren 1,5—3 m, bei großen gemauerten Reservoiren bis 5 m und bei großen eisernen Reservoiren bis 10 m betragen kann.

h'' ist der Druckverlust oder die Reibungshöhe für die Länge L und die Wassermenge Q max in der Rohrleitung, während h''' den Überdruck bedeutet, welcher notwendig ist, um bei Feuersgefahr auch noch den Dachfirst zu erreichen oder die Hausleitung in das höchste Stockwerk zu bringen. h''' wird mit Abzug der Reibungsverluste in der Hausleitung oder im Hydrantenschlauch bei großen Wasserleitungen und zweistöckigen Häusern mit 30m, für kleinere Leitungen in Landstädten mit 20 m gewählt.

Das Reservoir ist in der Regel in zwei getrennte Kammern geteilt,

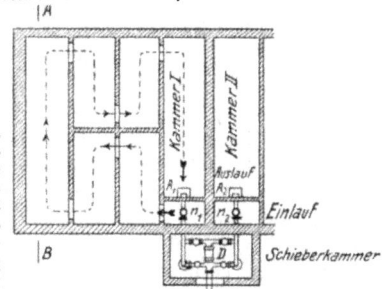

Abb. 396
Grundriß

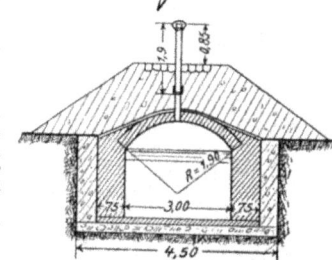

Schnitt A B
Abb. 397 Reservoir

die event. durch einen Schieber kommunizieren, um die Reinigung ohne Betriebsstörung vornehmen zu können. Außerdem ist durch Zwischenwände eine Zirkulation des Wassers ermöglicht, während in einem Anbau, Schieber- oder Ventilkammer genannt, alle mechanischen Einrichtungen vorhanden sind, die eine Entleerung des Reservoirs, das Überlaufen des die Normalhöhe überschreitenden Wassers und die direkte Speisung der Stadt ermöglichen (Abb. 396).

Das Reservoir wird nur zum Teil im Boden versenkt, der andere freistehende Teil muß 1—1$\frac{1}{2}$ m hoch mit Erde bedeckt werden, um die Beeinflussung durch die Lufttemperatur hintanzuhalten.

Die Behälter können in Stampfbeton, Ziegelmauerwerk oder Eisenbeton ausgeführt werden. Hinter dem Schieber sind Luftröhren an der Decke angebracht, um beim Einlassen des Wassers die Luft entweichen zu lassen.

[172] Das Stadtrohrnetz.

a) Das Netz kann entweder nach dem **Kreislaufsysteme,** wo es keine Endpunkte gibt, oder nach dem **Verästelungssysteme** angelegt sein. **Im allgemeinen gibt man dem ersteren den Vorzug, weil es Ablagerungen verhindert, die Hydranten bei Feuersgefahr von verschiedenen Strängen aus also viel kräftiger versorgt werden können, und endlich bei Rohrbrüchen jederzeit eine Umleitung möglich ist. Dort, wo viel Wasser an Hausleitungen abgegeben wird, wird man überhaupt nur das Kreislaufsystem wählen.** Werden beim Verästelungssystem an den Endpunkten Sparbrunnen mit permanenten Ausläufen aufgestellt, dann gibt es auch bei diesem entschieden billigeren System keine Ablagerungen, wogegen die Gefahren bei Rohrbrüchen immer bestehen bleiben. **Die Berechnung erfolgt aus Sicherheit immer unter Annahme eines Verästelungssystemes.**

Der Hauptstrang wird durch die belebtesten Straßen geführt, wo also der größte Wasserkonsum zu erwarten ist. Die Berechnung erfolgt unter der Annahme einer Geschwindigkeit von $v = 1$ m, und als kleinster Rohrdurchmesser wird in größeren Städten mit Hydranten $d = 80$ mm, sonst in kleinen Ortschaften $d = 60$ mm, aber nie unter 40 mm gewählt. Der Wasserbedarf wird auf die einzelnen Straßen mit Berücksichtigung des Bevölkerungszuwachses und der künftigen Verbauung verteilt **und beiläufig alle 100 m ein Hydrant angenommen, der in kleineren Ortschaften 4, in größeren Städten 5—6 sl** geben soll. Der Druckverlust ist für die einzelnen Strecken vom gleichen Durchmesser separat und so zu berechnen, daß am äußersten Punkte z. B. ein Hydrant noch mit 3 sl mehr dem nötigen Überdruck für 20—30 m Steighöhe gespeist werden kann.

b) Die Grabensohle wird in die Nivellette der Rohrunterkante gelegt und nur bei jedem Rohrstoß ausgegraben, um die Dichtung vornehmen zu können.

Je nach der Standfestigkeit des Materiales werden in gewissen Strecken in der Grabentrasse 1—2 m breite Streifen gewachsener Boden stehen gelassen, welche an der Sohle stollenförmig durchgraben werden. Diese Erdklötze dienen zur Versteifung der Grabenwände, die aber bei lockerem Boden noch überdies künstlich versteift werden müssen.

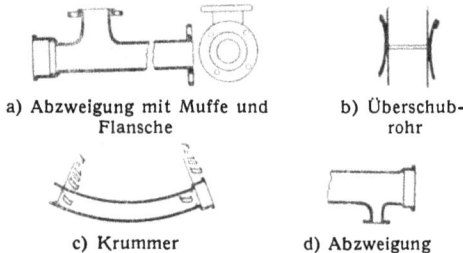

a) Abzweigung mit Muffe und Flansche   b) Überschubrohr

c) Krummer   d) Abzweigung

Abb. 398
Fassonröhren

Die Rohrleitungen bestehen der Hauptsache nach aus 3—4 m langen, stehend gegossenen, innen und außen heiß asphaltierten Muffenröhren. Deren Dichtung erfolgt in der

Weise, daß in die völlig getrockneten Muffen zuerst Hanfstricke eingestemmt werden, worauf der übrige Raum mit Blei ausgegossen wird, das man nachträglich verstemmt. Um das Eingießen des Bleies zu ermöglichen, wird um den äußeren Muffenrand ein nasser Hanfstrick gelegt, der mit einer fetten Lehmlage umgeben und gut verschmiert wird. Dort, wo der Strick herausgezogen wird, bleibt das Eingußloch offen. Nach dem Eingießen wird der Lehmring entfernt, das Blei mit eigenen Rohrstemmern verstemmt und die Oberfläche glatt abgestrichen. In selteneren Fällen werden normale gußeiserne Flanschenröhren verwendet, deren Dichtung mit Kautschuk, Blei- oder Lederringen und Verschraubung erfolgt. Die Gewichte sind den Werkstabellen zu entnehmen. Die Röhren, die im Werke einem Probedrucke von 15—20 at ausgesetzt werden, reichen für alle Wasserleitungen bis 100 m Druckhöhe, also 10 at aus. Die Rohrleitung soll vor dem Zuschütten auf einen Probedruck gleich dem doppelten hydrostatischen Druck mit einer hydraulischen Rohrpresse geprüft werden. Außerdem sind in jedem Netze noch Fassonröhren erforderlich, von denen einige in Abb. 398 dargestellt sind.

c) Von den übrigen Hilfsapparaten sind erwähnenswert:

1. Die **Wasserschieber.** Da die Öffnung oder Schließung der Durchflußöffnungen zur Vermeidung hydraulischer Stöße **sehr langsam** erfolgen soll, hat man schon lange die früher verwendeten Konushähne in den öffentlichen Rohrsträngen durch **Schieber** ersetzt.

Der Schieber (Abb. 399) besteht aus dem Schiebergehäuse s mit einer Stopfbüchse aus Eisenguß, dem keilförmigen Ringschieber aus Gußeisen, die mit einer ringförmigen Gleitfläche aus Rotguß ausgestattet ist, und aus der gleichfalls aus Rotguß hergestellten Schraubenspindel mit flacher Steigung. Durch Drehung der Spindel hebt sich der Schieber in den domförmigen Gehäuseteil D.

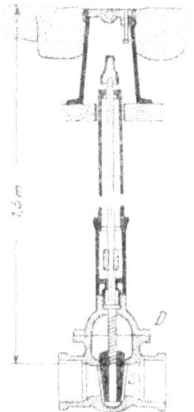

Abb. 399
Wasserschieber

Im Schiebergehäuse ist korrespondierend mit dem Ringschieber eine ringförmige Gleitfläche keilförmig eingelassen, so daß die beiden Gleitflächen vollkommen schließen.

Der Schieber s wird entweder mit einem Handrade oder von der Straße aus nach Öffnung der Straßenkappe mit einem Aufsteckschlüssel betätigt.

2. **Hausanschlüsse.** Um Hausleitungen anzuschließen, wird der unter Druck stehende Straßenrohrstrang mit einer sog. **Rohrschelle** S umgeben und ein Kegelhahn provisorisch aufgeschraubt (Abb. 400 a.) Durch den geöffneten Hahn wird dann das Rohr angebohrt und der

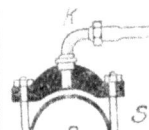

Abb. 400 a
Rohrschelle

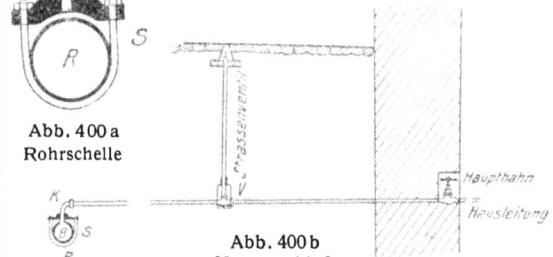

Abb. 400 b
Hausanschluß

Hahn sofort wieder zugedreht, worauf das Abschrauben der Bohrratsche und das Anschrauben eines Kniesaugers erfolgt, an welchem die Hausbleirohrleitung angeschlossen wird. Vor dem Hause befindet sich der Hauptabsperrhahn mit dem Straßenventil (Abb. 400 b).

Die Hausanschlüsse werden meist von der Gemeinde aus besorgt und hat auch letztere das Recht, das Straßenventil abzusperren. Die eventuelle Absperrung der Hausleitung durch den Hausbesitzer erfolgt durch einen eigenen, gewöhnlich im Keller vor dem Wassermesser situierten **Haupthahn,** von dem aus die Verzweigung der Bleirohrleitungen beginnt.

Alle Klosettspülungen und Zapfhähne in den Küchen und Korridoren sind mit Syphons versehen. Die weiteren Einzelheiten von Hauswasserleitungen werden später folgen.

3. **Teiltopf,** der in einen Schacht eingebaut wird, wenn drei oder mehr Leitungen sich verzweigen.

4. **Schlammtöpfe** werden an schwer zugänglichen **tiefsten Punkten** eingebaut, um die Sedimente zu sammeln und von Zeit zu Zeit zu entfernen. Mitunter wird dort ein selbsttätiges Luftventil angebracht, wenn das Wasser viel Luft mitführt. Außerdem sind **Luftventile** an allen **höchsten** Punkten anzuordnen, wenn nicht durch Auslaufbrunnen oder Hydranten für genügende Entlüftung gesorgt ist.

6. **Spülauslässe** dienen zur Ausspülung und Reinigung der Rohrleitungen, sind an den **tiefsten** Punkten anzubringen. Das durch Öffnen des Schiebers unter Druck ausströmende Wasser reißt alle Ablagerungen mit und gelangt durch ein Reduktionsrohr zu einem Auslaufobjekt.

7. **Hydranten** (Wasserpfosten, Feuerhähne) werden in Entfernungen von ca. 100 m eingebaut, um Wasser für Straßenbespritzung und Feuerlöschzwecke bequem entnehmen zu können. Man unterscheidet **Überflurhydranten,** die in Form eines Ständers über dem Terrain sichtbar sind und daher auch im Winter leicht zugänglich sind (Abb. 401), und die meist billigeren **Unterflurhydranten,** die auf die Rohrleitung oder seitwärts gesetzt werden. Der Unterflurhydrant besteht aus einem weiten Standrohr, welches am unteren Ende mit einem Ventil geschlossen werden kann und am oberen Ende eine Ausweitung besitzt, dessen Auslauföffnung mit einem Bajonettverschluß versehen ist. Bei geschlossenem Ventil tritt das im Hydrantenrohr stehen gebliebene Wasser in den Untergrund aus. Diese selbsttätige Entwässerung setzt das Vorhandensein eines durchlässigen Bodens voraus. **Sonst muß der Hydrant nach jedesmaligem Gebrauche ausgepumpt werden, um das Einfrieren zu verhindern.**

Solche Hydranten werden mit 50, 65 und 80 mm Durchflußweite gebaut. Bei Oberflurhydranten wird der Schlauch direkt an eine der Kapseln des Hydrantenständers $K K$ angeschraubt, die das übliche Feuerwehrschlauchgewinde besitzen müssen.

8. **Öffentliche Auslaufbrunnen** laufen entweder permanent oder intermittierend als Sparbrunnen, bei welchen durch Druck auf einen Hebel oder Knopf Wasser entnommen werden kann.

Außerdem gibt es noch **Rückschlagklappen, Rohrbruchventile, Druckreduzierventile** usw., deren Einrichtung in Sonderwerken zu finden ist.

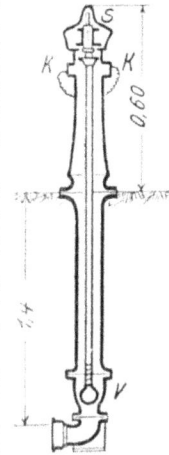

Abb. 401
Überflurhydrant

B. Kanalisation.

[173] Beseitigung der Abwässer.

a) Der Zweck der Abwässerbeseitigung ist die möglichst schnelle und vollkommene Entfernung aller verunreinigten Wässer und Fäkalien aus dem Wohngebiet der Menschen, wo sie bei auch nur zeitweiser Anhäufung oder durch Verseuchung des Untergrundes der Städte die schwersten Schäden in gesundheitlicher Hinsicht hervorrufen können. **Die unterirdische Abführung der häuslichen und gewerblichen Abwässer ist für jede menschliche Ansiedlung in erster Linie anzustreben, während die Niederschlagswässer, solange sie keine Überschwemmungen hervorrufen, bei weitläufiger Verbauung auch oberirdisch abgeleitet werden können. Gewöhnlich wird man mit einer häuslichen Abwassermenge von 60—100 l pro Kopf und Tag zu rechnen haben,** wogegen sich die Menge der gewerblichen Abwässer ganz nach den örtlichen Verhältnissen richtet; dabei ist zu unterscheiden, ob sie als Schmutzwasser zu behandeln sind, oder ob sie unverdünnt gemeinsam mit den Niederschlagswässern einem öffentlichen Flußlaufe zugeführt werden können.

Bei Berechnung der Niederschlagsmengen, die unterirdisch abgeführt werden sollen, **ist größte Vorsicht geboten.** Da die Berücksichtigung der stärksten, nur selten eintretenden Regengüsse unwirtschaftlich große Profile ergeben würde, begnügt man sich meist mit der Ableitung von Regenfällen von 24—45 mm Regenhöhe in der Stunde oder von 66—125 sl pro ha. Hiervon kommt nur ein Teil zum Abfluß in die Kanäle, der andere Teil versickert oder wird durch die Rauhigkeit des Bodens und die Bepflanzung so lange zurückgehalten, bis die Hauptmenge abgeflossen ist. Unter Berücksichtigung der Bebauung und der Durchlässigkeit der Straßendecke ergibt sich für den Kern einer engbebauten Geschäftsstadt eine Abflußmenge von **80%,** für verkehrsreiche Außenbezirke **60%,** für Villenviertel **40%** Abfluß der für die Berechnung der Kanäle zugrunde gelegten Regenhöhe. Eine weitere Verminderung kann durch die Verzögerung des Abflusses in den Kanälen selbst eintreten; bei zwar heftigen, aber in der Regel kurzen Regenfällen wird das der unteren Strecke direkt zuströmende Wasser bereits abgeflossen sein, bevor dieselbe von dem Abflusse der entfernteren Gebiete durchströmt wird.

b) Die Anordnung der Kanäle ist eine verschiedene je nach der Gestaltung des Entwässerungsgebietes. Man unterscheidet zunächst das **Trennsystem,** bei dem die Schmutzwässer getrennt von den Niederschlagswässern abgeführt werden, und das **Schwemmsystem,** bei welchem beide Arten Abwässer in gemeinsame Kanäle aufgenommen werden. Das erstere wird nur angewendet, wenn man die unterirdische Abführung benutzt und sie einer besonderen Reinigung unterwerfen will. Nach der Lage der Kanäle zum Vorfluter unterscheidet man das **Abfangsystem,** bei dem parallel zum Vorfluter ein erst weit unterhalb der Stadt einmündender Hauptsammelkanal alle Seitenkanäle aufnimmt und sie nur bei besonders starke Niederschläge **Notauslässe** anordnet, das **Parallelsystem,** bei dem mehrere Hauptsammler in verschiedenen Abständen und entsprechender Höhenlage parallel zum Vorfluter geführt sind, und endlich das **Radialsystem,** bei dem die Entwässerung einzelner Gebietsteile nach ihrem tiefsten Punkte mit natürlichem Gefälle erfolgt, während von diesem Punkte aus die Weiterbeförderung mittels künstlicher Hebung oder durch Druckleitung erfolgt.

c) Für die Tiefenlage der Kanäle ist die Höhe der anzuschließenden Haus- und Straßenentwässerungseinrichtungen maßgebend. Für die Hausentwässerung wird also die übliche Kellersohle in Betracht kommen, wenn Kellerwohnungen oder Waschküchen im Keller überhaupt gestattet sind; für die Straßenentwässerung ist die frostfreie Lage des Geruchverschlusses bei den Regeneinläufen **(Sinkkasten)** maßgebend. In ersterer Beziehung wird daher eine Anfangstiefe von 2 m, für die Straßenentwässerung eine solche von 1,2 m ausreichend sein

Das Gefälle der Kanäle soll so groß sein, daß bei geringster Füllung sich noch eine Geschwindigkeit von etwa 0,60 m in der Sekunde ergibt, die genügt, um alle Schwimmstoffe fortzubewegen. Als Kanalprofil (Abb. 402) ergibt sich für gleichmäßige und geringe Wassermessungen die **Kreisform**, bei stark wechselnder Abflußmenge die **Eiform** als die günstigste. Bei nicht genügender Überdeckung der Eiform und großen Wassermengen werden gedrückte Formen angewendet, von denen das sog. **Maulprofil** ·das gebräuchlichste ist.

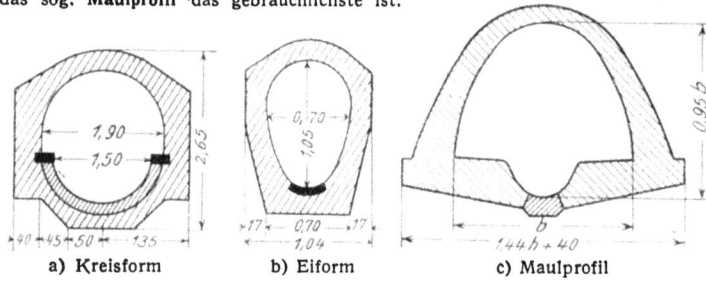

a) Kreisform   b) Eiform   c) Maulprofil

Abb. 402 Kanalprofile

[174] Bau der Straßenkanäle.

a) Die wichtigsten Vorarbeiten für den Bau von Straßenkanälen sind die Bodenuntersuchungen, aus welchen sich die Strecken ergeben, in denen die Kanäle durch Betonunterlagen, Pfeilerfundamente usw. gegen Setzungen geschützt werden müssen, und die Erhebungen über den Grundwasserstand, die darüber zu entscheiden haben, ob und in welchen Längen unterhalb des Kanales Drainröhren anzuordnen sind, um das Grundwasser zu senken. Auf Grund der Ergebnisse dieser Vorerhebungen sind genaue Bauzeichnungen und der Voranschlag anzufertigen.

b) Für die Güte und Dauer der Kanäle ist die richtige Beschaffenheit der Materialien sehr wichtig, da alle Reparaturen Betriebsstörungen und kostspielige. Aufgrabungen bedingen.

Für Kanäle bis zu 50 cm Durchmesser werden allgemein Steinzeugrohre, hartgesinterte Tonrohre mit einer säurefesten Salzglasur, die mit Asphalt, Goudron und Teer gedichtet sind, verwendet. Für größere Dimensionen verwendet man häufig auch Zementrohre von kreisförmigem oder eiförmigem Querschnitt, die an den Enden mit Führungswulst und Vorsprung versehen sind; als Dichtungsmittel dient fast ausschließlich Zementmörtel. Da Betonrohre von vielen Säuren der Abwässer stark angegriffen werden, stellt man die Kanäle oft aus Klinkermauerwerk her. Bei großen Profilen macht man die Kanäle aus Stampfbeton, auf deren Sohle Sohlschalen aus Portlandzement oder Klinkerrollschichten gelegt werden.

c) Die Ausschachtung soll in vorgeschriebener Breite und Tiefe stets in senkrechten Wänden erfolgen. Über deren Zimmerung siehe [44]. Um Setzungen der Straßendecke hintanzuhalten, wird häufig die ganze Zimmerung verschüttet, bei sehr lockerem Boden werden auch **Sprengmauern** zwischen den Bohlenwänden aufgemauert. Die Tiefenlage der Sohle wird durch Nivellement festgelegt, die Zwischen-

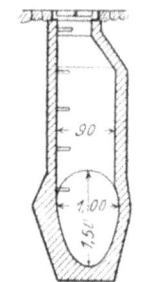

Abb. 403
Einsteigschacht

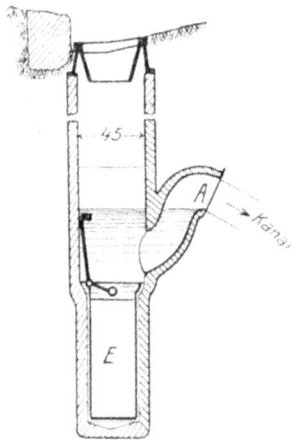

Abb. 404
Sinkkasten

punkte werden von festen Visiertafeln aus einvisiert und durch Stangen abgelotet.

d) Zum Betriebe der Kanalisatiorf sind in Entfernungen von 60—80 m **Einsteigschächte** anzuordnen; bei begehbaren Kanälen von mehr als 1 m Lichthöhe können die Entfernungen größer gewählt werden. Die Lichtweite solcher Schächte beträgt mindestens 90 cm, in der einen Ecke sind Einsteigsprossen eingelassen und der Schacht mit gußeisernem Deckel geschlossen (Abb. 403).

Zur Einleitung der Straßenabwässer dienen **Einlaßobjekte (Sinkkästen)**, die beiderseits der Fahrbahn angeordnet werden. Die Distanz soll bei verkehrsreichen Straßen mit schwachem Gefälle 40—50 m, bei schwächerem Verkehr und starkem Gefälle 80—100 m nicht überschreiten, wobei Straßenkreuzungen in erster Linie zu berücksichtigen sind.

Der Wassereintritt erfolgt durch in der Rinnsteinsohle angeordnete Gitter oder durch im Bordstein der Seitenwege eingearbeitete Öffnungen, sog. **Froschmäuler**. Der Einlauf (Abb. 404) wird aus Ziegelmauerwerk oder Beton hergestellt und enthält häufig zwecks Erleichterung der Schlammentfernung einen 30 × 40 cm großen, eisernen Eimer, der an einer Stange emporgehoben werden kann.

[175] Hausanschlüsse.

a) Die Hausentwässerungsanlagen gliedern sich in die möglichst senkrecht zu führenden **Fallrohre,** welche die Abwässer in den einzelnen Stockwerken von den Ausgußstellen, Spülaborten, Pissoirs, Badewannen usw. zugeführt erhalten, und die im Untergrund verlegten **Grundleitungen**, die den Anschluß der Fallrohre mit den Straßenkanälen vermitteln.

Für die **Falleitungen** werden innen und außen asphaltierte, dünnwandige gußeiserne Muffenröhren oder glasierte Steinzeugröhren verwendet; die Fallröhren sind zwecks ausgiebiger Lüftung stets mit vollem Querschnitt mindestens 0,5 m über die Dachfläche emporzuführen, wobei ihre Endigungen mindestens 3 m von Fenstern und Dachlucken entfernt bleiben sollen.

Die **Grundleitungen** werden zumeist aus Steinzeugröhren mit 150 mm kleinster Lichtweite hergestellt und tunlichst geradlinig mit einem Gefälle von 1 : 10 bis 1 : 50 zum Straßenkanal geführt. Solche Ableitungen sollen nie unter bewohnbaren Räumen verlegt werden und sind mit einzelnen verschließbaren Putzöffnungen zu versehen, die in Schächten untergebracht sind.

b) Alle Ausgußstellen sind in frostfreien Räumen anzuordnen und die Abfalleitungen nur an Innenmauern zu führen. **Unmittelbare Verbindungen mit der Wasserleitung sind unstatthaft, damit jeder Übertritt von Kanalluft und gar von Schmutzwasser in die Trinkwasserleitung unmöglich gemacht wird. Dafür sind sämtliche Ablaufstellen mit Geruchverschlüssen auszustatten.**

Regenwasserableitungen von den Dächern sollen, wenn nur irgend angängig, nicht mit den Fallröhren vereinigt werden, sondern erst in den Grundleitungen einmünden.

Der Anschluß der Grundleitungen an die Straßenkanäle erfolgt, wenn letztere aus Rohrkanälen bestehen, mit Hilfe von Fassonstücken oder in Beton hergestellten Kanälen unter Verwendung von Formstücken, die in die Kanalwandungen oder im Gewölbescheitel eingesetzt werden. Mitunter werden auch die Hauskanäle in Ziegelmauerwerk oder Beton ausgeführt, in welchem Falle sie dann durch Vermittlung von Schächten in den Straßenkanal einmünden, wobei ein möglicher Rückstau von Kanalwasser in die Hausanschlüsse vermieden bleiben soll.

[176] Reinigung der Abwässer.

a) Bei genügend großem Vorfluter ist in der Regel eine **mechanische Klärung** ausreichend, die in **Klär-**

becken oder **Klärtürmen** durch Verlangsamung der Wassergeschwindigkeit auf 40 mm pro Sekunde geschieht. Diese Objekte werden gewöhnlich in Beton ausgeführt, erfordern aber wegen ihrer Lage in Fluß- niederungen häufig teure Pfahlfundierungen. Klär- becken erhalten eine in Richtung der Wasserbewegung ansteigende Sohle und am tiefsten Punkte eine trichterförmige Vertiefung, aus der der Schlamm ab- gesaugt wird, den man dann auf Schlammfeldern zum Trocknen ablagert. Mitunter wird die Klärung durch **Rechenanlagen** besorgt. Es sind dies bewegliche Gatter, die in Form einer endlosen Gliederkette angeordnet sind und die Verunreinigungen bis zu einer Abstreifvorrichtung mitnimmt, von der sie der Sammelstelle zugeführt werden.

b) **Als einwandfrei anerkannt gilt die Reinigung durch Bodenfiltration auf Rieselfelder.** Da eine gründliche Abwässerreinigung auf Kulturland nur dann zu erwarten ist, wenn die Zuflüsse nicht ein- fach über die Bodenoberfläche strömen, sondern

gänzlich zum Versickern gebracht werden, unter- scheidet sich die Bewässerung dieser Rieselfelder ganz wesentlich von jener, die in [110 II] beschrieben wurde und bei der ein großer Teil des zugeführten Wassers nur über den Boden hinwegfließt. Soll nun das Wasser gänzlich versickern, so erschwert diese Forderung den Wasserbetrieb ganz erheblich und das Versehen eines einzigen Rieselwärters kann den Ab- fluß ungereinigten Wassers zur Folge haben. Dies und der Umstand, daß bei größeren Gemeinwesen sehr große, oft nicht verfügbare Flächen als Riesel- felder verlangt werden, hat nun neuerdings dem sog. **biologischen Verfahren** erhöhte Aufmerksamkeit zu- geführt, bei dem in dem Abwasser enthaltenen fäulnis- fähigen Schwebestoffe durch Vermittlung von Klein- lebewesen in unlösliche anorganische Stoffe umge- wandelt werden. Eine weitere Erörterung dieser Fragen, denen eigene Sonderwerke gewidmet sind, würde uns aber zu sehr von den Zwecken des TS. ablenken.

6. Abschnitt.

Künstliche Wasserstraßen.

[177] Bedeutung der künstlichen Wasser- straßen.

a) **Künstliche Wasserstraßen** dienen als Abzwei- gung von einzelnen natürlichen schiffbaren Wasserwegen und auch zur Schiffahrtsverbindung verschiedener derartiger Wasserläufe, die durch Wasserscheiden voneinander getrennt sind.

Zuerst, schon vor dem 13. Jahrhundert, wurden Ent- wässerungskanäle in H o l l a n d , dann Bewässerungskanäle in I t a l i e n auch zur Kanalschiffahrt verwendet. Eine wirkliche Bedeutung als Verkehrsmittel erhielten die Schiff- fahrtskanäle aber erst mit der Erfindung der **Kammerschleuse** und der in neuerer Zeit deren vertretenden **Schiffs- hebewerke**, weil damit der Wasserspiegel vollkommen oder nahezu horizontal und in verschiedener Höhenlage gehalten werden konnte.

Erst die zu einem anderen Flußgebiete führenden, somit die Wasserscheide zwischen beiden Gebieten übersetzenden **Scheitelkanäle** ermöglichten die Ausbreitung eines zusammen- hängenden Wasserstraßennetzes über ganze Länder, wie dies zuerst in F r a n k r e i c h im Scheitelkanal zwischen S e i n e und der L o i r e (1604—1642) und im K a n a l d u M i d i (1662—1684) von der G a r o n n e zum M i t t e l - m e e r ausgeführt wurde.

Der Bau solcher Wasserstraßen empfiehlt sich nur dort, wo Waren, hauptsächlich Natur- und Boden- produkte, **in großen Massen** und **auf große Entfer- nungen** zu transportieren sind. Freilich müssen die Waren an den Verbrauchsplätzen in entsprechend großen Vorräten gelagert werden können, um so den Ausgleich zwischen Zufuhr und Bedarf zu bewirken. Denn für die Kanalschiffahrt ist kennzeichnend in erster Linie die geringe Geschwindigkeit, dann aber auch deren periodische Unterbrechung im Winter, woraus sich Unregelmäßigkeiten in der Zufuhr er- geben. **Sieht man von diesen Beschränkungen ab, so stellen sich die Transportkosten beträchtlich geringer als bei allen anderen möglichen Arten des Landver- kehrs.** Daher können auch solche Wasserstraßen niemals eine dauernde, schädigende Konkurrenz für die Eisenbahnen bilden.

[178] Flußkanalisierungen.

a) Läßt sich ein Fluß durch Regulierung seines Laufes allein nicht schiffbar machen, so kann man durch den Einbau von Wehren die erforderliche

Wassertiefe erreichen. Der Flußlauf wird hierdurch in einzelne **Haltungen** zerlegt, in denen der Wasser- spiegel nahezu horizontal verläuft, solange die Wasser- führung gleich jener des N.W. ist. Die Wehren bilden mit den zugehörigen Schleusen die sogenannten **Staustufen.** Fehlt es bei N.W. auf der ganzen Strecke an der notwendigen Tiefe, so müssen die oberen Staustufen stets im Staubereich der unteren liegen.

Bezeichnet man die geforderte Mindesttiefe mit T, die des ungestauten N.W. mit t, die Stauhöhe des Wehres mit h und das relative Ge- fälle des ungestauten N.W. mit J, so erhält man aus Abb. 405

$$l \cdot J + T = h + t$$

und die Länge der Haltung

$$= \mathfrak{l} \; \frac{h+t-T}{J} \; \mathfrak{l}$$

Abb. 405

Die Stauhöhe ist meist durch die Rücksicht auf die Vor- flut und die Gefahr der Versumpfung der anliegenden Lände- reien begrenzt. Man wird sie aber möglichst hochhalten, um die Zahl der Haltungen herabzumindern. Die Größen t und J sind durch die Verhältnisse gegeben, während T vom Schiffs- typ abhängt.

Bei der Ableitung der Formel für l ist der horizontale Stauspiegel [132 b] zugrunde gelegt worden. Bei höheren Wasserständen wird man meist sog. bewegliche Wehre an- wenden. Überhaupt muß die Bedienung der Wehre eine sehr aufmerksame sein, damit der zulässige Stau niemals über- schritten, aber bei kleinen Wasserständen auch nie unter- schritten wird, weil dann die Fahr- tiefe in der oberen Haltung sofort zu gering wird.

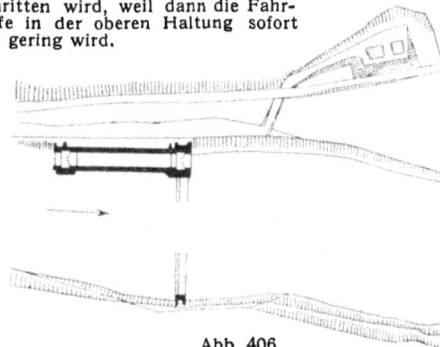

Abb. 406
Schleusenanordnung

Schon bei M.W. darf in der Regel gar nicht oder nur sehr wenig gestaut werden; bei H.W. und bei Eisgang [116] sind aber die Wehröffnungen gänzlich freizulegen.

Die Schleuse liegt entweder neben dem Wehre oder in einem Seitenkanal. Abb. 406 zeigt erstere Anordnung, bei der das Wehr an das Unterhaupt der Schleuse anschließt und der Fischpaß [179] in einem Mittelpfeiler liegt. Freilich erfordert diese Anordnung ohne Trennungsdamm ein sehr vorsichtiges Einfahren, weil die Schiffe leicht gegen das Wehr getrieben werden.

[179] Kammerschleusen.

Um den Schiffsverkehr zwischen den in hintereinanderliegenden Haltungen verschieden hoch liegenden Wasserspiegeln zu vermitteln, werden **Kammerschleusen** eingebaut, die aus beweglichen Stauwerken bestehen, zwischen denen sich die Kammer befindet, in der die Senkung bzw. Hebung der Schiffe vor sich geht. Als Stauwerke dienen **Stemmtore**, in denen durch Schützen verschließbare Öffnungen angebracht sind. Bei den größeren Schleusen sind es durch Schützen verschließbare Umlaufkanäle, durch die die Füllung und Entleerung der Kammer erfolgt.

Will beispielsweise ein Schiff vom Oberwasser zum Unterwasser gelangen, so wird bei geschlossenen Toren die Kammer durch die oberen Torschützenöffnungen oder durch die oberen Umläufe mit dem Oberwasser in Verbindung gesetzt. Hat der Wasserstand in der Kammer die Höhe des Oberwassers erreicht, so werden die Schützen geschlossen und die oberen Torflügel geöffnet, was leicht geschehen kann, weil sie keinen einseitigen Wasserdruck mehr auszuhalten haben. Das Schiff fährt ein und das Tor hinter ihm wird geschlossen, worauf die unteren Torschützenöffnungen oder die unteren Umläufe in Tätigkeit treten. Der Kammerwasserstand senkt sich bis zur Höhe des Unterwassers, worauf die Schützen geschlossen und die unteren Torflügel geöffnet werden. Das Schiff kann dann in das Unterwasser ausfahren. Bei der Bergfahrt spielt sich der umgekehrte Vorgang ab.

Die Gesamtanordnung und die Benennung der wichtigsten Teile einer einfachen Kammerschleuse ist aus Abb. 407 zu ersehen: A ist das **Oberhaupt** (bei Seeschleusen das **Außenhaupt**), B die **Kammer** und C das **Unterhaupt** (bei Seeschleusen das **Binnenhaupt**), D die **Torkammern**, a die **Torkammernischen** und b die **Wendenischen** der Tore. Die Grundflächen der Torkammern und der Kammer heißen **Kammerböden** und c der **Drempel**, an den sich die geschlossenen Tore anlehnen. Das

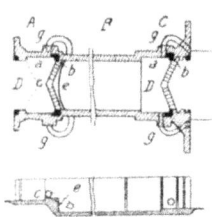

Abb. 407
Einfache Kammerschleuse

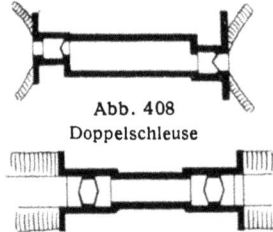

Abb. 408
Doppelschleuse

Abb. 409
Doppelkehrige Schleuse

Schleusengefälle liegt gewöhnlich ganz in der Drempelfallmauer e. Die äußeren Begrenzungen sind die **Vorschleusen**, in die die Umlaufkanäle g einmünden. Erfordert der Landverkehr eine Brücke, so wird man diese über das Unterhaupt legen, weil hier vornherein die nötige Durchfahrtshöhe für die Schiffe noch vorhanden ist.

a) In einer **einfachen Kammerschleuse** hat nur ein Schiff Platz. Sollen zwei Schiffe nebeneinander Platz finden, so ordnet man **Doppelschleusen** an (Abb. 408). Außerdem gibt es auch **doppelkehrige Schleusen** (Abb. 409) für wechselnden Wasserstand, die noch entgegengesetzt aufgehende Schutztore zum Abhalten des H. W. enthalten.

Die Abmessungen richten sich nach der Größe der die Wasserstraße benutzenden Schiffe.

In Deutschland gibt es in dieser Hinsicht drei Haupttypen:

1. Das westliche **Hauptkanalschiff** mit 600 t Tragfähigkeit und 65 m Länge, 8 m Breite und 1,75 m Tiefgang.

2. Das östliche **Hauptkanalschiff** für die Wasserstraßen von der Elbe bis zur Weichsel mit 400 t Tragfähigkeit, 55 m Länge, 8 m Breite und 1,4 m Tiefgang.

3. Das **Finowschiff** im Finowkanal, der die obere Havel mit der unteren Oder verbindet, mit 170 t Tragfähigkeit, 40 m Länge, 4,6 m Breite und 1,4 m Tiefgang.

Die Fluß- und Kanalschleusen haben in der Breite einen beiderseitigen Spielraum von 30 cm, sonach $8 + 2 \cdot 0,30 = 8,60$ m Breite, in der Länge für das Steuer etwa 2 m Spielraum, sonach 67 m Länge.

b) **Eine jede Staustufe besteht aus dem Wehr und der Schleuse.** Außerdem ist eine besondere **Floßschleuse** anzulegen, wenn ein regerer Floßverkehr besteht. Die älteren Kanalisierungen haben meist noch feste Wehre; jetzt baut man aber nur **bewegliche Wehre**, und zwar mit wenig Ausnahmen **Nadelwehre** ein.

Ein hölzernes Nadelwehr ist in Abb. 248 dargestellt. Die Anwendbarkeit einer festen Bedienungsbrücke ist ausgeschlossen, wenn die Nadeln eine größere Länge als 4,5 m bekommen, was aber leicht eintreten kann, da verlangt werden muß, daß die Unterkante der Brücke wenigstens 0,5 m über dem ungestauten H.W. liegt. In solchen Fällen verwendet man **Böcke mit abklappbaren Brückentafeln**, die sich nach Entfernung der Nadeln vollständig auf den Rücken des festen Unterbaues niederlegen lassen (Abb. 410).

Die Brückentafel B ist herunterhängend gezeichnet; sie kann aber auf den nächsten Bock aufgelegt werden, in dem sie mit der Klaue a eingreift und so eine Verstrebung der Böcke bildet. Wenn der Stau beseitigt werden soll, werden sämtliche Nadeln n gezogen und auf den Brückensteg gelegt oder, wenn wegen H.W. oder Eisgang auch die Böcke umgelegt werden sollen, am Ufer aufgestapelt.

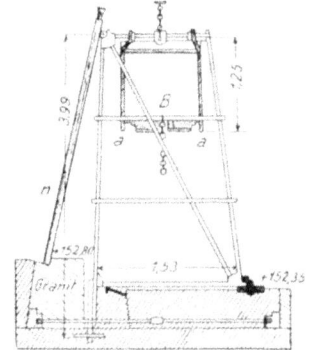

Abb. 410
Umklappbare Böcke

Das Umlegen der Böcke geschieht normal mit einer an der Brückentafel befestigten Kette; wenn aber das H. W. sehr rasch ansteigt, hat sich auch das Umwerfen der Böcke als unbedenklich erwiesen.

Bei Wehrlängen bis zu 50 m kann man Zwischenpfeiler entbehren.

In den Zwischenpfeilern oder, wenn solche nicht vorhanden sind, in einen der Landpfeiler, legt man in der Regel einen **Fischpaß** an, wenn in dem betreffenden Wasserlauf Wanderfische auftreten.

Werden die Wehre, die doch ein großes Hindernis für den Aufstieg der Fische bilden, nicht mit geeigneten Fischpässen ausgestattet, so kann die Fischerei bedeutenden Schaden erleiden. **Die Fischpässe muß man den Bedürfnissen und den Gewohnheiten der auftretenden Fische anpassen.** Die größten Pässe erfordern die **L a c h s e**, die vom Meere kommen, um im oberen Gebiete der Flüsse zu laichen. Die kleineren Wanderfische, wie **M e e r f o r e l l e n**, **S t ö r e**, **N e u n a u g e n** und **A a l e**, benutzen dieselben Pässe. Selbst in kleineren Wasserläufen sind Fischpässe in kleineren Abmessungen erwünscht, da auch die Standfische in beschränktem Maße wandern wollen. Die kleinsten Abmessungen erfordern die Vorrichtungen für das Wandern der **A a l e**, die im Meere laichen und deren junge Brut stromauf bis in die kleinsten Wasserläufe zieht. Man nennt sie **Aalleitern**, auf denen die erwachsenen Aale stromab, die jungen stromauf wandern.

Die größeren Fischpässe bestehen aus einzelnen Wasserbecken, die in Höhenabständen von etwa 30 cm nebeneinander liegen. Die aus dünnen Brettern gebildeten Zwischenwände haben an den Seiten Schlupflöcher mit abgerundeten Kanten von 40 × 45 cm Lichte (Abb. 411). Die Ausmündung muß immer in möglichst großer Nähe und in der Richtung des Stromstriches liegen. Der Paß muß überdies licht und warm sein, was durch Öffnungen bewirkt wird, **denn die Fische wandern nur dann und dort, wo es warm ist und die Sonne scheint.**

Abb. 411
Fischpässe

Die Kammerwände liegen meist 50 cm, die Schleusentore mit ihrer Oberkante etwa 20 cm über dem höchsten Oberwasser. Die Tiefe der Kammer nimmt man in der Regel um 50 cm größer als die Tiefe der Wasserstraße an.

Das Schleusengefälle hat man früher mit 4 m als Maximum angenommen; aber schon beim Dortmund—Ems-Kanal ist man auf 6 m und im Finow-Kanal zwischen Berlin und Stettin sogar bis auf 9 m Gefälle gegangen. Darüber hinaus wird man wohl lieber **Schachtschleusen** bauen.

c) Der **Schleusenkörper** wird aus Holz, Beton oder Ziegelmauerwerk hergestellt, wobei die Ecken und Vorsprünge mit Quadern oder Gußeisen verkleidet sind. Die massiven Schleusen haben in der Regel einen Kammerboden aus Beton, dessen Stärke nach dem zu gewärtigenden Auftriebe bei vollständig entleerter Kammer zu bemessen ist. Bei großer Gründungstiefe stellt man oft die Schleuse auf einen Pfahlrost, aus dem dann die hölzernen Kammerböden sich ergeben, die oft noch mit einem umgekehrten Gewölbe übermauert werden. Besonders schwierig ist nur die Ausführung der hölzernen **Drempel**, wenn der hölzerne Kammerboden nicht übermauert wird. Da in kanalisierten Flüssen meist genügend Wasser für Schleusungszwecke vorhanden ist, können bei Flußschleusen statt der massiven Kammerwände auch geböschte und gepflasterte Wandkonstruktionen zur Ausführung gelangen.

d) Für die Dauer der Füllung und Entleerung einer Kammer ist die Wassermenge Q, die sich als Produkt der Schleusenoberfläche zwischen den Toren und dem Schleusengefälle ergibt, sowie der Querschnitt F der Schützenöffnungen und Umläufe maßgebend.

Die Geschwindigkeit des einströmenden Wassers ist anfangs $v = \mu \cdot \sqrt{2gh}$, sinkt aber dann allmählich auf Null, so daß die mittlere Geschwindigkeit

$$v_m = \frac{1}{2} \cdot \mu \cdot \sqrt{2gh}$$

ist.

Die Wassermenge ergibt sich dann mit

$$Q = \frac{1}{2} \mu \cdot F \cdot t \sqrt{2gh},$$

woraus sich bei gegebenem Q und F die Füllungszeit mit

$$t = \frac{2Q}{\mu \cdot F \cdot \sqrt{2gh}}$$

und, wenn diese gegeben ist, der Querschnitt

$$F = \frac{2Q}{\mu \cdot t \cdot \sqrt{2gh}}$$

ergibt.

Der Wert μ kann für Torschützen mit 0,62, für Umläufe mit 0,50 angenommen werden. Meist verlangt man bei einfachen Kammerschleusen eine Füllungszeit von 3—6 Min., wobei der Austritt des Wassers ganz unter Wasser stattfinden muß. **Man darf aber die Füllungszeit nicht beliebig durch Vergrößerung der Umlaufquerschnitte abkürzen, weil eine zu heftige Einströmung den Schiffen gefährlich werden könnte.**

Die Torschützen sind entweder einfache **Gleitschützen**, die bei der Hebung und Senkung nur auf den Falzflächen gleiten, oder **Klappschützen** (Abb. 412) mit wagrechter Lagerung der Drehachse. Gleitschützen versieht man oft mit Leitschaufeln, um das einströmende Wasser vom Schiffe abzuhalten.

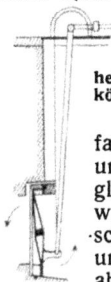

Abb. 412
Klapp-
schütz

Die **Umläufe** müssen glatt und sorgfältig gemauert sein, wenn man sie nicht aus eisernen Rohren herstellt; die Ein- und Auslaufmündungen werden meist trompetenartig erweitert. Die **kurzen** Umläufe des Oberhauptes führt man häufig unter dem Torkammerboden und läßt sie mit einer großen, fast die ganze Ansichtsfläche der Drempelfallmauer ausfüllende Öffnung in die Kammer münden.

Die **langen** Umläufe mit ihren Stichkanälen haben den Vorteil, daß bei ihnen keine Längsströmung in der Kammer eintreten kann und die Schiffe daher sehr ruhig liegen, nur sind diese Anordnungen etwas kostspielig. Manchmal münden die Umläufe auch am Kammerboden aus, so daß das ein- und ausfließende Wasser sich nur in vertikaler Richtung bewegt, wodurch die Schiffe die ruhigste Lage erhalten. Als Verschlüsse der Umläufe kommen außer den bereits erwähnten Gleit- und Klappschützen noch **Drehschützen** in Betracht. (Abb. 413.)

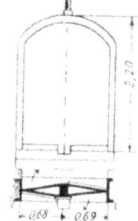

Abb. 413
Drehschütz

Die gebräuchlichste Torform bildet bei Fluß- und Kanalschleusen das aus zwei Flügeln bestehende Stemmtor, die sich in geschlossenem Zustande gegeneinanderstemmen und sich unten gegen den Drempel anlehnen. Der Drempel bildet daher im Grundriß ein Dreieck, dessen Höhe gewöhnlich etwa $^1/_6$ der Schleusenweite beträgt.

Die **Stemmtore** sind entweder aus Holz oder Eisen. Die hölzernen sind erheblich billiger und ca. 20—30 Jahre gebrauchsfähig. Bei gewöhnlichen Schleusen bis zu 4 m Schleusengefälle sind hölzerne Tore wohl am meisten im Gebrauch, bei größeren Gefällen sind dagegen eiserne Tore entschieden vorzuziehen.

Das hölzerne Stemmtor ist in Abb. 414 dargestellt. Es besteht aus dem oberen und unteren Rahmenstücke, zwischen denen Riegel liegen. Seitlich wird das Torgerippe durch die **Schlag-** und durch die **Wendesäule** begrenzt. Die Bemessung der einzelnen Hölzer erfolgt auf Grund statischer Berechnungen. Das Tor muß sehr dicht gearbeitet sein und sich auch dicht in die Wendenische einlegen, zu welchem Zwecke der Drehpunkt exzentrisch gelegt wird (Abb. 415). Die Wendesäule dreht sich unten auf einem schmiedeeisernen Spurzapfen, der in eine gußeiserne Platte eingegossen ist (Abb. 416).

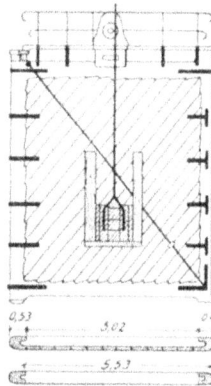

Abb. 415

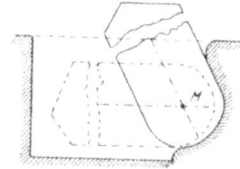

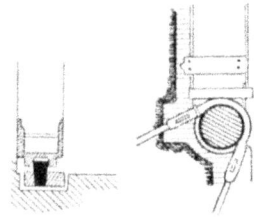

Abb. 414   Abb. 416   Abb. 417
Stemmtor

Der obere Zapfen ist ein Halszapfen (Abb. 417), der von einem eisernen Halsband umschlossen ist. Die Tore werden bei kleinen Verhältnissen mit **Drehbaum** oder **Schiebebaum**, mit Winde, am häufigsten aber mit Hilfe des **Sprossenbaumes** mit Zahnrad und Handkurbelantrieb bewegt. Der Sprossenbaum besteht aus zwei Flacheisen mit Rundeisensprossen, in die die Zähne des Antriebsrades eingreifen. Das Antriebsrad sitzt auf einer stehenden Welle, die oben ein konisches Zahnrad für den Kurbelantrieb trägt.

Da der Schlitz für den Sprossenbaum meist über die Kammerwand hinausreicht, muß er durch Mauerauskragungen unterstützt werden.

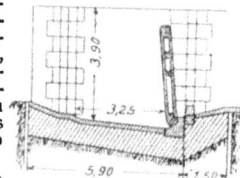

Abb. 418
Klapptore

Neben den Stemmtoren kommen bei Binnenschleusen auch **Klapptore** (Abb. 418) zur Anwendung, die sich aber freilich nur für die Oberhäupter eignen;

für die Unterhäupter müßten sie eine so große Höhe erhalten, daß die Torkammerlänge größer als bei Stemmtoren werden würde. Auch **Hubtore** sind zur Verwendung gekommen, die den Vorteil haben, daß die Kammer kleiner werden kann. Die geöffneten Tore müssen so hoch gehoben werden, daß die Schiffe durchfahren können. Ihre Bewegung wird erleichtert, weil sie nie bei einseitigem Wasserdruck bewegt zu werden brauchen.

Sehr selten findet man **Schiebetore**, die beim Öffnen in eine Mauernische zurückgezogen werden.

Zur Ausrüstung einer Kammerschleuse gehören noch **Reibhölzer, Steigleitern,** ferner **Schiffshalter** und **Poller** zum Auflegen und Abnehmen von Tauschlingen, mitunter auch Spills, die mit Motoren betrieben werden und zum Hereinziehen der Schiffe in die Kammer dienen.

Die Vorhäfen der Schleusen sind genügend breit zu halten, damit Schiffe auf das „Schleusen" warten und die ausfahrenden Schiffe bequem seitlich ausweichen können.

Außer den meist zur Verwendung gelangenden Schleusen werden namentlich in neuerer Zeit bei größeren Hubhöhen **Schiffshebewerke** und **schiefe Ebenen** angewendet, mittels denen die Schiffe auf Wagen über die Staustufe befördert werden.

[180] Nebenanlagen bei kanalisierten Flüssen.

a) Wir haben bereits erwähnt, daß dort, wo Floßverkehr herrscht, für diesen Verkehr besondere Einrichtungen getroffen werden müssen. Die **Floßrinnen** sind schiefe Ebenen, die in einem Gefälle von etwa 1:200 vom Ober- nach dem Unterwasser führen.

Ihre Sohlenbreite beträgt ca. 12 m. Sie befinden sich in der Regel auf dem der Schiffschleuse gegenüberliegenden Ufer und sind vom Unterwasser des Wehres durch einen Damm abgetrennt. Die Sohle und die Böschungen werden gepflastert und das Sohlenpflaster noch durch hölzerne Querschwellen gesichert. Den Abschluß der gewöhnlich trocken liegenden Floßrinne bilden in den meisten Fällen **Trommelwehre [188]**, die sich für den Durchgang von Flössen rasch öffnen und schließen lassen.

b) Natürlich trachtet man, Entwässerungen für alle im Staubereiche gelegenen Niederungen anzulegen, wenn der Stau einen schädlichen Einfluß auf die Vorflut befürchten läßt. Durch einen Parallelgraben, der in das Unterwasser der nächsten Staustufe mündet, läßt sich dann für die Aufrechterhaltung unter Umständen auch für die Verbesserung der Vorflut sorgen. Der neue Graben kreuzt die alten Gräben, deren Deichsiele verschlossen werden, und führt das Wasser durch ein Deichsiel in das Unterwasser der Staustufe. Das Stauwasser kann man auch zu Bewässerungszwecken heranziehen, wenn das Wasser von einem Einlaßsiel entnommen wird.

In neuerer Zeit ist man bestrebt, die Wasserkraft der Staustufen zur Erzeugung von Elektrizität auszunutzen. Da sich in solchen Fällen Nadelwehre weniger bewähren, werden Schützenwehre eingebaut, von denen noch später die Sprache sein wird.

[181] Schiffahrtskanäle.

a) **Schiffahrtskanäle haben gewöhnlich kein Spiegelgefälle,** weil das Speisewasser schwer zu beschaffen ist und daher im freien Abfluß gehindert werden muß. Um den Kanal an das Gelände anzupassen, wird er ebenso wie die kanalisierten Flüsse in **Haltungen** zerlegt, die durch **Staustufen**, in denen das Gefälle zusammengefaßt wird, voneinander getrennt sind. **Nur wenn der Kanal einen fließenden Wasserlauf auf-**

nimmt, ist ein kleines Spiegelgefälle vorhanden; dann **bestehen aber die Staustufen aus einem beweglichen Wehr**, der sog. **Freiarche**, die bei Hochwasser geöffnet werden kann, und der **Kammerschleuse.** Ein schwaches Sohlengefälle wird in den Haltungen mitunter nach den Punkten hin angelegt, in denen Entleerungsvorrichtungen vorhanden sind. Überschreitet der Kanal eine Wasserscheide, so heißt er **Scheitelkanal** und dessen höchste Haltung **Scheitelhaltung**. Die anderen Haltungen sind dann die **Abstiege**, die, wenn sie sehr kurz sind, in **Schleusentreppen** übergehen.

Scheitelkanäle, die zwei Stromgebiete verbinden, nennt man **Verbindungskanäle**, wie z. B. der bereits erwähnte **Finowkanal**, der **Oder—Spree-Kanal** und der **Bromberger Kanal.** Dient ein Kanal zum Anschluß eines höher gelegenen Verkehrsgebietes an ein tieferliegendes Stromgebiet, so hat er nur nach einer Seite einen Abstieg und heißt deshalb **Hangkanal**; ein Beispiel hierfür bietet im deutschen Lande der **Dortmund—Ems-Kanal**, der aber durch seine Verbindung mit dem Rheine zum Scheitelkanal wird. Kanäle, die auf längeren Strecken neben einem Flusse liegen, nennt man **Seitenkanäle**, die wir z. B. im Voßkanal an der oberen Havel und im Oranienburger - Kanal vorfinden. Kanäle, die von einem Flusse abzweigen, um einem Hindernisse auszuweichen, sich aber dann wieder mit dem Flusse vereinigen, heißen **Umgehungs-Kanäle**; solche sind u. A. der Teltowkanal, der Berliner Landwehrkanal usw. Von einem Hauptkanal zweigen oft die sog. **Stichkanäle** ab, um ein seitwärts gelegenes Verkehrsgebiet anzuschließen; ein solcher Stichkanal verbindet z. B. Osnabrück mit dem Ems—Weser-Hauptkanal.

Um die Zahl der Schleusen möglichst herabzumindern, führt man Verbindungskanäle immer über den tiefsten Punkt der Wasserscheide.

Während nämlich die Wasserverluste durch Schleusungen bei den Haltungen im Abstieg von den oberen Haltungen teilweise ersetzt werden, ist dies bei der Scheitelhaltung nicht mehr der Fall; wenn sie daher durch ihre Länge nicht einen ausreichenden Wasservorrat enthielte, könnte die Scheitelhaltung leicht übermäßig großen Wasserspiegelschwankungen ausgesetzt sein.

Für die Lage der Schleusen sind die Geländeverhältnisse und die Schleusengefälle maßgebend. Womöglich soll der Wasserspiegel der oberen Haltung höchstens um die halbe Kanaltiefe über dem Gelände liegen. Hohe Dämme vermeidet man soweit als möglich, weil diese immer Gefahrpunkte für den Kanal bilden. Da man aber heute, wie erwähnt, das Schleusengefälle immer mehr vermehrt, lassen sich dann auch höhere Dämme kaum vermeiden. Die Krümmungshalbmesser macht man von 200 m an bis zu 600 m, wobei die Gegenkrümmung eine Zwischengerade von mindestens 200 m Länge enthalten soll.

b) Für die Abmessungen sind die bereits erwähnten Hauptmaße der Schiffe maßgebend. Meist sind sie breit genug, daß sich überall zwei Schiffe ohne Anstand begegnen können. Nur Stichkanäle sind in der Regel **einschiffig.**

Die Breite zweischiffiger Kanäle wird so bemessen, daß sich zwei Schiffe in 1 m Abstand begegnen können und dabei die äußeren Kanten der Schiffsböden in wagrechter Richtung 1,5 m von den Böschungen entfernt bleiben.

Die Wassertiefe muß so groß sein, daß zwischen dem Boden des voll eingetauchten Schiffes und der Kanalsohle ein Spielraum von etwa 60 cm verbleibt, wobei der normale Wasserstand zugrunde gelegt wird, der niemals unterschritten werden darf. Dagegen kommen in den meisten Kanälen Überschreitungen dieses Wasserstandes bis zu 50 cm vor, und man spricht dann von „angespanntem" Wasserstande; er dient in Scheitelhaltungen zur Vergrößerung des Wasservorrates, ergibt sich übrigens in Abstieghaltungen von selbst.

Die Schiffsgeschwindigkeit hängt von dem Spielraume zwischen Schiffsboden und Kanalsohle ab. Sie beträgt z. B. bei dem 2,5 m tiefen Dortmund—

Ems-Kanal 5 km pro Stunde bei 1,75 m Tiefgang, ist aber geringer bei Schiffen von größerem Tiefgang.

Im ganzen soll der Kanalquerschnitt mindestens das Vierfache des Schiffsquerschnittes betragen,

Abb. 419
Kanalprofil

damit der Bewegungswiderstand des Schiffes nicht zu groß wird. Ein Kanalprofil zeigt Abb. 419. Der Leinpfad hat 3,5 m Breite und liegt meist 1—3 m über dem gewöhnlichen Wasserspiegel.

c) Die Kanalufer werden durch den Wellenschlag und durch die Wasserbewegung beim Schiffsverkehr angegriffen.

Ein in Fahrt befindliches Schiff erzeugt vorne die **Bugwelle**, und das verdrängte Wasser strömt am Schiff entlang nach hinten; dadurch entsteht an den Seiten des Schiffes eine Einsenkung des Wasserspiegels und am Heck die sog. **Heckwelle**, die das Kielwasser erzeugt. Von diesem gehen Wellen aus, die sich bei schneller Fahrt überstürzen und als „brandende" Wellen die Ufer besonders angreifen.

Zum Schutze gegen diese Wellen beginnt die **Uferbefestigung** meist 50 cm unter dem normalen Wasserstande und reicht etwa 30 cm über den angespannten Wasserstand. Als Uferbefestigung dient Faschinenpackwerk, Schilfpflanzungen und Pflasterungen (Abb. 420, 421, 422).

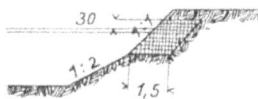   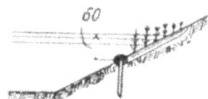

Abb. 420   Abb. 421

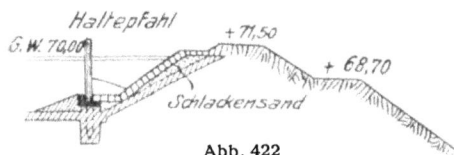

Abb. 422
Uferbefestigungen

Liegt der Wasserspiegel des Kanales über dem Grundwasserspiegel, so treten oft durch Versickerung starke Wasserverluste ein, die die Speisung des Kanals und auch die umliegenden Ländereien schädigen. Solche Kanalstrecken müssen durch Ton oder Lehm gedichtet werden. Über der Tonschicht wird noch eine Schutzschicht angeordnet, damit die Dichtung nicht durch die durch die Dampferschrauben erzeugte Wasserbewegung angegriffen wird. Oft sind solche

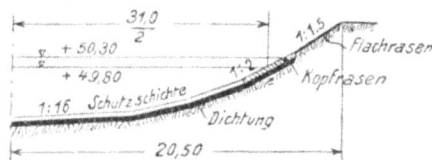

Abb. 423
Dichtung

Dichtungen noch durch Haltepfähle verstärkt (Abb. 423).

d) Über größere Wasserläufe, über Wege und Eisenbahnen führt man den Kanal in einer Brücke

hinweg. Für kleinere Wasserläufe macht man **Durchlässe,** deren Abdeckung mindestens 70 cm unter der Kanalsohle liegt; ist dieser Höhenunterschied nicht vorhanden, so wird die Sohle des Durchlasses tiefer gelegt und der Übergang durch **Fallkessel** oder **Dücker** bewirkt. Kleinere Dücker werden aus 60 cm weiten eisernen Röhren hergestellt, damit noch ein Durchkriechen bei Reinigungsarbeiten möglich ist. Größere Dücker werden meist in rechteckiger Form gemauert (Abb. 424). Zur Spülung kann man Ablaßvorrichtungen vom Kanale oder vom Oberhaupte der Schleuse anordnen.

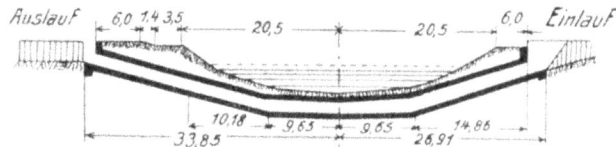

Abb. 424
Dücker

Entwässerungsgräben werden neben den Leinpfaden und unter dem Leinpfade in den Kanal geleitet.

Um die Gefahren, die durch Dammbrüche und Undichtigkeiten in Auftragsstrecken entstehen können, möglichst herabzumindern, legt man Sicherheitstore an, die man bei Gefahr rasch schließen kann, so daß im schlimmsten Falle nur die Kanalstrecke zwischen zwei solchen Toren leerlaufen kann. Hierzu verwendet man Stemmtore, Klapptore, **Segmentwehre** oder **Hubtore.**

e) Der **Wasserbedarf** eines Kanals setzt sich zusammen aus den Verdunstungs- und Versickerungsverlusten, aus den Verlusten durch Undichtheiten der Tore und Schützen und aus dem Wasserverbrauche bei den Schleusungen.

Bei der Berechnung des Wasserverbrauches beim Schleusen kommt es wesentlich auf die Richtung des Verkehres an. Um ein zu Berg fahrendes Schiff zu schleusen, muß die Schleuse nach Einfahrt des Schiffes mit einer Wassermenge gespeist werden, die sich als Produkt der Wasseroberfläche zwischen den Toren und dem Schleusengefälle ergibt. Diese Füllung geht aber erst verloren, wenn ein Talschiff durchgeschleust wird, so daß diese Wassermenge bei jeder **Doppelschleusung** verbraucht wird. Verkehren täglich n Schiffe nach jeder Richtung, so ergibt sich der Wasserverbrauch $W = n \cdot F$ m³ in der Scheitelhaltung. Überwiegt der Talverkehr, so ist folgendes zu beachten: Nachdem die Schleuse mit der Wassermenge F gefüllt ist, fährt das Schiff in die Kammer ein und drückt eine seiner Verdrängung V entsprechende Wassermenge in die Haltung zurück. Der Wasserverbrauch einer einseitigen **Talschleusung** ist sonach $W = F — V$; bei der **Bergschleusung** werden nach Ausfahrt des Schiffes in die obere Haltung V m³ in die Kammer hineingedrängt, so daß $W = F + V$ abgelassen werden müssen. **Ein vorwiegender Bergverkehr stellt daher die größten Anforderungen an die Speisung.** Der Bedarf an Speisewasser braucht nur für die Scheitelhaltung veranschlagt zu werden, da die anderen Haltungen für jede Schleusung wieder Wasserersatz zugeführt bekommen. Die Verluste für Versickerung und Verdunstung müssen dagegen für den ganzen Kanal gerechnet werden.

f Das **Speisewasser** wird man einem offenen Gewässer zu entnehmen trachten und in einem besonderen Zuleitungskanal in die Haltung einleiten. Vielfach wird eine Aufstauung des Wassers notwendig sein, um das nötige Gefälle für den Zuleitungskanal zu gewinnen.

Die Hebung des Wassers mit Schöpfwerken wird in den seltensten Fällen wirtschaftlich sein und daher nur in Ausnahmefällen angewendet werden. Eine teilweise Speisung mit Grundwasser ist in den Strecken möglich, wo der Randspiegel tiefer als der Grundwasserspiegel liegt. Dagegen können kleinere Wasserläufe, die vollständig in den Kanal aufgenommen werden, mehr oder weniger zur Speisung beitragen.

— 129 —

[182] Hafenanlagen.

a) Die Binnenhäfen sind **Fluß-** oder **Kanalhäfen,** während als **Seehäfen** alle Häfen bezeichnet werden, die für Seeschiffe zugänglich sind, ohne Rücksicht darauf, ob sie am Meere oder im Unterlaufe eines Stromes gelegen sind. Je nach ihrer Bestimmung unterscheidet man **Sicherheits-** oder **Schutzhäfen,** die den Schiffen als Zufluchtsort bei Hochwasser oder Eisgang dienen, ferner **Winterhäfen** und **Umschlaghäfen,** die mit Einrichtungen zum Löschen und Laden der Waren versehen sind. Jedenfalls setzt die Bezeichnung „Hafen" das Vorhandensein eines besonderen vom Flusse abgetrennten Beckens voraus, während **Ladestellen** oder **Ladekais** freie Flußufer sind, die mit Lösch- und Ladevorrichtungen ausgestattet sind.

Jede durch ein Regulierungswerk abgetrennte Stromerweiterung, jeder Altarm in der Nähe eines bewohnten Ortes kann zum Winterhafen ausgebaut werden, während Verkehrshäfen Anschluß an das Eisenbahnnetz haben und erweiterungsfähig sein müssen. Die Größe von Winterhäfen hängt von der Zahl und Größe der überwinternden Schiffe, jene von Verkehrshäfen von dem zu erwartenden Verkehre ab, wobei man auf 100 m Kailänge 60 000 t Massengüter und 30 000 t gemischte Güter rechnet. Bei Winterhäfen wird man kurzen und breiten Becken den Vorzug geben, während Verkehrshäfen entsprechende **Uferlängen** haben sollen. Bei letzteren sind Parallelbecken vorteilhafter, weil dann eine Trennung der gleichartigen Umschlaggüter (Kohle, Petroleum, Getreide, Holz usw.) erfolgen kann.

Die Tiefe der Hafenbecken muß eine genügende sein, daß vollbeladene Schiffe mit einer Tauchtiefe von etwa 2 m auch bei N. W. noch mit einem Spielraume von ca. 20 cm verkehren können. Wo die Sohle durch Schlickablagerung zeitweise erhöht wird, muß regelmäßig nachgebaggert werden, was hauptsächlich mit Eimerketten-, Saug- und Greifbagger geschieht.

Erstere wurden bereits in [23 c] beschrieben. **Saugbagger** heben das Baggergut, hauptsächlich Schlick durch die Saugwirkung einer im Schiffskörper aufgestellten Zentrifugalpumpe. An die Stelle von Eimerkette und Eimerleiter tritt hier das Saugrohr, das das Baggermaterial in einen Prahm drückt, aus dem es durch sog. **Schutensauger** gehoben wird. **Greifbagger** sind sehr ähnlich den im Erdbau verwendeten Löffelbaggern gebaut, nur haben sie statt des Kübels einen Greifer, mit dem sie auch Holz und Steine heben lassen.

b) Die **Ufer** müssen wenigstens zum Teile hochwasserfrei liegen, damit für empfindliche Güter und Lagerschuppen Platz ist. Die **Hafeneinfahrt** liegt meist am unteren Ende des Beckens. Ist auch oben eine Einfahrt, so muß sie durch eine Schleuse abgeschlossen werden. Zum Flusse legt man die Einfahrt am besten so, daß sie schräg stromab gerichtet ist und an der konkaven Seite einer Flußkrümmung liegt, weil dann die Versandung gering und immer die nötige Fahrtiefe vorhanden ist. Die Breite der Einfahrt soll wenigstens drei Schiffsbreiten betragen, damit ein dort versunkenes Schiff nicht den ganzen Hafenverkehr sperren kann.

Die billigste Form der Uferausbildung ist auch hier das Schrägufer, das überall dort angeordnet wird, wo nicht Bahngleise, fahrbare Kräne und Lagerschuppen die Ausführung von Bohlwerken oder Ufermauern bedingen. Wenn die Ent- und Beladung der Schiffe von Hand stattfindet, eignet sich auch das Schrägufer ganz gut als Ladeufer, namentlich wenn durch Bankette die Aufstellung der Böcke für die Laufstege erleichtert wird. Zur Ausstattung der Hafenufer gehören in erster Linie die geeigneten Vorrichtungen zum Festmachen der Schiffe, wozu die **Halteringe** und die **Poller** gehören. Häufig werden auch in ungefähr 10 m Abstand **Reibhölzer** angebracht, die auch durch frei vor der Mauer eingerammte Prellpfähle ersetzt werden können. Mitunter sind diese als Poller ausgebildet.

Für den Güterverkehr sind Krane der verschiedensten Bauart, hauptsächlich Drehkrane, notwendig. Für besondere Zwecke können dann noch verschiedene andere Hebezeuge, Elevatoren, Verladebrücken, Kohlenkipper usw. zur Anwendung kommen. Darüber folgt weiteres im „Maschinenbau". —

c) Wenn auch Bauwerke am Meere nicht Gegenstand des T. S. bilden, wollen wir doch hier zur Vervollständigung die allgemeinen Gesichtspunkte für die Anlage von Seehäfen bringen. —

Ein besonderes Merkmal für Seehäfen ergibt sich dadurch, daß manche Häfen offen, andere durch Schleusen geschlossen sind. Erstere, die man auch an Meeren mit Flutwechsel **Tidehäfen** nennt, sind leichter zugänglich, sie verschlicken sich aber stärker, müssen daher öfters gebaggert werden und erschweren wegen des Wechsels von Flut und Ebbe den Landverkehr. Geschlossene Häfen nennt man auch **Dockhäfen.**

Für jeden Hafen ist eine Reede, ein gegen Wind und Seegang geschützter Ankerplatz notwendig; sie muß die erforderliche Tiefe, guten Ankergrund und eine genügende Ausdehnung haben. Als Reeden dienen vielfach Meeresbuchten oder bei Binnenseehäfen auch die Strommündungen. Wo natürliche Reeden fehlen, müssen sie durch Dämme vom Meer abgetrennt werden, die **Molen** heißen, wenn sie vom Ufer ausgehen, jedoch **Wellenbrecher** genannt werden, wenn sie keinen Uferanschluß haben (Abb. 425). Geschlossene Häfen haben vor der Schleuse einen **Vorhafen,** der aber, wenn eine geräumige und gut geschützte Reede vorhanden ist, auch entfallen oder nur in einer für ein großes Schiff genügenden Größe gehalten werden kann. Sehr wichtig ist aber unter allen Umständen die **Hafeneinfahrt,** die möglichst weit seewärts liegen soll, damit die Schiffe beim eventuellen Verfehlen der Einfahrt noch wenden können; ihre Richtung soll mit der Richtung des

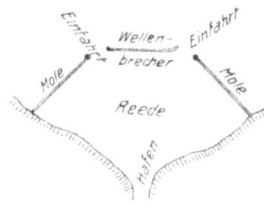 

Abb. 425   Abb. 426
Reede

stärksten Seeganges zusammenfallen, damit die einfahrenden Schiffe nicht Gefahr laufen, seitlich auf die Molen geworfen zu werden. Bei kleiner Reede oder Vorhafen soll sie bis zu 70° gegen die Fortpflanzungsrichtung der Wellen geneigt sein. Es ist zweckmäßig, den **luvseitigen** Molenkopf, d. h. **jenen Molenkopf,** von dem der vorherrschende Wind herkommt, soweit vorzustrecken, daß die Schiffe in ruhigerem Wasser einlaufen können. **Die Leeseite, d. h. die Seite, nach der der Wind** weht, ist daher bei einer Mole von geringerer Bedeutung (Abb. 426). Die Einfahrtsmündung wird nicht breiter als notwendig, etwa 120 m gehalten, weil sonst das Wasser durch den äußeren Seegang zu stark bewegt wird, sie soll sich dagegen nach innen zu erweitern, damit sich dort die Wellen beruhigen. Endlich sind die Molenköpfe möglichst steil und glatt zu machen, weil bei steilen Ufern keine Brandung auftritt und eine zufällige Berührung mit Schiffen bei glatten Molenwandungen nicht so gefährlich ist als bei rauhen Wandungen. Natürlich muß die Einfahrt mit den nötigen See-

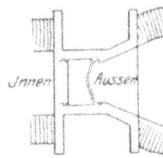 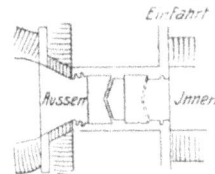

Abb. 427   Abb. 428
Dockschleuse   Sperrschleuse

zeichen (Tonnen bei Tage, Leuchtbojen und Leuchttürme bei Nacht) ausgerüstet sein, die meist auf den verbreiterten Molenköpfen angebracht sind.

Soll nur verhindert werden, daß der Hafenwasserstand unter eine bestimmte Höhe herabsinkt, so genügt oft eine einfache **Dockschleuse** mit einem gegen das Hafenwasser zugekehrten sog. **Ebbetor** (Abb. 427). Kann aber der Hafenwasserstand beliebig tief mit der Ebbe sinken und soll ein höherer Wasserstand mit Rücksicht auf das tiefliegende Hafengelände abgehalten werden, so errichtet man eine **Sperrschleuse** mit einem oder zwei **Fluttoren** (Abb. 428). Ein jederzeitiges Ein- und Ausfahren ist nur mit Kammerschleusen möglich. Statt der Stemmtore verwendet man jetzt häufig die leicht zweikehrig einzurichtenden Schiebetore. Die neueren Hafenbecken sind auch bei Seehäfen so auszugestalten, wie dies für Flußhäfen beschrieben wurde. Immer kommt es darauf an, **lange Ladeufer** zu gewinnen, was sich in der Regel durch Einzelbecken, die durch Zungen voneinander getrennt sind, leicht erreichen läßt. Die Kais sind reichlich mit Kranen, Straßen und Eisenbahn-Anschlüssen, Schuppen, Lagerhäusern, Tanks usw. versehen. Hierher gehören auch die zum Bau und zur Ausbesserung von Schiffen nötigen Werftanlagen mit Hellingen, Trocken- und Schwimmdocks, die später unter „Schiffbau" erörtert werden sollen.

7. Abschnitt.

Wasserkraftwerke.

[183] Das Wasser als Triebkraft.

a) Die Wassermühlen gehören zu den ältesten gewerblichen Anlagen und wurden in großer Zahl an fast allen Bächen und Flüssen angelegt. Seit Erfindung der Dampfmaschine haben sich aber die Verhältnisse sehr verändert und viele kleine Wassertriebwerke sind eingegangen, bis die Möglichkeit **elektrischer Kraftübertragung** wieder diesen Werken namentlich am Mittellaufe der Flüsse erhöhte Bedeutung gebracht hat. Wo ein Wassertriebwerk angelegt werden soll, muß eine genügende **Wassermenge** und ein angemessenes **Gefälle** vorhanden sein. Für den letzteren Zweck ist fast stets eine **Anstauung** des Wassers notwendig und das Gefälle des Triebwerkes ist im Flachlande gewöhnlich nicht größer als die Stauhöhe des Wehres. Wenn dagegen der Wasserlauf ein starkes Gefälle hat, läßt dieses sich auch ohne hohe Anstauung ausnutzen, wenn das Triebwerk **stromaufwärts vom Wehre** angelegt, durch einen **Obergraben** mit mäßigem Gefälle zugeführt, das verbrauchte Wasser jedoch durch einen **Untergraben** wieder in den Fluß zurückgeführt wird.

Die beiden Hauptarten der Wassermotoren sind die **Turbinen** und die **Wasserräder**, deren Konstruktion und Wirkungsweise noch im „Maschinenbau" eingehender behandelt werden soll. **Für Gefälle bis zu 8 m sind sie ziemlich gleichwertig, für größeres Ge-**fälle sind aber die Turbinen unbedingt vorzuziehen; ihre theoretische Leistung ist in PS nach [242]

$$N = \frac{G \cdot h}{75},$$ wenn G die sekundliche Wassermenge in

m³ und h das Gefälle in m bedeutet. In Wirklichkeit ist aber die Leistung viel geringer, und kann der Wirkungsgrad höchstens mit 75% angenommen werden.

Die Verwertung der Wassertriebkräfte ist am vorteilhaftesten an solchen Stellen, wo das Gefälle ohne Stauanlagen entweder durch einen kurzen Werkkanal gewonnen werden kann oder von Natur aus vorhanden ist, wie bei Schaffhausen am Rhein und am Niagara.

b) Ein allgemeiner **Vergleich zwischen Wasserkraft und Dampfkraft** ist nicht möglich, weil auch die erstere, obwohl sie keine Kohlen verbraucht, große Kosten für die Erbauung und Unterhaltung der Wasserwerke verursacht. Außerdem leiden sie unter dem großen Nachteil der Veränderlichkeit der Wassermenge und der meist sehr bedeutenden Entlegenheit der Örtlichkeit. In dieser Hinsicht haben sich die Verhältnisse seit Einführung der elektrischen Kraftübertragung ganz wesentlich geändert, weil es dadurch möglich geworden ist, Hunderte und Tausende von Pferdestärken durch dünne Drähte in weite Entfernungen zu leiten und dort nach Belieben und Bedarf für Licht- und Kraftzwecke zu verteilen.

I. Kraftwerke mit Stauanlagen.

[184] Allgemeines.

a) Während früher getrachtet wurde, die Hochwasser möglichst rasch und ungefährlich abzuleiten, hat die moderne Wasserbautechnik diesen einseitigen Verteidigungsstandpunkt gegen verheerende Hochwasserfluten aufgegeben und ist jetzt bemüht, **gleichzeitig mit dem Schutze gegen die schädlichen Wirkungen großer Wassermengen auch die möglichste Ausnutzung dieses Elementes für landwirtschaftliche, industrielle und sanitäre Zwecke** anzubahnen, soweit dies durch die natürlichen Niederschlags- und Abflußverhältnisse möglich ist. In dieser Absicht muß ein Ausgleich zwischen den herabfallenden Meteorwassern und den hierdurch erzeugten Abflußmengen erzielt werden, was in wirksamer Weise nur durch Erbauung genügend großer **Stauweiher** mittels **Talsperren** möglich ist. Außer der zurückhaltenden Wirkung solcher Staubecken ermöglicht deren Anlage die Einführung einer geregelten Wasserwirtschaft auch in der Richtung, daß das durch die Talsperre aufgespeicherte Wasser nutzbringend zur **Bewässerung** der unterhalb des Stauweihers gelegenen Ländereien, zur **Versorgung von Städten und Ortschaften** mit Nutzwasser und bei genügend großer Tiefe auch mit einwandfreiem Trinkwasser, endlich auch zur **Gewinnung permanenter Wasserkräfte** verwertet werden kann. Namentlich letztere Möglichkeit ist seit der Erfindung der elektrischen Kraftübertragung in den Vordergrund des öffentlichen Interesses getreten; deren Bedeutung ist in dem in der Vorstufe der „Elektrisierung der Wasserkräfte" gewidmeten Aufsatze [274] eingehend erörtert worden.

b) Zur Schaffung bzw. Ausnutzung einer Wasserkraft bedarf es, wie schon erwähnt, zunächst einer ausreichenden **permanenten Wassermenge** und eines **genügenden Gefälles**. Beide Faktoren sind in den Gebieten des Hochgebirges in reichlichem Maße vorhanden und brauchen daher dort nur rationell ausgenutzt zu werden.

Anders liegen jedoch die Verhältnisse im Mittelgebirge und im Hügellande, wo einerseits das entsprechende, lokal konzentrierte Gefälle mangelt, anderseits auch die Wasserzuführung durch Wasserläufe eine sehr schwankende ist, da sie, ohne sich der Schnee- und Eisreservoire des Hochgebirges zu erfreuen, in niederschlagsarmen Perioden oft ganz austrocknen. Hier wird es sich also nicht wie im Hochgebirge nur um die Ausnutzung **vorhandener** Wasserkräfte, sondern vielmehr um die Schaffung **neuer** Wasserkräfte handeln, indem die beiden Faktoren, die als Produkt erst die Wasserkraft liefern, also eine genügende permanente sekundliche Wassermenge und das nötige Gefälle geschaffen werden müssen, was sich nur durch Anlage genügend großer Stauweiherbecken erreichen läßt.

Die großen Vorteile, deren sich menschliche Ansiedlungen in der Nähe größerer und höher gelegener Seen und Teiche in wasserwirtschaftlicher Beziehung zu erfreuen hatten, haben schon in alten Zeiten dazugeführt, derartige Wasserbehälter gegebenenfalles auch künstlich durch Aufstau herzustellen. So finden wir in I n d i e n , C h i n a , J a p a n , Ä g y p t e n , A s s y r i e n und P e r s i e n solche Wasseransammlungsanlagen oft in den riesigsten Dimensionen ausgeführt, und zwar sind die alten Talsperren meist in der Form von Erddämmen hergestellt, während gemauerte Sperren erst im 16. Jahrhundert in Spanien auftreten. Wir haben bereits [98] von dem **Möris-See** gesprochen, der die Hochwässer des Nils bis zu ungefähr 3—4000 Millionen m³ Wasser aufgespeichert haben soll. Das 1898 begonnene und 1912 fertiggestellte **Assuan-Reservoir,** das eine Stauhöhe von 34 m und einen Beckeninhalt von 2300 Mill. m³ besitzt, stellt derzeit eines der größten Reservoire der Welt dar. Großartige Projekte bestehen für Mittelafrika, wo der **Albert Niansa-See** und der **Viktoria-Niansa-See** für die Sammlung von 17 Milliarden m³ eingerichtet werden sollen. Gegen diese Riesenbauten verschwinden natürlich die europäischen Stauweiher, wiewohl F r a n k r e i c h , E n g l a n d und I t a l i e n schon ganz erhebliche Anlagen besitzen. In Deutschland war es namentlich der berühmte Professor I n t z e in Aachen, der eine ganze Reihe solcher mitunter ganz bedeutender Bauwerke schuf und anregte, darunter die **Urftalsperre bei Gemünd** mit 45 Mill. m³ Fassungsraum und 52 m Stauhöhe, ferner die im Bau befindliche **Edersperre im Fürstentume Waldeck** mit 220 Mill. m³

Hervorragende Stauweiherbauten hat Amerika aufzuweisen, so die **Eagle-Talsperre** im Rio Grande mit 3100 Mill. m³, die **Crotonflußsperre,** die 90 m hoch ist und 114 Mill. m³ aufspeichert usw.

Alle diese Stauweiher dienen als Sammelreservoire zur Versorgung mit Trink- und Nutzwasser, zur Schaffung einer permanenten Wasserkraft für Mühlen, Sägen usw., zur Bewässerung als **Irrigationsreservoire** oder zur Speisung von Schiffahrtskanälen in den Scheitelhaltungen, ferner als Entlastungsreservoire zur Entwässerung, endlich als Retentions- und Sammelreservoire für Zwecke der Hochwasserentlastung, der Irrigation und der Industrie.

[185] Ausführung der Talsperren.

Um die Kosten der Grundeinlösung möglichst herabzumindern, wird man die Reservoire mehr in dem hügeligen und gebirgigen Teile des Niederschlagsgebietes verlegen und dabei womöglich wenig oder gar nicht kultiviertes Land wählen. Auch wird man Reservoire nicht zu nahe der Wasserscheide situieren, damit das „Einzugsgebiet" oberhalb des Stauweihers tunlichst groß werde. Die Abschlußstelle des Reservoirs soll möglichst eng sein, während bachaufwärts, also oberhalb der Sperre, das Tal sich tunlichst erweitern soll. Auch werden die Kosten einer Talsperre um so geringer werden, je geringer das Gefälle der Talsohle wird, weil dann mit einer niedrigen Mauer ein größerer Fassungsraum erzielt werden kann als bei steilem Gefälle.

Am wichtigsten ist aber die gute Fundierung der Talsperre, da sonst die schädlichsten Folgen zu befürchten sind. Es ist nicht genug, daß an das Mauerwerk die strengsten Anforderungen gestellt werden. Es muß auch auf die vorzüglichste Gründung eines solchen Bauwerkes gesehen werden. Talsperren aus Mauerwerk sind nicht nur an der Sohle, sondern auch an den beiden Tallehnen an gesundem, nicht zerklüftetem Fels aufzusetzen. **Unter den ungeschichteten Felsarten gewähren Granit, Basalt, Traklyt und Porphyr den besten Untergrund.** Bei geschichtetem Gestein muß darauf geachtet werden, daß sich unter

der Sohle keine Letten-, Ton-, Mergel- oder wasserdurchlässige Sandschichten befinden, da diese bei höherem Druck durchfeuchtet, nachgiebig gemacht und zum Abrutschen gebracht werden könnten. Die Bodenuntersuchung darf sich daher hier nicht auf die Abteufung einzelner Bohrlöcher beschränken; es muß in diesen Fällen vielmehr nahezu die ganze Fundamentsohle abgedeckt werden, bevor man das Detailprojekt für die Mauerung macht.

Man unterscheidet **Talsperren aus Mauerwerk** und aus Erde, sog. **Staudämme.**

Jedes Abschlußwerk ist gebildet aus der Talsperre, dem Überfallwehr samt Ablaufgerinne und dem Grundablasse.

Die Stabilitätsuntersuchung für eine gemauerte Talsperre ist unter [134] durchgeführt.

Zu bemerken ist nur noch, daß bei lagerhaften Bruchsteinen es sich empfiehlt, die einzelnen Mauerwerksschichten normal auf die Drucklinie auszugleichen und daß die bogenförmige

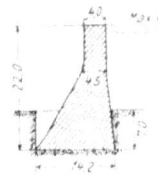

Abb. 429   Abb. 430
Staumauern

Anordnung der ganzen Staumauer im Grundriß sehr zweckmäßig erscheint. Beispiele von Profilen der Staumauern zeigen die Abb. 429 und 430.

Unter gewissen Verhältnissen können Talsperren auch aus Beton und Eisenbeton hergestellt werden.

b) **Das bei jeder Staumauer anzubringende Überfallwehr hat den Zweck, in jenen abnormen Fällen, wo der Grundablaß für das Hochwasser nicht ausreicht, dem überschüssig zufließenden Wasser den Austritt aus dem gefüllten Stauweiher zu gestatten, ohne die Talsperre selbst zu überfluten und sie damit der Gefahr einer Unterspülung auszusetzen.** Die Überfälle können in die Talsperre oder seitwärts in die Lehne, also senkrecht auf die Längsachse der Reservoirmauer, gelegt werden (Abb. 431).

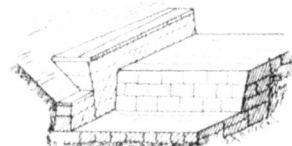

Abb. 431
Überfall

Da in den seltensten Fällen das über das Überfallwehr abfließende Wasser direkt über die Tallehnen abstürzen kann, sind in der Regel Abflußgerinne herzustellen, die tunlichst weit von der Talsperre in den natürlichen Wasserlauf oder in die Talsohle einmünden. Da bei diesen Anlagen oft bedeutende Höhenunterschiede zu überwinden sind, wird man sie meist durch einige höhere Stufen auszugleichen trachten. Muß man dabei die für Felsboden zulässige Maximalgeschwindigkeit überschreiten, so wird man die Sohle des Überfallgerinnes mit starken Bohlen oder Balken senkrecht auf die Abflußrichtung belegen.

Außer diesem bei jeder Talsperre anzuordnenden Überfallwehr muß ein Grundablaß hergestellt werden, der bei Sammelreservoiren in der Regel aus einer Rohrleitung oder einem kleineren Durchlaß besteht, welcher, auf der Wasserseite unbedingt absperrbar, entweder direkt durch die Mauer oder als Stollen seitwärts geführt wird. Der Grundablaß dient bei Sammelreservoiren zur teilweisen Entleerung des Stauweihers behufs Reinigung und auch zur geregelten Abgabe des gesammelten Wassers für Bewässerung, Wasserversorgung oder Kraftzwecke. Daraus ergibt sich dann die generelle Anlage eines Wasserkraftwerkes mit Stauweiher wie folgt: An den Stauweiher schließt sich ein Druckstollen an, der in der Regel betoniert wird. Dieser führt zu einem Wasserschlosse, von dem ein oder mehrere eiserne Druckrohrleitungen zum Krafthause führen, in dem die maschinellen Anlagen (Turbinen) sich befinden. Vom Krafthause führt ein Gerinne das Betriebswasser in einen nächstgelegenen Wasserlauf.

Kurz zusammengefaßt erfüllen sonach die Talsperren eine dreifache Aufgabe:

1. Sie dienen zur Deckung des Betriebswassers in der Zeit der Niederwässer, also zum Jahresausgleich. Fehlen solche Anlagen, so müßte man sich lediglich auf die Ausnutzung der Niederwässer beschränken, also auf ca. 70 % der im Gebirge verfügbaren Wasserkräfte verzichten.

2. Große Talsperrenanlagen bewirken eine erhöhte Ausnutzung des natürlichen Flußgefälles.

3. Sie leisten noch den Dienst der Tagesaufspeicherung, da der Kraftbedarf der Abnehmer meist auf 8—16 Arbeitsstunden im Tage verdichtet ist. Ohne Talsperren fließt das Wasser in den übrigen Stunden unbenutzt ab.

II. Kraftwerke an fließenden Gewässern.

[186] Allgemeine Anordnung.

Wie schon erwähnt, sind bei fließendem Gewässer die beiden Faktoren Wassermenge und Gefälle in der Regel schon als gegeben zu betrachten und daher nur die bereits vorhandene Wasserkraft entsprechend auszunutzen. Sie kann meist auch nur auf die Niederwassermenge basiert sein und heißt nach dem berühmten Beispiele der Niagarafälle ganz allgemein „Niagara-Anlage". Gestatten es die Schiffahrtsverhältnisse in dem betreffenden Flusse, so kann einfach ohne weitere Vorkehrungen das zulässige Wasserquantum vom gewöhnlichen Flußbette abgezweigt und mit geringerem Gefälle, als dem natürlichen Gefälle des Flußlaufes der Kraftgewinnungsstelle zugeführt werden. Das nutzbare Gefälle ergibt sich dann aus der Höhe des Wasserfalles oder aus der Differenz des dem Abzweiggerinne gegebenen und des bis zum Kraftgewinnungsort vorhandenen natürlichen Gefälles.

Um im letzteren Falle diese Differenz möglichst zu erhöhen, werden aber häufig Stauanlagen (Wehre) im Flusse selbst eingebaut, die zwar die Schiffahrt beeinträchtigen, dafür aber unter Umständen die Kraftgewinnung wesentlich fördern.

Im Staubereich wird der Wasserspiegel gehoben, die Wassertiefe also vergrößert und das relative Spiegelgefälle vermindert. Am Wehre selbst wird diese Verminderung des Spiegelgefälles durch den Absturz des Wassers vom Ober- zum Unterwasser wieder ausgeglichen. Zweigt nun vom Wehre ein Werkkanal ab, so kann in diesem das Wehrgefälle zur Ausnutzung der Wasserkraft verwendet werden. Solche Wehre sind sehr zahlreich in Gebirgsflüssen vorhanden, seltener in Bächen und kleinen Flüssen, die durch breitere Wiesentäler fließen. Um so häufiger findet man dort Stauanlagen zum Zwecke der künstlichen Bewässerung. Wehre für Schiffahrtszwecke liegen meistens in größeren Wasserläufen, deren Schiffbarkeit auf andere Weise nicht erreicht werden kann. Sehr häufig dienen derartige Anlagen auch gleichzeitig mehreren Verwendungszwecken.

[187] Feste Wehre.

a) Die älteste Form der Wehre ist die **des festen Wehres**; sie ist zwar im Bau und Erhaltung die billigste, erfordert auch gar keine Bedienung, hat aber den großen Nachteil, daß keine Möglichkeit zur Regulierung des Oberwasserstandes gegeben ist. Bei höheren Wasserständen verursachen sie daher schädliche Überschwemmungen, oder ihre Krone muß von vornherein so tief angelegt werden, daß der erreichbare Nutzen herabgemindert wird. Dieser Nachteil verschwindet nur da, wo im ganzen Staubereich hohe Ufer vorhanden sind. Ein weiterer Nachteil der festen Wehre liegt darin, daß die Sohle vor dem Wehre durch Geschiebeablagerungen erhöht wird, wodurch der Wasserquerschnitt verringert wird. **Bewegliche Wehre** dagegen gestatten bei Hochwasser eine gänzliche Beseitigung des Staues, erfordern aber größere Erhaltungskosten und aufmerksamere Bedienung.

Die Nachteile der festen Wehre, die ihre Errichtung ungemein erschweren, können durch bewegliche Stauvorrichtungen wesentlich gemildert werden. Dies wird in der Weise bewirkt, daß man das feste Wehr mit einem beweglichen Aufsatz versieht oder neben dem festen Wehr einen beweglichen Teil anordnet, den man **Freischleuse** oder **Freiarche** und, wenn sein fester Unterbau in der Höhe der Flußsohle oder wenig darüber liegt, auch **Grundablaß** nennt. Die Freiarche wird bei Hochwasser geöffnet, wodurch der Hochwasserspiegel gesenkt und Sohlenerhöhung durch den kräftigen Spülstrom wenigstens auf einer Seite beseitigt wird. Ein Grundablaß verhütet übrigens auch die Versandung des Werkkanales.

b) Die allgemeine Anordnung einer solchen Anlage zeigt Abb. 432.

A ist das **feste Wehr** mit dem **Vorboden** *a*, der **Krone** *b* und dem **Abschußboden** *c*, *B* der **Grundablaß** mit den **Abschlußschützen** *i* und dem **Bedienungssteg** *h*, *C* die **Einlaßschleuse** für den **Werkgraben** *D*. Zwischen dem festen Wehr und der Freiarche ist gewöhnlich ein **Trennungspfeiler** *g*. Zum Schutze der Sohle gegen den Angriff des überstürzenden Wassers dient das **Sturzbett** *d*. Den seitlichen Abschluß des Wehres bilden die **Wangen** *e* mit den **Flügeln** *f*, die den seitlichen Durchbruch des gestauten Wassers verhindern. Ist der gewachsene Boden sehr durchlässig, so muß man bis zum Oberwasser reichende **Flügelspundwände** *f'* von genügender Länge anordnen.

Zur Ermöglichung von Ausbesserungen an den beweglichen Teilen dienen in den meisten Fällen **Dammbalkenfalze**, in die man Balken legt, wenn man das Wasser abdämmen und den dazwischen liegenden Raum trocken legen will.

Den Grundablaß legt man auf die Seite der Einlaßschleuse, weil er ihr am leichtesten zugänglich ist und den Werkgraben am besten vor Versandung schützt.

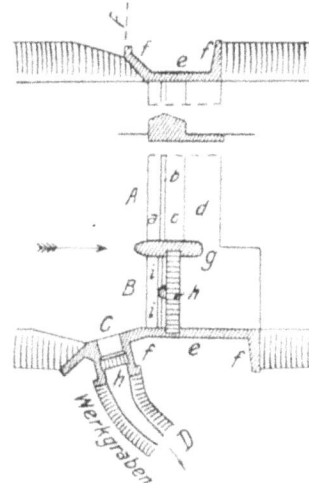

Abb. 432
Festes Wehr

c) Die Konstruktion des Wehrkörpers muß in bezug auf Kippen, Gleiten und Kantenpressung stabil sein, was in ähnlicher Weise wie bei Talsperren untersucht wird. Größer ist die Gefahr, daß sich unter dem Wehre Wasseradern ausspülen und dann Ursache zum Zusammenbrechen des Wehres geben. Man kann dieser Gefahr durch kräftige, dichte und tief hinabreichende Spundwände, die bei sehr fest gelagertem Boden auch aus Eisen sein können, begegnen. Sehr grober Kies und Gerölle bedingen die Ausführung tief hinabreichender **Herdmauern** [55].

Um Kontraktionen beim Überfall abzuschwächen, läßt man die Ufer beim Wehr allmählich steiler werden und stellt die oberen Flügel schräg.

Pfeilervorköpfe sind möglichst spitz zu halten. Eine Verminderung der Einschnürung über der Wehrkrone erreicht man dadurch, daß man den Vorboden schräg nach unten ansteigen läßt. Bei senkrechtem Vorboden läßt man wenigstens die Krone in dieser Weise ansteigen und rundet die Kanten gut ab.

Man unterscheidet **hölzerne** und **massive Wehre.** Für die letzteren kommt Ziegelmauerwerk, Beton

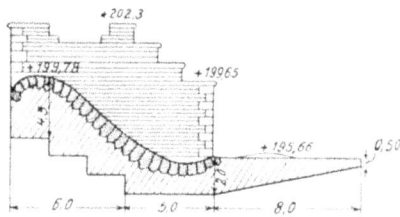

Abb. 433
Wehr mit geschweiftem Abschlußboden

und auch Eisenbeton in Betracht; man führt sie in zwei Grundformen **mit abgerundeter Krone und geschweiftem Abschußboden** (Abb. 433), ferner **mit steilem Vor- und Abschußboden** (Abb. 434) aus. Das

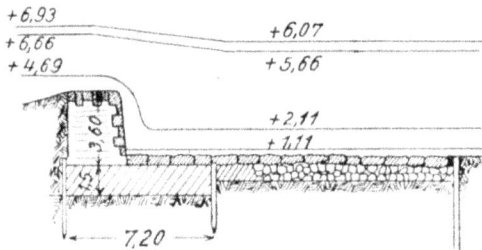

Abb. 434
Wehr mit steilem Abschlußboden

Sturzbett ist bei letzterem Typ verhältnismäßig länger als bei geschweiftem Abschußboden. Befürchtet man aber trotzdem eine Gefährdung des Sturzbettes durch den Stoß des auffallenden Wassers, so kann man

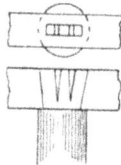

Abb. 433a
Grundzapfen

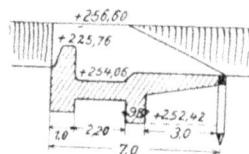

Abb. 435
Wasserpolster

ein **Wasserpolster** anordnen (Abb. 435). Um das Sturzbett gegen Auftrieb zu sichern, bildet man die Pfahlzapfen als **Grundzapfen** (Abb. 433 a) aus. Wehre mit größeren Stauhöhen kann man auch als **Stufenwehre** bauen, wobei man die Höhe der Stufen 1 bis 1,5 m macht (Abb. 436). Zu hohe Stufen erfordern eine zu große Breite, während zu kleine Stufen die Zahl der Holzverbindungen vermehren und den Bau unnötig verteuern. Die Wehrkrone wird stromaufwärts geneigt, während die einzelnen Stufen eine

kleine Neigung stromab erhalten. Letzteres ist besonders dann nötig, wenn das Wehr zeitweise nicht überströmt wird, denn horizontale Bretterböden würden allzu rasch faulen. Übrigens wählt man für alle abwechselnd der Luft und dem Wasser ausgesetzten

Abb. 436
Stufenwehr

Teile am besten Eichenholz. Eine Einrichtung, die als wirksame selbsttätige Stauvorrichtung sich in neuester Zeit Eingang zu verschaffen sucht, ist der dem Ing. Heyn in Stettin patentierte **Saugüberfall.**

Der Rand der oberen Öffnung liegt in der Höhe des genehmigten Stauspiegels, der in dem Merkpfahle gekennzeichnet ist. Steigt das Wasser über das Stauziel, so fällt zunächst ein dünner Wasserstrahl über den Heberrücken und füllt die untere Schale mit Wasser. Es entsteht ein luftverdünnter Raum, der den Heber bald zur vollen Tätigkeit bringt; die kleine Öffnung in der Schale dient als Leerlauf. Sind für den Sommer und Winter verschiedene Stauhöhen genehmigt worden, so kann der Saugheber auch verstellbar gemacht werden.

Der Vorteil dieser Einrichtung besteht in der sicheren Verhütung von Stauhöhenüberschreitungen, die der Stauberechtigte oft auch bei sehr aufmerksamer Schützenbedienung, namentlich zur Nachtzeit, nicht immer verhindern kann, womit alle Streitigkeiten zwischen dem Stauberechtigten und den Anrainern aufhören. Bei festen Wehren ermöglicht der Saugheber nicht selten eine Erhöhung der Wehrkrone und dadurch einen entsprechenden Kraftgewinn.

[188] Bewegliche Wehre.

Unter diesen nimmt das **Schützenwehr** die erste Stelle ein. Sein Unterbau kann aus Holz oder massiv sein; die die Wehrwand bildenden **Schützentafeln** (Abb. 437) sind gewöhnlich aus Holz und nur bei größerer Wassertiefe und ungewöhnlicher Lichtweite aus Eisen. Seitlich bewegen sich die Schützentafeln in Nuten oder Falzen, während sie unten immer stumpf auf der höchsten Stelle des Unterbaues, dem sog. **Fachbaum,** aufstehen. Ihnen hier einen Anschlag gegen einen Falz zu geben, wäre verfehlt, da sich in einem solchen Anschlag leicht Sand ansetzt, der einen dichten Schluß verhindern würde.

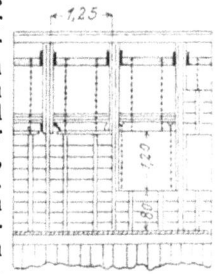

Abb. 437
Schützentafeln

Man unterscheidet **Gleitschützen** und **Rollschützen,** je nachdem die Schützen auf den Falzflächen nur gleiten oder bei größerem Wasserdruck auf Rollen laufen. Hat das Schützenwehr mehrere Öffnungen, so werden diese durch **Grießständer** oder bei massiven Wehren durch **Grießpfeiler** voneinander getrennt. Zur Herstellung der notwendigen Querversteifung werden die Grießständer oben in starke Grießholme verzapft. Um bei Eisgang und Hochwasser Verstopfungen durch Holz usw. zu verhüten, werden die Grießständer oft beweglich gemacht, in welchem Falle man sie **Losständer, Losdrempel** oder **Setzpfosten** nennt (Abb. 438).

Werden die Schützentafeln zu hoch, so kann man sie auch **zweiteilig** herstellen (Abb. 439), was namentlich bei Kettenantrieb leicht auszuführen ist. Eiserne Schützen sind häufig als **Segmentschützen** (Abb. 440) gebaut, bei welchen der Wasserdruck durch eine gekrümmte, eiserne Stauwand *S* auf einem wagerecht in den Wehrwangen liegenden Drehzapfen übertragen wird. Beim Öffnen wird das Schütz entweder gehoben oder gesenkt, so daß nur die Zapfenreibung zu überwinden ist. Bemerkenswert sind die Dammbalkenverschlüsse bei *m* und *n*.

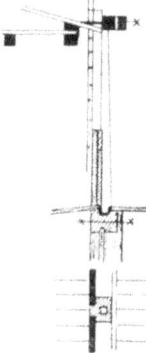

Abb. 438
Losdrempel

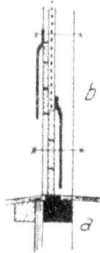

Abb. 439
Zweiteilige
Schütze

Als einfache Bewegungsvorrichtungen sind bei kleinen Schützen die **Kettenwelle**, die **Schraubenspindel mit Handrad**, der **Zahnstangenantrieb** mit Vorgelege oder mit Schneckenrad im Gebrauche. Die nächstwichtigste Form der beweglichen Wehre bildet das **Nadelwehr**, das hauptsächlich als Stau für Flußkanalisierungen dient und auch dort beschrieben wurde [179].

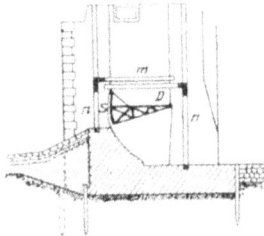

Abb. 440
Segmentschütze

Trommelwehre werden zum Abschlusse von Freiarchen und Floßrinnen verwendet; sie haben Lichtweiten bis zu 12 m und bestehen in den neueren Ausführungen aus einer die ganze Öffnung schließenden zweiflügligen Klappe (Abb. 441), die mit ihrem größeren Unterflügel in einem wasserdicht abgedeckten Hohlraume, der Trommel, liegt und unter Vermittlung eines Vierweghahnes durch Wasser-

druck betätigt wird. Die Trommelwehre stellen bisher die beste Lösung der Aufgabe dar, ein bewegliches Wehr mit dem an der Wehrstelle zur Verfügung stehenden Wasserdrucke zu öffnen und zu schließen.

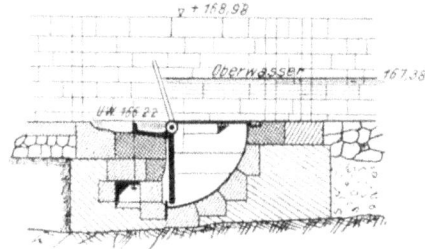

Abb. 441
Trommelwehr

Das Niederlegen und Aufrichten geschieht binnen wenigen Minuten.

Häufige Verwendung haben auch die **Walzenwehre** gefunden; der Staukörper besteht in seiner Grundform aus einer aus Eisenblech wasserdicht zusammengenieteten Walze, die auf geneigt liegenden Schienen mit Hilfe einer an dem einen Walzenende angreifenden Kette emporgerollt wird. Sie haben sich bei Hochwasser und selbst bei Eisbildung recht gut bewährt.

Einfacher in der Konstruktion ist das **Klappenwehr**, das sich niederlegt, sobald die Mittelkraft aus den Drücken des Ober- und Unterwassers über dem Drehpunkt angreift (Abb. 442), hat aber den Nachteil, daß die umgelegte Klappe im Wasser schwebt und so den Abfluß behindert.

Bei den **Dammbalkenwehren** wird die Wehrwand aus wagerecht liegenden Balken gebildet, die einzeln mit Winden gehoben werden, daher in der Bedienung recht unbequem sind. Als ständige Wehre finden sie nur selten Anwendung, häufiger als zeitweise Verschlüsse bei den Wehren und Schleusen.

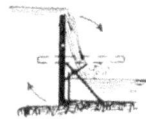

Abb. 442
Klappenwehr

BAUMECHANIK

Statische Berechnungen und graphische Statik. I.

Einleitung und Inhalt: Unsere Vorfahren haben sich über die Stabilität ihrer im allgemeinen bewunderungswürdigen Bauwerke wenig Sorgen gemacht. Bei allen diesen Bauten können wir nach unseren heutigen Anschauungen eine ganz übertriebene Vorsicht der Baumeister beobachten; bei alten Gebäuden, Burgen, Schlössern finden wir Mauerstärken vor, die selbst vom Standpunkte der Verteidigung gegenüber den damaligen Angriffswaffen kaum gerechtfertigt erscheinen. Die alten Brücken hätten nach unseren Begriffen berechnet, ganz unmögliche Belastungen ertragen. Freilich taten die Schöpfer dieser Werke gut daran, dem Grundsatze: „Lieber zu viel als zu wenig" zu huldigen, weil sie einerseits ihrer Unfähigkeit bewußt waren, die Bedingungen des mechanischen Gleichgewichtes bis in alle Einzelheiten im voraus festzustellen, wie wir dies jetzt gewöhnt sind, anderseits für sie eine Verschwendung von Arbeit und Material, Kosten und Zeit wenig in Betracht kam. Was sie damals im Überfluß hatten, das waren ganze Armeen von mehr oder weniger willigen Sklaven und die reichen, noch fast unbenutzten Stoffe der Natur und viel, viel Zeit, Hilfsmittel, die uns jetzt aber schon im höchsten Maße fehlen. Dafür bietet uns heute die Wissenschaft und durch sie unsere hochentwickelte Technik andere Mittel, unsere Bauwerke nicht minder großartig und sicher, dafür aber um so sparsamer und rascher herzustellen. Unter diesen ist es namentlich die genaue Kenntnis von dem Zusammenwirken der Kräfte, die **Statik oder die Lehre vom Gleichgewichte**, mit der wir uns schon im I. Fachbande, in der Physik beschäftigt hatten, die wir aber jetzt so weit ausbauen wollen, daß die unbedingte Stabilität **jeder** technischen Konstruktion den auf sie einwirkenden äußeren Kräften gegenüber dauernd gesichert werden kann. Wir werden zunächst kennen lernen, wie man die in das Gebiet der Statik gehörigen Aufgaben auf rechnerischen Wege, durch **statische Berechnung** oder graphisch, mit Hilfe der **Graphostatik** lösen kann. Wir haben von diesen Mitteln, deren Grundsätze uns bereits aus den Regeln über die Zusammensetzung und Zerlegung von Kräften (I. Fachband [6—18]) bekannt sind, schon beim Erddrucke und teilweise auch in der Hydraulik Gebrauch gemacht, hier soll nebst der Festigkeitslehre deren Anwendung bei Berechnung von an zwei Punkten unterstützten Trägern und in den nächsten Briefen die Behandlung der Fachwerke, wie sie vorwiegend bei Dach- und Brückenkonstruktionen vorkommen, sowie endlich die Berechnung der Gewölbe folgen. Diese theoretischen Erläuterungen werden uns dann instand setzen, alle bautechnischen Konstruktionen, die uns in den verschiedenen Programmen vorgeführt werden, der verlangten Beanspruchung gemäß richtig zu dimensionieren.

5. Abschnitt.

Die Elemente der Statik.

[189] Statische Berechnung und graphische Statik.

a) Bevor wir zu der die Grundlage jeder statischen Berechnung bildenden Festigkeitslehre übergehen, müssen wir uns **die Elemente der Statik** ins Gedächtnis zurückrufen, die wir im 1. und im 5. Abschnitte des I. Fachbandes kennengelernt haben. Es war dort von den **mechanischen Kräften** die Rede, wie sie zusammengesetzt und zerlegt werden können, weiters vom **Gleichgewichte unterstützter Körper** und ihrem **Schwerpunkte**, dessen Lage nur von der Schwerkraft abhängig und maßgebend für ihre **Standfestigkeit** ist.

Weit verwickelter werden natürlich die Gleichgewichtsverhältnisse, wenn es sich nicht mehr um einfache Körper, sondern um **technische Konstruktionen** handelt, die aus den verschiedenartigsten Körpern in einer dem jeweiligen Zwecke angepaßten Art zusammengefügt werden. Auch hier lassen sich die äußeren Kräfte mit wenigen Ausnahmen, wie z. B. Gas-, Wasser-, Winddruck usw., auf die Schwerkraft zurückführen, indem entweder das Eigengewicht der beanspruchten Konstruktionsteile selbst als wirksame Kraft auftritt oder aber andere schwere Körper, wie z. B. das Dacheindeckungsmaterial, der Schnee oder sonstige Gewichte und Drücke den zu bestimmenden Konstruktionsteil belasten oder sonst in der verschiedensten Weise beanspruchen.

b) Bei jeder statischen Aufgabe handelt es sich vor allem darum, die auf den Körper oder die Konstruktion einwirkenden **äußeren Kräfte** gegeneinander ins Gleichgewicht zu bringen, bzw. den **inneren Kräften**, die durch die beabsichtigte Fortbewegung oder Drehung des Körpers in ihm ausgelöst werden, entgegenzuwirken. Die Lösung kann auf **rechnerischem** Wege durch **statische Berechnung** oder **graphisch** nach den Regeln der **Graphostatik** erfolgen.

Die Grundsätze für beide Verfahren sind uns bereits aus der Mechanik bekannt.

c) Für die **statische Berechnung** sind hauptsächlich zwei Lehrsätze maßgebend:

1. **Die algebraische Summe aller auf die Konstruktion einwirkenden äußeren Kräfte muß gleich Null, d. h. die Mittelkraft muß Null sein** (I. Fachband [6—8]).

Diese Bedingung ist notwendig, um jede **Fortbewegung** des Körpers in der Richtung der resultierenden Kraft zu hindern. Sie vereinfacht sich zumeist dadurch wesentlich, daß die einwirkenden Kräfte in der überwiegenden Mehrzahl der Fälle **parallel**, sehr oft als Schwerkräfte **vertikal** gerichtet sind.

2. **Die algebraische Summe aller statischen Momente muß gleich Null, d. h. das resultierende Drehmoment in bezug auf einen beliebigen Punkt, um den der Körper drehbar angenommen wird, muß Null sein** (I. Fachband [15—18]).

Dieser Bedingung muß entsprochen werden, damit jede **Drehbewegung** des Körpers vermieden bleibe.

d) Das Verfahren, auf graphischem Wege statische Aufgaben zu lösen, bezeichnet man als **Graphostatik (graphische Statik). Man macht von ihr wegen der großen Übersichtlichkeit der Darstellung und Raschheit der Auflösung in der Praxis den umfassendsten Gebrauch.**

Beim graphischen Verfahren benutzt man das **Kräftevieleck (Kräftepolygon)** (I. F. B. [8]) und das **Seilpolygon** (I. F. B. [16]). Vom **Kräftevieleck** wissen wir bereits, **daß es durch die der Resultierenden das Gleichgewicht haltende Gegenkraft geschlossen wird, und daß sämtliche Kräfte einschließlich der Gegenkraft denselben Umfahrungssinn aufweisen müssen.** In der Graphostatik werden wir lernen, daß auch das Seilpolygon oder der Seilzug (wie diese Linie mitunter genannt wird) **sich schließen muß,** wenn Gleichgewicht herrschen soll.

Mit Hilfe des Kräftevieleckes und des Seilzuges lassen sich nun die verschiedenartigsten, ja selbst die schwierigsten Aufgaben der Statik verhältnismäßig leicht auf zeichnerischem (graphischem) Wege lösen.

Schließlich raten wir dringend, alle bei graphostatischen Lösungen erforderlichen Zeichnungen in **möglichst großem Maßstabe und peinlich genau** (hier sind sie aus Raumrücksichten meist verjüngt) anzufertigen, da hiervon die Genauigkeit der erhaltenen Ergebnisse in hohem Maße abhängt. Je größer der Maßstab und je genauer die Zeichnung, um so mehr werden die graphischen Ergebnisse mit jenen der Rechnung übereinstimmen.

[190] Auflagerdrücke.

a) Aus den Hebelgesetzen (I. F.-B. [138]) wissen wir, daß **beim Hebel nur dann Gleichgewicht herrscht, wenn die algebraische Summe der auf ihn wirkenden Drehmomente gleich Null ist.** Weiters ist uns bekannt, daß **der Druck oder Zug auf den Unterstützungspunkt des Hebels** gleich der Mittelkraft aller am Hebel wirkenden Kräfte **durch eine im Drehpunkte sich äußernde Gegenkraft aufgehoben werden muß,** da sonst eine Fortbewegung dieses einen festen Punktes eintreten und damit der Hebel wirkungslos werden würde.

Ganz dieselben Bedingungen sind bei technischen Konstruktionen zu erfüllen, die alle in irgendeiner Art unterstützt sind, um sie an der **Fortbewegung** oder **Drehung** wirksam zu hindern. Um diese Bedingungen rechnerisch oder graphisch erfassen zu können, muß der unterstützte Körper vorerst als **freibeweglich** angenommen werden, was nur **durch die Einstellung der Auflager- oder Stützdrücke in das auf die Konstruktion wirkende Kräftesystem** möglich ist. Die Auflagerdrücke beruhen auf dem bekannten Grundsatze, **daß jede Kraftwirkung am ruhenden Körper eine gleich große Gegenwirkung (Reaktion) hervorruft** (I. F. B. [4b]).

Liegt z. B. ein Träger auf eine Mauer auf und drückt auf sie mit einer Kraft A, so macht sich eine Gegenkraft, der Auflagerdruck A′ geltend, der der belastenden Kraft A in gleicher Größe und Richtung entgegenwirkt. Ist ein solcher Träger auf einer zweiten Mauer unterstützt, so ergibt sich auch in diesem Stützpunkte der entsprechende Auflagerdruck. Die **Auflagerdrücke** müssen in der gefundenen Größe und Richtung als äußere Kräfte mitgezählt werden, um den Körper bzw. die Konstruktion für die weiteren Folgerungen als „freibeweglich" annehmen zu dürfen.

Es ist daher unbedingt notwendig, vor jeder auf graphischem oder rechnerischem Wege angestrebten Lösung einer statischen Aufgabe die sich im besonderen Falle jeweilig ergebenden Auflager- oder Stützdrücke zu ermitteln, also sozusagen diese vorerst unfaßbar wirkenden Drücke durch in Größe und Richtung bestimmte Außenkräfte zu ersetzen; erst dann ist der Körper oder der betreffende Konstruktionsteil vollkommen freibeweglich geworden und unterliegt als solcher den Gesetzen des Gleichgewichtes.

Zunächst wollen wir nur den **einfachsten Fall der Statik** in Betracht ziehen, **daß der Balken an seinen beiden Enden frei aufliegt und daß er nur von ruhenden Vertikallasten beansprucht wird.**

Später werden wir dann auch die verwickelteren Verhältnisse bei eingespannten (eingemauerten) und bei kontinuierlichen Trägern mit mehr als zwei Stützpunkten besprechen und dabei auch Aufgaben mit **schiefen Kräften** und **beweglichen Lasten** zur Lösung bringen.

b) **Zur Bestimmung der Auflagerdrücke nimmt man im allgemeinen das eine Ende des drückenden Körpers als drehbar an und bestimmt jene Kraft, die am anderen Ende wirken müßte, um den Körper trotz seiner Beweglichkeit im Gleichgewicht zu erhalten.**

Dies kann rechnerisch durch Anwendung der Momentengleichung geschehen.

Graphisch wird die Aufgabe mit den beiden hauptsächlichsten Hilfsmitteln der Graphostatik, dem **Kräftevieleck** und dem **Seilzuge** gelöst, welche beiden Figuren in ihrer Gesamtheit als **Kräfteplan** bezeichnet werden.

Beide Figuren haben wir bisher nur in ihrer Anwendung zur Bestimmung der Mittelkraft, und zwar das Kräftevieleck in bezug auf Größe und Richtung, und den Seilzug hinsichtlich ihrer Lage kennengelernt. Handelt es sich aber um die Zerlegung einer vertikalen Kraft in 2 ihr parallele Komponenten, die an den Stützpunkten angreifend gedacht werden, so müssen wir sowohl dem Kräftevieleck wie auch dem Seilzuge noch eine weitere Ausgestaltung geben, die für die Graphostatik von ausschlaggebender Bedeutung ist: Das **Kräftevieleck muß geschlossen sein, wenn Gleichgewicht** bestehen soll. Fügen wir nun die auf den Träger wirkenden Vertikalkräfte aneinander, so geht natürlich das Kräftevieleck in eine gerade Linie über. Die die Gegenkraft darstellende Schlußlinie fällt ebenfalls mit dieser Geraden in Länge und Richtung zusammen, was auch graphisch die erste Gleichgewichtsbedingung, daß die aus Gleichgewicht erhaltene Gegenkraft **gleich,** aber **entgegengesetzt** der Mittelkraft sein muß, sehr deutlich zum Ausdrucke bringt.

Von einer Schlußlinie des Seilzuges war jedoch überhaupt noch keine Rede, insolange diese Figur lediglich zur Bestimmung der Lage der Mittelkraft diente. Da aber, wie schon [16] erwähnt, **der Seilzug die Gleichgewichtslage eines Seiles darstellt, welches von den zusammenzusetzenden Kräften belastet ist,** so fehlen hier noch die zwei Stützkräfte an den Enden des Seiles, die das Seil ebenso wie jede andere unterstützte oder aufgehängte Konstruktion frei beweglich machen sollen. **Diese Stützkräfte sind den Auflagerdrücken an den Enden des Trägers gleich und ergeben sich aus der Schlußlinie des Seilzuges,** wenn im Kräftevieleck ein zu ihr paralleler Polstrahl gezogen wird, der das Kräftevieleck im vorliegenden Falle darstellende Gerade im Verhältnisse der beiden Auflagerdrücke unterteilt.

Die Schlußlinie des Seilzuges hat daher eine ganz besondere Bedeutung für die Gleichgewichtsverhältnisse und damit auch für die Graphostatik. Die folgenden Ausführungen werden die Sache vollkommen klären.

Aufgabe 31.

[191] *[Ein Balken von L = 6,0 m freier Länge liegt auf den Stützen A und B auf (Abb. 443); in der Entfernung l₁ = 2,5 m vom linken Auflager wirkt eine Last P = 3900 kg. Wie groß sind die Auflagerdrücke (bzw. Gegendrücke A und B)? (Eigengewicht bleibt unberücksichtigt.)*

1. **Bestimmung durch Rechnung:** Wir nehmen einmal das Auflager A, dann B als Drehpunkt des beweglichen Balkens an und stellen die Momentengleichungen für die sich ergebenden einarmigen Hebeln auf. Für den Drehpunkt B ergibt:

$$\boxed{P \cdot l_2 - A \cdot L = 0}, \text{ daraus } A = \frac{P \cdot l_2}{L}.$$

Wird A als Drehpunkt angenommen, so folgt ganz ähnlich:

$$\boxed{P\,l_1 - B \cdot L = 0}, \text{ daraus } B = \frac{P \cdot l_1}{L}.$$

Als Probe auf die Richtigkeit bildet man $A + B$; es wird

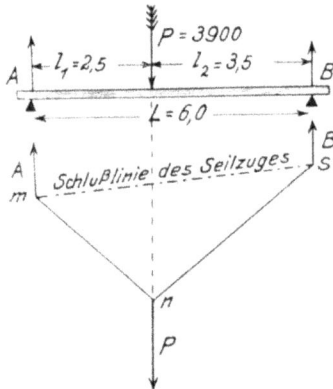

$$A + B = \frac{P\,l_2}{L} + \frac{P \cdot l_1}{L} = P \cdot \frac{l_1 + l_2}{L}; \text{ da } l_1 + l_2 = L \text{ ist } A + B = P;$$

die Sache ist somit richtig.

In unserem Beispiele ergibt sich bei Einsetzung der obigen Zahlenwerte für

$$\left. \begin{array}{l} A = \dfrac{3900 \cdot 3,5}{6,0} = \textbf{2275 kg} \\[2mm] B = \dfrac{3900 \cdot 2,5}{6,0} = \textbf{1625 kg} \end{array} \right\} = \textbf{3900 kg.}$$

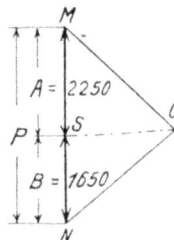

Kräftemaßstab 1 mm = 140 kg

Abb. 443   Abb. 444

2. Graphische Bestimmung: Hier handelt es sich darum, die vertikal nach abwärts wirkende Kraft P in zwei hierzu parallele Einzelkräfte mit den Angriffspunkten A und B zu zerlegen: Wir zeichnen das zugehörige Kräftevieleck, indem wir die Kraft P im gewählten Kräftemaßstab (hier 1 mm = 140 kg) parallel zu der am Balken wirkenden Kraft P darstellen (MN) und einen beliebigen Polpunkt O wählen. Wir ziehen die Polstrahlen MO, NO und konstruieren den Seilzug (Abb. 444), indem wir vom beliebig gewählten Punkte m den Seilstrahl $mn \parallel MO$ bis zum Schnitte mit dem Seilstrahle $sn \parallel NO$ ziehen. Dann schließen wir den Seilzug durch ms und legen durch O die Parallele OS hinzu. Sie teilt die Kraftstrecke P im Verhältnisse der gesuchten Auflagerdrücke A und B. Die Richtigkeit ergibt sich leicht aus folgender Überlegung: Damit Gleichgewicht herrsche, müssen die durch Reaktion ausgelösten Auflagergegendrücke A und B nach aufwärts wirken und zusammen $= P$ sein. Die eine Seite des Kräftevieleckes MN bildet die nach abwärts gerichtete Kraft P im gewählten Kräftemaßstabe; an N schließt sich die 2. Seite NS mit dem nach aufwärts gerichteten Auflagerdrucke B und an S die 3. Seite SM mit dem gleichfalls nach aufwärts gerichteten Auflagerdrucke A an. Das Kräftevieleck ist daher in M geschlossen, nur fallen hier, wo bloß Vertikalkräfte vorhanden sind, alle 3 Seiten des Kräftevieleckes in eine Gerade MN zusammen. Der Seilzug stellt ein Seil dar, welches in m und s aufgehängt ist und in dessen Punkt n die Kraft P wirkt. Die Kräfte, die das Seil in m und s halten, sind den Auflagerdrücken gleich und gleich gerichtet.

Kräftevieleck und Seilzug sind somit geschlossen; es herrscht Gleichgewicht und die Teilung von P in die Auflagerdrücke A und B ist richtig. —

$$\boxed{A + B = P}$$

Nach dem Kräftemaßstabe finden wir:

$$A \backsim 16\,\text{mm} \times 140 \backsim \textbf{2250 kg}$$
$$B \backsim 12\,\text{mm} \times 140 \overline{\backsim} \textbf{1680 kg.}$$

[192] Graphische Ermittlung des statischen Momentes eines ebenen Kräftesystemes.

a) Zu Abb. 445 ist für die gegebenen parallelen Kräfte P_1 bis P_3 das Kräfte- und Seilvieleck I gezeichnet. Ist nun p ein beliebiger Punkt in der Ebene der Kräfte, und will man **bezüglich dieses Punktes** die **statischen Momente** der einzelnen Kräfte ermitteln, so zieht man durch p eine Parallele zu den gegebenen Kräften und verlängert die einzelnen Strahlen bis zu dieser Linie. Dann ist

$$\triangle\,1\,ab \backsim \triangle\,p\,0\,1$$
$$x_1 : ab = H : 01$$
$$x_1 : ab = H : P_1$$
$$\boldsymbol{x_1 \cdot P_1 = H\,ab.}$$

Ebenso ist

$$x_2 \cdot P_2 = H \cdot bc$$
$$x_3 \cdot P_3 = H \cdot cd.$$

Daher

$$x_1\,P_1 : x_2\,P_2 : x_3\,P_3 = ab : bc : cd,$$

d. h. die statischen Momente der gegebenen Kräfte P_1, P_2 und P_3 verhalten sich wie die Abschnitte

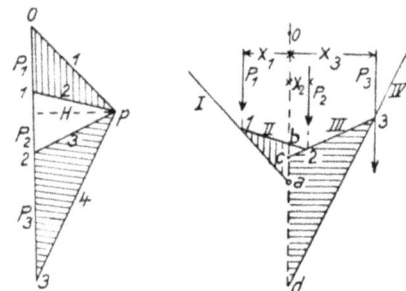

Abb. 445

ab, bc und cd, die man die auf den Polabstand H reduzierten statischen Momente nennt.

Die Strecke ab nimmt man hierbei im **Längenmaß**, den Polabstand H im **Kraftmaß.** Die Drehungsrichtung der Momente ergibt sich aus den Kräften. Wie man diesen Satz zur Ermittlung des Trägheitsmomentes benutzt, ist in [203] enthalten.

b) Aus Abb. 445 läßt sich auch das **reduzierte statische Moment** von mehreren aufeinander folgenden Kräften bzw. der Mittelkraft eines gegebenen Kräftesystemes ablesen; **man bringt den der ersten Kraft vorangehenden und den der letzten Kraft nachfolgenden Seilstrahl mit der Hilfsgeraden durch den Drehungspunkt zum Schnitte, und diese Strecke stellt dann das auf den Polabstand reduzierte statische Moment des Kräftesystems dar.**

c) Ist das System durch die Auflagerdrücke im Gleichgewicht (Abb. 446), so ist das statische Moment für das Trägerstück bis o durch die Ordinate y gekennzeichnet, die mit H im Kraftmaße multipliziert, das auf den Polabstand reduzierte statische Moment ergibt. Dasselbe gilt natürlich auch für den anderen Trägerabschnitt, da beide Momente sich das Gleichgewicht halten. Die praktische Anwendung dieses wichtigen Satzes ist in [204] für den gefährlichen Querschnitt gezeigt.

d) Diese Lehrsätze kann man **zur bequemen graphischen Bestimmung des Schwerpunktes einer Fläche** benutzen, die wir schon im I. Fachbande unter [154] angedeutet haben. Wir haben davon schon in [134] Gebrauch gemacht. Wer es damals nicht ganz verstanden hat, lese es hier nochmals nach.

Man teilt den Querschnitt in geeignete Flächenteile und bestimmt deren Schwerpunkte. In diesen greifen die den Maßzahlen der Flächeninhalte ent-

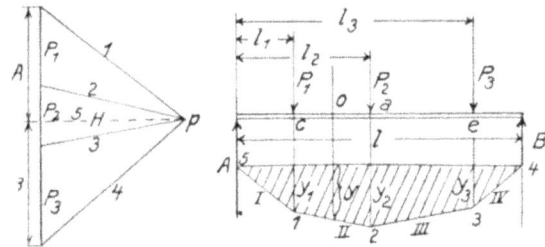

Abb. 446

sprechenden parallelen Kräfte an; die Mittelkraft dieses Kräftesystemes geht dann durch den Schwerpunkt des Querschnittes.

Bei **einer ganz unregelmäßigen** Figur teilt man auch nach zwei aufeinander senkrechten Richtungen in schmale Streifen. Die Mittellinien dieser Streifen nimmt man als Richtungslinien je eines Kräftesystemes, deren Mittelkräfte sich im Schwerpunkte schneiden.

Aufgabe 31.

[193] *Es ist der Schwerpunkt des Trapezes $abcd$ (Abb. 447) zu bestimmen.*

Der Schwerpunkt liegt einerseits in der Symmetrieachse, anderseits in der Geraden kl, wenn $bl = cd$ und $dk = ab$ ist. Denn zerlegt man das Tarpez in das Parallelogramm $aecd$ und in das Dreieck bce, und sind g und f die Schwerpunkte dieser Teilfiguren, so ist
$$\triangle fmg \backsim \triangle lbg,$$
woraus folgt, daß $mg : gb = fm : bl$.

Da $gb = 2mg$, ist auch $bl = cd = 2mf$.

$\triangle afl \cong \triangle fck$, daher $ck = al$ und $dk = ab$.

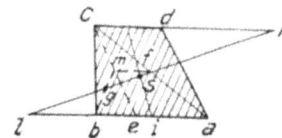

Abb. 447

Aufgabe 32.

[194] *Für das in Abb. 448 dargestellte halbe Gewölbe ist die Schwerpunktsvertikale P der Lage und Größe nach zu ermitteln, wenn der Gewölberücken bis zur Linie fe durch Erdmaterial belastet und das spez. Gew. dieses Füllmateriales um $^1/_3$ leichter als das Steinmaterial des Gewölbes ist.*

Man kann die durch Erde hervorgerufene Belastung des Gewölbes durch einen aus Wölbsteinen bestehenden Belastungskörper ersetzen. Man teilt zu diesem Behufe das Gewölbe in eine Anzahl gleich breiter Streifen, deren Gewichte dann proportional ihren mittleren Höhen sind. Verhalten sich nun die spezifischen Gewichte des Füll- und Wölbsteinmateriales wie 2 : 3, so darf man nur die Mittellinien dieser Streifen, vom Gewölberücken bis zur Linie fe gemessen, im Verhältnis 2 : 3 verkleinern, um hierdurch in der Linie hg eine Belastungsgrenze so zu erhalten, daß der Körper $hdabg$ nur aus Gewölbesteinen bestehend angesehen werden kann; diese Verkleinerung wird zweckmäßig mittels des Hilfswinkels poq durchgeführt, wobei $op : pq = 2 : 3$ ist. Da bei gleicher Breite der Streifen sich ihre Gewichte wie die Höhen verhalten, braucht man diese nur in einem bestimmten Maßstabe zu einem Kräftevieleck aufzutragen und danach

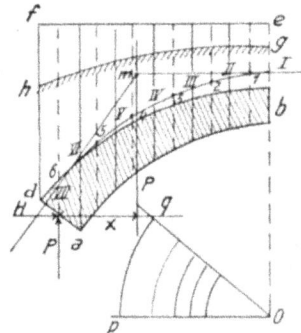

Abb. 448

mit einem beliebig gewählten Pole p ein Seilvieleck $I \ldots VII$ zu konstruieren, deren äußerste Seiten I und VII sich im Punkte m schneiden. Durch diesen Punkt geht dann die Mittelkraft P der Streifengewichte.

6. Abschnitt.

Festigkeitslehre.

[195] Gleichgewicht der äußeren und inneren Kräfte.

a) In den bisher behandelten Fällen haben wir die Bedingungen kennengelernt, unter denen Gleichgewicht zwischen den an einer Konstruktion wirkenden und hervorgerufenen äußeren Kräfte herrscht. **Dabei ist die Annahme gemacht worden, daß der beanspruchte Körper seine ursprüngliche Form unter allen Umständen beibehält.** Durch die auf dem Körper wirksamen äußeren Kräfte werden aber auch im Innern des Körpers Druck- und Zugspannungen ausgelöst, also innere Kräfte wirksam, die nach dem allgemeinen Gesetze der Reaktion den äußeren entgegenwirken. Es wird sich somit noch darum handeln, die **Bedingungen festzulegen, unter denen sich das Gleichgewicht zwischen den äußeren und inneren Kräften einstellen wird.** Überschreiten hierbei die äußeren Kräfte eine gewisse Größe, so treten Formänderungen an den beanspruchten Körpern auf (Durchbiegungen, Drehungen usw.), die äußerstenfalls zur vollständigen Störung des Gleichgewichtes durch Zusammenbrechen der Konstruktion führen können.

b) Über Formveränderungen im allgemeinen haben wir das Nötige bereits im I. Fachbande [23] gebracht. Es erübrigt daher nur, hier noch eingehender die verschiedenen **Festigkeitsarten** zu behandeln.

Bei der **Zug- und Druckfestigkeit wirkt die äußere Kraft stets normal zur Querschnittsebene.** Man hat daher diese Festigkeiten unter der gemeinsamen Bezeichnung „Normalfestigkeit" zusammengefaßt und nennt die hierbei auftretenden Spannungen „**Normalspannungen**". Für die **Schubfestigkeit** bestehen die gleichen Formeln wie für die Normalfestigkeit. Die Verhältnisse sind bei diesen Festigkeitsarten verhältnismäßig einfache.

Weit verwickelter sind sie bei der **Biegungsfestigkeit,** die dann zur Geltung kommt, wenn die Kraft senkrecht zur Achse eines stabförmigen Körpers wirkt, und bei der **Zerknickungsfestigkeit,** bei der ein stabförmiger Körper in der Längenachse beansprucht wird, dessen Länge größer ist als der etwa fünffache Betrag der kleinsten Querschnittsdimension.

A. Normalfestigkeit.

[196] Grundbegriffe.

a) Durch Einwirkung einer Kraft P auf einen stabförmigen Körper, welche sich gleichmäßig auf den Querschnitt F verteilt, erfährt der Körper eine **Längenänderung λ, die proportional ist der Größe der Kraft und der Länge des Stabes, aber umgekehrt proportional der Größe des Querschnittes und des Elastizitätsmoduls,** welch letzterer von der Materialbeschaffenheit abhängt.

$$\lambda = \frac{Pl}{EF}.$$

Ist P eine Druckkraft, so bedeutet λ die infolge der Druckkraft eingetretene Verkürzung.

Für $P = 1$, $l = 1$ und $F = 1$ wird

$$\lambda = \frac{1}{E},$$

welche Längenänderung für die Längeneinheit und die Flächeneinheit man den Dehnungs(Verkürzungs-)koeffizienten des Materiales nennt (I. F. B. [23]).

Wird die Dehnung durch Vergrößerung der Kraft bis zum Bruche fortgesetzt, so nennt man diese Schlußkraft P' die **Bruchkraft.** Ihr stellt sich im Materiale eine **Bruchspannung** K_1 entgegen. Ist F der Stabquerschnitt, so besteht Gleichgewicht, wenn

$$P_1 = K' F$$

$$P = K' \cdot F.$$

Zur Berechnung der **Tragfähigkeit** $\bar{P}$ des Stabes darf man aber nicht die Bruchspannung K', sondern muß eine kleinere Spannung K annehmen.

$$P = K \cdot F.$$

$\frac{K}{K'}$ heißt der Sicherheitskoeffizient, den man für Holz und Stein mit 10, für Metalle mit 5 annimmt; K bezeichnet man als die **zulässige Zug- oder Druckspannung des Materials,** die für die wichtigsten Baustoffe in der dem obzitierten [23] beigegebenen Tabelle 1 angegeben ist.

Dieselben Formeln gelten für die Schubfestigkeit, die aber bei Holz nur ca. $1/_{10}$, bei Metallen nur $4/_5$ der zulässigen Zug- und Druckspannungen ist. Auch hierüber gibt Tabelle 1 die nötigen Aufschlüsse.

Aufgabe 33.

[197] *Eine kreisrunde Zugstange aus Flußeisen von 6 m Länge und 4 cm Durchmesser hat einen Zug von 10 000 kg aufzunehmen. Wie groß ist die Verlängerung, wenn der Elastizitätsmodul für das Material = 2 150 000 ist.*

$$\lambda = \frac{P \cdot l}{E \cdot F}$$

$$\lambda = \frac{10\,000 \cdot 600}{2\,150\,000 \cdot \dfrac{4 \cdot 4 \cdot 3{,}14}{4}} = \textbf{0,23 cm.}$$

Aufgabe 34.

[198] *Welche Last kann eine kreisrunde flußeiserne Zugstange von 2,5 cm Durchmesser mit Sicherheit tragen?*

$$P = \frac{2,5 \cdot 2,5 \cdot 3,14 \cdot 1000}{4} = 4906 \text{ kg.}$$

Aufgabe 35.

[199] *Eine Hängesäule aus Kiefernholz von quadratischem Querschnitte hat einen Zug von 8000 kg aufzunehmen. Wie stark muß die Säule sein?*

$$P = kF; \text{ für } k = 100$$

wird

$$F = \frac{8000}{100} = x^2$$

$$x = \sqrt{\frac{8000}{100}} = 8,9 \sim 9 \text{ cm.}$$

Aufgabe 36.

[200] *Zwei Bleche sind durch doppelte Laschennietung miteinander verbunden. In den Blechen herrscht ein Zug von 3000 kg. Wie groß ist der Nietdurchmesser d, wenn auf jeder Seite der Stoßfuge zwei Nieten angeordnet sind? (Abb. 449.)*

Das Niet ist auf Schubfestigkeit beansprucht, und zwar wird das Abscheren längs der zwei Blechen gemeinsamen Trennungsfläche stattfinden. Da hier mit den Laschen drei Bleche übereinander liegen, sind die Nieten „zweischnittig", daher muß die Querschnittsfläche eines Nietes doppelt genommen werden. Für beide Nieten sonach

$$F = \frac{2 \cdot 2\,d^2 \cdot 3,14}{4} = d^2 \cdot 3,14.$$

Ist die zulässige Schubspannung des für Nieten nötigen Querschnittes bei Material bester Qualität rd. 1000, so ist

$$d^2 \cdot 3,14 = \frac{3000}{1000} = 3$$

$$d = \sqrt{\frac{3}{3,14}} = 0,94 \text{ cm} \sim 10 \text{ mm.}$$

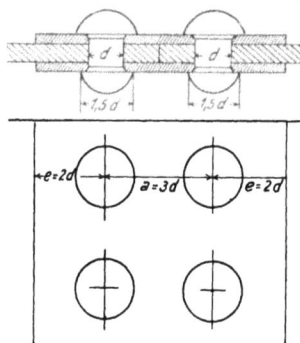

Abb. 449

Für den Abstand der Nieten voneinander wählt man dann meist $a = 3d$ und für den Abstand e der Niete von den Blechrändern $e_1 = 2d$.

B. Biegungsfestigkeit.

[201] Biegungsmoment — Widerstandsmoment.

a) Wirkt eine Kraft **P** am **freien Ende** eines am anderen Ende eingespannten Trägers (Abb. 450), so wird dieser auf **Biegung** beansprucht; infolge der Biegung nimmt der Träger eine Krümmung an, wobei jedoch vorausgesetzt wird, daß alle zur Trägerachse senkrechten, ebenen Querschnitte AB, CD auch nach der Biegung eben bleiben wie $A'B'$, $C'D'$ usw.

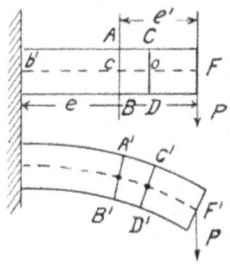

Abb. 450

Führt man nun in einer Entfernung l' vom Angriffspunkte der Kraft P einen Schnitt AB senkrecht zur Achse, so sieht man, daß die Kraft P mit dem Hebelarme l' den Querschnitt zu sich drehen will; dies wird so lange geschehen, bis Gleichgewicht eingetreten ist, d. h. bis die Drehungsmomente der inneren Spannungen gleich sind den Trennungsmomenten der äußeren Kraft $P' l'$.

b) In Abb. 451 ist ein Abschnitt des Balkens $ABCD$ in der Seitenansicht gezeichnet; die oberen Fasern AC erleiden eine Dehnung bis zu AC' (wobei die Dehnung CC' der Deutlichkeit wegen übertrieben groß gezeichnet wurde); die unteren Fasern werden von BD auf BD' zusammengedrückt. Die Größe der Längenänderungen auf beiden Seiten der **Neutralschicht (Nullinie)** $00'$ sind von der Entfernung der Fasern von dieser Linie abhängig. Bezeichnen wir die Dehnung einer Faser G in der Entfernung x_1 von der Mittellinie mit GG_1, so ist

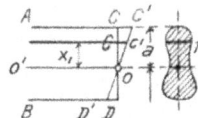

Abb. 451

$$\boxed{\underset{\text{Dehnungen}}{CC' : GG'} = \underset{\text{Entfernungen}}{a : x_1.}}$$

Wir denken uns nun den Balken in lauter schmale, horizontale Streifen f_1, f_2, f_3 zerlegt.

Die Größe der Spannungen stellen wir schematisch dar, wobei die größte auftretende Zugspannung mit s, die Druckspannung mit d bezeichnet werden soll.

Betrachten wir den Streifen f_1, indem eine mittlere Spannung p_1 herrscht, so gilt für die Faser in der Entfernung x_1 von der ·Neutralachse OO' nach obigem

$$p_1 = \frac{s}{a} \cdot x_1.$$

Die Spannung K_1 im Streifen f_1 ergibt sich, wenn seine Querschnittsfläche mit f_1 bezeichnet wird, mit

$$K_1 = p_1 \cdot f_1 = \frac{s}{a} \cdot x_1 \cdot f_1.$$

Diese innere Kraft versucht den Streifen linksläufig in die Achse zu drehen mit dem Drehmomente

$$m_1 = K_1 \cdot x_1 = \frac{s}{a} \cdot f_1 \cdot x_1^2.$$

Ganz ebenso ergibt sich für einen Streifen f_2 in der Entfernung x_2 das Moment

$$m_2 = K_2 \cdot x_2 = \frac{s}{a} \cdot f_2 \cdot x_2^2$$

u. s. f. Das Gesamtmoment aller Zugspannungen im oberen Teile wird somit gleich sein

$$M_1 = \frac{s}{a} \cdot f_1 \cdot x_1^2 + \frac{s}{a} \cdot f_2 \cdot x_2^2 + \frac{s}{a} \cdot f_3 \cdot x_3^2 +$$
$$+ \ldots = \frac{s}{a} \overset{a}{\underset{0}{\Sigma}} f \cdot x^2,$$

d. h. $\frac{s}{a}$ mal der Summe aller Produkte $f \cdot x^2$ für $x = 0$ bis $x = a$. Im unteren Teile des Querschnittes rufen die Druckspannungen ebenfalls Drehmomente hervor, die zusammen

das Gesamtmoment $M_2 = \frac{d}{a_1} \overset{a_1}{\underset{0}{\Sigma}} f \cdot x^2$ ergeben. — Da nun in

einem Querschnitte die Summe der Momente der Zugspannungen gleich jener aller Druckspannungen sein muß, wenn, wie es hier der Fall ist, **die Neutralachse durch den Schwerpunkt des Querschnittes hindurchgeht**, so erhält man die Gleichung

$$\frac{s}{a} \overset{a}{\underset{0}{\Sigma}} f x^2 = \frac{d}{a_1} \overset{a_1}{\underset{0}{\Sigma}} f \cdot x^2,$$

was nur möglich ist, wenn

$$\frac{s}{a} = \frac{d}{a_1} \quad \text{und} \quad \overset{a}{\underset{0}{\Sigma}} f x^2 = \overset{a_1}{\underset{0}{\Sigma}} f \cdot x^2.$$

Die Momente M_1 und M_2 wirken im selben Sinne und setzen sich daher zusammen zu dem Gesamtmoment aller Zug- und Druckspannungen

$$M = M_1 + M_2 = \frac{s}{a} \left(\overset{a}{\underset{0}{\Sigma}} f \cdot x^2 + \overset{a_1}{\underset{0}{\Sigma}} f \cdot x^2 \right) =$$
$$= \frac{s}{a} \overset{a}{\underset{a_1}{\Sigma}} f \cdot x^2 = \frac{s}{a} \cdot T.$$

c) Damit Gleichgewicht herrsche, muß dieses Moment der inneren Kräfte gleich sein dem durch die äußere Kraft P erzeugten Momente, somit

$$\text{Moment der äußeren Kräfte } Pl = \frac{s}{a} T =$$
$$= \text{Moment der inneren Kräfte.}$$

Die sich über den ganzen Querschnitt erstreckende Summe aus den mit den Quadraten der Abstände von der Schwerlinie multiplizierten Flächenteilen liefert das Trägheitsmoment T des Querschnittes für die Nullinie als Achse. Wir haben diesen Begriff schon im I. Fachbande [131] kennengelernt. **Das Moment der äußeren Kräfte bezeichnen wir kurz als Angriffs- oder Biegungsmoment.**

Da aber das Trägheitsmoment T und die Entfernungen a bzw. a_1 der entferntesten gezogenen oder gedrückten Fasern nur von der Querschnittsform abhängig sind und für Querschnitte, die die Neutralachse als Symmetrieachse haben, $a = a_1$ ist, bezeichnen wir den Ausdruck $\frac{T}{a}$ als **Widerstandsmoment** W. Daher ist

$$\frac{T}{a} = W,$$

woraus sich dann die allgemeinen Gleichgewichtsbedingungen ergeben, die unter dem Namen „**Biegungsgleichung**" bekannt sind.

$$\text{Biegungsmoment } M = s \cdot W.$$

Die Biegungsgleichung muß für jeden senkrecht zur Längenachse des Stabes geführten Querschnitt gelten.

[202] Trägheitsmomente.

a) Die Trägheitsmomente für einige der wichtigeren Querschnittsformen sind im I. Fachbande [131 d, 1] angegeben. Das bei statischen Berechnungen am häufigsten vorkommende Trägheitsmoment ist das des **Rechteckes in bezug auf die beiden Hauptachsen** (Abb. 452).

$$T_x = \frac{1}{12} \cdot b \cdot h^3.$$

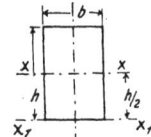

Abb. 452

Das Widerstandsmoment ist sonach für die x-Achse

$$W_x = \frac{s}{\frac{h}{2}} \cdot \frac{1}{12} \cdot b \cdot h^3 = s \cdot \frac{1}{6} b \cdot h^2$$

für die y-Achse ist

$$T_y = \frac{1}{12} \cdot h \cdot b^3$$

$$W_y = \frac{s}{\frac{b}{2}} = s \cdot \frac{1}{6} h \cdot b^2.$$

Für diese zwei Hauptachsen besitzen die Trägheitsmomente den größten bzw. kleinsten Wert, für jede weitere den Schwerpunkt enthaltende Achse besitzt das Trägheitsmoment einen Wert, der zwischen den Werten der Hauptträgheitsmomente liegt.

Aus dem Widerstandsmoment ergibt sich die wichtige Tatsache, daß die Tragfähigkeit eines Stabes im quadratischen Verhältnisse mit seiner Höhe und nur im einfachen Verhältnisse seiner Breite wächst. Will man also einem Träger bei gleichem Materialaufwande die größte Tragfähigkeit geben, so muß man ihn möglichst hoch und in den entfernteren Flächenteilen möglichst breit machen, was zu den T-I-Querschnitten und in der weiteren Ausbildung zu den kastenförmigen und röhrenförmigen Trägern geführt hat. Da dasselbe Prinzip auch für Fachwerke gilt, ist ohne weitere Berechnung zu erkennen, wie vorteilhaft Gitterträger wirken müssen.

b) Das Trägheitsmoment eines Querschnittes, bezogen auf eine zu einer Schwerpunktsachse parallele Achse ist gleich dem Trägheitsmomente des Querschnitts bezogen auf die genannte Schwerpunktsachse, vermehrt um das Produkt aus dem Flächeninhalte des Querschnittes und dem Quadrate der Entfernung beider Achsen (I. F.B. [131 d, 2]).

Fällt die Achse X_1 mit einer Seite des Rechteckes zusammen, so ist

$$T_{x_1} = T_x + \frac{h^2}{4} \cdot F = \frac{1}{12} \cdot b\,h^3 + \frac{h^2}{4} \cdot b \cdot h = \frac{1}{3} \cdot b \cdot h^3$$

$$T_{y_1} = T_y + \frac{b^2}{4} \cdot F = \frac{1}{12} \cdot h\,b^3 + \frac{b^2}{4} \cdot b \cdot h = \frac{1}{3} \cdot h \cdot b^3$$

[203] Graphische Ermittlung eines Trägheitsmomentes.

a) **Um ein Trägheitsmoment graphisch zu bestimmen,** zerlegt man die Fläche parallel zur Achse in Streifen und nimmt die Maßzahlen der Inhalte dieser Streifen als Maßzahlen für die Kräfte an, deren Trägheitsmoment dann in recht einfacher Weise bestimmt werden kann.

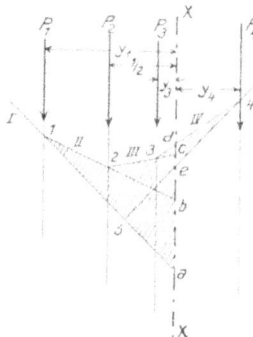

Abb. 453

Konstruiert man zu den gegebenen Kräften das Kräftevieleck *0, 1, 2, 3, 4* (Abb. 453), sowie das Seilvieleck *I, II, III, IV, V*, so bilden die Abschnitte ab, bc, cd, de die auf den Polabstand H bezogenen statischen Momente der einzelnen Kräfte hinsichtlich der Achse X; es ist nach [192]

1. $\begin{cases} H \cdot ab = P_1 \cdot y_1 \\ H \cdot bc = P_2 \cdot y_2 \\ H \cdot cd = P_3 \cdot y_3 \\ H \cdot de = P_4 \cdot y_4, \end{cases}$

daher 2. $\begin{cases} H \cdot ab \cdot y_1 = P_1 \cdot y_1{}^2 = T \cdot P_1 \\ H \cdot bc \cdot y_2 = P_2 \cdot y_2{}^2 = T \cdot P_2 \\ H \cdot cd \cdot y_2 = P_3 \cdot y_3{}^2 = T \cdot P_3 \\ H \cdot de \cdot y_3 = P_4 \cdot y_4 = T \cdot P_4. \end{cases}$

Die rechten Seiten der Gleichungen (2) stellen die Trägheitsmomente der einzelnen Kräfte bezüglich der Achse x dar, die Produkte $ab\,y_1$, $bc\,y_2$ usw. aber die doppelten Flächeninhalte der Dreiecke $ab\,1$, $ab\,2$ usw. dar. Ihre algebraische Summe ist die schraffierte Fläche F, sonach

$$2\,H \cdot F = T_x.$$

Man erhält das Trägheitsmoment einer Querschnittsfläche, wenn man die von dem Seilvielecke sowie dessen äußersten Seiten und der Momentachse eingeschlossenen Fläche mit dem doppelten Polabstande im Kräftemaß multipliziert.

[204] Der gefährliche Querschnitt.

a) Bei einem auf Biegung beanspruchten Träger kommen den Biegungsmomenten für die verschiedenen Querschnittstellen verschiedene Werte zu. Unter allen diesen Biegungsmomenten wird eines den größten Wert besitzen; demgemäß muß auch für den entsprechenden Querschnitt das Widerstandsmoment am größten sein. Dieser Querschnitt heißt der **gefährliche** oder der **Bruchquerschnitt**; das zugehörige Biegungsmoment ist das **Maximalbiegungsmoment.**
Soll ein Träger der Einwirkung äußerer Kräfte auf die Dauer Widerstand leisten, so muß sein Querschnitt so bemessen sein, daß für ihn das Widerstandsmoment der inneren

Kräfte dem Maximalbiegungsmoment mindestens gleich oder größer ist.
Auch im gefährlichen Querschnitt darf die zulässige Beanspruchung des Materiales nicht überschritten werden. Ist also die zulässige Beanspruchung auf Zug k die auf Druck k_1, so geht die Biegungsgleichung für den gefährlichen Querschnitt über in

$$\boxed{M = k \cdot W} \quad \text{und} \quad \boxed{M = k_1 \cdot W}$$

b) In Abb. 454 wirken auf den beiderseits je am Ende unterstützten Balken drei Kräfte P_1, P_2 und P_3 vertikal nach abwärts. Wir zeichnen das zugehörige Kräfte- und Seilvieleck; die Schlußseite des

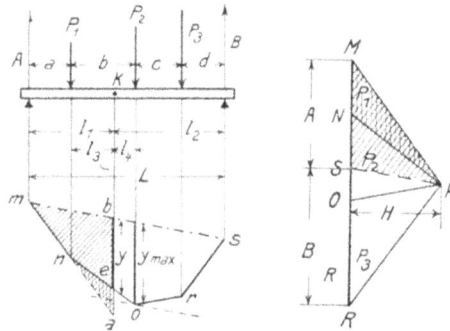

Abb. 454

letzteren sei ms; die Parallele OS hierzu ergibt im Kräftevieleck die beiden Auflagerdrücke A und B. Ziehen wir nun einen beliebigen Querschnitt K des Trägers in Betracht und ermitteln wir die auf der linken und rechten Seite von K wirkenden Bewegungsmomente, so erhalten wir für die linke Seite als **resultierendes statisches Moment:**

$$M = A \cdot l_1 - P_1 \cdot l_3.$$

Es ergibt sich aus den ähnlichen Dreiecken $p\,SM$ und $b\,am : A : H = ab : l_1$; daher $A \cdot l_1 = H \cdot ab$. Ebenso aus $\triangle\,pNM \backsim \triangle\,nae : P_1 \cdot l_3 = H \cdot ae$, wobei H den senkrechten Abstand des Poles p von MN ist. Das Biegungsmoment M ist daher

$$\boxed{M = H \cdot b\,c.}$$

Auf der rechten Seite von K ergibt sich das resultierende statische Moment

$$M_1 = B \cdot l_2 - P_2 \cdot l_4 - P_3(l_4 + c).$$

Hier kann man in ähnlicher Art nachweisen, daß

$$\boxed{M_1 = H \cdot b\,c.}$$

Wir ersehen daraus: **M ist ebenso groß wie M_1; das Drehbestreben dieser beiden Momente ist entgegengesetzt; sie sind daher im Gleichgewichte.**

II. Die oben angegebene Formel gibt Aufschluß über die Größe des Biegungsmomentes in jedem beliebigen Punkte des Trägers. **Die darin vorkommende Strecke $\overline{b\,c}$ ist,** wie die Abbildung zeigt, **nichts weiter als die Höhe des Seilzuges y von der Schlußseite ms;** man bezeichnet sie auch als **Seilzug- (Seilpolygon) ordinate.** Wir finden sonach:

$$\boxed{\text{Biegungsmoment } M = H \cdot y = \text{fester Polabstand mal Seilzugordinate.}}$$

Die vom Seilzuge und der Schlußlinie eingeschlossene Fläche nennt man die **Momentenfläche**, weil sie in den Ordinaten die Größe des Biegungsmomentes an jeder Stelle, veranschaulicht, den Seilzug auch **Momentenlinie**. Im allgemeinen ändert sich die Größe der Seilzugordinate von Querschnitt zu Querschnitt, daher auch das (äußere) Biegungsmoment. An einer Stelle und zwar dort, wo die Parallele zur Schlußlinie den Seilzug berührt, erreicht y einen **Maximalwert (y_{max}); diesem Schnitte entspricht das größte Biegungsmoment, der Schnitt ist sonach der gefährliche Querschnitt.**

In der Formel $M = H \cdot y$ ist H im Kräftemaßstabe, y im Längenmaßstabe zu messen. Den Polabstand H wählt man beim Zeichnen zweckmäßig gleich einer runden Zahl, um das Multiplizieren zu erleichtern.

Wirken mehrere Einzellasten auf den Träger, so ist der Seilzug eckig, und daher fällt die **maximale** Seilzugordinate, wie die Abbildung zeigt, **stets genau unter eine Einzellast; der gefährliche Querschnitt liegt also unterhalb dieser.**

Bei gleichmäßig verteilter Belastung wird der Seilzug eine **Parabel**.

Beispiel: Der in Abb. 462 abgebildete Träger sei durch drei Einzellasten $P_1 = 1300$ kg, $P_2 = 2200$ kg und $P_3 = 2800$ kg belastet. Die Entfernungen seien $a = 1,6$ m, $b = 2,4$ m, $c = 1,6$ m und $d = 1,6$ m, zusammen sonach $L = 7,2$ m. Es sind die Auflagerdrücke, das größte Biegungsmoment und das Widerstandsmoment zu berechnen!

Lösung: a) Nehmen wir B als Drehpunkt an, so haben wir für den Auflagerdruck A die Momentengleichung.

$$A \cdot 7,2 = 1300 \cdot 5,6 + 2200 \cdot 3,2 + 2800 \cdot 1,6,$$
$$\text{daraus } A = \textbf{2610 kg.}$$

Ähnlich finden wir für den Auflagerdruck B:

$$B \cdot 7,2 = 1300 \cdot 1,6 + 2200 \cdot 4,0 + 2800 \cdot 5,6,$$
$$\text{daraus } B = \textbf{3690 kg.}$$

Probe: $A + B = 6300$ kg $= P_1 + P_2 + P_3.$

b) Das größte Biegungsmoment M_{max} können wir berechnen aus

$$\boxed{M_{max} = H \cdot y_{max}.}$$

Im Kräftevieleck nehmen wir H mit 2500 kg an; die Seilzugordinate ergibt sich durch Messung mit $y_{max} = 2,9$ m. Das größte Biegungsmoment ist daher

$$M_{max} = 2500 \cdot 2,9 = 7250 \text{ mkg} = 725000 \text{ cmkg.}$$

Wir finden M_{max} leicht auch auf rechnerische Weise, indem wir einen Schnitt durch den Ort der Kraft P_2 führen und die Drehmomente links und rechts davon ermitteln. So ergibt sich links

$$M_{max} = A \cdot (a + b) - P_1 \cdot b = 7320 \text{ mkg.}$$

Auf der rechten Seite

$$M_{max} = B (c + d) - P_3 \cdot c = 7320 \text{ mkg.}$$
$$7320 \text{ mkg} = 732000 \text{ cmkg.}$$

c) Um Gleichgewicht zu erhalten, muß das Widerstandsmoment

$$W = \frac{M}{k} = \frac{732000}{k}$$

sein.

C. Knickfestigkeit.

[205] Allgemeines.

a) **Die Widerstandsfähigkeit eines Stabes gegen Zerknicken nimmt mit dem Quadrate seiner Länge ab und wächst mit seiner Steifigkeit.** Diese hängt ab von der Nachgiebigkeit des Materiales und der Form des Querschnittes. Hohle Säulen und Röhren leisten verhältnismäßig großen Widerstand gegen das Zerknicken.

Durch Versuche hat man die Kraft, die imstande ist, einen Stab zu zerknicken, bestimmt mit

$$P \text{ in kg} = \frac{10 \cdot E \cdot T}{l^2},$$

wobei E den Elastizitätskoeffizienten (in kg/cm²), T das Trägheitsmoment des Querschnittes und l die Länge bezeichnet. Zulässig ist aber bei Holz nur $^1/_{10}$, bei Eisen $^1/_5$ dieser Kraft. —

Aufgabe 37.

Programm Nr. 3 für eine einfache Kammerschleuse.

[206] *Die Anlage ist an einer auf Grund eingehender Boden- und Grundwassererhebungen gewählten Stelle des Schiffahrtskanales zu errichten.*

Das Schleusengefälle beträgt 3,0 m, die nutzbare Länge der Kammer 67 m, die lichte Weite 8,5 m und die Wassertiefe 3,0 m. Die Füllung und Entleerung der Schleuse hat mittels Umläufen zu erfolgen, während als Schleusentor ein hölzernes Stemmtor zu projektieren ist. Es sind die Querschnittsdimensionen zu ermitteln und nach Skizzen die Schleuse in Situation, Grundriß, Längen- und Querschnitt im Maßstabe 1: 100 zu konstruieren.

Außerdem ist der Bauvorgang als Teil des Motivenberichtes zu beschreiben.

a) Da der Schleusenfall 3,0 m, die Wassertiefe der Kammer ebenfalls 3,0 m beträgt, außerdem aber das Schleusentor bis 50 cm über den Oberwasserspiegel reicht und die Mauerkrone der Kammer wieder 50 cm über die Oberkante des Schleusentores liegen soll, ergibt sich die Höhe der Kammer mit $3,0 + 3,0 + 0,5 + 0,5 = \textbf{7,0 m.}$

Als Füllungszeit t wird in der Regel 10 Minuten angenommen. Danach findet man den Querschnitt des Umlaufkanales nach [179c] aus der Formel

$$F = \frac{2 Q}{\mu \cdot t \cdot \sqrt{2 g h}},$$

wobei Q die Wassermenge, h_1 die aktive Druckhöhe bei Beginn der Kammerfüllung und μ der Kontraktionskoeffizient ist, der in diesem Falle mit 0,74 angenommen werden kann.

$$F = \frac{2 \times 67 \times 8,5 \times 3}{0,74 \times 600 \sqrt{2 \times 9,81 \times 3}} = \textbf{1,003 m².}$$

Hieraus ergibt sich das nötige Kanalprofil; die durchschnittliche Geschwindigkeit ist

$$v \, \text{m/sek} = \frac{Q}{F \cdot t} = \frac{1708,5}{1,003 \times 600} = 2,76 \, \text{m/sek.}$$

Aus dem erforderlichen Schleusenprofil (Abb. 455) lassen sich dann die weiteren Konstruktionen, die in den Abb. 456 skizziert sind, als Grundriß, Längen- und Querschnitt im Maßstabe 1 : 100 ausführen. Die statische Untersuchung der Kammermauer ist nach [133] durchzuführen, wobei sich aus den Mauergewichten mit ca. 33 t, die Vertikalkomponente des Erddruckes mit etwa 9 t, die horizontalen Kräfte aus dem Wasserdrucke mit 17 t und der Horizontalkomponente des Erddruckes mit ca. 27 t zusammensetzen.

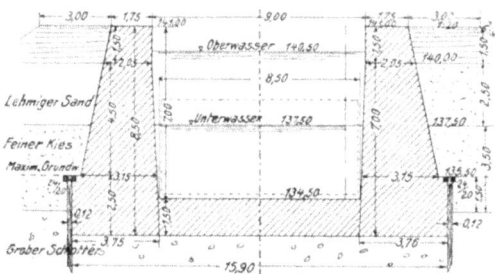

Abb. 455

Daraus ergibt sich eine maximale Druckspannung im Mauerwerke mit ungefähr 4,5 kg pro cm².

Bei der Berechnung des Schleusentores sind zwei Belastungsfälle zu unterscheiden, nämlich:

1. **Das Tor ist geschlossen**, wobei nur die Wasserkräfte auf das Fachwerk des Torflügels wirken, das Eigengewicht jedoch durch die Stemmwirkung des Tores an der Stemm- und Wendesäule aufgehoben wird.

2. Bei geöffnetem Tor wirkt nur die Eigengewichtslast auf das Torgerippe.

Der **Bauvorgang** wird ungefähr folgender sein:

Bevor an die Skizzierung des Projektes geschritten werden kann, muß zunächst oberflächlich und dann im besonderen ein für die Schleusenanlage möglichst günstiges Terrain gewählt werden. Durch die geodätische Festlegung der Konfiguration sind die ersten Anhaltspunkte für die Projektierung gegeben, deren Einzelheiten durch geologische Aufnahmen im Terrain ergänzt werden müssen. Zu diesem Zwecke sind in Abständen von 10—15 m um die gewählte Baustelle Bohrungen mit dem Löffelbohrer vorzunehmen, aus welchen man sich ein allgemeines Bild über die Mächtigkeit und Beschaffenheit der einzelnen Schichten machen kann.

Innerhalb der Baugrube selbst sind kleine Probegruben auszuheben und ist durch Rammen von Probepfählen die Festigkeit der Schichten zu ermitteln.

Die oberste, aus lehmigem Sande bestehende Schichte ist 2,5 m mächtig, darauf folgt eine 3,5 m starke Lage von feinem Kies, die sich auf eine 7 m mächtige Schichte von grobem Schotter auf festem Fels lagert. Das Grundwasser, welches nahezu parallel mit der Terrainoberfläche verläuft, wurde in einer Tiefe von 4,50 m konstatiert, reicht somit 1,5 m über die Schotterlage.

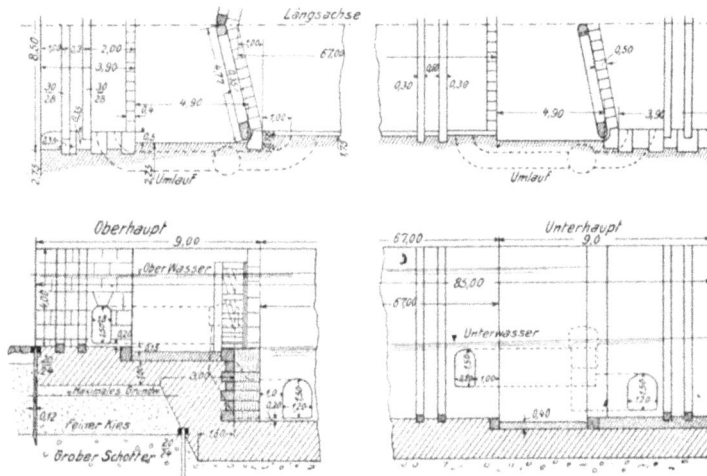

Abb. 456

Nach dem nicht ungünstigen Befunde kann nun das Projekt ausgearbeitet werden, worauf mit dem Ausheben der Baugrube begonnen wird, in welcher das ganze Fundament naß betoniert werden soll. Es ist beabsichtigt, die oberste Schichte unter ca. 20° abzuheben, dann ein Rechteck von 19,50 × 90,00 mit einer Stülpwand zu umfangen und die Grube mittels Trockenbagger bis auf die Grundwassertiefe auszuräumen. Hierauf soll das Fundament außen mit Spundwänden eingefaßt und das Erdreich bis auf die Fundamentsohle abgegraben werden. Zwischen einer provisorischen Wand für das Fundament der Kammer und der Spundwand wird das Fundament durch Naßbetonierung hergestellt, wobei das gewonnene Material seitlich deponiert und später für den Beton, die Hinterfüllung und Beschüttung verwendet wird. Die Lehrgerüste für die Seitenwände werden schichtenweise ausgestampft; nach Ausrüsten derselben wird die 1,50 m starke Sohle ausgestampft. Die Schlußarbeiten werden in der Einbringung der Hinterfüllung und in der Ausplanierung des erübrigten Aushubmateriales bis auf das projektierte Niveau bestehen. Der Oberwasserkanal wird mit einer 30 cm starken gestampften Tegelschichte und darüber mit einem ebenso starken Pflaster gesichert, um das Einsickern des Wassers und das Unterspülen der Sohle zu verhindern. Auch der Unterwasserkanal wird auf 20 cm ausgepflastert, um dem Auskolken vorzubeugen. Schließlich sind die Montierungsarbeiten auszuführen.

Aufgabe 38.

Programm Nr. 4 für die Errichtung einer Wasserversorgungsanlage.

[207] *In einem kleinen Orte mit gegenwärtig 3600 Einwohnern ist eine Wasserversorgungsanlage zu errichten, die auf einen Zeitraum von 40 Jahren ausreichen soll. Das Wasser wird von zwei benachbarten Quellen geliefert, die nach den Messungen zuverlässig 5,7 sl bzw. 9,5 sl, zusammen also 15,2 sl liefern können. Es ist zunächst anzugeben, welche Erhebungen für diese Anlage zu machen sind, um danach den Rauminhalt des Reservoires zu bestimmen und die erforderlichen Grundlagen für das anzulegende Rohrnetz zu gewinnen.*

Bei derartigen Anlagen ist die Vornahme gründlicher Vorerhebungen in bezug auf die nötigen Wassermengen am wichtigsten, wenn man nachträgliche, oft sehr bedeutende Enttäuschungen vermieden haben will.

a) Wenn die gegenwärtige Einwohnerzahl Z ist, so ist die künftige Bevölkerungszahl nach $n = 40$ Jahren und bei einem Bevölkerungszuwachse $p = 2\%$ pro Jahr nach der bekannten Formel der Zinseszinsenrechnung zu berechnen (Vorstufe [307]).

$$Z_n = Z \left(1 + \frac{p}{100} \right)^n.$$

Sonach ist

$$Z_n = 3600 \left(1 + \frac{2}{100} \right)^n = 3600 \times 2{,}208 \sim \mathbf{8000}\ \text{Einwohner.}$$

Rechnet man den durchschnittlichen Wasserverbrauch

für häusliche Bedürfnisse mit	50 l	pro	Kopf	und	Tag	
„ öffentliche Zwecke	„ 20	„	„	„	„	„
„ gewerbliche Zwecke	„ 30	„	„	„	„	„

Zusammen sonach mit **100 l pro Kopf und Tag,**

so ergibt sich für den ganzen Ort in Zukunft der mittlere Tagesbedarf mit

$$Q = 100 \times 8000 \sim 800\,000\ \text{l.}$$

Verschieden vom mittleren Tagesbedarf ist der maximale Tagesbedarf, weil man erfahrungsgemäß um die Mittagszeit ein bedeutendes Anwachsen der Verbrauchsziffern beobachten kann.

Der maximale Tagesbedarf beträgt

rund $1\,400\,000$ l $= \mathbf{1400\ m^3},$

d. i. pro Stunde

$$= \frac{1{,}400\,000}{24} \sim 50\,000\ \text{l.}$$

Der maximale Stundenkonsum von $50\,000$ l ist, auf die Sekunde berechnet,

$$q^{\text{sek}} = \frac{50\,000}{60 \times 60} \sim 14\ \text{l pro sek.}$$

Diesen täglichen Wasserverbrauch können die beiden Quellen, die einen Zufluß von zusammen 15,2 Sek.-Litern haben, vollkommen decken.

Die eine Quelle I tritt auf Kote 83,67 m unmittelbar zwischen dem etwas zerklüfteten Kalkfelsen und der darüber befindlichen 1,4 m starken Schichte von grobem Schotter hervor, die Quelle I liegt also 3,00 m unter der Erdoberfläche. Auch die zweite Quelle II entspringt einem klüftigen Kalkfelsen und liegt 3,90 m unter Tag. Sie müssen daher beide in unterirdischen Brunnenstuben gefangen und durch eine Rohrleitung mit dem Reservoire verbunden werden.

Letzteres ist notwendig, um vom momentanen Zuflusse der Quellen unabhängig zu werden.

b) Der **Rauminhalt** des Reservoirs muß genau den wirklichen Bedürfnissen angepaßt werden. Man trägt zu diesem Behufe die Zuflußsummenkurve als Gerade mit dem maximalen Tageszuflusse von 1400 m³ pro sek und die Bedarfssummenkurve nach tatsächlichen Beobachtungen in den einzelnen Tagesstunden auf und zieht parallel zur Zuflußkurve Tangenten an die Verbrauchskurven, deren Abstand den **normalen Reservoirinhalt** von 480 m³ ergibt. Dazu rechnet man noch einen abnormalen Reservoirinhalt, der im Falle von Feuersgefahr dem Wasserverbrauch von 2 Hydranten mit zusammen 12 sl durch 2 Stunden entspricht. Da sich dieser mit 86,4 m³ berechnen läßt, erhält man einen totalen Reservoirinhalt von etwa 600 m³ (Abb. 457).

Wird die Höhe des Reservoirs mit 3,00 m angenommen, so erhält man eine Fläche von $\frac{600}{3} = 200\ \text{m}^2.$

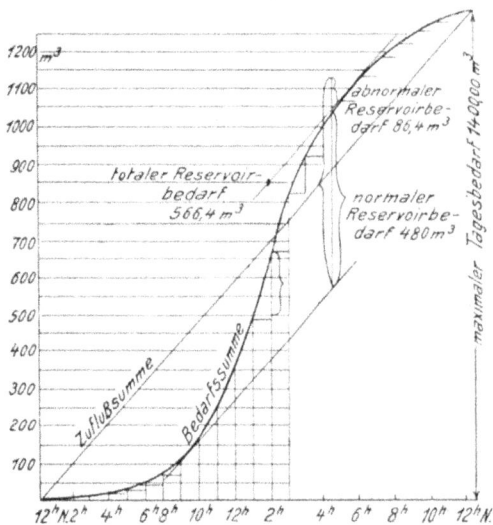

Abb. 457

Die Stabilität des Reservoirs ist hinsichtlich der Seiten- und Mittelwand in der uns bereits bekannten Weise zu bestimmen.

Die Rohrdurchmesser und die inneren Widerstände der Quellenzuleitungen sowie des gesamten Rohrnetzes lassen sich nach den Ausführungen des [140] bestimmen. Wir kennen bereits die Formel

$$v = \sqrt{\frac{2\,g\,H}{1 + \xi \cdot \frac{l}{d}}},$$

worin H die nutzbare Druckhöhe und ξ den Koeffizienten bedeutet, den **Weißbach** mit

$$\xi = 0,0144 + \frac{0,0095}{\sqrt{v}}$$

und ein anderer Wasserbautechniker **Frank** mit $0,010045 + \dfrac{0,0075478}{\sqrt{d}}$ angibt.

Der Druckhöhenverlust errechnet sich sonach aus

$$h = \frac{v^2}{2\,g} \cdot \xi \cdot \frac{l}{d} \quad \text{und weil} \quad v = \frac{4 \cdot Q}{\pi \cdot d^2}$$

mit

$$h = \xi \cdot \frac{l}{d} \cdot \frac{16 \cdot Q^2}{\pi^2 \cdot 2\,g} \cdot$$

Bezeichnet man

$$\frac{\xi \cdot 16}{2\,g\,\pi^2} = c,$$

so ergibt sich die Formel

$$h = c \cdot \frac{l \cdot Q^2}{d^5},$$

aus der sich nun in jedem gegebenen Falle alle gewünschten Größen berechnen lassen; eventuell findet man auch diese Werte in Tabellen der Ingenieurkalender ausgerechnet.

So läßt sich z. B. für die Rohrleitung von der Quelle I zum Reservoir bei einer Wassermenge von 5,7 sl einer Nutzhöhe $H = 2,47$ m und einer Rohrlänge l der zugehörige Druckhöhenverlust bzw. der innere Widerstand der Leitung bestimmen, der, von der nutzbaren Druckhöhe abgezogen, die Druckhöhe am Ende des Rohrstranges ergibt.

Bevor aber diese Berechnungen für die einzelnen Teilstrecken des Rohrnetzes vorgenommen werden, muß man sich über den Wasserbedarf in den einzelnen Rohrsträngen klar werden.

Zu diesem Behufe teilt man das ganze Versorgungsgebiet in Abschnitte, die möglichst gleichartig hinsichtlich der Dichtigkeit der Bevölkerung und deren landwirtschaftliche und gewerbliche Bedürfnisse sind.

Hat man nun derart den Wasserbedarf der gegenwärtigen Einwohner festgestellt, so kann man annehmen, daß er sich im Verhältnis zum Bevölkerungszuwachse der einzelnen Abschnitte steigern wird, wobei man wohl zwischen voll und nahezu ausgebauten und neueren, erst sich entwickelnden Gebieten unterscheiden muß. Bei ersteren wird der Zuwachs minimal sein, dafür in letzterem ungleich größer sein. Daraus ergeben sich dann mit genügender Genauigkeit die wahrscheinlichen sekundlichen Wassermengen fü die einzelnen Teilgebiete.

Der betreffende Speisestrang, der im ganzen z. B. 112 sl abgeben soll, wird durch die belebtesten Gassen des zugehörigen Gebietes geführt. Er erreicht dadurch eine Länge von l m, und es beträgt die sekundliche Wassermenge pro laufenden Meter

$$Q = \frac{m}{l} \text{ sl.}$$

Diese Zahl multipliziert mit den Längen der einzelnen Teilstrecken gibt uns die Wassermengen in sl, die dort abgegeben wird oder bei Abzweigungen weiterzuleiten ist. Daraus berechnet man in ähnlicher Weise, wie es oben angegeben wurde, die nötigen Rohrdurchmesser und die Druckhöhenverluste. Das verfügbare Druckgefälle findet man aus dem Längenprofile des betreffenden Speisestranges. Das Druckgefälle für den höchsten Punkt des Versorgungsgebietes vermehrt um jene Höhe, die notwendig ist, um den Wasserstrahl bei Feuergefahr bis zum Dachfirste steigen zu lassen, hier also 20 m, gibt dann die Größe des in den Rohrleitungen zulässigen Druckhöhenverlustes.

[208] Übungsaufgaben.

Aufg. 39. Für den in Abb. 458a gezeichneten Querschnitt ist der Schwerpunkt zu bestimmen [192d].

Aufg. 40. Für den in Abb. 458b gezeichneten ⊥-förmigen Querschnitt sind die beiden Haupttägheitsmomente sowie das auf die Achse ab bezogene Trägheitsmoment zu berechnen [202].   (Lösungen im 4. Briefe.)

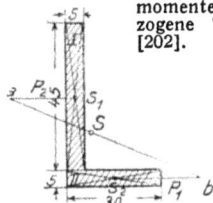

Abb. 458a

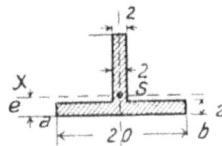

Abb. 458b

[209] Lösungen der im 2. Briefe unter [149] gegebenen Übungsaufgaben.

Aufg. 27. $Q = 1,82 \cdot 4,0 \cdot 0,25 \cdot \sqrt{0,25} \approx 0,9$ m³ in der Sekunde.

Aufg. 28. $F = \dfrac{1,50 + 5,10}{2} \cdot 1,20 = 3,96$ m².

$v_0 = \dfrac{60}{150} = 0,40$ m, $v_m = 0,75 \cdot 0,40 = 0,30$ m [139, 2].
Wassermenge $Q = 3,96 \cdot 0,30 \approx 1,2$ m³ pro Sekunde.

Aufg. 29. (Abb. 458).

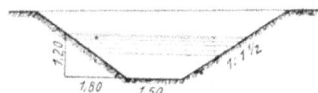

Abb. 458

Wasserspiegelbreite $1,50 + 2 \cdot 1,80 = 5,10$ m.

Querschnittsfläche $F = \dfrac{1,50 + 5,10}{2} \cdot 1,20 = \mathbf{3,96\ m^2}.$

Seitenlänge einer Böschung unter Wasser:

$\sqrt{(1,20)^2 + (1,80)^2} = \sqrt{4,68} \approx 2,16$ m,

benetzter Umfang $= 1,50 + 2 \cdot 2,16 = 5,82$ m,

Profilradius $R = \dfrac{3,96}{5,82} \approx 0,68$ m,

$C = \dfrac{87}{1 + \dfrac{0,85}{\sqrt{0,68}}}$ (n. Bazin) $\approx 43,$

Gefälle $\dfrac{0,60}{400} = 0,0015,$

$v = c \sqrt{R \cdot J} = 43 \cdot \sqrt{0,68 \cdot 0,0015} \approx \mathbf{1,08\ m},$

Wassermenge $Q = F \cdot v = 3,96 \cdot 1,08 \approx \mathbf{4,26\ m^3}$ pro sek.

Aufg. 30. $\dfrac{2 \cdot 18}{0,0025} = \dfrac{3,6}{0,0025} = 1440$ m oberhalb des Wehres.

ALLERLEI WISSENSWERTES

aus Technik und Naturwissenschaft.

Der Bergbau.

(Schluß.)

[210] Ganz verschieden von der „Förderung" versteht man unter **„Fahrung" nur die Fortbewegung der Menschen in den Grubenräumen,** die in den Strecken entweder auf **Rutschen** nach abwärts oder **Treppen** nach aufwärts erfolgt. In den Schächten sind besondere Einrichtungen hierfür vorhanden; die steilstehenden, starken Leitern, die im Schachte (Abb. 459) den Verkehr vermitteln und absatzweise von der Hängebank bis zur tiefsten Sohle führen, nennt der Bergmann „Fahrten". Sie stehen auf Bühnen, welche in den Schacht eingebaut sind und haben etwa 75% Neigung; der Fahrende tritt auf der Bühne um die Fahrt herum und betritt durch eine belassene Öffnung, das Fahrloch, die nächste Fahrt. Heute sind zwar die Fahrten in allen Schächten eingebaut, sie werden aber in tiefen Gruben wenig mehr benutzt. An ihre Stelle sind die **„Fahrkünste"** getreten, d. h. die Mannschaft fährt am Seile, wie der Fachausdruck heißt. Die Fahrkünste bestehen aus zwei auf- und niedergehenden Gestängen (Abb. 460), an denen feste Tritte zum Darauftreten und Handgriffe r zum Anhalten in doppeltem Abstande der Hubhöhe h befestigt sind. Der Antrieb erfolgt von einer Maschine aus durch die Schubstange und die beiden Winkelhebel (Kunstkreuze). Will ein Mann anfahren, so tritt er von der Schachtbühne B auf den Tritt 1 am Gestänge G; G sinkt, während G' steigt. Nach einer halben Umdrehung der Maschine stehen sich die Tritte 1 und 2 gegenüber; der Mann tritt während der Hubpause auf Tritt 2 über und legt auf diesem während der zweiten halben Umdrehung wieder um den Weg h nach abwärts, tritt dann von 2 auf 3 über usw., bis er auf der unteren Schachtbühne B' angelangt ist. Die Fahrkünste machen etwa 5 Spiele pro Minute. Beträgt die Hubhöhe $h = 2$ m, so legt der Mann in einer Minute 20 m zurück.

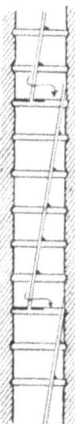

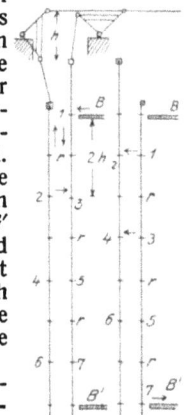

In sehr tiefen Schächten bleibt die bequemste und bei guten Fangvorrichtungen die sicherste Fahrung jene auf dem **Fördergestell** nach Art unserer **Personenaufzüge.** Die Fangvorrichtung am Gestell darf im Falle eines Seilbruches das Gestell nicht plötzlich aufhalten, weil sonst Verletzungen der Mannschaft

Abb. 459

Abb. 460

eintreten würden. Es sind Federn eingebaut, die gespannt bleiben, solange das Gestell am Seile hängt und sich erst ausdehnen, wenn es sich vom Seile trennt. Im ausgedehnten Zustande drücken sich dann die Fänger bremsend in die Leitungen.

Wichtig für den Bergbaubetrieb sind noch endlich die **Wasserverhältnisse.** Um das Eindringen von Wasser zu verhüten, ist der Ausbau möglichst wasserdicht herzustellen, oder es sind die wasserreichen Schichten mit Senkschächten, wie sie im Wasserbau beschrieben wurden, zu durchteufen. Mitunter wird auch von einem **Gefrierverfahren** Gebrauch gemacht, mit dem die ganze Umgebung zum Gefrieren gebracht wird. Der Schwimmsand erhält dadurch die Beschaffenheit festen Sandsteins und schon einige Wochen später kann mit dem Abteufen und der Herstellung eines wasserdichten Ausbaues begonnen werden. Erst wenn dieser in allen seinen Teilen gesichert ist, hört man mit der Kälteerzeugung auf.

Die bereits in die Gruben eingedrungenen Wassermengen müssen jedoch unbedingt mit **Kolbenpumpen** oder **Pulsometern** gehoben werden, wenn nicht die tiefen Sohlen ersaufen sollen. Die zur Wasserhebung nötigen Maschinen können unterirdisch eingebaut werden und haben dann den Vorteil hoher Umlaufszahlen und billigen Betriebes; freilich müssen sie selbst vor dem Ersaufen genügend geschützt werden.

Bisher haben wir nur von jenen Vorkehrungen gesprochen, die geeignet sind, die Anlage und den Betrieb eines Bergbaues rationell und ökonomisch zu gestalten. Leider sind aber die braven Bergleute in vielen Bergwerken von großen Gefahren umlauert, deren möglichste Verhütung eine besonders aufmerksame Handhabung der „Wetterwirtschaft" bedingt. „Wetter" nennt der Bergmann die in der Grube vorhandene Luft, die durch das Atmen der vielen Menschen und Brennen der zahlreichen Grubenlichter immer schlechter wird. Es wird immer mehr Sauerstoff verzehrt und Kohlensäure entwickelt. Die Grubenlichter brennen trübe oder verlöschen wohl ganz, und es treten für die Menschen Atembeschwerden ein. Solche kohlensäurereiche Wetter nennt der Bergmann **schwere Wetter** oder **Schwaden,** die sich wegen des hohen spezifischen Gewichtes der Kohlensäure meist an der Sohle ansammeln.

Häufig treten aber noch schädliche Gase hinzu, und zwar das namentlich bei Grubenbränden sich entwickelnde äußerst giftige und explosible Kohlenoxydgas, das die sog. **Brandwetter** bildet.

Am allergefährlichsten sind aber in den Kohlengruben die **Schlagwetter,** die sich aus einem Gemenge von Grubenluft mit dem Grubengas, dem leichten Kohlenwasserstoffe Methan entwickeln. Das Grubengas dürfte in den Kohlen enthalten sein und entströmt zuweilen als Bläser in großen Mengen den Klüften des Gebirges. Bei Gegenwart von entzündbarem Kohlenstaube sind schon Gemenge von wenigen Prozenten Grubengas äußerst gefährlich. Leider steht uns nur ein einziges Mittel zur Verfügung, um böse Wetter zu beseitigen, nämlich die ausreichende Zuführung frischer Luft, um so eine Verdünnung und Erneuerung der Grubenluft herbeizuführen. In jeder Grube findet infolge Verschiedenheit der Temperatur und der Schwere der Luftmassen eine Bewegung derselben statt, die man **Wetterwechsel** nennt (Abb. 461). Im Winter sind diese Verhältnisse ganz natürlich. Die Außenluft ist kalt, zieht beim Stollen ein und verläßt erwärmt den Schacht. Im Sommer ist es gerade umgekehrt, wodurch häufige Wetterstockungen eintreten, die für Gruben, in denen sich schädliche Gase entwickeln, äußerst gefährlich werden können. Ein Hilfsmittel dagegen besteht darin, die Temperatur des ausziehenden Schachtes durch Anlage einer Feuerung unter Tage **(Wetterofen)** künstlich zu erhöhen; doch bringen solche Wetterofen für Schlagwettergruben mancherlei Gefahren mit sich.

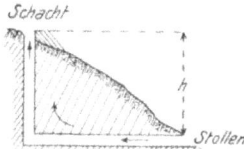

Abb. 461

Man verstärkt daher gewöhnlich die Wetterbewegung durch kräftige Ventilatoren; ihre Leitung ist aber abhängig von den Widerständen, welche sich dem Durchgange der Luft in der Grube entgegenstellen. Die Versorgung von entfernter gelegenen Grubenbauen mit frischer Luft kann auch mit einem **Wetterscheider** bewirkt werden (Abb. 462), indem man durch eine Scheidewand aus Segeltuch, Brettern oder auch gemauert, die betreffende Strecke in zwei Trümmer teilt, so daß die Luft den durch Pfeil angedeuteten Weg durch die Strecke nehmen muß. Die Tür T vermittelt den Verkehr auf der Hauptstrecke. — Die Gefährlichkeit des Kohlenstaubes in Schlagwettergruben wurde bereits erwähnt; er wird durch reichliches Besprengen mit feinzerstäubtem Wasser unschädlich gemacht, zu welchem Behufe Rohrleitungen mit Druckwasser die ganze Anlage durchziehen. Besonders vor dem jedesmaligen Entzünden eines Sprengschusses wird von diesen Einrichtungen Gebrauch gemacht.

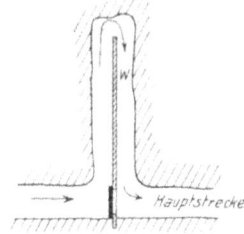

Abb. 462

Während gewöhnlich zur Erhellung Kerzen, Froschlampen als „Geleucht" verwendet werden, ist in Schlagwettergruben die **Sicherheitslampe** geradezu unentbehrlich. Abgesehen davon, daß sich die Schlagwetter an offenen Lichtflammen entzünden, daher gewöhnliche Grubenlampen nicht verwendet werden dürfen, gestatten die Sicherheitslampen in leichtester Weise die Gegenwart von Schlagwettern zu ermitteln. Man schraubt den Docht soweit herunter, daß nur ein kleines Flammenküppchen bleibt. Nähert man nun die Lampe vorsichtig der Firste, an der sich wegen des geringen spezifischen Gewichtes die Schlagwetter zuerst zeigen, so verlängert sich die Flamme mit bläulichem Scheine zur sog. **Aureole.**

Elektrische Lampen (Akkumulatorlampen) sind zwar auch schlagwettersicher, aber bisher noch nicht zur Schlagwettererkennung verwendbar. Außer den Schlagwettern ist es leider der **Grubenbrand,** der alljährlich viele Opfer fordert; er kommt zwar auch in Erzgruben vor, ist jedoch dort meist nur eine Folge von Unachtsamkeit. Dagegen sind Braun- und Steinkohlenbaue der Entzündung der Lagerstätte auf natürlichem Wege ausgesetzt. Viele Kohlen nehmen aus der Luft begierig Sauerstoff auf und erwärmen sich hierbei; die Hitze steigert sich mit der Zeit so weit, daß der Brand ausbricht. Die Gefahr des Grubenbrandes besteht nicht nur darin, daß wertvolle Teile der Lagerstätte und die Zimmerung verbrennen, sondern die entstehenden Brandgase sind ebenso gefährlich wie die Nachwirkungen einer Schlagwetterexplosion; sie sind unatembar, hemmen die Löscharbeiten und gefährden die Mannschaft. In Kohlengruben ist mit allen entzündlichen Stoffen größte Vorsicht geboten, es muß „rein" abgebaut werden, d. h. es darf keine Kohle in der Grube verbleiben. Sich erwärmende Kohle muß abgebaut, abgekühlt und rasch gefördert werden. Auch sind Maßnahmen zu treffen, ein Brandfeld schnell luftdicht abschließen zu können. Da der Zufuhr frischer Luft in solchen Fällen auf das geringste Maß eingeschränkt werden muß, bedient man sich der Atmungsapparate, die den Taucherapparaten nachgebildet sind. Die neueren Apparate sind so verbessert, daß man 2 Stunden in unatembaren Gasen verweilen und selbst nach Explosion und Grubenbränden gefahrlos und erfolgreich arbeiten kann.

Bisher war nur von jenen Einrichtungen, wie sie in den meisten Bergwerken üblich und durch die gegebenen Verhältnisse geboten sind, die Rede. Es gibt auch noch gewisse Besonderheiten, die nur einzelnen Bergbaubetrieben eigentümlich sind und die wir besprechen wollen, soweit es sich um die Gewinnung der uns hauptsächlich interessierenden Baustoffe der Technik handelt.

Hierher gehört zunächst der **Kupferbau** im **Mannsfeldschen,** von dem schon in der Stoffkunde die Rede war und bei dem die geringe Mächtigkeit der Erdflöze zu einer eigenen Abbaumethode, den sog. **Strebebau,** geführt hat, damit der Arbeiter in so niedrigen Räumen (von kaum ½ m), wenigstens liegend kriechen und arbeiten kann. Ein Teil der massenhaften, den Schiefer um das 2—3fache übersteigenden Berge wird zur Ausfüllung der Abbauräume verwendet. Diesen eigentümlichen Verhältnissen muß nun auch die Art der Förderung angepaßt werden, die bis zu den horizontalen Hauptstrecken äußerst mühsam ist. Außerdem beanspruchen die Wasserverhältnisse außergewöhnlich große Maschinenkräfte.

Freilich steht die Kupferproduktion Deutschlands zurück gegen den Kupferreichtum Nordamerikas, der bei Butte in Montana erschlossen wird. Ursprünglich nur als silber- und goldführend bekannt, wurden dort erst 1883 Gänge von Kupferkies und Kupferglanz entdeckt, die in ihrer Möglichkeit von 3—7 m, ja selbst bis 30 m bis zu 400 m Tiefe erschlossen, eine der großartigsten **Erzlagerstätten** der Welt bilden. Sie haben damit die Kupfergruben am oberen See der Nordamerikaner, mit ihren gediegenen Kupfer enthaltenden Schächten von 3—5 m Mächtigkeit, die bis zu 1300 m Tiefe abgeteuft sind, gründlich in den Schatten gestellt.

Reichlich hat die Natur in der Umgebung von Beuthen, dem Mittelpunkt des **oberschlesischen Bergwerksbetriebes,** dem Bergmanne ihre Gaben geboten.

Die ausgedehnte Ablagerung vorzüglicher **Steinkohlen** in fast unerschöpflicher Menge streichen im Süden fast aus, sind aber bei Beuthen selbst von einer bis zu 200 m mächtigen Schichtenfolge von Bundsandstein und Muschelkalk bedeckt.

Bei dieser Überlagerung jüngerer Schichten kann vom **Pfeilerbau** Gebrauch gemacht werden, der dadurch gekennzeichnet ist, daß man nach dem Herausnehmen der Kohlen das Hangende hereinbrechen, zu Bruche gehen läßt. Dieses **Bruchfeld** hat gewisse Unbequemlichkeiten für den Betrieb, da sich in ihm leicht schädliche Gase entwickeln und sich ein besonders starker Gebirgsdruck geltend macht. Der Kohlenbergmann dringt daher stets mit seinen Hauptstrecken bis an die Feldgrenze vor und beginnt von da an nach dem Schachte abzubauen; man spricht daher auch vom **Pfeilerrückbau.** Dann stört das Bruchfeld viel weniger. Das dabei nötige „Rauben" des Holzes ist die gefährlichste Arbeit, die außerordentlich viel Geschick und Erfahrung erfordert. Es sei nur noch erwähnt, daß der Muschelkalk in Beuthen auch mächtige Lager von Bleiglanz und Zinkblende enthält. An Kohlen werden die oberschlesischen Gruben von den Gruben des **Ruhrsteinkohlenbeckens** bedeutend übertroffen.

Den Übergang vom Bergbaubetrieb zum Tagebau bilden zumeist die **Braunkohlenflöze,** wie sie namentlich in Nordböhmen zwischen Eger und Teplitz vorkommen. Aber auch dort, wo wegen der Mächtigkeit der Flöze Grubenbetrieb geführt werden muß, ist der **Abbau** ein ganz eigenartiger. Jeder Abbau erhält quadratische Form. Ringsherum bleiben drei Meter starke Sicherheitspfeiler stehen, die während des Abbaues das Dach stützen.

Dem Steinbruch sehr ähnlich sind alle **Tagebaue,** die den freien Himmel über sich haben. Hierher gehören z. B. die Seitenablagerungen an Talgehängen in Flußläufen und im geringer geschichteten Gebirge,

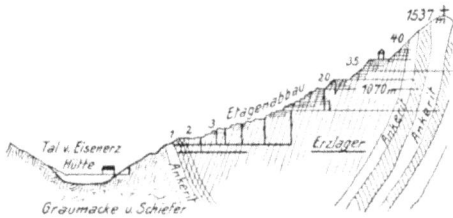

Abb. 463

die namentlich für die Gewinnung von Gold, Zinnerz und Edelsteinen von großer Bedeutung sind. Hierher gehören aber auch die berühmten **Etagentagebaue** auf Erzlagerstätten, unter welchen der bedeutendste wohl zu **Eisenerz in Steiermark** gelegen ist (Abb. 463). Die Etagen sind neun bis dreizehn Meter hoch, und es sind etwa 40 derselben im Betriebe.

Damit sind wir beim eigentlichen **Steinbruchbetriebe** angelangt, der weit einfacher ist als der Grubenbetrieb und so wenig bergmännischer Hilfsmittel bedarf, daß ihre Überwachung nicht den Bergbehörden obliegt, selbst wenn der Abbau teilweise unterirdisch erfolgt. Ein weiteres Unterscheidungszeichen liegt darin, **daß nur die Erze und Kohlen vom Verfügungsrechte des Grundbesitzers ausgeschlossen sind,** während alle übrigen Gesteine dem Eigentümer des Grundes gehören. Die Hauptgesteine sind der Sandstein, deren Gewinn gerade in der sächsischen Schweiz Betriebe geschaffen hat, die an Großartigkeit unerreicht sind und der Kalkstein, dessen Verwendung zu lithographischen Platten in Solenhofen bei Nürnberg einen besonderen Ruf erlangt hat. So einfach der Betrieb, so großartig sind oft solche Anlagen durch ihre Fördereinrichtungen. Diese aber zu beschreiben, würde weit über den Rahmen dieses Aufsatzes hinausgehen.

LEBENSBILDER

berühmter Techniker und Naturforscher.

James Watt.
(* 1736, † 1819.)

James Watt bewirkte durch die Erfindung der ersten wirklich brauchbaren Dampfmaschine eine Änderung aller Verhältnisse, die in der Kulturgeschichte der Menschheit ohne Beispiel und bisher ohne Nachbildung dasteht. Die nächsten Folgen dieser epochemachenden Erfindung waren **Dampfschiff** und **Eisenbahn,** die dem Verkehrsleben der Völker eine ganz neue Richtung gaben, sowie Handel und Verkehr in neue Bahnen lenkten.

Sein Vater genoß in **Greenock,** einem schottischen Fischerdorfe, als Häuser- und Schiffbauer in hohem Maße das Vertrauen seiner Mitbürger, während die Mutter der bekannten Professorenfamilie **Muirhead** entstammte. Sie zog den kleinen schwächlichen James mit bewunderungswürdiger Aufopferung heran und unterrichtete den überaus frühreifen Knaben in Gemeinschaft mit ihrem Gatten in Mathematik und Geometrie, deren Aufgaben der Schüler mit Kreide auf dem Herde zeichnete. Außerdem zeigte James auch als

unersättlicher Leser von frühester Jugend an großes Interesse für Physik und Mechanik, Botanik und Geologie. Trotzdem konnte der Vater, der durch den Verlust einiger Seeschiffe in ziemliche Bedrängnis kam, ihm nicht die Mittel bieten, die gelehrte Laufbahn zu ergreifen. So wurde er Feinmechaniker, der freilich bald und auf allen technischen Gebieten seine hervorragende geistige Begabung zum Ausdrucke brachte. Die Versuche, Wasser durch Feuer zu heben, ziehen sich durch das ganze 17. Jahrhundert. Schon 1647 beabsichtigte der unglückliche Erfinder **Denis Papin,** statt des explodierenden Pulvers, wie es **Huyghens,** der Schöpfer der Penduluhr, für eine Kolbenmaschine verwenden wollte, die Spannkraft des Dampfes zur Herstellung eines luftverdünnten Raumes zu benutzen, der den Kolben fortzudrücken hatte. Papin wollte diese Maschine dann für den Bergwerksbetrieb heranziehen, um Wasser und Erze aus den Gruben zu schaffen, aber er fand keine geeigneten Werksleute, um seine Ideen zu verwirklichen, und erst dem Grobschmied **New-**

comen gelang es, eine brauchbare Dampfmaschine dadurch zu schaffen, daß er Dampf aus dem Kessel in den Zylinder strömen ließ und dadurch einen dicht abschließenden Kolben in die Höhe schob, während gleichzeitig der Dampf durch Wasser verdichtet wurde. Die Aufmerksamkeit **Watts** wurde auf die Dampfmaschine gelenkt, als er den Auftrag erhielt, das Modell einer Newcomenschen Maschine wieder instand zu setzen.

Wollte der junge Mechaniker eine auf Maß und Gewicht zurückgeführte Klarheit über diese Verhältnisse gewinnen, so mußte er erst untersuchen, bei welchen Temperaturen Wasser unter größerem als atmosphärischem Drucke kocht, welche Menge Dampfes aus einer bestimmten Menge Wassers sich entwickelt und endlich, welche Wärme der Dampf an Wasser abgibt, das er auf seine eigene Temperatur erwärmt. Trotzdem ihm nicht einmal ein eingerichtetes Laboratorium zur Verfügung stand, erreichte dieser scharfsinnige Denker dennoch Ergebnisse, die ein halbes Jahrhundert später mit weitaus besseren Mitteln nicht erreicht werden konnten.

Viel Zeit und Geld hatte Watt diesen Untersuchungen geopfert, die notwendig waren, um die Größenbeziehungen zwischen Wasser, Dampf, Zylinderfüllung und verdampftem Wasser herauszufinden. Er verwertete sie in einem denkwürdigen Modelle, das mit seinem Kondensator schon an die modernsten Maschinen heranreichte. Freilich hatte ihm dieser Erfolg eine Reihe von Aufregungen, Entbehrungen und bitterer Erfahrungen gebracht, die für das Los auch scheinbar glücklicher Erfinder geradezu bezeichnend sind, und Watt zu dem bekannten Ausspruch veranlaßten, daß „in der Mechanik zwischen Kelchesrand und Lippe viel zugrunde gehe". Auch sein späterer Geschäftsteilnehmer **Boulton** kam noch in sehr bedenkliche Lagen, bis er und mit ihm Watt nach 20 Jahren emsigsten Strebens mit einiger Ruhe in die Zukunft sehen konnten.

Der Feinmechaniker mußte sich erst zum Maschinenbauer ausbilden, um seine Maschine mit der nötigen Heimlichkeit selbst bauen zu können. Als er dann mit dem kapitalskräftigen und unternehmungslustigen Industriellen Dr. **Roebuck** zusammenging, kam Schwung in die Sache. Watt wurde mittlerweile Ingenieur und nahm als solcher an verschiedenen Vermessungsarbeiten teil. Daneben arbeitete er ungeachtet eines quälenden Kopfleidens an seiner Maschine unverdrossen weiter; freilich waren durch die hierbei aufgewendeten großen Kosten Roebucks Vermögensverhältnisse allmählich recht mißliche geworden.

Watt verband sich dann mit einem anderen hochbegabten, ehrenhaft denkenden ·Kapitalsmenschen **Boulton**, und der Firma „Boulton & Watt" gelang es endlich, die Maschine für den umfangreichen Cornwaller Grubenbezirk in Anwendung zu bringen. Watt verbesserte später seine ursprüngliche Maschine noch durch Anbringung der Kurbeldrehbewegung, des Regulators und der Expansion, Neuerungen, die zwar eine Unzahl Patentprozesse auslösten, die aber sämtlich siegreich für Watt ausgingen.

Und so gestaltete sich nach stürmischen, widrigen Schicksalen der Lebensabend des berühmten Mannes zu einer Zeit sonnigen Friedens und Wohlstandes. Kennzeichnend für Watts Gedankenleben sind mehrere originelle Äußerungen, die man sich mit Nutzen merken sollte: „Was ist das Leben **ohne** ein Steckenpferd?" und „Es ist wichtig zu wissen, **ohne** was man etwas machen kann."

Justus Freiherr von Liebig.

(* 1803, † 1873.)

Einer der hervorragendsten Chemiker der Neuzeit, der seine zahlreichen theoretischen Arbeiten hauptsächlich für die Begründung der Agrikultur und· damit für die moderne Landwirtschaft verwertete, war **Justus Freiherr von Liebig,** der als zweites von zehn Kindern in Darmstadt geboren war. Sein Vater war ein Materialwarenhändler in kleinen Verhältnissen, der sich mit der Zeit zu leidlichem Wohlstande emporgearbeitet hatte; viele der Verkaufsartikel erzeugte er sich selbst, und in seinem Laboratorium gewann Justus schon sehr früh die anschauliche Kenntnis von so manchen Stoffen und Reaktionen, auf der ein Teil seiner späteren Erfolge beruhte.

Liebig kam dann durch 10 Monate in eine Apotheke und studierte hierauf in Bonn, Erlangen und 1824 in Paris, wo er durch seine der französischen Akademie vorgelegte Arbeit über „Knallsäure" die Aufmerksamkeit des berühmten Naturforschers **Alexander von Humboldts** auf sich zog und dadurch auch mit dem bekannten Physiker **Gay-Lussac** in nähere Berührung kam. Durch Humboldts Einfluß wurde Liebig schon mit 21 Jahren Professor der Chemie in Gießen, welche Universität er durch seine unvergleichliche Lehrtätigkeit und durch sein Musterlaboratorium zu einem Mittelpunkte des chemischen Studiums erhob. Später kam er dann an die Universität in München, wo er durch einige gelungene Untersuchungen und Entdeckungen sich sehr bald einen Ruf als Meister der technischen Chemie erwarb. Berühmt sind in dieser Hinsicht seine Methode, den Kobalt vom Nickel zu trennen, sein Verfahren der Versilberung des Glases für die Spiegelfabrikation und seine Untersuchungen über Kalksuperphosphat für die Landwirtschaft.

Den größten Beifall fanden jedoch seine Arbeiten in der organischen Chemie. Er untersuchte u. a. fast alle wichtigeren organischen Säuren, die Bestandteile der Flüssigkeiten des Fleisches usw.

Durch seine Arbeiten wurde Liebig zu wichtigen Fortschritten in der **Agrikulturchemie** geführt, die später der modernen Landwirtschaft sehr zum Vorteil gereichten.

Vor Liebig hatten alle früheren Entdeckungen auf dem Gebiete des Pflanzenlebens noch keine Klarheit über die **Ernährung der Pflanzen** bringen können. Zwar war der **Humustheorie, der zufolge als Wert des Bodens einzig sein Humusgehalt, dessen Erhaltung durch Herstellung des Gleichgewichts zwischen der Erschöpfung durch die Ernten und dem Ersatz durch Mist als die wichtigste Aufgabe des Landwirtes erschien,** die **Stickstofftheorie** zur Seite getreten, wonach der Stickstoff den Hauptbestandteil der eigentlich nährenden Pflanzenteile bilde. Der Stickstoffgehalt wurde als Maßstab der Wertschätzung jedes Düngerstoffes angesehen. Man verdankt dieser Richtung die Verbreitung einer ganzen Reihe der wichtigsten Düngstoffe, des Guanos, der gemahlenen Knochen, der Ammoniak- und Salpetersalze usw., deren überraschende Wirkung man lediglich ihrem großen Stickstoffgehalte zuschrieb. Die mineralischen Bestandteile der Pflanzen blieben aber nach wie vor dunkel, bis ein Buch von Professor Justus von Liebig unter dem Titel „**Die Chemie in ihrer Anwendung auf Agrikultur und Physiologie**" erschien, mit dem auf einmal ein neuer, bedeutungsvoller Abschnitt für die Landwirtschaft begann. In diesem grundlegenden Werke trat Liebig mit der Lösung der Frage, wie die Pflanze sich ernährt, hervor und stellte mit bewundernswerter Klarheit die Beziehungen des Bodens zu der Pflanze fest. Er zeigte, in welcher Form die Pflanzen die Nährstoffe aufnehmen und wies auf die Bedeutung der Mineralstoffe für die Pflanzenernährung hin. Seine Lehre gipfelte darin, daß alle Stoffe, die dem Boden durch die Ernte entzogen werden und ihm nicht mehr wie die Nährstoffe der Luft von selbst zufließen, also vor allem die **mineralischen Stoffe** wie Phosphorsäure, Kali, Natron, Kalk, **in vollem Maße** dem Boden zurückerstattet werden müssen. So groß anfangs auch der Widerstand der Landwirte gegen diese neue Lehre war, Liebig wurde dadurch doch der Begründer einer neuen und sehr wichtigen Wissenschaft, der **Agrikulturchemie.**

Große Verdienste erwarb er sich auch um die Darstellung und Einführung seines weltbekannten Fleischextraktes.

Später, 1852, folgte er einem Ruf an die Universität in München, wo er, betrauert von der Nation und geehrt von der ganzen gebildeten Welt, sein erfolgreiches Leben im Jahre 1873 beschloß.

4. BRIEF.

„Anfangen ist leicht,
Beharren ist Kunst."
(Altdeutsches Sprichwort.)

DAS FELDMESSEN.

Inhalt: Nachdem wir im vorstehenden die wichtigsten geodätischen Arbeiten ausführlich behandelt haben, die zur getrennten Aufnahme und Darstellung von Horizontal- und Vertikalprojektionen dienen, wollen wir schließlich in Kürze zu den sog. Schnellmeßmethoden übergehen, die beide Darstellungsarten gleichzeitig ermöglichen. Hierher gehören in erster Linie die **Tachymetrie**, die heute allgemein bei allen ausgedehnteren Arbeiten, namentlich im Eisenbahnbau zur Anwendung kommt und in der **Photogrammetrie** ihre modernste und vollkommenste Ausbildung erfahren hat, sowie das **barometrische Höhenmessen**, das eine Ergänzung der horizontalen Aufnahme durch rasche Ermittlung von vertikalen Höhenunterschieden gestattet. Freilich werden alle diese Abschnitte der Feldmeßkunst, ähnlich wie es bei der Triangulierung der Fall war, ungleich kürzer behandelt werden können, weil diese Verfahren viel kompliziertere und kostspieligere Apparate bedingen, die dem Anfänger **niemals überlassen werden können**; er wird vielmehr solche Arbeiten nur unter permanenter fachlicher Anleitung durchführen und sie dabei viel rascher und gründlicher kennen lernen, als es selbst durch eingehendste Beschreibung möglich wäre. Es genügt, dem Studierenden nur das Wesen dieser Meßmethoden zu erklären, um ihn instand zu setzen, auch bei diesen Gelegenheiten seinen Mann zu stellen. Es wird ihm das um so leichter fallen, **als er schon eine gründliche Vorschule in allen** jenen geodätischen Arbeiten durchgemacht hat, die selbst dem Anfänger oft **aufgetragen werden, um sie allein, also ohne fachmännische Führung zu lösen.** Einer größeren Ausführlichkeit werden wir uns erst in den weiteren Abschnitten des nächsten Briefes befleißigen müssen, in dem es sich um das **Abstecken von Linien und Höhen im Felde**, also um Feldmeßarbeiten handelt, die im praktischen Bauwesen ungemein häufig vorkommen und dann auch vom Anfänger mit den einfachsten Mitteln durchgeführt werden müssen.

8. Abschnitt.

Schnellmeßmethoden.

A. Tachymetrie.

[211] Einleitung.

a) Im allgemeinen beschränkten wir uns bisher entweder auf die Horizontal- oder auf die Vertikalprojektion des Geländes. Zur erschöpfenden Wiedergabe der Geländeform ist aber die Kenntnis beider Projektionen erforderlich; dieses Ziel erreichen wir mit möglichst wenig Zeitaufwand durch das Verfahren der **Tachymetrie,** welche uns **gleichzeitig** Lage und Höhe der ausgewählten und aufzunehmenden Punkte mit genügender Genauigkeit liefert.

Jeder Punkt im Raume läßt sich gegen ein dreiachsiges Koordinatensystem durch drei Koordinaten oder durch den Richtungswinkel, den Neigungswinkel und die horizontale Länge des Verbindungsstrahles mit dem Ursprung eindeutig festlegen. Es sind die Polarkoordinaten, welche für die Lagebestimmung in der Regel zeichnerisch, für die Höhenbestimmung aber rechnerisch verwertet werden.

Als **Koordinaten-Nullpunkt,** als **Ursprung** gilt hierbei jeder Instrumentenstandpunkt für die von ihm aus aufgenommenen Punkte, also für ein verhältnismäßig nur wenig ausgedehntes Gebiet.

Dieser Detailaufnahme der einzelnen Geländepunkte geht die Bestimmung der Lage und Höhe der zu benützenden Instrumentenstände nach einem der bereits vorgeführten Horizontal- oder Vertikalmessungsverfahren voran. Für die Geländeaufnahme verstehen wir dann unter dem **Richtungswinkel** eines Zielstrahles den im Gradmaß oder auf dem Meßtisch gewonnenen Horizontalwinkel von der sich mit jedem neuen Standpunkt ändernden Nullrichtung bis zum Zielstrahl, unter dem **Neigungswinkel** den mittels geeigneter Einrichtungen zu messenden Höhen- oder Tiefenwinkel; die Entfernungen der Geländepunkte vom jeweiligen Instrumentenpunkte werden mit dem **optischen Distanzmesser** gemessen. Je nachdem die Lage der Punkte (Richtungswinkel und Horizontalentfernung) in Zahlen ausgedrückt oder direkt auf dem Felde in den Plan eingezeichnet werden, spricht man von **Zahlen-** oder **Meßtischtachymetrie.** Als neue Aufgaben treten uns sonach in der Tachymetrie die **trigonometrische**

Höhenmessung und die **optische Entfernungsbestimmung** auf, die wir zunächst erörtern wollen.

[212] Trigonometrische Höhenmessung.

a) Die **geometrische Höhenbestimmung, die Einwägung** oder das **Nivellieren**, die wir im 4. Abschnitte beschrieben haben, benützt zur Ermittlung der Höhenunterschiede gegebener Punkte — abgesehen von geringen, mittels Libellenausschlages festzustellenden Neigungen — ausschließlich **wagrechte Zielungen**, wobei wir uns natürlich im steilen Gelände nur auf kurze Zielweiten beschränken müssen. Auch Höhenübertragungen von einem Punkte zum andern sind nur schrittweise zu bewirken, daher viel zeitraubender als bei Verwendung **geneigter Zielungen**, mit welchen wir unabhängig von der Geländeform den Höhenunterschied aller von einem Standpunkte aus sichtbaren Punkte direkt ermitteln können. Freilich genügt hierzu nicht, wie bei der Einwägung, die bloße Ablesung auf einer lotrecht aufgestellten Latte, sondern es müssen außerdem noch die Entfernungen der betreffenden Punkte vom Instrumentenstandpunkte und die Neigungen der verwendeten Ziellinien gegen die Wagrechte festgestellt werden.

Die Notwendigkeit dieser für jeden Punkt sich wiederholenden Bestimmungen führte dann notwendigerweise zu einem einfacheren Verfahren, welches wir in der „**Tachymetrie**" kennen lernen werden.

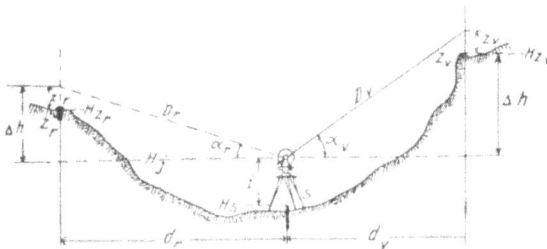

Abb. 464

Die Berechnung der Höhenunterschiede erfolgt nicht durch einfache Addition und Subtraktion der Lattenablesungen, sondern unter Verwendung trigonometrischer Funktionen (Abb. 464).

Es ist

$$Hz_v = Hz_r - D_r \cdot \sin a_r + D_v \cdot \sin a_v + (Z_r - Z_v);$$

für $a_r = a_v = 0$ geht dann die Gleichung in jene für die Einwägung

$$Hz_v = Hz_r + Z_r - Z_v$$

über.

b) Die Sache wird noch einfacher, wenn man die Zielhöhe Z für jeden Instrumentenstand gleich der Instrumentenhöhe i macht, was am besten mit **Zieltafeln** geschieht.

c) Sind die aufzunehmenden Punkte gruppenweise in ein und derselben Vertikalebene angeordnet, wie dies bei Längennivellements der Fall ist, so kann man, wenn die damit erreichbare Genauigkeit genügt, statt der Einwägung ein „**Schrägnivellement**" anwenden, wobei man das Instrument auf den Brechungspunkten aufstellt und die **Neigungsmessung** nur **in der Vorwärtsrichtung** der Trace ausführt (Abb. 465).

Zum Messen von Höhen- und Tiefenwinkeln dient **vorwiegend der Theodolit mit Vertikalkreis** und die **Kippregel**, die die Neigung durch Zielung liefern.

Analog der Setzlatte und Kanalwage gibt es auch Vorrichtungen, die die Neigung materieller Geraden liefern, wie

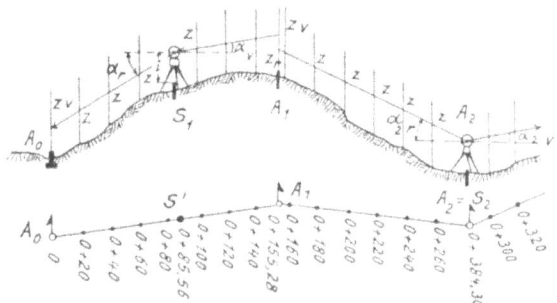

Abb. 465

z. B. der **Lattenreiter**, der **Gradbogen** usw., die aber wenig im Gebrauche sind.

Zur Zielung lassen sich auch noch das Pantogon und der Spiegelsextant in Verbindung mit einem Lote verwenden.

Sehr selten wird die Elevationsschraube des Nivellierinstrumentes, die kleine Kippbewegungen des Fernrohres um eine horizontale Achse gestattet, als Tangentenschraube verwendet.

Das Beispiel einer trigonometrischen Höhenmessung ist in der Vorstufe [222] durchgeführt.

Die **Brechung der Lichtstrahlen** 1. Fachband [336] beeinflußt den Höhenwinkel **proportional der Ziellänge und kann bei kurzen Zielungen ebenso wie die Erdkrümmung vernachlässigt werden.**

[213] Fadendistanzmesser.

a) Bekanntlich kann man aus der Grundlinie und dem ihr gegenüberliegenden Winkel eines gleichschenkligen Dreieckes dessen Höhe bestimmen. Diesen Lehrsatz nun benützt man zum **Distanzmessen**, und zwar legt man die **Grundlinie** in den **Zielpunkt (Latte)** und den dieser **Basis** entsprechenden gegenüberliegenden Winkel, der entweder konstant oder mit Hilfe einer Kreisteilung einstellbar ist, **in den Standpunkt.**

Jedes beliebige, zum Anzielen bestimmter Punkte mit Fadenkreuz [89] ausgestattete Fernrohr wird zum Distanzmesser, **wenn man an Stelle des einzelnen Horizontalfadens zwei parallele Fäden benützt,** die entweder beide oder wovon nur der eine fix auf der Blende, der andere jedoch auf einem auf der Blende verschiebbaren Schlitten befestigt ist.

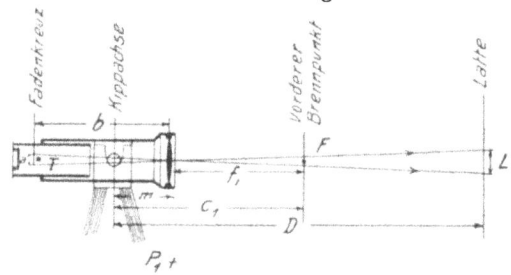

Abb. 466

Der von diesen Fäden auf einer Latte begrenzte Abschnitt L wird von der Entfernung D abhängig sein (Abb. 466).

$$a : b = L : (D - m).$$

Nach der Linsengleichung ist

$$\frac{1}{D-m}+\frac{1}{b}=\frac{1}{f}$$

und erhalten wir aus den beiden Gleichungen

$$D = m + f + \frac{f}{a} \cdot L = c + k_1 L$$

oder

$$D - c = k_1 L,$$

d. h. der Lattenabschnitt L und die vom vorderen Objektivstandpunkt gemessene Lattenentfernung $D-c$ sind einander proportional. Die Stelle, von der aus diese Proportionalität stattfindet, ist der vordere Objektivbrennpunkt, der in dieser Beziehung der **anallatische** Punkt des Fernrohres heißt.

Diesen in die vertikale Drehachse des Instrumentes hineinzuverlegen und dadurch die Additionalkonstante c in Wegfall zu bringen, ist dem Italiener **Porro** dadurch gelungen, daß er zwischen Objektiv und Fadenkreuz noch eine Linse einschaltet, die aber nicht verschiebbar, sondern fest mit der Objektivröhre verbunden ist.

Für gewöhnlich wird eine besondere Genauigkeit nicht verlangt. Man nimmt die zu messende Distanz einfach proportional dem durch das Fadenpaar begrenzten Lattenabschnitte an. Also

$$\boxed{D = k \cdot L.}$$

Die Konstante k ermittelt man bei fixem Fadenabstand, indem man eine Strecke abmißt und den betreffenden Lattenabschnitt abliest.

b) Bei geringen Ziellängen kann die gewöhnliche Nivellierlatte benützt werden.

Bei größeren Distanzen wirkt die Schachbretteilung sehr unruhig und ist eine derbe Strichteilung mit Dezimeterintervallen vorzuziehen.

Bei den Tachymeterarbeiten wird im Gegensatz zu den Einwägungsarbeiten der Vertikalabstand zwischen dem Aufstellungspunkte und der Kippachse an der Latte direkt gemessen, weshalb der Nullpunkt der Teilung mit dem unteren Stollenende scharf zusammenfallen muß.

[214] Die tachymetrische Aufnahme.

Ist das Instrument auf einem gegebenen Punkte (Station) aufgestellt, so kann die Lage und Höhe beliebiger Geländepunkte durch Horizontal- und Vertikalrichtungen, sowie deren Entfernung bestimmt werden. Es ist daher erforderlich:

1. Die Bestimmung der horizontalen Richtung durch Ablesung des Horizontalkreises am Tachymetertheodoliten oder mit der Bussole oder durch Aufzeichnung der Richtungslinie auf dem Meßtisch.

2. Die Bestimmung der horizontalen Entfernung durch optische Distanzmessung.

3. Die Bestimmung der Höhe der Instrumentachse mit Hilfe eines gegebenen Höhenpunktes und

4. der Höhenrichtung durch Ablesung des Höhenkreises.

Beim einfachen Fadendistanzmesser mit lotrechter Distanzlatte und Einführung von Höhenwinkeln ist für alle praktischen Rechnungen genügend genau:

$$S = D \cdot \cos \alpha.$$

Die Lotrechtstellung der Latte, die im allgemeinen vorgezogen wird, kann durch eine Dosenlibelle leicht eingehalten werden.

Der Höhenunterschied $\triangle h$ des Zielpunktes an der Distanzlatte gegen die Instrumentachse H_i ist beim einfachen Fadendistanzmesser (Abb. 467)

$$\triangle h = D \cdot \sin \alpha = S \cdot \operatorname{tg} \alpha.$$

Wenn die Höhe der Instrumentenachse i, der Abstand der Mittelzielung vom Lattenfußpunkte l_z

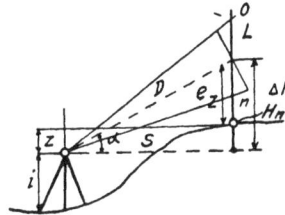

Abb. 567

und jener des angezielten Punktes H_n ist, so ist $H_n + l_z = i + \triangle h$. Steht das Instrument zentrisch über einem gegebenen Höhenfestpunkte, so kann der Abstand i direkt gemessen werden. Wird dann durch Anbringung einer Zieltafel $l_z = i$ gemacht, so bleiben beide Werte außer Betracht.

Vom Einfluß der Erdkrümmung und der Refraktion infolge der Brechung der Lichtstrahlen kann auch bei tachymetrischen Arbeiten abgesehen werden.

Zur Ausrechnung nach den angeführten Formeln dienen verschiedene Hilfsmittel, wie Tachymetertafeln, der tachymetrische Rechenschieber und Tachymeter-Diagramme, deren Benützung sehr bequem ist. Der Vorgang bei Aufnahmen im Felde ist demnach:

1. Einstellung des Vertikalfadens auf die Lattenmitte.

2. Ablesung des Lattenabschnittes zwischen den Distanzfäden, wobei der obere oder untere Faden auf eine mit Marke versehene runde Zahl, z. B. 1 m oder 2 m, eingestellt und am anderen abgelesen wird oder der Mittelfaden auf eine runde Zahl eingestellt und die Seitenfäden abgelesen werden.

3. Ablesung des Vertikalkreises, wobei, wenn der Mittelfaden auf eine Marke eingestellt worden ist, bei einspielender Höhenkreislibelle die Ablesung sofort genommen werden kann.

4. Ablesung des Horizontalkreises oder der Bussole.

Die Ablesungen werden in einem passend eingerichteten Feldbuche vermerkt, worin gleichzeitig die ganze Berechnung angegeben ist. **Beispiel** siehe S. 156 oben.

Als Unterlage für jede tachymetrische Geländeaufnahme ist eine Anzahl passend verteilter, nach Lage und Höhe gegebener Festpunkte erforderlich. Bei kleinen, in sich geschlossenen Aufnahmen genügen ein oder mehrere Dreiecke, in denen die Winkel und alle Seiten doppelt hin und her gemessen sind. Für ausgedehntere Arbeiten ist der Anschluß an die Landestriangulation und Einschaltung weiterer Punkte notwendig. Hierauf gründet sich eine Polygonisierung, deren Punkte nach Lage durch Koordinaten und Höhe auf tachymetrischem Wege bestimmt werden, wodurch ein durch Pfähle, Drainrohre und Grenzsteine bezeichnetes Festpunktsystem geschaffen wird, an das sich dann die eigentliche Geländeaufnahme anschließt. Diese geschieht wie

Nr	Latten		L	Vertikalkreis		Horizontalkreis		S	$\triangle h$	H	Bemerkung
	l_z	oben unten		0	1	0	1				
					Standpunkt ⊙ 4						
△ 45	—	—	—	—	—	(182)	(37)	—	—	—	$H_i - l_z = 109{,}3$
⊙ 96	2,0	2,340 1,660	0,680	81	42	134	21	66,9	+ 9,6	118,9	
21	2,0	2,289 1,713	0,576	79	18	215	40	55,9	+ 10,5	119,8	
22	2,0	2,713 1,286	1,427	96	55	356	20	141,1	− 17,1	92,2	
23	2,0	2,772 1,226	1,546	96	07	15	49	153,3	− 16,4	92,9	

beim Nivellieren durch kurze Aufnahmezüge oder bei sehr dichtem Festpunktsnetz durch Einzelaufnahmen von gegebenen Stationen aus, wobei die Entfernungen zwischen den Standpunkten doppelt gemessen werden.

Die Anordnung des tachymetrisch gemessenen **Tachymeterzuges** entspricht dem früher erwähnten Polygon- oder Bussolenzuge.

Die Zielungen können bis auf einige 100 m Entfernung erfolgen.

Zu jeder Tachymeteraufnahme sind mindestens zwei Techniker nötig, von denen einer die Arbeit leitet, die Lattenträger anweist und den Handriß führt, während der andere ausschließlich das Instrument bedient.

[215] Tachymetrische Richtungsbestimmung.

Zur tachymetrischen Richtungsbestimmung ist an sich jeder beliebige Theodolit verwendbar. Für die optische Distanzmessung können wir nur ein Fernrohr mit möglichst starker Vergrößerung, also von großer Länge und mit großer Objektivöffnung brauchen, welches aber nicht durchschlagbar sein muß. Die Kreisteilung und Bezifferung soll derbe sein mit kurzem Nonius und einer Kontrollablesemarke unter einem Glasfensterchen. **Repetitionseinrichtung und ein zweiter Nonius sind hier entbehrlich.**

Für Arbeiten im Wald oder Gebüsch, wo die Orientierung der Zielstrahlen nach entfernten Festpunkten unmöglich ist, bildet die Bussole eine wertvolle Ergänzung des Tachymetertheodoliten.

Wie beim Meßtisch kann man auch mit der Bussole in „**Springständen**" arbeiten. Beobachtet man trotzdem in jedem Brechungspunkte, so erhält man mit diesen doppelten Werten eine **Messungsprobe.** Außerdem pflanzen sich Fehler in der Richtungsbestimmung nicht verschwenkend fort; das zwingt gerade dazu, kurze Polygonseiten zu wählen. Diesen Vorteilen der Benützung der Bussole stehen nur die Nachteile gegenüber, daß **die Richtung der Magnetnadel Ablenkungen** erfährt, die sekulärer Natur sind, sich daher im Laufe der Zeit, ja sogar im Tage ändern; noch gefährlicher sind aber die **magnetischen Störungen,** die mit Erdbeben und Vulkanausbrüchen zusammenhängen und oft mehrere Tage andauern.

Über die Verwendung des Meßtisches zu tachymetrischen Arbeiten siehe [157].

[216] Tachymetrische Höhenbestimmung.

Die Anforderungen an die Genauigkeit der Höhenbestimmung sind im allgemeinen erheblich größer als diejenige der Lagebestimmung. **Je geringer die Höhenunterschiede an sich sind, um so größer sind auch die Ansprüche an die Genauigkeit ihrer Bestimmung.** Für tachymetrische Zwecke kommt hierfür nur der Höhenkreis in Betracht. Zu bemerken ist, daß an sich ein aus zwei Distanzfäden bestehender Fadendistanzmesser auch zur Messung der Höhenwinkel ausreichen würde, namentlich wenn zwischen den Distanzfäden und parallel zu ihnen noch ein Mittelfaden so eingeschaltet wird, daß er die zur Libellenachse parallele Ziellinie bestimmt. Die Höhenwinkelmessung erfolgt entweder mit Benützung der Nivellierlibelle oder durch Messung in beiden Fernrohrlagen.

I. Höhenwinkelmessung mit Benützung der Nivellierlibelle.

Nachdem das Instrument auf dem Standpunkt allgemein horizontiert ist, stellen wir das Fadenkreuz des Fernrohrs auf den Zielpunkt ein und lesen am Höhenkreis den Winkel a_z ab. Nun bringen wir durch Kippen des Fernrohrs bei unveränderter Stellung der Alhidade die auf dem Fernrohre befestigte Nivellierlibelle zum Einspielen und erhalten in dieser Lage am Höhenkreis die Ablesung a_h. Man erhält dann den Höhenwinkel

$$a = a_z - a_h.$$

Ist der Höhenkreis nicht starr, sondern für sich auf der Kippachse drehbar, so wird man, um Kreisteilungsfehler auszumerzen, die Kreisteilung bei jeder Wiederholung der Ablesung entsprechend verdrehen. Die bei einspielender Libelle sich ergebende Ablesung heißt **Indexfehler.** Wird dieser gleich Null, so liefert die bei einer Zielung gemachte Ablesung gleich sofort den Höhenwinkel.

II. Messung in beiden Fernrohrlagen.

Ist ein Höhenkreis mit durchlaufender Bezifferung vorhanden, so zieht man die Messung in beiden Fernrohrlagen vor, weil dann der Unterschied beider Ablesungen den doppelten Winkel und deren Summe einen konstanten Winkelwert ergibt.

[217] Ausarbeitung von Tachymeteraufnahmen.

a) Nach Berechnung der Feldaufnahmen erfolgt die Anfertigung der Karte, in welche zuerst die Einzeichnung der gegebenen Punkte erfolgt, wozu bei umfangreichen Arbeiten mit trigonometrischem Anschluß und Koordinatenberechnung die Herstellung eines **Quadratnetzes** erforderlich ist. Das Eintragen der Richtungen und Entfernungen erfolgt von den Stationspunkten mit Hilfe eines **Strahlenziehers**, der auf einem der Standpunkte zentrisch aufgelegt und orientiert wird, worauf dann nach dem Feldbuche der Reihe nach alle Richtungen gezogen, die Entfernungen abgesetzt und die Höhenzahlen beigesetzt werden. Darauf folgt die Ausarbeitung des Planes im Maßstabe 1 : 1000 bis 1 : 5000 unter ev. Eintragung der Schichtenlinien.

Ist ein Lageplan, etwa eine Katasterkarte bereits vorhanden, so wird nur die tachymetrische Höhenmessung eingetragen, die natürlich viel billiger und schneller durchzuführen ist als die eigentliche Nivellierung.

Die Lage vieler für die Wiedergabe der Geländeform wichtiger Punkte ist jedenfalls gegeben, und es kann für die Bestimmung ihrer Höhe, wenn ihre Entfernungen vom Instrumentenstandpunkte aus mit genügender Entfernung abgegriffen werden können, auch das **halbtrigonometrische Verfahren** zur Anwendung kommen. Die Ablesungen reduzieren sich in diesem Falle auf Mittelfaden und Höhenwinkel, die vollständige tachymetrische Aufnahme nach Lage und Höhe nur auf die im Plane nicht eingezeichneten oder nicht eindeutig identifizierbaren Geländepunkte. Welche Punkte halbtrigonometrisch aufgenommen werden können, hat der Lattenführer durch Signale bekanntzugeben.

Bei reichlicher Lageangabe kann schließlich die **barometrische Höhenbestimmung** allein in Frage kommen.

Die Meßtischaufnahme liefert lückenlos die Situationszeichnung auf dem Gelände.

b) Die einfachste, aber am wenigsten übersichtliche Art der Geländedarstellung erhalten wir aus:

1. der Einzeichnung der horizontalen Lage der aufgenommenen Geländepunkte in den Plan unter Beisetzung ihrer Höhen, der Kotierung. Immerhin genügt schon diese Darstellungsart für die Projektierung und spätere Abrechnung des Umbaues nahezu horizontalen Geländes wie Wiesenflächen usw., namentlich wenn der Geländeaufnahme ein Quadrat- oder Rechtecksnetz zugrunde gelegt wird, von dessen Kreuzungspunkten aus die Höhen bestimmt werden.

Für die spezielle Projektierung, Ausführung und Abrechnung langgestreckter Bauwerke, Straßen, Eisenbahnen, Kanälen usw. empfiehlt sich

2. **die Geländedarstellung durch Längen- und Querprofile.** Für die Massenberechnung K zerlegen wir den zu bewegenden Erdkörper in eine Anzahl von Einzelkörpern, deren jeder durch zwei aufeinanderfolgende Querprofile begrenzt ist. Es ist

dann $k = \dfrac{f_1 + f_2}{2} \cdot d$ m³. Wechseln zwischen zwei

aufeinanderfolgenden Profilen Einschnitt und Auftrag, so ist zum Zwecke der Massenberechnung am Geländewechsel ein Zwischenprofil $f = 0$ einzuschalten.

3. Für die **generelle Projektierung beliebiger Bauwerke** in unregelmäßigem oder bergigem Gelände ist am bequemsten die seit 1729 bekannte **Darstellung durch Horizontalkurven oder Schichtenlinien,** die auch für die allgemeine Übersicht über die Gesamtform am günstigsten ist. Die Schichtenlinien können durch Überflutung des Geländes zwar erklärt, aber nicht ermittelt werden.

Man muß sie entweder durch Einwägung oder auf dem Plan erst mit dem Rechenschieber oder graphisch bestimmen. Über Felswände, Steinbrüche u. dgl. ist ihre Bestimmung sehr schwierig und unsicher. Um so wichtiger ist da die Einzeichnung der in Abb. 168 gegebenen Signaturen.

4. Plastischer und daher, wenn auch nicht für technische, so doch für touristische und militärische Zwecke ist **die Darstellung der Geländeneigung durch Abtönung,** wobei in der Abbildung die einzelnen Teile des darzustellenden Gebietes durch Kolorieren oder Schraffieren um so dunkler gehalten werden, je mehr sie sich durch ihre steile Lage der Einwirkung der Lichtstrahlen entziehen.

B. Photogrammetrie.

[218] Allgemeines.

Diese in neuerer Zeit ausgebildete Methode bildet eine wesentliche Ergänzung der übrigen tachymetrischen Verfahren für Hochgebirgsaufnahmen bei den Vorarbeiten für Gebirgsbahnen. Gerade in der Photographie besitzen wir ein Mittel, Bilder einer Landschaft auf einen Schlag mit einer Treue zu gewinnen, welche die bisher betrachtete punktweise Aufnahme entfernt nicht erreicht. Das Verfahren gründet sich auf dem Vorwärtseinschneiden, nach welchem ein Punkt bestimmt ist, sobald seine Visierlinien von zwei anderen bekannten Punkten festgelegt sind.

Bei dem photogrammetrischen Meßverfahren unter Anwendung der photographischen Kamera tritt durch die Abbildung auf der Bildplatte an Stelle der einen Zielrichtung das ganze hierauf bezogene Strahlenbüschel nach allen Bildpunkten. Ist die optische Achse der Kamera geodätisch orientiert, so sind damit auch das ganze Strahlenbüschel

orientiert und damit alle von zwei gegebenen Standpunkten abgebildeten Punkte bestimmbar. Die geodätische Orientierung kann in der Anordnung des Theodoliten als **Phototheodolit** erfolgen. Die Punktbestimmung wird entweder rechnerisch wie bei der Triangulierung gemacht, indem man zunächst im Anschlusse an die orientierte Achse der Kamera die Horizontal- und Vertikalwinkel der in Betracht kommenden Bildpunkte ableitet und daraus die Punktkoordinaten und Höhen berechnet oder aber auf graphischem Wege, was im allgemeinen schneller zum Ziele führt und auch der Genauigkeit der photographischen Abbildung besser entspricht.

[219] Stereophotogrammetrie.

Bei Aufnahmen im Hochgebirge treten die Vorteile der photogrammetrischen Aufnahme schon deshalb in den Vordergrund, weil die Unzugänglichkeit einzelner Geländepartien deren Aufnahme erst auf photogrammetrischem Wege oft ermöglicht und dabei die Feldarbeit auf Kosten der wohlfeileren Zimmerarbeit wesentlich verkürzt wird. Bei normalen Geländeformen wird aber — abgesehen von Luftschiffaufnahmen mit horizontaler Platte — das Aufsuchen zusammengehöriger Bilder für identische Punkte auf den verschiedenen, sie enthaltenden Photographien außerordentlich schwierig, ja unter Umständen sogar unmöglich. Hier tritt die **Stereophotogrammetrie** ins Mittel, die auf der Fähigkeit des Menschen beruht, mit beiden gleichzeitig benützten Augen räumlich zu sehen, also nicht bloß Richtungs- sondern auch Entfernungsunterschiede wahrzunehmen (I. Fachb. [352]). Ordnen wir, das

Instrument nacheinander zentrisch über zwei Festpunkten horizontierend, die lichtempfindlichen Platten bei der Aufnahme so an, daß sie in diese Standlinie zu liegen kommen, und legt man sonach beide Aufnahmen in ein Stereoskop, so verschmelzen die beiden Bilder in ein verjüngtes Modell des Geländes, mit welchem die Punktidentifizierung viel leichter gelingt. Mit der Stereophotogrammetrie gibt es fast keine Lichthindernisse, auch kann man mit weit kürzeren Standlinien auskommen, **kurz, dieses Verfahren stellt trotz des schwerfälligen Apparates einen Fortschritt von ungeahnter Tragweite dar, dessen Weiterentwicklung seine Vorzüge zweifellos noch weiter steigern wird.**

C. Barometrische Höhenmessung.

[220] Allgemeines.

Die Stärke des Luftdruckes an einem Orte entspricht dem Gewichte der auf ihm lastenden Luftsäule. Die Untersuchung des Zusammenhanges zwischen Luftdruck und Meereshöhe gründet sich auf das Gesetz von **Mariotte** und **Gay-Lussac** (I. Fachb. [262]), wonach die Dichtigkeit eines Gases bei unveränderter Temperatur proportional, sein Volumen dagegen umgekehrt proportional dem auf ihm lastenden Drucke ist.

Wir wollen die Rechnung, da zu weit führend, hier nicht durchführen, sondern beschränken uns darauf, gleich das Schlußergebnis für den Höhenunterschied zweier Orte H_0 und H_u bekanntzugeben:

$$H_0 - H_u = k \cdot \log \frac{p_u}{p_0} \, (1 + 0{,}003665 \, t),$$

wobei K eine Konstante ist, die Jordan mit 18464 berechnet hat, so daß

$$\boxed{H_0 - H_u = 18464 \log \frac{p_u}{p_0} \, (1 + 0{,}003665 \, t)}$$

wird, wenn p_u und p_0 die Barometerstände und t die mittlere Temperatur der in beiden Orten wirklich gemessenen Temperaturen darstellt. **Für allgemeine Zwecke kann man sich merken, daß 1 mm Barometeränderung ungefähr 1 m Höhenunterschied entspricht.**

[221] Barometrische Geländeaufnahmen.

Für barometrische Geländeaufnahmen, welche schon wegen der geringen damit erreichbaren Genauigkeit nur in bergigen, schwer zugänglichen Gebieten zur Ausführung gelangen, wird man die bequemer transportablen **Metallbarometer** (Aneroide) den Quecksilberbarometern vorziehen und letztere nur zur Prüfung der Aneroide und als **Standbarometer** verwenden. Letztere werden bei ausgedehnten Aufnahmen in der Mitte des Aufnahmegebietes aufgestellt und gleichzeitig mit den **Reisebarometern** in gewissem Zeitabstand abgelesen. Am Schlusse jeder Tagesarbeit kehrt man mit dem Reisebarometer zum Standbarometer zurück und vergleicht beide miteinander. Stimmen sie nicht überein, so muß man den Unterschied auf die zwischenliegenden Ablesungen gleichmäßig verteilen.

Beständiges windstilles Wetter bei bedecktem Himmel ist der barometrischen Höhenmessung am günstigsten. Jedenfalls sind die Instrumente beim Transporte und während des Ablesens vor Sonne zu schützen. Natürlich reicht die Genauigkeit derartiger Messungen auch bei weitem nicht an jene der trigonometrischen oder gar der geometrischen Höhenbestimmung heran, sind aber für generelle Aufnahmen namentlich in unkultivierten Gegenden sehr wertvoll.

BAUKUNDE

Hochbau – Straßen- und Wegebau – Tunnelbau.

Inhalt: Wir haben absichtlich dem **Wasserbau** einen verhältnismäßig größeren Raum in der Baukunde gewidmet, weil er für den Bautechniker ebenso wie für den Kulturtechniker von besonderer Bedeutung ist. Die Kenntnis dieses Faches in seinen ganz verschiedenartigen Verwendungsweisen ist um so wichtiger, als fast alle bautechnischen Werke, die mit dem Erdboden und dem Wasser in irgendeiner Verbindung stehen, also hauptsächlich die zur Gänze unterirdisch verlaufenden sog. **Tiefbauten** nur durch geeignete wasserbauliche Maßnahmen vor den schädlichen Wirkungen des Wassers dauernd geschützt, bei mangelhafter oder irriger Anwendung dieser Vorsichten aber sehr leicht in ihrem Bestande gefährdet werden können. Zudem stehen dem Wasserbau für die nächste Zeit besondere Aufgaben bevor, da die Heranziehung der Wasserkräfte zur elektrischen Kraftübertragung nunmehr in den meisten Kulturländern in den Vordergrund des Tagesinteresses zu treten beginnt, weshalb die gründliche Ausbildung gerade in diesem Fache dem Selbstschüler auch für seine Zukunft von großem Werte sein kann.

Demgegenüber beschränkt sich der Hochbau hier der Hauptsache nach nur auf die **Baukonstruktionslehre,** die bei aller Vielgestaltigkeit ihrer Formen in bezug auf Zweck und Durchführung eindeutig gegeben und daher auch eindeutig gelöst werden kann, um so mehr als die **statische Berechnung** und ihr wichtigstes Hilfsmittel, die **graphische Statik,** schon zu einer hohen Stufe der Entwicklung, ja man kann sagen, schon zu einer Vollkommenheit gelangt ist, die es gestattet, mit einfachen Formeln jeden einzelnen Konstruktionsteil der ihm zufallenden möglichen Beanspruchung und innewohnenden Festigkeit entsprechend genau und sicher zu berechnen. Wir werden uns daher hier damit begnügen, den Studierenden die im Hochbau am häufigsten vorkommenden Konstruktionsglieder in ihrer Gestaltung und später in der Baumechanik in ihrer Berechnung vorzuführen, weil sich dann der Anfänger leicht die den verschiedenen speziellen Zwecken angepaßten Formen selbst schaffen und dimensionieren können wird. Die Entwicklung der Hochbauformen ist in Kürze im Aufsatze „die Entwicklung der Baukunst" [1] geschildert.

Das Zusammensetzen der einzelnen Konstruktionsglieder zu ganzen Bauwerken des Hochbaues wird dann in späteren Teilen des S.U., so z. B. der **Eisenbahnhochbau** im Eisenbahnwesen, der **Fabriksbau** und der **landwirtschaftliche Hochbau** usw. in den bezüglichen Abschnitten der „Industrie- und Gewerbetechnik" neuerlich zur Sprache kommen.

Im **Straßen- und Wegebau** werden wir die Herstellung der **Landstraßen** und der **städtischen Straßen** erörtern.

Bei beiden kommen auch Arbeiten des **Tunnelbaues** vor, den wir deshalb noch vor dem Eisenbahnbau in Kürze behandeln wollen.

Hochbau.

8. Abschnitt.

Der Außenbau von Gebäuden.

A. Gemauerte Außenwände.

[222] Einleitung.

a) **Hochbauten** nennt man im allgemeinen alle Bauten, deren Hauptteile über dem Terrain liegen, wobei man je nach ihrer Verwendung Wohngebäude, Amtsgebäude, Eisenbahnhochbauten, landwirtschaftliche Gebäude usw. unterscheidet.

Entsprechend der normalen Herstellung von Gebäuden rechnet man zum **Außenbau** alle **umschließenden und stützenden Konstruktionsteile,** die, entsprechend fundiert, nicht allein das Innere des Gebäudes gegen alle Witterungseinflüsse schützen, sondern auch die Decken sowie das Dach tragen sollen und deshalb einer genügenden Stärke bedürfen. Den äußeren Abschluß des Gebäudes bildet das **Dach** mit der Dacheindeckung, nach dessen Herstellung dann der **innere Ausbau** folgt, der der Hauptsache nach aus der Herstellung der Zwischendecken, der Fußböden, der Innenwände und der Treppen besteht.

Soweit solche Bauwerke bleibenden Charakter besitzen, werden die stützenden und tragenden Konstruktionsteile, die **Wände** und **Pfeiler, gemauert;** nur bei Bauten von nebensächlicher Bedeutung und für vorübergehende Zwecke werden die **Außenwände aus Holz** und ausnahmsweise auch aus Eisen gemacht. An Stelle des Mauerwerkes wird neuester Zeit bei massiven Bauten vielfach **Stampfbeton** und **Eisenbeton** verwendet.

Das Dach wird meist aus Holz, in Ausnahmefällen aus Eisen gemacht. Im Innenbau wird bei massivem Bau vielfach Holz eingebaut. Die **Fundierung** von Gebäuden, die zumeist eine „Flachgründung mit

Fundamentausbau" darstellt, wurde bereits im 2. Abschnitte der Baukunde beschrieben [43 bis 55]. Ebenso finden sich auch im 1. Abschnitte [27 bis 38] die verschiedenen **Mauerwerkarbeiten** in Backstein, Bruchstein und Quadern, sowie die gewöhnlichen **Mauerverbände** erörtert. Es fehlen in dieser Beziehung nur noch einige speziell im Hochbau häufiger nötigen Ergänzungen über die Herstellung von Mauerecken und Öffnungen.

[223] Besondere Mauerverbände bei Ecken und Krümmungen.

a) Bei **Mauerecken** im Kreuz- und Blockverband legt man in der Läuferschicht so viele **Dreiquartiere** [29] nebeneinander, als die Mauerstärke halbe Steinlängen aufweist, in der Binderschichte bei 1 Stein starken Mauern nur ganze Steine (Abb. 468), bei

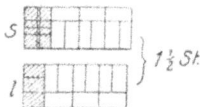

Abb. 468   Abb. 469

anderen Stärken aber immer je zwei Dreiquartiere nebeneinander (Abb. 469). **Überhaupt verwende man am Ende möglichst große Steine.** Bei Verwendung von **Kopfstücken** legt man in der Läuferschichte ganze Steine und in der Binderschichte ordne man die Kopfstücke wie am Ende an. In stumpfwinkligen Ecken vermeide man so viel als möglich das Behauen der Steine, sondern verwende lieber Formsteine. Die Stoßfugen ordne man rechtwinklig zur Mauerflucht an;

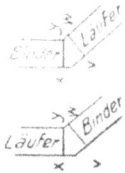
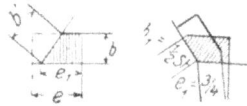

Abb. 470   Abb. 471

von der Ecke aus sollen nach der einen Seite Läufer, nach der andern Seite Binder liegen. Man beachte die Versetzung der Fugen xy und vw (Abb. 470). Bei spitzwinkligen Ecken ist es ratsam, zunächst den Eckstein zu bestimmen (Abb. 471) und bei scharfer Spitze eine Abstumpfung der Ecke vorzunehmen.

b) Bei **Kreuzungen** (Abb. 472 u. 473) läuft die Binderschicht der einen Mauer durch, nur die Läuferschichten erfordern den Abschluß durch Dreiquartiere. Auch bei vollständigen Kreuzungen muß die Läuferschichte völlig durchlaufen, aber unter Absetzen der Stoßfuge um ¼ Stein (Abb. 474). Kreuzen sich zwei Mauern vollständig und schiefwinklig, so ist auf das Versetzen der Fugen zu achten, zu welchem Zwecke die Läuferschar um ¼ Ziegellänge in die Streckerschar eingreifen muß.

Abb. 472

c) Bei **Hohlmauern,** die gemacht werden, um einerseits die Gebäude mit warmen und trockenen Umfassungsmauern zu umgeben, andererseits frei schwebende Wände leichter zu machen, kann die

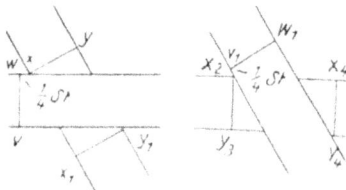

Abb. 474.

Hohlschichte in der Mitte (Abb. 475) auf der Außenseite oder auf der Innenseite angeordnet werden. Ersteres ist für die Tragfähigkeit am besten, indessen

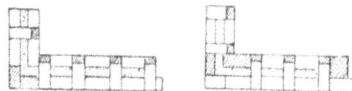

Abb. 475

darf man behaupten, daß dann sehr leicht eine Durchnässung der Schichte stattfindet, die ihre Feuchtigkeit der Luftschichte mitteilt und sie dadurch zum guten Wärmeleiter macht. Denn Luft-

Abb. 473

schichten isolieren nur dann, wenn sie trockene und stillstehende Luft enthalten. Jedenfalls empfiehlt es sich, die Bindersteine an den Köpfen sorgfältig zu teeren.

Nach einem anderen Verfahren ersetzt man die senkrechten Luftschichten durch **wagerechte,** die durch Hohlräume an der Unterseite der Ziegel gebildet werden. Bei senkrechten Luftschichten sind deren Höhen jedenfalls nach Stockwerkshöhen zu begrenzen.

d) Sollen **Schornsteine** oder **andere Röhren** die **Mauern** durchsetzen, so wird der Verband nach Abb. 476 gebildet. In neuerer Zeit werden glasierte Tonröhren statt der gemauerten Züge angewendet (Abb. 477). Die im Querschnitt kreisrunden sog. russischen Schornsteinrohre sind die besten, weil sie verlorene Ecken nicht aufweisen und sich leichter und gleichmäßiger reinigen lassen. Das Verputzen der Rohre ist nicht vorteilhaft, es empfiehlt sich daher nur eine glatte Fugung. Treffen solche Ofenrohre in gleicher Höhe zusammen, so entsteht leicht Rauch, was zu vermeiden ist.

Abb. 476   Abb. 477   Abb. 478

e) Bei nach außen schlagenden **Fenstern** macht man den Anschlag meist gleich einer ¼ Ziegellänge. Bei Fenstern, die nach innen schlagen, nimmt man bei Doppelfenstern einen halben Stein Anschlagbreite. Die Breite des Zurücksprunges nach innen nimmt man bei **Fenstern** mit einer halben, bei **Türen** mit einer ganzen Ziegellänge (Abb. 478). Der Anschlag ist nichts anderes als ein Mauerende, in dem ein Stück fehlt; danach kann der Verband leicht geregelt werden.

[224] Mauerstärken.

a) In der Regel gibt man Mauern, die nicht weiter freistehen als das Doppelte der Höhe, eine Stärke von $\frac{1}{12}$ der Höhe. **Treppenhausmauern** macht man am besten von unten bis oben gleich stark mit 1½ Stein; **Frontmauern** im obersten Stockwerke 1½ Stein, im nächstfolgenden 2 und im Erdgeschoß 2½ Stein stark.

Sehr vorsichtig soll man bei durch Balken belasteten **Mittelmauern** sein. Ist nur eine Mittelmauer in der Mitte der beiden Frontmauern vorhanden, so macht man sie 1½ Stein stark.

Bei großen Belastungen tut man gut, die Stärke der Mauern zu berechnen, unter der Voraussetzung einer Druckbelastung von 7 bis 11 kg per cm². Unbelastete **Scheidemauern** erhalten geringere Stärken, aber n i e unter ½ Stein.

Übrigens werden die Mauerstärken durch die verschiedenen Bauordnungen bestimmt.

b) Bei mittelguten Ausführungen entspricht einer Backsteinmauer von 1 Stein der Stärke von ⅝ bis ¾ bei Quadern, 1¼ Stein bei lagerhaften Bruchsteinen und 2 bei Lehmstampfmasse.

[225] Bögen.

a) Die Bögen dienen entweder zur Überdeckung von Maueröffnungen oder als Widerlager für größere Gewölbe. Am häufigsten trifft man den Halbkreis oder den vollen Bogen, da dieser wegen der radialen

Lage der Fugen sich am leichtesten herstellen läßt (Abb. 479).

Der senkrechte Abstand der „Widerlager" *W* heißt **Spannweite** *S. ms* ist der „Stich" oder

Abb. 479

die „Pfeilhöhe", *kk'* die **Kämpferlinie**; *kw* heißt „Kämpferfuge". *aa* sind die **Anfänger** oder **Füße**, unter den Gewölbesteinen ist *s* der „Scheitel", *E* der „Rücken" oder die äußere Leibung, *J* die innere Leibung; *mm'* heißt die **Gewölbeachse**; die durch *s* gehende Horizontale parallel zur Achse des Gewölbes heißt **Scheitellinie**; die Bogenlinie *ksk'* die

Wölblinie. Die vordere Fläche des Gewölbes nennt man „Stirn", „Haupt" oder „Schild". Die einzelnen Steine eines Gewölbes nennt man **Wölbsteine**, von denen der im Scheitel befindliche Stein der „Schlußstein" ist. Bei Mauerbögen muß die Breite des Bogens mindestens $1/17$ der Spannweite sein.

b) Um die Richtung der Lagerfugen zu erhalten, befestigt man im Mittelpunkte des betreffenden Bogens einen Nagel und bindet daran eine Schnur Diese Schnur wird benützt, um die richtige Stellung der Steine zu erhalten, welches Verfahren allgemein „nach der Leier mauern" genannt wird. Sind die Fugen nicht radial, d. h. liegen die Steine zu flach, so nennt man eine solche Lage „zu faul", sind sie dagegen zu steil gestellt, so sagt man „zu stolz".

Unter Lagerfugen versteht man jene Fugen, die verlängert mit der Gewölbeachse zusammenfallen. Alle anderen Fugen sind Stoßfugen, die weder im Innern, noch in den Leibungen zusammenfallen dürfen.

c) Wenn ein Bogen auf der inneren Leibung nahezu horizontal begrenzt ist, so heißt er „scheitrecht". Eigentlich ist diese Bauart sehr unpraktisch, weil der untere Teil nichts zur Tragfähigkeit beiträgt, sondern nur Ballast ist.

Da die Tragfähigkeit eines scheitrechten Bogens, bei dem übrigens der Mörtel eine sehr große Rolle spielt, verhältnismäßig gering ist, ordnet man meist einen Entlastungsbogen an, der, als Stichbogen ausgebildet, die Hauptlast mittels einer Zugstange und des Splintes trägt, während der scheit-

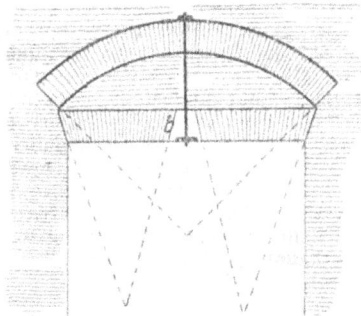

Abb. 480
Entlastungsbogen

rechte Bogen nur den oberen Mauerabschluß bildet (Abb. 480).

d) Da die Fensteröffnungen meistens kleine Spannweiten haben, so wird auch die Last, die die Lehrbogen aufzunehmen haben, klein sein. Die Lehr-

bogen werden daher in der Regel aus Brettern zusammengesetzt, die unter Umständen eine strebenartige Verstärkung erhalten (Abb. 481).

Die Lehrbögen stellt man entweder auf je zwei schlanke Keile (Abb. 482), bei größeren Brückengewölben dagegen auf Sandbüchsen und Sandsäcke (Abb. 483 u. 484) oder auf Schraubengewinde (Abb. 485), um ein

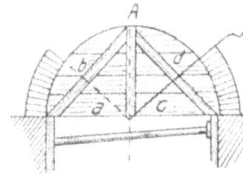

Abb. 481
Lehrbogen

gleichmäßiges Senken des Lehrgerüstes zu erzielen. Einen Lehrbogen nach dem Fächersystem zeigt Abb. 486.

Das Ausrüsten eines Backsteinbogens darf nie früher geschehen, bevor der Mörtel genügend Festig-

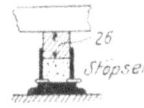

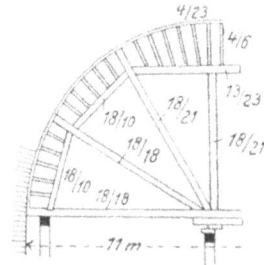

Abb. 482   Abb. 484

Abb. 483   Abb. 485   Abb. 486
Senken der Lehrbögen   Fächersystem

keit hat, denn sonst würde er aus den Fugen gedrückt werden, worunter der Bestand der ganzen Konstruktion leiden könnte. Um eine Verschiebung und Zerstörung der Bogenform während des Wölbens tunlichst zu vermeiden, belastet man das Lehrgerüst mit dem ganzen zur Verwendung kommenden Baumateriale, weil so das Lehrgerüst bereits vor dem Wölben in der Weise zur Durchbiegung gebracht wird, die es während des Wölbens allmählich annehmen würde. Beim Wölben mit Bögen muß große Aufmerksamkeit auf das Einbringen des mit Mörtel bestrichenen Schlußsteins verwandt werden: ein gespaltener Schlußstein ist untauglich und muß entfernt werden. Beim Eintreiben lege man auf den Schlußstein ein Stück Holz und setze auf dieses die Schläge. Handelt es sich um große Stärken, so wölbe man lieber in Ringen ein.

Bogen sind durch Abdeckungen oder Asbestplatten vor dem Eindringen von Wasser zu schützen. Bei Einwölbungen auf eisernen Trägern ist darauf zu sehen, daß der eiserne Träger völlig eingeschlossen und so vor dem unmittelbaren Angriff des Feuers geschützt ist.

Die Verstärkung von Backsteinbögen findet in Absätzen, bei Hausteinen allmählich vom Kämpfer nach dem Scheitel statt.

[226] Gewölbe.

a) Ein Gewölbe ist **schief**, wenn die Stirnfläche nicht normal zur Achse steht, und **offen**, wenn sich an den Stirnen keine Mauern befinden. Es heißt **steigend**, wenn die Kämpferlinie in einer geraden Linie, **spiralförmig**, wenn die Kämpferlinie schraubenförmig ansteigt, wobei die Lehrbögen radial und etagenförmig gestellt werden.

Man unterscheidet hauptsächlich:

1. Das **Tonnengewölbe** (Abb. 487), bei welchem die Wölblinie meist ein Halbkreis, mitunter auch ein Spitzbogen oder eine Ellipse sein kann. Es wird

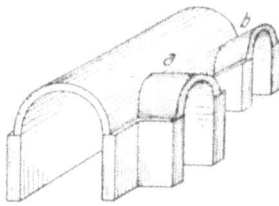

Abb. 487
Tonnengewölbe

seltener im Hochbau, mehr im Brückenbau verwendet, weil es viel Platz einnimmt und viel Material erfordert. Zur Erleichterung der Beleuchtung in Kellern usw. ordnet man gerade (*a*) oder schiefe Stichkappen (*b*) an (siehe 1. Fachband [316]). Die Verstärkung des Tonnengewölbes erreicht man am einfachsten, wenn man die Stärke gegen die Widerlager hin zunehmen läßt oder Verstärkungsrippen anordnet, die nach oben oder unten aus dem Gewölbe vortreten (Abb. 488).

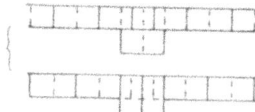

Abb. 488

2. Die **preußische Kappe** (Abb. 489) mit Stichbogen, bei dem die Pfeilhöhe $1/10$ der Spannweite beträgt. Es kann wie bei den Tonnen so gewölbt werden, daß die Lagerfugen nach der Achse des Gewölbes gerichtet sind, was man „auf den Kuff wölben" nennt.

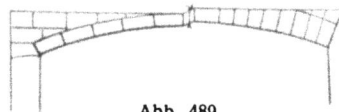

Abb. 489
Preußische Kappe

Sie erfordert eine vollständige Schalung und überträgt den Gewölbedruck ausschließlich auf die Widerlager.

Bei der Wölbung „**auf den Schwalbenschwanz**" (Abb. 490) schneiden die Lagerfugen in der Regel unter 45° die Achse des Gewölbes. Hier ist keine vollständige Schalung notwendig, da die einzelnen

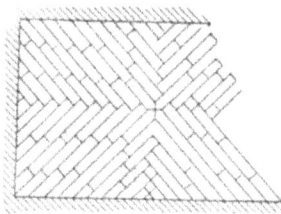 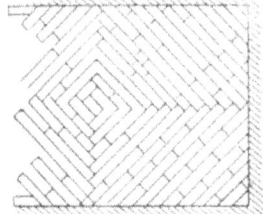

Abb. 490   **Abb. 490a**

Schichten kleine Bögen sind, die eine größere Verspannung im Gewölbe und eine Druckverteilung auf die Widerlager und auf die Stirnmauern herbeiführen.

Bei der Einwölbung „**auf dem Rutschbogen**" (Abb. 490a) bilden die einzelnen Schichten Gewölberinge, die **normal** zur Achse stehen; den mittleren Teil wölbt man dann auf den Kuff ein. Zur Einwölbung ist nur ein Bogen nötig, der auf zwei Längshölzern fortrutscht.

3. Das **Klostergewölbe** entsteht, wenn man ein Tonnengewölbe durch zwei diagonale, senkrecht auf der Kämpferlinie stehende Ebenen in vier Teile teilt,

von denen je zwei einander gegenüberliegende gleich sind. Die zwei an den Stirnen des ursprünglichen Tonnengewölbes gelegenen Teile heißen **Kappen**, die an den Widerlagslinien befindlichen Teile „**Wangen**". Durch Zusammenstellung von mehreren Wangen entsteht das **Klostergewölbe**, durch Zusammenstellung von Kappen das **Kreuzgewölbe**. Senkrecht über dem Schwerpunkte des Grundrisses liegt immer der Scheitelpunkt, in dem die Wangen mit ihren höchsten Punkten zusammentreffen (Abb. 491). Die Aufstellung der Lehrbögen bei einem rechteckigen Klostergewölbe erfolgt so, daß man sie zunächst nach der Diagonale stellt, sie im Scheitel durch den „Mönch" unterstützt und nun die Schiftbogen aufstellt.

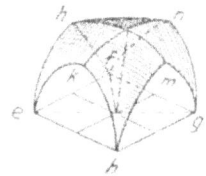

Abb. 491
Klostergewölbe

Die Einwölbung geschieht entweder auf den Kuff mit vollständiger Einschalung, wobei die Steine bei der Kehle nach einer doppelten Schniege behauen werden, welche Lücke später beim Verputzen ausgefüllt wird. Bei der Einwölbung auf den Schwalbenschwanz ist keine Einschalung nötig, aber die Steine müssen wegen der Krümmung an der inneren Leibung sehr stark behauen werden. **Öffnungen in den Widerlagern sind mit sehr großer Vorsicht zu machen, weil sonst das Ganze zum Einstürzen bereit ist, weshalb man diese Art von Gewölben sehr selten verwendet.** Bei einem offenen Klostergewölbe ist der Druck in der Hauptsache auf die Ecken übertragen, was bei schwachen Widerlagern recht vorteilhaft ist.

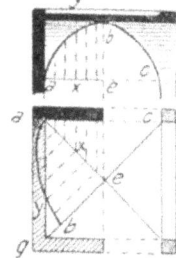 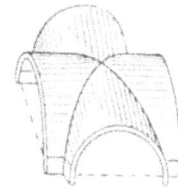

Abb. 492   **Abb. 493**
Kreuzgewölbe

4. Das **Kreuzgewölbe** (Abb. 492). Über die Bildung aus Kappen des Tonnengewölbes haben wir bereits gesprochen. **Der große Vorteil dieser Gewölbeart besteht darin, daß der Druck auf die Eckpunkte übertragen wird.** Diese Konzentration des Druckes ist bei der Kuffeinwölbung ungeteilt, während bei der Einwölbung auf den Schwalbenschwanz die Eckpunkte etwas entlastet werden, weil dabei die einzelnen Schichten Bögen sind, die sich zwischen die Gurtbogen und Schildmauern spannen. Jedenfalls ist hier eine Verstärkung der Grate notwendig. Die Scheitellinie kann steigend oder fallend ausgebildet werden, **überhaupt ist das Kreuzgewölbe die biegsamste und beliebteste Gewölbeform.**

5. Das **Muldengewölbe** (Abb. 494). Man erhält es, wenn man ein Klostergewölbe in zwei Hälften teilt und zwischen diesen Teilen ein Tonnengewölbe einschaltet.

6. Das **Spiegelgewölbe** besteht aus einem halben

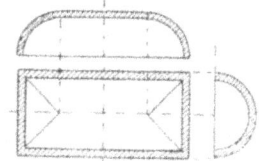

Abb. 494
Muldengewölbe

Klostergewölbe, der **Hohlkehle** und dem fast horizontal ausgebildeten **Spiegel** (Abb. 495). Die Spannweite des Spiegels soll nicht mehr als 3,5 m betragen oder durch ⊥-Eisen verstärkt sein, ohne welche es nicht belastet werden darf.

7. **Das Kuppelgewölbe.** Da das Gewölbe sich aus einzelnen Ringen zusammensetzt und jeder nächstfolgende Ring sich auf den

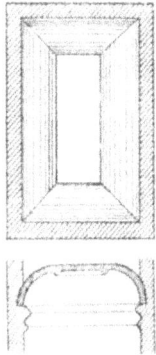
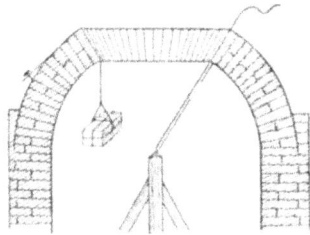

Abb. 495
Spiegelgewölbe

Abb. 496
Kuppelgewölbe

unteren stützen kann, ist ein Lehrgerüst nicht erforderlich; man bedient sich vielmehr einer Latte, die im Mittelpunkte der Kämpferebene drehbar angebracht ist, um die Form des Gewölbes zu erhalten (Abb. 496). Nur im oberen Teil kann der Mörtel allein nicht mehr die Steine vor dem Herunterfallen schützen; man bedient sich dann eines Gewichtes, das den Druck auf die Unterlage vermehrt. Den obern Teil des Gewölbes füllt man durch einen Haustein aus oder läßt den „Nabel" als Lichtöffnung offen (Abb. 497). Um den Horizontalschub der Kuppel zu vermindern, ordnet man auch **Kassetten** an.

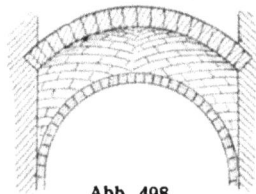

Abb. 497

8. Die **böhmische Kappe.** Sie ist nichts anderes als der obere Teil eines Kuppelgewölbes. Die Einwölbung geschieht freihändig nach Aufstellen der Lehr- und Wandbögen.

Man spannt die böhmischen Kappen entweder unmittelbar zwischen aufgehende Mauern oder zwischen Gurtbögen (Abb. 498) oder gegen den von eisernen Säulen

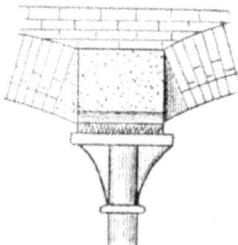

Abb. 498
Böhmische Kappe

oder von gemauerten Pfeilern getragenen Kämpferformen aus Haustein oder Beton (Abb. 498a u. b).

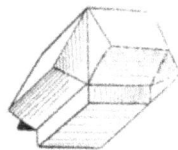

Abb. 498a   Abb. 498b

[227] Isolierschichten.

Um Mauerwerk gegen aufsteigende Feuchtigkeit zu schützen, legt man **Isolierschichten aus Asphaltpappe** ein und putzt die Oberfläche des aufgehenden

Mauerwerkes mit einem 2 cm starken Zementputz. Ähnlich werden auch Kellerfußböden gedichtet (Abb. 499), wobei die Asphaltfilzplatten an den Stößen um 5 cm übergreifen.

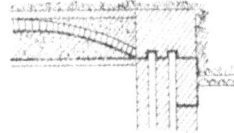

Abb. 499

Zur Isolierung gegen Wärme und Schall wird die Hohlmauer mit einem 5 cm breiten Hohlraume umgeben. Jedenfalls ist diese Hohlschichte in jedem Stockwerke durch Vollmauerwerk abzuschließen und mit isolierenden Stoffen auszufüllen.

[228] Gesimse.

a) Ein **Hauptgesimse** besteht aus drei Teilen, dem Untergliede, der Platte und der Bekrönung. Um die Hauptplatte sicher zu lagern, macht man sie in der Regel aus so großen Hausteinen, daß der Schwerpunkt der Konstruktion samt der darauf liegenden Belastung noch direkt unterstützt wird. Kann dies nicht erreicht werden, so muß man die Plattenstücke mit Eisen an den unteren Mauerteilen festhalten. Immerhin erfordert die Ausbildung **massiver Gesimse**, für die Mörtel aus 1 T. Kalk, 1 T. Zement und 1 T. Sand verwendet wird, sehr viel Vorsicht.

b) Das Ziehen der Gesimse geschieht mit Schablonen aus Eisenblech, die durch eine zweite Schablone aus hartem Holz verstärkt sind. Diese Schablonen werden mit einem winkelrecht zum Gesimse sich bewegenden Schlitten gezogen. Sollen solche Putzgesimse stark ausladen, so muß der Kern der Gesimse in roher Form durch Vormauerung hergestellt und dann diese erst durch Ziehen der Schablone an zwei mit Putzhacken befestigten Putzleisten entsprechend profiliert werden.

[229] Der äußere Putz.

Da der äußere Putz den Angriffen der Witterung am meisten ausgesetzt ist, müssen hierzu die solidesten Materialien verwendet werden. **Mit dem Putz ist so lange zu warten, bis sich das Gebäude vollkommen gesetzt hat und gut ausgetrocknet ist, weil er sonst reißen und abblättern würde.** Ist aber das Gebäude noch nicht ausgetrocknet, so verhindert der Putz das weitere Austrocknen und auch das Erhärten des Mörtels. Zuerst sind alle Flächen gut abzukehren und zu reinigen, dann tüchtig zu nässen. Am besten tut man, das Mauerwerk mit vollen Fugen auszuführen, weil sich hohle Fugen wohl kaum später mit Mörtel füllen lassen.

Bei Bruchsteinen beschränkt man sich nur auf das Ausfugen, da der Putz sonst nicht haften bleibt.

Zuerst trägt man einen mageren Mörtel auf und bringt einen zweiten noch mageren Putz auf, nachdem der erste etwas angezogen hat. Erst der dritte Putz kann dann beliebig gemustert werden.

Soll Zementputz mit Ölfarbe gestrichen werden, so kann dies erst nach einem Jahre geschehen. Soll das früher geschehen, so ist der getrocknete Putz mit schwefelsäurehältigem Wasser (1%) zu waschen.

B. Holzwände.

[230] Allgemeines.

Bisher war nur von gemauerten Gebäuden die Rede. In holzreichen Gegenden pflegt man, wenn die klimatischen Verhältnisse es gestatten, isoliert stehende Wohnhäuser und ländliche Wirtschaftsgebäude, um sie wohlfeiler zu machen, aus Holz herzustellen. Öfters ist der leichte Holzbau sowohl für einzelne freischwebende, also ganz leichte Konstruktionen, als auch für ganze Gebäude, die auf einem leicht kompressiblen Untergrund stehen, unbedingt notwendig.

Ein solcher Holzbau kann entweder ganz aus Holz oder aus einem Holzgerippe bestehen, dessen Zwischenräume mit gebrannten Ziegeln, Lehmsteinen ausgefüllt, mitunter auch bloß mit Brettern verschalt sind.

Man unterscheidet daher:

1. **Blockwände.**
2. **Riegel- oder Fachwerkswände.**
3. **Bohlen- oder Bretterwände.**

[231] Holzverbände.

a) Da wir bei den Holzwänden zum ersten Male mit den sog. **Zimmererkonstruktionen** zu tun haben, müssen wir uns zunächst mit den am häufigsten vorkommenden **Holzverbindungen** in Kürze beschäftigen. Die einsichtsvolle Verwendung der Zimmererkonstruktionen setzt die genaue Kenntnis der einzelnen Elementarverbindungen voraus.

Als wichtigste Regel gilt, daß letztere sich leicht und schnell herstellen lassen, denn einerseits arbeitet der Zimmermann meist nur mit groben Werkzeugen (Schrotsäge, Beil, Axt und großen Stemmeisen), anderseits besitzt das Holz in schwachen Dimensionen gar keine Festigkeit, und es würden demgemäß alle feinen und komplizierten Teile nicht nur dem Arbeiter unter der Hand abbrechen, sondern auch beim Transport und beim Aufstellen und Richten absplittern.

b) Zur Verlängerung von Hölzern dient hauptsächlich außer dem bereits erwähnten Aufpfropfen

Abb. 500   Abb. 501   Abb. 502
Gerader Stoß   Schräge Blatt   Hackenblatt

[56] der **gerade Stoß** mit Klammern (Abb. 500), das **gerade und schräge Blatt** (Abb. 501) und das schräge **Hackenblatt** (Abb. 502).

Zur Verbreiterung werden die uns bereits bekannten **Spundungen** [45] verwendet.

Knotenbildungen von Hölzern, die in einer Ebene liegen, bedingen die Herstellung von **Zapfen**, die als Brustzapfen, Blockzapfen und Gabelzapfen (Abb. 503,

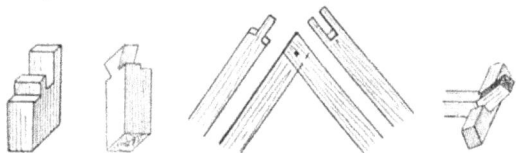

Abb. 503 Abb. 504   Abb. 505   Abb. 506
Zapfen   Gabelzapfen   Überblattung

504 u. 505) ausgeführt werden, oder zur **Überblattung** (Abb. 506), wenn ein oder das andere Holz über den Kreuzungspunkt hinausragt.

Bei Hölzern, die in verschiedenen Ebenen liegen, ist die **Verkämmung** (Abb. 507) und die bei Sparren übliche **Aufklauung** (Abb. 508) im Gebrauch.

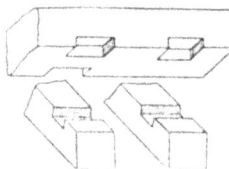

Abb. 507   Abb. 508
Verkämmung   Aufklauung

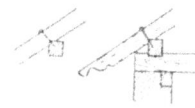

Sind die einfachen Balken zu schmal, so ersetzt man sie durch **verzahnte** oder **verdübelte** Hölzer.

Verzahnte Balken (Abb. 509) sind sehr schwierig herzustellen. Um sie aber auch bei ungenauer Arbeit

Abb. 509

brauchbar zu machen, werden in die Lücken der ungleichen Zähne hölzerne oder eiserne **Dübel** in den eingespannten Balken getrieben.

Die **Verdübelung** (Abb. 510) ist leichter zu machen, weil man die Balken nur stumpf aneinanderlegt und

Abb. 510
Verdübelung

fest verbolzt. Die Keile sind hauptsächlich an den Enden notwendig. Die Tragfähigkeit des verzahnten und verdübelten Balkens ist ¾ der Tragfähigkeit des vollen Balkens.

c) Zwischen einem Balken und den diesen stützenden Stiel pflegt man wohl zur Verschränkung des Balkens ein **Sattelholz** anzuordnen. Eine Verstärkung wird aber nur erzielt, wenn das Sattelholz nach beiden Seiten der Stütze gleichmäßig liegt. Durch das Sattelholz wird die freitragende Länge des Balkens vermindert, also seine Tragfähigkeit vermehrt (Abb. 511). Halbe Sattelhölzer sind ganz zwecklos, wenn sie nicht durch Kopfbänder unterstützt werden.

d) **Spreizbalken** (Abb. 512) werden nur für geringe Abstände konstruiert. Ein einfacher Balken, der an beiden Enden mit einem abgerundeten sog. Jagdzapfen versehen ist, wird mit schwacher Neigung zwischen die Klebpfosten eingebracht

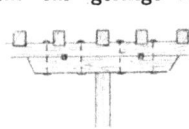

Abb. 511
Sattelholz

Abb. 512
Spreizbalken

und mit Axtschlägen der horizontalen Lage genähert. Durch Winkelbänder und Bohlen wird er dann in seiner Lage erhalten.

[232] Hänge- und Sprengwerks-verbände.

Dachgerüste und Holzwände stehen fast immer mit Hänge- oder Sprengwerken oder mit beiden in Verbindung. Daher spielen diese Verbände in der Zimmermannskunst eine große Rolle, und nicht selten erkennt man in der Art und Weise ihrer Verwendung die Geschicklichkeit und den Scharfsinn des Konstrukteurs.

a) Das Hängewerk ist stets die Kombination von mindestens vier Hölzern, die sich gegenseitig abstützen. Man bringt es über einen Balken so an (Abb. 513), daß die auf letzterem aufruhenden Lasten, das Eigengewicht und die Nutzlast, auf feste Stützpunkte übertragen werden. Der horizontale Hängewerksbalken, der als Zuganker oder Schließe wirkt, wird den Strebenschub unschädlich machen und nur einen vertikalen Druck auf die beiden Auflager ausüben. Die Verbindung der Strebe mit dem Hängebalken zeigt Abb. 514.

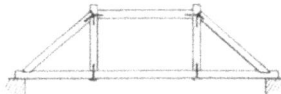

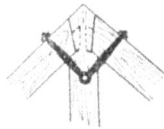

Abb. 513
Hängewerk

Abb. 514   Abb. 515

b) Die Hängebalken werden so wie Träger behandelt. Man kann sie mit schrägem Hackenkamm oder mit Stoß und eisernen Schienen verlängern, durch Verbolzen, Verdübeln und mit Sattelhölzern verstärken; bei großen Hängewerken kommt noch ein Spannbalken hinzu. Nach der Zahl der Hängesäulen unterscheidet man einfache, doppelte, dreifache Hängewerke. Ihre Verbindung mit den Hängesäulen zeigt Abb. 515.

Die vorteilhafteste Richtung der Hängestreben ergibt sich bei einfachem Hängewerk, wenn

$$H = \sqrt{\frac{1}{2}} \cdot l = 0,7\, l,$$

wobei H die Höhe der Hängesäule und l die halbe Länge des Hängebalkens bezeichnet.

Die Hängesäulen bestehen bei leichten Hängewerken aus einem Holze, bei schweren aus zwei Hölzern, die zusammengebolzt, verdübelt oder verschränkt werden.

c) Das **Sprengwerk** (Abb. 516) hat ebenso wie das Hängewerk den Zweck, die auf dem Balken

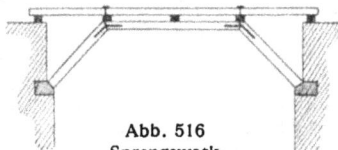

Abb. 516
Sprengwerk

liegende Belastung auf das unverrückbare Widerlager zu übertragen. Während aber durch das Hängewerk nur ein **senkrechter** Druck entsteht, verursacht das Sprengwerk einen starken **Seitenschub**, aus welchem Grunde es im Hochbau nur unter gewissen Verhältnissen Anwendung findet.

Auch hier unterscheidet man einfache, doppelte Sprengböcke, deren wesentlichste Teile die Streben der Spannriegel und der Sprengwerksbalken sind.

In einfachen Sprengewerken sind keine Spannriegel vorhanden, sondern die Streben unterstützen direkt den Balken. Bei größeren Sprengewerken sind Spannriegel und Zangen erforderlich, von denen letztere das Verschieben und Durchbiegen der Streben verhindern.

Die Strebe setzt sich entweder lotrecht auf eine eiserne Platte oder mit Versetzung gegen einen Ständer, was den Vorteil hat, daß der Druck gleichmäßig auf die Widerlagsmauern verteilt wird. Die Verbindung der Streben geschieht bei einfachen Sprengewerken in der Regel so, daß die Streben mit einer Klaue den Unterzug stützen, während bei doppelten und mehrfachen Sprengwerken gegen die Streben ein Gegendruck wirkt, der sie in gewissen Abständen voneinander hält. Zu diesem Behufe legt man einen Spannriegel stumpf gegen die Streben und verdübelt und verbolzt ihn mit dem darüber liegenden Balken. In Ställen benützt man häufig die Sprengwerke zur Unterstützung der freischwebenden Decken, da vertikale Stiele, die den Stallraum versperren würden, unzulässig sind.

In den Dachbindern kommt das reine Sprengwerk, wenn man den liegenden Dachstuhl nicht als solches gelten läßt, sehr selten vor. Um so häufiger jedoch das **kombinierte Hänge- und Sprengwerk**, wobei der durchgehende Hängebalken als Anker-

Abb. 516a
Kombiniertes Hänge- und Sprengewerk

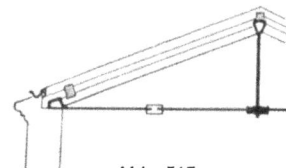

Abb. 517
Dachkonstruktion

schließe oder Zuganker wirkt (Abb. 516 a). Die Berechnung dieser Konstruktionen findet sich in der Baumechanik.

Sehr häufig sind Dächer aus Holz und Eisen nach dem Grundsatze des Hängewerkes konstruiert (Abb. 517).

Blockwände.

Sie sind nur in sehr holzreichen Ländern gebräuchlich. Berühmt sind die romantischen und malerischen Schweizer Blockhäuser und die Blockhäuser der „russischen Kolonie" bei Potsdam.

In höheren Gebirgsgegenden sind die Wände aus rohen Stämmen hergestellt, die übereinandergelegt und mit hölzernen Nägeln befestigt sind. Bei weiter vorgeschrittener Technik werden solche Wände aus Rundstämmen zusammengefügt, mit parallelen Auflagsseiten und ebenen Flächen versehen, deren Enden sorgfältig ausgeschnitten sind und mit Überblattung dicht schließend ineinander greifen. Die Schornsteine werden mit 1 Stein starken Wandungen und ganz isoliert von den Holzwänden aufgeführt.

Bei sorgfältigerer Konstruktion bearbeitet man sämtliche Balken vierkantig und glatt. Da sie auf 2 bis 3 Stockwerke etwa 18 cm zusammentrocknen, macht man die Ständer an den Fenstern und Türen entsprechend kürzer.

[233] Riegel- oder Fachwerkswände.

Jede Riegelwand besteht aus der Schwelle, den Stielen und den Streben. Die Fachwerkswand des untersten Geschosses muß stets auf einem massiven Sockel von mindestens 0,6 m Höhe ruhen, damit das Schwellwerk vor dem Spritzwasser geschützt bleibt. Das Fundament wird aus Werk-,

Bruch- oder Ziegelsteinen hergestellt und mit einer Rollschichte abgedeckt, unter die man eine Isolierschichte legt, um die Erdfeuchtigkeit abzuhalten.

Die Höhe der Schwelle beträgt in der Regel 14 bis 18 cm. Ihre Breite macht man um 4 cm größer, damit die Fußbodenbretter ein passendes Auflager bekommen. In die Schwelle werden nun die Riegel und die Streben verzopft, die durch das Kappholz abgeschlossen werden.

Die Riegelwände schließen nicht bündig mit dem massiven Unterbau ab, sondern springen etwas vor.

Diese Vorsprünge, die auch bei allen höheren Stockwerken eingehalten werden, geben den Riegelbauten oft

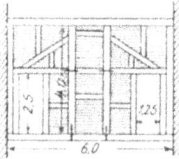

Abb. 519
Riegelwand

eine mehrere hundertjährige Dauer, um so eher, als die Holzteile fast durchweg aus Eichenholz bestehen, das eine längere Dauer verspricht als die Tannenholzbauten.

Die Ausmauerung der Fache geschieht meist in der Breite des Ziegels, muß aber wegen der Berührung des Holzwerkes zur besseren Haftung des Putzes gegen die Holzbalken etwas vortreten. Unter Umständen kommt es vor, daß man über einen großen Raum mehrere kleinere Gemächer herstellen will, in welchem Falle man Hänge- und Sprengwände anordnen muß (Abb. 519). Die einfachen Hängewände erschweren die Anlage der Türen, während bei doppelten Böcken der Spannriegel dann gleichzeitig Türriegel ist.

[234] Bretterwände

spielen nur im ländlichen Bauwesen eine größere Rolle. Sie sind üblich bei hölzernen Planken, wobei gehobelte und gespundete Pfähle auf Schwellen stehen oder im Erdboden stecken, in welchem Falle das untere Ende verkohlt und geteert wird, damit das Holzwerk nicht verdirbt. Die Anlage mit horizontalen Brettern ist billiger als mit senkrechten, die jedenfalls einer Schwelle oder mindestens eines Riegels bedürfen, damit sie einen Halt bekommen. Dagegen ist die vertikale Stellung der Bretter günstiger, weil das Regenwasser leichter abläuft und nicht in die horizontalen Fugen eindringt.

9. Abschnitt.

Die Bedachung.

[235] Allgemeines.

Zum Schutze eines Gebäudes ist ein Dach erforderlich, welches aus dem **Dachgerüste** und der Bedachung, der **Dachdeckung**, besteht.

Beim Entwerfen des Dachgerüstes bestimmt man das Gefälle, die **Dachneigung** oder die Dachräsche, die das Dach mit Rücksicht auf das Deckmaterial erhalten muß.

Die Dachneigung ist für jede **Bedachung** verschieden, aber auch verschieden, je nachdem das Gebäude in der Stadt oder auf freiem Felde steht, wo der Wind den Schnee und das Regenwasser in die Fugen der Dachdeckung treibt. **Alle leicht zündbaren Bedachungen erhalten ein größeres Gefälle als die sog. feuersicheren.**

Im allgemeinen wird die Dachneigung

bei Stroh- und Rohrdächern mit 40—50°,
bei Ziegeldächern mit 25—35°,
bei Schieferdächern mit 20—25°,
bei Teerpappendächern mit 14—18°,
bei Blechdächern mit 8—10°,
bei Asphaltdächern mit 4°

gewählt. Sehr hohe und steile Dächer werden bei bürgerlichen Bauten nur vereinzelt ausgeführt, während selbst bei Ausnützung des Dachraumes **flache Dächer mehr Vorteile bieten als die steilen**, welche Vorteile bei großen Gebäudetiefen dann mehr hervortreten als bei schmalen Gebäuden.

Auch das Gewicht der Dachbedeckung ist zu berücksichtigen, das per m² geneigter Dachfläche

bei Rohr- und Stroh   60 kg,
bei Ziegel . . . . . 100 „
bei Schiefer . . . . 75 „
bei Metallblech . . . 40 „
bei Teerpappe . . . 30 „

beträgt. Die Last des Schnees nimmt man bei einer Höhe von 60 cm mit 75 kg per m² an.

Der Wind drückt auf eine steile Dachfläche weit mehr als auf eine flache.

I. Dachgerüste.

[236] Die Konstruktion des Dachgerüstes.

a) Die Linie, auf der die Rinne liegt, heißt die **Trauflinie**, die Linie, in der sich die Dachflächen schneiden, die **Firstlinie** (Abb. 520). Die Linien A, in der sich die Flächen eines Walmdaches schneiden, heißen **Grate**. Bei einem Dach mit Wiederkehr heißen die Schnittlinien am und bm der Dachflächen die „**Dachkehlen**", während A und B, wo sich die Firstlinien und die Grate schneiden, **Anfallspunkte** oder **Verfallpunkte** genannt werden.

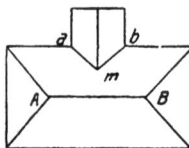

Abb. 520

b) Im Dachgerüste haben wir zunächst die tragenden und stützenden Elemente, die sog. „**Binder**", die in Abständen von 4 bis 5 m aufgestellt werden. Übrigens richtet sich ihr Stand bei Wohnhäusern nach den aufgehenden Quermauern, die die starkbelasteten Binder unmittelbar unterstützen. Sonst werden sie als Hängewerke usw. ausgebildet, um die Belastung auf die Außenmauern zu übertragen. Jedenfalls sind die Binder so zu konstruieren, daß sie die Last der Dachbedeckung aufnehmen können und das Dach gegen Quer- und Längsverschiebungen sichern.

Man bestimmt zunächst die Länge der Sparren und ordnet nun je nach dem Dachdeckungsmaterial alle 3,5 bis 4 m eine Unterstützung an, aus welchen sich dann leicht der Aufbau des Dachstuhles ergibt.

Man hüte sich aber, die Sparren zu schwach zu dimensionieren, weil sie das ganze Dachdeckungsmaterial zu tragen haben und überdies durch Wind- und Schneedruck stark beansprucht werden.

Am Firste verbindet man die Sparren durch Gabelzapfen oder man stößt sie stumpf zusammen und verbindet sie mit langen Eisenstiften. Diese Verbindung liebt man bei **Firstpfetten**. Bei **Mittelpfetten** klauen sich die Sparren auf. Bei Wohnhäusern stützen sich die Binder auf die Balkenlage. Bei einem **Dachstuhl mit Kniestock** (Abb. 521) stützt sich ein Stiel auf die über die Balkenlage hinausgeführte Außenmauer (Drempelwand). Man unterscheidet hiernach:

1. **Pfettendächer,** bei welchen die Pfetten unmittelbar die Sparren unterstützen (Abb. 522).

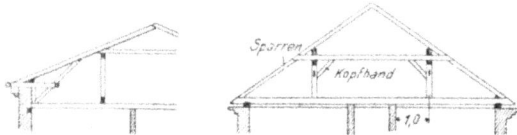

Abb. 521
Dachstuhl mit Kniestock

Abb. 522
Pfettendach

2. **Kehlbalkendächer,** wo die Kehlbacken die Sparren tragen (Abb. 523 u. 524). Die tragenden Stuhlsäulen stehen entweder senkrecht und bilden

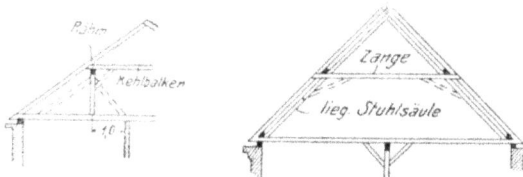

Abb. 523
Kehlbalkendach

Abb. 524
Kehlbalkendach

dann einen **stehenden Stuhl** oder geneigt, in welchem Falle man von „**liegendem Stuhl**" spricht. Stuhlsäulen sollen nicht mehr als 1 m von unterstützenden Mauern auf die Balkenlage gesetzt werden. Ist ein größerer Abstand erforderlich, so soll dieser Stiel entweder durch Streben nach Art eines Hängewerkes abgesprengt werden (Abb. 524), um den Stuhlsäulendruck unmittelbar auf die Mauern zu übertragen oder man setzt den Stiel auf einen Balken, der quer über alle Balken reicht und so den Druck des Balkens auf alle Balken verteilt.

Bei den Kehlbalkendächern tragen die Stuhlsäulen zunächst einen Rähm, dieses dann die Kehlbacken und diese wieder die Sparren. Die Kehlbalken sollen nach der Querrichtung, also im Dachprofile nicht mehr als 50 cm über das Rähm hinaus vorstehen, damit sie nicht auf Durchbiegung beansprucht werden, wobei die Quer- und Längsverschiebung des Dachstuhles durch Kopfbänder verhindert wird.

Beim Pfettendach unterstützen die Stuhlsäulen unmittelbar die Pfetten und diese tragen erst die Sparren. Zur Querverbindung der Säulen und Sparren dienen dann Doppelzangen (Abb. 522). Die Sparren stützen sich in der Regel auf eine Fußpfette, wodurch man bei der Verteilung der Sparren unabhängig von der Dachbalkenlage wird.

Die Holzstärken variieren von $^{10}/_{14}$ bis $^{20}/_{25}$ cm. Die Entfernung der Sparren von Mitte zu Mitte ist beim Ziegeldach mit 100 bis 120 cm, beim Schieferdach mit 100 cm, beim Pappdach mit 125 cm, beim

Metalldach mit 125 und beim Strohdach mit 250 cm anzunehmen.

Sonst unterscheidet man noch:

1. **Pultdächer** (Abb. 525), d. h. Satteldächer mit halbem Profil;

Abb. 525
Pultdach

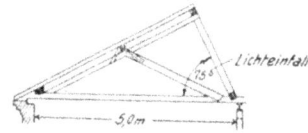

Abb. 526
Sheddach

2. **Sheddächer,** Sägedächer, die so orientiert werden, daß der Lichteinfall von Norden kommt (Abb. 526).

Das **Sheddach** wird namentlich für Fabriksgebäude bei billigem Baugelände vorgezogen. Große Sorgfalt ist hierbei auf die Rinnenausbildung zu legen. Es empfehlen sich hauptsächlich Rinnen aus Gußeisen, die sehr widerstandsfähig beim Ausschaufeln des Schnees sind. Eine Schmelzwasserbildung an den Glasscheiben muß möglichst durch doppelte Verglasung verhindert werden.

3. **Freigesprengte Dächer** (Abb. 527), wobei der Seitendruck tunlichst auf einen möglichst tiefgelegenen Punkt der Seitenwand übertragen wird. Schwierig ist nur die Ausbildung der Knotenpunkte, bei welchen drei Hölzer zu überschneiden

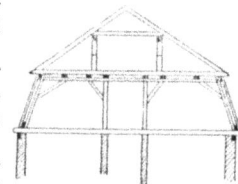

Abb. 527
Freigesprengtes Dach

sind. Die Wandpfosten, gegen die sich die Streben stützen, sind etwas nach innen zu neigen und von der Wand abzustellen, weil die Binder sich etwas setzen und hierdurch eine Horizontalverschiebung der Wandpfosten herbeiführen. Würden sie hart an der Wand liegen, so wäre der Umsturz der Umfassungsmauer unausbleiblich. Die Verwendung einer Firstpfette ist sehr ratsam, weil durch diese der Horizontalschub nicht so stark auftritt.

Große Spannweiten werden heute durch Dächer aus Eisen oder aus Holz und Eisen überdeckt.

4. Das **Kuppeldach** entsteht durch die Umdrehung eines Viertelkreises um eine über der Mitte des Grundrisses stehende Achse. Der Scheitel der Dachkuppel ist entweder geschlossen oder kreisförmig geöffnet. Sie entspricht in der Regel der Laterne des Kuppelgewölbes, auf welche sich ein zylindrischer Aufbau, der **Tambour,** fortsetzt. Die Konstruktion besteht aus Bohlenbindern, die sich mit zangenartigen Hölzern gegen das Gewölbe stützen. Für Schuppen mit großer Spannweite werden häufig Binder, die nach Art der Gitterträger aus Bohlen oder Brettern zusammengesetzt sind, verwendet.

5. Das **Mansardendach.** Die Vorschriften der Baupolizei gestatten in der Baulinie nur eine beschränkte Höhe für die senkrecht aufsteigende Frontmauer, die abhängig ist von der Straßenbreite, weil man den Sonnenstrahlen eine möglichst verbreitete Wirksamkeit auf den Straßen verschaffen will. Würde man also von der Traufe aus einen Strahl von 45° geneigt zur Straßenebene nach der gegenüberliegenden Häuserreihe senden, so sollte diese gerade den Punkt treffen, wo die Frontmauer aus dem Terrain heraustritt. Um diese Vorschrift zu umgehen, baut man eben Mansardendächer.

6. Das **Zeltdach,** das auch bei Kirchentürmen verwendet wird, ergibt sich aus einem Walmdach, dessen Firstlinie auf einen Punkt zusammenschrumpft. Man ordnet zunächst im First einen Kaiserstiel an, verzapft in diesen die Gratsparren und schiftet gegen diese die übrigen Sparren. Das Fußende der Sparren stützt man gegen einen geschlossenen Mauerlattenkranz, der mit Ankerstangen im Mauerwerk fest verankert ist.

[237] Dachausmittlung.

a) Man geht zunächst von der Voraussetzung aus, daß alle Dachflächen gleiche Neigung erhalten sollen. Unter dieser Voraussetzung konstruiert man zuerst über der Grundrißabteilung mit der größten Spannweite ein Walmdach oder ein Satteldach, dann über den Teil des Grundrisses mit der zweitgrößten Spannweite usw.

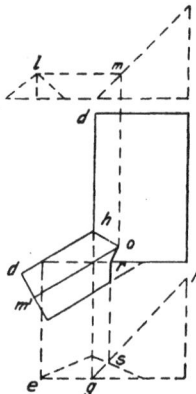

b) Schwieriger wird die Sache, wenn das Wasser von zwei parallel mit ihren Traufen zusammenstoßenden Satteldächern abzuleiten ist und zwischen ihnen einige Schornsteine stehen

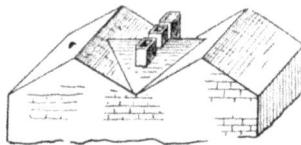

Abb. 531   Abb. 532

(Abb. 531). Man konstruiert in diesem Falle ein kleines Satteldach so, daß es mit seiner Firstlinie normal zu den Richtungen der beiden Hauptfirsten steht. Um dieses Dach auszubilden, nagelt man Bohlen in der projektierten Neigung an die zwei gegenüberliegenden Sparren.

Sehr lehrreich ist auch der Fall in Abb. 532. Zuerst bestimme man den Punkt, wo der First des kleinen Daches in das große einschneidet, indem man in die beiden Profile die Parallele lm zieht, d. h. $m'o \, || \, dh$. Verbindet man o mit h, so ist oh eine Kehle. Um die andere Kehle zu finden, schneide man beide Dachflächen in s; das Lot von S gibt dann den Punkt r für die zweite Kehle.

[238] Das Walmdach.

Ein **Walmdach** ist unbedingt fester als ein Satteldach, weil Längsverschiebungen nicht so leicht auftreten, solange die Firstlinie nicht länger als ⅓ der ganzen Länge ist. Dagegen geht beim Walmdach viel Dachraum verloren.

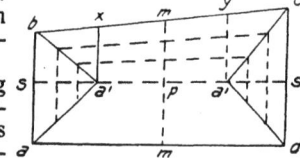

Die Ausmittlung eines Walmdaches ergibt sich auch aus Abb. 533. Man halbiert ad in m und zieht dann durch die

Abb. 533

Mitte des Lotes eine Parallele ss zu ad, sucht die Punkte a' und a'', die gleichen Abstand von am und ba haben; dann sind a' die Anfallspunkte des Walmdaches. aa' und $a'd$ sind die vorderen Gratsparren.

II. Dachdeckung.

[239] Allgemeines.

Die Art der Dachdeckung ist abhängig von der Dachneigung und umgekehrt.

Jede Dachdeckung soll leicht, gegen Sturm und Feuer widerstandsfähig, dicht gegen Regen und Schnee, gegen Kälte und Wärme schützen und möglichst billig sein.

Zu den feuersicheren Dachdeckungen rechnet man das **Schieferdach,** das **Plattendach,** (mit Solinger Platten, Tonplatten usw.), das **Pappdach,** das **Asphaltdach,** das **Holzzementdach** und die **Metalldachung.** Strohdächer kommen wohl nicht mehr in Betracht, weil sie zu feuergefährlich sind, obwohl sie sonst sehr gut isolieren.

[240] Schieferdach.

a) Das Schieferdach ist an den Orten, wo gute Schieferplatten zu haben sind, die beste und haltbarste Bedachung, ist aber für untergeordnete Gebäude zu kostspielig. Man unterscheidet das **deutsche** und das **englische Schieferdach,** welch letzteres in Norddeutschland fast ausschließlich zur Ausführung gelangt. Die englischen Schieferplatten sind ihrer schönen Farbe wegen sehr geschätzt.

Die deutsche Eindeckung erfolgt stets auf Einschalung, wobei das Dach meist ¼ der Gebäudebreite zur Höhe erhält.

Der Anfang der Eindeckung wird mit der untersten Schichte gemacht, und zwar von rechts nach links. Der erste Stein heißt der **rechte Fußansetzer,** der mit drei Nägeln befestigt wird; dann folgen die

linken Fußsteine (Abb. 534). Ist die Bordschichte eingedeckt, so folgen die übrigen schrägen Schichten aufeinander, bis jede Schichte am Giebel mit den Decksteinen abgeschlossen wird. Die englische

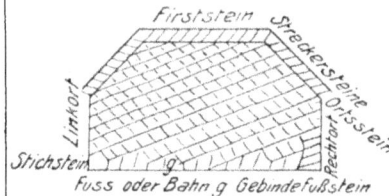

Abb. 534
Deutsches Schieferdach

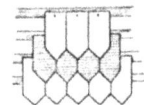

Abb. 535
Englisches
Schieferdach

Deckungsmethode ist viel einfacher und besser; es werden nur rechteckige Schieferplatten auf Latten genagelt so, daß die Steine auf 2 bis 3 Lattenweiten zu liegen kommen (Abb. 535). Früher verwendete man Kupfernägel, jetzt breitköpfige Drahtstifte. Die Platten werden mit Vorteil in Ölkitt verlegt. Zur Eindeckung der Kehlen verwendet man Zinkblech.

Vorzüglich und den Schieferdächern sehr ähnlich ist die Eindeckung mit **Eternit,** d. s. Asbestzementsteine, wie sie im I. Fachbande unter [372] beschrieben wurden.

[241] Ziegeldächer.

Die Dachziegel (Biberschwänze) sind in der Regel bis zum Sintern gebrannt. Zur Abdeckung der Firste und Kehlen verwendet man Hohlziegel. Man unterscheidet:

1. Das einfache **Splleßdach.**
2. Das **Doppeldach.**
3. Das **Kronendach.**

Diese Dacheindeckungen unterscheiden sich nur in der abweichenden Überdeckung der Ziegelreihen und in der Lattenentfernung. Alle Steine müssen ihrer ganzen Länge nach aufeinander liegen und sich decken; sie dürfen nicht an ihrem unteren Ende klaffen, was nur erreicht werden kann, wenn alle Latten gleichstark und die Dachsteine eben und nicht windschief sind. Das Eindecken geschieht von beiden Seiten, damit keine ungleichmäßige Belastung des Dachgerüstes entsteht.

Beim **Splleßdach** (Abb. 536) muß die oberste und unterste Schichte aus einer doppelten Steinreihe bestehen, damit keine Fugen offen bleiben; unter

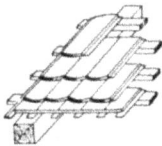

Abb. 536
Splleßdach

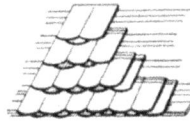

Abb. 537
Doppeldach

die anderen Reihen legt man Holz-Zinkblechspieße.

Bedeutend dichter ist das **Doppeldach**, weil sich die Steine auf $2/_3$ überdecken (Abb. 537).

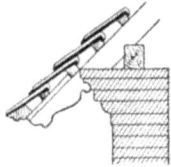

Abb. 538
Kronendach

Beim **Kronendach** trägt jede Latte eine doppelte Lage Steine, so daß stellenweise 4 Steine aufeinanderliegen; die Latten werden wegen der großen Belastung 4—7 cm stark genommen (Abb. 538). **Bei trockener Eindeckung wird kein Ziegeldach dicht; guten Verschluß erzielt man erst bei Mörtelbettung mit fettem Kalkmörtel.** Die Kehlen werden am besten durch Blech gesichert. Sehr sorgfältig sind die Durchbrechungen der Dachfläche durch Schornsteine usw. zu behandeln.

[242] Dachpappendach.

$\left(h = \dfrac{1}{10} \text{ bis } \dfrac{1}{15} s\right)$. Solche Dächer widerstehen dem Angriff des Feuers von unten her sehr lange, weil sich infolge des dichten Abschlusses unter dem Dache Gase ansammeln, die die Ausbreitung des Feuers hindern. **Dachpappendächer werden meist auf Schalung hergestellt.** Die 2½ mm dicke Dachpappe (Teerpappe) ist 1,5—2,5 m breit und wird in Rollen von 15—20 m Länge geliefert. Sie besteht aus einer groben, langfaserigen Papiermasse, die mit nicht entöltem Steinkohlenteer getränkt und mit feinem Sand beworfen ist, um das Kleben im aufgerollten Zustande zu hindern. Gedeckt wird meist rechtwinklig zum First in Doppellagen, von denen die erste Lage durch Eisendrähte festgehalten wird.

[243] Das Holzzementdach

ist nach Ansicht vieler Fachleute für flache Dächer das beste und dauerhafteste Dach. Auf gespundeter Schalung wird zunächst eine 2—3 cm starke Schichte aus feinem Sande aufgetragen, dann folgt eine Lage Dachpappe, worauf eine dünne Lage erwärmten

Holzzementes, einer Mischung aus Steinkohlenteer mit Pech, Steinkohle usw., dicht und gleichmäßig aufgetragen wird. So folgen vier solcher Lagen aufeinander, wobei die Ausbildung des Gesimses und die Ausbildung der Anschlüsse von großer Bedeutung sind.

[244] Metalldächer

empfehlen sich namentlich bei Kupfer durch ihre unverwüstliche Dauer. **Schalung ist erforderlich.** Die Verbindung der Platten geschieht durch Falze und Haften, ohne daß sie in ihrer Beweglichkeit gehindert werden.

Ein sehr gutes Deckmaterial ist neuestens das **Zink**, das auf Schalung verlegt wird. Die Schalung wird senkrecht zur Traufe aufgenagelt. Da das Zink an freier Luft sehr bald oxydiert, erhält es damit eine schützende Haut, die einen Ölanstrich ganz unnötig macht.

Das Löten der Bleche ist zwar die ungünstigste Art der Dachdeckung, wird aber leider noch häufig angewendet.

Am besten ist die Deckung durch Falzung nach dem Leistensysteme, wobei die Quernähte durch Falzung allein gedichtet werden.

Die Deckung mit Wellblech erfordert in der Regel keine Schalung; die Wellenform ist sehr günstig, weil sie einerseits den Spannungen Rechnung trägt und anderseits das Wasser schnell abführt.

[245] Dachrinnen, Dachkehlen, Dachfenster.

Die Dachrinnen werden flach oder als Kastenrinnen aus Zinkblech angefertigt.

Ihre Vorderkante muß immer tiefer liegen und die Rinne genügend weit sein.

Das Zinkblech muß frei beweglich sein, soll daher nicht genagelt, sondern muß gut gelötet sein.

Manchmal wird eine aus weichem Eisen hergestellte und angenietete Feder angewendet, um die

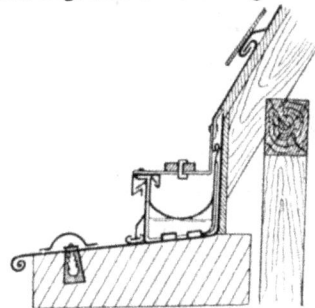

Abb. 539
Dachrinne

Rinne gegen das Abheben durch den Wind zu schützen (Abb. 539).

Die Dachkehlen sind als Rinnen aufzufassen, dürfen nicht genagelt, sondern nur geheftet werden. Bei Dachsteinen legt man am besten den Anschluß vertieft.

Die Dachfenster werden meist aus gepreßtem und verzinktem Eisenbleche hergestellt; in der Regel sind sie zum Heben der Glasfläche eingerichtet. Häufig werden die Dachfenster auch zum Aussteigen benützt.

Der Abführung von Regen und Schneewasser ist bei jedem Gebäude besondere Aufmerksamkeit zu widmen.

10. Abschnitt,

Der innere Ausbau.

A. Balkenlagen.

[246] Die Balkenlagen.

a) Um ein Gebäude in horizontaler Richtung in einzelne Stockwerke zu unterteilen, sind **Decken** und **Böden** notwendig, welche bei Verwendung des Holzes aus **Balkenrosten** bestehen, die als Auflager der Fußböden und zum Halten der Decken dienen. Die deutschen Balkenlagen zerfallen je nach den Orten, wo sie angewendet werden, in:

1. **Kellerbalkenlagen,**
2. **Zwischenbalkenlagen** und
3. **Dachbalkenlagen.**

Die **Kellerbalkenlagen** dienen als Ersatz der Gewölbe, kommen übrigens nur in billigen Bauanlagen vor. In ihrer Konstruktion sind sie ganz gleich den Zwischenbalkenlagen (Abb. 540), bei denen **Hauptbalken** (*a*), **Zwischenbalken** (*b*), die mit Spitzkämmen und eisernen Schienen verbunden werden, **Wandbalken** (*c*), die nur auf einer Mauer aufliegen, die nicht weiter aufgeführt wird,

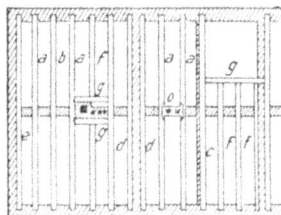

Abb. 540
Balkenlage

Streichbalken (*d*), die unmittelbar neben einer durch das Stockwerk reichenden Mauer liegen, vorkommen. **Ort- und Giebelbalken** *e* sind Streichbalken, die neben der Giebelmauer liegen. Streichbalken ist meist nur ein Halbholz, weil er nur die Hälfte der Balkenbelastung zu tragen hat. Bei Riegelwänden liegt er in der Wand und bildet den Rähm für die untere und die Schwelle für die obere Riegelwand. Ausgewechselte Stichbalken *f* sind solche, die nicht ganz durchgehen, sondern wegen eines Schornsteines oder Treppenloches ausgewechselt werden müssen. Hierher gehören die **Wechsel** *g*, die durch Brustzapfen mit den Hauptbalken verbunden sind. Bei Anordnung der Balkenlagen muß beachtet werden, daß die Balken möglichst wenig freiliegen und stets rechtwinklig zur Frontmauer gerichtet sind, was bei gleichmäßig gestalteten Grundrißformen leicht zu erreichen ist.

Bei massiven Gebäuden ordnet man zuerst die Ort-, Streich- und Wandbalken an, zwischen welche man so viele Hauptbalken einschaltet, als die Zwischenräume durch 0,8—1,0 m teilbar sind, so daß die Balken nicht gleichweit voneinander entfernt sind.

Gleichzeitig mit den Hauptbalken werden die ausgewechselten Stichbalken, sowie die Schornstein- und Treppenwechsel eingezeichnet. Erwähnen wollen wir noch, daß man in die Ecken möglichst weit durchgehende Balken legt, die als Anker wirken, und daß man tunlichst nicht alle Zwischenwände mit Balken belastet, damit man nur einige stärkere Tragmauern erhält, während man die anderen als bloße Scheidemauern schwächer halten kann. In der Regel legt man die Hauptbalken nicht weiter als 1 m, bei stärker belasteten Gebälken nur 0,8—0,9 m weit von Mitte zu Mitte. Das Auflager der Balken muß breit genug sein, um ein Abrutschen der Balken-

köpfe zu verhüten; mindestens muß er soviel aufliegen, als er hoch ist; meist bekommen kurze und schwach belastete Balken eine Ziegelbreite, lange und stark belastete eine Ziegellänge als Auflager. Um den Druck gleichmäßig auf das Mauerwerk zu übertragen, muß jeder Balkenkopf auf einem breiten Unterlager liegen, welche bei bündigen Mauern aus einem isolierten **Mauerklotze** und bei Mauern mit einem Absatze aus einer **Mauerlatte** besteht. Sie müssen natürlich über dem höchsten Fenster- oder Türbogen und vollständig in der „Wage" liegen. Die Mauerklötze fertigt man aus gutem Eichenholze, die Mauerlatten aus kernigem Tannenholz an; letztere werden verkämmt (Abb. 541). Beim Verlegen der Balken ist zu beachten, sie vom frischen Mauerwerk, das stets feucht ist, gut mit Ziegeln oder Holz zu isolieren.

Alle übrigen Hilfsmittel, insbesonders das Umnageln der Köpfe mit Teerpappe, sind schädlich, weil

Abb. 541
Mauerlatten

Abb. 542
Verankerung

sie das Verdunsten des überflüssigen Wassers verhindern und so die Holzfäulnis erst recht begünstigen.

Wichtig ist die Verankerung der Balken, die meist bei jedem dritten oder vierten Balken geschieht (Abb. 542).

Nicht nur die Langmauern, sondern auch die Giebel müssen verankert werden, während bei Fachwerksgebäuden eine Verankerung nicht vorkommt.

Die **Dachbalkenlage** heißt jener Balkenrost, der das oberste Stockwerk bedeckt, den Dachbodenraum von diesem Stockwerke trennt und außerdem noch das hölzerne Dachgerüst trägt. Während sonach das Zwischengebälk sich nur nach der Stellung des unter ihm befindlichen Stockwerkes richtet, kommt bei der Dachbalkenlage noch die Anordnung des Dachgerüstes und der zu diesem gehörigen vertikalen und horizontalen Stützen (Stiele, Stuhlsäulen und Streben) in Betracht. Streichbalken kommen im Dachgebälke nie vor, wenn nicht innere Mauern den Dachfußboden überragen, was manchmal beim Aufführen der inneren massiven Treppenhauswände bis unter das Dach der Fall ist.

Auf jede Wand legt man einen Wandbalken, um an dessen Unterfläche die Deckenschalung befestigen zu können. Neben den Giebeln oder Brandmauern ordnet man die **Ortbalken** an, die zur Hälfte auf dem Mauerabsatze liegen; diese sind als Bundbalken stets aus Vollholz.

Die Bund- oder Binderbalken müssen ihrer ganzen Länge nach aus einem Stück oder aus mehreren, mit eisernen Schienen zusammengelaschten Hölzern bestehen. Bundbalken, die in Entfernungen von 3—5 m liegen, müssen möglichst lang auf der Mauer liegen und dürfen nie ausgewechselt werden. Bei jedem Hauptbinder wird ein Bundbalken angeordnet, auf dem dann alle übrigen Sparren aufgekämmt werden, so daß die Balkenlage von der Lage der Sparren unabhängig bleibt. Noch freieres Spiel gewähren die Dachstühle mit Kniestock oder mit Drempelwand.

Die eine vertikale Seite der Bundbalken muß bündig mit der entsprechenden Seite des Hauptbinders sein und von dieser Bundseite werden alle Maße für die Zapfenlöcher aufgetragen. Bevor das Einzeichnen der Balkenlage beginnt, muß das Dach ausgemittelt werden. Dann gibt der Hauptbinder die Lage für die Bundbalken an, zwischen welche die Zwischenbalken in Entfernungen von 0,95 bis 1,25 m zu liegen kommen. In dem Grat ist bei allen abgewalmten Dächern ein Gratstichbalken, ebenso muß bei den Kehlen (Ixen) ein Kehl- oder Ixenstichbalken angeordnet werden.

Auch im Dachgebälke geschieht die Verankerung bei jedem Bundbalken.

In Amerika und England werden häufig die einzelnen Balken versprengt, um die Balken vor dem Umkippen zu

Abb. 543
Versprengung

bewahren. Manchmal bedient man sich auch der Spannbohlen (Abb. 543).

Um in Wohnungen den Balkenrost nutzbar zu machen, muß man ihn mit Fußbodenbrettern bedecken, ihn mit einer Zwischendecke versehen und von unten verschalen.

[247] Unterstützung und Verstärkung der Balkenlage.

Wenn die Balken weit freiliegen oder die auf denselben ruhende Belastung so groß ist, daß der ganze Balkenrost sich nicht allein schwebend erhalten kann, bedürfen sie einer Unterstützung, die stets rechtwinklig zum Balkenrost und entweder als „Unterzug" unter ihm liegt oder bei Dachgebälken ober ihm liegt. In beiden Fällen heißt der Stützbalken Träger und hängt häufig an Hängewerken. Mitunter wird auch der Balken durch ein umgekehrtes Hänge- oder Sprengewerk armiert. Die Berechnung aller dieser Konstruktionen findet sich in der Baumechanik.

B. Deckenkonstruktionen.

[248] Hölzerne Decken.

Holzdecken stehen zwar in bezug auf Dauer, Tragkraft und Feuersicherheit den Stein- und Eisendecken weit nach. Da sie aber schnell und billig herzustellen, leicht sind und daher das Mauerwerk wenig belasten, werden sie auch heute noch bei Wohngebäuden und Fabrikbauten vielfach verwendet. Der eigentlich tragende Teil ist immer die Balkenlage.

Die Deckenschalung ist eben, entweder glatt oder kassettiert, seltener gekrümmt; sie besteht aus Brettern oder Bohlen und hat den Zweck, die Balkenlage nach unten zu verdecken und nach oben abzuschließen oder als Auflager für das Füllmaterial zu dienen. Die untere Schalung muß verrohrt und verputzt werden. Das Füllmittel, die Deckenfüllung, hat den Zweck, die Leitungsfähigkeit für Schall und Wärme herabzumindern.

Abb. 544   Abb. 545
Sturzdecke

Die **einfache Decke**, die **Sturzdecke** (Abb. 544), ist nur für Maga-

zine und Werkstätten verwendbar, wo es nicht stört, wenn man von einem Geschoß ins andere hört oder sieht.

Für Wohnräume wählt man die verschalte Decke, die **Tramdecke** (Abb. 546). In Norddeutschland wendet man statt dieser Konstruktion meist die sog.

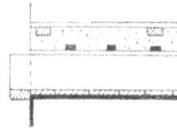

Abb. 546   Abb. 547
Tramdecke   Einschubdecken

Windelboden an, die zur Kategorie der **Einschubdecken** (Abb. 547) gehört. Die **Dübelboden** sind speziell in Österreich für das oberste Stockwerk vorgeschrieben, welches an den Dachraum anschließt, und müssen durch ein Ziegelpflaster gegen direkte Inbrandsetzung von oben geschützt sein (Abb. 548). Um die Erschütterungen der Decke nicht auf den

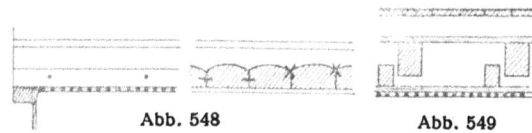

Abb. 548   Abb. 549
Dübelboden   Fehlböden

Plafond fortzusetzen, macht man **Fallböden** oder **Fehlböden** (Abb. 549), bei welchen der Plafond nicht an die Trame, sondern an schwachen Balken, den Fehlträmen, befestigt sind, was aber sehr teuer ist und eine bedeutende Konstruktionshöhe verlangt. Kassettendecken sind nach unten offene Sturzdecken, die durch Querbalken in Felder eingeteilt sind.

Außerdem gibt es eiserne Decken und solche mit gemischter Konstruktion aus Stein, Beton usw.

[249] Steindecken.

Man gliedert sie in:

1. Betondecken mit oder ohne Eiseneinlagen,
2. Decken mit oder ohne Eiseneinlagen aus gewöhnlichen vollen oder hohlen Backsteinen.
3. Decken mit Eisenklammern in Formsteinen.

Die wirtschaftlichen Vorteile, die Betondecken im Gegensatze zu Holzbalkendecken bieten, lassen sich kurz dahin zusammenfassen, daß bei einer Betondecke im Vergleich zur Holzbalkendecke etwa 40% an Höhe gespart werden, wenn man ausschließlich fette Mischungen verwendet. Freilich haben Betondecken auch unangenehme Eigenschaften: starke Schall- und Wärmeleitung; sie neigen zur Rissebildung und führen häßliche Ausschwitzungen herbei.

Unter neueren Deckenkonstruktionen sind zu erwähnen:

1. Die **Schneidersche Decke** aus Isolierbimsmaterial. Bims ist ein vulkanisches Produkt, das sich am Rheine bei Neuwied vorfindet. Das Material isoliert gut, ist sehr leicht und widerstandsfähig. Schneider konstruiert seine Kappen so, daß die einzelnen Streifen als $\top$-Träger wirken. Zu dem Ende breitet er Bimsbeton in einer Stärke von 2—4 cm lose über die Schalung aus und stellt dann aus Schwarzblech Stege von 2—4 cm Stärke her in Abständen von 33—55 cm, verfüllt die Zwischen-

räume mit losen Bimsstücken und breitet über das Ganze eine 2—4 cm Bimsbetonschicht (Abb. 550).

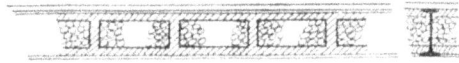

Abb. 550
Schneidersche Decke

2. Die **Stoltesche Decke**, bei der Stegzementdielen mit Bandeiseneinlage verwendet werden (Abb. 551).

3. Die **Kleinesche Decke.** Kleine hat mit Erfolg oben und unten eben begrenzte Kappen unter Verwendung von Flacheisen-

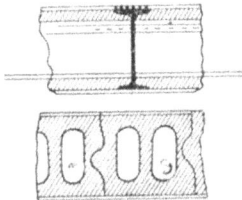

Abb. 551
Stoltesche Decke

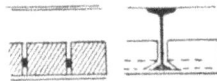

Abb. 552
Kleinesche Decke

einlagen konstruiert (Abb. 552). Die Stärke der Flacheisen schwankt je nach dem Abstand der Träger und der Art der Verlegung der Steine. Bei der Berechnung sind Belastungen von 400—750 kg per 1 m² zugrunde zu legen.

Ähnlich ist auch die **Viktoriadecke**, nur werden statt der Kleineschen Flacheisen gebogene Rundstäbe verwendet.

4. Die **Atlasdecke** (Abb. 553), von Prof. Lange konstruiert, ist eine Hohlsteindecke, die das Eisen als durchlaufendes Konstruktionselement nicht benützt. Der Stein ist so dimensioniert, daß entsprechend der geringeren Zugfestigkeit von

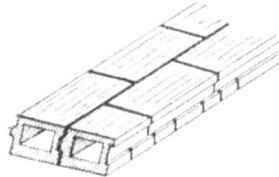

Abb. 553
Atlasdecke

Steinmaterial mehr Material in der Zugzone liegt als in der Druckzone. Weil aber dieses gesunde Prinzip in den Mörtelfugen versagen würde, werden die Steine mit gebogenen, in Zementmörtel gebetteten Flacheisenklammern zusammengehalten. Die einzelnen Steine greifen nach der Querrichtung mittels Feder und Nut ineinander; ein Herausreißen einzelner Steine ist hierdurch ausgeschlossen.

5. Die **Wingensche Decke**, die aus stark durchlochten Formsteinen gebildet ist, stellt eine sehr trag-

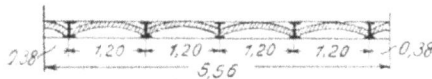

Abb. 554
Wingensche Decke

fähige, dabei oben und unten wagerecht begrenzte Decke dar (Abb. 554).

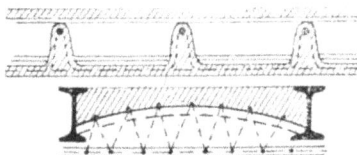

Abb. 555
Hansadecke

6. Die **Hansadecke** (Abb. 555) besteht eigentlich aus zwei Decken, einer tragenden und einer abschließenden, unten sichtbaren Decke.

[250] Leichte Innenwände.

Solche sind: Wände aus Korksteinen, die gut isolieren, Gipsdielen usw. Rabitzwände, die aus einem mit Kalkgipsmörtel beworfenen Drehgebälke bestehen, Monierwände usw., die wir bereits im I. Fachbande unter [372] erwähnt haben.

C. Treppenanlagen.

[251] Allgemeines.

a) **Trittstufe** (Abb. 556) a ist der Teil, auf den man tritt. **Setzstufe** b der, gegen den man tritt. **Blockstufe** ist eine volle Stufe, der **Antritt** ist die erste und letzte Stufe einer Treppe bzw. eines Treppenarmes, während **Auftritt** die horizontale Entfernung von Vorderkante-Setzstufe zu Vorderkante-Setzstufe ist. Steigung d ist der Höhenunterschied zwischen 2 Stufen. **Podest** bezeichnet einen Ruheplatz, der in der Regel nach

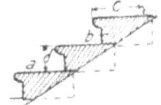

Abb. 556

12—15 Stufen angelegt wird; Treppenbreite ist der lichte Abstand zwischen den Wangen, Treppenwangen sind die Längsträger einer Treppe. Das Treppengeländer dient zum Anfassen und zum Schutz gegen Herunterfallen; dessen oberer Teil heißt Handläufer, die Geländerstäbe Docken. Treppenarm ist eine ununterbrochene Reihenfolge von Stufen zwischen An- und Austritt. **Treppenhaus** der Teil des Gebäudes, in dem die Treppe liegt.

Erfahrungsgemäß erzielt man eine sehr bequeme Treppe bei 15 cm Steigung und 30—34 cm Auftritt. Man geht dabei von der Annahme aus, daß ein Mann von mittlerer Größe auf horizontaler Bahn 60—64 cm weit schreiten kann und daß das Hinaufsteigen doppelt so schwer ist wie das Fortschreiten auf ebenem Boden.

[252] Freitreppen.

Unter einer Freitreppe versteht man eine Treppe, die den Verkehr mit der Außenwelt ermöglicht. Da sie dem Einfluß der Witterung ausgesetzt ist, darf man zu solchen Treppen nur widerstandsfähige Baustoffe (Sandstein, Granit, Kunststeine) wählen. Man hat zu achten, daß das Wasser nach vorne abgeleitet wird und nicht in die Fuge zwischen zwei Stufen eindringen kann, da sonst die Stiege bei eintretendem Froste bald zerstört wird. Auch sollen sich die Stufen gehörig stützen, damit kein Fortrutschen und Umkanten einzelner Stufen eintrete.

[253] Massive Haupttreppen.

Massive Treppen sind vorzuziehen, weil sie bei einem Brande nicht so leicht zerstört werden. Übrigens sind nicht alle natürlichen Steine feuerbeständig. Eiserne Treppen bieten nicht dieselben Vorteile wie die steinernen.

Die Gefahr, daß Treppen bei einem Brande nicht passierbar sind, liegt mehr in der Rauchbildung, weniger in der Konstruktion aus leichter verbrennlichen Stoffen.

Haupttreppen, die den Hauptverkehr vermitteln, sind **unterstützt** oder **freitragend**. Als Unterstützung wählt man meistens Gewölbe aus Backsteinen oder Beton, die sich zwischen zwei gegenüberliegende Treppenhausmauern oder zwischen eine Mauer und einen Gurtbogen oder ⊥-Träger spannen. Man verwendet hierzu preußische oder böhmische Kappen. Kreuz- und Kuppelgewölbe, die dann einen entsprechenden Plattenbelag tragen.

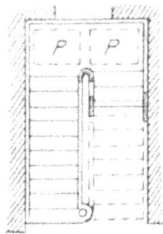

Abb. 557
Massive Treppe

Bei **freitragenden** Konstruktionen werden für die Podeste (Abb. 557) Platten, für die Stufen massive Blockstufen verwendet, wobei die Tiefe ihrer Einmauerung von der Breite *b* der Treppe abhängt; sie beträgt in der Regel = $^6/_5$, soll aber nie unter 20 cm sein.

Sehr vorteilhaft für das Begehen von Steinstufen ist ein Belag von Bohlen oder Linoleum. Zu diesem Zwecke mauert man Holzklötze ein, auf die man die Bohlen mit Holzschrauben befestigt. Linoleum wird aufgeklebt. Massive Stufen werden auch aus Beton hergestellt, indem man entweder Betonstufen in Kästen anfertigt oder sie an Ort und Stelle auf Schalung stampft.

Für die möglichst lange Begehbarkeit einer massiven Treppe ist im Falle eines Brandes eine feuersichere Abdeckung des Treppenhauses nötig. Es kann diese durch Gewölbe oder mit verzinktem Trägerwellblech erreicht werden. Das Wellblech muß durch einen Verputz gegen Feuer geschützt werden.

[254] Hölzerne Treppen.

Diese werden meist aus Tannenholz angefertigt; nur bei größeren und reicheren Treppen bedient man sich des Eichenholzes, welches, mit Öl getränkt, ein sehr schönes Ansehen erhält.

Die einfachste Konstruktion haben Keller- und Bodentreppen, die häufig gerade sind und zwischen zwei Balken liegen. Meistens erhalten sie keine Futterbretter, sondern nur Trittstufen, die in 8 bis 10 cm starke Wangen gesteckt werden.

Bei besserer Ausführung gibt man den Bodentreppen auch Futterbretter, um die Tritte zwischen zwei Trittstufen auszufüllen und die Treppe dicht zu machen.

Das Knarren einer Treppe ist stets das Zeichen einer mangelhaften Verbindung zwischen Trittstufen und Futterbrettern.

Am zweckmäßigsten werden die Futterbretter mit einer Nute in die Unterfläche der Trittstufe eingelassen und angenagelt, dann innerhalb liegen, verschalt, berohrt und geputzt. Auf die Öffnung in der Decke, durch welche die Treppe geht, muß besonders Rücksicht genommen werden; sie muß hoch genug sein, damit man beim Auf- und Niedergehen mit dem Kopfe nicht an die Treppenöffnung begrenzenden Balken oder Wechsel anstößt, wozu eine Höhe von 2,2—2,5 m genügt.

Die Hauptstiegen der Wohngebäude bestehen selten aus einem einzigen, in gerader Richtung unterbrochen aufsteigenden Arme. Bequemer lassen sich Treppen besteigen, bei denen in bestimmten Zwischenräumen Podeste oder Ruheplätze vorkommen. Die unterste Stufe fertigt man aus vollem Holze an und heißt sie dann Blockstufe, die fundamentiert wird und sich gegen den Fußboden setzt, damit sie nicht ausgleiten kann. Die Blockstufe wird abgerundet und als Standort der Treppenpfosten benutzt. Die Trittstufen werden aus 5—6 cm starken tannenen oder eichenen Pfosten gefertigt, die Futterbretter macht man aus 2—2,5 cm starken Brettern. Für Treppen von mittlerer Größe genügen 9 cm starke Bohlen als Wangen.

In bürgerlichen Gebäuden legt man die Treppe oft in die Ecke, wodurch Windungen entstehen.

Bei gewendelten Treppen macht man die Stufen in der Mitte ebenso breit wie in dem geraden Laufe (Abb. 558); die Verteilung wird auf der Mitte der Treppe vorgenommen, woraus sich die Anzahl und die Breite der erforderlichen Stufen ergibt.

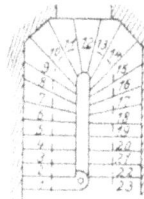

Abb. 558
Gewendelte Treppe

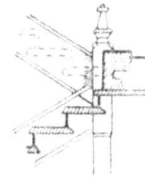

Abb. 559
Aufgesattelte Treppe

Bei den hölzernen Treppen unterscheidet man **Blocktreppen**, die eine Nachbildung der Steintreppen darstellen (Abb. 556), eingeschobene oder **Leitertreppen**, **gestemmte Treppen** und **aufgesattelte Treppen**, bei welchen die Stufen auf sägeförmig ausgeschnittenen Wangen aufgeschraubt sind (Abb. 559). Die Zargen, Wangen oder Treppenbäume sind bei geraden Treppenarmen und gleichen Stufenbreiten gerade, werden aber bei gewendelten Treppen geschweift und aus breiteren Holzstücken herausgeschnitten.

Das **Geländer** dient zur Sicherheit beim Begehen; es erhält eine Höhe von 0,80 m über der Stufenkante und besteht aus dem Pfosten, dem Handgriffe und den 15 cm voneinander abstehenden Stäben.

Eiserne Treppen werden aus Guß- oder Schmiedeeisen hergestellt, wobei die Trittstufen aus demselben Materiale, aus Holz oder dünnen Steinplatten bestehen. Feuersicher sind solche Treppen nur dann, wenn das Eisen mit einem Mantel von Gips oder Zement umgeben ist.

[255] Wendeltreppen.

Zu diesen rechnet man alle Treppen (Abb. 560), bei denen die Stufenlage nicht normal zu den Wangen ist. Man trifft dann die Anordnung so, daß durch die Mittellinie eine gleichmäßige Teilung der berechneten normalen Stufenbreite vorgenommen wird, worauf man die Vorderkante der Stufe radial verlaufen läßt. Sie werden aus Holz angefertigt mit einer **hohlen Spindel**, einem entsprechend stärkeren Rundholze, das sorgfältig mit dem oberen und unteren Ende befestigt ist.

Aus Gußeisen eignen sich Wendeltreppen nur dann, wenn sie von geringer Laufbreite sind. Schmiedeeiserne Treppen können ebenfalls freitragend konstruiert werden, sie zeichnen sich durch gefällige formale Ausbildung und große Zierlichkeit aus. Ihre Feuersicherheit kann erhöht werden durch Verkleidung mit Wellblech unter den Läufen und durch Anwendung von Monierkonstruktionen.

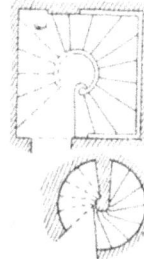

Abb. 560
Wendeltreppen

D. Tür- und Fensterkonstruktionen.

[256] Türöffnungen.

Das Lichtmaß einer Tür ist der im Lichten gemessene Abstand der inneren Teile einer Türöffnung. Man macht eine Türöffnung um 8—10 cm weiter, als das Lichtmaß derselben betragen soll, um ein Türgestell aus Bohlen einsetzen und daran das Futter befestigen zu können. Befinden sich die Türöffnungen in einer 1 Stein starken Mauer, so macht man das Futter aus je einem Brett; sind sie stärker, so setzt man das Futter aus Rahmen und Füllung zusammen. Die untere Begrenzung einer Türöffnung heißt **Schwelle,** die obere **Sturz,** die seitlich das **Gewände.** Die Bekleidung befestigt man an einem eingesetzten Zargengestell (Abb. 561). Am häufigsten ordnet man Füllungstüren an, die aus einem Ober- und Unterrahmen und einer eingeschobenen

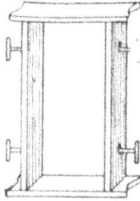  

Abb. 561   Abb. 561a   Abb. 261 b
Zargengestell   Füllungstür   Brettertür

Füllung bestehen (Abb. 561a), während man für untergeordnete Zwecke Latten- und Brettertüren verwendet (Abb. 561 b).

Bei zweiflügeligen Türen bringt man Schlagleisten an. Die Türen werden bei schweren Toren in Ring-, Hals- und Zapfenbänder oder bei Zimmertüren in Aufsatzbänder eingehängt, in die oft Kugeln eingelegt werden, um die Reibung zu vermindern.

[257] Fensteranlagen.

In das Lichtmaß des Mauerwerkes wird das Fenster hineingearbeitet; zunächst wird das Rahmenholz mittels Bankeisen oder einer Steinschraube gegen den Anschlag befestigt und das Ganze durch Holzkeile gegen seitliche Verschiebung gesichert. Im Rahmenholz bewegt sich das eigentliche Fenster, das aus Drehflügel, Schiebeflügel und Klappflügel besteht, worauf auf eine möglichst luft- und wasserdichten Abschluß zu achten ist. Die gewöhnlichen Fensteröffnungen sind 1,0—1,26 m breit und 2,0 bis 2,75 m hoch. Die Höhe der Fensterbänke schwankt von 0,75—1,0 m. Die Drehflügel können nach außen oder innen geöffnet werden. Die Konstruktion eines nach innen aufgehenden Fensters zeigt Abb. 562.

Abb. 562a   Abb. 562b   Abb. 562c
Fensterdetails

D ist das Kämpferholz zur wagerechten Teilung der Fensteröffnung, R das untere Stück des Rahmens, L das Lattenbrett zur Abdeckung der Fensterbank, F der untere Teil des Fensterflügels mit dem Wasserschenkel S zur Ableitung des Regenwassers. Das Zusammenschlagen der Flügel geschieht nach Abb. 562 c.

E. Fußböden.

[258] Holzfußboden.

Man unterscheidet gefugte, gespundete und gefederte Böden. Die gefugten haben den Nachteil, daß sie leicht den Staub, der sich aus der Verfüllung der Balkenlage entwickelt, durchlassen. Da das

Holz stets austrocknet, ist es vorteilhaft, möglichst schmale Bretter zu verwenden. Zu gewöhnlichen Böden nimmt man Weiß- oder Rottannenholz, zu stark frequentierten aber Buchen- und Eichenholz. Gewöhnlich gefugte Böden lassen sich durch Ausspänen dicht machen. Die **gespundeten** Böden sind viel dichter und bilden einen festeren Boden, weil sich die einzelnen Bretter gegenseitig stützen; sie erfordern aber mehr Material. Auf das Verlegen ist Sorgfalt zu verwenden. Man verlegt im allgemeinen die Bretter normal zu den Balken und so, daß sich eine Benützung derselben der Länge nach ergibt, weil ein Verschleiß nach der Quere immer die Auswechslung mehrerer Bretter bedingt. Auch empfiehlt es sich nicht, sehr starke Fußbodenbretter, die immer mit der Kernseite nach unten zu legen sind, zu verlegen in Räumen, wo eine starke Abnützung stattfindet, weil die Abnützung niemals eine gleichmäßige ist. In solchen Fällen ist es besser, zwei Lagen schwacher Bretter übereinander zu legen, von denen dann nur die obere zu erneuern ist.

Wird ein Fußboden ohne Balkenlage verlegt, so verwendet man Fußbodenhölzer, die gegen die aufgehende Mauer fest verkeilt sind. Diese Lage Hölzer legt man auf Gewölben tunlichst in Sand.

Eine andere Art der Fußbodendielung ist das **Bandparkett,** die als „Wiener Fußboden" bekannt ist. Es besteht aus Eichenholz von 100 cm Länge, 10 cm Breite und 3 cm Dicke. Diese Riemen werden abwechselnd gestoßen und durch Federn aus Eichenholz miteinander verbunden, während eine schräge Nagelung sie mit dem Auflager verbindet.

Eine Ausbildung des Parkettfußbodens besteht noch in der Form des **Tafelparkettes,** bei dem sich der Fußboden aus 60 × 60 großen, zusammengeleimten Tafeln zusammensetzt, die auf Blindboden oder Beton durch Aufkleben einer Mischung von Kalk und Käse befestigt werden.

Alle Fußböden aus Holz erhalten ringsum einen Abschluß gegen die Wand durch aufgenagelte Leisten oder Wandvertäfelungen, die bei größerer Höhe **Lambris** oder **Paneel** genannt werden. Fußböden in Kellerräumen werden mit Ziegel gepflastert, wobei Flach- und Rollschichten verwendet werden.

[259] Estriche.

Zu den massiven Fußböden rechnet man Zementböden, dann jene aus Xylolith (Steinholz), Estrichgips, Asphaltestrich aus Guß- oder Stampfasphalt und aus Linoleum. In neuerer Zeit findet übrigens der Terazzofußboden sehr viel Verwendung.

Die Installationen für Wasser, Gas und Elektrizität, sowie die Einrichtungen für Heizung und Ventilation werden zusammenhängend im nächsten Fachbande „Maschinenbau und Elektrotechnik" besprochen werden.

[260] Umbauten und Reparaturen.

Vor jedem Umbau muß das Gebäude genau untersucht werden. Zunächst ist festzustellen, ob das vorhandene Mauerwerk ohne Gefahr an einigen Stellen durchbrochen werden kann, ob es imstande ist, die ihm durch den Umbau zugemutete Last zu tragen, wobei Bruchsteinmaterial sowohl hinsichtlich des Ausbrechens als auch wegen des mangelhaften Verbandes weit schwerer zu beurteilen ist. Das Grundmauerwerk ist dahin zu untersuchen, ob es trocken ist und andernfalls die Ursache der vorhandenen Feuchtigkeit festzulegen.

In bezug auf das Holzwerk ist namentlich das Dachgebälke auf seinen Bauzustand zu überprüfen, denn wenn dieses rationell verwendet wurde, ist dasselbe auch bei den versteckt liegenden Holzkonstruktionen anzunehmen. Balkenköpfe sind hierbei sehr genau zu prüfen, angefaulte Balkenköpfe durch Bohlenstücke zu armieren oder durch Träger zu unterstützen und aufzuhängen. Es ist nachzusehen, ob sich die Balkenanker in gutem Zustande befinden, ob die Balkenlage noch horizontal liegt, sowie ob die Fenster und Türen gut erhalten sind. Sehr wichtig sind für den Bautechniker einige Anhaltspunkte, wie bei den häufiger vorkommenden Reparaturen zweckmäßig vorgegangen werden soll, um auf die einfache Weise den beabsichtigten Zweck zu erreichen.

Die häufigsten Aufgaben sind etwa die folgenden:

1. **Es soll die in eine Mauer zu brechende Öffnung von 2 m lichter Weite mit einem I-Träger überdeckt werden.** Man stemmt zunächst die für die Unterlagsplatten erforderlichen Öffnungen aus und verlegt die Platten dann so, daß sie gehörig und gleichmäßig unterstützt sind. Dann beginnt man auf der einen Seite mit dem Ausstemmen einer Öffnung, in die der Träger gelegt wird. Ist derselbe verlegt, so verkeilt man ihn so fest gegen das obere Mauerwerk, daß er die ihm zugemutete Last aufnehmen kann, worauf man das Vermauern des Trägers mit Zementmörtel unter festem Antreiben des Schlußsteines vornimmt. Ganz ebenso wird mit dem Verlegen des andern Trägers verfahren. Ist die Mauer so schwach, daß beim Ausstemmen der Öffnungen der Schwerpunkt der Mauern nicht mehr unterstützt wird, so muß man größte Vorsicht anwenden, d. h. man kann dieses Verfahren ohne Abstützungen nicht mehr anwenden. Bietet die Mauer den später zu verlegenden Trägern kein genügendes Auflager mehr, so beginnt man die Arbeit damit, daß man Schlitze in die Mauer stemmt und Mauerverstärkungen aufführt.

2. **Auftreten von Grundwasser in einem Keller.** Man muß sowohl die Seitenmauer als auch die Sohle gegen das Eindringen von Wasser schützen. Von außen her stampft man rings um die Fundamentmauer fetten Lehm. Die Sohle schützt man durch ein umgekehrtes, ½ Stein starkes Gewölbe aus Klinkern in Zementmörtel und führt dann im Innern des Kellers eine 1 Stein starke Mauer in Zementmörtel bis zum Grundwasserspiegel auf.

Noch einfacher ist die Lösung, wenn man bis zur Höhe des Grundwassers das Mauerwerk reinigt, die Fugen auskratzt und dann eine 20—25 cm breite Betonmauer gegen die Kellermauern hin anstampft, und zwar muß die Mauer bis zur Fundamentsohle hinabreichen. Dann wird eine 25—30 cm starke Betonsohle auf die Kellersohle aufgestampft und das Ganze mit einem wasserdichten Putze überzogen.

3. **Künstliche Austrocknung feuchter Wände.** Beim Aufführen von Backsteinmauern müssen die Backsteine genäßt werden, damit der Stein dem Mörtel nicht sofort das Wasser entzieht. Um nun diese Menge Wasser zu entfernen, bedient man sich der Koksöfen, die Wärme und Kohlensäure zum Festmachen des Mörtels liefern.

4. **Das Heben einer Balkendecke.** Zu dem Ende hebt man die Fußbodenbretter ab, stemmt die einzelnen Balken aus der Mauer und verlegt sie nun entsprechend höher.

5. **In einem Gebäude sollen nachträglich Anker eingezogen werden.** Man bricht von innen die Öffnungen für die Anker durch, hierauf wird durch jede Öffnung eine Schnur gelegt und mit den Ankern verbunden. Dann zieht man mit Seilen von den Dachfenstern aus die Anker hoch, dirigiert sie durch die Öffnungen und befestigt sie mit Schrauben und Nägeln.

[261] Kosten und Dauer von Gebäuden.

Die einzelnen Konstruktionsteile sind zu mannigfaltig, um hier ihre Kosten angeben zu können. Sie sind ausführlich in Sonderwerken zu finden. Um aber doch einen Anhaltspunkt für die Beurteilung von Gebäudewerten zu geben, ist in nebenstehender Tabelle 10 in W_f der Neuwert eines Gebäudes pro m² bebauter Grundfläche, in W_v der Neuwert pro m³ umbauten Raumes angegeben, wenn 1000 Ziegel 25—30 GM und 1 m³ Bauholz 35—40 GM kostet.

Tabelle 10. Gebäudewert pro m² umbauter Fläche oder m³ eingebauten Raumes.

Beschaffenheit des Gebäudes	W_f pro m² bebauter Grundfläche	W_v pro m³ umbauten Raumes	Dauer in Jahren
a) Steinbauten aus Ziegel oder Bruchstein.			
1. Ländl. Wohngebäude mit etwa 3,5 m Geschoßhöhe, unterkellert	I. Geschoß 70—100 II. Geschoß 105—150	10—14	100—200
2. Städt. Wohngebäude mit 4,0 m Geschoßhöhe, Schieferdach	I. Geschoß 110—150 II. Geschoß 165—230 III. Geschoß 215—295 IV. Geschoß 270—355	15,5—20	100—200
3. Fabrikgebäude mit Sheddächern, ohne Keller	35	4,75	100
4. Schuppen mit Pappdach	22	3,3	100
b) Holz- und Fachwerkbauten.			
5. Wohngebäude .	I. Geschoß 70—215 II. Geschoß 105—315	10—26	100
6. Werkstätten . .	I. Geschoß 40—65 II. Geschoß 60—100	8—14	70
7. Speicher . . .	I. Geschoß 55—66 II. Geschoß 70—100	6—8	50

Straßen- und Wegebau.

11. Abschnitt.

Landstraßenbau.

[262] Anlage und Abmessungen der Landstraßen.

a) Die Wege sind, dem Gelände möglichst angepaßt, **auf trockenem Untergrunde, sonnig und luftig** anzulegen; **rutschiges Terrain ist womöglich zu umgehen** oder vor Inangriffnahme der Erdarbeiten zu entwässern. Die Straßenkrone liegt zweckmäßig etwas über dem Gelände. **Langgestreckte, niedrige Einschnitte sind wegen der Schneeverwehungen zu vermeiden oder durch Weißdornhecken usw. zu schützen.** Tiefe Einschnitte können den angrenzenden Ländereien durch Austrocknung nachteilig werden.

b) Die Grenzwerte der Steigungen sind:

für Kunststraßen im Gebirge 5 cm auf 1 m (1:20);
für Kunststraßen im Hügellande 4 cm auf 1 m (1:25);
für Kunststraßen im Flachlande 2,5 cm auf 1 m (1:40).

Je besser die Beschaffenheit der Fahrbahn ist, desto geringer soll die Steigung sein, weil die Abnahme der Zugleistungen bei der Bergfahrt um so mehr ins Gewicht fällt, je größer sie auf der wagerechten Strecke, also je fester und glatter die Fahrbahn ist. Die Steigungen müssen ferner in den Krümmungen kleiner als auf geraden Strecken gemacht werden.

Ganz wagerechte Strecken sind übrigens nur bei freier Lage und guter Entwässerung der Straße zulässig; aber auch da ist ein Mindestgefälle von 0,2 cm/m = 1:500 wünschenswert.

In scharfen Bögen, deren Halbmesser nie unter 30 m betragen soll, ist eine Verbreiterung der Fahrbahn notwendig. Die Breite richtet sich nach der Art und Größe des Verkehrs. In ungünstigem Gelände kommen Breiten von 2,8 m vor, wobei aber Ausweichstellen so anzuordnen sind, daß von einer zur nächsten gesehen werden kann. Sollen sich zwei Fuhrwerke überall begegnen können, so ist eine Mindestbreite von **4,6 m** einzuhalten, die aber bei Chausseen auf 9 bis 12 m gesteigert werden kann.

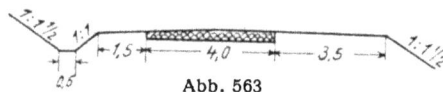

Abb. 563

Abb. 563 zeigt das Querprofil einer Chaussee mit Sommerweg, während das Beispiel eines Längenprofils in Abb. 192 gezeichnet ist.

[263] Straßenoberfläche.

a) Eine mäßige Wölbung des Planums ist selbst auf Sandwegen wegen Ableitung des Regenwassers vorteilhaft, die aber durch tiefe Gleise in der Regel bald unterbrochen wird. Bei starkem Längengefälle soll man über die ganze Breite des Weges ausgepflasterte, flache Mulden anlegen, durch welche das Wasser aus den Gleisen in die Seitengräben ablaufen kann. Im Lehm- oder Lettenboden muß die Entwässerung sehr sorgfältig sein, denn die fetteren Erdarten werden durch Regen grundlos und erhalten tiefe Gleise.

Meist wird die Oberfläche nach quergeneigten, flachen Linien geformt, die in der Mitte durch einen kurzen, flachen Bogen verbunden werden. Die Querneigung kann um so geringer sein, je breiter und glatter die Fahrbahn und je größer das Längengefälle ist.

Sie beträgt bei chaussierten Straßen 3 bis 6%,
    „ gepflasterten   „ 2¼ „ 4%,
    „ asphaltierten ,, 1,5 „ 2%.

Bürgersteige erhalten eine Querneigung von etwa 3%.

b) Gräben sind dort notwendig, wo das Planum nicht mindestens 0,6 m über dem Gelände liegt. Meist sind sie nicht zur Begrenzung, sondern auch zur Ableitung des zufließenden Wassers bestimmt und müssen dann 0,3 m Sohlbreite, 0,4 m Tiefe und 1½ fache Böschung erhalten.

Außerdem müssen sie ein ununterbrochenes Gefälle zu den Abflußstellen haben, das oft in gepflasterte Rinnen übergeht oder unterirdisch von einer Straßenseite zur anderen geleitet wird.

Auf den Landwegen und Kunststraßen wird die Chaussierung meist nur 4 m breit gemacht, bei kleinerer Breite muß aber ein 2,5—3 m breiter Sommerweg vorgesehen werden, um das Begegnen zweier Wagen zu ermöglichen.

Solche Sommerwege an Kunststraßen erhalten eine 5—8 cm starke Kiesschüttung und darüber eine 2,5 cm starke Lehmschicht als Bindemittel. In tonigem Boden ist eine Packlage aus Schotter als Unterlage für die eigentliche Kiesdecke zweckmäßig. Beiderseits schließen sich Bankette von 1—2 m Breite an.

In den Aufträgen werden die Böschungen niemals steiler als 1:1½ gemacht, während die Einschnittsböschungen eine steilere Anlage erhalten und nur in niedrigeren Einschnitten wegen der Schneeverwehungen flacher gehalten werden.

Damit läßt sich der nötige Grunderwerb feststellen, wenn man bedenkt, daß noch am Fuße der Dammböschungen und längs der äußeren Grabenränder 0,5 m breite Schutzstreifen notwendig sind.

[264] Chaussierung.

a) Nachdem das Steinmaterial herangeschafft und zugerichtet ist, wird zunächst das **Steinbett** in dem Planum vertieft, auf welches schon bei den Erdarbeiten Rücksicht zu nehmen ist. Der Boden des Steinbettes muß nach einer Lehre angelegt werden, weil die Steinbahn in der Mitte um etwa 5 cm stärker gehalten wird. Nach Herstellung des Steinbettes gräbt man an seinen Rändern 10 cm tiefe Rinnen ein und setzt die längsten Steine als **Bordsteine** aufrecht in diese Rinnen, mit der breiten Seite gegen die Erdwand des Steinbettes gelehnt. Sie bilden gleichsam das Widerlager der Steinbahn.

Zwischen den Bordsteinen wird nun eine **Packlage** aus größerem Steinmaterial gebildet, das hochkantig und mit den schmalen Seiten nach unten gepackt wird. Die Packlage wird meist 12 cm stark, nur bei schwerem Frachtverkehr 16—18 cm stark gemacht. Auf diese Packlage kommt dann die **Decklage** von kleinen Steinen in einer Stärke von 9—15 cm. Damit sie sich gut verbindet, werden die Spitzen der Packlage abgeschlagen und sorgfältig ausgewalzt. Die Steine müssen ziemlich gleich groß sein, lose aufgebracht und dann mit schweren gußeisernen Walzen abgewalzt werden, womöglich bei nassem Wetter oder bei trockener Witterung unter starkem Begießen mit Wasser. Man walzt zuerst an den Rändern und schreitet dann nach der Mitte vor. Pferdewalzen haben 1,25 m Rollfläche, leer 4000 kg und voll belastet 6000 kg Gewicht. Man walzt wohl 30—60 mal, wobei pro Arbeitsstunde etwa 50 m² einer Decklage von 10 cm Stärke fertig eingewalzt werden. Ist die Steinlage stärker, so muß länger gewalzt werden. Während des Walzens bringt man Bindematerial, und zwar Sand und Kies darauf. Hierauf bringt man eine 1 cm starke Sandschicht auf.

Die Walze wird sukzessive beschwert, bis sie zuletzt ihre volle Belastung erhält, wobei die Bespannung mit sechs Pferden nicht vermehrt zu werden braucht, weil die Widerstände mit der fortschreitenden Bewegung abnehmen.

Um das Wasser abzuleiten, durchsticht man die Seitenbankette in angemessenen Abständen oder legt Sickerkanäle durch die ganze Breite des Planums unter der Steindecke an.

Häufig wird auch die Packlage weggelassen und besteht dann bei makadamisierten Straßen nur eine Decklage aus mehreren Lagen Steinschlag, was aber für nachgiebigen Grund wenig geeignet ist. Für Kies-Chausseen muß ein vorzügliches Kiesmaterial vorhanden sein, sonst muß man noch eine Decklage aus Schotter darauf setzen. Der Steinschlag soll aus harten Steinarten bestehen, worauf bei der Abnahme der Lieferungen große Sorgfalt aufzuwenden ist, weil man den Steinbrocken nicht so leicht ansieht, daß sie weich und verwittert sind. Deshalb ist es üblich, die Steine ungeschlagen liefern zu lassen und sie erst an Ort und Stelle kleinzuschlagen.

Die abgenommenen und vermessenen Steinhaufen werden mit Kalkmilch angesprengt.

Für 1 m³ fertiger Steindecke rechnet man 1,3 m³ Feld- oder Bruchsteine.

b) **Sandige Wege** lassen sich durch Aufbringen von Lehm verbessern, welche Schichte etwa 5 cm stark ist. Solche Lehmchausseen sind bei trockener Witterung recht brauchbar. Weil sie aber in feuchtem Zustande nicht befahren werden dürfen, versieht man das Planum nur auf 2,5—3 m mit einer Lehmschichte. Jedenfalls ist die Befestigung mit Kies und Sand besser und allgemeiner anwendbar als eine Lehmdecke.

[265] Durchlässe.

Bei der Anlage von Straßen müssen nicht nur Brücken für ihre Überführung über vorhandene Bäche und Flüsse erbaut werden, sondern es ist auch für die Ableitung des in Gräben, Rinnen als sog. wildes Wasser die Linie des Straßenzuges kreuzenden Wassers Sorge zu tragen.

Die hierzu erforderlichen Durchlässe werden zwar schon bei der Entwurfsaufstellung nach Lage und Größe festgestellt, immerhin kann es vorkommen, daß sich bei der Ausführung Abweichungen als notwendig ergeben oder daß nicht vorgesehene Durchlässe angelegt werden müssen. Es ist daher wichtig, während der Erdarbeiten zu einer neuen Straße die Abflußverhältnisse der durchschnittenen Ländereien sorgfältig zu beobachten und sich mit den örtlichen Bedürfnissen bekannt zu machen.

Die erforderliche Größe der Durchlässe ergibt sich gewöhnlich aus der Größe der im Graben bereits vorhandenen älteren Durchlässe, falls sie sich ausreichend bewährt haben, ferner aus der Größe der Zuleitungsgräben, des Abflußgebietes usw.

Häufig werden die Durchlässe aus Rohren hergestellt, die aber nicht zu hoch verlegt werden dürfen. Man darf sie durchaus nicht mit ihrer Unterkante in die Höhe der Grabensohle, sondern vielmehr die Mittellinie des Rohres in letztere legen.

Bei den Durchlässen mit ebener Sohle und lotrechten Seitenwänden wäre eine solche fehlerhafte Höhenlage noch augenfälliger. Auch sie sind mit ihrer Sohle etwas tiefer zu legen, um nachträglichen Grabenvertiefungen kein Hindernis zu bilden.

Die Konstruktion der Durchlässe richtet sich nach der Weite und den verfügbaren Materialien. Zementrohre lassen sich fast überall an Ort und Stelle anfertigen und sind bei Lichtweiten von 30—100 cm recht zweckmäßig; gemauerte Durchlässe erhalten ein durchgehendes Fundament, das auch gleichzeitig die Sohle bildet. Nur bei Lichtweiten von über 1 m ist es billiger, jedem Widerlager ein besonderes Fundament zu geben und die Sohle zu pflastern. Dann sind aber wenigstens am Ein- und Auslaufe durchgehende **Herdmauern** vorzusehen.

Mit Steinplatten lassen sich Öffnungen bis zu 0,9 m Lichtweite überdecken, wobei die Platten die 1¼fache Lichtweite zur Länge haben und 0,15 bis 0,25 m stark sein müssen. Der Mittelpfeiler muß für die Auflagerung der beiderseitigen Platten nötige Stärke haben. Breitere Durchlässe werden überwölbt.

[266] Nebenanlagen.

a) **Bäume** in etwa 10—12 m Abstand sind eine angenehme Zier der Wege und im Sommer wegen des Schattens, im Winter als Wegweiser bei Schnee empfehlenswert. Nur darf die Straße nicht dem Lichte und dem Luftzuge entzogen werden, weil sie sonst nicht austrocknet, weshalb Laubhecken und geschlossene Gebüsche namentlich an Lehmwegen zu vermeiden sind.

Die 3—4jährigen, 3 cm starken und 2 m hohen Bäumchen werden auf beiden Seiten des Weges mit Versetzung um ihren halben Abstand etwa 30 cm von der Kante eingepflanzt, wobei die Baumlöcher 0,80 m tief und 0,60 m breit gemacht werden. Durch loses Anbinden an Baumpfähle gibt man dem jungen Bäumchen in den ersten Jahren einen Schutz, und damit sie nicht durch die Radachsen beschädigt werden können, setzt man zu jedem Baum einen tüchtigen Stein oder Pfahl. Um jedes Bäumchen macht man eine Rinne, in der das Regenwasser sich sammeln und einsickern kann. An schmalen Wegen setzt man die Bäume auf die äußeren Straßenrand, hinter dem Seitengraben. Die gebräuchlichsten Baumarten sind für magere Bodengattungen Birken und Akazien, in besserem Boden Linden, Kastanien, Eichen, Ulmen und Ahorne. Pappeln beschatten die angrenzenden Ländereien und sind ihnen, wie die Weiden, der Raupen wegen schädlich.

Die beste Jahreszeit zum Pflanzen ist der Spätherbst oder Frühlingsanfang, bevor nach dem Winter das Pflanzenleben wieder erwacht ist.

Eingegangene Bäume rodet man nicht aus, sondern sägt sie so ab, daß der stehenbleibende Baumstrunk einen Schutzstein ersetzt. Die neuen Bäume werden dann zwischen die alten gesetzt.

b) In Abständen von 100 m setzt man **Nummernsteine** und alle 1000 m einen größeren **Kilometerstein**. Gegen die anstoßenden Grundstücke werden Mark- oder Grenzsteine so gesetzt, daß ihre Außenkanten die Grenzlinien bilden. Sehr zweckmäßig ist es, die vorhandenen Durchlässe durch Steine mit entsprechender Aufschrift zu bezeichnen.

Auf Dämmen sind Schutzsteine erforderlich, die in Abständen von 2—4 m am Straßenrande aufgestellt werden und so hoch sind, daß die Wagenachsen noch darübergehen. An besonders gefährdeten Stellen verbindet man die Steine durch eine eiserne Stange (Gasrohr) oder man stellt ein hölzernes Schutzgeländer auf.

[267] Straßenfuhrwerke.

Für die Landstraßen bestehen in den meisten Ländern gesetzliche Vorschriften hinsichtlich der Abmessungen und Belastungen der Fuhrwerke, insbesondere über die Breite der Radfelgen, weil diese für die Abnützung der Straße von Einfluß ist. Die gebräuchlichsten Felgenbreiten sind bei leichtem Fuhrwerke 5—6 cm, bei schwerem Fuhrwerke 10 bis 15 cm.

Der Raddruck ergibt sich aus dem Eigengewichte der Wagen und ihrer Ladung; er sollte 200 kg für je 1 cm Felgenbreite nicht überschreiten. Besonders wichtig ist die Größe der Verkehrsbelastung für die Konstruktion der Straßenbrücken. Da es sehr kostspielig sein würde, alle Brücken für die denkbar schwersten Lasten einzurichten, so wird häufig eine den Verkehrsverhältnissen entsprechende Höchstbelastung zugrunde gelegt und das Befahren mit schwereren Wagen einfach verboten. So ist z. B. für die preußischen Chausseebrücken das Höchstgewicht eines vierräderigen Wagens mit Nutzlast 8500 kg. Schwerere Transporte sind anzumelden, worauf etwa nötige Brückenverstärkungen auf Kosten der Frächter vorzunehmen sind. Das Eigengewicht der Wagen beträgt durchschnittlich für zweispänniges Landfuhrwerk 600 kg, für zweispänniges Frachtfuhrwerk auf Chausseen 1200 kg, für vierspänniges Frachtfuhrwerk 2000 kg.

Die größte Last **für jedes Pferd** richtet sich nach der Beschaffenheit der Fahrbahn und den Steigungsverhältnissen, worüber Tabelle 11 Aufschluß gibt.

Tabelle 11.
Zulässige Gesamtbelastung Z pro Pferd:

Fahrbahn	Z in kg pro Pferd bei einer Steigung von				
	0	0,02	0,04	0,06	0,08
Sandweg......	900	500	400	320	250
Fester Erdweg....	900	700	550	440	350
Schlammige Chaussee.	2200	1400	1000	750	550
Gute Chaussee....	3000	1700	1100	800	600
Gutes Steinpflaster..	4500	2100	1300	900	650
Bestes Steinpflaster..	6000	2400	1400	950	700

Bemerkung. Gesamtgewicht: Wagen mit Ladung.

Wenn jedoch die Steigung nur auf wenigen kurzen Strecken vorhanden ist, kann Z um $1/3$ gesteigert werden.

Daraus ergeben sich die Frachtkosten **bei 0,30 GM. pro Pferd-Kilometer.**

Beispiel: Ein zweispänniger Wagen auf gutem Erdwege mit langen Steigungen von 0,02 hat eine Gesamtbelastung von $Z = 2 \times 700 = 1400$ kg, Eigengewicht des Wagens 600, Nutzlast $1400 - 600 = 800$ kg.

Eine Ladung von 800 kg würde auf 15 km Wegestrecke $2 \times 0,30 \times 15 = 9$ GM. oder pro Tonnenkilometer $\dfrac{0,6}{0,8} = \mathbf{0,75\ GM.}$ kosten.

Auf einer guten Chaussee würde die Nutzlast eines zweispännigen Frachtwagens $2 \cdot 1700 - 1200 = 2200$ kg und die Fracht für 1 Tonnenkilometer nur $\dfrac{2 \cdot 0,30}{2,2} \sim \mathbf{0,30\ GM.}$ kosten.

[268] Erhaltung der Landstraßen.

a) **Eine sorgfältige und sachgemäße Unterhaltung ist für alle Verkehrswege sehr wichtig, weil eine nachlässige Behandlung bald große und kostspielige Ausbesserungen notwendig macht.**

Zur Unterhaltung gehört in erster Linie die stete Offenhaltung der Gräben, Durchlässe und Mulden, die Instandhaltung der Böschungen, die Erhaltung einer genügend gewölbten und ausreichend festen Wegekrone, ferner bei Kunststraßen die Reinigung und Wiederherstellung der abgenützten Fahrbahn.

b) **Staub und Kot soll auf der Steindecke höchstens eine Dicke von 1—2 cm erreichen.** Die Abfälle sind möglichst als Staub von der Straße zu entfernen, wodurch die Kotbildung sehr vermindert wird.

Das Kotabziehen geschieht bei nassem Wetter mit Werkzeugen, die aus einer hölzernen oder eisernen Krücke an langem Stiele bestehen. Der abgezogene Kot wird auf dem Seitenbankett abgelagert und, sobald er fest geworden ist, abgefahren.

In Städten und Ortschaften mit starkem Verkehr benutzt man dazu häufig eine Straßenkehrmaschine, die zwar auf Schotterstraßen nicht billiger, aber rascher arbeitet.

Vertiefungen sind auf einer Steinbahn mit Steinstücken, auf einer Kiesbahn mit Kies allein auszufüllen und festzurammen, was am besten im Frühjahr und im Herbste geschieht, nachdem die Vertiefungen

durch Wasserbespülung von Schlamm gehörig gereinigt sind.

Ist aber die Straße durch schlechte Beschaffenheit des Steinmateriales unbrauchbar geworden, so muß dieses auf größere oder geringere Tiefe durch neues ersetzt werden. Bei starker Abnützung der oberen Decklage wird auf die ganze Breite eine neue hergestellt, nachdem die alte Bahn von Schlamm und Staub freigemacht worden ist.

c) Um Landstraßen staubfrei zu machen, wird der Staub durch Aufbringen von **teerigen** oder **öligen** Substanzen auf die Pflasterdecke gebunden. Die besten Erfahrungen hat man hierbei mit **Steinkohlenteer** gemacht. Er wird heiß bei ca. 80° mit Bürsten ausgebreitet, nachdem die Decke gut gefegt und gereinigt ist. Voraussetzung für eine wirksame Teerung ist vollständig trockenes Wetter, am besten im Mai oder Juni.

Die Teerung empfiehlt sich namentlich auf Straßen, deren Schotterdecke noch nicht allzu fest gefahren ist, da dann der Teer noch gut eindringt und die Teerung länger vorhält.

Am zweckmäßigsten wird sie 4 Monate nach der Neubeschotterung vorgenommen. An Teer wird rund $1/2$ kg pro m² gebraucht, die Kosten betragen ca. 0,15 GM. pro m². Zur Erhärtung braucht man ungefähr 4 Tage Zeit, dann kann der Betrieb wieder aufgenommen werden.

In weniger befahrenen Straßen hält die Teerung ungefähr 1 Jahr, auf stärker befahrenen Strecken muß öfter geteert werden. Die Erfahrung lehrt, daß die Abnutzung der Steindecke eine wesentlich geringere wird, namentlich wenn die Straßendecke vor Eröffnung des Verkehrs noch mit feinem scharfen Sande bestreut wird.

[269] Kosten der Anlage und Unterhaltung.

a) Steinschlagbahn einer Chaussee einschließlich Material, jedoch ohne Erdarbeiten.

1. Planum herrichten . . . . 0,10 GM.
2. Packlage (bei einer Stärke von 0,15 m sind 0,20 m³ Steine erforderlich)
   Ankauf der Steine pro m² 1,00 GM.
   Herstellen der Packlage
   pro m² . . . . 0,30 „
   Packlage pro m² . . . . 1,30 GM.
3. Schotter (zu 1 m³ Schotter sind 1,3 m³ Steine nötig).
   1 m³ Schotter kostet rund 11,00 GM.
   Schotter einbringen pro m³ 0,35 „
   zusammen 11,35 GM.
   Bei 10 cm Schotterstärke kostet der m³ 1,14 GM.
4. Kiesdecke, Ankauf und Zufuhr von 1 m³
   Kies . . . . 3,50 GM.
   Aufbringen pro m² . . . 0,25 „
   Bei 8 cm Stärke pro m² . . . . . 0,30 GM.
5. Abwalzen mit Pferdewalzen pro m² . . 0,30 GM.
6. Aufsicht, Geräte ca. 10% . . . . . 0,30 GM.

   Steinschlagbahn pro m² 3,44 GM.

b) **Unterhaltungskosten.**

Die Unterhaltungskosten für 1 km Chaussee betragen jährlich 400—500 GM., wovon 40% auf Material, 30% auf Arbeit, 15% für sonstige Anlagen, 2% auf Geräte und 8% auf Diverses entfallen.

12. Abschnitt.

Städtische Straßen.

[270] Bebauungspläne.

Bei der Führung der Straßen in Städten sind nach Möglichkeit folgende Grundsätze einzuhalten:

1. **Die schnurgeraden, sich ins Endlose verlierenden Straßenstrecken sollen unbedingt vermieden bleiben, sowie auch die Plätze einen geschlossenen Eindruck machen sollen.** Der in Ruhe verweilende Beschauer soll Platzwandungen zu sehen bekommen, ohne daß sein Blick sich in Straßen verirrt, die noch überdies ohne Abschluß verlaufen.

2. Mit der in 1. erwähnten Geschlossenheit der Straßen und Plätze ist in der Regel schon von selbst ihre Übersichtlichkeit gegeben; **die Straßen sollen nicht zu lang und die Plätze nicht zu groß sein.**

3. Um Abwechslung in das Stadtbild zu bringen, soll die Aufteilung des Querschnittes derselben Straße durch Einschaltung von Anlagen, Promenaden eine möglichst verschiedenartige sein und in der Trace Kurven, Straßenkreuzungen unter Änderung der Breitenmaße eingeschaltet werden.

4. Bei aller schlanken Linienführung müssen Buckel, die entstehen, wenn Straßen schnurgerade über eine Anhöhe geführt werden, durch Richtungsänderungen vermieden werden, auch ist die Unterbrechung des Straßenbildes durch Denkmäler ein sehr beliebtes Mittel des Städtebauers.

[271] Längs- und Querneigungen.

Um große Erdbewegungen zu vermeiden, schließt man sich mit der Straßenführung möglichst der Erdoberfläche an. Um hierbei zu einer auch für den Verkehr und die Entwässerung günstigen Lösung zu gelangen, müssen aber gewisse Höchst- und Mindeststeigungen in der Längs- und Querrichtung der Straße eingehalten werden. Die Hauptverkehrszüge sollen nicht Steigungen über 1:40 (2,5 cm/m), Nebenstraßen nicht über 1:14 (7 cm/m) erhalten, größere Steigungen werden nur bei Brückenrampen ausgeführt.

Für Asphaltstraßen ist die Höchststeigung mit 1:60 (1,6 cm/m), bei Holzpflaster mit 1:25 (4 cm/m) anzunehmen.

Liegt eine unterirdische Entwässerung des Straßenkörpers vor, so ist eine durchgehende Längsneigung von mindestens 1:400 erwünscht. Soll aber eine Oberflächenentwässerung stattfinden, so darf die Straßenneigung nicht unter 1:250 herabgehen. Läßt sich diese Neigung wegen der flachen Lage des Geländes nicht erzielen, so läßt man den **Straßenkörper abwechselnd steigen und fallen** oder man führt die Krone glatt durch und verlegt das Steigen und Fallen in die Rinnsteine, wobei man mit der Querneigung fortwährend wechselt. Am Scheitel des Rinnsteines gibt man das kleinste, am Gullyeinlauf das größte Quergefälle. Jedenfalls bietet die zweite Anordnung einen befriedigenden Anblick.

Das Querprofil städtischer Straßen wird zweckmäßig nach der Kreislinie gewölbt. Das Verhältnis der Überhöhung zur halben Straßenbreite ist bei glattem Pflaster, Asphalt- oder Holzdecke 1—2 cm/m, bei Reihensteinpflaster mit Fugenverguß 1,5—2,5 cm/m, bei Kopfsteinpflaster oder Chaussierung 3—4 cm/m.

[272] Abmessungen.

Je nach den verschiedenen Verkehrsbedürfnissen unterscheidet man:

1. Die **Bürgersteige,** die unmittelbar vor den Häusern und Vorgärten liegen und nur dem Fußgängerverkehr dienen. Sie erhalten eine Breite von 3—5 m, werden erhöht angelegt, durch Bordsteine oder Bordschwellen gegen den Fahrdamm abgegrenzt und erhalten ein Quergefälle von 2—3 cm/m. Ähnlich werden **Promenaden** angeordnet, die breiteren Straßen als Mittelanlagen dienen oder neben den Bürgersteigen geführt werden.

2. Der **Fahrdamm,** der ein Vielfaches der Wagenbreite von 2,5 m breit sein soll. Für die Straßenbahnen werden die Gleise entweder in den Straßenkörper eingebettet oder sie erhalten einen besonderen Straßenstreifen, der dann gewöhnlich leichter oder gar nicht befestigt ist.

Für Wohnstraßen genügen im allgemeinen 5 m oder 7,5 m Fahrdammbreite. Die Bürgersteige sind mit 2—4 m reichlich bemessen, müssen aber bei Baumpflanzungen außer den Vorgärten 6—8 m Breite erhalten. Die Vorgärten werden zweckmäßig nicht unter 5 m Breite angelegt.

In gänzlich verkehrslosen Straßen in Arbeiter- oder Villenvierteln kommen Straßenbreiten von 7—8 m zwischen den Straßenfluchten vor, wobei aber breitere Vorgärten von 6—8 m die Regel bilden.

In mittleren Verkehrs- oder Geschäftsstraßen sind Fahrdammbreiten von 7,5—10 m, Bürgersteige von 3—5 m Breite üblich, Abmessungen, die aber in Hauptverkehrsstraßen oft wesentlich überschritten werden. Bei doppelgleisigen Straßen ist die geringste Fahrdammbreite mit 10 m und, wenn beiderseits noch zwei Fuhrwerke verkehren sollen, mit 15 m zu bemessen.

3. **Radfahrwege** werden gewöhnlich neben den Bürgersteigen oder Promenaden nach der Fahrdammseite zu angelegt und der Vorsicht halber durch Gitter abgegrenzt. Promenaden mit doppelten Baumreihen müssen 5 m, Radfahrwege 2 m erhalten.

4. In Prachtstraßen, die aus der Stadt in gerader Richtung herausführen, **werden neuestens besondere Fahrdämme für Automobile angelegt,** während der Ortsverkehr sich auf den neben den Bürgersteigen liegenden Straßenteilen vollzieht.

[273] Straßenbefestigung.

Die in früheren Zeiten allein übliche Befestigungsart ist die Pflasterung mit natürlichen Steinen, die je nach der Bearbeitung des Materiales **Kopfsteinpflaster, Reihenstein-, Würfel- und Kleinpflaster** heißt. **Geräuschloses Pflaster nennt man das Asphaltpflaster, Holzpflaster und das Zementbetonpflaster.**

I. Steinpflasterungen.

[274] Kopfsteinpflaster.

Als Material finden für untergeordnete Pflasterungen ganze oder gespaltene Findlinge Verwendung, während für besseres Pflaster die Steine aus den Brüchen bezogen werden. Die wichtigste Voraussetzung für ein gutes und dauerhaftes Pflaster ist unter allen Umständen die sorgfältige und sachgemäße Herstellung des Straßenuntergrundes, die Schaffung und Erhaltung eines unnachgiebigen Straßenplanums, auf welchem der Untergrund des Straßenpflasters ruht. Seine Oberfläche hat sich daher auch der künftigen Straßendecke anzupassen. Bei Herstellung des Planums ist jedes überflüssige Entfernen von Boden zu vermeiden, dieser auch nicht durch scharfe Werkzeuge wie Spitzhacken aufzulockern. Sind trotzdem stellenweise Bodenaufträge nötig, so muß durch lageweise Schüttung, Einschlämmen und Einstampfen für eine unnachgiebige Unterlage gesorgt werden, was namentlich bei Aufgrabungen vor der Pflasterung zum Zwecke der Rohrverlegung zu beachten ist.

Als **Unterbau für ein Kopfsteinpflaster** wird eine etwa 15 cm starke Schichte von reinem scharfen Sand oder Kies aufgebracht, auf die die Steine in ordnungsgemäßem, kunstgerechtem Verbande um etwa 2 cm höher versetzt werden, als sie nachher zu stehen kommen.

Die Fugen werden dabei mit Bettungsmaterial gefüllt, wobei die Steine mit dem Hammer möglichst dicht aneinandergetrieben sind, so daß keine Längsrisse, namentlich in der Längenrichtung der Straße, entstehen. Steine von erheblichen Größenunterschieden sollen nicht unmittelbar nebeneinander zu stehen kommen. Unter gehörigem Annässen und Sanden wird sodann das Pflaster vorsichtig in mehreren Absätzen so fest gerammt, daß die Steine unter den Rädern beladener Wagen keine Bewegung mehr zeigen, wobei alle zersprungenen oder lose gewordenen Steine auszuwechseln sind. Schließlich ist das Pflaster noch mit einer 1—2 cm starken Sand- oder Kiesschichte zu bedecken, um die Fugen gefüllt zu halten.

[275] Würfelpflaster.

a) Hier macht man gewöhnlich einen besonderen Unterbau, der in einem Steinbett aus Packlage mit festgewalzem Schotter, einer etwa 15 cm starken Betonsohle oder bei Neupflasterungen aus dem sog. **Unterpflaster** besteht. Es ist letzteres ein unter Benützung der alten Steine hergestelltes, tiefliegendes Kopfsteinpflaster, auf dem das Oberpflaster errichtet wird.

Beim **Steinbett** sind die zur Packlage zu verwendenden Steine mit der größeren Fläche nach unten so dicht als möglich aneinander zu setzen, nachdem sie sorgfältig von Erde gereinigt und gewaschen worden sind. Die Steine der Schüttlage sind in zwei Lagen gleichmäßig aufzubringen und solange abzuwalzen, bis die Bettung das richtige Profil erlangt hat. Sodann werden die Steinsplitter und der Steingrus oder Kies aufgebracht und unter Begießen der Bettung vollständig festgewalzt. Meist macht man die Packlage 12 cm, die Schüttlage 10 cm und die Kieslage 2 cm stark.

Das **Betonbett** wird in einer Stärke von 12 bis 20 cm auf vorher gut befestigter und abgeglichener Sohle im Mischungsverhältnis 1:9 oder 1:12 (1 Teil Zement, 3 Teile reinem grobkörnigem Kies und 5—8 Teile Steinschlag) hergestellt. Zwischen dem Beton und dem Pflaster kommt eine etwa 5 cm starke Lage Sand oder Kies zu liegen.

b) Zur Herstellung des eigentlichen Pflasters werden nunmehr zunächst die Rinnsteine nach dem angegebenen Längengefälle gelegt; sie werden gewöhnlich aus zwei Reihen genau rechteckig bearbeiteter Steine in der Weise versetzt, daß die erste Reihe als Sohle, die zweite Reihe mit einem Absatz von 1 cm und im Quergefälle der Straße angelegt wird. Die Längsfugen des Pflasters müssen genau nach

der Schnur gearbeitet sein. In den einzelnen Reihen sind nur gleich breite Steine zu verwenden und auch Reihen mit großen Breitenunterschieden dürfen nicht unmittelbar aneinander angeordnet werden. Die Fugen zwischen den einzelnen Steinen sollen nicht weiter als 1 cm sein, wobei die Stoßfugen sachgemäß zu verschieben sind. Das Pflaster wird unter Auswechslung aller zersprungenen Steine zweimal abgerammt. Das Verfüllen der Fugen unterbleibt hier gewöhnlich, weil sie nachher mit gesiebtem Kies bis zur vorgeschriebenen Tiefe fest verstopft und dann mit Ausgußmasse bis zum Überlaufen gefüllt werden.

Man kann aber auch beim Steinbett zunächst die Fugen während des Rammens vollfüllen und dann mit einem scharfen, nach unten gerichteten Wasserstrahl bis zu dieser Tiefe einwässern, wodurch der Kies eine sehr feste Lagerung erhält, welches Verfahren jedoch bei Betonsohle nicht anwendbar ist.

Die heiße Ausgußmasse soll auch beim Begießen mit Wasser elastisch und zähe bleiben, so daß sie sich in Fäden ziehen läßt; nach dem Erkalten darf sie nicht bröckelig und zähe werden.

Am besten eignet sich hierzu eine Mischung aus Trinidad epurée, reinem Trinidad Goudron und Limmerasphalt. Das Vergießen darf nur bei trockenem Wetter erfolgen, wenn Steine und Sand in den Fugen vollständig trocken sind.

Über das Material zu den Pflastersteinen ist im 1. Fachbande [358 II] schon das Nötige mitgeteilt worden. Obenan steht der Granit in den mittelharten Sorten, da er weniger leicht glatt wird.

Würfelsteine erhalten eine Seitenlänge von 16 bis 18 cm, für stark geneigte Straßenstrecken werden schmälere Reihensteine mit einer Breite von 10 bis 14 cm verwendet.

Die Kunststeine, die aus Hartgesteinsabfällen gemahlen, mit einem die Sinterung befördernden Material vermischt, in Formen gepreßt und gebrannt werden, schließen infolge ihrer regelmäßigen Gestalt mit den Fugen so dicht zusammen, daß ein Ausgießen mit Bitumen unnötig und auch schwer durchführbar ist. Die größte Verbreitung hat der Schlackenstein gefunden, der häufig mit Zementschlämme ausgegossen wird.

[276] Kleinsteinpflaster.

Diese Pflasterarbeit, die ursprünglich nur im Landstraßenbau Verwendung fand, beginnt sich nun auch im städtischen Straßenbau einzubürgern; **sie bedarf aber einer besonders festen und harten Unterbettung,** da die kleinen Steine den Fuhrwerken wenig Widerstand zu bieten vermögen.

Am besten eignet sich hierzu die Betonsohle in einer Stärke von etwa 20 cm. Ebenso wertvoll ist die alte, festgefahrene Chaussierung, weniger gut eine frische Schotterunterbettung, wenn sie nicht durch verstärktes Abwalzen oder unter dem Verkehre festgewordene Steinschlagdecke künstlich nahegebracht wird. Auf der Unterbettung wird eine 2—3 cm starke Lage von gesiebtem Pflasterkies ausgebreitet, der bei Betonunterbau vielfach noch mit trockenem Zement vermischt wird. Die Steine, die aus den härtesten und widerstandsfähigsten Materiale genommen werden, werden mosaikartig eng mit vollen Fugen verpflastert und mit der Handramme gut abgerammt, bis sie fest auf der Bettung aufstehen und dem Schlage nicht mehr nachgeben. Bei Betonunterbau wird das Pflaster dann meistens noch mit reinem Zementschlamme bis zur vollen Füllung der Fugen ausgegossen. Wird der Bettungskies mit Zement versetzt, so darf bei zweifelhaftem Wetter das Einbringen dieser Mischung der Pflasterung nur immer kurze Zeit vorausgehen, bei Regen ist jedoch die Arbeit einzustellen und der noch nicht gerammte Teil des Pflasters mit Säcken abzudecken. **Es ist strenge darauf zu achten, daß nicht** einzelne längere Steine direkt auf den festen Unterbau zu stehen kommen, da sie sich hart befahren und um sie herum die Zerstörung bald beginnt.

[277] Asphaltpflaster.

Asphaltstraßen nennt man diejenigen Straßen, deren oberste Schichte aus Asphalt gebildet wird, der gereinigt als Trinidad epuré in Fässern in den Handel kommt.

Hauptfundorte sind die Insel Trinidad und der Asphaltsee in Judäa am Toten Meer, ein fast kreisrunder See von unerforschter Tiefe, dessen ganz glatte Oberfläche aus Asphalt gebildet wird. Am Toten Meere fließt **Bergteer** aus Quellen hervor, dessen Abdunstung und Oxydation dann die Masse gibt, die man mit dem Namen **Bitumen** (Erdpech) zu bezeichnen pflegt.

Das Kalkgestein, das mit Bitumen getränkt ist, nennt man Asphaltstein, der zu Seyssel in Frankreich, in Ragusa und in Deutschland bei Limmer und Heide vorkommt. Bei Erwärmung auf etwa 50⁰ C zerfällt dieser Stein zu Pulver, das den Baustoff für den **Stampfasphalt** bildet. Es wird auf 140—180⁰ erwärmt und auf der 20 cm starken, vorher vollständig erhärteten Betonsohle ausgebreitet, mit erhitzten eisernen Stampfern und heißen Walzen bis auf 5 cm zusammengepreßt und endlich mit heißem Glätteisen sorgfältig gebügelt. Die Abgleichung des Betonkörpers geschieht unter Benützung einer Schablone, die genau der Form des späteren Straßenprofiles angepaßt ist. Vor dem Aufbringen des Pulvers, aus dem alle Fremdkörper, wie Steinchen, Papier usw., sorgfältig entfernt wurden, sind alle Anschlußstellen, wie Bordschwellen, eiserne Abdeckungen, mit heißem Goudron zu streichen. Das Pflaster kann nach Fertigstellung sofort dem Verkehr übergeben werden, weil die Fuhrwerke selbst das Geschäft des Weiterzusammenpressens übernehmen.

b) **Gußasphalt.** Es wird durch Gemenge von Goudron (einem dünnflüssigen Erdöl mit Trinidad epuré) und Asphaltsteinpulver (Asphaltmatix) in bestimmtem Verhältnis eine Mischung hergestellt, die in großen Kesseln bis auf etwa 170⁰ C erhitzt und dabei mit scharfem Kies vermengt wird. Diese Masse auf fester Unterlage ausgebreitet, ergibt nach Erhärtung den **Gußasphalt.** Wegen seiner großen Empfindlichkeit gegen Druck und Hitze ist seine Verwendung als Fahrdammbefestigung jedoch sehr beschränkt. Durch Zusatz von gemahlenem Hartgestein kann ein solcher Hartgußasphalt widerstandsfähiger und beständiger gemacht werden, ohne jedoch die vorzüglichen Eigenschaften des Stampfasphaltes zu erreichen.

[278] Holzstöckelpflaster.

In seiner Eigenschaft als geräuschloses Pflaster wird dasselbe durch den Stampfasphalt fast völlig verdrängt. **Hauptsächlich wird es zur Befestigung von Brückenfahrbahnen sowie zur gräuschlosen Pflasterung von stärker geneigten Straßenstrecken verwendet.**

Als Unterbettung wird wiederum eine **Betonschichte** angeordnet, deren Oberfläche durch einen Überzug von Zementmörtel genau der Form der späteren Straßenoberfläche angepaßt wird. Als Material für das Holzpflaster werden Tannen- oder Kiefernholz, die aber gut durchtränkt sein müssen, ferner amerikanische Holzarten — pitch pine, yellow pine, in neuerer Zeit auch australische Hölzer — Karriholz, Jarraholz — verwendet. Letzteres ist sehr hart, so daß sich allmählich eine dem Asphalt ähnliche Decke herausbildet, ist aber erheblich teurer als dieser.

Bei Verwendung der weichen in Deutschland vorkommenden Holzsorten ist eine sorgfältige Auswahl der Klötze unbedingtes Erfordernis. Die besten, aus dem Kerne geschnittenen Stücke sind im mittleren Teile des Fahrdammes, also dort einzubauen, wo sich der stärkste Verkehr abspielt. An den Rändern kann minderes Material mit verwendet werden. Durch sorgfältige Auswahl wird auf eine möglichst gleichartige Abnützung der Holzpflasterdecke hingewirkt. Die Klötze sind gewöhnlich 10 cm hoch, 8 cm breit und mit Kreosot getränkt. Die Reihen liegen senkrecht zur Straßenachse und werden fest aneinandergesetzt. Die Lagerfugen erhalten eine gleichbleibende Breite von etwa 8 mm, die durch Einlegen kleiner Latten, die nachher wieder entfernt werden, erzielt wird. Um das Werfen des Pflasters auch bei starker Nässe zu verhindern, wird neben den beiden Rinnsteinen eine 3—4 cm breite Sparfuge angelegt, die mit Sand oder Lehm gefüllt wird. Die Ausfüllung der Lagerfugen kann durch Sand, Zementschlämme oder Ausguß erfolgen. Nach Fertigstellung wird die Oberfläche des Pflasters mit scharfem Kies und Hartsteinsplittern beschüttet, die sich unter der Last der Fuhrwerke in das Hirnholz einpressen und so die Abnützung der Oberfläche verringern.

[279] Zementpflaster.

Das **Zementpflaster** oder der **Zementmakadam** ist eine sorgfältig zubereitete Mischung von Hartgesteinschotter, Zement und Kies. Für Fahrdammbefestigung ist es nur bei leichtem Wagenverkehr geeignet, da der Zement wegen seiner Sprödigkeit wenig Widerstand bietet und bröckelig wird. Die beigemengten Hartgesteinsplitter nützen sich außerdem weniger schnell ab als der umgebende Zement, wodurch mit der Zeit Unebenheiten entstehen, die die Zerstörung der Oberfläche noch beschleunigen. Außerdem müssen die Straßen nach Ausbesserungen eine Zeit lang dem Verkehr entzogen bleiben, bis der Zement gehörig abbindet. Für Automobilstraßen soll sich diese Pflasterart vorzüglich bewähren.

[280] Einlegen von Straßenbahngleisen.

Bei Verlegung von Gleisen in Kopfsteinpflaster auf Sand- oder Kiesbettung werden die Schienen entweder mit scharfem Kies oder besser mit Kleinschlag fest unterstopft, so daß unter jeder Schiene ein etwa 20 cm breites und 10—15 cm tiefes Bett entsteht. Bei Steinbettung werden die Schienen gleich auf die eingewalzte Schotterdecke gelegt und allenfalls noch in geringem Maße nachgestopft.

Bei Betonbettung muß der Betonkörper innerhalb der Gleiszone in zwei übereinanderliegenden Absätzen hergestellt werden.

Zunächst wird ein unterhalb der Schienenfußhöhe liegendes Bett so tief angeordnet, daß bis zum Schienenfuß noch ein Spielraum von etwa 2 cm bleibt, der mit Zementmörtel oder mit Asphaltmasse ausgegossen wird. Sind dann die Schienen in richtiger Lage eingebaut, so wird die obere Hälfte des Betonbettes in der Gleiszone nachgeholt. Um diesen Zeitverlust zu vermeiden, werden neuerdings zur Lagerung der Schienen Eisenbetonpfosten verwendet, deren Eiseneinlagen frei herausragen und in das in ganzer Straßenbreite gleichzeitig ausgeführte Betonbett eingebettet werden.

Um die Berührung des Stampfasphaltes mit den Schienenköpfen zu vermeiden, wird häufig ein etwa 3 cm breiter Gußasphaltstreifen zu beiden Seiten der Schienenköpfe eingelegt; mitunter wird auch die ganze Gleiszone in Holzpflaster ausgeführt, da dieses die Erschütterungen durch den Straßenbahnverkehr besser verträgt als der Stampfasphalt. Straßenbahngleise sind übrigens bei jeder Straßendecke eine recht unerwünschte Zugabe.

[281] Befestigung der Fußwege, Promenaden usw.

a) Die Abgrenzung der Fußwege gegen den Fahrdamm geschieht meistens mit Bordschwellen aus mittelhartem Granit, deren Oberfläche im Gefälle des Bürgersteiges liegt. Man verwendet das hohe Profil mit etwa 35 cm Höhe, deren Vorderfläche in ihrem freien Teile um einige Zentimeter von der Senkrechten nach hinten abweicht; es wird bei gewachsenem Boden sofort auf diesen oder auf eine einfache Kiesbettung gesetzt und gut unterstopft. Erfolgt die Versetzung auf geschütteten Boden, so sind entweder nur die Stöße der Schwellen oder besser die Schwellen in ihrer ganzen Länge mit einem Betonunterbau zu versehen. Das niedrige, etwa nur 20—25 cm hohe Profil wird immer auf einen Unterbau von mehreren Klinkerschichten in Zementmörtel oder auf ein Betonfundament gesetzt. Nach dem Versetzen werden die Stoßfugen mit reinem Zementmörtel ausgegossen.

Als Befestigungsmaterial verwendet man:

1. **Mosaikpflaster** aus Grauwacke, dem zur Bemusterung in Schwarz auch Basalt zugemengt wird.

Die Kopffläche der Steine ist 20—40 cm, ihre Höhe 5—7 cm. Sie sind auf einer dünnen Schichte scharfen Sandes mit einigen Fugen in gutem Verbande zu verpflastern und unter reichlichem Wasserzuflusse gut abzurammen. Das Bettungsmaterial darf nicht zu fein sein, weil sonst die Steine mit der Zeit lose werden. In der Nähe von Hydranten u. dgl. sind die Fugen mit Zementmörtel auszugießen; deren Einfassung bei Baumkränzen geschieht mit Strecksteinen aus Grauwacke.

2. **Granitplattenbelag,** der den Bürgersteig in ganzer Breite oder nur in einer Gehbahn bedeckt. Die Platten werden nicht unter 1 m Breite und 60 cm Länge gewählt. Die Verlegung geschieht mit Sand oder Kies, mit dem sie fest zu unterstopfen sind. Vorsichtige Behandlung beim Transport, Verlegen und Festrammen ist unbedingt zu empfehlen, namentlich dürfen hierbei keine eisernen Brechstangen verwendet werden.

In neuerer Zeit sind geschliffene Kunstgranitfliesen in Aufnahme gekommen, die aus einem unter hartem Druck von ca. 100 Atm. gepreßten Gemenge von kleinen Stücken eines harten, wetterbeständigen Steines, Portlandzement und Sand bestehen. Die 25/25 und 35/35 cm großen Platten werden diagonal angeordnet und zum Anschlusse Fünfeckplatten vorgesehen. Ihre Verlegung geschieht meist in Kalkmörtel, weil bei Zementmörtel die Platten bei Aufbrechen des Pflasters leicht zerstört werden. Auch Zementplatten werden häufig verwendet, nur zeigen sie selbst bei Verlegung in Kalkmörtel sehr viel Bruch, weshalb sie in Toreinfahrten nicht verlegt werden sollen.

3. **Asphaltbelag,** wobei vor allem Gußasphalt in Frage kommt, der in heißem Zustande auf eine 5 cm starke Betonschicht ausgebreitet und mit einem hölzernen Instrument gebügelt wird. Die Toreinfahrten, die regelmäßig von Fuhrwerken befahren werden, sind gewöhnlich mit Reihensteinen gepflastert, wobei die Bordschwellen auf etwa 7 cm Bordhöhe mit Übergangsrampe versenkt werden.

Bedenklich ist es, den Bürgersteig in seiner ganzen Breite mit einer undurchlässigen Decke, z. B. Gußasphalt, zu belegen, da bei Undichtigkeiten des Gasrohrnetzes dem Gase der Weg versperrt wird, dieses in die Keller dringt und dort Explosionen hervorruft. Es bleibt daher meist ein Streifen mit Mosaikpflaster im Bürgersteige liegen.

b) Liegt bei Promenaden gewachsener Boden zutage, so genügt gewöhnlich eine Abdeckung mit scharfem Kies von ungefähr Erbsengröße. Eine künstliche Befestigung des Untergrundes wird mit eingewalztem Ziegelklein oder gewalzter Koksschlacke hergestellt. Die Decklage besteht dann meistens aus scharfem Kies, wird aber bei Reitwegen etwas schärfer gehalten. Die seitliche Abführung des Wassers ist sehr wichtig, macht aber auch bei erhöhter Führung des Weges gegen den Fahrdamm wenig Schwierigkeiten.

Tunnelbau.

[282] Einleitung.

Tunnel nennt man einen künstlich hergestellten Hohlraum von größerem, röhrenförmigem Querschnitt, der, unter der Erdoberfläche oder unter Gewässern angelegt, zur sicheren ungehinderten Durchführung von Verkehrsanlagen, wie Straßen, Eisenbahnen und Kanälen, dient.

Je nach der Art und Weise der Anlage und dem Zwecke, für den sie bestimmt ist, unterscheidet man Tunnels in der Tiefe des Gebirges, sog. **Bergtunnels** für Fußgänger, Straßen und Eisenbahnen, Tunnels unter Wasser für die Unterführung von Bächen, Flüssen usw. — **Unterwassertunnels,** ferner Tunnels für die Anlage von Eisenbahnen und Tramways unter verbauten Stadtgebieten — **Untergrundtunnels.** Häufig werden überwölbte Einschnitte oder Galerien als Tunnels bezeichnet, die aber größtenteils in offenen Einschnitten hergestellt, dann überwölbt oder mit Holz- oder Eisenkonstruktionen überdeckt und verschüttet werden.

Jedem Tunnelbau müssen umfassende geologische Untersuchungen der betreffenden Gebirgsgegend vorangehen, um hierdurch die Lage, Länge, das Profil, die Konstruktion und Ausführungsweise des Tunnels bestimmen zu können, wobei nicht nur auf die Baukosten und die zukünftige Erhaltung, sondern auch auf die Zweckmäßigkeit für den Betrieb Rücksicht zu nehmen ist.

Die Tunnelquerprofile nähern sich, wenn starker Seitenoder Sohlendruck vorhanden ist, dem Kreisprofile, bei Tunnels ohne Sohlengewölbe der überhöhten Hufeisenform, mitunter auch der gestreckten Eiform, die den allgemeinen Annahmen über Größe und Richtung der Drücke am besten entspricht. Die Untergrundbahnen in größerer Tiefe haben in der Regel ein kreisrundes und die Stadtbahnen und Tramways, die nur überdeckte Einschnitte sind, eine rechteckige Querschnittsform. Bei Eisenbahntunnels ist überdies auf die Umgrenzung des lichten Raumes für die gegebene Anzahl von Gleisen sowie auf einen genügenden Spielraum für Reparaturen und Rüstungen Rücksicht zu nehmen.

Beim Längenprofil des Eisenbahntunnels ist auf die Entwässerung und Lüftung derselben besonders zu achten, weshalb bei längeren Tunnels horizontale Strecken möglichst zu vermeiden sind. Ebenso werden starke Steigungen wegen der nassen, schlüpfrigen Schienen möglichst vermieden, um die Zugkraft nicht allzusehr zu beeinträchtigen.

Nach gepflogenen Vorerhebungen und festgelegter Tunneltrace wird zur Absteckung der Bahnachse über Tag geschritten, wobei die noch zu erörternden geodätischen Operationen mit großer Sorgfalt anzuwenden, nach Maßgabe des Baufortschrittes fortzuführen und durch häufige Kontrollmessungen zu sichern sind. Die hieraus folgenden Gewinnungsarbeiten, bei welchen naturgemäß das **Sprengen** die Hauptrolle spielt, bestehen in der Lösung des Gesteins, welcher sich die Räumung und Förderung der gelösten Massen anschließt, sowie in der Sicherung des bloßgelegten Gebirges, und zwar provisorisch durch Holzzimmerung und definitiv in Stein oder seltener in Holz und Eisen.

13. Abschnitt.

Tunn lbausysteme.

Der Arbeitsvorgang beim Abbau, des Tunnelprofils bedingt den Unterschied der Tunnelbaumethoden, deren wichtigste Charakteristik die Lage des **Richtstollens** ist, der entweder im Scheitel des Profiles als **Firststollen** oder als **Sohlenstollen** dem Vollausbruche vorausgeht. In dieser Beziehung unterscheidet man mehrere Tunnelbausysteme, wie sie sich bei den verschiedenen Nationen ausgebildet· haben.

[283] Deutsches Tunnelbausystem.

Es ist jene Methode, die man allgemein als **Kernbausystem** bezeichnet, bei schwierigem Terrain gerne anwendet, mit dem aber anderseits bei einigen Gelegenheiten sehr böse Erfahrungen gemacht wurden.

Es werden zunächst zwei parallele Sohlstollen vorgetrieben und in denselben die Fundamente und die ersten Anfänge des Widerlagsmauerwerks aufgeführt (Abb. 564). In· gewissen Abständen werden beide Stollen durch Querschläge verbunden und in denselben Gurten des Sohlgewölbes aufgeführt. Auf diese unteren Gurten werden dann die oberen Mauerstollen b und c aufgesetzt und in diesen das Widerlagsmauerwerk vollendet. Dann wird Scheitelstollen d getrieben und zum Bogenort erweitert, in diesem dann die Lehrbogen aufgestellt und die Wölbung zum Schluß gebracht. Der Kern wird zuletzt entfernt und hierauf werden die fehlenden Partien des Sohlgewölbes nachgeholt. Als besondere Nachteile sind zu erwähnen die besondere Schwierigkeit der Ventilation und Wasserführung in den durch den Kern verengten und mit Mauerwerk erfüllten Räumen, die teuere Gewinnung bei dem stollenartigen Vordringen und dem schachtartigen Abteufen der einzelnen Partien, die erschwerte Förderung in den engen Räumen und die durch diese bedingte Verwendung kleiner Gefäße, die Unsicherheit der auf den Kern ruhenden Zimmerung des Bogenortes, endlich die Veranlassung zur Aufrüttlung des Gebirges und Vermehrung der Druckerscheinungen sowie die verspätete Einbringung des Sohlgewölbes. Jedenfalls haben sich die schwierigsten Bauten und die gefährlichsten Brüche beim deutschen System ergeben.

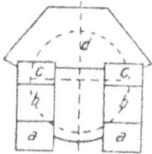
Abb. 564
Deutsches Tunnelbausystem

[284] Belgisches Tunnelbausystem.

Dieses System gehört zu den Holzbausystemen und entstand 1828 beim Bau des Tunnels für den Kanal von Charleroi nach Brüssel, bei dem man auf schwimmendes Gebirge stieß. Nach seiner weiteren Ausbildung beim Bau des Tunnels von St. Cloud wurde zunächst ein Firststollen getrieben und dieser dann zu einem Bogenort ausgestaltet, dessen Zimmerung aus Langpfählen und zwei Kappen besteht, wobei fächerförmig gestellte Stempel den Druck auf eine Grundschwelle übertragen. Zwischen diese Gebinde werden die Lehrbögen eingestellt, mit deren Hilfe das Gewölbe aufgeführt wird. Sobald nun abwechselnd auf beiden Seiten das Gewölbe unterfahren ist, werden die Lehrbögen herausgeschlagen und zuletzt der Mittelkörper herausge-

nommen, worauf dann, wenn nötig, das Sohlgewölbe eingespannt wird (Abb. 565).

Von den Anhängern des Systems wird die gute Ventilation des Baues durch raschen Vortrieb der oberen Partie, die große Holzersparnis und die Beschleunigung der Arbeiten hervorgehoben, während Mängel der Bölzung und mangelhafte Wasserabfuhr entschiedene Nachteile sind, die aber durch neuerliche Abänderungen beim Bau des Tunnels von Montreteuil nahezu beseitigt wurden. Immerhin hat die Möglichkeit bei diesem Systeme, unter gewissen Umständen den Sohlstollen rascher zu bauen als der Vollausbruch vorschreitet, zu seiner Anwendung beim Bau des Gotthardtunnels geführt.

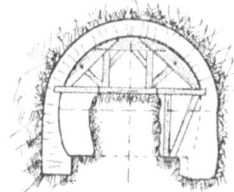
Abb. 565
Belgisches Tunnelbausystem

[285] Das englische Tunnelbausystem.

Es entwickelte sich beim Bau der ersten englischen Eisenbahntunnels, beeinflußt durch die Erfahrungen beim Bau des Brunelschen Themsetunnels. Wie bei letzterem strebte man auch hier danach, das volle Profil auf einmal, und zwar nur auf kurze Längen aufzuschließen und den Umfang des so gewonnenen freien Raumes durch kräftige, in der Längsrichtung des Baues vorgeschobene Hölzer, die Joch- oder **Kronbalken**, zu sichern (Abb. 566).

Abb. 566
Englisches Tunnelbausystem

Diese Jochzimmerung ist charakteristisch für das System geworden, welches sich damit wesentlich von der **Sparrenzimmerung** des österreichischen Systems unterscheidet. Sie gewährt einen großen Schutz und ermöglicht, wie gesagt, den Aufschluß weiter Räume, hat aber den Fehler, daß sich die starken, schwer zu bewegenden Hölzer gerade an einer Stelle befinden, wo sie schwer hinzubringen sind, und daß ihr Auflager auf dem frischem Mauerwerk und dem Brustgebirge eine sehr unsichere ist. Aus diesem Grunde kann das System auch nur bei nicht zu „gebrechem" Gebirge empfohlen werden. Da innerhalb eines in Angriff genommenen Tunnelstückes während der Ausschachtung nicht gemauert werden kann und während der Aufführung des Mauerwerkes wieder die bergmännischen Arbeiten ruhen müssen, so macht sich eine Inangriffnahme des Tunnels an möglichst vielen Stellen notwendig, was wieder die vorherige Ausführung eines nicht zu engen Sohlstollens bedingt, der die Kommunikation des Mineur- und Maurerpersonales ermöglichst.

Die Erweiterung zum vollen Profil beginnt von einem Scheitelstollen aus, in welchem zunächst die obersten Joche eingebracht werden. Bedenklich ist hierbei das Auftreten starken Brustdruckes, der durch schräg gesteckte Streben auf die rückwärtige Mauerung abgefangen werden muß. Die Aufführung der Mauerung erfolgt von unten her, beginnt also in konstruktiv richtiger Weise mit Herstellung des Sohlgewölbes — ein wesentlicher Vorteil des Systemes, das auch in England überall dort angewendet wird, wo das Gebirge noch hinreichenden Zusammenhang besitzt. Die hervorragendste Verwendung fand dieses System beim Hauensteintunnel in der Schweiz.

[286] Das österreichische Tunnelbausystem.

Die Zimmerung ist die sog. **Sparrenzimmerung,** d. h. ein polygonales Sprengwerk, mit der Kappe und den Sparren beginnend, die sich auf Wandruten

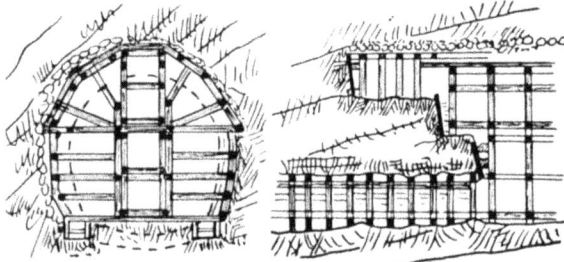

Abb. 567
Österreichisches Tunnelbausystem

stützen (Abb. 567). Die Mittelschwelle teilt das Gespärre in ein oberes und unteres; das obere stützt sich gegen die Bocksäulen, welche durch Spannriegel gegen die Wandruten abgesteift werden.

Der Abbau erfolgt nicht scheibenförmig, wie beim englischen System, sondern absatzweise, gestattet daher auch die Verwendung vieler Arbeitskräfte, mithin auch rascheren Arbeitsbetrieb. Der Vollausbruch ist nicht auf eine Zone beschränkt, sondern kann auf mehrere aufeinanderfolgende Zonen ausgedehnt werden.

Auch bei diesem System wie beim englischen sind Wasserhaltung und Ventilation sowie Gewinnung und Förderung sehr begünstigt. Die Mauerung führt schnell zum Ziele; ersetzt sofort die herausgenommene Zimmerung und gestattet satten Anschluß an das Gebirge; nur kommt diese Methode etwas teurer als die englische, trotzdem der Einbau relativ kürzerer Hölzer sich recht billig gestaltet; nirgends ist der Gebirgsdruck konzentriert und die Unterstützung erfolgt nahezu überall in der Druckrichtung.

[287] Eisenrüstung.

Wenn der Ausbau eines Tunnels unter Verwendung von Holz nicht mehr die nötige Sicherheit gegen Zusammendrückungen und Verschiebungen bietet oder zu teuer kommt, dann ist man genötigt, Eisen zu verwenden. Sieht man von jenen Fällen ab, in denen, wie beim Brunelschen System, das Eisen in Gestalt einer fortlaufenden Röhre unter Deckung

des Vortriebes durch einen Schild erfolgt, so war es ein Verdienst des **Prof. Rziha,** 1864 das Eisen als Rüstung beim Tunnelbau zuerst angewendet zu haben. Ein Vorbild für die Anwendung des Eisens hatte sich kurz vorher beim Bergbau durch Anwendung gebogener Eisenbahnschienen als Ersatz der Stollengeviere gefunden, und das Streben Rzihas ging eben dahin, diesen eisernen Rahmen auch auf das viel größere Profil eines Tunnels anzuwenden. Wenn sich auch die Verwendung der Eisenrüstung ausgezeichnet bewährt und einen ebenso sicheren wie regelmäßigen Vortrieb ermöglicht, ist er doch für die meisten Tunnelbauten zu kostspielig und wird man meist zu den billigeren Holzkonstruktionen greifen, wenn man es nicht vorzieht, den zweigleisigen Tunnel durch zwei eingleisige eiserne Röhrentunnels zu ersetzen.

[288] Ausmauerung, Lüftung und Beleuchtung.

Die Ausmauerung des Tunnels soll sich in druckhaftem Gebirge auf den ganzen Profilumfang erstrecken; in günstigerem Gebirge kann die Ausmauerung auch teilweise unterbleiben, mitunter genügt auch die Wölbung allein etwa in Verbindung mit einer leichten Verkleidung des unteren Profiles. **Höchst selten kann aber das Gewölbe entbehrt werden und selbst in sehr festem Gebirge ist es zum Schutze gegen Abbröckelungen aus Klüften ratsam.** Bei langen Tunnels sind im Widerlagsmauerwerk in Entfernungen von etwa 50 m einander gegenübergestellte Nischen zur Sicherung der Arbeiter zu empfehlen. Um die Kopfböschung der Voreinschnitte über dem Tunnel zu stützen, einzeln herabfallende Steine abzufangen und um dem Tunnel selbst einen passenden Abschluß zu geben, werden **Tunnelportale** errichtet, deren Konstruktion von der Gebirgsbeschaffenheit abhängig ist.

Alle Baumaterialien sollen wegen der ungünstigen Verwendungsverhältnisse von bester Qualität und zur Mauerung feuchter Tunnels nur Zementmörtel und hydraulischer Kalk gebraucht werden. Von großer Wichtigkeit für die Erhaltung des Mauerwerkes und die Sicherheit des Betriebs sind die Anordnungen zur Trockenhaltung des Mauerwerkes durch Drainage der Tunnelgewölbe. Bei der Störung, die der Einbau unterirdischer Bauten in den Wasserverhältnissen eines Gebirges hervorruft, kann es nicht wundernehmen, wenn sich fast bei jedem solchem Bau Wasser über und hinter dem Gewölbe ansammelt, welchem ein regelmäßiger, für den Bestand der Gewölbe unschädlicher Abfluß gesichert werden muß. Als solche Maßnahmen sind zu bezeichnen das Aufbringen einer starken Zementdecke oder, weil diese Risse erhält, das Aufbringen einer Lage Asphaltfilzplatten oder Dachpappe, die aber häufig durch den Gebirgsdruck vorschnell zerstört wird. Weit besser ist die Herstellung von Sammelrinnen oder nach Rziha das **Einlegen von Drainröhren** hinter dem Gewölbe. Beim Bau der Tunnels ist, wenn die natürliche Lüftung nicht zureicht, die künstliche Lüftung durch Zuführung frischer, an Sauerstoff reicher Luft wichtig. Ebenso wichtig sind die Entwässerungsarbeiten behufs Ableitung des aus dem Gebirge zufließenden Wassers oder zum Fernhalten stärkerer Wasserzuflüsse durch Dampfpumpen, sofern nicht genügende Wasserkräfte hierzu zur Verfügung stehen.

Die Beleuchtung der Arbeitsstellen während der Bohr- und Maurerarbeiten geschieht meist durch offen brennende, mit Rüböl gespeiste Grubenlampen, mitunter auch mit Gas und elektrischem Licht,

14. Abschnitt.

Gesteins-Bohrmaschinen und Sprengstoffe.

[289] Maschinenbohren.

a) Beim Bohren der Sprenglöcher in Tunnels hat sich Handarbeit nicht bewährt, weil der Fortschritt ein zu langsamer ist. Von den Bohrmaschinen hat sich bis jetzt im Tunnelbau nur die mit Preßluft betriebene **Stoßbohrmaschine** und die mit Druckwasser betriebenen **Drehbohrmaschinen** mit Erfolg durchsetzen können

b) Unter den Stoßbohrmaschinen ist namentlich die von **Ferroux** hervorzuheben, die beim Bau des Gotthard- und Arlbergtunnels hervorragend verwendet wurde. Bei der Ferrouxschen Maschine erfolgt die stoßende Bewegung durch Umsteuerung mit Hilfe der Kolben, durch welche die Preßluft aus dem Schieberkasten abwechselnd der vorderen und hinteren Fläche des Kolbens zugeführt wird, die umsetzende Bewegung beim Rückgang des Kolbens durch eine Sperrklinke, die die Kolbenstange nötigt, sich mit dem Bohrer zu drehen. Die Maschine, die zweckmäßig nur zu Löchern verwendet wird, die nicht zu stark von der wagrechten Lage abweichen, hat ein Gewicht von 180 kg und braucht 1,45 l Luft für den ganzen Hub.

Die Druckluft eignet sich sehr gut zum Betriebe von Tunnelbohrmaschinen, da sich dieselbe auf größere Entfernungen ohne großen Kraftverlust leiten läßt, die Bohrmaschinen kalt bleiben, daher in allen Fällen leicht und gefahrlos bedient werden können und die abströmende Luft zur besseren Lüftung und Kühlung der Räume beiträgt. Die Druckluft wird durch Kompressoren erzeugt und durch eine eiserne Röhrenleitung den Bohrmaschinen zugeführt. Die Durchmesser der Luftleitungen bewegen sich von 5—20 cm; sie werden mit den Bohrmaschinen durch kräftige Gummischläuche verbunden. Die Bohrmaschinen werden an Gestellen befestigt, die genügenden Widerstand gegen alle Bewegungen leisten können und das Bohren von Löchern nach allen Richtungen gestatten; man unterscheidet **Fußgestelle,** die leicht aufgestellt und entfernt werden können, aber nur geringe Stabilität und Steifigkeit haben, **Säulengestelle,** die durch Wasserdruck zwischen den Gesteinswänden eingespannt werden, und **Wagengestelle,** auf denen 4—8 Maschinen untergebracht werden, die aber ein eigenes Gleis bedingen. Die beim Maschinenbohren gebrauchten **Bohrer** sind Meißelbohrer und Kreuzbohrer, wobei sich zwei Meißelschneiden unter rechtem Winkel kreuzen (siehe I. Fachb. [393]); meist sind sie mit Keilen befestigt.

Die Bohrmaschinen werden mit den Gestellen verbunden und letztere in entsprechender Entfernung von der Gesteinswand so festgestellt, daß die kürzesten Bohrer beim kleinsten Kolbenhube die Gesteinswand treffen. Anfangs werden sie mit der Hand gehalten, bis Ansatz genommen ist. Das Einspritzen von Druckwasser ist vorteilhaft und bei fallenden Löchern zum Entfernen des Bohrmehles unbedingt notwendig.

Zur Bedienung einer Bohrmaschine sind in der Regel 1—2 Mann erforderlich. Die Tiefe der mit Stoßbohrmaschinen herzustellenden Löcher hängt von der Lage und Größe der abzubohrenden Gesteinswand ab und beträgt etwa 1—2 m.

Die Anordnung der Bohrlöcher auf der Gesteinswand ist der Hauptsache nach von der Beschaffenheit des Gesteins und des verwendeten Sprengstoffes abhängig. Es wird zweckmäßig sein, die Löcher nicht senkrecht, sondern etwas geneigt, etwa unter 10—15° zu bohren. In verspanntem Gestein, wie dies in Stollen, Schächten oder Schlitzen der Fall ist, wird zunächst in der Mitte oder am Umfange des Hohlraumes ein Einbruch mit Hilfe von Bohrlöchern zur Aufhebung der Spannung bewerkstelligt und erst dann werden die Löcher 2, 3 usw. hergestellt (Abb. 568). In den meisten Fällen empfiehlt es sich, zuerst sämtliche Löcher zu bohren, dann die Bohrmaschinen zu entfernen, die Löcher

Abb. 568

zu laden und in der Reihenfolge 1, 2, 3 zur Explosion zu bringen, hierauf die Gesteinsmassen soweit abzufahren, daß die Bohrmaschinen wieder aufgestellt und die Bohrarbeiten fortgesetzt werden können. In 4—8 m² großen Stollen werden mit 2—6 Maschinen 8—10 Löcher von 20—25 mm Weite und 1—2 m Tiefe hergestellt und hierbei bei Verwendung von brisanten Sprengstoffen ein Stollenfortschritt von etwa 3—5 m in 24 Stunden erreicht.

In letzter Zeit werden Stoßbohrmaschinen auch vielfach elektrisch betrieben und haben dabei vorzügliche Resultate ergeben, nur sind die bisher vorliegenden Erfahrungen noch zu gering, um ein abschließendes Urteil gewinnen zu können. Die elektrische Kraftübertragung eignet sich namentlich gut für Tunnelarbeiten, weil die aus Kupferdrähten bestehende Leitung verhältnismäßig billig zu legen ist und dabei sehr biegsam und kompendiös bleibt.

Bei den **Drehbohrmaschinen** sind zwei Bewegungen des Bohrens auszuführen, nämlich die **vorschiebende** und **zurückziehende,** durch die der Bohrer ins Gestein gedrückt und zurückgezogen werden soll, und eine **drehende,** die erst beim Eingreifen des Bohrers in das Gestein wirken soll.

Bisher hatte nur die Drehbohrmaschine von **Brandt** überall einen vorzüglichen Erfolg aufzuweisen. Die Maschine, welche mit Wasser von 50—150 Atm. Druck arbeitet, stützt sich gegen eine lot- oder wagerecht befestigte Spannsäule. Das Druckwasser wirkt unmittelbar auf einen hohlen Kolben, mit welchem das Bohrgestänge und der Bohrer fest verbunden ist. Die Größe des Bohrerdrucks gegen das Gestein ist sonach vom Verhältnis der wirksamen Fläche des Zylinders abhängig, so daß bei wechselnder Gesteinsbeschaffenheit und gleichem Wasserdrucke ein verschieden tiefes Eindringen des Bohrers in die Gesteinsschichten stattfindet. Die drehende Bewegung wird durch zwei kleine Wassersäulenmaschinen bewerkstelligt, die mit dem Druckwasser gespeist werden. Sie bewegen eine Schraube ohne Ende, die in ein Schneckenrad eingreift, das mit dem drehbaren Zylinder der Maschine fest verbunden ist und mit diesem das Bohrgestänge dreht. Die Wassersäulenmaschinen machen 100—300 Umdrehungen in der Minute, der Bohrer in der gleichen Zeit 3—10. Das Abwasser tritt durch das Rohr (Abb. 569) in den Hohlraum des Kolbens und spült das Bohrloch. Die Maschine ist bei der

 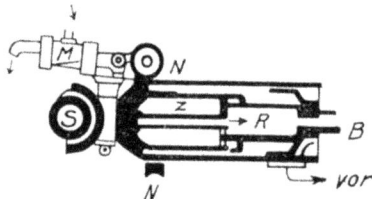

Abb. 569a   Abb. 569
Brandtsche Drehbohrmaschine

Gotthard- und Arlbergbahn angewendet worden und hat sich überall gut bewährt.

Drehbohrmaschinen werden nur mit Druckwasser betrieben; das Wasser wird, wenn die erforderliche Druckhöhe nicht vorhanden ist, durch Pumpen auf den erforderlichen Druck gebracht. Der Bohrmaschine wird das Wasser durch eine schmiedeeiserne Leitung von meist 50—150 mm Durchmesser zugeführt; hinter den Pumpen sind in die Leitung Akkumulatoren eingeschaltet, welche den Unterschied zwischen Pumpenlieferung und wirklichem Wasserverbrauch ausgleichen. Da mit hohem Druck von 20—150 t gearbeitet wird, sind die erforderlichen Wassermengen, also auch die Abmessungen der Pumpen und Leitungen geringe.

Die im Tunnel geführte Druckwasserleitung wird mit den Bohrmaschinen durch biegsame Kupferröhrchen oder eiserne Gelenkrohre verbunden, weil Gummischläuche wegen des hohen Druckes nicht verwendet werden können.

Als Gestelle können nur **Säulen** in Betracht kommen, die durch Wasserdruck lotrecht oder wagerecht eingespannt werden. Sie sind häufig auf Wagen verladen, auf welche die Säule S und Bohrmaschine B geladen und abgefahren werden (Abb. 570).

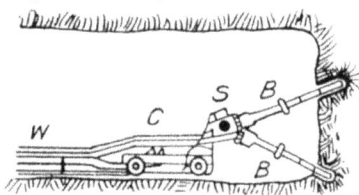

Abb. 570

Als Bohrer dient fast nur der Kernbohrer (Abb. 569a) bei dem ein Gesteinskörper im Bohrer verbleibt, der zeitweise entfernt werden kann. Dadurch wird an Bohrarbeit bedeutend gespart.

Die Spannsäulen werden in entsprechender Entfernung von der Gesteinswand aufgestellt, die Maschinen daran befestigt, mit der Wasserleitung verbunden und die Bohrgestänge eingesetzt. Auf einer Säule können zwei Maschinen Platz finden und auch gleichzeitig arbeiten. Der Beginn der Bohrung wird mit geringer Wasserzuführung eingeleitet, während das Andrücken des Bohrers und die Umdrehungszahl der Wassersäulenmaschinen allmählich gesteigert wird. Zur Bedienung einer Bohrmaschine genügen zwei Mann, die während der Bohrarbeit das Vorgehen des Bohrers und das Auslaufen des Spritzwassers zu beobachten haben.

Die Weite der Löcher beträgt 6—10 cm, ihre Tiefe etwa bis 2 m. Die Anordnung der Löcher in der Gesteinswand ist ähnlich wie beim Stoßbohrmaschinenbetriebe, nur wird ihre Zahl wegen ihrer großen Weite etwas geringer sein (Abb. 571).

Der Einbruch in der Mitte wird mit den Löchern 1 hergestellt, während die mit 2 bezeichneten Löcher

erst nach dem Einbruche zur Explosion gebracht werden. In 4—8 m² großen Stollen werden 5—15 Löcher mit 50 bis 80 mm Weite und 1—2 m Tiefe von zwei Drehbohrmaschinen hergestellt und damit ein Stollenfortschritt von etwa 3—6 m pro Tag erzielt.

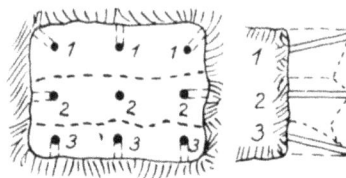

Abb. 571

Ein Vergleich der Brandtschen hydraulischen Drehbohrmaschine mit den Stoßbohrmaschinen ergibt als Vorteil der ersteren den äußerst ruhigen, geräuschlosen Gang, die Vermeidung des mit dem Ruckzuge des Bohrers verbundenen Effektverlustes, die Anwendung der vorteilhaften Kernbohrung und die Herstellung weiter Löcher, die die Anzahl der Löcher verringert und die Sprengstoffladungen konzentriert. Dagegen können Drehbohrmaschinen nur mit Spannsäulen verwendet werden, sind daher nur dort am Platze, wo in geringen Abständen geeignete Gesteinswände vorhanden sind. Die großen Abmessungen der Maschine, ihr großes Gewicht und das der Spannsäule bedingen größere Lastenbewegungen und erschweren die Handhabung. Wechselnder Gesteinsbeschaffenheit kann nur schwer Rechnung getragen werden, die Abfuhr verbrauchten Wassers und die Beschaffung reinen Kraftwassers ist mitunter schwierig und auch die häufige Durchnässung der Arbeiter recht lästig, während die leichten Stoßbohrmaschinen überall auch bei wechselnder Gesteinsbeschaffenheit verwendet werden können und nur durch den geräuschvollen Betrieb die Mannschaft belästigen.

Über Sprengarbeit siehe I. Fachband [195]. —

[290] Sprengstoffe.

Als Explosivstoffe verwendet man jetzt nur **Dynamite.** Je mehr brechende und zermalmende Kraft eine Sprengarbeit erfordert, desto stärker ist die Dynamitsorte zu wählen. Beim Vortriebe und Abteufen enger Stollen und Schächte sind starke Dynamite, zum Ausweiten von Tunnels schwächere Dynamite zu wählen.

Als Initialzündung wird meist Knallquecksilber benützt, das durch Beimengung von chlorsaurem Kali gegen Schlag empfindlicher gemacht wird. Reines Nitroglyzerin verwendet man nicht mehr als Sprengstoff, sondern man läßt es entweder nun in aktiven Stoffen, wie Kieselguhr, aufsaugen und bringt die so erhaltene plastische Masse in Patronenform — **Dynamite mit inaktiver Basis** — oder man mischt es mit brennbaren Sauerstoff abgebenden Substanzen und erhält so **Dynamite mit aktiver Basis.**

Die Kieselguhrdynamite aus 75% Nitroglyzerin und 25% Kieselguhr sind unempfindlicher gegen Stoß und Schlag, ihre Wirkungsweise ist weniger brisant und es kann ökonomischer ausgenutzt werden, weil die Masse plastisch ist und sich daher an die Wände des Bohrloches anpressen läßt. Gefrorener Dynamit explodiert unvollkommen und muß erst vor dem Gebrauch in Warmwasserbehältern aufgetaut werden.

Der wichtigste aller Dynamite ist die **Sprenggelatine** oder **Nitrogelatine,** bei dem man 7% Kollodiumwolle mit 93% Nitroglyzerin gelatiniert, fest knetet und hierauf zu Patronen formt.

Die Sprenggelatine ist der wirksamste aller Sprengstoffe und auch in der Wärme und unter Wasser haltbar.

BAUMECHANIK

Statische Berechnung und graphische Statik II.

Inhalt. Nachdem wir im vorigen Briefe die Elemente der Statik und der Grundlehren der Festigkeitslehre erörtert haben, wollen wir jetzt die praktische Anwendung dieser Lehren auf den **einfachen Träger** bringen. Alle hierher gehörigen Aufgaben sind für den Techniker außerordentlich wichtig und erfordern seine größte Aufmerksamkeit.

7. Abschnitt.

Der einfache Träger.

[291] Wichtigere Belastungsfälle.

a) Die gewöhnlichste Aufgabe der Statik ist die Berechnung des **einfachen Trägers, der auf seinen Enden frei aufliegt und in seiner Mitte durch eine Einzellast P beansprucht ist.** Es handelt sich dabei darum, auf Grund der gegebenen Belastung die Lage des **gefährlichen Querschnittes und die Größe des daselbst auftretenden Biegungsmomentes** zu ermitteln, wonach dann die Biegungsgleichung $M = K \cdot W$ aufgestellt werden kann, aus der sich das erforderliche Widerstandsmoment des Querschnittes $W = \dfrac{M}{K}$ ergibt.

Ist das Widerstandsmoment W ermittelt, so findet man das demselben entsprechende Querschnittsprofil entweder aus einer Querschnittstabelle, wie sie von den Eisenwerken und Eisenhändlern herausgegeben werden und auch käuflich zu haben sind, oder aber durch Rechnung. Die Werte für das am häufigsten gebrauchte I-Eisen sind in Tabelle 12 enthalten. —

Tabelle 12. Normalprofile für I-Eisen

bis $h = 250$ mm ist $b = 0{,}4\,h + 10$ mm; $d = 0{,}03\,h + 1{,}5$ mm
für $h > 250$ mm ist $b = 0{,}3\ \ + 35$ mm; $d = 0{,}036\,h$
Neigung der inneren Flanschhälften $14\%\cdot r_2 = d$, $r_1 = 0{,}6\,d$

1	2	3	4	5	6	7	8	9	10	11	12
Profil Nr.	Ausmaße in Millimeter				Querschnitt F cm²	Gewicht für den lauf. Meter G in kg	Momente bezogen auf die Achse				W_x W_y
							X		Y		
	h	b	d	t			J_x	W_x	J_y	W_y	c
8	80	42	3,9	5,9	7,6	6,0	78,4	19,6	7,3	3,5	5,6
9	90	46	4,2	6,3	9,0	7,1	118	26,2	10,4	4,5	5,6
10	100	50	4,5	6,8	10,7	8,3	172	34,4	14,3	5,7	6,0
11	110	54	4,8	7,2	12,4	9,6	241	43,8	18,9	7,0	6,2
12	120	58	5,1	7,7	14,3	11,1	331	55,1	25,2	8,7	6,3
13	130	62	5,4	8,1	16,2	12,6	441	67,8	32,2	10,4	6,5
14	140	66	5,7	8,6	18,3	14,3	579	82,7	41,3	12,5	6,6
15	150	70	6,0	9,0	20,5	16,0	743	99,0	51,8	14,8	6,7
16	160	74	6,3	9,5	22,9	17,9	945	118	64,4	17,4	6,7
17	170	78	6,6	9,9	25,4	19,8	1177	139	78,8	20,2	6,8
18	180	82	6,9	10,4	28,0	21,9	1460	160	95,9	23,4	6,9
19	190	86	7,2	10,8	30,7	24,0	1779	187	115,2	26,8	6,9
20	200	90	7,5	11,3	33,7	26,2	2162	216	138	30,7	7,0
21	210	94	7,8	11,7	36,6	28,5	2587	246	163	34,6	7,0
22	220	98	8,1	12,2	39,8	31,0	3090	281	192	39,2	7,1
23	230	102	8,4	12,6	42,9	33,5	3642	317	224	43,9	7,2
24	240	106	8,7	13,1	46,4	36,2	4288	357	261	49,3	7,2
26	260	113	9,4	14,1	53,7	41,9	5798	446	341	60,3	7,3
28	280	119	10,1	15,2	61,4	47,9	7658	547	429	72,1	7,5
30	300	125	10,8	16,2	69,4	54,1	9888	659	530	84,8	7,7
32	320	131	11,5	17,3	78,2	61,0	12622	789	652	99,5	7,9
34	340	137	12,2	18,3	87,2	68,0	15827	931	789	115	8,1
36	360	140	13,0	19,5	97,5	76,1	19766	1098	956	134	8,2
38	380	143	13,7	20,5	107,5	83,9	24208	1274	1138	153	8,3
40	400	155	14,4	21,6	118,3	92,3	29446	1472	1349	174	8,4
42¹/₂	425	163	15,3	23,0	133,0	103,7	37266	1754	1672	205	8,5
45	450	170	16,2	24,3	147,7	115,2	26204	2054	2004	236	8,6
47¹/₂	475	178	17,1	25,6	163,6	127,6	56912	2396	2424	372	8,8
50	500	185	18,0	27,0	180,2	140,5	69245	2770	2172	310	8,9

Bemerkung: Siehe I. Fachband Abb. 210. d = Stegdicke; t = Flanschstärke.

Die zulässige Maximalzugspannung K wird für Holz (Kiefern- und Eichenholz) mit 100 kg pro cm², für Träger und Stützen aus Flußeisen mit 1200 kg pro cm² angenommen und sind auch diese Werte allen folgenden Aufgaben zugrunde gelegt.

b) In der Baupraxis treten aber verschiedene Belastungsfälle auf, von denen die wichtigsten hier näher erörtert werden sollen; es sind dies:

I. Die Beanspruchung des Trägers durch **Einzellasten.**

II. Die Beanspruchung des Trägers durch eine auf die ganze Länge oder nur in gewissen Strecken gleichmäßig verteilte Last (**Streckenlast**).

III. Die **gleichzeitige Beanspruchung durch Einzel- und Streckenlasten**, wobei vorerst angenommen wird, daß alle diese Belastungen unbeweglich, also **ruhend** sind. Mit beweglichen Lasten werden wir uns erst später bei den Fachwerken beschäftigen.

I. Beanspruchung mit ruhenden Einzellasten.

Bei dieser Belastungsart muß der gefährliche Querschnitt erst bestimmt werden, was am einfachsten auf graphischem Wege erzielt wird (Abb. 572).

Man zeichnet das Kräfte- und Seilvieleck und erkennt nun unmittelbar, da die von dem Umfange

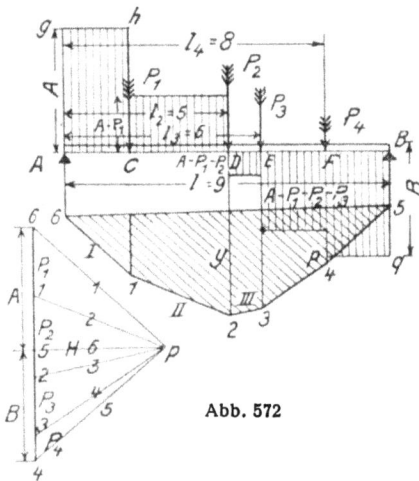

Abb. 572

des Seilvieleckes abgegrenzten vertikalen Strecken die auf dem Polabstand bezogenen Biegungsmomente darstellen, **daß das größte Moment nur unter dem Angriffspunkte einer der Kräfte P stattfinden kann.** Im vorliegenden Fall trifft dies für die Kraft P_2 zu und es ist y das größte Biegungsmoment

$$M = y H,$$

wobei H der Polabstand und y die Strecke ist, die durch die Richtungs-(Schluß-)linie von P_2 aus dem Seilvieleck ausgeschnitten wird.

Bestimmt man für die Angriffsstellen der einzelnen Lasten die Vertikalkräfte der Größe nach, d. h. die Mittelkräfte der auf die bezüglichen Trägerstücke wirkenden Kräfte, so ist die Vertikalkraft

$$V_a = A$$
$$V_c = A - P_1$$
$$V_d = A - (P_1 + P_2)$$
$$V_e = A - (P_1 + P_2 + P_3)$$
$$V_b = A - (P_1 + P_2 + P_3 + P_4) = B$$

Nimmt man die nach aufwärts gerichtete Vertikalkraft A als positiv an und berechnet hiernach die übrigen Vertikalkräfte, so ergibt sich links vom gefährlichen Querschnitte die Vertikalkraft $V = A - P_1$ und rechts $V = A - (P_1 + P_2)$.

Im gefährlichen Querschnitt wechselt daher die Vertikalkraft ihr Vorzeichen. Man erhält durch Auftragen die in der Abbildung gezeichnete treppen-

förmige Linie, die die Achse AB beim gefährlichen Querschnitt schneidet.

Der gefährliche Querschnitt liegt somit stets unter dem Angriffspunkt einer Last. Das Biegungsmoment für diesen Querschnitt berechnet sich als das statische Moment der auf das Trägerstück vom gefährlichen Querschnitt bis zum Auflager wirkenden Kräfte für einen in diesem gewählten Drehungspunkte

$$M_{max} = A \cdot l_2 - P_1 (l_2 - l_1) = P_3 (l_3 - l_2) + P_4 (l_4 - l_2) - B (l - l_2)$$

Spezielle Fälle dieser Belastungsart sind:

1. **Eine Last P liegt in der Mitte des Trägers.**

Denkt man sich den Träger in der Mitte festgehalten (Abb. 573) und das Auflager in Q durch den Auflagergegendruck $\frac{P}{2}$ ersetzt, so ist das Biegungsmoment für den Punkt C

$$M = \frac{P}{2} \cdot \frac{l}{2} = \frac{Pl}{4}$$

und das ist das größte Biegungsmoment, das bei diesem Belastungsfalle überhaupt auftreten kann.

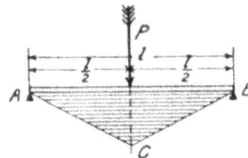
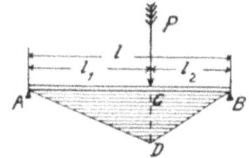

Abb. 573   Abb. 574

Der gefährliche Querschnitt liegt daher in der Trägermitte; die **Biegungsgleichung** lautet:

$$\frac{Pl}{4} = K \cdot W;$$ es ist mithin $$W = \frac{Pl}{4K}.$$

2. **Liegt die Last außerhalb der Mitte** (Abb. 574), so liegt der gefährliche Querschnitt unter dem Angriffspunkt der Last P.

Die Auflagerdrücke sind

$$A = \frac{P}{l} \cdot l_2 \quad \text{und} \quad B = \frac{P}{l} \cdot l_1.$$

Die **Biegungsgleichung** ist

$$\frac{P \cdot l_1 l_2}{l} = K \cdot W \quad \text{und} \quad W = \frac{P \cdot l_1 l_2}{l \cdot K}.$$

Die Momentenlinie besteht aus den beiden Geraden AD und DB.

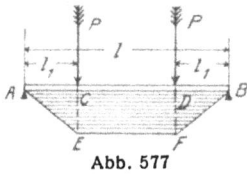
Abb. 577

3. Wird endlich der Träger durch zwei gleich große und gleich weit von den Auflagern A und B abstehende Einzellasten P beansprucht (Abb. 577), so liegt der gefährliche Querschnitt auf der ganzen Strecke CD.

Die Biegungsgleichung lautet:

$$P l_1 = K \cdot W \quad \text{und} \quad \boxed{W = \frac{P l_1}{K}}$$

Die Momentenlinie besteht aus den Geraden A E, E F und F B.

II. Beanspruchung mit ruhenden Streckenlasten.

3. Der einfachste Fall ist auch hier wieder, wenn die Last auf die ganze Länge gleichmäßig verteilt ist (Abb. 577a).

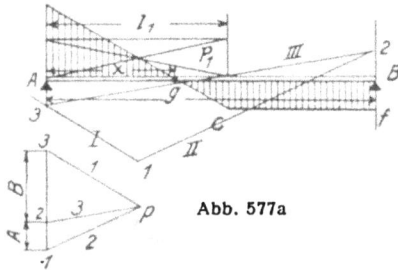
Abb. 577a

Für einen Querschnitt in der Entfernung x ist das Biegungsmoment

$$M = \frac{P \cdot x}{2} - \frac{P}{l} \cdot x \cdot \frac{x}{2};$$

es erhält seinen größten Wert für $x = \dfrac{l}{2}$

$$\boxed{M_{\max} = \frac{P l}{2 \cdot 2} - \frac{P l}{2 l} \cdot \frac{l}{4} = \frac{1}{8} P l.}$$

Der gefährliche Querschnitt liegt in der Trägermitte.

Für diese Stelle ist die Biegungsgleichung

$$\boxed{\frac{P l}{8} = K \cdot W} \quad \text{und} \quad \boxed{W = \frac{P l}{8 K}.}$$

Die Momentenlinie ist hier eine Parabel, deren Achse durch C geht und $\perp A B$ liegt.

Wenn also ein Balken gleichmäßig belastet ist, kann er doppelt so viel tragen, als wenn die Belastung als Einzellast nur in der Mitte wirkt [I 1].

4. Ist aber die Last P_1 von a aus auf eine Strecke gleichmäßig verteilt, so ermittelt man zunächst die Auflagerdrücke und die Linie der Vertikalkräfte in bekannter Weise.

An der Stelle A ist die Vertikalkraft $v_a = A$, an der Stelle c $v_c = A - P_1$; dieser Wert ist immer negativ, weil $P_1 > A$ sein muß. Die Linie der Vertikalkräfte schneidet sonach den Träger im Punkte g und hier liegt auch der gefährliche Querschnitt; bezeichnet man ag mit x, so ist $x = \dfrac{A \cdot l_1}{P_1}$.

Der Auflagerdruck kann nun rechnerisch oder graphisch bestimmt werden.

Das Biegungsmoment ergibt sich dann im gefährlichen Querschnitt mit

$$\boxed{M = A x - \frac{A \cdot x}{2} = \frac{A x}{2}.}$$

5. Sind dagegen die Belastungen P_1 und P_2 auf die Strecken l_1 und l_2 gleichmäßig verteilt, so ergibt sich mittels der Auflagerdrücke und der Linie der

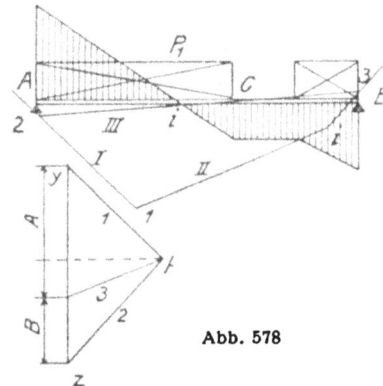
Abb. 578

Vertikalkräfte im Punkte i der gefährliche Querschnitt. Je nachdem $P_1 \gtrless A$ ist, liegt i auf der Strecke l_1 oder l_2 (Abb. 579).

Im ersteren Falle, also wenn $P_1 > A$ ist, ist
$$x = \frac{A l_1}{P_1}$$ und der gefährliche Querschnitt liegt auf

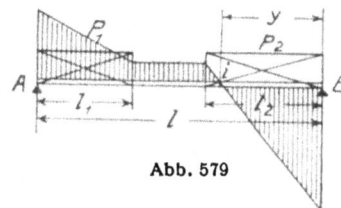
Abb. 579

der Strecke $A c$. Im letzteren Falle für $P_1 < A$ ist

$$A = P_1 + \frac{P_2 x}{l \cdot x} \quad \text{und} \quad x = \frac{(A - P_1) l_2}{P_2}.$$

In dem Falle liegt der gefährliche Querschnitt auf der Strecke l_2 und seine Entfernung von B ist

$$y = \frac{B \cdot l_2}{P_2} \quad \text{(Abb. 579)}.$$

III. Beanspruchung mit ruhenden Einzel- und Streckenlasten.

Dieser Fall läßt sich auf den Fall I zurückführen, indem man die Belastungskörper, welche die Strecken-

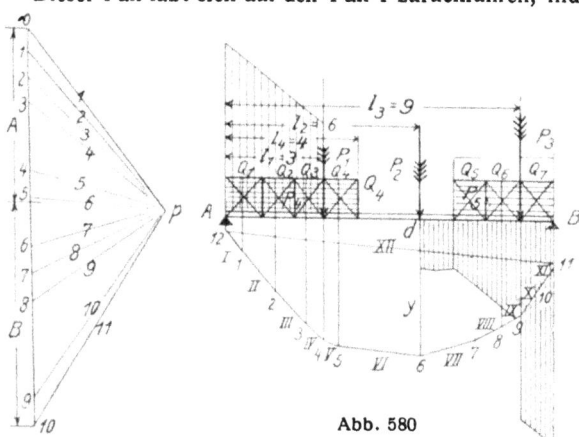

Abb. 580

lasten P_4 und P_5 darstellen (Abb. 580) in eine Anzahl recht kleiner Teile teilt und in den Schwerpunkten dieser Teile vertikale Einzelkräfte Q_1, Q_2 usw., entsprechend den Gewichten dieser Teilkörper anbringt. Man hat dann eben nur Einzellasten wie unter I, aus denen man die Lage des gefährlichen Querschnittes und das größte Biegungsmoment ermittelt. Der gefährliche Querschnitt ist dann bei d; **er muß aber nicht mehr unter einer der ursprünglich gegebenen Einzellasten P_1 P_2 oder P_3, sondern kann auch unter einer der Lasten Q liegen.**

$$M_{max} = y \cdot H.$$

Die Linie der Vertikalkräfte hat ebenfalls eine treppenförmige Gestalt, nur sind die Verbindungslinien zwischen den Berechnungspunkten dort gegen die Horizontale geneigt, wo die Streckenlasten einwirken.

Aufgabe 41.

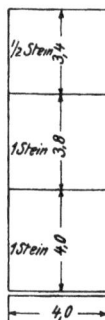

Abb. 581

[292] *Eine drei Stockwerk hohe Zwischenmauer von einem bzw. einem halben Stein Stärke soll auf eine Länge von 4 m durch zwei T-Träger gestützt werden (Abb. 581). Es ist das Trägerprofil zu berechnen. Gewicht des Mauerwerkes 1600 kg pro m³.*

Die gleichmäßige Belastung des frei aufliegenden Trägers beträgt

$$[4{,}00 \cdot 0{,}25 \, (4 + 3{,}8) + 4{,}0 \cdot 0{,}13 \cdot 3{,}4] \, 1600 = [7{,}8 + 1{,}768] \, 1600 \sim \textbf{15 310} \text{ kg.}$$

Wird die Stützweite mit 430 angenommen, so ist nach [291 II, 3] $W = \dfrac{P \cdot l}{8 \cdot K}$

also $W = \dfrac{15310 \cdot 430}{8 \cdot 1200} = \textbf{686.}$

Bei Verwendung von 2 Trägern trifft auf einen Träger 343, diesem entspricht das Trägerprofil Nr. 24 mit $W_x = 357$.

Aufgabe 42.

[293] *Ein Raum von rechteckiger Grundform (Abb. 582) ist mittels Kappen einzuwölben. Die Kappenträger I liegen teils auf der Mauer, teils auf Träger II. Die Belastung ist 700 kg pro m² anzunehmen.*

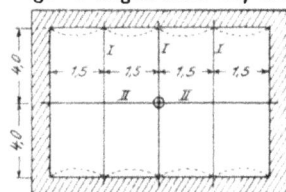

Abb. 582

Belastung des Kappenträgers I:

$$1{,}5 \cdot 4 \cdot 700 = 4200 \text{ kg.}$$

Ebenso groß ist auch die Belastung des Trägers II, der nach dem I I

$\left(W = \dfrac{P\,l}{4\,K} \right)$ belastet ist, während für den Träger I der Belastungsfall II 3 gilt

$$W = \frac{P \cdot l}{8\,K}.$$

Nimmt man die Stützweite für II mit 315 an, so ist $W = \dfrac{1}{4} \cdot \dfrac{4200 \cdot 315}{1200} = \textbf{276.}$
Hierfür genügt das Profil 22 mit $W = 281$.

Für I bei einer Stützweite von 415 ist

$$W = \frac{1}{8} \cdot \frac{4200 \cdot 415}{1200} = \textbf{181.}$$

Hier genügt Profil 19 mit $W = 187$.

Aufgabe 43.

[294] *Ein Raum von rechteckigem Grundriß soll durch Kappen überwölbt werden. Es sind die Träger I, II und III zu berechnen (Abb. 583). Belastung 700 kg pro m².*

Belastung des Trägers I:

$$\frac{2{,}0 + 1{,}5}{2} \cdot 4 \cdot 700 = 4900 \text{ kg}$$

des Trägers II;

$$\frac{2{,}0 + 1{,}5}{2} \cdot 3 \cdot 700 = 3675 \text{ kg}$$

des Trägers III:

$$\frac{4900}{2} + \frac{3675}{2} \backsim 4300 \text{ kg.}$$

I und II ist nach II 3 $\left(W = \dfrac{P \cdot l}{8\,K}\right)$, III nach I 2 zu berechnen.

$$W_{\mathrm{I}} = \frac{4900 \cdot 415}{8 \cdot 1200} = 212; \quad W_{\mathrm{II}} = \frac{3675 \cdot 315}{8 \cdot 1200} = 120; \quad W_{\mathrm{III}} = \frac{4300 \cdot 215 \cdot 165}{380 \cdot 1200} = 334.$$

Für Träger I ergibt sich Profil Nr. 20 mit $W = 216$
„   „   II   „   „   „   Nr. 17 mit $W = 139$
„   „   III   „   „   „   Nr. 24 mit $W = 357$.

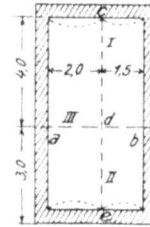

Abb. 583

Aufgabe 44.

[295] *Ein Raum von rechtwinkeligem Grundriß (Abb. 584) soll durch Kappen von 2 m Spannweite überwölbt werden. Die Kappenträger I liegen auf einem Unterzuge II auf. Belastung 700 kg pro m².* (Abb. 584.)

Die Belastung des Trägers I ist gleich dem Gewichte einer Kappe, also gleich $2{,}0 \cdot 4{,}0 \cdot 700 = 5600$ kg.

Die Belastung des Trägers II beträgt in den Punkten c und d je 5600 kg.

Für den Träger I bei einer Stützweite von 415 cm ist

$$W = \frac{5600 \cdot 415|}{8 \cdot 1200} = 242.$$

Diesem Wert entspricht Trägerprofil Nr. 21 mit $W = 246$.

Für den Träger II sind die Stützweite 215 cm entfernt angenommen (Belastung I 3) ist

$$W = \frac{5600 \cdot 215}{1200} = 1003.$$

Diesem Werte entspricht Profil 36 mit $W_x = 1098$.

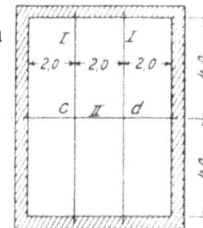

Abb. 584

Aufgabe 45.

[296] *Ein Ⅰ-Träger von 4,5 m Länge hat eine 1 Stein starke Mauer von 6 m Höhe zu tragen, in welcher sich zwei Türöffnungen befinden (Abb. 585), es ist das Trägerprofil zu bestimmen.*

Die Belastung P_1 auf der Strecke $a\,c$ beträgt

$$(2{,}3 + 0{,}6)\,6{,}0 \cdot 0{,}25 \cdot 1600 - 1{,}20 \cdot 2{,}4 \cdot 0{,}25 \cdot 1600 = 5808 \text{ kg.}$$

Die Belastung P_2 auf der Strecke $d\,b$ ist

$$(0{,}6 + 1{,}5)\,6{,}0 \cdot 0{,}25 \cdot 1600 - 1152 = 3888 \text{ kg.}$$

Der Auflagerdruck A ist

$$A = \frac{5808\,(5{,}00 - 1{,}15) + 3888 \cdot 0{,}75}{5{,}00} = 5055.$$

Die Vertikalkraft bei c ist

$$5055 - 5808 = -753.$$

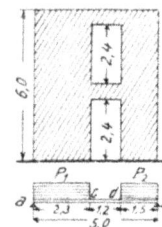

Abb. 585

Der gefährliche Querschnitt liegt also auf der Strecke $a\,c$ in einer Entfernung x von a und ist

$$5055 = \frac{5808 \cdot x}{2{,}3}$$

also

$$x = \frac{5055 \cdot 2{,}3}{5808} = 2{,}0 \text{ m} = \mathbf{200 \text{ cm}.}$$

Das größte Biegungsmoment ist

$$M = \frac{5055 \cdot 200}{2} = 505\,500.$$

Demnach ist

$$W = \frac{505\,500}{1200} = \mathbf{421.}$$

Hierfür genügen zwei Träger Nr. 20 mit einem Gesamt-$W = 2 \cdot 216 = 432$.

[297] Eingespannte Träger.

1. Liegt der Träger an den beiden Enden nicht frei auf, sondern ist er an einem Ende eingespannt, und an seinem anderen Ende durch eine Einzellast beansprucht, so liegt der gefährliche Querschnitt an der Einspannstelle A, das Biegungsmoment daselbst ist $M = Pl$ und die Biegungsgleichung lautet

$$Pl = K \cdot W \qquad \boxed{W = \frac{P \cdot l}{K}} \quad \text{(Abb. 586).}$$

2. Ein ebenso unterstützter Träger ist auf seine ganze Länge durch eine gleichmäßig verteilte Last P beansprucht (Abb. 587).

Auch hier ist der gefährliche Querschnitt an der Einspannstelle A. Denkt man sich nun für einen

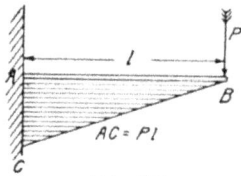 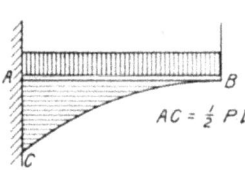

Abb. 586   Abb. 587

Augenblick die ganze P zu einer Mittelkraft in der Trägermitte vereinigt, so ist für die Stelle A das Biegungsmoment

$$M = \frac{Pl}{2}$$

und

$$\boxed{W = \frac{Pl}{2K}}.$$

Also auch hier trägt der Träger die doppelte Last, wenn sie auf der ganzen Länge verteilt, gegen den Fall, wenn sie am Trägerende angreift.

3. Der Träger ist an einem Ende eingespannt und liegt auf seinem anderen Ende frei auf, in seiner

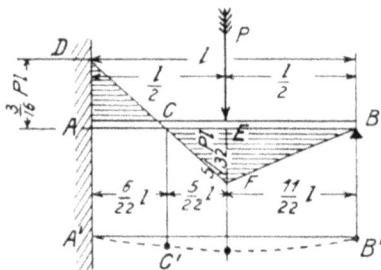

Abb. 588

Mitte wirkt eine Einzellast P (Abb. 588). Der gefährliche Querschnitt liegt an der Einspannstelle. Das Biegungsmoment ist

$$M = \frac{3}{16} Pl \quad \text{und} \quad W = \frac{3}{16} \cdot \frac{Pl}{K}.$$

Die Lage des gefährlichen Querschnittes sowie die Größe des Biegungsmomentes lassen sich hier und bei den folgenden Belastungsfällen nicht mehr in elementarer Weise ableiten, weshalb immer nur die Ergebnisse angegeben werden.

Durch die Einwirkung der Belastung und der gewölbten Unterstützung nimmt die Trägerachse die Gestalt der sog. elastischen Linie an. Sie besitzt an einer Stelle C', die um $\frac{6}{22} l$ von der Einspannung

absteht, einen Wendepunkt, d. i. einen Punkt, in welchem die Krümmung der Kurve gleich Null ist und der konvex gekrümmte Teil in den konkav gekrümmten übergeht. An dieser Stelle ist der Träger spannungslos und das Biegungsmoment gleich Null. An der Stelle A erhält das Biegungsmoment den Wert $-\frac{3}{16} \cdot Pl$, in der Trägermitte den größten positiven Wert $+\frac{5}{32} P \cdot l$.

Der Auflagerdruck in A ist $\frac{11}{16} \cdot P$, in $B \frac{5}{16} E$.

4. Der Träger ist in gleicher Weise unterstützt, wie in vorhergehendem Falle, aber auf seine ganze Länge gleichmäßig belastet.

Der gefährliche Querschnitt liegt wieder an der Einspannstelle; das Biegungsmoment ist

$$M = \frac{1}{8} Pl \quad \text{und} \quad \boxed{W = \frac{1}{8} \cdot \frac{Pl}{K}}.$$

In einer Entfernung gleich $\frac{1}{4} l$ von der Einspannstelle besitzt die elastische Linie einen Wendepunkt C', wo der Träger spannungslos und das Biegungsmoment gleich Null ist. Das größte negative Biegungsmoment ist bei $A = -\frac{1}{8} Pl$, das größte positive bei E mit $+\frac{9}{128} Pl$ in einer Entfernung von $\frac{5}{8} l$.

Der Auflagerdruck ist in $A \frac{5}{8} P$, in $B \frac{3}{8} P$.

5. Der Träger ist an beiden Enden eingespannt und in seiner Mitte durch eine Einzellast beansprucht (Abb. 589).

Der Träger besitzt drei gefährliche Querschnitte, nämlich jene über den Einspannstellen und in der Trägermitte. An jeder dieser Stellen ist das Biegungsmoment

$$M = \frac{1}{8} Pl \quad \text{und}$$

$$\boxed{W = \frac{1}{8} \frac{Pl}{K}}.$$

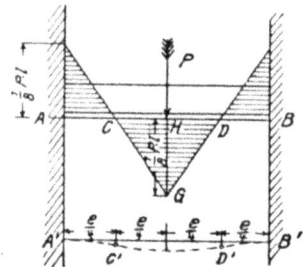

Abb. 589

Die elastische Linie hat zwei Wendepunkte C_1 und D', welche um die Länge $\frac{1}{4} l$ von den Auflagern abstehen. Die Auflagerdrücke sind in A und $B = \frac{P}{2}$.

6. Der Träger ist wie früher eingespannt, aber durch eine auf seine Länge gleichmäßig verteilte Last P beansprucht.

Der Träger besitzt zwei gleichgefährliche Querschnitte. Das Biegungsmoment daselbst ist

$$M = \frac{1}{12} Pl \quad \text{und} \quad W = \boxed{\frac{1}{12} \frac{Pl}{K}}$$

Die elastische Linie hat zwei Wendepunkte C' und D_1, welche von der Trägermitte um die Länge

$$\frac{l}{2\sqrt{3}} = 0{,}288 \, l \quad \text{abstehen.}$$

Das Biegungsmoment in der Trägermitte ist gleich $\frac{1}{24} Pl.$

Aufgabe 46.

[298] *Ein Balken aus Eichenholz hat als Aufzugskran zu dienen. Er ist 1,20 m lang und hat eine Maximallast P = 4000 kg zu tragen. Es ist der Querschnitt des Balkens zu berechnen für den Fall, daß b : h = 5 : 7 sein soll. K = 100.*

$$W = \frac{Pl}{K} = \frac{4000 \cdot 120}{100} = 4800.$$

Für das Rechteck ist $W = \frac{1}{6} \cdot b \cdot h^2$ oder da

$$b = \frac{5}{7} h, \quad W = \frac{1}{6} \cdot \frac{5}{7} \cdot h^3 = 4800$$

$$h = \sqrt[3]{\frac{4800 \cdot 42}{5}} = \sqrt[3]{40320} \approx 35 \text{ cm}$$

$$h = \frac{5}{7} \cdot 35 = 25 \text{ cm.}$$

Aufgabe 47.

[299] *Ein Balkon wird durch die eisernen I-Träger I und II unterstützt (Abb. 590); das Brüstungs-mauerwerk ist 0,25 m stark aus Holzriegeln hergestellt und wiegt der m³ 1100 kg. Die gleichmäßig verteilte Belastung der Balkondecke soll 600 kg pro m² betragen. Es sind die Träger I und II zu berechnen.*

Belastung des Trägers I:
    1. Gewicht der Seitenbrüstung
            0,25 · 1,20 · 0,80 · 1100 =   264 kg
    2. Gewicht der Balkondecke
            0,75 · 1,20 · 600   = 540 kg
    3. Auflagerdruck der Vorderbrüstung
            0,75 · 0,25, 0,80 · 1100 = 165 kg.
Belastung des Trägers II:
    1. Gewicht der Balkondecke
            1,50 · 1,20 · 600   = 1080 kg
    2. Gewicht der Vorderbrüstung
            1,50 · 0,25 · 0,80 · 1100 = 330 kg.
Die beiden Träger sind nach [297 1 u. 2] zugleich belastet.
    Träger I:

$$W = \frac{165 \cdot 120}{1200} + \frac{804 \cdot 120}{2 \cdot 1200} = 16,5 + 40,2 = 57$$

Dies entspricht dem Profil Nr. 13 mit W = 67,8.
    Träger II:

$$W = \frac{330 \cdot 120}{1200} + \frac{1080 \cdot 120}{2 \cdot 1200} = 33 + 54 = 87.$$

Dies entspricht dem Profile Nr. 15 mit W = 99.

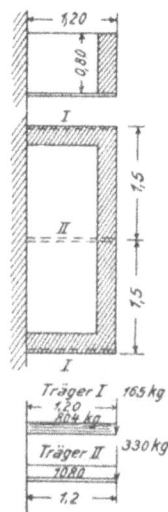

Abb. 590

Aufgabe 48.

[300] *Die Balkenlage eines Salzspeichers liegt auf einem Unterzuge a b aus Eichenholz. Die Balken aus Kiefernholz liegen 0,8 m voneinander entfernt. Die Belastung ist 800 kg pro m². Es ist das Profil des Balkens und des Unterzuges b:h = 3 : 4 zu berechnen. Für Kiefern- und Eichenholz K = 100. Spannweite = 4,8 m.*

Belastung einer Balkenhälfte 0,8 · 4,8 · 800 = 3072 kg. Belastung des Unterzuges auf die Strecke a c ist [4,8 — 0,8] · 4,8 · 800 ∿ **16000**, wobei berücksichtigt ist, daß ein Teil der Deckenlast von der Mauer und dem mittleren durch die Säule unterstützten Balken aufgenommen wird.

Für den Balken ist die Stützweite = 495 cm

$$W = \frac{3072 \cdot 495}{8 \cdot 100} = 1900.$$

Für den Unterzug bei gleicher Stützweite

$$W = \frac{16000 \cdot 495}{8 \cdot 100} \approx 10000.$$

Für den rechteckigen Balkenquerschnitt ist

$$W = \frac{1}{6} \cdot \frac{3}{4}\, h^3 = 1900$$

$$h = \sqrt[3]{\frac{1900 \cdot 24}{3}} \backsim 26 \text{ cm}$$

$$b = \frac{3}{4} \cdot 26 \backsim 20 \text{ cm.}$$

Für den Unterzug wird man zweckmäßig Sattelhölzer verwenden (Abb. 591). In diesem Falle hat man den Teil $a\,e$ des Unterzuges nach [297 5] zu berechnen. Die Belastung auf die Strecke $a\,e$ beträgt

$$\frac{16000}{2} = 8000 \text{ kg}$$

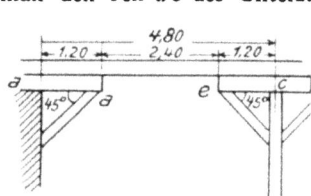

Abb. 591

$$W = \frac{8000 \cdot 240}{12 \cdot 100} = 1600$$

$$h = \sqrt[3]{\frac{1600 \cdot 42}{5}} = 24 \text{ cm.}$$

$$b = \frac{5}{7} \cdot 24 = 18 \text{ cm}$$

Das Sattelholz hat, wenn der Unterzug unter der Stütze angenommen ist, das Biegungsmoment bei e und das durch die Belastung auf der Strecke $c\,e$ hervorgerufene Biegungsmoment aufzunehmen. Die Belastung [des Sattelholzes ist $\frac{8000}{2} = 4000$ kg]

$$W = 1600 + \frac{4000 \cdot 120}{8 \cdot 100} = 1600 + 600 = 2200$$

$$h_0 = \sqrt[3]{\frac{2200 \cdot 42}{5}} \backsim 26 \text{ cm}$$

$$b_0 = \frac{3}{4} \cdot 26 \backsim 20 \text{ cm.}$$

[301] Der durchgehende Träger.

Liegt ein Träger auf mehr als zwei Stützen auf, so heißt er ein **durchgehender (kontinuierlicher)** Träger. Die beiden äußeren Stützen sind die Endstützen, die übrigen die Mittelstützen; das zwischen zwei Stützen liegende Trägerstück heißt ein Trägerfeld, wobei man End- und Mittelfelder unterscheidet. Die Berechnung des durchgehenden Trägers ist in elementarer Weise nicht durchführbar, sondern nur unter Berücksichtigung der Form der elastischen Linie möglich; bei diesem Träger werden auf die Mittelstützen nicht nur Auflagerdrücke, sondern auch Momente, die Stützenmomente, vorhanden sein. Der Träger ist über diesen Stützen als eingespannt zu betrachten und kann als ein nach den Fällen [297, 5,6] belasteter Träger näherungsweise berechnet werden.

Die Verwendung durchgehender Träger im Hochbau soll als Balken- oder Deckenträger oder auch als Träger im Frontmauerwerk nur unter großer Vorsicht geschehen. Denn der Träger kann nur als durchgehend betrachtet werden, wenn die Mittelstützen als solche wirksam sind. Tritt aber durch ein Setzen des Mauerwerks eine Senkung der einen oder anderen

Mittelstütze ein, so wird die ursprünglich gemachte Annahme hinfällig, die berechneten Widerstandsmomente sind zu klein und der Träger zu stark beansprucht. **Auf keinen Fall sollte man Träger mit mehr als zwei Mittelstützen verwenden.** Bei **einer** Mittelstütze liegt der gefährliche Querschnitt über ihr. Das Widerstandsmoment ist bei einer Last in der Mitte jedes Feldes $W = \frac{3}{16} \cdot \frac{Pl}{K}$ und die Auflagerdrucke sind $A = B = \frac{5}{16} \cdot P$ und $C = \frac{22}{16} \cdot P$, bei gleichzeitiger Belastung $W = \frac{1}{8} \cdot \frac{Pl}{K}$ und $A = B =$
$= \frac{3}{8}\, P$ und $C = \frac{10}{8}\, P.$

Bei **zwei** Mittelstützen liegt der gefährliche Querschnitt über ihnen. W ist bei Einzellast in der Feldmitte $\frac{3}{20} \cdot \frac{Pl}{K}$ und $A = B = \frac{7}{20}\, P$, $C = D = \frac{23}{20}\, P$, bei gleichmäßiger Belastung $W = \frac{1}{10} \cdot \frac{Pl}{K}$ und
$A = B = \frac{4}{10}\, P,\; C = D = \frac{11}{10} \cdot P.$

Aufgabe 49.

[302] *Zur Auflagerung einer Balkendecke ist ein einfach armierter Träger zu verwenden. Die Belastung der Decke, Eigengewicht und Nutzlast, beträgt 700 kg pro m². Es sind die Ausmaße des Trägers festzustellen.*

Gewicht der ganzen Decke $8 \cdot 8 \cdot 700 = 44800$ kg. Hiervon hat der armierte Träger unter der Voraussetzung, daß die Balken über ihm nicht gestoßen sind, $\frac{5}{8}$, d. s. 28000 kg, aufzunehmen. Auf die Strecken $a\,c$ und $c\,b$ treffen also je 14000 kg. Diese Last verteilt sich auf die einzelnen Knotenpunkte so, daß auf $c\ \dfrac{10}{8} \cdot 14000 = 17500$ kg, auf a und b je $\dfrac{3}{8} \cdot 14000 = 5250$ kg treffen. Die in a und b nach aufwärts wirkende Vertikalkraft ist $\dfrac{17500}{2} = 8750$ kg.

Stabkraft:

$$a\,c = 8750 \cdot \operatorname{ctg} \alpha = \frac{8750 \cdot 4}{1} = 35\,000,$$

$$a\,d = \frac{8750}{\sin \alpha} = \frac{8750}{0,2425} = 3600 \text{ kg},$$

$$c\,d = 17\,500 \text{ kg}.$$

Der Träger $a\,b$ ist einerseits nach [297 4] belastet, andererseits auf Druck zu berechnen.

$$W = \frac{1}{8} \cdot \frac{14000 \cdot 400}{1200} = \mathbf{583}.$$

Diesem Werte entsprechen zwei Träger Nr. 26, $W = 892$. Dieser Querschnitt genügt aber auch zur Aufnahme der Druckkraft, denn

$$\frac{M}{W} + \frac{P}{F} = \frac{14000 \cdot 400}{8 \cdot 892} + \frac{35\,000}{2 \cdot 53,7} = 784 + 326 = \mathbf{1110} \text{ kg}.$$

Aufgabe 50.

Programm Nr. 4 für die Errichtung eines Schützenwehres.

[303] *Nach Programm Nr. 2 [148] haben wir den Stauraum einer Stauanlage berechnet und auf Grund der ermittelten Stauhöhe ein Schützenwehr in Abb. 341 generell entworfen. Nun handelt es sich darum, diese Wehranlage nach dem vorliegenden Entwurfe im Detail zu projektieren und ein vollständiges Projektselaborat über diese Anlage fertigzustellen, dem auch eine kurzgefaßte Baubeschreibung und ein approximativer Kostenvoranschlag beizuschließen ist.*

Das Programm Nr. 3 hat uns Gelegenheit geboten, uns im Konstruieren eines bautechnisch verhältnismäßig einfachen Objektes einige Übung zu verschaffen. Hier wollen wir nun bei dieser ziemlich komplizierten Anlage den Werdegang der Projektsarbeiten von allem Anfange an verfolgen, um dabei zu lernen, wie man solche Aufgaben in Angriff nimmt und durchführt. Wir halten diesen Vorgang für den Selbstunterricht zweckmäßiger, weil, wenn der Schüler diese Sache einmal bei einem komplizierten Objekte durchgemacht hat, er

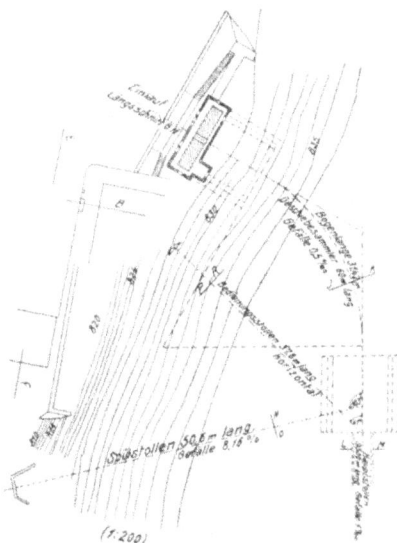

Abb. 592
Situationsplan

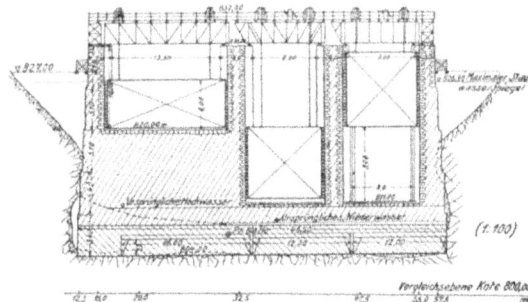

Abb. 592a
Schnitt B

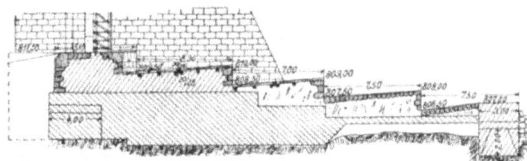

Abb. 592b
Das Fallbett. Schnitt EF

sich um so leichter bei einfacheren Aufgaben auch selbständig zurechtfinden wird. Allgemeine Regeln für die Durchführung der Projektierung aufzustellen, ist sehr mißlich; sie sind meist schwer verständlich, noch schwieriger ist es, sie im gegebenen Falle richtig anzuwenden. Freilich darf sich der Selbstschüler hierbei nicht die Mühe verdrießen lassen, selbst Hand anzulegen und alle verlangten Konstruktionsarbeiten auch gewissenhaft durchzuführen, wie dies in den Konstruktionssälen der technischen Schulen geübt wird. Durch Lesen allein ist noch niemand ein wirklicher Konstrukteur geworden.

Die erste Aufgabe bei jeder Projektsverfassung ist, zunächst sich auf Grund geodätischer Aufnahmen und Nivellements einen Schichtenplan für die Umgebung der Baustelle zu verschaffen und in diesen eine Skizze des beabsichtigten Bauwerkes einzuzeichnen, wie dies auch in Abb. 592 ersichtlich ist. Auf Grund einer solchen Situationsskizze, die am besten im Maßstabe 1:200 zu halten ist, in Verbindung mit dem bereits in Abb. 341 gebrachten generellen Entwurfe lassen sich nun alle Längen- und Höhenmaße schon in roher Annäherung bestimmen. Zunächst werden die Hauptachsen des Bauobjektes nach sorgfältiger Erwägung aller in Betracht kommenden Umstände angenommen. Um diese jederzeit kontrollieren zu können, sind sie fallweise in die Baubeschreibung aufzunehmen, die sonach sowie alle Berechnungen schrittweise gleichzeitig mit dem Fortschreiten des zeichnerischen Entwurfes im Konzepte fortzuführen ist. Später kann dann die Baubeschreibung mit den Berechnungen immerhin als geschlossenes Elaborat oder als „Motivenbericht" zusammengefaßt werden. Wie wir bereits erwähnt haben, ist das Stauwehr als **bewegliches Schützenwehr** (Abb. 592a) mit drei Öffnungen gedacht, wobei die Schwellenhöhe der kleinen Schützen auf Kote 811,00, also ca. 1,5—2 m über der ursprünglichen Sohle, die Schwellenhöhe der größeren Schütze auf Kote 820,00 m, also ungefähr 6 m unter der maximalen Stauhöhe liegt. Die Abfuhr von Geschiebemengen, die vom Flusse während des Hochwassers mitgeführt werden, geschieht durch die beiden je 8 m breiten **Grundablässe.** Das **Fallbett** unterhalb der Grundablaßschützen ist, wie der Längsschnitt durch den Grundablaß (Abb. 592b) zeigt, treppenförmig gestaltet mit vier Stufen von je 7,5 m Länge gebaut, von denen die beiden oberen Stufen durch einen Holzbelag gegen die Angriffe von Wasser und Geschiebe geschützt sind. Aus der oberen Wehröffnung von 13,5 m Breite fließt das Wasser über eine Treppe von Kote 820,00 auf 808,00. Die Stufen dieser Treppe (Abb. 593a) haben eine Höhe von 1,5 m und eine Breite von 2 m, die mit Quadern ausgekleidet sind.

Damit ist die Hauptanordnung des Wehrkörpers und seiner Pfeiler festgelegt, deren statische Untersuchung in bezug auf die Überlaufschwelle unter Annahme eines Wasserstandes auf Kote 820,00, in bezug auf den Pfeiler für einen Wasserstand auf Kote 827 in ähnlicher Weise wie unter [134] durchzuführen ist.

In diesem Stadium läßt sich aber auch die Art der beabsichtigten Fundierung und der allgemeinen Bauvorgang schon einigermaßen überlegen und ist in dieser Hinsicht folgendes zu bemerken: Es wird beabsichtigt, das Fundament des Stauwerkes in zwei

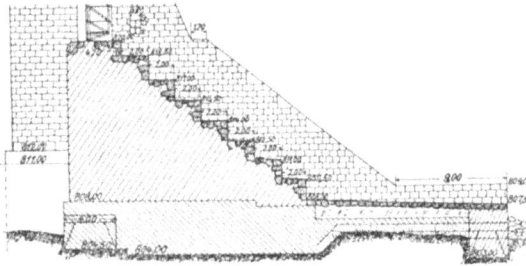

Abb. 593
Überlaufschnelle

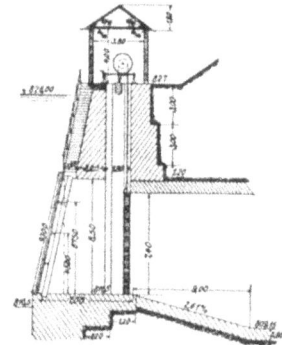

Abb. 594
Tunneleinlauf (Längsschnitt GH)

Hälften herzustellen um in der Zwischenzeit das Wasser nicht durch einen eigenen Umlaufkanal ablenken zu müssen. Da das Flußbett an der Wehrstelle aus grobem Gerölle besteht, unter welchem vielleicht auch vereinzelte große Blöcke zu erwarten sind und die Tiefe dieser Schotterschichte bis zum gewachsenen Fels immerhin von 1,5—6 m variieren kann, empfiehlt sich hier am besten die pneumatische Fundierung, die überdies auch bei sukzessiver Absenkung der einzelnen Caissons einen recht einfachen Arbeitsvorgang gestattet. Es werden Eisencaissons von 10—16 m Länge, 3—4 m Breite und einer lichten Höhe von 2 m angenommen. Werden nun diese Caissons nach der in Abb. 594 dargestellten Fundierungsdisposition in der Reihenfolge der Nummern versenkt, so kann in der ersten Bauperiode der rechts gelegene Grundablaß hergestellt, sodann in der Verlängerung des Pfeilers zwischen den Caissons III, IV und V eine provisorische Aufdämmung eingebaut und schließlich in der zweiten Bauperiode das Wasser durch den bereits fertiggestellten Grundablaß abgelenkt werden. Die Fugen zwischen den einzelnen Mauerblöcken und Caissons werden durch nachträgliches Ausbetonieren geschlossen.

Auf der rechten Seite des Stauwehres befindet sich der **Tunneleinlauf,** dessen Längsschnitt in Abb. 594 gezeichnet ist. Seine Achse schließt, wie aus der Situationsskizze zu entnehmen ist, mit der Wehrachse einen Winkel von 110° ein und ist abschließbar durch zwei eiserne Schützen von 4,86 × 7,50 m und überdies mit einem **Grobrechen** aus Winkeleisen versehen, um das Eindringen von Schwemmstücken und gröberen Geschieben zu verhindern. Die Einlaufschwelle liegt auf Kote 811,5. Von dem Einlaufe fließt das Wasser durch den **Geschiebesammler** nach dem **Hauptstollen,** der sich als Tunnel von einer lichten Höhe von 9,75 m, einer lichten Weite von 9,75 m darstellt und bei einer Länge von 60 m ein Gefälle von 0,5‰ besitzt. Im Geschiebesammler sollen sich infolge der geringen Wassergeschwindigkeit die leichteren vom Wasser mitgerissenen Sinkstoffe, Sand und Kies ablagern, um von Zeit zu Zeit durch den **Spülstollen** unterhalb der Wehranlage wieder in das Flußbett abgeschwemmt zu werden. Die Querschnittsfläche ist 80,00 m²; die Wassergeschwindigkeit bei der maximalen Wasserentnahme von 14,2 m/sek beträgt somit $v = \dfrac{14,2}{80,00} = 0,18$ m/sek.

Beim Übergange vom Geschiebesammler zum Hauptstollen wird die Sohle des Stollens ungefähr 1,9 m höher gelegt als jene des Sammlers; die so entstehende Stufe verhindert den Eintritt von Geschiebe in den Hauptstollen. Die erforderlichen **Feinrechen** sind unmittelbar vor der Mündung des Hauptstollens in einem Schacht angeordnet, um ein Vereisen derselben im Winter zu verhindern. Um die Feinrechen zu reinigen, werden die Einlaufschützen des Geschiebesammlers geschlossen und der Spülstollen geöffnet. Das Wasser fließt dann in entgegengesetzter Richtung und reinigt den Feinrechen, ohne daß man ihn aus dem Wasser zu heben braucht. Durch den Hauptstollen fließt das Wasser nach dem Wasserschloß; er hat eine lichte Höhe von 2,85 m und eine lichte Weite von 3,10 m, ist 9,5 km lang und hat ein durchschnittliches Gefälle von 1%. Da durchschnittlich guter Fels anzunehmen ist, wird das Profil nur auf 0,15 m Stärke verkleidet.

Der Spülstollen ist mit einer lichten Höhe von 3,0, einer lichten Weite von 2,4 m projektiert.

Außerdem ist in der Situation noch ein horizontaler Bedienungsstollen vorgesehen.

Die maschinelle Anlage, die in dem vorliegenden bautechnischen Programme nur schematisch angedeutet ist, besteht der Hauptsache nach aus **Rollenschützen** mit **Gegengewichten,** wobei die Schützenrippen als Halbparabelträger gebaut sind. Damit ist nun die Projektierung der Anlage der Hauptsache nach beendet. Die Pläne sind alle im Maßstabe 1:100 (die Situation 1:200) zu entwerfen und nur hier aus Raumrücksichten entsprechend verkleinert worden.

Um nun das Projektierungselaborat fertigzustellen, sind sämtliche Pläne mit Ausnahme der Abb. 594 auf die richtigen Maßstäbe umzuzeichnen, die Situation durch Einzeichnung der Quer- und Längsschnitte sowie der Stollenprofile zu ergänzen und vorstehende Baubeschreibung in einen Motivenbericht umzuarbeiten. Diesem ist noch folgende Zusammenstellung des appr. Kostenerfordernisses anzuschließen:

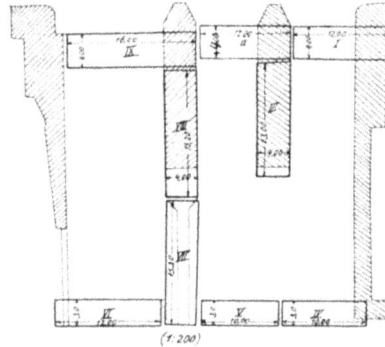

Abb. 595 Fundierungsplan

Post Nr.	Gegenstand	Einzeln GM.		Zusammen GM.	
1.	Grunderwerb, Vorarbeiten, Gebühren	5 000	—	5 000	—
2.	Errichtung von Zufahrtsgelegenheiten, Arbeiterhütten und Materialdepots	3 000	—	3 000	—
3.	Umschließung der Baugrube mit Caissons samt Aufmauerung bis zum Stauwasser, Pauschale	50 000	—	50 000	—
4.	Fundamentaushub: Geschiebe 2500 m³	1	—	2 500	—
	Fels 1100 m³	5	—	5 500	—
5.	Stampfbetonmauerwerk im Fundament 3200 m³	15	—	48 000	—
6.	Bruchsteinmauerwerk: Pfeiler und Grundablaß 4300 m²	17,0	—	} 103 700	—
	Überlaufschwelle 1800 m³	17,0	—		
7.	Anschüttung hinter den Eckpfeilern 1600 m³	1,0	—	1 600	—
8.	Pflaster der geböschten Flächen 250 m²	2,5	—	6 250	—
9.	Bedielung der Grundablässe 38 m²	35	—	1 330	—
10.	Eisenbestandteile der Schützen 50000 kg per 100 kg	30	—	15 000	—
11.	Brückenbaukonstruktionen 4000 kg per 100 kg	30	—	1 200	—
12.	Bearbeitung gewisser Eisenbestandteile, Pauschale	—	—	30 000	—
13.	Wasserhaltung, Pauschale	—	—	15 000	—
14.	Stirnmauer 1400 m³	17,0	—	23 800	—
15.	Haupt- und Nebenstollen	—	—	1 000 000	—
16.	Für Unvorhergesehenes und Abrundung	—	—	398 120	—
		GM.		1 710 000	—

[304] Übungsaufgaben.

Aufg. 51. Für einen Aufzug ist ein Balken von 27/36 cm Querschnitt und 1,0 m freier Länge verwendet. Dieser Balken soll durch einen eisernen ⊥-Träger ersetzt werden. Welches Profil ist zu wählen?

Aufg. 52. Für den in Abb. 572 dargestellten, durch die unten verzeichneten Lasten beanspruchten Träger ist die Lage des gefährlichen Querschnittes sowie die Größe des Biegungsmomentes zu ermitteln.
$P_1 = 500$ kg; $P_2 = 600$ kg; $P_3 = 450$ kg; $P_4 = 200$ kg.

Aufg. 53. Ein Balken aus Eichenholz hat als Aufzugskran zu dienen. Er ist 1,20 m lang und hat eine Maximallast von $P = 4000$ kg zu tragen. Es ist der Querschnitt des Balkens zu berechnen für den Fall, daß $b : h = 2 : 3$ sein soll. $K = 100$.   (Lösungen im 5. Briefe.)

[305] Lösungen der im dritten Hefte unter [208] gegebenen Übungsaufgaben.

Aufg. 39. Teilt man den Querschnitt in die beiden Rechtecke I und II, so verhalten sich deren Inhalte mit Rücksicht auf die beigesetzten Maßzahlen wie 3 : 2; bestimmt man also die Schwerpunkte s_1 und s_2 dieser Rechtecke, so liegt der Schwerpunkt s auf der Verbindungslinie $s_1 s_2$ und teilt letztere im Verhältnis 2:3. Man macht also $s_1 a = 2$ und $s_2 b = 3$ und zeichnet ab.

Aufg. 40. Zunächst ist die Entfernung e des Schwerpunktes von der Achse ab zu berechnen:

$$e = \frac{20 \cdot 2 \cdot 1 + 10 \cdot 2 \cdot 7}{20 \cdot 2 + 10 \cdot 2} = \frac{180}{60} = 3 \text{ cm.}$$

Das auf die Achse ab bezogene Trägheitsmoment ist

$$J = \frac{1}{3} \cdot 20 \cdot 2^3 + \frac{1}{3} \cdot 2 \cdot 12^3 - \frac{1}{3} \cdot 2^4 =$$
$$= 53,33 + 1152 - 5,33 = 1200,$$
$$J_x = J - 3^2 \cdot F = 1200 -$$
$$- 3^2 (20 \cdot 2 + 10 \cdot 2) = 1200 - 540 = \mathbf{660}.$$
$$J_y = \frac{1}{12} \cdot 2 \cdot 20^3 + \frac{1}{12} \cdot 10 \cdot 2^3 =$$
$$= 1333,33 + 6,666 = \mathbf{1340}.$$

Das auf die x-Achse bezogene Moment ist daher das kleinste, das auf die y-Achse bezogene aber das größte.

ALLERLEI WISSENSWERTES

über Technik und Naturwissenschaft.

Die Alpenbahnen.

[306] Eine vergleichende Übersicht der in den Jahren 1848—1904 gebauten großen Alpenbahnen, die über den Semmering, über den Mont Cenis, über den Brenner, über den St. Gotthard, über den Arlberg und über den Simplon führen, bietet um so größeres Interesse, weil sie gleichzeitig zeigt, wie die Ausbildung der Technik und die technischen Erfahrungen auch diese Werke immer kühner, rascher und billiger zu bauen gestatteten.

Die erste dieser Alpenbahnen war die 1848—1854 unter der Leitung des österreichischen Ingenieurs v. Ghega erbaute **Semmeringbahn** (Abb. 596), die Wien mit Triest verbindet. Reich an landschaftlich hervorragenden Bildern war sie insofern ein Markstein in der Entwicklung der Eisenbahnen, als es sich bei dieser Gelegenheit erwies, daß sich Hauptbahnen mit langen Steigungen von 25⁰/₀₀, d. h. Steigungen von 1 m Höhe auf 40 m Länge und mit scharfen Krümmungen durchführen lassen, wenn genügend leistungsfähige Lokomotiven zur Verfügung stehen; diese fehlten bis zum Jahre 1850, wurden aber dann über eine Ausschreibung der österreichischen Regierung in einer überraschend leistungsfähigen Gebirgslokomotivtype geschaffen. — Die Semmeringbahn schmiegt sich tunlichst dem Berggelände an und überschreitet die Wasserscheide des Semmerings in einem 1430 m langen Tunnel, der rund 800 m über dem Meeresspiegel liegt. Die Paßhöhe ist noch um rund 90 m höher. — Die nur 42 km lange Gebirgsstrecke besitzt ungemein viel Kunstobjekte, darunter 15 Tunnels und 16 große, gemauerte Viadukte und ist, was Sicherung der Bahnen durch Futter- und Stützmauern

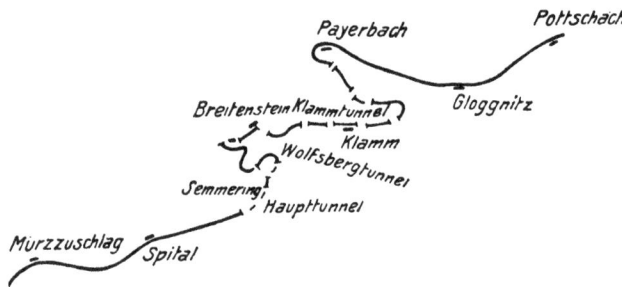

Abb. 596
Semmeringbahn

betrifft, wohl die solideste Bahnstrecke der Welt; trotz der schlechten klimatischen Verhältnisse hat sich hier auch bisher kein nennenswertes Elementarereignis durch Lawinen, Rutschungen, Felsstürze usw. ergeben, dafür hat aber auch der laufende Kilometer 1 Million Mark gekostet. — In dieser Ausführung hat die Bahn keine Nachahmung gefunden und auch die demselben Lande angehörige, in den Jahren 1864—1867 von Ingenieur v. Etzel erbaute **Brennerbahn** zeigt schon wesentliche Unterschiede in der Anlage und in der Ausführung. Die Brennerbahn verbindet Tirol mit Italien und überschreitet offen die 1367 m hochgelegene Paßhöhe des Brenners. Das Gelände ist äußerst geschickt durch Ausfahrung der Seitentäler ausgenützt; es fehlen alle kostspieligen Talviadukte, die Bahn hat zwar 60 kürzere Tunnels, dafür aber verhältnismäßig sehr wenig Brücken. Die Steigung beträgt wegen der langen Ausführung des Pflerschtales (Abb. 598), an deren Ende ein halbkreisförmiger Tunnel die Bahn mit ihren zwei untereinander liegenden Entwicklungsstrecken auf der selben Talseite erhält, nur 22⁰/₀₀ (1:45); 1 km dieser Bahn hat etwas über 400000 Mark, sonach nicht einmal die Hälfte wie bei der Semmeringbahn gekostet.

Während des Baues der Brennerbahn bauten die Franzosen in den Jahren 1860—1870 unter der Leitung des Ing. Sommeiller die Bahn über den **Mont Cenis** von Lyon nach Turin. Der 12 km lange Tunnel ist als erster durch Maschinenkraft (Preßluft) erbohrte Tunnel bemerkenswert; bisher war nur die weniger leistungsfähige, aber weit kostspieligere Handbohrung üblich.

Einen weiteren Wendepunkt in der Anlage von Gebirgsbahnen kennzeichnet die **Gotthardbahn**. Das Vorbild für die Linienführung bot zum Teil die Brennerbahn mit ihrer weitausgreifenden Pflerschtaler Schleife (Abb. 598), dann aber hauptsächlich die 1866—1878 erbaute **Schwarzwaldbahn**, die von Baudirektor G e r w i g in so großartiger und genialer Weise trassiert wurde, daß sie berechtigtes Aufsehen in den Fachkreisen erregt und in allen Erdteilen Anlaß zu Nachbildungen gegeben hat. Statt der schon vielfach angewendeten S p i t z k e h r e n (Abb. 597), mit welchen eine Bahnlinie in Zickzacklinien die Höhe gewinnt, machte Gerwig zum Zwecke der Höhengewinnung S c h l e i f e n mit W e n d e k u r v e n, die zum großen Teil in Tunnels, den sog. K e h r t u n n e l s (Abb. 599) liegen, den umfassendsten Gebrauch, so daß an gewissen Stellen des Tales oft d r e i Bahnlinien in verschiedener Höhenlage liegen. Natürlich ist dieses System weit kostspieliger, dafür aber im Betrieb viel zweckmäßiger als das System der Spitzkehren. Die Steigung beträgt fast durchwegs 20⁰/₀₀ (1:50).

Die **Gotthardbahn** wurde unter finanzieller Beteiligung |des Deutschen Reiches |in den Jahren 1872 bis 1882 von dem deutschen Ingenieur G e r w i g, dem bereits erwähnten Erbauer der Schwarzwaldbahn, und 'später von dem gleichfalls deutschen Ingenieur H e l l w a g, dem früheren Baudirektor der österreichischen Nordwestbahn, ausgeführt. — Diese, die Schweiz mit Italien verbindende Bahnlinie ist wegen ihres kühnen Entwurfes und der ungemein schwierigen Bauausführung, namentlich bei Herstellung des 15 km langen Haupttunnels weltberühmt geworden. An manchen Stellen ist diese Bahn tatsächlich mit einer Riesenwendeltreppe zu vergleichen, auf welcher sich der Zug in aufeinanderfolgenden Kehrtunnels aufwärts und abwärts bewegt (Abb. 600). — Gleichzeitig mit der Gotthardbahn baute die österreichische Regierung die **Arlbergbahn** zur Verbindung von Tirol mit der Schweiz und Deutschland. Diese, vom

Baudirektor L o t t 1880 bis 1884 erbaute Gebirgsbahn zeichnet sich durch wilde Szenerien, namentlich auf der Vorarlberger Rampe aus, welch letztere durch Lawinen und Steinstürze anfangs so gefährdet war, daß sie streckenweise nachträglich in Tunnels und Galerien verlegt werden mußte. Am Scheitel fährt die Bahn durch einen 10 km langen Tunnel, dessen höchster Punkt 1311 m über dem Meeresspiegel und 486 m unter dem Arlbergpaß liegt. — Die Luft in diesem Tunnel ist infolge der ungünstigen Windverhältnisse mitunter so schlecht, daß für das im Tunnel arbeitende Personal besondere Vorkehrungen getroffen werden mußten. Gründliche Abhilfe wird erst der elektrische Betrieb schaffen, der schon für die nächste Zeit in Aussicht genommen ist.

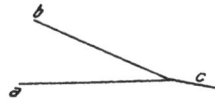

Abb. 597
Spitzkehren

Die **Simplonbahn** endlich ist für den Verkehr zwischen Frankreich und der Schweiz einerseits und Italien anderseits bestimmt und führt über den 2000 m hohen Simplonpaß. — Die Verbindung durch den Simplon ist als eine internationale Hauptverkehrslinie doppelgleisig projektiert, und zwar derart, daß jedes der beiden Gleise durch einen eigenen Tunnel geführt wird. Der eine Ast des Tunnelpaares ist bereits von 1898 bis 1905 unter großen Schwierigkeiten erbohrt und im Herbste 1906 dem Verkehre übergeben worden. Nun geht auch die Bohrung des zur Aufnahme des zweiten Gleises bestimmten Paralleltunnels von 20 km Länge dem Durchschlage entgegen.

Die eingangs gemachte Bemerkung, daß der Vergleich der Alpenbahnen am besten zeigt, um wieviel die Werke der Bautechnik infolge der technischen Fortschritte rascher und billiger gebaut werden, läßt sich vielleicht am besten durch eine Gegenüberstellung der Bauzeiten und Kosten für die Scheitel-Tunnels beweisen:

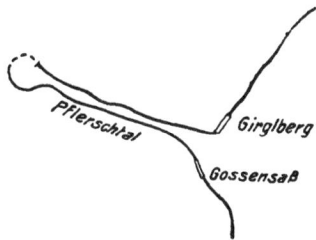

Abb. 598
Brennerbahn

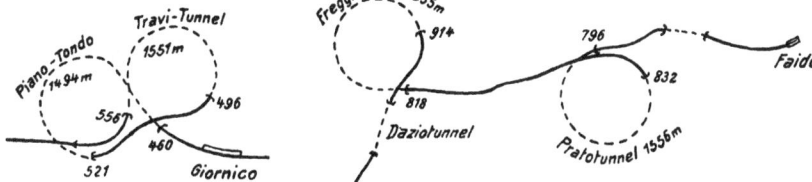

Abb. 599
Schwarzwaldbahn

Mont Cenis- Tunnel, 12 km lang, Bauzeit 10 Jahre, Kosten 4900 Mk. pro Meter
St. Gotthard- ,,   15 ,, ,, ,,   9 ,, ,,   3200 ,, ,, ,,
Arlberg-   ,,   10 ,, ,, ,,   4 ,, ,,   3100 ,, ,, ,,
Simplon-   ,,   20 ,, ,, ,,   5 ,,. ,,   2800 ,, ,, ,,

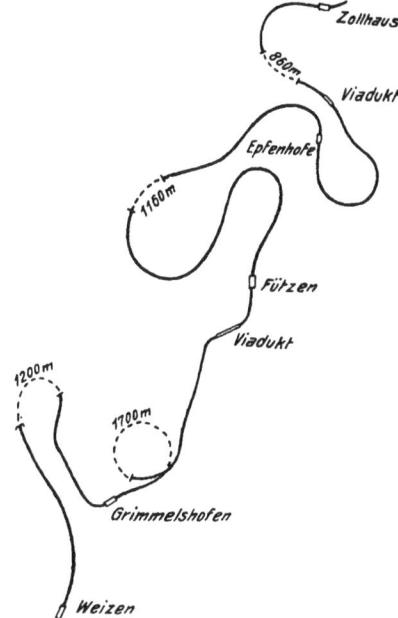

Abb. 600
Gotthardbahn

  Man arbeitete demnach in einem Zeitraum von ca. 50 Jahren 3 mal so schnell und fast um die Hälfte billiger. Um wieviel kühner man in der Ausführung von Gebirgsbahnen geworden ist, dürfte aus der vorstehenden Beschreibung zur Genüge zu ersehen sein.

LEBENSBILDER

berühmter Techniker und Naturforscher.

Michael Faraday.

* 1791, † 1867.

Es war eine ganz sonderbare und in der Geschichte der Wissenschaft wohl einzigartige Laufbahn, die den armen Buchbinderlehrling Faraday aus eigener Kraft zu einem der berühmtesten Chemiker und Physiker der Welt machte. Die Erziehung, welche Michael empfing, entsprach den ärmlichen Verhältnissen der Familie, sie bestand aus den Elementen des Lesens, Schreibens und Rechnens in einer gewöhnlichen Volksschule. Die andere Zeit brachte er im Hause und auf den Straßen zu. Der Umstand, daß die Familie des armen Hufschmiedes in London, der sein Vater gewesen, schon seit Generationen sich der Sekte der Sandemanier angeschlossen hatte, die ein auf brüderlicher Gesinnung beruhendes Christentum auszuüben sich bemühten, hat indessen einen gewissen Betrag an Idealismus in dieses ärmliche und dunkle Leben gebracht. Wie dieser Einfluß gewesen sein mag, läßt sich daraus entnehmen, daß Michael Faraday sich während seines ganzen Lebens zu den Sandemaniern hielt, in ihrer Gemeinde predigte und andere Pflichten übernahm.

Mit zwölf Jahren trat er als Laufjunge bei einer Buchhandlung Riebau ein, wo er zunächst Zeitungen auszutragen hatte. Später erlernte er das Buchbinderhandwerk, dessen technische Seite er durchaus nicht vernachlässigte, trotzdem er jede Gelegenheit benützte, möglichst alle zuhanden kommenden wissenschaftlichen Bücher durchzulesen. Aus seinen Briefen an einige seiner Jugendfreunde ging vor allem ein zäher Eifer hervor, die Lücken seiner Bildung nach Kräften auszufüllen, wobei es sich nicht allein um positive Kenntnisse in den Naturwissenschaften, sondern auch um die Verbesserung von Sprache und Stil handelte. Seine Fortschritte auf diesem Gebiete waren überraschend schnell und namentlich die Beschreibung der vielen Experimente, denen er sich gar bald mit großer Hingabe widmete, wenn er hierzu Zeit und Gelegenheit fand, ließen bald an Kürze und Klarheit der Darstellung wenig zu wünschen übrig.

Inzwischen hatte Faraday seine Lehrzeit erfolgreich beendet und kam dann als wandernder Buchbindergeselle zu einem Franzosen in London, der ihn in die Vorlesungen Davys mitnahm. Faraday war geradezu begeistert von dem, was er gehört hatte und bat ihn, ihm eine Stelle im Laboratorium zu geben. 1813 erhielt er durch diesen berühmten Gelehrten den Posten eines Assistenten an dem physikalischen Laboratorium der Royal Institution. Zu Ende desselben Jahres begleitete er Humphry Davy auf einer Reise nach dem Kontinent und kehrte 1815 zu seinen Arbeiten im Laboratorium zurück. 1827 wurde er Professor der Chemie an der Royal Institution in London und wirkte gleichzeitig auch als Lektor an der Militärakademie zu Woolwich. Als Schriftsteller trat er zuerst 1816 auf und datiert von da an sein hoher Ruf als Entdecker. Besonders sind in dieser Hinsicht zu nennen seine Versuche über Legierungen des Stahles, die Verwandlung mehrerer bis dahin für permanent gehaltener Gasarten wie Kohlensäure, Chlor in tropfbare Flüssigkeiten. Diejenige Stellung aber, welche er dauernd in der Wissenschaft einzunehmen bestimmt war, hat er sich durch seine dreißig Untersuchungen über die Elektrizität erworben. Sie fingen alsbald mit einer fundamentalen Entdeckung der Induktion elektrischer Ströme an. Durch quantitative Versuche von mäßiger Genauigkeit, die oft in höchst origineller Weise mit den einfachsten Mitteln ausgeführt worden sind, wird die Identität aller Elektrizitätsarten festgestellt. Untersuchungen über die Quellen der elektrischen Energien führten Faraday auch zu einem kräftigen Eintreten für die chemische Theorie der Voltaschen Säule. Die nun folgenden Arbeiten über die Frage nach der Induktion lösten auch jene der Influenz, welche zur Entdeckung der spezifischen Induktion führen. Dann entsteht durch den Zusammenbruch seiner seelischen Kräfte eine große Lücke in seinen Entdeckungen. Er litt schon früher an der Mangelhaftigkeit seines Gedächtnisses, die wohl zunächst die Ursache für seine außergewöhnliche Ordnungsliebe war. Jahrelang mußte er seine Vorlesungen einstellen und auch in seinen Untersuchungen über Elektrizität konnte er erst viel später fortschreiten, wo ihm noch die kapitale Entdeckung der magnetischen Drehung der Polarisationsebene des Lichtes, des Diamagnetismus und schließlich die hochwichtige Konzeption des Kraftlinienbegriffes vorbehalten blieben.

Wenn man sich das wissenschaftliche Gesamtbild vor Augen hält, dessen Details auszuführen uns viel zu weit führen würde, hat man das lebendige Gefühl, **vor einer einzig dastehenden Erscheinung in der Wissenschaftsgeschichte zu stehen**; in der freiwilligen Beschränkung eine solche Tiefe und dabei eine solche Mannigfaltigkeit der Gedanken zu erreichen, war wohl vor ihm und nach ihm keinem anderen Gelehrten beschieden. Wir haben es hier eben mit einer wundervoll ausgeglichenen Persönlichkeit zu tun, die sich ganz harmonisch den einmal übernommenen Aufgaben anpaßt. Weder gesellschaftlicher Ehrgeiz, noch der Trieb nach Gelderwerb lenkten jemals seinen Weg nach rein wissenschaftlicher Betätigung ab. Nachdem ihm noch in Anerkennung seiner Verdienste eine Pension von 300 Pf. Sterl. verliehen wurde, starb dieser große Mann 1867 in Hampton-Court.

II. Fachband:
BAU- UND KULTURTECHNIK.

5. BRIEF.

„Müßiggang gleicht dem Roste, der weit
mehr angreift als die Arbeit; der Schlüssel,
den man oft braucht, ist immer blank."

(Benjamin Franklin.)

DAS FELDMESSEN.

Inhalt: Nachdem wir nun alles gelernt haben, um jeden beliebigen Punkt seiner Lage und Höhe nach im Terrain festzulegen und im Plane zu verzeichnen, müssen wir zu der dem Bautechniker häufig vorkommenden Aufgabe übergehen,
die Linien seines Projektes ihrer Richtung und Neigung nach vom Papiere auf das Gelände zu übertragen, oder, wie der
Fachmann sagt, „abzustecken". Natürlich geschieht das im wesentlichen mit denselben Hilfsmitteln, mit denen man die
Aufnahmen macht; nur müssen dabei gewisse Kunstgriffe beobachtet werden, die die Erfahrung uns gelehrt hat. Damit
wollen wir dann das Feldmessen abschließen.

9. Abschnitt.

Linienabsteckung.

I. Absteckung von Geraden.

[307] Allgemeines.

Die Aufgabe der Absteckung gerader Linien tritt
bei jeder Vermessung als Mittel zum Zwecke auf.
Sie ist jedoch zuweilen auch das Endziel der geodätischen Aufnahme und bildet dann die Grundlage, oder
den Abschluß von Rechtsgeschäften und Bauarbeiten.

Absteckungen von Geraden mit vorgeschriebener
Richtung und Lage werden notwendig, wenn Parallele oder Senkrechte zu bestimmten Richtlinien
als Grenzlinien festgestellt wurden. In großem Maßstabe ist diese Aufgabe zu lösen bei der Abgrenzung
kolonialer Erwerbungen und bei der erstmaligen Begrenzung noch wenig erschlossener Gebiete, sodann
aber auch bei der Abgrenzung von ins Privateigen-
tum übergehenden Flächen.

Die Lösung der Aufgabe erfolgt je nach der Ausdehnung der Linien und den vorhandenen Grundlagen auf astronomisch-geodätischem oder auf rein
geodätischem Wege, letzteren Falles entweder unter
Benützung einer Triangulierung oder geometrisch.

In Rücksicht auf die Hilfsmittel zur Absteckung
ist zu unterscheiden zwischen der Wiederherstellung
einer früher als Aufnahmelinie benützten, auf dem
Gelände aber seither verloren gegangenen Linie und
der Neuabsteckung einer Linie auf Grund gegebener
Bedingungen für Richtung und Lage.

Der erstgenannte Fall tritt namentlich bei Grenz-
bestimmungen und Fortführungsvermessungen [83]
auf. Hier handelt es sich um die Herstellung nicht
sowohl der durch Koordinaten, Abstands- und Rich-

tungsbestimmungen bestimmten **genauen,** sondern
vielmehr um die der früher festgesetzten und rechts-
kräftig gewordenen Lage, auch wenn sie infolge
früherer Konstruktionsfehler mit der ersteren nicht
genau übereinstimmen sollte. Die Wiederherstellung
erfolgt daher hier auf geometrischem Wege aus den
bei der Stückvermessung erhobenen Maßzahlen für
feste noch unverändert gebliebene Aufnahmepunkte.
Stehen solche Merkmale nicht mehr zur Verfügung,
so muß eine **Neuabsteckung** gemacht werden, die
um so bequemer und genauer ausfallen wird, wenn
darüber eine trigonometrische oder polygonometri-
sche Punktbestimmung über das Gelände vorliegt,
nach welcher sich die örtliche Lage abzusteckender
Parallelen und Senkrechten aus den Koordinaten der
Festpunkte ergibt. Ist kein Punkt in der Nähe der abzusteckenden Linien vorhanden, so muß ein solcher erst
nach früher erwähnten Methoden bestimmt werden.

Soweit dabei eine direkte Zielung zwischen den
einzelnen Punkten der Geraden möglich erscheint,
ist das Abstecken und Verlängern solcher Geraden
in [6, 2] eingehend beschrieben.

[308] Absteckung, wenn die direkte Zielung unmöglich ist.

Dieser Fall tritt bei der Absteckung von Tunnel-
achsen, Waldlinien usw. ein.

Ist die Entfernung zweier durch eine Gerade zu
verbindender Punkte zu groß, als daß letztere

direkt abgesteckt werden könnte, oder verhindern Geländeerhebungen, Wälder, Ortschaften den Durchblick, so verbindet man sie durch ein Dreiecksnetz, dessen Elemente man mit einer für den Zweck genügenden Genauigkeit mißt. Von dieser trigonometrischen oder polygonometrischen Grundlage ausgehend wird schließlich die Absteckung der Geraden, und zwar bei Überschreitung kahler Gebirgszüge am besten durch Bestimmung von **Richtpunkten** vorgenommen, welche vom Anfangs- bzw. Endpunkte der auszugebenden Geraden aus anzielbar sind und auf weithin sichtbaren Stellen der Geraden selbst oder ihrer Rückverlängerung liegen. Die Bestimmung der Lage dieser Richtpunkte erfolgt durch Anschlagen des Winkels zwischen der abzusteckenden Geraden und einer von ihrem Anfangs- oder Endpunkt ausgehenden Dreieckseite. (Abb. 601). Sie dienen als Instrumentenstände im Falle der Fortsetzung der Geraden über den Berg hinweg. Auf sie wird das Theodolitfernrohr bei Angabe von Zwischenpunkten und bei Kontrollierung langwieriger Bauarbeiten (z. B. bei Tunnelbauten) eingestellt. Für letzteren Zweck sind sie daher zu vermarken.

Je nachdem mit der Absteckung nur von einer oder von beiden Seiten her vorgegangen wird, muß die Gerade innerhalb der von der Messungsgenauigkeit abhängigen Fehlergrenzen auf den jenseitigen Endpunkt oder auf den von dorther kommenden Linienzweig treffen.

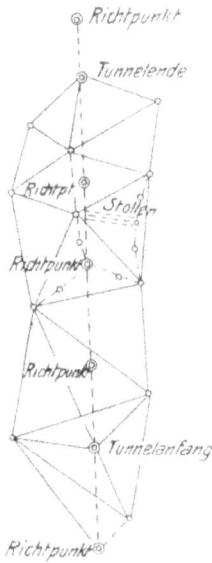

Abb. 601

Will man gleichzeitig von mehr als zwei Seiten her arbeiten, so kann man Zwischenpunkte der gesuchten Geraden von den auf trigonometrischem oder polygonometrischem Wege geschaffenen Festpunkten aus abstecken. Die hierzu nötigen Längen und Richtungswinkel ergeben sich durch rechnerische Transformation benachbarter Festpunkte auf die abzusteckende Gerade, durch Einrechnung ihrer Schnittpunkte mit passenden Polygon- oder Dreieckseiten oder bei beliebiger Lage der Zwischenpunkte durch Bestimmung der Koordinaten nach Art der Kleinpunktsberechnung.

Handelt es sich um Arbeiten **unter Tag**, so kann die Absteckung der Stollenrichtung entweder vom Mundloche oder von Schächten aus erfolgen. Statt der Stäbe werden in diesem Falle mit fortschreitender Bohrarbeit Lichtsignale eingewiesen, nämlich gewöhnliche Gruben-, Magnesium- oder elektrische Lampen, deren Lichtwirkung nötigenfalls durch Hohlspiegel verstärkt wird. Ist eine Beleuchtung des Fadenkreuzes vom Theodolitfernrohr nötig, so wird sie entweder vom Objektiv aus oder durch die Kippachse bewirkt. Die Punktbezeichnung erfolgt durch eiserne Klammern, die in die Kappenhölzer geschlagen werden und eine Rinne in der Achsrichtung eingefeilt erhalten, oder durch eingeschlagene Nägel. Da diese Bezeichnung aber leicht Beschädigungen durch Gebirgsdruck oder Mutwillen ausgesetzt ist, ist es zweckmäßig, noch Achspflöcke unter die Sohle des Stollens einzutreiben, welche durch Holzrahmen mit Deckel geschützt werden. Im Felsen treibt man

Holzdübel in die Decke ein und bezeichnet die Achse durch eine darin befestigte Schraube mit Öse zum Aufhängen der Senkel. Bei langen Tunnels und länger andauernden Bauarbeiten müssen von Zeit zu Zeit sämtliche Zwischenabsteckungen nachgeprüft werden.

Bei der Absteckung von Schächten legt man den Schacht rechteckig mit der je nach der Tiefe 5 bis 8 m großen Längsseite in der Achsrichtung an und schlägt an beiden Enden des Schachtmundloches starke Pflöcke, auf welchen die Achsrichtung mit möglichster Genauigkeit angegeben wird. Über sie legt man ein langes Richtscheit und hängt daran mehrere Senkel, die man unten in Wassergefäße tauchen läßt, um sie rascher zur Ruhe zu bringen. Besser als Hanfschnüre, die sich leicht verdrehen und verkürzen, eignen sich 0,5 mm starke Messingdrähte, über welche gezielt und die dadurch bestimmte Tunnelrichtung auf Pflöcken am Firste oder auf der Sohle des Schachtes bezeichnet wird.

[309] Schnurgerüste.

Schnurgerüste haben den Zweck, die Herstellung eines auszuführenden Bauwerks (Fundament, Sockel, Hausgrund) genau in der durch das Projekt, etwaige Eigentumsverhältnisse oder sonst einzuhaltende Vorschriften bestimmten Lage zu sichern und daraufhin während des Baues jederzeit bequem nachprüfen zu lassen.

Zu diesem Zwecke bestehen sie aus einer Anzahl von Pfosten, die in einem gegenseitigen Abstand von ca. 4,6 m (Dielenlänge) lotrecht in den Boden so eingegraben werden, daß ihre dem Bau abgewandten Flächen, 1 bis 2 m von ihm entfernt, Parallele zur künftigen Hausflucht bilden. An der dem Bau zugewandten Seite dieser Pfosten werden dann Dielen oder Hölzer genau horizontal mit Klammern, Schrauben oder Drahtstiften solid und so hoch befestigt, daß deren Oberkante ca. 30 cm über der ersten Hausgrundschichte liegen. Ist diese Entfernung von der jetzigen Bodenoberfläche zu groß, so konstruiert man in passender Höhe einen Laufsteg an den Pfosten. Dabei müssen je zwei gegenüberliegende Dielen unter sich gleiche, gegen die senkrecht anstoßenden aber eine veränderte Höhe haben, um das „Reiten" der später einzuhängenden Schnüre zu vermeiden. Die einzelnen Pfosten werden meist mit der Diele oben bündig schief nach abwärts abgeschnitten.

Das „Einschneiden" des Schnurgerüstes bildet einen Teil der behördlichen Baukontrolle, insofern es ein Mittel an die Hand gibt, die genaue Einhaltung der Bauflucht und der vorgeschriebenen oder vereinbarten Abstände von den Nachbargrenzen zu kontrollieren.

Ehe unbedingte Stabilität nach Lage und Höhe des Schnurgerüstes erreicht ist, darf mit dem Einschneiden nicht begonnen werden. Unter letzterem versteht man die Bezeichnung der Verlängerungen der Außenwandflächen und der Zwischenwände auf den Verbindungsdielen durch Sägeschnitte S (Abb. 602) derart, daß die nach innen gerichtete Seite einer in zwei korrespondierende Einschnitte eingehängten Schnur in die genannte Flucht fällt.

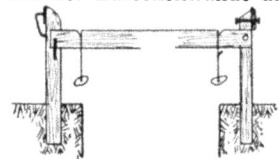

Abb. 602

Meist genügt hierzu ein einziges Gerüst rings um die Baugrube. Bei sehr großen Bauanlagen macht man zur Vermeidung allzulanger Schnüre auch im Innern der

Baugrube noch Schnurgerüste, auf welche weitere Fluchten angegeben werden.

Man beginnt mit der Baulinie, und zwar steckt man, falls sie gerade sein soll, zunächst eine für die Durchsicht bequeme Parallele zu ihr ab, die entweder von versicherten Straßenachspunkten oder, wo diese

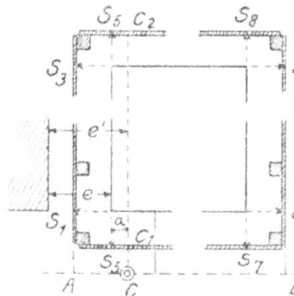

Abb. 603
Schnurgerüst

fehlen, von bereits an der Straße hergestellten Gebäuden durch Herauslegen eines bestimmten Maßes (z. B. 1 oder 2 m) hergestellt wird.

Sind bei der früheren Abstekung der Gebäude Fehler unterlaufen oder Senkungen eingetreten, so werden die Punkte nicht in einer Geraden liegen und müssen direkt mit freiem Auge oder in wichtigen Fällen im Zimmer nach der Methode der kleinsten Quadrate ausgeglichen werden (Abb. 603).

Die Schnitte A und B der endgültig angenommenen Linie mit den Verlängerungen der seitlichen Dielrichtungen werden nun genau in die Parallele eingewiesen. Von ihnen aus wird der Parallelabstand $a = AS_1 = BS_2$ in der Dielrichtung abgesetzt. Die erhaltenen Endpunkte S_1 und S_2 bezeichnet man auf den Dielen sofort mittels Sägeschnittes in der Form V, wobei die vertikale Linie die Hausflucht bezeichnet und die schiefe von außen herein gegen den Bau verläuft. Auf der horizontalen Diele werden sodann von den genannten Einschnitten aus die Haustiefen $S_1 S_2 = S_3 S_4$ abgemessen und auch die Punkte S_3 und S_4 eingeschnitten. In einem beliebigen Punkte C der abgesteckten Parallelen schlägt man jetzt den zumeist rechten oder in Ausnahmsfällen den sonst gegebenen Winkel α zwischen Baulinie und Seitenflucht an und weist die gewonnene Richtung auf den Dielen in C_1 und C_2 vorläufig ein. Von ihr aus mißt man die Entfernung e' nach den für die Seitenwand bestimmenden Gegenständen (Nachbargebäuden, Eigentumsgrenzen) ein und vergleicht sie mit der Sollentfernung. Die vorläufigen Zeichen, C_1 und C_2, werden alsdann um die Differenz $d = e' - e$ verschoben und die derart gewonnene endgültige Richtung in S_5 und S_6 eingeschnitten.

Die Schnitte S_7 und S_8 ergeben sich durch Abmessung der projektierten Frontlänge auf den Dielen von S_5 und S_6 aus, wenn nicht auch deren Richtung durch Verträge bestimmt ist und nach vorigem abgesteckt werden muß.

Verläuft die Baulinie im Bogen, so muß in der Regel die Hausfront als Tangente oder als Sehne zu ersterem abgesteckt werden. Je nachdem die Krümmung konvex oder konkav ist, liegen dann die beiden Eckpunkte oder der Mittelpunkt der Hausfront auf der Baulinie. Zum Zwecke ihrer Angabe auf dem Gelände berechnet man die Koordinaten dieser Punkte in Beziehung auf jene absteckbare Aufnahmelinie, auf welche die Bogenlinie und die in Frage kommenden Grenzpunkte bezogen sind.

Sind sie abgesteckt, so ergeben die Rückwärtsverlängerungen ihrer Verbindungslinien den Ort der anzubringenden Sägeschnitte.

An Straßenkreuzungen kommen häufig Grundrisse von unregelmäßiger Gestalt vor. Liegt die Aufgabe des Schnurgerüsteinschneidens wie in Abb. 604 vor, so sind die zwei Baulinien bzw. Parallelen

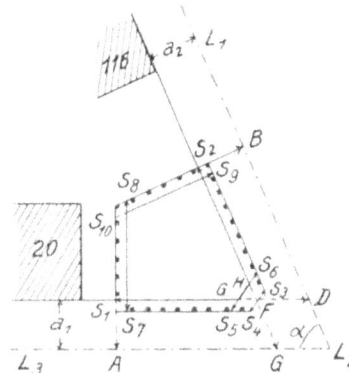

Abb. 604
Schnurgerüst an Straßenkreuzungen

$L_1 L_2$ und $L_2 L_3$ herzustellen durch Abmessung der Abstände $A S_1 = a_1$ und $B S_2 = a_2$. Alsdann wird

$$L_2 D = \frac{a_1}{\sin \alpha} \quad \text{und} \quad L_2 G = \frac{a_2}{\sin \alpha}$$

vom Schnittpunkte L_2 der Parallelen aus abgesteckt und von den erhaltenen Punkten aus die Gerade $S_3 S_2$ sowie $S_4 S_1$ angegeben und eingeschnitten. Durch Einhängen der Schnüre in S_1 und S_4, sowie S_2 und S_3 erhält man den Baulinienschnitt F, der von den inneren Seiten der Schnüre auf den Boden mittels Senkels heruntergeprojiziert wird. Auf dem Boden werden die meist durch Baubestimmungen gegebenen Abschrägungen FG und FH abgemessen und die gewonnenen Punkte G und H mittels zweier den Schnüren $S_1 S_4$ und $S_2 S_3$ angehängter Senkel heraufprojiziert. Die jetzt bequem mit bloßem Auge zu nehmende Verlängerung der Linie GH wird in S_5 und S_6 eingeschnitten.

Das Einschneiden von S_7 bis S_{10} geschieht in der früheren Weise, nur ist die etwaige Verschiebung der vorläufigen Punkte auf der Diele für S_8 und S_{10} nicht gleich a, sondern gleich $\dfrac{a}{\sin \alpha}$. Der Einschnitt für Zwischenmauern erfolgt schließlich durch Abmessung der dafür projizierten Maße auf den Dielen des Schnurgerüstes von den nach den bisher gewonnenen Umfassungslinien aus.

Um Verwechslungen vorzubeugen, wird jedem Schnitte seine Bedeutung beigeschrieben: S (Sockel), HG (Hausgrund) usw. Im Interesse des für seine Angaben verantwortlichen Technikers liegt es, die Anbringung der Sägeschnitte selbst zu beaufsichtigen.

II. Absteckung von Kurven.

[310] Elemente der Bogenabsteckung.

a) Die Richtung langgestreckter Bauwerke von Eisenbahnen, Straßen, Kanälen setzt sich meist zusammen aus Geraden und Kurven, welche sich berührend aneinanderschließen. Bei Verkehrswegen, auf denen die Fahrzeuge nur mit beschränkter Geschwindigkeit sich bewegen, ist die Art der Krüm-

mung unter Beachtung der durch die Beweglichkeit der Radgestelle gegebenen unteren Grenzen für die Krümmungsradien eine beliebige und in horizontalem Gelände eine oft nur durch die Rücksicht auf Planschönheit beeinflußte. In bergigem Gelände dagegen sind die Krümmungen durch die Geländeform bedingt.

Beim Eisenbahnbau erfordern die Maßregeln zur Unschädlichmachung der bei **schnell bewegten** Fahrzeugen mit starren Radgestellen auftretende Zentrifugalkraft und Spurkranzklemmung eine von Strecke zu Strecke gleichmäßige, in ihren Radien nicht unter ein gewisses Maß heruntersinkende Krümmung. Hier setzt sich die Trasse daher aus horizontalen oder geneigten Strecken zusammen, die sich horizontal als Gerade oder Kreisbögen projizieren, d. h. aus Schraubenlinien, welche sich um vertikale Zylinder vom jeweils zulässigen Minimalradius bis zum Radius $r = \infty$ winden.

Die Projektierung der Linie oder die **Trassierung** ist Aufgabe des Bauingenieurs. Sie erfolgt bei untergeordneten Bauanlagen unter Umständen auf dem Gelände, zumeist aber auf Plänen, welche sowohl die Geländeeinteilung und deren Kultur, als auch am besten durch eingezeichnete Schichtenlinien die Geländeform angeben. Hierbei sind neben volkswirtschaftlichen und betriebstechnischen Rücksichten (Krümmungs- und Längenverhältnisse, Minimalradius, Maximalsteigung usw.) namentlich Rücksichten auf die Baukosten (Brücken, Tunnels, Vermeidung von Rutschterrain, Grunderwerb usw.) entscheidend. Durch Abwägung der den einzelnen möglichen Varianten für die Linienführung anhaftende Vorzüge und Nachteile gelangt man schließlich zur **vorteilhaftesten** Trasse, deren Übertragung vom Plan auf das Gelände nun Sache des Vermessungstechnikers ist.

Zu diesem Zwecke werden zunächst Punkte der geraden Projektsstrecken je in überschüssiger Zahl durch Abmessung von aus dem Plane abgegriffenen Entfernungsmassen nach benachbarten im Plan und Feld vorhandenen Festpunkten bestimmt. Nach Ausgleichung etwaiger kleiner Widersprüche gegen die gerade Sollrichtung erfolgt sodann soweit als möglich die Bestimmung und örtliche Versicherung der Schnittpunkte dieser Geraden, **der Tangentenschnitte** oder **Winkelpunkte**. Erst dann wird mit der eigentlichen Kurvenabsteckung begonnen. Die **Kurvenabsteckung** stützt sich zumeist auf den irgend zu messenden Schnittwinkel $2\,\alpha$ der beiden auf dem Gelände abgesteckten geraden Strecken, der Tangenten, an welche sich der Bogen berührend anschließen soll. Der dem letzteren zugehörige Zentriwinkel $2\,\omega$ ergänzt den Tangentenschnittwinkel $2\,\alpha$ zu $2\,R$. Ist der Tangentenschnittpunkt unzugänglich, so muß der Winkel mit Hilfspunkten bestimmt bzw. berechnet werden.

Wir gehen nun über zur Gewinnung der Maße für die Absteckung der Kreispunkte selbst. Der zugehörige Halbmesser ist zumeist schon aus dem Projekte bekannt.

Am besten ist es, von geraden Strecken auszugehen, die in möglichster Nähe des abzusteckenden Bogens verlaufen und die auf dem Felde leicht herzustellen sind, wie Tangenten oder Sehnen. In bezug auf sie berechnet man dann rechtwinklige oder Polarkoordinaten für die auf dem Felde gewünschten Bogenpunkte. Bei der Absteckung der letzteren beginnt man zunächst mit den **Bogenhauptpunkten,** als welche die beiden Berührungspunkte A und E, die Bogenmitte M, eventuell noch die Bogenviertel V_1 und V_2 gelten. Zur Absteckung der Berührungspunkte A und E braucht man die Strecken $SA = SE$ (Abb. 605). Aus $\triangle OAS$ ergibt sich

$$t = S A = S E = r \cdot tg\,\omega.$$

Zur Bestimmung der Bogenmitte hat man unter gleichzeitiger Rechenprobe für SE und SM

$$a = SM = SO - r = \frac{r}{\cos \omega} - r = r\,tg\cdot\frac{\omega}{2}.$$

Die Bogenmitte M läßt sich bei großer Entfernung von den Tangenten wieder durch die Gerade SM mit genügender Genauigkeit aufs Feld übertragen. In diesem Falle ist es zweckmäßiger, die Schnittpunkte S_1 und S_2 der in M an den Kreis gezogenen Tangente und damit diese selbst zu bestimmen. Die Absteckung von S_1 und S_2 geht bequem anläßlich derjenigen von A und E aus dem Dreieck OAS_1 hervor:

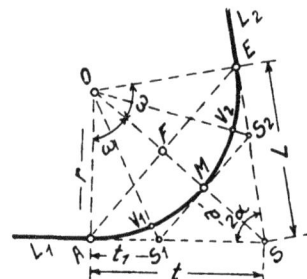

Abb. 605
Bogenabsteckung

$$t_1 = AS_1 = ES_2 = S_2M = S_1M = r \cdot tg\cdot\frac{\omega}{2}.$$

In gleicher Weise kann man auch weitere Teilpunkte, das Bogenviertel usw., finden. Statt diese Berechnung für jeden speziellen Fall auszuführen, kann man unter Beachtung, daß alle Kreise ähnliche Figuren, daher homologe Strecken daran proportional sind, die nötigen Größen ein für allemal für einen bestimmten Halbmesser, z. B. $r = 100$, und verschiedener Zentriwinkel berechnen und sich dann darauf beschränken, diese Maße je mit dem betreffenden Halbmesser zu multiplizieren. Darauf beziehen sich alle Kurventafeln, wie z. B. die von **Knoll, Weitbrecht, Kröhnke** u. a., die vielfach benützt werden und auch bei solchen Arbeiten zu verwenden sind.

[311] Absteckung von Bogenpunkten mit einem Hilfspolygon.

Im bisherigen war vorausgesetzt, daß der Schnittpunkt S der beiden Tangenten zugänglich und bequem absteckbar ist und daß der genauen Bestimmung von Bogenanfang und Bogenende durch Abmessen der berechneten Tangentenlängen SA und SE kein Hindernis im Wege stehe. Trifft diese Voraussetzung nicht zu, sondern ist zur Ermittlung des Tangentenwinkels ein Hilfspolygon nötig, so kann man dieses gut als Grundlage für die Bogenabsteckung verwerten. Hat man die Winkel $T_1 \ldots T_\mu$ und die Strecken $s_2 \ldots s_\mu$ gemessen, so ist in dem Vieleck $1-2-3 \ldots \mu - s$ gerade die ausreichende Zahl von $2\,\mu - 3$ unabhängiger Bestimmungsstücke bekannt, denn es können sämtliche Seiten mit Ausnahme von $S-1$ und $S-\mu$ und sämtliche Brechungswinkel mit Ausnahme von $2\,\alpha$ gemessen werden. Zur rechnerischen Ermittlung dieser drei fehlenden Stücke benutzt man eine Tangente als x-Achse eines Koordinatensystems und den auf ihr liegenden Polygonpunkt 1 als Ursprung. Hat man damit als Nebenprodukt der Koordinatenberechnung die Strecken $1-S$ und $S-\mu$ sowie den Tangentenwinkel $2\,\alpha$ gefunden und den Zentriwinkel $2\,\omega = 2\,R - 2\,\alpha$ und die Tangentenlänge $S_1A = S_2E = r\,tg\,\omega$ berechnet, so erhält man allgemein die zur Absteckung der Berührungspunkte A und E auf den Tangenten nötigen Strecken.

Damit sind aber auch die Koordinaten des Kreismittelpunktes O in bezug auf die Achse bekannt, man kann also die Längen μ der Verbindungsstrecken von O nach den Polygonpunkten berechnen. Die Differenz $v = r - \mu$ liefert dann den linearen Betrag, welcher vom Polygonpunkt aus in radialer

Richtung zu messen ist, um einen Punkt P des abzusteckenden Bogens zu erhalten.

[312] Absteckung von Bogenkleinpunkten.

Unter Kleinpunkten verstehen wir im vorliegenden Fall die außer den Hauptpunkten noch nötigen, häufig in die durchlaufende Kilometereinteilung der Achse einzufügenden Bogenpunkte. Als Absteckungsgrundlage dienen die bisher gewonnenen Tangenten oder Verbindungslinien abgesteckter Hauptpunkte.

Auf die in [311] gezeigte Weise könnte zwar durch fortgesetzte Bogenteilung (zuerst Bogenmitte, dann Bogenviertel, Bogenachtel usw.) eine genügende Zahl von Bogenpunkten zwischen den Endpunkten A und E gewonnen werden.

Dieser Weg ist jedoch namentlich bei unebenem Gelände zu schwerfällig und im letzteren Fall auch zu ungenau; überdies erfordert die Rücksichtnahme auf Querprofilaufnahmen usw. zumeist eine der Kilometereinteilung entsprechende runde Entfernung der Einzelpunkte, wie sie die Zerlegung des Bogens in gleiche Teile nicht liefert. Um weitere Bogenpunkte auf dem Gelände zu finden, steckt man sie mittels rechteckiger Koordinaten von der Tangente oder, weil diese sich rasch vom Bogen entfernt, von der Sehne aus ab, worüber Spezialwerke genügenden Aufschluß bieten.

[313] Flüchtige Bogenabsteckung.

Handelt es sich nur um vorläufige oder um Bogenabsteckungen für minder wichtige Bauten, so kommen noch einige Näherungsverfahren in Verwendung. Hierher gehört zunächst die sogenannte **Viertelsmethode,** die auf der Tatsache beruht, daß die Pfeilhöhe eines halben Bogens sehr nahe ein Viertel der Pfeilhöhe des ganzen Bogens beträgt. Ist daher letztere bekannt, so ergibt sich damit in der Mitte des halben Bogens sehr leicht ein weiterer Kreispunkt. Aus dem gleichen Grunde ist die Pfeilhöhe der vier jetzt vorhandenen Bogenstücke je gleich $p_2 = \sim \dfrac{p}{16}$, womit man vier weitere Bogenpunkte erhält.

Weiters gehört hierher die **Einrückmethode** von der verlängerten Tangente und Sehne aus. Denkt man sich in P_1 die Tangente an den Kreis gezogen (Abb. 606), so trifft diese die Verlängerung von L in einem Punkte S_1, welcher die Abszisse x genau halbieren würde, wenn die abzusteckende Kurve eine Parabel wäre. Für den Kreis ist die Entfernung d des Tangentenschnittes S_1 von der Abszissenmitte bei flachen Bögen sehr klein und man erhält daher angenähert einen weiteren Bogenpunkt in P_2, wenn man $S_1 P_1$ verlängert, verdoppelt und von dort aus eine Tangente zieht und an dem Berührungspunkte P_2 dieselbe Ordinate y absetzt. Einfacher ist die Sache von der verlängerten Sehne aus. Ist wieder der

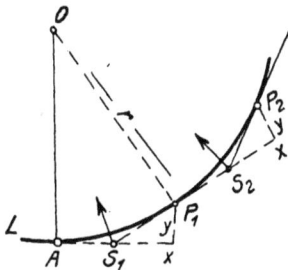

Abb. 606
Einrückmethode von der
Tangente aus

Bogenanfang A, die Tangentenrichtung L_1 und der Punkt P_1 eines Kreisbogens gegeben (Abb. 607) und wird ein Punkt P_2 in der gleichen Schnenentfernung gesucht, so wird man sich ein Meßband verschaffen von der Länge $2 s$. Dieses spannt man von A bis p_2 und bezeichnet letzteren Punkt vorübergehend. Dreht man dann die vordere Hälfte, bis ihr End-

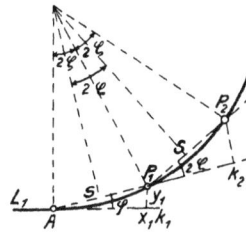

Abb. 607
Einrückmethode von der
Sehne aus

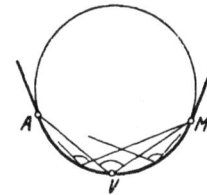

Abb. 608
Flüchtige Bogenabsteckung
mit wanderndem Instrument

punkt um $2 y_1$ von p_2 entfernt ist, so hat man den Bodenpunkt P_2 gefunden.

Auch mit **wanderndem Instrument** kann man einen Bogen abstecken: Stellt man den zu zwei Kurvenpunkten A und M (Abb. 608) gehörigen Peripheriewinkel $A V M$ auf dem Sextanten oder der Prismentrommel ein, bewegt sich mit dem Instrument fort und sucht die Punkte auf, deren von A und M kommende Strahlen diesen Winkel miteinander einschließen, so liegen alle diese Punkte nach dem Satze vom gleichen Peripheriewinkel über gleichem Bogen auf dem abzusteckenden Kreis.

[314] Übergangskurven.

a) Soll eine stetige Kurve, zwei Gerade berührend derart verlaufen, daß die Berührungspunkte A und E ungleiche Entfernungen von dem Tangentenschnitte S erhalten, oder soll der Bogen zwei gegebene Gerade berühren und streng durch zwei oder mehrere gegebene Punkte gehen, so kann er unmöglich ein einziger Kreisbogen sein. Auch beim Projektieren einer Straße, Eisenbahn usw., deren Trasse sich der Geländeform möglichst anpassen soll, wird sich die Verwendung eines einzigen Kreisbogens als Übergang zwischen zwei Geraden verbieten. Der an letztere berührend sich anschließende Bogen ist dann entweder eine Kurve von stetig sich ändernder Krümmung (Ellipse, Parabel usw.), oder er setzt sich aus mehreren sich gegenseitig berührenden Kreisbögen von verschiedenen Halbmessern zusammen. Das erstere Auskunftsmittel hat den Nachteil größerer Kompliziertheit der rechnerischen Operationen, das letztere denjenigen eines Sprunges in den Krümmungsverhältnissen je an den Berührungsstellen der Teilbögen. Beim Eisenbahn- und Straßenbau bedient man sich fast durchwegs des letzteren Mittels, des sogenannten **Korbbogens,** und schaltet, um dem erwähnten Übelstande zu entgehen, an den Übergangsstellen der Kreisbögen Übergangskurven ein.

Noch wichtiger sind solche Übergangskurven, wenn die Achse des Bauwerkes aus der Geraden in den Kreisbogen übergeht.

Durchfährt man die Bogenstrecken, so erhält die auf ihnen bewegte Last $m \cdot g$ das Bestreben, sich mit der Intensität $\dfrac{m v^2}{r}$ in radialer Richtung nach außen zu entfernen, wenn v die sekundliche Geschwindigkeit der Bewegung und r den Krümmungshalbmesser vorstellt. Die mit dem Quadrate der Geschwindigkeit wachsende Zentrifugalkraft ist also um so gefährlicher, je rascher die Fahrzeuge sich bewegen. Um ihr entgegenzuwirken, neigt man daher beim Eisenbahnbetrieb die Auflagerlinie der Fahrzeuge durch Überhöhung des äußeren Schienenstranges um einen Winkel α derart, daß die Resultierende vom Wagengewicht und Zentrifugalkraft senkrecht auf dem Planum steht, wodurch, da keine Seitenkraft auf die Schienen wirkt, das Herausspringen des Wagens verhütet ist.

$$\frac{m\,v^2}{r} = Q \cdot \mathrm{tg}\ \alpha \quad \text{oder da}\ Q = m \cdot g \quad \boxed{\frac{v^2}{r} = g \cdot \mathrm{tg}\ \alpha}$$

(siehe I. Fachband [44]).

Daraus erkennt man zunächst, daß die Größe m der bewegten Masse ohne Einfluß auf die nötige Überhöhung der äußeren Schiene ist.

Die tg des Neigungsmittels kann, da $\sphericalangle\ \alpha$ ja klein ist, auch durch die Spurweite w und die Überhöhung h ausgedrückt werden:

$$\frac{v^2}{r} = g \cdot \frac{h}{w} \quad \text{oder}\ h = \frac{v^2 \cdot w}{g \cdot r}.$$

Der Höhenunterschied h beider Schienen läßt sich durch Überhöhen des äußeren und gleichzeitiges Herabdrücken des inneren Stranges je um $\frac{h}{2}$ oder durch Veränderung der Höhenlage nur eines von beiden um den Betrag h erzielen. Man zieht letzteres vor, indem man den äußeren Strang um h überhöht, den inneren aber in unveränderlicher Höhe beläßt.

Würde man nun, wie bisher angenommen, den Kreisbogen der Geraden berührend anlegen, so würde man der äußeren Schiene die nötige Überhöhung entweder schon in der geraden Strecke erteilen, wodurch hier für das Fahrzeug die Gefahr des Abgleitens nach dem Bogenmittelpunkt entstünde, oder man müßte auf ihr Vorhandensein gerade an der für Entgleisungen gefährlichsten Stelle, dem Bogenanfang, verzichten. Beides geht aber nicht an. Wir sind daher gezwungen, neben der Höhenänderung eine Änderung der Linienführung in horizontalem Sinne wenigstens da durchzuführen, wo der Sprung in den Krümmungsverhältnissen stark ist, z. B. auf Hauptbahnen beim Übergang von der Geraden auf Kreisbögen mit $r < 800$, oder bei Korbbögen zwischen den

verschiedenen Bögen eine Übergangskurve so einzuschieben, daß sie jede der beiden anschließenden Linien in demjenigen ihrer Punkte berührt, in welchem ihr von $r = \infty$ bis $r = 0$ abnehmender Krümmungshalbmesser gleich der betreffenden Achslinie ist.

Die Übergangskurve muß der Bedingung genügen, daß die geradlinig ansteigende Rampe, welche beim äußeren Schienenstrang mit einer Steigung $1 : n$ von der normalen Gleislage zur Überhöhung herauführt, an jedem Punkte den dem veränderlichen Krümmungshalbmesser r entsprechenden Überhöhungsbetrag aufweist.

Bezeichnet x die Entfernung eines beliebigen Punktes der Übergangskurve von ihrem Anfangspunkt, so ist die Überhöhung

$$h = \frac{1}{n}\, x$$

$$\frac{x}{n} = \frac{v^2}{r} \cdot \frac{w}{g}$$

$$r = \frac{v^2\, w\, n}{g} \cdot \frac{1}{x}.$$

Da v, w und $\frac{1}{n}$ bei einer gegebenen Bahnlinie konstante Größen sind, kann man setzen

$$\frac{v^2 \cdot w \cdot n}{g} = c$$

und

$$r = \frac{c}{x}.$$

c wird für Hauptbahnen meist mit 15000, bei normalspurigen Nebenbahnen mit 6300, bei Nebenbahnen mit 0,75 m Spurweite mit 3000 bestimmt. Nach den Lehren der höheren Mathematik erhält man schließlich

$$y = \frac{x^3}{6\,c}$$

als Gleichung der einzuschaltenden Übergangskurve. Sie ist eine kubische Parabel, deren Form ohne Rücksicht auf den jeweiligen Halbmesser r für alle Fälle kongruent ist, sobald die Konstante c feststeht. Man behält die Lage der geraden Bahnstrecken bei und verlegt die Übergangskurve zur Hälfte in das Gebiet der bisherigen Geraden, zur anderen Hälfte in jenes der bisherigen Kurve [365].

10. Abschnitt.

Höhenabsteckung.

[315] Absteckung von Punkten bestimmter Höhe.

Zum Aufsuchen eines Punktes mit bestimmter Höhe auf dem Gelände dienen naturgemäß dieselben Instrumente und Methoden, wie zur Höhenermittlung bestimmter, im Gelände gegebener Punkte.

Am häufigsten tritt die Notwendigkeit der Angabe von Höhenpunkten bei der Ausführung von Bauwerken ein. Hier kann kein anderes Verfahren in Frage kommen als das der **Einwägung**. Ist nicht von den Vorarbeiten oder von irgendwelchen Punkteinwägungen her ein Netz genügend scharf eingewogener und gut versicherter Höhenfestpunkte vorhanden, so muß man sich ein solches nach einem der

früher erwähnten Verfahren verschaffen. Dann stellt man das Nivellierinstrument zwischen dem anzugebenden und einem der eingewogenen Festpunkte auf und ermittelt zunächst aus der Höhe H_T des letzteren Festpunktes und der bei horizontaler Zielung auf der auf ihm aufgestellten Latte erhaltenen Ablesung a_r die Instrumentenhöhe $H_J = H_F + a_r$. Subtrahiert man die Sollhöhe H_P des anzugebenden Punktes P, so erhält man in $H_J - H_P$ die Ablesung a_p, welche man bei horizontaler Zielung an der Latte machen muß.

Man kann also, gleichgültig, ob es sich um das Aufsuchen der Lage eines Geländepunktes von der Höhe H_P oder um das Eintreiben eines Pflockes in voraus bestimmter Lage auf diese Höhe handelt, durch das Fernrohr derart einweisen, daß die auf dem Gelände oder dem eingetriebenen Pflocke aufgestellte Latte die Ablesung a_p liefert. Die Sollhöhen der abzusteckenden Punkte sind im allgemeinen aus dem Projekte bekannt.

[316] Absteckung von Linien bestimmter Neigung.

Diese Aufgabe ist zu lösen, wenn Anlagen von untergeordneter Bedeutung, wie Feldwege, direkt auf dem Gelände entworfen werden sollen, oder aber der Entwurf größerer Anlagen, wie Straßen usw., zunächst ohne vorgängige Geländeaufnahme gemacht werden müssen und ihre endgültige Lage erst auf Grund von über die gewonnenen Linien aufzunehmenden Längen- und Querprofilen nachträglich festgestellt werden soll.

Solche Linien können mit horizontaler oder schiefer Zielung aufgesucht werden. Im ersteren Fall stellt man das Nivellierinstrument so auf, daß man auf einer im Anfangspunkt A der gesuchten Linie vertikal aufgestellten Latte bei horizontaler Zielung ablesen kann. Die Ablesung sei a_r. Soll nun die gegenseitige Entfernung der abzusteckenden Punkte eine Meßbandlänge, also 20 m betragen, so weist man jetzt die Latte auf die Ablesung $a \pm 0,20\, p$ ein, je nachdem der Zug mit $p\%$ ab- oder aufwärts geführt werden soll. Muß das Instrument gewechselt werden, so wird die Höhe des Wechselpunktes und daraus die neue Zielhöhe berechnet.

Bei schiefer Zielung bedient man sich gern eines **Gefällmessers,** der schon auf die verlangte Neigung von $p\%$ eingestellt ist. Dem Prinzip nach besteht er aus einer einfachen Zielvorrichtung, einem kleinen Loch mit gegenüberliegendem Faden, die mit einem geteilten, während der Benützung vertikal gestellten Kreise oder mit einem Zeiger starr verbunden ist, der die um eine horizontale Achse ausgeführten Vertikalbewegungen der Ziellinie mitmacht. Der Zeiger oder der Vertikalkreis wird schon früher in diejenige Lage gebracht, welche die gesuchte Neigung in Prozenten angibt.

Ein solches Instrument wird an einem Stabe befestigt und dann in Augenhöhe aufgestellt. Ein zweiter Stab erhält in gleicher Höhe eine Zieltafel und wird womöglich in einem Gefällsbruche aufgestellt; die Zieltafel weist man so ein, daß die Ziellinie die verlangte Neigung hat.

Nachdem der so erhaltene Punkt P_1 verpflockt ist, sucht man in gleicher Weise andere Punkte, die in derselben Neigung liegen, zu gewinnen.

Die im Zickzack verlaufende Verbindungslinie vermeidet jede Erdarbeit in der Wegachse, weshalb man sie auch **Nullinie** nennt.

Für den Bau kann man sie aber um so weniger festhalten, je mehr man kurze Krümmungen vermeiden und eine auch in der Horizontalprojektion flüssige Linie mit lang gestreckten Bögen anstreben muß. Sie wird daher durch Gerade und berührende Kurven ersetzt, die sich um so enger der Nullinie anpassen werden, je sorgfältiger man Erdarbeiten und Kunstbauten vermeiden will.

Über die Trasse kann man endlich nach erfolgtem Verpflocken Längen- und Querprofile aufnehmen und danach die endgültige Linie feststellen.

[317] Lattenprofile.

Vor Inangriffnahme der Grabarbeiten zu Bauten, bei welchen Böschungen anzulegen sind, muß eine Arbeit ausgeführt werden, die ebensowohl der Bau-

führung als auch der Vermessung und Absteckung zugerechnet werden kann. Es muß nämlich die Linie an Ort und Stelle bezeichnet werden, nach der die künftige Einschütts- bzw. Auffüllungsböschung das Gelände schneidet, ebenso die Neigung, welche die Böschung und die Höhe, die das künftige Planum erhalten soll. Diese Arbeit nennt man „Profilieren", das Resultat derselben „Lattenprofil". Sie stützt sich in der Regel auf vorhandene Querprofile, welche die Geländelinie und den Normalschnitt durch die projektierte Anlage enthalten.

Die künftige Höhe des Planums wird in der Achse der Bauanlage durch senkrecht eingeschlagene Pflöcke bezeichnet. In der Auffüllung werden entweder diese Pflöcke auf die künftige Höhe eingetrieben, so daß ihre Oberfläche die letztere bezeichnet, oder man schreibt an jedem Pflock das Maß an, um welches das künftige Planum unter oder über die Pflockhöhe zu liegen kommen soll, z. B. „1,36 m ab" oder „3,04 m auf".

Bei Einschnitten lassen die Grabarbeiter einen Erdkegel um den Pflock herum stehen, um während der Arbeiten nach Bedarf von letzterem zum herzustellenden Planum herab messen zu können.

Böschungsneigung und Böschungsanschnitt auf bestehendem Gelände werden auf jeder Seite des Profiles durch eine Latte bezeichnet, deren Oberkante bei Auffüllungen in der Böschungslinie, bei Einschnitten in ihrer Verlängerung liegt und welche mit Drahtstiften an in den Boden eingetriebene Pflöcke befestigt wird [22].

Der Gang der Absteckung ist nun folgender: Vom Bodenpflock B, dessen Höhe eingewogen und zur Konstruktion des Längen- und Querprofiles benützt wurde, wird mittels wagerechter Zielung nach der auf einigen Festpunkten aufgestellten Latte und auf Grund der Ablesungen a_2 die Zielhöhe $H_z = H_u + a_2$ des horizontal gestellten Nivellierinstrumentes abgeleitet. Sodann wird die auf Grund der Profile endgültig bestimmte horizontale Lage des Achspunktes A der projektierten Bauanlage, die in vielen Fällen mit B identisch sein wird, von B und anderen Festpunkten aus abgesteckt und durch einen Pflock bezeichnet, dessen Oberfläche womöglich mit der künftigen Höhe H des Planums übereinstimmen soll (Abb. 609). Zu diesem Zwecke wird dem Längenprofile die Sollhöhe H entnommen und der Pflock nur soweit in den Boden eingetrieben, daß an der auf ihm aufgestellten Nivellierlatte bei horizontaler Zielung der Unterschied $H_z - H$ zwischen Ziel- und Sollhöhe abgelesen wird.

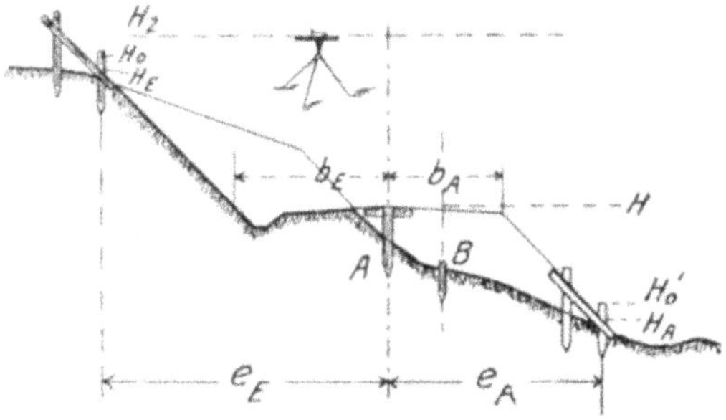

Abb. 609

Zur Angabe der Böschungsneigung und des Böschungsanschnittes greift man aus dem Querprofil die beiden Strecken eA und eE, und zwar erstere etwas knapp, letztere etwas reichlich, ab und schlägt an den nach diesen Maßen bestimmten Punkten Pflöcke, die etwas über die Bodenoberfläche herausragen und für deren Oberflächen man die Höhen H_0' und H_0 mit Hilfe der bereits bekannten Zielhöhe H_z wählt. Nun berechnet man eventuell nach genauer Nachmessung der Strecken eE die Sollhöh eH_A und H_E des Schnittes der Böschungsfläche oder ihrer Verlängerung mit dem Pflock. Zu diesem Zwecke werden für das dem Bauwerk zugrunde liegende Normalprofil ein für allemal die Strecken b_A und b_E abgeleitet, in denen die durch den Achspunkt gedachte Horizontale die Böschungen oder ihre Verlängerung schneidet.

Von der Pflockoberfläche wird jetzt das Maß $H_0 — H_E$ und $H_0' — H_A$ am Pflock abgemessen und der Endpunkt mit Bleistift bezeichnet. Sollte dieser Endpunkt etwas tiefer liegen als die Bodenoberfläche, so würde dies beweisen, daß EA nicht knapp und eE nicht reichlich genug aus dem Profil abgegriffen wurde, und man müßte entweder von dem Boden etwas weggraben oder besser den Pflock etwas verändert einschlagen.

In einer Entfernung von ungefähr 1 m von den derart geschlagenen und eingewogenen Pflöcken, und zwar bei Einschnittsböschungen von der Achse weg, bei Auffüllung derselben zu wird nun in der Profilrichtung je ein weiterer Pflock eingetrieben, so daß dessen Kopf etwa um diese Entfernung höher liegt als der des benachbarten. An jedem der so erhaltenen Pflockpaare befestigt man ein Lattenstück so, daß seine Oberfläche das nach vorhergehendem angebrachte Bleistiftzeichen bei H_E bzw. H_A

schneidet und daß gleichzeitig eine auf dem Böschungswinkel W gesetzte Wasserwage einspielt (Abb. 610). Der Böschungswinkel ist ein rechtwinkliges Dreieck, dessen Katheten sich wie 1 : 1, 1 : 2 usw. verhalten, je nachdem die projektierte Böschung 1-, 2- usw. fachen Anlauf erhalten soll.

Bei nicht allzu hohen Auffüllungsböschungen zieht man zur Entlastung

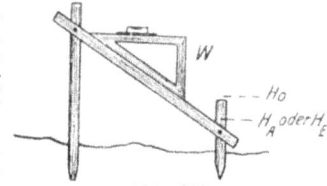

Abb. 610

der Bauführung zuweilen vor, statt der teilweisen Lattenprofile auch „Vollprofile" anzubringen, wobei jeder Schnitt der Profilebene mit einer Kante des Bauwerkes nach Lage und Höhe genau verpflockt wird. An den Pflockenden befestigte und sie entsprechend verbindende Latten zeigen dann Lage und Form der künftigen Böschungs- und Grabenflächen an.

Wie bei allen Vermessungsarbeiten wird auch hier der ganze Vorgang im Feldbuch niedergelegt werden.

BAUKUNDE

Brückenbau — Eisenbahnbau.

Inhalt: Es erübrigt uns noch, in der Baukunde den Brückenbau und den Eisenbahnbau zu behandeln, wobei wir uns wohl bei dem riesigen Umfange, den diese beiden Fächer in der Jetztzeit angenommen haben, in Anbetracht des beschränkten Rahmens, den uns der technische Selbstunterricht vorschreibt, der möglichsten Kürze befleißigen müssen. Der Eisenbahnbau ist, vom Oberbau abgesehen, eigentlich in den anderen Baufächern enthalten, und auch der Brückenbau erinnert in vielfacher Beziehung an die Baukonstruktionslehre, die wir schon im Hochbau kennen gelernt haben. Für die dem Anfänger wichtige Berechnung hölzerner Brücken ist in der Baumechanik das Beispiel einer Hängebrücke und eines armierten Trägers gegeben, während eiserne Fachwerke nach den gleichfalls in der Baumechanik enthaltenen Grundsätzen zu berechnen und zu dimensionieren sein werden.

Brückenbau.

[318] Einteilung der Brücken.

Brücken dienen zum Hinüberleiten von Verkehrswegen über Hindernisse, wozu außer den Wasserläufen usw. mit der fortschreitenden Technik noch die Kanäle und Eisenbahnen getreten sind.

Über die geschichtliche Entwicklung des Brückenbaues, namentlich seine Anfänge im Altertume gibt der Aufsatz „Entwicklung der Baukunst" [1] einigen Aufschluß.

Für die verschiedenen Arten der Wege und Eisenbahnbauwerke hat man folgende Bezeichnungen eingeführt:

1. **Straßen- bzw. Eisenbahnbrücken** führen hauptsächlich über Wasserläufe.

2. **Straßenüber- und Unterführungen** schaffen schienenfrei Kreuzungen von Straßen und Eisenbahnen, wobei aber ganz außer Betracht bleibt, welcher von den beiden Verkehrswegen zuerst vorhanden und ob die Höhenlage der geschnittenen Straße geändert werden mußte oder nicht.

3. **Talbrücken oder Viadukte** überwinden größere Höhenunterschiede und treten häufig an die Stelle langausgedehnter hoher Dämme.

4. **Aquädukte** führen Wasserstraßen oder Wasserleitungen über Verkehrswege.

[319] Hauptabmessungen der Brücken.

Eisenbahnbrücken und Wegeüberführungen sind derart zu entwerfen, daß neben dem Profil des lichten Raumes [354] noch 20 cm beiderseits und oberhalb tunlichst 15 cm frei bleiben.

Für die Breite der Straßenbrücken und der zugehörigen Wegüberführungen ist die Ladebreite eines Fuhrwerkes zu 2,5 m, die eines Straßenbahnwagens mit 2,0 m, der Spielraum zwischen zwei Fuhrwerken mit etwa 0,50 m anzunehmen. Der Überstand der obersten Kante beladener Fuhrwerke ist bei stark geneigten Straßen mit 30 cm zu berücksichtigen.

Als lichte Durchfahrtshöhe ist bei Überbrückung städtischer Straßen mit Straßenbahnen mit 4,7 m, bei den übrigen Straßen mit 4,20, bei ländlichen Verkehrswegen mit 4,00 m vorzusehen.

[320] Vorarbeiten und Absteckungen.

a) Die Festsetzung der Lage und die Hauptabmessungen einer neu zu erbauenden Brücke muß **im Einvernehmen mit den zuständigen Behörden und Verwaltungen erfolgen**, wobei die Grundbesitzfrage wie bei Privatbesitzern zu regeln ist. Auch das nötige Gelände für die Lagerplätze, Bauhütten usw. ist pachtweise zu erwerben.

Der Verkehr bestehender Straßen darf nicht eher gesperrt werden, als bis die erforderlichen Ersatzwege, Notbrücken usw. hergestellt sind.

Die Hauptfluchten des Bauwerkes werden auf ein Schnurgerüst [309] übertragen, an welches runde 2 cm starke Bohlen genau wagerecht genagelt und welche auch als Höhenmarken verwendet werden.

Mit dem vorwärtsschreitenden Bau werden dann die Schnüre allmählich entbehrlich und durch Marken auf dem Mauerwerk ersetzt.

b) Größere Längenabsteckungen über Wasserläufe hinweg werden mittels Drahtschnüren und Meßlatten oder durch Winkelmessungen von einer Standlinie aus bewirkt.

Schräge Baufluchten werden in den Projekt-

pländen zweckmäßig durch rechtwinklige Ordinaten auf die Hauptachsen des Bauwerkes bezogen, so daß für den Absteckenden die Prüfung der mit Winkelmeßgeräten abgesteckten Fluchten leicht möglich ist.

Kurze rechtwinklige Fluchten werden am besten mit Meßlatten, längere Winkelschenkel mit dem Winkelprisma [5, 3] oder dem Winkelspiegel abgesteckt.

15. Abschnitt.

Holzbrücken.

[321] Allgemeines.

Hölzerne Brücken eignen sich dort, wo rasch und mit einfachen Mitteln gebaut werden muß. Ihr heutiges Verwendungsgebiet ist daher natürlich ein sehr beschränktes; sie werden vielfach durch Eisen und durch Ausführungen in Beton und Eisenbeton verdrängt, da diese letzteren gegen die Holzbrucken keinen erheblichen Preisunterschied bei der Errichtung zeigen, dagegen den **Vorteil einer billigen Unterhaltung** und **unbedingte Feuersicherheit** fur sich haben.

Die Herstellung und Reparaturen hölzerner Brücken lassen sich durch gewöhnliche Bauhandwerker, den Zimmermann und den Schmied, leicht besorgen.

Die zum Bruckenbau verwendbaren **Hölzer** sind die Eiche, Kiefer, Lerche, Tanne, Fichte, Rotbuche und Erle. Fichte und Tanne vertragen den Wechsel von Naß und Trocken schlecht, sind daher weniger geeignet, während **Rotbuche und Erle einen ganz vorzüglichen Bohlenbelag abgeben.**

Das Bauholz soll im Dezember gefällt werden. **Schutz gegen Feuer** bietet ein 5 bis 6facher Anstrich mit Wasserglas, dem etwas Ton und Kreide zugesetzt wird. **Gegen Reißen in der Sonne** ist ein Anstrich von Steinkohlen- und Holzteer sehr vorteilhaft. Gegen **Zerstörung durch Feuchtigkeit** schützt am besten eine Durchtränkung mit Zinkchlorid.

Ihre **Lebensdauer** beträgt im Mittel 15 bis 20 Jahre, bei Eichenholz sogar 30 bis 40 Jahre, welche Dauer aber bei sorgfältiger Unterhaltung auch wesentlich uberschritten werden kann.

[322] Tragkonstruktion.

Der wichtigste Teil jeder Holzbrücke, überhaupt aller Brücken, ist die Tragkonstruktion, die auf hölzernen Jochen oder auch auf steinerne Unterstützungen, Widerlagern und Pfeilern, aufgelegt werden kann. Man unterscheidet in dieser Beziehung zwischen Balkenträgern und hölzernen Fachwerkträgern.

I. Balkenträger.

Die Balkenträger werden auf steinernen Endpfeilern wegen der ungünstigen Beanspruchung des Mauerwerks nicht unmittelbar, sondern womöglich auf **Mauerschwellen aus Eichenholz** gelegt; sie ermöglichen eine gleichmäßige Druckverteilung und stellen eine gute Querverbindung her.

Dort, wo sie durch die Tragbalken belastet werden, sind die Mauerschwellen zweckmäßig noch durch **Auflagersteine** unterstützt, der zwischenliegende

Teil liegt frei, so daß ein besserer Luftzutritt und guter Wasserabfluß gesichert ist (Abb. 611, 612).

Bei steinernen Pfeilern erfolgt die Unterstützung gleichfalls durch eine Mauerschwelle, der in der

Abb 611	Abb 612
Mauerschwellen	Auflagersteine

Regel ein Sattelholz zur Unterstützung der Auflagerung unterlegt ist.

Gestoßene Träger werden auf zwei Mauerschwellen verlegt, wobei natürlich die Verwendung von Sattelhölzern sehr empfohlen werden kann.

Reicht zur Überbrückung einer Öffnung die alleinige Anordnung einfacher Tragbalken infolge zu großer Spannweite oder Vergrößerung der Verkehrslast nicht mehr aus, so sind die Hauptträger durch Sattelhölzer, durch Verzahnung oder Verdübelung zu verstärken. Es geschieht dies in verschiedener

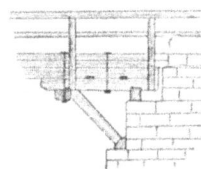 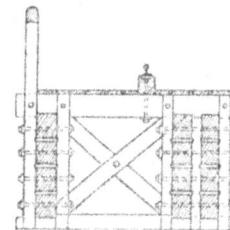

Abb. 613	Abb 614

Weise, je nachdem die Hauptbalken durchgehen oder gestoßen sind (Abb. 613, 614).

Bei Anwendung hoher Tragbalken bedarf es besonderer Vorkehrungen zur Aufnahme der wagerechten Kräfte, wie Winddruck und seitliche Wirkung der Wagenräder, die das Bestreben haben, die Träger umzukippen. Diese Querstrebungen, die meist die Form von **Andreaskreuzen** erhalten, werden mit besonderem Nutzen über jedem Pfeiler angebracht, da sie in dieser Lage die von ihnen aufgenommenen Kräfte am besten und am schnellsten auf feste Punkte übertragen. Bei Eisenbahnbrücken von 6 bis 10 m Spannweite muß zur Aufnahme des Winddruckes und zur Überführung der Seitendrucke nach den Auflagern ein wagerecht liegender **Windträger** vorgesehen werden, wiewohl die Fahrbahn selbst schon eine gute Versteifung darstellt.

II. Fachwerkträger.

Hölzerne Fachwerkträger kommen zurzeit nur noch selten bei Straßen- und Eisenbahnbrücken in Verwendung; in der Regel erfolgt ihre Anlage nur bei Hilfsbrücken.

Von den in Frage kommenden Konstruktionen soll hier nur der am meisten bewährte **Howessche Träger** kurz besprochen werden.

Er besteht aus den beiden gleichlaufenden wagerechten Gurtungen, der oberen Zug- und der unteren Druckgurtung, ferner aus den lotrechten Hängestangen und den schräggeneigten Streben, durch welche der gleiche Abstand der Gurtungen an allen Stellen gesichert wird (Abb. 615, 616).

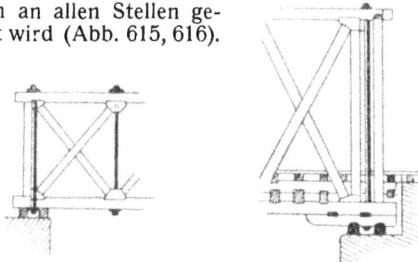

Abb. 615   Acb. 616
Howessche Träger

Man nennt ein Fachwerk ein **einfaches,** wenn die Streben von einem Knotenpunkt der einen Gurtung zum nächsten der anderen Gurtung sich erstrecken, ein **doppeltes,** wenn die Streben immer einen Knotenpunkt überspringen.

Der **Howessche Träger** bietet den Vorteil, daß sein Aufbau aus meist kurzen Hölzern mittlerer Stärke erfolgen kann und daß sich damit große Spannweiten erzielen lassen. Eingetretene Senkungen des Systems lassen sich durch Anziehen der Schraubenmuttern bei den Hängestangen leicht wieder beseitigen.

Die Wichtigkeit einer guten sachgemäßen Auflagerung verlangt, daß die Auflagerstelle möglichst klar und einwandfrei festgelegt wird.

Ungünstig sind Anordnungen, bei welchen das Auflager sich zwischen den beiden letzten Knotenpunkten befindet, denn bei eintretender Durchbiegung erfolgt die Übertragung an einer Stelle des Trägers, wo er zur Aufnahme der Drücke seiner Ausbildung nach nicht geeignet ist. Man bedenke stets, daß durch die letzte Hauptstrebe der Druck nach dem Auflager übertragen wird. Man verlängere daher die Gurtungen soweit über die letzten Stemmklötze hinaus, daß ein Abscheren der Gurtungsenden mit Sicherheit vermieden wird. Hängewerksbrücken werden derzeit nur noch in geringem Umfange beim Brückenbau, dagegen mehr bei Dachstuhlkonstruktionen verwendet [379]), dagegen werden die Tragbalken einer Brücke zur Erzielung einer größeren

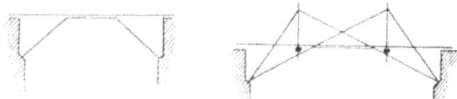

Abb. 617   Abb. 618

Spannweite häufig durch Sprengwerke (Abb. 617) oder durch kombinierte Spreng- und Hängewerke unterstützt (Abb. 618).

Ähnlich wie die Hängewerke sind die **armierten Träger** ausgebildet, nur liegen die einzelnen Bauglieder unterhalb der Brückenbahn. Das Beispiel eines hölzernen Hängewerkes ist in der Baumechanik unter [386] berechnet.

[323] Joche.

Ein **Joch** besteht in seiner einfachsten Form aus einer Reihe von in bestimmten Abständen voneinander stehenden Pfählen, deren obere Enden durch einen **Holm** fest verbunden sind.

Wichtig für die Ausbildung der hölzernen Joche ist die Art der Auflagerung der Tragkonstruktion. Erfolgt die Auflagerung wie bei einfachen Balkenbrücken, unmittelbar oder mittels Sattelhölzern auf den Jochholmen, so werden in der Hauptsache nur lotrechte Kraftwirkungen zu erwarten sein. Gehen die Pfähle von der Pfahlspitze bis zum oberen Abschluß des Joches als Ganzes durch, so nennt man das ein **durchgehendes Joch** (Abb. 619a), das abhängig ist von den im Handel vorkommenden Pfahllängen, die im allgemeinen 12 bis 15 m nicht überschreiten. Werden längere Pfähle notwendig, so müssen sie zentrisch aufgepfropft werden.

Die für den betreffenden Fall erforderliche Länge wird am sichersten durch Probepfähle festgestellt, wobei auch zu beachten ist, daß die nötige Sicherheit gegen Auskolkungen vorhanden ist, was durch Steinschüttungen, Faschinen und Spundwände erreicht werden kann.

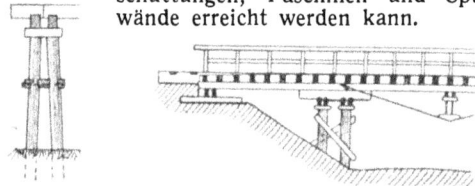

Abb. 619a   Abb. 619b
Joch   Jochbrücke

Werden infolge erheblicher Stützweite die Auflagerkräfte so groß, daß eine Pfahlreihe nicht mehr ausreicht, so sind **doppelte oder mehrreihige** Joche anzuordnen, bei denen die einzelnen Pfahlreihen lotrecht oder schräg gestellt werden können. (Abb. 619b.) Obwohl die durchgehenden Joche den Vorteil großer Standsicherheit und Festigkeit besitzen, so haben sie doch bei größerer Höhe den erheblichen Nachteil, daß bei eintretender Notwendigkeit der Auswechslung einzelner Pfähle die Kosten ganz bedeutende werden.

Der fortwährend unter Wasser liegende Teil besitzt eine fast unbegrenzte Dauer; der höher liegende Teil, der dem Wasserwechsel und den Witterungseinflüssen ausgesetzt ist, wird leicht in Fäulnis übergehen, so daß dann eine vollständige Auswechselung der durchgehenden Pfähle nötig wird.

Es empfiehlt sich daher, bei einer freien Jochhöhe von mehr

Abb. 620
Oberjoch

Abb. 621a
Geschoßjoche

als 7 m das Joch in zwei Teile zu zerlegen, in ein unter NW. liegendes **Grundjoch,** auf welchem das **Oberjoch** gelagert ist (Abb. 620).

Joche mit größerer Höhe als etwa 12 m werden als **Geschoßjoche** (Abb. 621 a), eine größere Zahl von einfachen Jochen, die in bestimmtem Höhenabstande

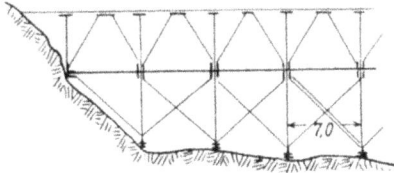

Abb. 621 b
Gerüstbrücken

von 5 bis 8 m durch einen kräftigen Längsverband versteift sind, als **Gerüstbrücken** (Abb. 621b) ausgebildet.

[324] Eisbrecher.

Wird ein Joch in einem Wasserlauf errichtet, bei welchem starker Eisgang zu erwarten steht, so müssen besondere **Eisbrecher** vorgesehen werden, welche die Schollen zerbrechen und so die Stoßwirkungen von den Brückenjochen fernhalten. **Sie sind getrennt vom Joche etwa in einem Abstand von 1 bis 2 m stromaufwärts zu errichten** und bestehen aus mehreren kräftigen Pfählen, die den Holm oder **Eisbaum** tragen, dessen tiefster Punkt etwa 0,3 unter NW. und dessen höchster Punkt etwa 0,5 m über HW. anzunehmen ist. Zum Schutze gegen die Eisschollen müssen auf dem Eisbaume Winkeleisen oder Eisenbahn-schienen befestigt werden. Meist werden die Pfähle durch Verkleidungsbohlen oder Streichbalken geschützt (Abb. 622).

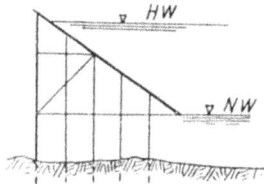

Abb. 622
Eisbrecher

[325] Fahrbahntafel.

Die Fahrbahntafel wird bei **Straßenbrücken** meist durch einen Belag aus Bohlen oder kräftigen Hölzern gebildet, die entweder unmittelbar auf den Brückenträger oder auf eine Zwischenlage von Längsbohlen oder Luftklötzen, die die Feuchtigkeit von dem Tragwerke abhalten sollen, gelegt werden.

Als Fahrbahndecke wird Bohlenbelag, Beschotterung, Holz- oder Steinpflaster gewählt.

Für den Belag sind härtere Hölzer, Eichen- oder Buchenholz, besser als weiche, welche leicht zerfahren werden und deren Holzfasern das Abziehen des Wassers erschwert.

Die Anordnung eines zweiten Bohlenbelages kann durch Beschotterung oder Pflasterung vermieden werden.

Bei **Eisenbahnbrücken** legt man die Schienen auf Querschwellen und dazwischen einen Bohlenbelag, um eine sichere Begehbarkeit der Brücke zu ermöglichen.

Die **Geländer** sind aus Holz oder Eisen gemacht.

[326] Die Unterhaltung hölzerner Brücken.

Zur Erzielung einer langen Lebensdauer bedarf es einer dauernd sorgfältigen Überwachung und häufiger Untersuchungen der einzelnen Holzteile, welche durch Anschlagen mit dem Hammer und Anbohrungen bei älteren Brücken Gewißheit darüber schaffen, ob das Holz noch gesund ist.

Vielfach wird die Entfernung von Morast am Platze sein.

Erst nachdem diese Prüfungen stattgefunden haben, ist eine Erneuerung des Anstriches, am besten mit **Carbolineum Avenarius** vorzunehmen, weil dieses bei seiner sonst vorzüglichen Wirkung die Poren nicht verstopft. **Ölfarbe und Teeranstriche sind unbedingt zu vermeiden. Werden diese Anstrichmittel verwendet, so dürfen wenigstens die unteren Holzteile keinen Anstrich erhalten, um ein Verdunsten der Holzfeuchtigkeit zu gestatten.**

16. Abschnitt.

Massive Brücken.

[327] Allgemeines.

Für wichtige Verkehrswege mit starkem Verkehr sind **massive Brücken** allen anderen vorzuziehen, da bei guter Konstruktion und tadelloser Ausführung, bei guter Abdeckung und sorgfältiger Entwässerung die Unterhaltungsarbeiten geringe und wenige den Verkehr hindernde Ausbesserungsarbeiten vorzunehmen sind.

Die Lebensdauer der Steinbrücken ist eine außerordentlich große; für die Fahrbahn kann fast jede beliebige Ausführung gewählt werden. Bei Eisenbahnbrücken entstehen bei Entgleisungen nicht so große Gefahren, auch wird das störende Geräusch, das der Verkehr verursacht, nicht so erheblich wie bei Brücken aus Eisen oder Holz. Da bei dem großen Eigengewichte der massiven Brücken die Verkehrslasten nur einen verhältnismäßig geringen Einfluß auf die Bestimmung der Abmessungen haben, können die Betriebslasten meist erhöht werden, ohne die Sicherheit zu gefährden.

Massive Brücken können dagegen nur bei verhältnismäßig geringer Weite (etwa bis 100 m) und natürlich nur bei festen Brücken angewendet werden. Weiters ist die erforderliche Bauhöhe eine sehr große; Baukosten und Bauzeit sind erheblich. Massive Brücken von einer Lichtweite $\leq 2{,}0$ m nennt man Durchlässe.

A. Durchlässe.
[328] Einleitung.

Die Durchlässe dienen in der Regel zur Unterführung von Bächen oder sonstigen kleinen Gewässern unter Straßen, Eisenbahnen, Deichen und Kanälen. Mitunter werden sie auch zum Durchgang von Personen benutzt.

Die Durchlaßlängsachse ist am zweckmäßigsten senkrecht zur Wegachse zu führen (gerade Durchlässe).

Die Durchlaßsohle muß auf ihrer ganzen Länge auf gewachsenem Boden liegen. Bei stark geneigtem

Gelände erhält die Sohle ein entsprechendes Gefälle oder wird treppenförmig ausgestaltet.

Aus dem vorhandenen Gefälle und der größten abzuführenden Wassermenge ergibt sich die Lichtweite eines Durchlasses. Die Formeln sind aus der Hydraulik [130] bekannt: $Q = v \cdot F$.

$$v = k \sqrt{2 g h'},$$

wenn k der Kontraktionskoeffizient ist, der meist mit 0,6 angenommen wird und h' die Stauhöhe vor dem Durchlasse bezeichnet: $Q = k \cdot b \cdot h \sqrt{2 g h'}$

$$h' = \frac{Q^2}{k^2 \cdot b^2 \cdot h^2 \cdot 2 g}.$$

Kurze Durchlässe bis 4,0 m Länge erhalten eine Mindestlichtweite von 0,3 m, um eine Reinigung mit Stange und Bürste zu ermöglichen. Lange Durchlässe erhalten bei rechteckigem Querschnitt eine Weite von 60 cm, bei kreisförmigem Querschnitt einen ebensolchen Durchmesser. Übrigens ist die Länge abhängig von der Breite des Verkehrsweges und dem Böschungsverhältnisse. Seine Verkürzung kann durch Höherführen der Stirnmauern oder Höherbemessen der Lichtweite erreicht werden, wodurch freilich die Flügel eine Verlängerung erfahren [265].

[329] Rohrdurchlässe.

Rohrdurchlässe sind nur für geringe Wassermengen bestimmt, lassen sich aber rasch herstellen und sind billig. Es kommen hierfür hauptsächlich **Ton-, Zement-** und **Eisenrohre** in Betracht. Am meisten muß auf eine gleichmäßige feste Unterstützung geachtet werden, damit kein Setzen der Rohre eintritt. Auch für die Überschüttung ist zu sorgen, damit die Rohre keine Beschädigungen erleiden. Die Unterkante der Rohrdurchlässe muß etwas tiefer als die Grabensohle gelegt werden, damit schädliche Aufstauungen der Vorflut vermieden bleiben. Die Durchflußgeschwindigkeit soll nicht über **1,2** bis **1,5** m pro Sekunde gehen. Am Einlaufe genügt in der Regel eine Pflasterung der Sohle, nur bei starkem Gefälle wird ein **Fallkessel** angeordnet, der unten mit einem Schlammfang von 30 cm Tiefe und oben mit einem Rost oder einer Steinplatte versehen ist.

Die innen und außen glasierten **Steinzeugrohre** haben meist kreisförmigen Querschnitt von 30 bis 60 cm Weite. Muffen werden mit Teer und Asphalt gedichtet. Sie werden womöglich auf Sand und Kies gelegt und mindestens 0,50 cm überschüttet. Billiger sind die **Zementrohre,** die auch eine genügende Festigkeit gegen Druck besitzen. Sie müssen aber besonders sorgfältig gelagert werden und werden am besten mit Zementmörtel gedichtet, nachdem Lettenwülste in die Stöße eingelegt wurden.

Zur Erhöhung der Widerstandsfähigkeit gegen Zug und Druck werden die Zementröhren oft durch Eiseneinlagen verstärkt, wodurch die Röhren leichter und handlicher als Zementrohre werden. Bei **sehr hoher und sehr niedriger Überschüttungshöhe empfehlen sich gußeiserne und flußeiserne Rohre,** deren Verbindung meist durch Muffen mit Teerdichtung erfolgt. Auch Backsteine verwendet man zu Rohrdurchlässen, nur müssen sie bei nachgiebigem Boden gehörig untermauert werden.

[330] Offene Durchlässe.

Bei einem **offenen Durchlasse** werden die beiden parallel zur Längsachse liegenden Seitenmauern, die **Wangen,** oben nicht abgedeckt. Sie werden nur bei Eisenbahnen angewendet, wenn die Bauhöhe zu gering ist, um eine Überdeckung mit Platten oder einem Gewölbe zu gestatten.

Bei einer Lichtweite unter 60 cm ruhen in der Regel die Wangen auf einer gemeinschaftlichen Fundamentplatte, welche meist zugleich die Durchlaßsohle bildet.

Bei größerer Lichtweite können unter Voraussetzung guten Baugrundes für jede Wangenmauer getrennte Fundamente ausgeführt werden, die an beiden Stirnen durch Herdmauern zu verbinden sind. Die Sohle zwischen den Herdmauern und den Widerlagsmauern wird durch ein Kopfsteinpflaster auf Sand- oder Kiesbettung zu befestigen sein.

Das Fundamentmauerwerk wird aus Bruchsteinmauerwerk oder Beton, seltener aus Ziegelstein hergestellt. Werden zur Unterstützung der Schienen Längsschwellen verwendet, so werden sie auf Auflagerschwellen, welche auf den Wangenmauern ruhen, aufgekämmt. Für die Bahnbediensteten ist die Öffnung des Durchlasses durch einen Bohlenbelag zu überdecken.

[331] Plattendurchlässe.

Die **Plattendurchlässe** bestehen meist aus zwei Wangenmauern, die in einem aus der erforderlichen Lichtweite sich ergebenden Abstande voneinander angeordnet werden, auf Fundamenten von der jeweiligen Lage des Baugrundes entsprechender Tiefe ruhen und deren Zwischenraum durch Deckplatten aus natürlichem Stein oder Eisenbetonkonstruktion abgedeckt wird (Abb. 623).

<small>Kleine Plattendurchlässe bezeichnet man als **Dohlen,** solche, bei welchen nach dem Grundsatze der kommunizierenden Röhren tiefer unter einem Verkehrswege geleitet werden, als die Höhenlage des natürlichen Wasserweges es bedingen würde, als **Dücker** [181d].</small>

Die Plattendurchlässe gehen bis 1,0 m Lichtweite, bei Platten aus Eisenbeton kann eine Vergrößerung auf 2 bis 3 m erfolgen.

Die Wangenmauern gehen meist in Stirnflügel über. Die Parallelflügel erhalten als mittlere Stärke $\frac{1}{3}$ ihrer Höhe, nur bei größerer Höhe wird ein Anlauf von $\frac{1}{6}$ bis $\frac{1}{12}$ vorgesehen.

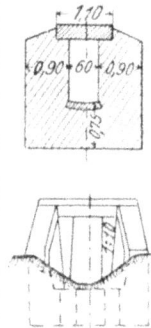

Abb. 623
Plattendurchlaß

[332] Gewölbte Durchlässe.

Wird die Lichtweite eines Durchlasses größer als 1,25 m, und ist die erforderliche Bauhöhe vorhanden, so kann ein **gewölbter Durchlaß** angeordnet werden, wo eine Beanspruchung nur durch Druck stattfindet. Meist wird der Kreisbogen angewendet, wenn nicht beschränkte Bauhöhe die Wahl eines Segment- oder Lichtbogens oder einen Korbbogen bedingt.

Die halbkreisförmigen Gewölbe üben den geringsten Seitenschub aus, erfordern aber eine große Bauhöhe, das Segmentgewölbe schließt sich der Mittelkraftlinie des Druckes im Gewölbe sehr gut an, braucht aber stärkere Widerlager. Die Gewölbe werden aus Werksteinen, Bruchsteinen, Ziegel oder

Beton ausgeführt. Bei Spannweiten bis 1,5 m genügt für Ziegelgewölbe eine Gewölbestärke von einem Stein, unter hohen Dämmen läßt man die Wölbstücke vom Bogenanfang gegen die Durchlaßmitte absatzweise abnehmen. Falls ein Gewölbe durch zu große Belastung zum Einsturz gebracht wird, so treten vorher (Abb. 624) Lockerungen und Klaffungen an den Bruchfugen auf, unter welchen die **Scheitelfuge** die wichtigste ist. Den Lockerungen des Gewölbes an der Bruchfugenstelle wird durch Belastung des Gewölbes mittels einer **Hintermauerung** entgegengewirkt.

Abb. 624

Sehr wichtig ist es, das Gewölbe vor dem zerstörenden Einfluß der **Nässe** durch eine Abdeckung zu schützen, für die mit Vorteil **Asphaltfilz** verwendet wird. Die Asphaltfilzplatten haben in der Regel eine Stärke von 10 bis 15 mm und eine Überdeckung von 7 bis 10 cm in der Längs- und in der Seitenrichtung. Die Ränder werden mit heißem Asphaltkitt aufeinander geklebt und dann das Ganze mit einem Anstrich von **Asphalt- und Steinkohlenteer** versehen. Zur besseren Trockenhaltung der Widerlagsmauern und zur Verminderung des Seitenschubes der Dammassen wird zweckmäßig eine sorgfältig hergestellte Steinpackung angeordnet und behufs rascherer Abführung des Wassers in Abständen von etwa 2,0 m Sickerschlitze oder Röhren durch die Widerlager geführt.

Der nach außen sichtbare Abschluß der Durchlässe kann ohne oder mit **Flügelmauern** erfolgen. Mitunter werden die Gewölbeenden nur einfach aufgebogen, wodurch freilich dem Schube der Dammassen ein Angriffspunkt geboten wird. Werden die Stirnmauern nach beiden Seiten über die Durchlaßwiderlager geführt, so entstehen die Parallel- oder Stirnflügel, an welche sich die Böschungskegel anschließen.

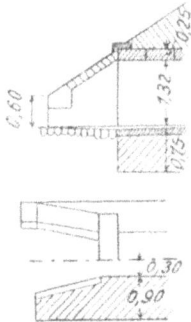

Die billigste Anordnung ist der rechtwinklige Flügel, bei dem die Vorderfläche des Bügels senkrecht zur Stirnfläche des Mauerwerkes steht. Bei besonderen Zwecken werden konkav oder konvex gebogene Flügel verwendet, namentlich dann, wenn neben einem Wasserlaufe eine Uferstraße oder neben einer Bahn ein Parallelweg geführt wird. Sie sind schwierig herzustellen und etwas teurer.

Abb. 625
Gewölbter Durchlaß

Alle Flügelmauern werden als Stützmauern betrachtet und danach berechnet.

Sie werden am häufigsten mit Steinplatten abgedeckt und in ihrer Rückenfläche durch Anstreichen gegen eindringende Feuchtigkeit geschützt.

B. Massive Brücken.

Es sei erwähnt, daß in neuerer Zeit die massiven Brücken mit vollstem Rechte wieder eine ausgedehnte Verwendung erfahren haben, nachdem sie eine Zeitlang durch die eisernen Überbauten zurückgedrängt worden waren.

Hierher gehören die steinernen Brücken, zu deren Herstellung Bausteine, Hausteine und Bruchsteine und hydraulischer Mörtel verwendet wird, ferner Beton- und Eisenbetonbrücken, die eine erhebliche Verringerung der Gewölbestärke zulassen, aber während der Bauausführung ständig überwacht werden müssen, außerdem nachträglich nicht verstärkt werden können.

[333] Belastung.

Jede Brücke ist für eine bestimmte höchste Belastungsgrenze gerechnet und wird diese Maximalbelastung auf der fertigen Brücke vermerkt. Die Belastung setzt sich aus dem **Eigengewichte** und der **Nutzlast** zusammen.

Das **Eigengewicht** der Brücke muß für jeden einzelnen Fall berechnet werden. Gewöhnlich nimmt man die Brückenbahn bei Eisenbahnbrücken mit 1200 kg, bei Straßenbrücken mit 500 kg per m² an. Die Nutzlast bestimmt man bei Straßenbrücken mit großer Spannweite nach Menschengedränge (400 kg per m²), während man bei kleiner Spannweite die entsprechenden Belastungswerte errechnet, die sich aus der Belastung durch die schwersten Fuhrwerke ergeben.

Bei Eisenbahnbrücken ist die Nutzlast jene größte Vertikalkraft, die bei **beweglicher** Belastung durch die ungünstigst auf die Brücke wirkenden Fahrzeuge sich ergeben [391].

[334] Gewölbe.

Die aus dem Eigengewichte und den Verkehrslasten unter Beachtung der verschiedenen ungünstigsten Belastungslagen sich ergebenden Mittelkraftlinienzüge, welche **Drucklinien** genannt werden, sollen sich der Mittellinie des Gewölbes möglichst anschmiegen, keine zu große Fugenbeanspruchung ergeben, aus dem mittleren Drittel der Fuge, dem Kerne, nicht herausfallen und von der Lotrechten auf die betreffenden Lagerfugenfläche höchstens um den Reibungswinkel des Wölbmateriales 25° abweichen. Der Halbkreisbogen wird an anderen Formen aus Schönheitsrücksichten vorgezogen.

Außerdem werden noch Segmentbögen, Korbbögen usw. verwendet.

Das Gewölbe beginnt am Kämpfer, der meist an der Stelle der Bruchfuge angeordnet wird. Die Herstellung der Gewölbe hat mit größter Beschleunigung zu erfolgen. Die Aufmauerung der Gewölbeschenkel soll gleichzeitig und gleichmäßig von beiden Kämpfern erfolgen. Bei Halbkreisgewölben wird durch das Gewicht der Hintermauerung und durch den durch sie vermehrten Widerstand gegen das Abscheren bewirkt, daß die Drucklinie sich mehr der Gewölbmittellinie nähert. Außerdem ist die Hintermauerung zur Entwässerung der Gewölbe und als Unterstützung für die Abdeckung nötig. Ihre Herstellung wird erst nach vollständiger Fertigstellung der Gewölbe und nach Ausrüstung der Lehrbögen begonnen. Nur bei Halbkreisbogen ist es meist erforderlich, die Hintermauerung bis zu einer bestimmten Höhe bereits **vor** der Ausrüstung auszuführen.

Die Hintermauerung wird meist mit dem Gewölbe nicht in Verband gebracht; sie wird in Ziegelbruchstein oder Beton hergestellt, wobei in der Regel wagerechte Schichten angewendet werden.

[335] Widerlager.

Die Unterstützung des Gewölbes bei einer Öffnung geschieht durch die **Widerlager,** die sehr standfest gebaut sein müssen, da jedes noch so geringe Ausweichen der Unterstützungen schädlich auf den Zusammenhang des Gewölbes wirkt. Die Widerlager bestehen aus dem Fundamente und dem aufgehenden Mauerwerk.

Die Querschnittsform des Widerlagers besteht dabei aus einem Rechtecke oder einem Trapeze. Maßgebend für seine Ausbildung ist die Drucklinie. Bei kleinen Spannweiten und hohen Widerlagern wird meist eine Verstärkung nach der Vorderseite, im umgekehrten Falle nach dem Rücken zu nötig werden.

Das hinter dem Widerlager sich etwa sammelnde Wasser muß durch eine sorgfältige Entwässerung entfernt werden. Hierzu ist die Hinterfüllung mit durchlässigen Stoffen und die Führung von Sicker-kanälen durch die Widerlager und die Flügel nötig.

Die Unterstützung der Gewölbe bei Brücken mit mehreren Öffnungen erfordert außer den Wider-lagern noch die Errichtung von **Mittel- oder Zwischen-pfeilern**. Sie nehmen in der Regel die von den beiden anstoßenden Gewölben kommenden Gewölbeschübe auf und übertragen sie auf den Baugrund. Der Quer-schnitt der Strompfeiler ist so auszubilden, daß der Wasserabfluß erleichtert und der oberhalb der Brücke entstehende Aufstau möglichst klein wird. Die Pfeiler erhalten zu diesem Zwecke **Vorköpfe** mit halb-kreisförmiger oder spitzbogiger Umgrenzung.

Die Entwässerung kann entweder hinter die Widerlager, durch den Gewölbeschenkel mit Ablauf-röhren, durch den Gewölbescheitel, durch die Stirn-mauern oder durch den Pfeiler selbst erfolgen. Über die Ausführung des Mauerwerkes, mag es aus Quadern, Bruchsteinen, Ziegeln oder Beton sein, ist schon [32] das Nötige gesagt. Die Gewölbe werden

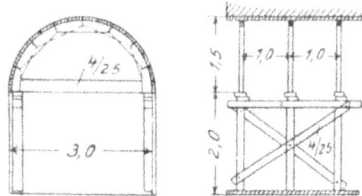

Abb. 626
Lehrbogen

immer auf Schalungen gewölbt, die von Lehrbogen unterstützt und mit Doppelkeilen, Schrauben, Sand-säcken usw. ein- und ausgerüstet werden können (Abb. 626).

[336] Fahrbahn.

Bei **Straßenbrücken ist besonderer Wert auf eine möglichst undurchlässige Fahrbahn zu legen.** Bei Eisenbahnbrücken ist die Fahrbahn so einzurichten, daß die Unterhaltung erleichtert und möglichst ver-billigt wird. Schutzvorrichtungen für Wagen und Fußgänger aus Stein werden **Brüstungen,** aus Eisen oder Holz **Geländer** genannt. Die Geländer der Straßenbrücken sind so dicht herzustellen, daß keine Kinder durchkriechen können.

Die Fahrbahn der Straßenbrücken besteht aus der Fahrbahndecke, die auf der Fahrbahntafel und einer geeigneten Unterbettung ruht.

Die Fahrbahndecke bildet den oberen Teil der Fahrbahn, sie ist in erste Linie der Abnützung durch die Verkehrslasten und dem zerstörenden Einflusse der Witterung ausgesetzt. Deshalb muß hier be-

sonders dafür gesorgt werden, daß das Tagwasser rasch und sicher abgeleitet wird.

Die Unterbettung aus Beton, Sand oder Kies dient zur Unterstützung der Fahrbahndecke und zur Verteilung des Druckes auf die Fahrbahntafel.

Die Fahrbahntafel überträgt die Lasten auf die Tragkonstruktion und besteht meist aus **Buckel-platten, Tonnenblechen, Belageisen, Holzbohlen, Beton** oder **Eisenbeton.**

Für die Fahrbahndecken kommt hauptsächlich einfacher und doppelter Bodenbelag, Holzstöckel-pflaster, Schotter und Steinpflaster, deren Her-stellung unter [264] eingehend beschrieben wurde.

Über Wind- und Querverband gilt sinngemäß das früher Gesagte.

[337] Betoneisenbrücken.

In neuerer Zeit sind häufig als Hauptträger Walz-träger in geringem Abstand nebeneinander verlegt und werden die Zwischenräume mit Beton ausge-stampft. Die Unterfläche des Betons kann dabei eben oder krummflächig angenommen wer-den (Betonkappen) (Abb. 627).

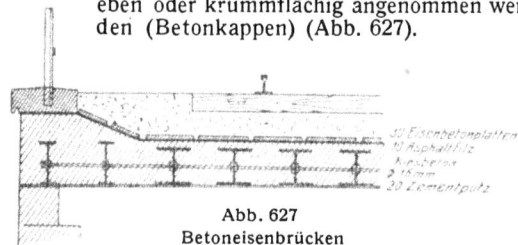

Abb. 627
Betoneisenbrücken

Sie sind sehr einfach zu entwerfen, einfach her-zustellen, billig in der Anlage und Unterhaltung, nur erfordern sie eine größere Bauhöhe und eine gewisse Erhärtungsdauer.

Für das Trägergerippe gelangen hochstegige I-Träger und **Differdinger Träger** zur Verwendung, die in Abständen von 50 bis 60 cm zu legen sind. Die Träger werden meist vollständig einbetoniert und die Unterfläche mit Zementmörtel in 2 bis 3 cm Stärke verputzt.

Zum besseren Halt des Zementmörtels wird um jeden Trägerflansch ein Drahtgeflecht geschlungen oder die ganze Unterfläche mit Streckmetall bekleidet. **Die Tragfähigkeit des Betons wird bei der Berech-nung der Trägerabmessungen nicht berücksichtigt.**

Der Beton wird nach Reinigung der Träger mit nicht zu geringem Wasserzusatze auf Schalung ein-gestampft. Besondere **bewegliche Lager** [346] werden meist nicht vorgesehen, weil die Stützweiten klein sind und die Wärmeschwankungen durch den Beton ver-mindert werden.

17. Abschnitt.

Eiserne Brücken.

[338] Allgemeines.

Bei großen Weiten ist man ausschließlich auf eisernen Überbau angewiesen, besonders wenn die Aufstellung fester Gerüste nicht angängig ist, wenn Gründungsschwierigkeiten zu erwarten und Zwischen-pfeiler vermieden werden sollen. Eiserne Brücken-überbauten gestatten eine sehr geringe Bauhöhe und

eine kurze Bauzeit, da der Aufbau der Widerlager gleichzeitig mit der Herstellung des Überbaues in der Brückenbauanstalt erfolgen kann.

Eiserne Brücken sind gegen geringe Senkungen der Widerlager weniger empfindlich als Steinbrücken. Die Unterhaltungskosten sind aber wegen der sorg-fältigen Beaufsichtigung sehr bedeutende. Durch eiserne Brücken entsteht ein heftiges Geräusch, das besonders in größeren Städten und bei Eisenbahnbrücken ungemein störend wirkt.

Über die Lebensdauer liegen noch keine ausreichenden Erfahrungen vor, jedenfalls ist sie aber kürzer wie beim Massivbau.

Gut geeignet ist der eiserne Überbau bei unsicherem Baugrunde, bei geringer Bauhöhe und in den Fällen, wo eine Veränderung in absehbarer Zeit zu erwarten ist. Unvermeidlich ist er für alle Gattungen von beweglichen Brücken.

Der vorliegende Leitfaden beschränkt sich nur auf die Besprechung von eisernen Blechbalkenbrücken, also auf Brücken von etwa 30 m Stützweite, während eiserne Fachwerke aller Art in der „Baumechanik" zur Sprache kommen werden.

Übrigens bietet die Konstruktion und Montierung eiserner Brücken soviel technische Schwierigkeiten, daß sie nur gewiegten Brückenbauern anvertraut werden können.

[339] Eisenbaustoffe.

I. Flußeisen.

Das Flußeisen bildet in der Jetztzeit den Hauptbaustoff für eiserne Brücken. Wegen seiner billigen Herstellung und seiner Festigkeit hat es das Schweißeisen fast vollständig verdrängt.

Flußeisen besitzt eine erhebliche Festigkeit und Zähigkeit, auch kann es im kalten Zustande und in der Rotglut jede Bearbeitung ohne wesentliche Schädigung vertragen. Kröpfungen, auch schärfere Biegungen bei kleineren Profilen lassen sich im hellrotwarmen Zustande vornehmen, während Bearbeitungen im gelben und blauwarmen Zustande unbedingt zu vermeiden sind.

Sonst wird es spröde und erhält haarfeine Risse, die später zu plötzlichen Brüchen führen. Kalt mit der Schere geschnittenes Blech wird auf 1 bis 2 mm spröde, welche Schnittkanten dann mit der Kaltsäge, dem Hobel oder Meißel beseitigt werden müssen. Aus gleichen Gründen sind Löcher zu bohren und nicht zu stemmen. 1. Fachband [388].

Für die Herstellung von Ausschnitten in Blechen usw. wird auch das autogene Schneideverfahren verwendet.

2. Flußstahl

wird als Schmiedestahl für Teile verwendet, die eine weitere Bearbeitung (Abdrehen) notwendig machen, wie Auflagerteile, Rollen, Gelenkbolzen, Keile usw.

Als Tiegelgußstahl findet dieser vorzügliche, aber teuere Baustoff nur bei sehr wichtigen Bauteilen, z. B. für die Drahtkabel der Hängebrücken Verwendung.

3. Gußeisen

kann nur in Betracht kommen bei Teilen, die einer weiteren Bearbeitung nicht bedürfen und keinem Zug ausgesetzt sind.

Für sämtliche Eisensorten wird der Preis nach der Größe und dem Gewichte der einzelnen Stücke, der „Grundpreis" bemessen. Werden jedoch außergewöhnliche Anforderungen gestellt, so tritt hinzu noch ein „Überpreis" als Preiszuschlag.

[340] Verbindung der verschiedenen Eisensorten.

Die Verbindung untereinander zu Baugliedern erfolgt in der Regel durch Vernietung, bisweilen auch durch Schrauben.

Für Nieten gelangt meist nur zähes Flußeisen, außerdem für besondere Verhältnisse Tiegelstahl und Nickelstahl zur Verwendung.

Für die preußischen Staatsbauverwaltungen werden nur noch Nieten von 12 bis 26 mm Durchmesser

benützt; die Nietköpfe sind voll, halbversenkt oder ganz versenkt, der Schließkopf erhält elliptische oder kreisförmige Form.

Die Nietung kann als **Hand-** oder **Maschinennietung** erfolgen. Zu beachten ist ferner, daß der Nietstempel, der den Schließkopf preßt, solange in dieser drückenden Lage verbleibt, bis der Niet soweit erkaltet ist, daß nachträglich Längenausdehnungen, die ein Schlottern der Niete zur Folge haben könnten, nicht mehr eintreten.

Die Nietlöcher der zu vernietenden Teile sind, soferne sie nicht gleichzeitig gebohrt werden, zunächst mit einem kleineren Durchmesser herzustellen und erst nach Zusammenpassung mit der Reibahle zeichnungsgemäß aufzureiben.

Bei dem Zusammenschrauben durch Dorne und Schrauben müssen die Löcher so genau aufeinanderpassen, daß bei Lösung der einstweiligen Verbindung keine Verschiebung zu bemerken ist.

Zur Vernietung mit Hand gehören in der Regel fünf Arbeitskräfte.

Der Anwärmer hat die Niete bis zur Weißglut zu erhitzen und besonders darauf zu achten, daß der Niet nicht zu fließen beginnt. Der Nietschürrmann fängt den ihm vom Vorwärmer zugeworfenen Niet auf, befreit ihn vom Glühspann, staucht ihn in das Nietloch und regelt die Entwicklung des Schließkopfes durch die Schläge der beiden „Zuschläger".

[341] Allgemeine Querschnittsanordnung.

Ist eine unbeschränkte Bauhöhe vorhanden, so werden die Hauptträger der Eisenbahn- und Straßenbrücken in allen ihren Teilen **unter** die Fahrbahn gelegt, welche Brücken man **Deckbrücken** nennt

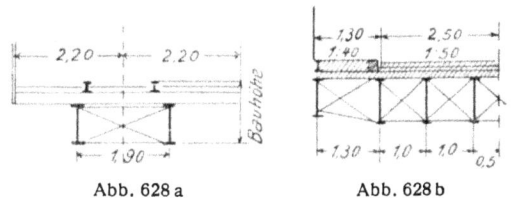

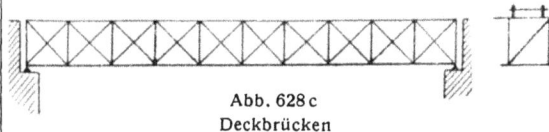

Abb. 628 a　　　　Abb. 628 b

Abb. 628 c
Deckbrücken

(Abb. 628). Ist aber die Bauhöhe beschränkt, so müssen die Hauptträger seitlich und die Fahrbahn zwischen die Hauptträger gelegt werden. Es entsteht eine Brücke mit unten liegender oder versenkter Fahrbahn, welche als **Trogbrücke** (Abb. 629) bezeichnet wird. Bei eingleisigen Eisenbahnbrükken werden die Deckbrücken mit zwei, drei oder vier Hauptträgern

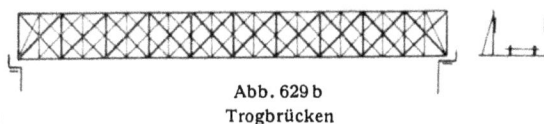

Abb. 629 a.

Abb. 629 b
Trogbrücken

gebaut, bei mehrgleisigen Brücken kann man entweder einen zweigleisigen Überbau mit zwei Hauptträgern oder zwei getrennte eingleisige Überbauten anordnen.

Bei Trogbrücken dürfen die Hauptträger an keiner Stelle in das Normalprofil einschneiden, ja es muß mit Rücksicht auf etwa eintretende Gleisverschiebungen, Senkungen usw. noch überall ein lichter Zwischenraum von mindestens 5 cm gewahrt bleiben.

Bei Straßenbrücken sind für die Wahl der Anzahl der Hauptträger meist wirtschaftliche Gesichtspunkte maßgebend. Für Stützweiten bis zu 12 m kann man bei genügend vorhandener Bauhöhe, wie bei den Eisenbahnbrücken, gewalzte Träger in geringen Abständen wählen. Bei beschränkter Bauhöhe ist man gezwungen, die Hauptträger über die Fahrbahnoberkante reichen zu lassen, also eine Brücke mit untenliegender Fahrbahn zu bauen.

[342] Hauptträger.

Vollwandige Hauptträger werden bis zu Stützweiten von etwa 30 m vor gegliederten Trägern bevorzugt. Ihre Herstellung ist einfach, ihre Berechnung leicht. Die geschlossene Querschnittsform gestattet dem Roste nur geringe Angriffsmöglichkeiten. Nur bieten sie dem Winde erhebliche Angriffsflächen.

Als Vollwandträger kommen in Frage:

1. W a l z t r ä g e r werden bei Eisenbahnbrücken bis etwa 9 m, bei Straßenbrücken bis 12 m und bei Fußgängerbrücken bis 15 m Stützweite benutzt, wobei [- und I- auch die breitflanschigen Differdinger Profile zur Anwendung kommen.

Bei der Festlegung der Abmessungen werden die Querschnittsschwächungen durch Vernietung berücksichtigt.

2. B l e c h t r ä g e r. Sie gelangen zur Ausführung, soferne Walzträger die auftretenden Lasten nicht

mehr mit genügender Sicherheit aufnehmen können. In der Regel wird es zweckmäßig sein, die Trägerhöhe möglichst groß anzunehmen, meist mit $1/8$ bis $1/12$ der Stützweite.

Die Blechträger bestehen aus der Wand und den Gurtungen. Die Wand wird aus dem Stehbleche, die Gurte aus Winkeleisen und Gurtplatten gebildet.

Das Stehblech erhält eine Stärke von 8 bis 16 mm. Für den Gurtwinkel können gleichschenklige und ungleichschenklige Winkel in Betracht kommen (Abb. 630). Die Gurtplatten erhalten meist eine Stärke von 10 bis 14 mm; ihre Zahl ergibt sich aus dem erforderlichen Widerstandsmomente. Die zu verwendende Plattenzahl nimmt nach dem Auflager hin ab, wo bekanntlich auch die Biegungsmomente Null sind.

Die Wand der Blechträger erhält sowohl Zug- und Druckspannungen und die Gefahr des Ausknickens und Faltens ist daher bei hohen Trägern eine sehr große, der nur durch Diagonalversteifungen aus Winkeleisen entgegengewirkt werden kann.

Abb. 630.
Blechträger

[343] Konstruktionseinzelheiten.

I. Eisenbahnbrücken.

Bei kleinen Stützweiten und bei sehr geringer verfügbarer Bauhöhe werden die Schienen unmittelbar auf die Hauptträger aufgelagert, deren Entfernung dann gleich dem Schienenabstand zu wählen ist. Die Schienen ruhen auf eisernen Unterlagsplatten und werden in der Regel mit den Hauptträgern ver-

schraubt. Diese Anordnung hat den großen Nachteil, daß die Stöße direkt auf die Hauptträger übertragen werden.

Besser ist die Anordnung von hölzernen Querschwellen, die in gleicher Weise befestigt werden wie auf der freien Strecke. Die Schwellen werden meist aus Eichen- oder Kiefernholz hergestellt und durch Tränkung vor Witterungseinflüssen geschützt. Die zulässige Biegungsbeanspruchung beträgt etwa 75 kg pro cm², wenn die Schwelle 22 cm breit ist. In der Regel werden die Schwellen so lange bemessen, daß sie noch den Fußweg aufnehmen können. Die Schwellenentfernung ist mit 60 cm anzunehmen. Die Zahl der auf der Brücke zu verlegenden Schienenstöße ist möglichst einzuschränken. Die Schwellen werden nur durch ein Winkeleisen gestützt, da so dem Schwinden der Schwellen durch Nachziehen der Bolzen Rechnung getragen werden kann.

Zur Ersparung an Bauhöhe und zur Sicherung gegen Feuersgefahr können bei langen Brücken oft auch eiserne Schwellen zur Anwendung kommen, welche außerdem den Vorteil geringeren Gewichtes gegen Holzschwellen haben.

Die Geländer der Eisenbahnbrücken werden möglichst einfach aus Pfosten aus Stabeisen und Flacheisen gestaltet.

Infolge des Auftretens wagerechter äußerer Kräfte und zur Verhütung des Ausknickens der auf Druck beanspruchten oberen Gurte müssen Verbindungen der Träger in wagerechter Ebene und solche in senkrechter Ebene quer zur Brückenachse vorgesehen werden. Die wagerechten Verbände nennt man **Windträger** und werden in der Regel als Fachwerkträger ausgebildet.

Die senkrechten Verbände nennt man **Querverbände** oder **Querversteifungen.**

Jeder Träger wird durch ein **festes** und ein **bewegliches** Lager gestützt. Das feste Lager muß so beschaffen sein, daß es beliebig gerichtete Kräfte aufnehmen kann, während das bewegliche Lager nur lotrechte und vielfach auch seitliche Kräfte aufzunehmen hat; es muß jedoch Bewegungen des Trägers in der Längsrichtung bei Wärmeänderungen gestatten. Beide Lager bestehen aus der mit dem Träger verbundenen oberen Gleitplatte und der unten liegenden Schuhplatte; sie werden meist aus Flußstahlguß, seltener aus Gußeisen hergestellt [346].

Die Anwendung einer Bettung bietet große Vorteile dadurch, daß die Wirkung der Stöße auf den Überbau sehr verringert ist; nur wird dadurch das Eigengewicht sehr vermehrt und die Anlage teuer. Die Bettung wird durch eine eiserne Fahrbahntafel unterstützt, die aus Buckelplatten im Ausmaße von 2 bis 2,25 m² oder aus Tonnen- oder Hängeblechen besteht, die einzeln entwässert werden müssen, wenn die Entwässerung über die Widerlager hinaus nicht durchführbar erscheint.

II. Straßenbrücken.

Die Fahrbahn der Straßenbrücken besteht aus der Fahrbahndecke und diese wieder aus der Fahrbahntafel, die aus Buckelplatten, Tonnenblechen, Belageisen, Holzbohlen, Beton oder Eisenbeton gemacht wird und die Unterbettung trägt.

[344] Aufstellungsgerüste.

Bei den eisernen Brücken tritt an Stelle des Lehrgerüstes der massiven Brücken das **Aufstellungs- oder Montagegerüst.** Besitzt die Brücke eine sehr große Spannweite, so verzichtet man mitunter auf ein unterhalb der Brücke zu errichtendes Montagegerüst und baut die Brücke von einem oder beiden Widerlagern aus, indem der jeweilig fertige Teil durch starke Drahtkabel verankert wird. Der Hauptträger wird hierbei durch Kabel nach vorne gezogen und hinten durch ein Haltekabel gebremst. Nachdem so der Träger auf unterlegte Walzen an seine Verwendungsstelle gebracht worden ist, wird er mit Wagenwinden aufgerichtet, dabei aber in geeigneter Weise gegen Umkippen gesichert. Der Träger wird zunächst etwas über die zeichnungsgemäße Lage gehoben, damit sowohl die Auflagergußplatten unter den Träger geschoben und die Säulen aufgestellt werden können, die mit ihren Kopfstücken an die an dem Träger angebrachten Gußstücke hineinragen.

[345] Der Anschluß an das Widerlager.

Der wasserdichte Anschluß an das Widerlager erfordert besondere Aufmerksamkeit.

Zwischen dem Endpunktträger und der auf ihm ruhenden Buckelplatte ist eine Schleifplatte angebracht, die die Durchführung des Kiesbettes über die Lücke zwischen Mauerwerk und Eisenwerk ermöglicht. Das umgebogene Ende der Schleifplatte ruht auf einer Asphaltkittfuge und schützt so die zur Abdeckung des Mauerwerkes dienende Tektolitplatte u. dgl. vor der Zerstörung durch das Schleifblech, wenn dieses sich bei den durch Wärmeschwankungen hervorgerufenen Längenänderungen der Brücke bewegt.

Über die Kieslage und das Schleifblech ist noch eine Asphaltfilz- oder Tektolitplatte gelegt.

[346] Lager.

Wie wir bereits erwähnten, unterscheidet man feste und bewegliche Lager, die dazu dienen, die auf die Konstruktion wirkenden Kräfte auf die Widerlager und Pfeiler zu übertragen.

Als Baustoff benutzt man vorzugsweise Flußstahlguß, der zwar sehr fest ist, aber nicht das gleichmäßige Gefüge besitzt und weniger zäh als Schmiedestahl ist.

Die Grundplatten werden meist aus Gußeisen gefertigt.

Das Untergießen der Auflagerplatten erfolgt nur bei kleinen Lagerflächen. Größere Auflager werden auf ein Mörtelbett gelegt, das mit einer Hartbleilage abgedeckt ist.

Für sämtliche Lager ist zu beachten, daß ihre Formen möglichst einfach und gedrungen sind. Ansammlungen von Wasser und Schmutz müssen verhütet werden. Bei beweglichen Lagern müssen die Verschiebungsmöglichkeiten unbedingt gesichert bleiben.

Zu den festen Lagern zählen in erster Linie die Flächenlager (Abb. 631), die aber wegen Bruchgefahr verhältnismäßig selten mehr Verwendung finden.

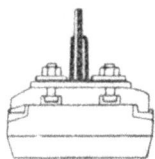

Abb. 631
Flächenlager

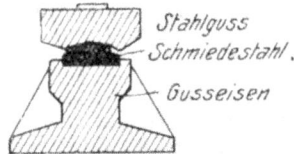

Abb. 632
Punktkipplager

Zu den beweglichen gehören hauptsächlich die verschiedenen Gattungen von Kipplagern, die eine genaue, fest unverrückbare Lage des Angriffspunktes in der Mitte des Lagers verbürgen. Die Berührung kann erfolgen in einem Punkte, in einer Linie oder in einer gekrümmten Fläche. In dieser Hinsicht unterscheidet man:

1. Punktkipplager (Abb. 632); es besteht aus einem Zapfen aus Schmiedestahl, dessen oberster Teil eine Kugelkalotte bildet. Auf diesem liegt die Kippplatte mit einer ähnlich gebildeten Kugelfläche von etwas größerem Durchmesser, so daß die Berührung nur in einem Punkte erfolgt.

2. Kugelzapfenlager mit gleicher Anordnung, nur besitzen die Kugeln gleichen Durchmesser, weshalb die Berührung in einer Fläche stattfindet.

3. Rollenlager, bei welchen die gleitende Reibung durch rollende ersetzt wird.

Bei kleinen Stützweiten, etwa bis 25 m, werden Lager mit einer Rolle verwendet, die durch seitliche (Abb. 633) Führungsnieten gegen das Abrollen geschützt wird. Bei größeren Stützweiten sind Zweirollenlager notwendig (Abb. 634), die zwischen Flach- und Winkeleisen in einem bestimmten Abstande ge-

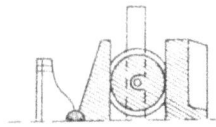

Abb. 633
Rollenlager

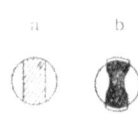

Abb. 634

Abb. 635
Stelzenlager

halten und unten durch die Rollplatte, oben durch die Kippplatte gehalten werden.

4. Stelzenlager. Da zur Druckübertragung nur ein geringer Teil des Rollenumfanges notwendig wird, braucht man die Rolle nicht zum Vollzylinder auszubilden, sondern es genügt auch, durch Abschneiden der seitlichen Teile Stelzen oder Flachwalzen (Abb. 635) herzustellen, die so gefaßt sind, daß die Berührung erst bei der größtmöglichen Verschiebung erfolgt.

5. Pendellager, die bei Stützweiten von 16 m aufwärts mit Vorteil angewendet werden, bestehen aus der Grundplatte und einem zylindrischen Zapfen, dem Pendel (Abb. 636).

Abb. 636
Pendellager

[347] Anstrich.

Von großem Einfluß auf die Lebensdauer der eisernen Brücken ist der Anstrich. Bei dem ersten Grundanstrich müssen die Eisenteile durch Beizen mit verdünnter Salzsäure von Schmutz, Rost usw. gereinigt werden.

Ein Zuviel an Säure beseitigt man durch Kalkwasser, hierauf werden die Eisenteile mit heißem Wasser bespült und nach dem Trocknen mit dem ersten Anstrich versehen, der aus dünnflüssigem, schnelltrocknendem Leinölfirnis besteht, dem etwas Zinkweiß zugesetzt wird.

Nachdem der Grundanstrich getrocknet ist, werden die Fugen zwischen den sich berührenden Flächen mit einem Kitt aus Leinölfirnis und Bleiweiß gedichtet und dann sämtliche Teile mit Bleimennige gestrichen.

Nach beendeter Aufstellung und Einzeichnung der auf der Baustelle zu schlagenden Nieten ist das gesamte Eisenwerk noch einmal mit Bleimennige und hierauf zweimal mit Ölfarbe zu streichen.

Der Anstrich eiserner Brücken ist, abgesehen von dem Ausbessern einzelner schadhafter Stellen, in der Regel alle **vier** Jahre zu erneuern.

[348] Die Unterhaltung eiserner Brücken.

Für die Lebensdauer und Sicherheit eiserner Brücken ist eine sachgemäße Unterhaltung von größter Wichtigkeit, wobei sowohl die **Eisenteile,** als auch das **Mauerwerk** und die **Auflager** regelmäßig zu untersuchen sind. Der mit der Beaufsichtigung Beauftragte hat sich daher eine große Gewandtheit in der **Auffindung loser Nieten** anzueignen. Die losen und festsitzenden Nieten sind leicht an dem Klange zu unterscheiden, den sie beim Anschlagen von sich geben. Es empfiehlt sich, lose Nieten stärker anzuschlagen und deren Schluß nicht nur durch das Gehör, sondern auch mit dem Gefühl zu prüfen, indem während des Anschlages des einen Kopfes der andere Kopf mit den Fingern der zweiten Hand berührt wird.

Hauptprüfungen werden in Zeitabschnitten von höchstens **fünf** Jahren abgehalten; wogegen die **Jahresprüfungen** alljährlich im April bis Juli stattfinden, damit etwaige Ausbesserungen noch in der günstigen Jahreszeit ausgeführt werden können.

In Verbindung mit den Hauptprüfungen sind an allen Eisenbahnbrücken von mehr als 10 m Stützweite **Belastungsproben** vorzunehmen, bei der alle Formänderungen zu messen sind, soweit sie durch die schwersten Lasten im gewöhnlichen Betriebe hervorgerufen werden. Auf die Überwachung der richtigen Höhenlage sämtlicher Auflager wird großer Wert zu legen sein, da selbst die geringste Änderung eine Überanstrengung einzelner Teile und dadurch eine Gefährdung der Tragfähigkeit der ganzen Brücke verursachen kann.

Eisenbahnbau.

[349] Spurweite.

a) Die Spurweite ist das lichte Maß zwischen den Innenkanten der Schienen. Man unterscheidet **Vollspur, Breitspur** und **Schmalspur.**

Die **Voll-** oder **Normalspur** beträgt 1,435 m; sie ist bei fast allen Eisenbahnverwaltungen in Europa und in Nordamerika im Gebrauche.

Die Maße für die **Schmalspur** schwanken zwischen 0,60, 0,75 und 1 m; ein besonderer Fall von Schmalspur ist das in Südafrika, Japan usw. gebräuchliche Maß von 1,067 m (die sogenannte Kapspur).

Größere Spurweiten weisen die **Breitspurbahnen** auf, z. B. in Rußland mit 1,524 m, in Spanien, Südamerika, Ostindien mit 1,676 m usw.

b) In Krümmungen unter 500 m Halbmesser sind Spurerweiterungen erforderlich, und zwar bei Hauptbahnen $\leq$ 30 mm, bei vollspurigen Nebenbahnen $\leq$ 35 mm (die englischen Bahnen haben gar keine oder nur geringe Spurerweiterung vorgesehen).

In geraden Strecken ist eine Spurerweiterung von 10 mm, eine Verengerung von 3 mm aus Betriebsrücksichten zulässig. **Niemals darf aber das Maß von 1,465 m in Hauptbahnen, 1,470 m in vollspurigen Nebenbahnen überschritten werden.**

[350] Gleislage.

Die winkelrecht gegenüberliegenden Punkte der Schienenoberkanten eines Gleises müssen in gleicher Höhe liegen.

In Krümmungen wird die äußere Schiene überhöht, welche Überhöhung in möglichst großer Länge, mindestens aber auf das 300fache ihres Betrages auslaufen muß.

Beim Übergange der Hauptgleise aus der geraden in die gekrümmte Strecke sind Übergangsbögen zur Erzielung eines ruhigen Ganges der Fahrzeuge einzulegen. Bei entgegengesetzten Krümmungen muß zwischen den Endpunkten der Übergangsrampen eine Zwischengerade von $\geq$ 30 m Länge in Hauptbahnen, von $\geq$ 10 m Länge in Nebenbahnen eingeschaltet werden.

Zwischen Krümmungen gleichen Sinnes sucht man kürzere Gerade als 40 m entweder zu vermeiden oder man führt die Überhöhung auch auf der Geraden durch oder verwandelt die Gerade in eine flache Krümmung, um einen ruhigen, nicht schaukelnden Gang der Fahrzeuge zu erzielen.

[351] Krümmungen.

In Hauptbahnen sind auf der freien Strecke Krümmungen von weniger als 180 m Halbmesser unzulässig; in vollspurigen Nebenbahnen ist das Mindestmaß ebenfalls auf 180 m festgesetzt, wenn Fahrzeuge der Hauptbahnen darauf übergehen, sonst auf 100 m. Für Schmalspurbahnen sind die kleinsten Halbmesser 50 m für 1,0 m, 40 m für 0,75 und 25 m für 60 cm Spurweite.

[352] Neigungsverhältnisse.

Die stärkste Längsneigung ist auf Hauptbahnen 25 ⁰/₀₀ (1 : 40), auf Nebenbahnen 40 ⁰/₀₀ (1 : 25).

Das Neigungsverhältnis auf Bahnhofsgleisen darf, abgesehen von Verschiebegleisen, $\leq$ 2,5 ⁰/₀₀ (1 : 400) betragen, jedoch dürfen Ausweichgleise in die stärkere Neigung der freien Strecke eingreifen.

Neigungswechsel auf freier Strecke sind bei Hauptbahnen mit $\geq$ 5000 m im Halbmesser (im lotrechten Sinne), bei Nebenbahnen mit $\geq$ 2000 m, in und vor Stationen mit $\geq$ 2000 m auszurunden.

In Hauptbahnen ist zwischen zwei Gegenneigungen, die mehr als 5⁰/₀₀ (1 : 200) geneigt sind und von denen eine mehr als 10 m ansteigt, eine Zwischenstrecke mit $\geq$ 500 m Länge mit höchstens 3⁰/₀₀ (1 : 333⅓) Neigung einzuschalten. In dieser Länge von 500 m dürfen die Tangenten der Ausrundungsbögen eingerechnet werden.

[353] Gleisentfernung.

Die Entfernung zweier Gleise wird von Mitte zu Mitte Gleis gemessen. Auf freier Strecke wird der Abstand zwischen zwei zusammengehörigen Gleisen einer Linie $\geq$ 3,5 m; zwischen Gleispaaren oder einem Gleispaar und einem dritten Gleis $\geq$ 4,0 m. In Bahnhöfen ist der Gleisabstand $\geq$ 4,5 m, bei Zwischenbahnsteigen auf Hauptbahnen $\geq$ 6,0 m.

[354] Lichter Raum (Normalprofil).

Die Umgrenzung des lichten Raumes für Haupt- und vollspurige Nebenbahnen ist aus Abb. 637, für Nebenbahnen für 1,0 m, 0,60 und 0,75 m Spurweite aus Abb. 638 und Abb. 639 ersichtlich.

In Krümmungen ist auf die Spurerweiterung und die Schienenüberhöhung insoferne Rücksicht zu nehmen, als sich die Umgrenzungslinie nach der inneren Seite der Krümmung um das Maß der Spur-

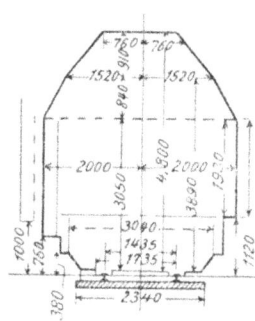

Abb. 637
Normalprofil für Hauptbahnen

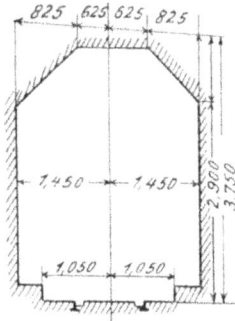

Abb. 638

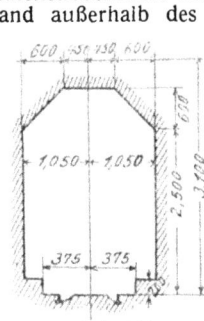

Abb. 639

Normalprofile für Nebenbahnen

erweiterung verschiebt und um das Maß der Schienenüberhöhung nach oben hebt. Die in Abb. 640 angegebenen Einschränkungen des Abstandes von Schienenunterkante sind zulässig, wenn ein die Schienenoberkante um 50 mm überragender Gegenstand außerhalb des Gleises mit der Fahrschiene fest verbunden ist. Hierzu tritt bei Krümmungen immer noch das Maß der Spurerweiterung. Die Tiefe von 38 mm neben Schieneninnenkante muß selbst bei stärkster Abnützung der Schiene vorhanden sein.

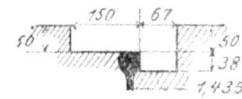

Abb. 640

18. Abschnitt.

Die Bettung.

[355] Allgemeines.

a) Auf dem Unterbau ruht die Bettung des Gleises. Die Oberfläche des Unterbaukörpers, mithin die Sohle der Bettung, wird das **Planum** genannt. Die Planumsbreite richtet sich nach der Spurweite, der Anzahl der Gleise, dem Abstande der Gleise untereinander, nach der Bettungshöhe sowie nach der Böschungsanlage des Erdkörpers (Abb. 641).

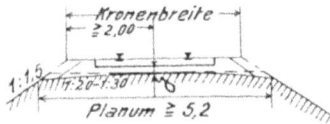

Abb. 641
Planum

Rechnet man mit einer mittleren Bettungshöhe, d. i. Entfernung zwischen Planum und Schwellenunterkante $d \geq 20$ cm, einer Schwellenstärke $s \geq 16$ cm, zusammen rd. 40 cm, und einer Böschungsneigung von 1 : 1,5, so ergibt sich die Planumsbreite mit $4,0 + 2 \cdot 1,5 \cdot 0 \cdot 40 = 5,2$ m; für zweigleisige Hauptbahnen kommt dazu noch der Gleisabstand.

Es empfiehlt sich, auf hohen Dämmen das Planum zu verbreitern.

b) Das Planum muß so angelegt sein, daß für eine trockene Bettung, deren Entwässerung möglich ist, vorgesorgt wird; dazu wird meist das Planum nach beiden Seiten mit 1 : 20 bis 1 : 30 abgedacht. Besteht das Planum aus nassem Ton, leicht lösbarem Mergel, Lehm oder ähnlichen dem Wasser nicht Widerstand leistenden Bodenarten, so vergrößert man die Neigung der Abdachung auf 1 : 10 bis 1 : 5, erhöht die Bettung und damit die Planumsbreite und legt Sickerschlitze, Saugrohre usw. an.

In Bögen, wo eine Schienenüberhöhung notwendig ist, gibt man vorteilhaft dem Planum eine einseitige der Überhöhung entsprechende Abdachung.

c) Abgesehen von eingedeichten Strecken, soll die Schienenunterkante, auch **Bahnkrone** genannt, **0,60 cm über dem höchsten Wasserstande** liegen. Diese Maßregel ist nicht bloß bei offenen Gewässern, Seen, Flüssen zu beachten, sondern auch Grund-

wasser gegenüber, damit dessen höchster Stand nicht vom Frost erreicht wird.

Liegt das Planum nicht frostfrei, so entstehen in der Zeit, in der der Frost aufgeht, besonders in Toneinschnitten, Auftreibungen des Gleises, die man **Frostbeulen** nennt.

[356] Bahngräben.

In Einschnitten sind zu beiden Seiten des Planums Gräben angeordnet mit meist 0,4 bis 0,6 m Tiefe und Sohlenbreite; nur in trockener Lage genügt 0,3 m und mit Böschung je nach der Bodenart 1 : 0,5 bis 1 : 2, meist 1 : 1,5. Das Gefälle muß mindestens 1 : 600 sein, schließt sich meist dem des Planums an, soll aber nicht 1 : 100 übersteigen, während bei stärkeren Gefällen Pflasterungen und Stufen mit Flechtwerk angeordnet werden müssen.

[357] Bettungsmateriale.

a) Die Bettung soll

1. dem Gleis als trockene Unterlage dienen,
2. den Druck des Gleises möglichst gleichmäßig auf eine genügend große Fläche des Planums verteilen,
3. das Gleis so fest einbetten, daß durch die Belastung keine Verrückungen des Oberbaumaterials entstehen,
4. die Möglichkeit schaffen, die richtige Höhenlage des Gleises wieder herzustellen.

Um die atmosphärischen Niederschläge rasch in sich aufnehmen und rasch beiseite führen zu können, muß die Bettung frost- und wetterbeständig, frei von tonigen und lehmigen Bestandteilen sein und aus hartem Materiale bestehen. Diese Härte muß so groß sein, daß es durch die Schläge der **Stopfhaken**, durch gegenseitigen Druck und Reibung, durch die Belastung und durch die Erschütterung des Gleises möglichst wenig zu Staub verkleinert wird, der, durch Feuchtigkeit fest zusammengesintert, die Wasserdurchlässigkeit beeinträchtigt.

Die Bettung soll überdies aus einem Material von gleichmäßiger Korngröße bestehen, wodurch eine dichte Lagerung ermöglicht wird. Es soll Widerstandsfähigkeit gegen Zerpressen besitzen, scharfkantiges Korn aufweisen, da dieses besser als rundes Korn ist, und elastisch genug sein, um ein ruhiges Fahren zu ermöglichen.

b) Die Bettung besteht sonach in der Regel aus zerschlagenen Steinen, Kleinschlag oder Schotter genannt, Kies oder Sand.

In der Anschaffung am teuersten, in der Erhaltung am billigsten ist **Kleinschlag** von 3 bis 4 cm großen, festen und zähen Gesteinen, wie Basalt, Porphyr, Grauwacke usw. Ihm folgt Kies, gesiebt mit Sieben von 8 bis 10 mm, und zwar Flußkies, weil er unbedingt lehmfrei ist, und ca. 10 bis 20% Flußsand, der die runden Kiesstücke gut einbettet und fest lagert.

Wenn weder Steinschlag noch Kies zu haben ist und bei Bahnen mit schwachem Verkehr verwendet man Flußsand zur Bettung, der keinen Lehm enthält und dadurch nicht schmierig wird wie der Grubensand.

c) Je größer der Verkehr, je undurchlässiger der Unterbau, um so höher sollte die Bettung sein. Im allgemeinen macht man die Bettung unter Schwellenunterkante $\geq$ 20 cm. Wo Steine nicht zu kostspielig sind, ist es das beste, den unteren Teil der Bettung als **Packlage** mit 12 bis 15 cm Höhe, den oberen Teil mit 10 cm zum Stopfen aus Kleinschlag oder Kies herzustellen. **Auf tonigem Untergrund ist Sandschüttung vorzuziehen,** da die Steine der Packlage sich eindrücken, der Ton dadurch aufsteigt und eine gute Entwässerung hindert.

d) Jede fortlaufende Einfassung der Bettung mit undurchlässigem Materiale ist unbedingt zu vermeiden, mindestens sind von 5 zu 5 m Durchbrechungen anzuordnen, die eine gute Wasserabfuhr ermöglichen. **Sehr zu empfehlen sind Einfassungen aus Trockenmauern mit offenen Fugen.** Auf neugeschütteten Dämmen ist keine stärkere Bettung zu nehmen, als unbedingt erforderlich ist, da wegen des Setzens aller Dämme die Bettung durch Nachfüllen bald zu stark wird.

Das sog. Verfüllen der Schwellen bis Schwellenoberkante und bei Hauptbahnen auch der Schwellenköpfe mit $\geq$ 35 cm ist wichtig; namentlich das Überdecken der Holzschwellen schützt diese vor Witterungsunterschieden, vermeidet zu große Erhitzung in heißer Jahreszeit und vermindert das Geräusch bei der Fahrt.

19. Abschnitt.

Der Oberbau.

Der **Oberbau** setzt sich zusammen aus den Schienen, aus den Quer- oder Längsschwellen und den Einzelunterstützungen, auf denen die Schienen ruhen, und aus dem Kleineisenzeug, durch welches die Schienen mit ihren Unterlagen und unter sich verbunden werden.

A. Die Schiene.

[358] Baustoff und Form.

a) Zurzeit wird fast ausschließlich Flußstahl verwendet, der im Walzwerk durch bestimmt vorgeschriebene Zerreiß-, Schlag- und Druckproben untersucht wird. Für Deutschland wird eine Zugfestigkeit von $\geq$ 60 kg pro m², in England $\geq$ 70 kg, in Frankreich 75 bis 85 kg pro m² verlangt.

b) Die Schiene dient zur Führung des Rades und zur Aufnahme der Radlast; sie muß daher nicht nur genügende Seitensteifigkeit, sondern auch die den größten Radlasten entsprechende Tragfähigkeit besitzen. Man hat die Querschnittsform der Schiene der diesen Ansprüchen am besten genügenden I-Form angepaßt. In Deutschland, Österreich usw. verwendet man allgemein die **Breitfußschiene**, in England fast ausschließlich, in Frankreich bei einigen Bahnen die **Stuhlschiene** (Abb. 642). Der Querschnitt beider Formen ist symmetrisch zur senkrechten Achse,

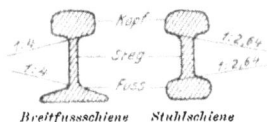

Breitfussschiene   *Stuhlschiene*

Abb. 642
Schienenprofile

um die Schiene im Gleise umwenden zu können. Er setzt sich immer zusammen aus dem **Kopfe**, dem **Stege** und dem **Fuße**.

c) Die Oberfläche des Kopfes ist abgerundet, in der Mitte meist flach, an den Seiten dem Profil des Radflansches entsprechend. Die Seitenflächen sind gerade und der lotrechten Achse gleichlaufend. Die Unterseite des Kopfes ist nach einer bestimmten Neigung unterschnitten.

Die Kopfbreite schwankt bei den Schienen für Hauptbahnen zwischen 58 und 72 mm, für vollspurige Nebenbahnen zwischen 46 und 58 mm, für Schmalspurbahnen zwischen 38 und 50 mm.

Der Steg zeigt bei Schienen für Hauptbahnen Stärken von 11 bis 17 mm, bei Nebenbahnen von 8 bis 11,5 mm. Diese Stärke ist teils auf der ganzen Länge des Steges vorhanden, teils nur in der Mitte; in diesem Falle vergrößert sie sich zum Kopf und zum Fuß hin. Dem Steg wird auf einer Seite das Fabrikzeichen und die Jahreszahl der Lieferung in erhabenen Formen mit eingewalzt.

Die Breite des Fußes der Breitfußschienen schwankt bei den Hauptbahnen von 101 bis 135 mm, bei Nebenbahnen von 90 bis 110 mm. Der Fuß der Stuhlschiene hat eine dem Fahrkopfe ähnliche Form, ist ebenso breit, jedoch durchschnittlich nur ²/₃ so hoch wie der Kopf.

Beim Übergang vom Steg besitzt der Fuß eine ebene Fläche, welche stets die gleiche Neigung hat wie die Fläche an der Unterscheidung des Kopfes. Diese beiden Flächen dienen den Laschen, welche die Schienen untereinander verbinden, als Anlageflächen. Man macht die Laschen möglichst breit, um die Wirkung der Laschen vollkommener zu machen. Zu diesem Zwecke rundet man die Winkel zwischen Kopf sowie zwischen Steg und Fuß nach möglichst kleinen Halbmessern aus oder, wie es bei den Reichseisenbahnen und in Amerika der Fall ist, man verbreitert den Kopf nach unten hin.

Die Höhe der Schienen steigt von 127 mm bei den meisten amerikanischen Bahnen bis auf 147 mm der belgischen Staatsbahnen.

Bei Schienen für Nebenbahnen ist die Höhe 105 bis 129 mm.

[359] Länge und Gewicht der Schienen.

a) Die Länge der Schienen schwankt zwischen 9 und 15 m, geht bei einzelnen Bahnen bis auf 6 m und herauf bis auf 18 m in Tunnels, bei Wegübergängen, kleinen Brücken usw.

In Krümmungen wird der kürzere innere Strang des Gleises mit Hilfe von Ausgleich- und Bogenschienen hergestellt, die um ein bestimmtes Maß gekürzt sind. **Das Gewicht für 1 lfd. m Schiene beträgt 37,8 kg bis 52 kg,** bei Schienen für Nebenbahnen geht es herab bis auf 22,0 kg.

b) In bezug auf richtige Abmessungen in Höhe, Breite und Länge werden die Schienen im Walzwerke geprüft. Schienen, die für gut befunden worden sind, erhalten an einer der Endflächen des Schienenkopfes einen Stempel als Zeichen der erfolgten Abnahme, wogegen den nicht entsprechenden Schienen das Firmenzeichen abgemeißelt wird. Diese sind bei etwaiger nochmaliger Anlieferung zurückzuweisen.

c) Werden Schienen zur Stapelung abgeladen, so sind zwei Schienen schräg an den Wagen zu stellen und auf diesen die übrigen Schienen herabgleiten zu lassen. **Ein Herabwerfen oder Fallenlassen der Schienen darf nicht stattfinden, um Brüche und Verbiegungen zu vermeiden.**

Die Stapelung erfolgt am besten so, daß man die Schienen an zwei Stellen unterstützt, die ungefähr ¹/₄ der Schienenlänge von den Schienenenden entfernt sind, ferner in einzelnen Lagen derart, daß zur Verhütung des Rostes die Luft überall durchstreichen kann.

Schienen von gleicher Länge sind stets zusammenzustapeln. Die Länge wird entweder mit weißer Farbe auf einzelnen Schienen angegeben oder es werden vor jedem Stapel kleine Holztafeln mit entsprechender Aufschrift aufgestellt.

B. Schienenunterlagen.

[360] Hölzerne Querschwellen.

a) Man stellt die Schwellen vorwiegend aus Eichen-, Kiefern-, Tannen-, Lärchen- und Buchenholz her. Das zur Verwendung gelangende Holz muß im Winter gefällt und gut ausgetrocknet sein. Es darf nur gesundes, möglichst ast-. und rissefreies Holz genommen werden.

b) Um die Schwellen vor **Fäulnis** zu schützen, werden sie auf verschiedene Arten mit fäulniswidrigen Stoffen (Quecksilbersublimat, Kupfervitriol, Zinkchlorid, Teeröl usw.) getränkt. Ihre Lebensdauer wächst dabei

bei Eichen- und Lärchenholz von 13 bis 16 Jahren auf 20 Jahre,
bei Kiefern- und Föhrenholz von 7 bis 9 Jahren auf 14 bis 18 Jahre,
bei Buchenholz von 3 bis 4 Jahren auf 10 bis 18 Jahre.

I. Fachhand [61, 62].

Die Schwellen werden durch das Tränken erheblich schwerer.

c) In Deutschland haben die Schwellen vielfach trapezförmigen, meist aber rechtwinkligen Querschnitt, zum Teil mit Abfasung der oberen Kanten; ihre Länge beträgt bei Hauptbahnen **2,7 m,** bei Nebenbahnen 2,5 m, bei Schmalspurbahnen das 1,7 bis 1,8fache der Spurweite. Die Schwellen sind 24 bis 28 cm, die abgefasten oben 16 cm breit und in der Regel 16 cm hoch, bei Schmalspur mindestens 12 cm.

d) Die Schienen stehen auf den Schwellen nicht senkrecht, sondern sind mit 1 : 20 bis 1 : 16 gegen die Senkrechte zur Gleismitte hin geneigt. Früher erreichte man diese Neigung durch entsprechende Kappung der Schwellen. Jetzt verwendet man durchwegs flußeiserne **Unterlagsplatten** mit schräger Oberfläche, durch welche man die vorgeschriebene Schienenneigung erreicht (Abb. 643).

Je nach der Art des Holzes und nach der Lage der Schwelle im Gleis, ob am Stoß oder in der Mitte verwendet man Hakenplatten oder offene Unterlagsplatten, deren Breite von 120 bis 160 mm, ihre Länge von 180 bis 300 mm variiert; ihre kleinste Stärke beträgt 12 bis 18 mm. In gering belasteten Nebenbahnen, bei denen die Schienen

Abb. 643
Unterlagsplatte

Abb. 644
Schwellenschraube

Abb. 645
Hackennägel

senkrecht stehen, liegen auf den Stoßschwellen Hakenplatten mit wagerechten Schienenauflageflächen, auf den Mittelschwellen dagegen gar keine Unterlagsplatten. Zur Befestigung dienen Schwellenschrauben (Holzschrauben (Abb. 644) und Hakennägel (Abb. 645), die aber nur bei den Mittelschwellen oder in Nebengleisen benutzt werden.

Die Befestigung soll eine derartige sein, daß sie auf der Außenseite ein Verschieben der Schiene, auf der Innenseite das Umkanten verhindern soll. Daher werden bei Nebenbahnen die Schienen innen stets mit Schrauben, außen durch Schienennägel befestigt. Gegen das Verschieben wirkt nicht nur die äußere Befestigung, sondern auch bei Unterlagsplatten die innere Schwellenschraube, auch die geneigte Stellung der Schiene.

Bei Schwellen aus weichen Holzarten sowie bei alten, sonst noch gut brauchbaren Schwellen, in denen die Schrauben und Nägel keinen festen Halt mehr finden, werden jetzt vielfach Hartholzdübel von 50 mm äußerem Durchmesser eingeschraubt. Sie nehmen das Befestigungsmittel auf und geben ihnen einen größeren Widerstand gegen Herausreißen und Lockern. Außerdem verhindern sie ein Einfressen der Unterlagsplatten in das weiche Holz der Schwelle. Die Stuhlschienen ruhen in gußeisernen Stühlen, in denen sie an der Außenseite mit Holzkeilen festgehalten werden. Die Stühle selbst sind durch je zwei hölzerne und eiserne Stuhlnägel (England) oder nur durch zwei Schrauben auf den Schwellen befestigt (Frankreich).

[361] Eiserne Querschwellen.

a) Die eisernen Querschwellen, aus Flußeisen hergestellt, haben einen trogförmigen Querschnitt. Sie sind 75 bis 100 mm hoch, haben eine Deckenstärke von 9 bis 13 mm und eine Länge von 2,4 bis 2,7 m. Die obere Kopfflächenbreite ist 120 bis 150 mm. An den Schmalseiten wird der Trog durch Aufbiegen der unaufgeschnittenen Enden im warmen Zustande geschlossen. Dieser Kopfverschluß verhindert das Heraustreten der unterstopften Bettung an den Seiten und ein Verschieben der Schwelle senkrecht zur Achse; dem Verschieben der Schwelle in Richtung der Achse wird durch die Reibung des von den Schwellenwänden allseitig umschlossenen Bettungskörpers auf der übrigen Bettung kräftig entgegengewirkt. Der freie Rand der Seitenwänden ist meist durch einen wulstartigen oder dreieckig nach unten zugespitzten Saum verstärkt gegen die Schläge der Stopfhacke.

Das Gewicht der eisernen Querschwellen beträgt 54,2 bis 75 kg.

b) Die Schienen ruhen auf keilförmigen Unterlagsplatten. Die Befestigung der Unterlagsbackenplatten auf den vorher einheitlich gelochten Schwellen erfolgt am besten durch Hakenschrauben und Klemmplatten.

[362] Langschwellen und Einzelunterstützungen.

Der Oberbau mit Langschwellen ist bei Hauptbahnen nicht mehr in Verwendung.

Ebenso sind Einzelunterstützungen, meist Steinwürfel, nur mehr in Nebengleisen für besondere Zwecke, z. B. bei Lösch- und Reinigungsgruben, in Gebrauch.

[363] Abladen und Stapeln der Schwellen.

Schwellen gleicher Länge sind stets auf den gleichen Stapel zu bringen.

Eiserne Schwellen sind vorsichtig abzuladen, damit sie nicht verbogen oder beschädigt werden; sie müssen auch möglichst luftig gestapelt werden, um Rostbildung zu verhüten.

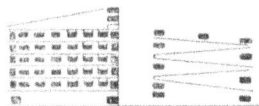

Abb. 646
Schwellenstapel

Hölzerne Schwellen dürfen abgeworfen werden. Sie werden in luftige Stapel von 50 bis 100 Stück gebracht (Abb. 646). Kleineisenzeug ist in trockenen und bedeckten, verschlossenen Räumen aufzubewahren.

[364] Der Schienenstoß.

a) Man unterscheidet je nach der Lagerung der Schiene einen **schwebenden** und **ruhenden** Stoß, nach der Ausführung der Schienenenden einen **stumpfen** und einen **Blattstoß**.

Der ruhende Stoß hat sich gar nicht bewährt und ist nur noch ausnahmsweise bei den Herzstücken und Zungendrehpunkten der Weichen im Gebrauch.

Der **schwebende** Stoß liegt zwischen den Stoßschwellen, die so nahe aneinander gerückt sind, als es die Stoßverbindung und die Möglichkeit eines guten Unterstopfens gestattet. Der Abstand der Stoßschwellen von Mitte zu Mitte ist 420 bis 600 mm.

Im Gleise liegen die Stöße einander rechtwinklig gegenüber. Eine Ausnahme macht nur Amerika, wo das Versetzen der Stöße allgemein üblich ist.

Vorwiegend benutzt wird der **stumpfe** Stoß, bei dem die Schienen glatt und rechtwinklig zu ihrer Längsachse abgeschnitten, stumpf aneinanderstoßen.

Eine durchgehende ebene Laufflächen der Schiene wird durch den Stoß unterbrochen; infolgedessen plattet sich durch das sog. „**Kopfnicken**" die Schienenoberfläche an den Enden ab. Dieses „Kopfnicken" entsteht durch das Niederbiegen der über die Stoßschwellen vorragenden Schienenenden und bringt infolge der Radlast allmählich eine unter flachem Winkel geneigte Fläche an der Schienenoberfläche hervor.

Dieser Querfuge mit ihren Nachteilen suchte man durch die verschiedenartigsten Formen der Stoßverbindung, wie **Stoßbrücken, Stoßfangschienen** usw. entgegenzuwirken. Am meisten im Gebrauch ist der **Blattstoß**, bei dem aus den Schienenenden, die meist einen stärkeren Steg haben, nach bestimmt vorgeschriebenen Abmessungen ein Blatt herausgefräst wird.

b) Die Schienen untereinander werden durch Laschen aus Flußeisen verbunden, die vorwiegend als **Doppelwinkellasche** (Abb. 647) im Gebrauche sind.

Die Laschen werden paarweise zu beiden Seiten der Schienen durch 4, meist 6 Laschenschrauben gegen die Anlageflächen angepreßt, so daß die Schienenenden nach allen Seiten möglichst fest eingespannt sind. Der Steg der

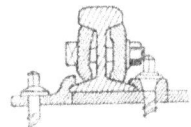

Abb. 647
Doppelwinkellasche

Schiene darf dabei unter keinen Umständen geschwächt werden.

An den Enden der Schiene sind entsprechend der Zahl der Schrauben 2 bis 3 Löcher eingebohrt, deren Durchmesser um ein bestimmtes Maß größer ist als der der Laschenschrauben, damit die Schiene der Wärmeausdehnung folgen kann.

Gegen das Lockern sind Maßnahmen durch das Auflegen von Federringen oder Aufbringen von Bundmuttern getroffen. Um ein Drehen zu verhindern, erhalten entweder die Laschen außen besondere Ansätze, gegen die sich die Schraubenköpfe anlegen, oder der Schaft des Schraubenkopfes erhält einen rechteckigen oder länglich-runden Ausschnitt, dem die Lochung der Lasche sich anpaßt. Die Außenlasche ist somit infolge ihres Ansatzes oder ihrer besonderen Lochung verschieden von der nur mit runden Löchern versehenen Innenlasche. Im übrigen ist der Querschnitt und die Länge bei beiden Laschen gleich.

Die Laschenlänge, die am besten über die beiden Stoßschwellen reichen soll, wechselt von 500 bis 890 mm, ihre Höhe von 86 bis 148 mm.

Vielfach sind noch im Gebrauch die Winkellaschen, die nur auf der Außenseite an zwei Stellen der Schiene angebracht sind und über zwei Schwellen reichen. Sie sollen das „Wandern" der Schienen, d. h. die Vorwärtsbewegung der Schienen auf ihren Unterlagen bei nur in einer Richtung befahrenen Gleisen verhindern.

C. Das Gleis.

[365] Absteckung des Gleises.

a) Im Anschluß an die vorhandenen Sicherungs- und Festpunkte wird die Mittellinie des neuen Gleises vor dem Aufbringen der Bettung nochmals genau abgesteckt und durch Einschlagen von Pfählen festgelegt. Diese Pfähle, am besten aus 10 × 10 cm Eichenholz und 1,1 bis 1,3 m Länge, stehen bei zweigleisigen Bahnen in der Mitte des Planums, bei eingleisigen Bahnen auf einer Seite des Gleises in einem bestimmten Abstande von 1,7 bis 2,0 m und ragen mindestens 10 cm über die künftige Schienenoberkante heraus. Diese Pfähle werden in der Geraden alle 50 bis 100 m, in den Krümmungen alle 10 bis 25 m geschlagen (Abb. 648). Ferner wird jeder Bogenanfang und das Bogenende, mitunter auch die Bogenmitte, bezeichnet. Die Gleismitte wird auf dem Kopf des Pfahles durch einen Nagel oder durch einen Sägeschnitt ersichtlich gemacht, während die Höhe der Schienenoberkante durch wagerechte Schnitte oder durch kleine Brettchen ersichtlich gemacht wird.

Abb. 648
Abstecken des Gleises

b) Bei Ausrundung der Gefällswechsel erfolgt die Berechnung der Tangentenlängen vom Bruchpunkte aus nach folgenden Formeln:

1. Beim Übergange aus der Wagerechten in eine Neigung $1:m$:

$$l = r \cdot \operatorname{tg} \frac{\alpha}{2} \, ; \; \operatorname{tg} \frac{\alpha}{2} \text{ bei sehr kleinem } \alpha \sim \frac{1}{2} \operatorname{tg} \alpha$$

$$\operatorname{tg} \alpha = \frac{1}{m} \quad \boxed{l = \frac{r}{2} \cdot \frac{1}{m}} \quad \text{(Abb. 649).}$$

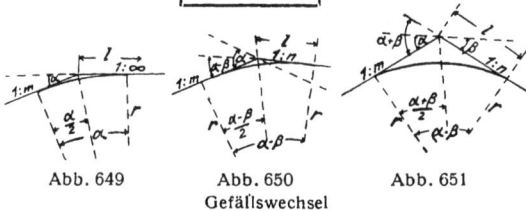

Abb. 649   **Abb. 650**   **Abb. 651**
Gefällswechsel

2. Beim Übergang einer Neigung $\frac{1}{m}$ in eine andere $\frac{1}{n}$ gleichen Sinnes:

$$l = r \cdot \operatorname{tg} \frac{\alpha - \beta}{2} \sim \frac{r}{2} \cdot \operatorname{tg}(\alpha - \beta) \sim \frac{r}{2} \cdot \frac{\operatorname{tg}(\alpha - \beta)}{1 + \operatorname{tg}\alpha \cdot \operatorname{tg}\beta}$$

$$\operatorname{tg}\alpha \operatorname{tg}\beta \sim 0 \quad \boxed{l = \frac{r}{2}\left(\frac{1}{m} - \frac{1}{n}\right) \cdot} \quad \text{(Abb. 650).}$$

3. Beim Übergange einer Neigung $1:m$ in eine andere Neigung $\frac{1}{n}$ in entgegengesetztem Sinne:

$$l = \frac{r}{2}\left(\frac{1}{m} + \frac{1}{n}\right) \text{ (Abb. 651).}$$

Die Ordinaten dieser Ausrundungsbögen setzt man vom Planum aus an der Hand vorher berechneter Tafeln, welche in Taschenbüchern enthalten sind.

c) Der Übergangsbogen hat die Form einer kubischen Parabel; der Krümmungshalbmesser nimmt stetig von ∞ am Bogenanfang bis zum vorgeschriebenen Halbmesser ab. Daraus folgt, daß der Übergangsbogen den Kreisbogen von außen berührt und daß Gerade und Kreisbogen um ein bestimmtes Maß m verschoben sind. Die Verschiebung des Kreisbogens findet entweder nach innen, zum Mittelpunkt hin statt oder es erfolgt am besten eine Verschiebung der verschiedenen Geraden. Die Absteckung des Übergangsbogens erfolgt nach Abb. 652. Der Übergangsbogen liegt zur Hälfte vor, zur Hälfte hinter dem ursprünglichen Bogenanfangspunkt C. Von A

dem Anfangspunkt des Übergangsbogens an gerechnet hat Punkt D, die Mitte des Bogens, die Abszisse $\frac{l}{2}$ und die Ordinate $\frac{m}{2}$, Punkt B, das Ende des Bogens und Übergang in die vorgeschriebene Krümmung, die Abszisse l und die Ordinate $k = 4 \, m$. Die Werte

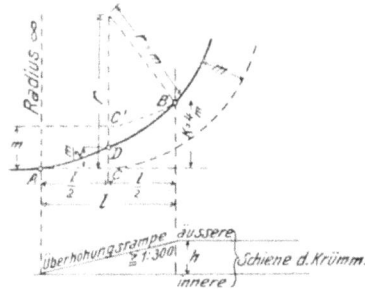

Abb. 652
Übergangsbogen

für l, m, k sind vorher berechneten Tafeln zu entnehmen. Die Absteckung des Kreisbogens erfolgt dann entweder von C' aus mit Hilfe von Polarkoordinaten oder von C mit rechtwinkligen Koordinaten von der Tangente aus, wobei zu allen Koordinaten die Größe m zuzuschlagen ist. [314]

d) In Abb. 652 läßt man die Überhöhungsrampe mit dem Übergangsbogen zusammenfallen, so daß am Beginne des wirklichen Kreisbogens die volle Überhöhung erreicht ist. Als Höchstmaß sind erfahrungsgemäß für Hauptbahnen $h = 125 - 150$ mm, für Nebenbahnen $160 - 170$ mm anzuwenden. Die Überhöhung der äußeren Schiene wird erreicht entweder durch einseitige Abdachung des Planums bei der Ausführung der Erdarbeiten oder durch Heben der äußeren Schiene um den vollen Betrag h beim Unterstopfen der Bettung. Keinesfalls ist der innere Strang zu senken, außer bei Wegübergängen in Krümmungen bei zweigleisigen Bahnen, wo die beiden inneren gleich hoch gelegt, der äußere Strang gehoben und der innere gesenkt wird.

[366] Herstellung des Gleises.

a) Vor dem Aufbringen der Bettung wird die Bahnkrone ordnungsgemäß instand gesetzt, etwa fehlendes Seitengefälle wieder hergestellt; in nasse Stellen werden zur Entwässerung Rigolen (kleine Rinnen) eingelegt, vorhandenes Unkraut wird mit seinen Wurzeln auf das sauberste entfernt, denn ein Durchwachsen der Bettung verringert beträchtlich ihre Wasserdurchlässigkeit.

Bei Befestigung der Schienen durch Schwellenschrauben werden die Schwellen am besten vor dem Einbringen gebohrt. Um eine richtige Spurweite zu erzielen, wird nach einem Stück Probegleis eine Lehre für das Bohren der Schwellen genau eingestellt und damit die Lochmitten auf den Schwellen vorgekörnt. Die Löcher, in Eichen- und Buchenschwellen um 1 mm größer, in Kieferschwellen um 1 mm kleiner als der Kerndurchmesser der Schwellenschrauben, werden durch die Schwellen ganz hindurchgebohrt, am besten mittels Bohrmaschinen, und unten leicht verpflöckt. Die Schwellenschrauben werden vor dem Einschrauben in Teer getaucht, nachdem die Löcher selbst etwas mit Teer angefüllt sind.

b) Die Arbeiten gehen dann in folgender Reihenfolge vor sich:

1. Auslegen der Schwellen nach einem mit Schwellenteilung versehenen Bandmaß und Ausrichten in bezug auf die Gleismitte.

2. Verlegen der Hakenplatten auf den Schwellen, Festschrauben durch die äußeren, den Schienenfuß nicht fassenden Schwellenschrauben.

3. Aufbringen der Schienen, an denen schon die Stemmlaschen befestigt und die Schwellenteilung durch Kreidestriche bezeichnet sind. Um die Schienen leicht an die vorhergehenden heranschieben und um die Schwellen unter den Schienen leicht verrücken zu können, werden die Schienen auf Holzklötze gelegt, die höher als die Schwellen sind.

4. Verlaschen der Schienen an den vorhergehenden fertigen Stoß durch zwei, vier oder sechs Laschenschrauben unter Auflegen des sog. Stoßlückeneisens.

An den Stößen müssen wegen der Ausdehnung der Schienen durch die Wärme Zwischenräume belassen werden, und zwar muß der Zwischenraum um so größer gemacht werden, je geringer die Luftwärme beim Lagern des Gleises ist. Zur Herstellung dieser Zwischenräume werden vor dem Festschrauben der Laschen die erwähnten Stoßlückeneisen in den Stoß eingeschoben. Diese Eisen, die seitlich einzuschieben und nicht auf den Kopf der Schiene zu legen sind, bleiben nur solange stecken, bis das Gleis auf etwa 100 m verlegt ist, müssen aber im Sommer vor Eintritt der Mittagshitze entfernt werden, um die Ausdehnung nicht zu hindern.

Tabelle 13. Wärmespielräume.

Luftwärme	Wärmespielräume in mm für Schienenlängen von		
C	15 m	12 m	9 m
+ 30⁰	5	4	3
+ 15⁰	7,5	6	5
0⁰	10	8	7
— 15⁰	12,5	10	9
— 30⁰	15	12	10

5. Befestigen der Schwellen an den Schienen durch Verschrauben und Nageln des einen unter Innehaltung der Spur des anderen Stranges.

Beim Nageln ist zu achten, daß die Schwelle durch Wuchtebäume fest gegen die Schiene gedrückt ist. In der Nähe der Nagelstelle liegt ein schweres, eisernes unnachgiebiges Spurmaß mit doppelten Nasen auf den Schienen. Die Nägel sind lotrecht und nicht schräge nach innen mit gegeneinander gerichteten Spitzen mit geraden Schlägen einzutreiben. Die letzten Schläge sind leichter auszuführen, um den Schienenfuß nicht zu beschädigen.

In Kiefern- und Tannenschwellen ist die Spur etwas weiter zu nehmen, da sie sich stets enger fährt. Man gibt den Schienen ohne Unterlagsplatten 8 mm, mit Unterlagsplatten 2 bis 4 mm Spurerweiterung.

Es empfiehlt sich, vor dem Nageln die Schwellen mit Löchern von etwa ⁴/₅ der Nageldicke vorzubohren.

6. Genaues Einrichten des Gleises in Höhe und Lage zur Gleismitte und Unterstopfen der Schwellen, zuerst die Stoß- und dann die Mittelschwellen.

Durch das Unterstopfen soll den Schwellen eine feste, gleichmäßige Unterlage aus einem dicht zusammengepreßten Schotter-, Kies- und Sandkörper geschaffen werden. Da davon die gute Lage des Gleises abhängt, so ist auf eine sorgfältige Ausführung der Stopfarbeit der größte Wert zu legen.

Die Schwelle darf nicht sofort in ihrer ganzen Breite unterfüllt werden, sondern es muß zuerst, mit der Stopfhacke möglichst weit untergreifend, der mittlere Teil auf die ganze Schwellenlänge festgestopft werden. Von da aus wird durch stetes Nachfüllen allmählich bis zu den Kanten vorgegangen.

An einer Schwelle sollen vier Mann arbeiten, je zwei gegeneinander an den gegenüberliegenden Längsseiten mit möglichst gleicher Kraft, um ein Ausweichen des Bettungsmateriales zu verhindern. Die Schwellenköpfe sind zuerst zu unterstopfen.

Die richtige Lage und Höhe muß während des Stopfens mehrfach nachgeprüft werden, um vor allem ein Zuhochstopfen zu vermeiden, ein Fehler, dessen Beseitigung zeitraubend und kostspielig ist.

7. Vervollständigung der Schienenlaschung; Nachstopfen und Verfüllen des Gleises.

Sowie das Gleis seine endgültige Richtung und Höhe besitzt, werden die Stoßbleche entfernt, die fehlenden Laschenschrauben und alle noch losen Bolzen und Muttern fest angezogen. Das Gleis darf dann mit dem Arbeitszug befahren werden. Wenn dieser Betrieb längere Zeit darüber gegangen und das Gleis inzwischen noch drei- bis viermal durchgestopft ist, darf mit der Verfüllung bis nahe an Schienenoberkante begonnen werden.

[367] Biegen der Schienen.

In allen Krümmungen und Halbmessern unter 100 m sind die Schienen vor dem Verlegen zu biegen. Dieses Biegen darf nicht an der Verwendungsstelle, sondern nur auf den Lagerplätzen mittels besonderer Biegemaschinen vorgenommen werden. Die Berechnung der Durchbiegung erfolgt nach der Formel $h = 125 \cdot \dfrac{l^2}{r}$, wo r der Halbmesser, l die Schienenlänge in m und h die Durchbiegung in mm bedeutet.

Da die Schienen beim Lösen der Biegemaschine einen Teil der Durchbiegung durch die Federkraft verlieren, so muß ein auf Erfahrung beruhendes Übermaß gegeben werden. **Das Biegen der Schiene durch Werfen oder Fallenlassen ist strenge zu verbieten,** das Biegen durch Wippen, nachdem die Schienenenden auf zwei Klötze gelegt sind, nur im Notfalle gestattet.

In Krümmungen von größerem Halbmesser als 1000 m werden die Schienen gerade gelegt und dann das ganze Gleis der Krümmung entsprechend gebogen.

[368] Gleisverbindungen und Gleiskreuzungen (Weichen).

a) Die **Weichen** verbinden zwei Gleise derart miteinander, daß Fahrzeuge einzeln oder in geschlossenen Zügen aus einem Gleis in das andere ohne Fahrtunterbrechung, ohne Drehung und seitliche Verschiebung gelangen können.

Die übliche, in Gleisen für durchgehende Züge zulässige Form der Weichen sind **die Weichen mit beweglichen, unterschlagenden oder scharf anschließenden Zungen.**

In nebensächlichen Anlagen wendet man noch die Schleppweichen und die Kletterweichen an.

b) Bei den **Zungenweichen** unterscheidet man folgende Hauptbestandteile:

1. Die **Zungenvorrichtung.** Sie besteht aus den **Backenschienen** und den beiden **Weichenzungen,** einer gekrümmten für das abweichende und einer geraden für das gerade Gleis, die an den Zungenspitzen so behobelt sind, daß sie sich scharf an den Kopf der unterschnittenen Backenschiene legt, trotzdem aber noch widerstandsfähig genug bleibt, die auftretenden seitlichen Stöße auszuhalten.

Der Querschnitt der Weichenzunge ist ein I-förmiger, wie in Baden und Österreich, oder der einer Breitfußschiene mit geringer Höhe und verstärktem Kopf wie in Bayern oder der einer gewöhnlichen Schiene, wie in England, Frankreich und Amerika.

Die Weichenzunge liegt auf Gleitstühlen, die auf durchgehenden Weichenplatten befestigt sind.

Die Zungenwurzel ruht in dem Zungendrehpunkt, der die Zungen gegen Gleiten nach vorwärts zur Spitze hin, gegen Verschieben nach der Seite hin und gegen Abheben nach oben sichern muß, ohne die nötige Beweglichkeit zu beeinträchtigen; es wird das durch Laschen- oder Drehzapfen erreicht.

Die Länge der Zungen schwankt von 4,7 bis 6,1 m. 0,4 bis 0,5 m von der Spitze sind die Zungen durch eine Stange verbunden. Der Zungenausschlag beträgt ≈ 140 mm.

2. Das **Herzstück**; es liegt an der Durchkreuzungsstelle zwischen einer gekrümmten Schiene des ablenkenden und einer geraden Schiene des anderen Gleises.

Man verwendet hierzu **Blockherzstücke,** deren einzelne Teile, die Herzstückspitze, die Flügelschienen und die dazwischenliegenden Fahrrinnen, aus einem einzigen Flußstahl-Gußkörper hergestellt sind, oder neuerdings nach dem Beispiele von England und Amerika **Schienenherzstücke,** bei denen nur die Herzstückspitze selbst aus einem Gußkörper besteht, mit dem die beiden Flügelschienen durch Bolzen verbunden sind.

Bei den von Amerika eingeführten **Federherzstücken** wird die seitlich verschiebbare Flügelschiene des geraden Stranges durch eine Feder gegen die Herzstückspitze gepreßt, wodurch der Nachteil der gewöhnlichen Herzstücke, daß die Fahrzeuge zwischen Flügelschiene und Herzstückspitze ohne Führung sind, zum größten Teile beseitigt ist.

Zum Ausgleich der Längen mit den gegenüberliegenden Backenschienen schließt sich an das Herzstück noch die sogenannte Paßschiene an.

3. Die Radlenker- oder Zwangsschienen dienen zur sicheren Führung des einen Rades, während das andere über das Herzstück rollend ohne Führung bleibt.

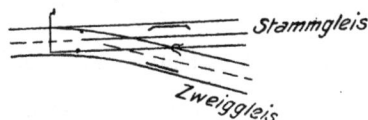

Abb. 653
Normalweiche

b) Bei Zungenweichen unterscheidet man:

1. Die **einfache Weiche,** die entweder eine **Normalweiche** ist, wenn der eine Gleisstrang zwischen der Ausweichvorrichtung undder Kreuzung geradlinig verläuft (Abb. 653), oder eine **Kurvenweiche,** wenn beide Gleise in Krümmung ligen.

2. Die **Doppelweiche** (Abb. 654) kann symmetrisch oder unsymmetrisch angeordnet werden, d. h.

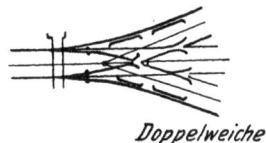

Doppelweiche
Abb. 654

man kommt nur in einer Fahrtrichtung aus dem einen Gleis in das kreuzende oder man kommt in jeder Fahrtrichtung aus dem einen Gleis in das kreuzende Gleis **(Englische Weiche).**

Auf den Bauplänen werden Weichen nur mit ihrer mathematischen Mittellinie angegeben (Abb. 655).

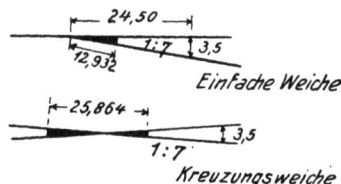

Abb. 655

c) Je nachdem es sich um den Einbau von Weichen in neuzuverlegende oder in bestehende Gleise handelt, wird die Absteckung auf dem Bauplatz selbst oder außerhalb in seiner Nähe auf einem geeigneten Gelände vorgenommen. Auf Grund der oben gegebenen Linienbilder genügt die genaue Festlegung des Weichenmittelpunktes und der von ihm ausgehenden Mittellinie unter der für die betreffenden Gleise vorgeschriebenen Neigung.

In den Weichen ist eine Spurerweiterung bis zu 30 mm gestattet.

Die Schienen werden lotrecht, also ohne die übliche Querneigung gestellt, ebenso fällt die Überhöhung in den Weichenkrümmungen fort.

Die Weichen und Kreuzungen werden auf Querschwellen angeordnet.

Vom Mittelpunkte ausgehend werden die Querschwellen den genauen Weichenbauplänen entsprechend verteilt. Man beginnt mit der Festlegung der Zungenvorrichtung und den äußeren Schienen des geraden Stranges, bringt dann den anderen Teil der Zungenvorrichtung und das Herzstück auf, baut, von dem geraden Strange aus messend, die äußere Schiene des abzweigenden Gleises und schließlich von diesem ausgehend die innere Schiene.

Die Verlegung der Weichen erfolgt am besten und genauesten durch Einbauen der Geraden längs einer straffgespannten Schnur.

Sollte die Herstellung von Anschlüssen an Weichen ein Kürzen der Schienen bedingen, so darf dieses nur mit der Kaltsäge ,niemals aber mit Meißeln und Fallenlassen des angemeißelten Stückes auf eine Schwelle geschehen.

Nach Beendigung der Gleisarbeiten werden die zur Weiche gehörenden Laternen und Signale, in den vorgeschriebenen Stellungen die Umlenkvorrichtungen und Spitzenverschlüsse eingebaut.

Für das Unterstopfen der Weichen wird das beste Bettungsmaterial, besonders scharfkantiger harter Schotter genommen. Das Planum der Weiche muß gut entwässert sein, schlechter Untergrund ausgekoffert und mit Sand oder Packlage verfüllt werden.

d) Bei der **Abnahme** einer Weiche erstreckt sich die Prüfung vornehmlich auf die Zungenspitze, den Zungendrehpunkt, das Herzstück und die Krümmungsmitte. Sie müssen allen Anforderungen für gutes, dichtes Anliegen an die Backenschienen, die nötige Festigkeit gegen Verschieben und Abheben, für leichte Beweglichkeit, richtige Spurrillentiefe usw. genügen. Bei den Weichenlaternen ist auf die Entfernung von Gleismitte, auf die Höhe zum Normalprofile, auf feste Verbindung mit den Umstellvorrichtungen und auf deren vorgeschriebene Stellung bei den einzelnen Lagen der Weichen, bei den Spitzenverschlüssen auf richtiges Arbeiten und sicheren festen Verschluß zu achten.

Ferner ist zu prüfen, ob sich die Weiche ohne Entgleisung des Fahrzeuges und obere Zerstörung der beweglichen Teile aufschneiden läßt, wenn sie von rückwärts her bei nicht dieser Fahrtrichtung entsprechender Weichenstellung durchfahren wird. Nach dem Aufschneiden muß die durch die Radflansche umgelegte Zunge sich dicht an ihre Backenschiene anlegen, müssen die umgelegten Spitzenverschlüsse dicht schließen und die mit der Weiche verbundenen Laternen und Signale wieder diejenige Stellung eingenommen haben, die der neuen Lage entspricht.

Die **Schleppweichen** bilden die erste Form der Weichen. **Sie sind in Hauptgleisen nicht zulässig, werden aber mit Vorteil in Arbeits- und Feldbahngleisen verwendet.** Der Zungendrehpunkt liegt am Weichenanfang, an Stelle des Herzstückes ist eine um ihre Mitte bewegliche Schiene vorhanden (Abb. 656).

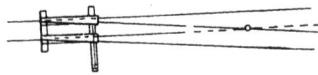

Abb. 656
Schleppweichen

e) Die **Kletterweichen** unterbrechen die Hauptgleise nicht und **können daher auf freier Strecke verwendet werden.** Die eine Zunge legt sich, wie bei den anderen Weichen, auf Gleitstühlen gleitend an die Backenschiene von innen an, die andere Zunge wird um eine wagerechte Achse seitlich auf die andere Backenschiene von außen herumgeklappt. Beide Zungen steigen allmählich um die Höhe des Radflansches über die Schienenoberkante des geraden Gleises, so daß das Rad über dessen Fahrschiene herunterklettern kann.

f) **Gleiskreuzungen** entstehen, wenn zwei in einer Ebene liegende Gleise sich durchschneiden, und finden nur in beiderseits geraden Strecken statt. Man unterscheidet rechtwinklige und schiefwinklige Kreuzungen. Erstere haben vier gleiche Kreuzstücke, letztere zwei spitzwinklige — einfache Herzstücke — und zwei stumpfwinklige Kreuzungen — Doppelherzstücke.

Liegt die rechtwinklige Kreuzung im Schnittpunkte eines Nebengleises mit einem Hauptgleise, so werden dessen Schienen ohne Unterbrechung durchgeführt. Wie die Weichen, ruhen die Kreuzungen auf Querschwellen.

[369] Drehscheiben und Schiebebühnen.

Drehscheiben und Schiebebühnen ermöglichen mit Hilfe mechanischer Vorrichtung die Verbindung strahlenförmig zusammen- oder parallel laufender Gleise und gestatten nur den Übergang einzelner Fahrzeuge von einem Gleis auf das andere. Bei der Bauausführung ist auf eine starke Untermauerung zu achten, die in den gewachsenen Boden reichen und mit Zement hergestellt sein muß; für die genaue Höhenlage der einzelnen Bauteile ist Sorge zu tragen. Ebenso für eine gute sichere Entwässerung. Das Einmauern der Feststellvorrichtungen, Verlegen der Fahrschienen usw. übernehmen die mit der Ausführung der Drehscheibe oder Schiebebühne beauftragten Firmen.

[370] Unterhaltungsarbeiten und Nebenanlagen.

a) Die Beschädigungen am Gleise kommen am häufigsten bei eintretendem Tauwetter vor. Bei der Ausbesserung muß der unter den Schwellen entstandene Schlamm ausgegraben und weit fortgeworfen werden, damit er nach dem Austrocknen nicht etwa wieder unterstopft wird. Gutes Stopfmaterial muß vorrätig sein.

Im Herbst ist das Gleis genau durchzusehen und für den Winter vorzurichten. Bei dem Richten und Stopfen des Gleises hebt man die Bettung bis zur Schwellenunterkante aus, setzt Höhenpfähle und untersucht, ob das Gleis nach Richtung und Höhenlage gut liegt, ob die Schwellen nicht angefault sind und für die Befestigungsmittel noch sicheren Halt bieten, ob diese in gutem Zustande sind, ferner, ob die Schienen auf den Unterlagsplatten und diese auf den Schwellen fest aufliegen, ob die Schwelleneinteilung noch richtig ist und die Schienen nicht gewandert sind. Alsdann wird die Spur genau hergestellt, das Gleis angehoben, gestopft und schließlich wieder verfüllt. Auch einzelne Stellen im Gleise werden in gleicher Weise ausgebessert.

b) Soll eine einzelne Schiene ausgewechselt werden, so ist zunächst eine passende zur Stelle zu schaffen. Um die Länge der neu einzulegenden Schiene passend zu hauen, untersuche man, und zwar bevor die Laschen der auszuwechselnden Schiene gelöst werden, ob beiderseits die richtigen Zwischenräume vorhanden sind. Die neu einzulegende Schiene muß hinsichtlich der Höhe zu den benachbarten passen. Sind jene bereits abgefahren, so darf keine neue Schiene zwischengelegt werden, sondern nur eine alte, die auch entsprechend abgenutzt ist.

Bei **Schienenbrüchen** kann man notdürftig Abhilfe schaffen, wenn man ein kurzes Schwellenstück unter die Bruchstelle legt und jedes Ende durch zwei Nägel befestigt. Statt dessen ist auch ein Schienenbruchverband anwendbar, wobei die Bruchstelle mit Laschen umfaßt wird.

Zur Prüfung der Strecke ist eine häufige Bereisung auf der Maschine zweckmäßig, da man hierbei die Unregelmäßigkeiten im Gleise leicht herausfinden kann.

c) Im Winter bereiten die **Schneeverwehungen** große Arbeiten und Unbequemlichkeiten. **Am meisten der Gefahr, verweht zu werden, sind niedrige Einschnitte, die nicht so tief sind, daß sich genügend Schnee zwischen Gleis und Böschungskante ablagern kann, ferner Gleisstrecken, die mit dem anstoßenden Gelände in gleicher Höhe und nur wenig tiefer liegen, schließlich hohe Dammkronen und Durchschnitte.**

In **Wäldern** können keine Schneeverwehungen, sondern nur Schneeanhäufungen eintreten.

Um dem Entstehen von Schneeverwehungen nach Möglichkeit vorzubeugen, bringt man Schutzanlagen an, und zwar jetzt meist solche, die den Schnee vor dem Gleise zur Ablagerung bringen, während Vorrichtungen, die den Schnee über das Gleis hinwegführen, sich im allgemeinen nicht bewährt haben. Zu den erstgenannten Schutzmitteln sind zu zählen Waldschutzstreifen, Zäune, Mauern, Hecken und Verbreiterung der Einschnitte unter gleichzeitiger Anlage von Erdwällen.

Waldschutzstreifen müssen vor allem unten dicht gehalten werden, erfordern eine ziemliche Breite und verursachen nicht unbedeutende Grunderwerbskosten.

Schneezäune, Mauern und **Hecken** sind sehr geeignet bei genügender Höhe und Entfernung vom Gleise. In den niedrigeren Teilen der Einschnitte rückt man diese Schutzmittel am besten um das Achtfache ihrer Höhe von den Schienen ab. An dem Anfang und das Ende der Einschnitte führt man den Zaun halbkreisförmig an den anstoßenden Auftrag heran.

Die **Zäune** bestehen aus alten Schwellen, die wagerecht zwischen senkrechten ebenfalls aus alten Schwellen gebildeten Pfosten liegen oder aus Brettertafeln an Ständern aus Schwellen angeschlagen oder dazwischen geschoben oder aus dichten Geflechten aus Kokos, Binsen, Birkenreisig, die an senkrecht eingegrabenen Schwellen, alten Schienenstücken, Siederöhren usw. befestigt sind.

Die Bereitstellung von Schneeschaufeln, Schneepflügen und sonstigen Gerätschaften ist vorzusorgen; auch sind die Wärter und Vorarbeiter im voraus anzuweisen, wie sie sich bei Eintritt des Schneetreibens zu verhalten haben. Die verwehte Bahn darf nicht etwa nur notdürftig freigemacht werden, noch weniger darf man rechts und links Schneehaufen aufwerfen, weil dadurch das Übel beim nächsten Schneesturm noch größer würde. Im Gegenteile muß man den Schnee so beseitigen, daß die Schienen wieder eine ganz freie Lage erhalten; es ist daher nicht selten notwendig, die Schneemassen mit Arbeitszügen aus den Einschnitten herauszufahren und auf die Böschungen der benachbarten Dämme abzuwerfen.

d) An **Nebenanlagen** auf den Stationen kommen vor die verschiedenen Gruben, die gehörig entwässert werden müssen, ferner die Prellstöcke an den Enden toter Gleise, die Lastkrahne, Lademaße und Ladelehren sowie die Vieh- und Laderampen, bei welchen auf die Freihaltung des lichten Raumes besonders geachtet werden muß, sowie beim Aufstellen von Glockenbuden und Telegraphenstangen.

Unter den Nebenanlagen auf der freien Strecke sind besonders die **Wegübergänge** zu nennen. Diese werden durch Chaussierung befestigt, wobei die erforderlichen Spurkranzrinnen von den Eisenbahnfahrzeugen sich selbst einfahren. Im Zuge der Bahngräben sind Durchlässe zur Wasserabfuhr notwendig. Zum Abschluß dienen Schranken verschiedener Art, bei welchen in 10 bis 20 m Abstand Halte- und Warnungstafeln aufgestellt werden. Außerdem kommen auf der freien Strecke noch Stationssteine, Neigungsanzeiger und Krümmungstafeln sowie Einfriedigungen vor.

e) Zur Verhütung von **Waldbränden** wurden früher **Schutzgräben mit Aufwurf** etwa 40 m von der Bahn entfernt gezogen und zwischen dem Feuerbezirk durch Quergräben in kleinere Flächen von 50 bis 100 m Länge zerlegt.

Neuerdings kommen Schutzanlagen vor, bei welchen neben der Bahn ein **Wundstreifen** von 1 m Breite läuft, dem ein 12 bis 15 m breiter mit Holz (Kiefern und Fichten) bestandener Streifen folgt. Zwischen diesem Schutzstreifen und dem hinter ihm liegenden zu schützenden Forst ist noch ein Wundstreifen von 1,5 m Breite herzustellen, **der dauernd und vollständig von allen brennbaren Stoffen frei zu halten ist.**

Anhang.

Grundsätze bei den wirtschaftlichen Vorarbeiten, Aufstellung von Entwürfen und der Bauausführung für größere Bauanlagen.

A. Wirtschaftliche Vorarbeiten.

[371] Wirtschaftlichkeit einer Anlage.

Bei größeren Bauanlagen sind mit den technischen auch die wirtschaftlichen Vorarbeiten eng verbunden. Wenn bei ihrer Aufstellung auch häufig die Mit-

wirkung anderer Kreise, wie Verwaltungsbehörden, Verkehrsanstalten, Handelskammern usw., nicht entbehrt werden kann, ist doch in den meisten Fällen der Ingenieur zu ihrer Anfertigung berufen, weil er die Folgen der Entwürfe am besten übersehen kann.

Hauptzweck der wirtschaftlichen Vorarbeiten ist die Feststellung des Verhältnisses zwischen den für den Bau aufzuwendenden Mitteln und den zu erwartenden Vorteilen, mögen sie nun unmittelbar in Geldbeträgen nachgewiesen werden können oder nur mittelbar in einer Erhöhung des Volkswohlstandes der betreffenden Landesteile gefunden werden.

Daher bildet die wichtigste Grundlage aller dieser Ermittlungen die als Abschluß der technischen Vorarbeiten zu betrachtende **Kostenberechnung**, wobei unter verschiedenen Lösungen der gestellten Frage die bauwürdigste herauszufinden ist.

Außer den erstmaligen Anlagekosten sind die Kostenberechnungen auch auf die zur dauernden Unterhaltung oder Instandhaltung sowie auf die zur rechtzeitigen Erneuerung der technischen Anlagen nach Ablauf ihrer Lebensdauer erforderlichen Kapitalien auszudehnen, die meist als Prozentsätze der Anlagekosten ermittelt werden. Sodann sind die für das Personal, für den Betrieb der Maschinen erforderlichen Ausgaben zu berechnen und endlich die je nach den Umständen für die Verzinsung und Tilgung der Anlagekosten benötigten Beträge festzustellen.

Aus der Summe der jährlich für die Unterhaltung und für die Rücklagen zur Erneuerung der Bauten, für den Betrieb, für die Verzinsung und Tilgung anzuwendenden Mittel ergeben sich die jährlichen Gesamtausgaben; werden diesen den zu erwartenden Einnahmen gegenübergestellt, so läßt sich hieraus die Wirtschaftlichkeit des Unternehmens beurteilen.

[372] Kostenvergleiche.

Bei der Aufstellung von Kostenvergleichen zwischen verschiedenen Lösungen derselben Aufgabe genügt es nicht, die Endsummen der Kostenüberschläge für den Neubau gegenüberzustellen, vielmehr müssen die je nach gewählten Baustoffen verschieden hohen Unterhaltungskosten sowie auch die verschiedene Lebensdauer der einzelnen Bauwerke mit in Betracht gezogen werden.

Wird in dieser Weise für jeden der aufgestellten Entwürfe die Baulast ermittelt, so ergeben sich daraus die zutreffenden Unterlagen zur Erkennung der wirtschaftlich günstigsten Lösung.

Ähnlich geht man auch vor, wenn es sich darum handelt, beim Übergang eines Bauwerkes aus einer Verwaltung in die andere die entfallende Ablösungssumme zu berechnen.

B. Die Aufstellung von Entwürfen.

[373] Allgemeines.

a) Je nach dem Zwecke und dem Grade der Durcharbeitung unterscheidet man allgemeine Entwürfe mit Kostenüberschlägen und ausführliche Entwürfe mit Kostenvoranschlägen.

b) Die zu einem Entwurfe gehörigen **Pläne** und **Zeichnungen** müssen in einem solchen Umfange hergestellt werden, daß alle für die Bauausführung in Betracht kommenden Verhältnisse klargestellt werden.

Über die Ausführung der Lagepläne Höhenpläne und Querschnitte ist bereits im I. Fachbande [507 und 508] alles Beachtenswerte gesagt worden. Wünschenswert ist, daß die Größe der Zeichnungen so bemessen wird, daß sie auf die Größe des amtlichen Schreibpapieres 33 × 24 zusammengefaltet werden können.

c) Der **Erläuterungsbericht** hat unter Hinweis auf die Zeichnungen alle Verhältnisse der Bauanlage, kurz, aber erschöpfend zu beleuchten.

Bei den Festigkeitsberechnungen, die in allen Fällen notwendig werden, wo die Abmessungen nicht auf Grund von Erfahrungssätzen bestimmt werden können, muß auf eine klare leicht verständliche Darstellung Wert gelegt werden.

d) Die **Kostenanschläge** sollen eine möglichst zutreffende Ermittlung der zu erwartenden Kosten geben. Sie setzen sich aus der Massenberechnung und der Kostenberechnung zusammen. Kommen **Werksteine** in größerer Zahl im Mauerwerk vor, so wird für jeden Stein der Inhalt des umschriebenen Raumrechteckes ermittelt, während der wirkliche Inhalt der Werksteine beim Mauerwerk in Abzug zu bringen ist.

Bei umfangreichen **Erdarbeiten** erfolgt die Ermittlung der zu bewegenden Bodenmassen aus den Querschnitten, indem der körperliche Inhalt zwischen zwei Querschnitten durch Multiplikation der halben Summe der Querschnitte mit ihrer Entfernung bestimmt wird. Im Anschlusse daran ist ein Massenverteilungsplan aufzustellen, aus dem die Verwendung der gewonnenen Erdmassen und die Förderweiten hervorgehen. Für Kostenüberschläge ist es zweckmäßig, die Massenverteilung auf zeichnerischem Wege vorzunehmen, da hierdurch das den Ausgangspunkt für die Massenverteilung bildende Flächenprofil unmittelbar erhalten und durch den Fortfall der Berechnung der einzelnen Querschnitte viel Zeit und Arbeit erspart wird. Sobald jedoch für genaue Kostenanschläge eine Trennung der verschiedenen Bodenarten notwendig ist, muß unbedingt das rechnerische Verfahren angewendet werden.

Bauholz muß für jede Holzart gesondert nach cm³, cm² oder m veranschlagt werden, während Bauteile aus **Metall** in der Regel nach Gewicht, mitunter auch nach **Stückzahl** berechnet werden. Aus diesen Massenberechnungen, in welchen die einzelnen Posten fortlaufend numeriert und gattungsweise nach Titeln geordnet sind, muß dann die Kostenberechnung unter Benutzung der Einheitspreise aufgestellt werden.

C. Bauausführung.

[374] Bauerlaubnis.

Nach Beendigung der Entwurfsbearbeitung sind die zur Erlangung der Bauerlaubnis nötigen Schritte zu unternehmen. Hierbei handelt es sich darum, die nötigen Mittel und die Genehmigung der Behörden zu der geplanten Bauausführung zu erlangen, die für die Beachtung der gesetzlichen Vorschriften Sorge zu tragen haben.

[375] Eigenbetrieb (Regie) und Vergebung an Unternehmer.

Die Ausführung der Bauarbeiten kann im **Eigenbetriebe (Regie)** oder durch Vergebung an **Unternehmer** erfolgen. Bei dem Eigenbetriebe können die Arbeiter im Tagelohn oder im Stücklohn, d. h. im Akkord, beschäftigt werden, wobei im letzteren Falle die Arbeiten auch an Einzelpersonen und an Arbeitsgesellschaften unter Führung eines Vormannes verteilt werden können.

Die Vergebung der Arbeiten an Unternehmer empfiehlt sich für solche Bauausführungen, die besonders kostspielige, nicht häufig gebrauchte Geräte erfordern oder ein für selten vorkommende Arbeiten besonders geschultes Personal bedingen. Hierbei unterscheidet man, ob die Bauanlage im ganzen in **Generalentreprise** oder in einzelnen Teilen vergeben wird, was meist vorgezogen wird.

Die **Vergebung** kann eine **freihändige** sein unter Ausschluß jeder Ausschreibung oder eine solche auf **Grund engerer oder öffentlicher Ausschreibung.** Für jede dieser Vergebungsarten bestehen eigene Vorschriften, zu deren Handhabung bestimmte Behörden verpflichtet sind.

Meist wird über größere Arbeiten ein förmlicher Vertrag abgeschlossen, dem besondere Verdingungsanschläge zugrunde gelegt sind.

Bei der Abfassung der **Verträge** unterscheidet man die **allgemeinen Vertragsbedingungen,** die bei allen Bauausführungen in Frage kommen und den Verträgen in der Regel gedruckt beigeheftet werden, und die **besonderen Bedingungen** für den Einzelfall, die eine klare und vollständige Übersicht über das zu Leistende, und zwar insbesondere über den Gegenstand der Verdingung, die Vollendungsfrist und die Höhe der Vergütung enthalten.

[376] Bauführung und Bauaufsicht.

Je nach dem Umfange der Bauarbeiten sind die Aufgaben der Bauführung und Bauaufsicht von einem Bauführenden allein oder von demselben unter Verwendung eines entsprechenden Hilfspersonales zu erfüllen.

Sie beginnt in der Regel mit der Beschaffung der erforderlichen Unterkunftsräume sowie der Anwerbung und Verpflichtung des Hilfspersonales.

Vor Beginn der Bauarbeiten ist zu entscheiden, ob die Ausführungen durch Unternehmer oder im Eigenbetriebe erfolgen soll.

Im Baubureau findet der mit den vorgesetzten Behörden, Unternehmern und Lieferanten erforderliche Schriftenwechsel seine Erledigung. Alle wichtigen Vorgänge bei dem Bau sind in einem Tagebuche zu verzeichnen, in welchem auch noch die Witterung, die Menge der angelieferten Baustoffe, die Zahl der Tagewerke für jede Arbeit usw. zu verzeichnen sind.

Die Voraussetzung für eine erfolgreiche Ausübung der örtlichen Bauaufsicht ist die vollkommene Vertrautheit mit allen Plänen samt den Festpunkten und Höhenmarken, die völlige Beherrschung aller bestehenden Verträge und die Kenntnis der Arbeiterversicherungsgesetze.

Dem Bauführer fällt die Beaufsichtigung aller Bauarbeiten auf seiner Baustelle zu. Nach seinen Anordnungen erfolgt die Ausführung der erforderlichen Absteckungen und Höhenmessungen.

Er nimmt die Tagelohnarbeiter an und beschäftigt sie, unter ihm findet der unmittelbare Verkehr mit den Unternehmern und Lieferanten bzw. deren Vertretern statt. Er ist verantwortlich für die genaue Ausführung der Bauten nach den genehmigten Zeichnungen. Auf die Beschränkung der Ausgaben bei gediegenster Leistung muß besonderer Wert gelegt werden.

Auf die Bauausführung bezügliche Anweisungen erhalten die Unternehmer und Lieferanten unmittelbar vom Bauführenden. Auf der Baustelle muß Ruhe und Ordnung herrschen, unfolgsame und faule Arbeiter müssen entfernt werden. Anderseits muß für die Wohlfahrt der Arbeiter und für ihre Sicherheit durch sorgfältige Ausführung der Rüstungen und gute Beschaffenheit der Geräte Sorge getragen werden.

Alle fertiggestellten Arbeiten müssen abgenommen und aufgemessen werden, um die für die Vertragsabrechnung erforderlichen Grundlagen zu erhalten; später nicht mehr zugängliche Teile müssen schon vorher vermessen werden.

[377] Rechnungswesen.

Alle Rechnungen sind durch den die Bauausführung verantwortlich leitenden Beamten zu bescheinigen, womit er die Verantwortung für die Notwendigkeit der Arbeiten und Lieferung sowie für ihre Güte und Preiswürdigkeit übernimmt.

Die Rechnungen werden dann an die Baukasse zur Zahlung angewiesen und in eigene Ausgabebücher eingetragen.

Tagelöhne werden nur für die wirklichen Arbeitstage gewährt, während Monatslöhne auch die Sonn- und Festtage umfassen.

Als Unterlage für die Aufstellung der Lohnrechnungen dienen die auf den Baustellen geführten Arbeiterlisten, in welche die Eintragungen täglich gemacht und meist in Abschnitten von 14 Tagen zur Zahlung zusammengefaßt werden.

Ebenso wird bei Stücklohnrechnungen für Einzelpersonen und für Arbeitsgesellschaften verfahren, nur werden für letztere, wenn mehrere bei einem Bau beschäftigt sind, die Belege für jede besonders aufgestellt. Nach der Aufstellung der Lohnrechnungen erfolgt ihre Anweisung durch den dazu berechtigten Beamten auf die zahlende Kassa. Die Zahlungsanweisung hat außer dem Lohnbetrage auch die anteiligen staatlichen Versicherungsbeiträge zu umfassen. Die Auszahlung erfolgt meist auf der Baustelle, aber nicht in Schank- und Wirtshäusern. Am Schlusse einer Bauausführung wird eine Abrechnung aufgestellt, welche alle Rechnungsbelege in der Reihenfolge der Titel und Positionen der Kostenanschläge enthält und die für den betreffenden Bau entstandenen Gesamtausgaben ergibt.

Wird ein Bau ohne Kostenanschlag ausgeführt oder ergibt er besondere Abweichungen von dem genehmigten Entwurfe, so muß eine Revisionsnachweisung aufgestellt werden, die nebst einem Ausführungsberichte auch noch Revisionszeichnungen erhält, aus denen die Abweichungen gegenüber dem genehmigten Entwurfe zu erkennen sind.

[378] Arbeiterfürsorge.

Für bauführende Beamte ist die Kenntnis und Beachtung aller für die Arbeiterfürsorge erlassenen Reichsgesetze und Vorschriften ein unerläßliches Erfordernis.

Hierher gehören in erster Linie die Invaliden- und Krankenversicherungsgesetze und die Unfallsgesetze. Auch über die Bestimmungen dieser Vorschriften hinaus empfiehlt es sich, auf die Wohlfahrt der bei Bauten beschäftigten Arbeiter Rücksicht zu nehmen. An den Baustellen sind alle Vorkehrungen zu treffen, die die Sicherheit des Betriebes und die Verhütung von Unfällen gewährleisten. Es ist auf allen Baustellen für gutes Trinkwasser, in geschlossenen Arbeitsräumen für gute Luft und unentgeltliche Waschgelegenheit zu sorgen.

Die erforderlichen **Feuerlöschgeräte** sind stets gebrauchsbereit und eine bestimmte Mannschaft im Gebrauch derselben geübt zu halten.

Um bei **Unfällen** die erste Hilfe so rasch als möglich eintreten zu lassen, sind gut ausgestattete Medizin- und Verbandskästen sowie eine Tragbahre bereitzuhalten und dafür zu sorgen, daß im Samariterdienste kundige Personen in der Nähe sind.

Besondere Sorgfalt ist den Arbeiterverhältnissen bei Seuchengefahr zu widmen. Der Gesundheitszustand der Arbeiter ist dauernd zu überwachen, die von denselben benutzten Aufenthaltsräume, namentlich die Aborte, sind sauber zu halten und gründlich zu desinfizieren; für Verdächtige sind Unterkunftsräume bereit zu halten und überhaupt durch Verbindung mit geeigneten Ärzten alles zu tun, was eine Verbreitung der Seuche wirksam verhindern kann.

BAUMECHANIK

Statische Berechnungen und graphische Statik III.

Inhalt: Wir schließen nunmehr die Baumechanik mit Fachwerken und einigen anderen Erörterungen über Treppenpodestträger, Gewölbe und Eisenbetonkonstruktionen ab. Von den Fachwerken werden wir nur noch die Dachkonstruktionen eingehender behandeln, während wir die Fachwerke für Brückenbau mit beweglicher Belastung und alle übrigen Kapitel nur kursorisch unter Angabe allgemeiner Gesichtspunkte geben wollen. Wir können uns die Vereinfachung um so eher ohne Schädigung des Selbststudiums erlauben, als heutzutage ohnedies jede größere Baufirma für so komplizierte statische Berechnungen eigene Spezialisten beschäftigt, die für diese Arbeiten besonders ausgebildet sind. Zeigt daher einer unserer Selbstschüler besonderes Interesse für dieses Fach, so muß er durch besondere Studien sein Ziel zu erreichen suchen.

8. Abschnitt.

Fachwerk.

I. Dachkonstruktionen.

[379] Allgemeines.

a) Ein Träger, bestehend aus einer Reihe von geraden Stäben, die unter sich zu Dreiecken verbunden sind, heißt ein **Fachwerkträger**. An einem Fachwerkträger unterscheidet man zwei **Gurtungen**, und zwar eine obere und eine untere Gurtung, sowie die **Füllungsglieder**. Die Gurtungen begrenzen den Umriß des Trägers, während die Füllungsglieder die Gurtungen miteinander verbinden.

Die Form der Gurtungen kann eine verschiedene sein, z. B. die obere Gurtung ein gebrochener Linienzug, während die untere Gurtung eine gerade Linie darstellt. Die Verbindungsstellen der einzelnen Fachwerkstäbe heißen **Knotenpunkte**; das zwischen Knotenpunkten liegende Stück einer Gurtung heißt ein **Feld**. Die äußere Belastung des Fachwerks wird von den Knotenpunkten aufgenommen und von ihnen auf die einzelnen Stäbe so übertragen, **daß in ihnen nur Längsspannungen, also Zug- und Druckspannungen, entstehen.** Es gibt demnach eine **Zug-** und eine **Druckspannung** und außerdem **gezogene** und **gedrückte Füllungsglieder.**

Sollen in den Stäben eines Fachwerks tatsächlich nur Druck- und Zugspannungen auftreten, so müssen die Stäbe an den Verbindungsstellen durch **Gelenkbolzen** befestigt sein, was auch vielfach, namentlich in Amerika, geschieht. In Deutschland geschieht die Verbindung der Konstruktionsteile unter sich in der Regel mittels Nieten und Schrauben, so daß den Stäben keine freie Drehungsbewegung zukommt, wodurch oft sehr beträchtliche Nebenspannungen entstehen.

Geht man bei der Bildung eines Fachwerks von einem Dreieck aus, so sind hierzu drei Stäbe notwendig. Jeder weitere Knotenpunkt erfordert wenigstens zwei Stäbe zur Bildung eines unteren Dreieckes. Die Anzahl m aller Stäbe eines Fachwerkes wird demnach, wenn n die Zahl der Knotenpunkte bezeichnet

$$m = 2\,n - 3 \text{ sein.}$$

Ein solches Fachwerk ist statisch bestimmt und kann mit Hilfe der Gleichgewichtsbedingungen der Statik gerechnet werden. Alle anderen sind statisch unbestimmt und entziehen sich hier einer weiteren Erörterung.

b) Die Belastung eines Fachwerkträgers setzt sich zusammen aus der zufälligen Belastung, wie z. B. der Nutz- oder Verkehrslast bei Brückenträgern oder dem **Schnee- und Winddruck** bei Dachdeckungen

und schließlich dem **Eigengewichte** der Konstruktion. In der Regel wird die zufällige Belastung von den Knotenpunkten einer Gurtung aufgenommen, während sich das Eigengewicht auf die Knotenpunkte beider Gurtungen gleichmäßig verteilt.

Bei Dachbindern wird die äußere Belastung von den Knotenpunkten der oberen Gurtung aufgenommen. Der Einfachheit halber läßt man auch das ganze Eigengewicht der Dachkonstruktion von diesen oberen Knotenpunkten aufnehmen.

Das Eigengewicht bei Dachkonstruktionen ist sehr verschieden; in der Regel rechnet man ein einfaches Ziegeldach mit 75 kg, ein Doppeldach mit 95 kg, ein Kronendach mit 105 kg, ein englisches Schieferdach mit 55 kg, ein deutsches Schieferdach mit 60 kg, ein Teerpappdach mit 45 kg, ein Zinkoder Kupferdach mit 40 kg, ein Holzzementdach mit 180 kg, ein Schindeldach mit 45 kg, ein Strohdach inkl. Moosansatz mit 75 kg per m² Dachfläche. Die Belastung durch Schnee ist mit 75 kg/m² der Dachfläche anzunehmen und dabei die Möglichkeit einer vollen oder einseitigen Schneebelastung zu berücksichtigen.

Der Winddruck ist meist mit 125 kg/m² rechtwinklig getroffener Fläche anzunehmen. Bei Dachneigungen unter 25⁰ berücksichtigt man den Winddruck durch einen Zuschlag zur senkrechten Belastung, während man die wagerechte Seitenkraft vernachlässigen kann.

Die Binder eines Satteldaches besitzen eine bestimmte Entfernung e, so daß die Belastung des Binders $Q = l\,e\,p$ darstellt, wenn l die Stützweite und p die Dachbelastung pro m² Horizontalprojektion bezeichnet. Die Belastung verteilt sich gleichmäßig auf die n-Knotenpunkte der oberen Gurtung, und zwar trifft auf jeden einzelnen Knotenpunkt die Belastung eines Gurtungsfeldes mit $\dfrac{l\,e\,p}{n}$. Die Auflager haben eine halbe Feldbelastung $\dfrac{Q}{2} - \dfrac{P}{2}$. Besitzt die obere Gurtung außer dem Firstpunkt noch einen Zwischenpunkt, so ist der Auflagerdruck $\dfrac{3}{2}\,P$, bei zwei Zwischenpunkten $\dfrac{5}{2} \cdot P$.

[380] Graphische Bestimmung der Stabkräfte eines Dachbinders.

Ist in Abb. 657 das Konstruktionsnetz eines einfachen Dachbinders dargestellt, so wirkt in jedem Knotenpunkte der oberen Gurtung eine Belastung

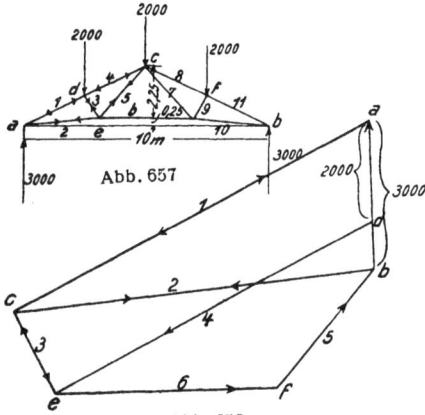

Abb. 657

Abb. 658
1 mm = 150 kg

auf das links von der Schnittlinie I befindliche Trägerstück $P = 2000$ kg nach abwärts, während in den Auflagerpunkten a und b je eine Kraft gleich $\frac{3}{2} P = 3000$ tätig ist. Führt man durch die Konstruktionteile $a\,d$

und $a\,e$ den Schnitt I, so wirken auf das abgeschnittstück drei Kräfte, nämlich die äußere nach aufwärts gerichtete Kraft $\frac{3}{2} P = 3000$ kg und die unbekannten Kräfte in den durchschnittenen Konstruktionsteilen $a\,d$ und $a\,e$; sollen diese drei Kräfte ein Gleichgewicht sein, so muß mit ihnen ein geschlossenes Kräftedreieck gebildet werden können. Macht man demnach $ab = \frac{3}{2} P = 3000$ kg und zieht durch die Punkte a und b die Parallelen zu den Linien ad und ae, so ergibt sich ein Kräftedreieck, in dem die Längen ac und bc die Größen der Kräfte sind. Die Richtung ergibt sich aus dem Umfahrungssinn, also für 1 Druck, für 2 aber Zug.

Nunmehr geht man zum Knotenpunkt d über und führt den Schnitt II. Es wirken in dem den Knotenpunkt d enthaltende Trägerstück die äußere Kraft $P = 2000$ kg, die bereits bekannte Druckkraft 1 und außerdem noch die noch unbekannten Stabkräfte 3 und 4. Bildet man nun mit den vier Kräften ein Kräfteviereck, so muß sich dieses schließen; man braucht also nur durch c und d die Parallelen zu de und dc zu ziehen und erhält das Kräfteviereck, dessen Umfahrungssinn durch den Umfahrungssinn der Kraft P bestimmt ist. 3 und 4 sind Druckkräfte.

In ähnlicher Weise führt man dann die Schnitte III und IV, um die Stabkräfte 5, 6 und 7 zu bestimmen. Wegen der symmetrischen Anordnung der Fachwerkstäbe gegen die vertikale Mittelkraft des Binders sind damit auch die Stabkräfte auf der rechten Binderhälfte bestimmt.

Aufgabe 54.

[381] *Für einen einfachen Polouceaubinder (Abb. 657) von 10 m Stützweite sind die Stabkräfte in den Konstruktionsteilen zu bestimmen, wenn die Dachdeckung Schiefer auf Holzschalung sein soll und die Binderentfernung 4 m ist. Die Belastung durch Schneelast, Eigengewicht und Winddruck betrage für den m² Horizontalprojektion 200 kg.*

Die ganze Belastung eines Binders wird

$$Q = 10 \cdot 4 \cdot 200 = \mathbf{8000\ kg,}$$

daher trifft auf einen Knotenpunkt eine Belastung $P = \dfrac{8000}{4} = \mathbf{2000\ kg.}$ Der Auflagerdruck ist $\dfrac{3}{2} P = 3000$ kg, 1 mm = 150 kg. Unter dieser Annahme ergibt sich der Kräfteplan (Abb. 658), aus welchem die folgenden Stabkräfte entnommen werden können:

$$
\begin{aligned}
ac &= 1 = 11 = 54 = 8100\ \text{kg Druck,}\\
bc &= 2 = 10 = 49 = 7350\ \text{kg Zug,}\\
ce &= 3 = 9 = 12 = 1880\ \text{kg Druck,}\\
ed &= 4 = 8 = 48 = 7200\ \text{kg Druck,}\\
bf &= 5 = 7 = 20 = 3000\ \text{kg Zug,}\\
ef &= 6 = \ \ \ \ = 30 = 4500\ \text{kg Zug.}
\end{aligned}
$$

[382] Rechnerische Ermittlung der Stabkräfte.

Will man die Stabkräfte eines Fachwerkes durch Rechnung ermitteln, so führt man die Schnitte in gleicher Weise wie früher und stellt für die auf das abgeschnittene Trägerstück einwirkenden äußeren und inneren Kräfte bezüglich eines beliebig gewählten Drehungspunktes die Momentengleichung auf. Dabei ist darauf zu achten, daß in der Momentengleichung nur eine unbekannte Stabkraft auftritt. Die Hebelarme für die den Kräften entsprechenden statischen Momente kann man hierbei entweder in Rücksicht auf die geometrische Form der Binder oder aber, was einfacher und für praktische Zwecke ausreichend genau ist, aus der Zeichnung durch Mes-

sung entnehmen. Führt man in Abb. 659 den Schnitt I und wählt den Punkt e als Drehungspunkt, so ist die Momentengleichung

$$\frac{3}{2} \cdot P \cdot x_1 + 1 \cdot de = 0$$

$$1 = -\frac{3\ P \cdot x_1}{2\ de}.$$

Das statische Moment der Stabkraft 1 ist demnach negativ, was nur möglich ist, wenn der Richtungspfeil von 1 dem Knotenpunkte a zugekehrt ist, die Stabkraft 1 ist also eine Druckkraft.

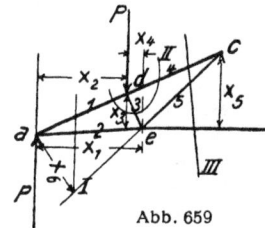

Abb. 659

Zur Bestimmung von 2 wählt man d als Drehungspunkt.

Dann ist

$$\frac{3}{2} \cdot P \cdot x_2 + 2 x_3 = 0$$

$$2 = -\frac{3 P \cdot x_2}{2 \cdot x_2}.$$

Das statische Moment der Stabkraft 2 ist negativ, der Richtungspfeil von 2 muß dem Quotenpunkte a abgekehrt, 2 daher eine Zugkraft sein.

Schnitt II, Drehungspunkt e

$$1 \cdot de - P \cdot x_4 + 4 \, de = 0$$

$$4 = \frac{P \cdot x_4 - 1 \cdot de}{de} = \frac{P \cdot x_4}{de} - 1.$$

Da $x_4 < de$ und $P < 1$ ist, ist das statische Moment negativ, daher 4 eine Druckkraft.

Schnitt III, Drehungspunkt a

$$P \cdot x_2 + 3 \cdot ad = 0$$

$$3 = -\frac{P x_2}{ad} \quad \text{usw.}$$

Aufgabe 55.

[383] *Für den in Abb. 660 dargestellten Pultdachbinder sind die Stabkräfte zu ermitteln.*

Man führt die Schnitte in Abb. 660 und erhält dann den Kräfteplan in Abb. 661.

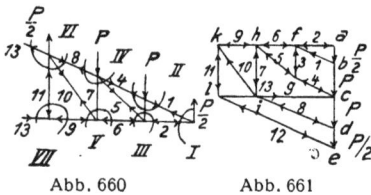

Abb. 660   Abb. 661

Schnitt	Kräftevieleck	Stabkräfte	
I	$abfa$	$2 = af = $ Druck,	$1 = fb = $ Zug
II	$begfb$	$3 = fg = $ Druck	$4 = ge = $ Zug
III	$afgha$	$5 = hg = $ Zug	$6 = ha = $ Druck
IV	$edihge$	$7 = ih = $ Druck	$8 = di = $ Zug
V	$abika$	$9 = ka = $ Druck	$10 = ki = $ Zug
VI	$dikled$	$11 = kl = $ Druck	$12 = le = $ Zug
VII	$caklc$	$13 = lc = $ Druck	

Aufgabe 56.

[384] *Für einen doppelten Polouceaubinder (Abb. 662) sind die Stabkräfte zu ermitteln.*

Mittels der Schnitte I bis III ergeben sich die Stabkräfte ad, ae, de, ef und ge. Führt man nun den Schnitt IV, so sind von den in f zusammentreffenden Kräften bekannt die Stabkräfte 4 und 5, unbekannt dagegen 7, 9 und 8, wobei wegen der symmetrischen Anordnung $5 = 9$ sein muß.

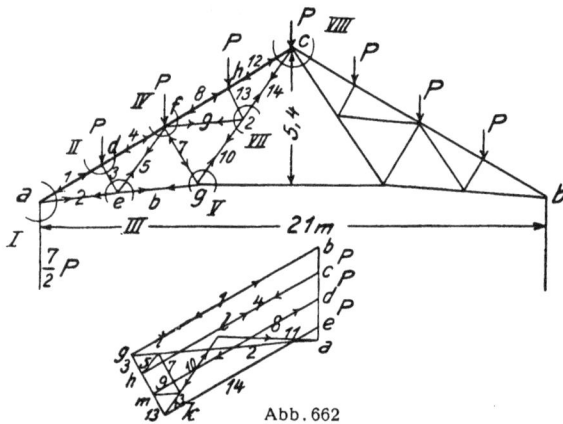

Abb. 662

Schnitt	Kräftevieleck	Stabkräfte		
I	$abga$	$bg = $	$1 = $ Druck	
		$ag = $	$2 = $ Zug	
II	$bchgb$	$ch = $	$4 = $ Druck	
		$gh = $	$3 = $ Druck	
III	$aghia$	$hi = $	$5 = $ Zug	
		$ia = $	$6 = $ Zug	
IV	$cdmkihc$	$ik = $	$7 = $ Druck	
		$km = $	$9 = $ Zug	
		$dm = $	$8 = $ Druck	
V	$aikla$	$ia = $	$6 = $ Zug	
		$kl = $	$10 = $ Zug	
		$la = $	$11 = $ Zug	
VI	$dmoed$	$mo = $	$13 = $ Druck	
		$oe = $	$12 = $ Druck	
VII	$lkmol$	$ol = $	$14 = $ Zug	

Aufgabe 57.

[385] *Für das in Abb. 663 gezeichnete Sprengwerkdach ist für die gegebenen Belastungen der Kräfteplan zu konstruieren.*

Die im Firstpunkte c wirkende Kraft P wird auf die Streben ed und ce übertragen, und zwar erhält man diese Strebendrücke S_1 mittels des Dreieckes abc, worin $ac = bc = S_1$. Im Punkte d wird gleichfalls die Kraft P aufgenommen und auf den Spannriegel de und die Strebe df übertragen; man erhält die Beanspruchung H_1 des Spannriegels gleich de, jene der Strebe

$$fd = be + bc = \overline{ce} = S_2.$$

Die Kraft P im Punkte f nehmen die Streben af und fg auf, und zwar ist der Druck in der Strebe $af = S_2 = gc$, jener in $fg = S_1 = gf$.

Durch die Strebendrücke S_3 und S_4 entstehen in den Punkten a und g die Horizontalschübe $H_2 = ci$ und $H_3 = fh$, ebenso die Vertikaldrücke $V_1 = kg$ und $V_2 = gh$.

Man erhält folgende Zusammenstellung:

$$S_1 = bc \text{ Druck},$$
$$S_2 = ce \quad ,,$$
$$S_3 = gc \quad ,,$$
$$S_4 = gf \quad ,,$$
$$H_1 = de \text{ Zug},$$
$$H_2 = ci \quad ,,$$
$$H_3 = fh \text{ Druck auf die Mauer},$$
$$V_1 = kg \quad ,, \quad ,, \quad ,, \quad ,,$$
$$V_2 = gh \quad ,, \quad ,, \quad ,, \quad ,,$$

Außerdem hat die Mauer noch den im Auflagerpunkt a wirkenden vertikalen Druck $\dfrac{P}{2}$ aufzunehmen.

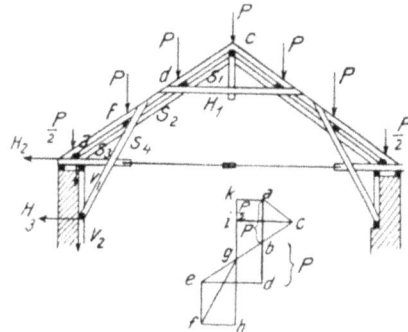

Abb. 663

Aufgabe 58.

[386] *Für den in Abb. 664 dargestellten einfach armierten Träger sind unter Voraussetzung einer Beanspruchung durch eine Einzellast P im Punkte c die Stabkräfte zu ermitteln.*

Mittels der Schnitte I, II, III ergeben sich die im Kräfteplan gezeichneten Stabkräfte.

Die Aufgabe ist noch unter der Annahme zu lösen, daß die Stützweite $ab = 8$ m und die Höhe $cd = 1$ m beträgt. Die Belastung sei in diesem speziellen Falle $P = 10000$ kg.

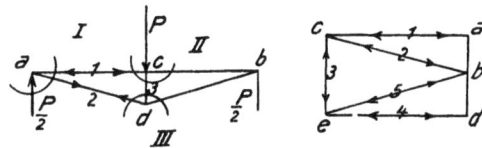

Abb. 664

Aufgabe 59.

[387] *Für den in Abb. 665 dargestellten doppelt armierten Träger sind unter der Voraussetzung einer Belastung P in den Punkten a und c die Stabkräfte zu ermitteln.*

Mittels der angedeuteten Schnitte ergibt sich der Kräfteplan, woraus die gesuchten Stabkräfte zu ermitteln sind.

Diese Aufgabe ist noch zu lösen unter der Annahme, daß $ab = 12$ m und $cd = 0,75$ m beträgt und $P = 8000$ kg sei.

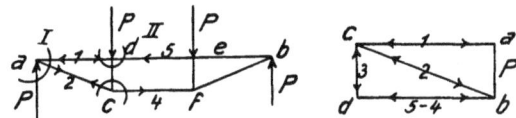

Abb. 665

II. Brückenkonstruktionen.

[388] Belastung des Fachwerksträgers.

Die Belastung setzt sich zusammen:

1. aus dem **Eigengewichte**,
2. aus der **beweglichen**, d. h. der **Verkehrsbelastung**.

Das Eigengewicht hängt von dem Zwecke ab, welchem der Fachwerkträger zu dienen hat. Bei einem Brückenträger besteht es in der Regel aus einem von der Stützweite der Brücke unabhängigen Teil, herrührend aus dem Gewichte der Fahrbahn sowie aus dem von der Stützweite abhängigen Gewichte der Trägerkonstruktion.

Bei obenliegender Fahrbahn kann man das Eigengewicht auf die Knotenpunkte der oberen Gurtung gleichmäßig verteilt denken, bei untenliegender Fahrbahn verteilt man es auf die Knotenpunkte der unteren Gurtung.

Die Verkehrsbelastung besteht entweder aus einem in bestimmter Weise zusammengestellten Zuge von Einzellasten, z. B. die Achsen- oder Raddrücke von Eisenbahn- oder Straßenfahrzeugen oder aber aus einer bestimmten, auf die Längeneinheit gleichmäßig verteilten Belastung.

Außer den eben angeführten Belastungen ist auch die durch den **Winddruck** hervorgerufene vertikale Belastung zu berücksichtigen; bei den in Kurven liegenden Brückenträgern hat man die Wirkung der **Zentrifugalkraft**, bei solchen, die in Gefällsstrecken liegen, die **Bremswirkung** der Fahrzeuge in Rechnung zu stellen. Endlich ist auch noch auf die **Seitenstöße** der Fahrzeuge Rücksicht zu nehmen.

[389] Stabkräfte.

Die Stabkräfte, die durch das Eigengewicht hervorgerufen werden, bestimmt man zweckmäßig entweder durch Rechnung oder mittels eines Kräfteplanes, wie wir dies bei Dachkonstruktionen vorgeführt haben, indem man das Eigengewicht gleichmäßig auf die oberen Knotenpunkte bei obenliegender, auf die unteren Knotenpunkte bei untenliegender Fahrbahn verteilt.

Besteht die Belastung aus einem **beweglichen** Lastenzuge, so handelt es sich darum, jene Stellungen des Zuges zu ermitteln, für welche die Beanspruchungen der Konstruktionsteile am größten werden, wobei die Fahrbahn des Trägers, auf der sich der Lastenzug bewegt, auf der oberen oder unteren Gurtung aufliegen kann.

Die in den Gurtungsstäben eines Fachwerkes auftretenden Stabkräfte sind abhängig von den größten Biegungsmomenten, die in den den Gurtungsstäben gegenüberliegenden Knotenpunkten hervorgerufen werden, und diese entstehen dann, **wenn das Verhältnis der Mittelkraft der links von P liegenden Kräfte zur**

Summe der übrigen Kräfte kleiner ist als das Verhältnis der beiden Abschnitte a und b, in welche der Träger im Punkte c geteilt wird. Die bezügliche Formel lautet

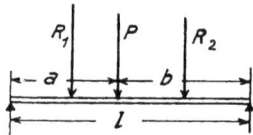

Abb. 666a

$$\frac{R_1}{R_1 + P} < \frac{a}{b} \text{ (Abb. 666a).}$$

Die in den Füllungsgliedern eines Fachwerkes auftretenden Stabkräfte sind von den auf den Träger wirkenden Vertikalkräften abhängig und erhalten ihren größten Wert bei einseitiger Belastung des Trägers. Bewegt sich daher **auf einem Fachwerkträger ein Lastenzug vom rechten zum linken Auflager hin, so wird jede von links nach rechts fallende Diagonale gezogen, dagegen jede von links nach rechts steigende Diagonale gedrückt, wenn der Lastenzug die zur Diagonale gehörige ungünstigste Stellung einnimmt.**

Besteht die Verkehrslast aus einer auf die Längeneinheit gleichmäßig verteilten Belastung, so entstehen **die größten Biegungsmomente in den einzelnen Knotenpunkten bei voller Belastung des Trägers, demnach werden auch die Stabkräfte in den Gurtungen am größten sein, wenn der ganze Träger voll belastet ist.**

Die Stabkräfte in den Füllungsgliedern sind dagegen abhängig von den Vertikalkräften in den Trägerfeldern, die am größten bei einseitiger Belastung des Trägers sind. Die nach rechts fallenden Diagonalen werden gezogen, die nach rechts steigenden gedrückt werden, wenn die Belastung von rechts nach links bis zur sogenannten Belastungsscheide, d. h. bis zu jenem Punkte vorgerückt ist, bei welchem eine nach rechts steigende Diagonale dem stärksten Drucke ausgesetzt ist. Ist dagegen die links von diesem liegende Seite des Trägers belastet, so werden die nach rechts fallenden Diagonalen gedrückt, die nach rechts steigenden aber gezogen werden.

Aufgabe 60.

[390] *Ein doppeltes Hängewerk dient als Hauptträger für eine Wegbrücke von 4 m Breite und 9 m Stützweite. Die größte auftretende Belastung beträgt 800 kg pro m². Es ist die Brücke zu berechnen. (Abb. 666b.)*

Bei den gegebenen Ausmaßen bestimmt sich die Größe des Winkels α aus der Gleichung

$$\text{tg } \alpha = \frac{2,5}{3} = 0,833. \quad \text{Hieraus } \alpha = 39^0 50'.$$

Die Länge der Strebe ergibt sich aus der Beziehung:

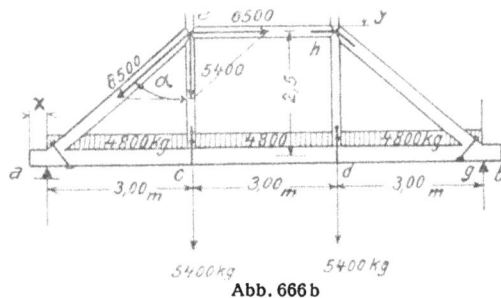

Abb. 666b

$\sqrt{3^2 + 2,5^2} = 3,91$, rund **4,0 m.**

Die Belastung des Hängewerkes soll über letzteres als gleichmäßig verteilt angenommen sein und beträgt

$$9 \cdot 2 \cdot 800 = \textbf{14400 kg.}$$

Daher trifft auf ein Feld $\dfrac{14400}{3} = 4800$ kg.

Die Beanspruchung des Spannriegels ist:

$$5400 \cdot \text{cotg } \alpha = 5400 \cdot 1,199 \sim \textbf{6500 kg.}$$

Die Beanspruchung der Strebe ist

$$\frac{5400}{\sin \alpha} = \frac{5400}{0,641} \sim \textbf{8500 kg.}$$

Der Haupttragbalken ist zunächst als durchgehender Träger zu berechnen. Man erhält

$$W = \frac{1}{8} \frac{4800 \cdot 300}{60} = 3000.$$

Hierfür genügt ein Normalprofil 24/30 mit einem

$$W = \frac{1}{6} \cdot 24 \cdot 30 \cdot 30 = 3600.$$

Die Strebe wird auf Zerknicken beansprucht; das erforderliche Trägheitsmoment muß sein 13600, dem das Profil 20/24 genügt.

Ebenso ist der Spannriegel auf Zerknicken beansprucht. Für das erforderliche Trägheitsmoment pro 5850 genügt ein Profil 16/24, welchen Querschnitt auch die Hängesäule erhält. Ihr Querschnitt beträgt demnach $16 \cdot 24 = 384$ cm².

Die Beanspruchung des Holzes ist daher $\sigma = \dfrac{5400}{384} \sim 14$ kg pro cm².

Aufgabe 61.

[391] *Ein einfaches Fachwerk von der in Abb. 667 dargestellten Form dient als Träger für eine zweigleisige Eisenbahnbrücke. Die Stützweite beträgt 21,0 m, die Gurtungen sind zueinander parallel, die Diagonalen unter 60⁰ gegen die Horizontale geneigt. Es sind die durch Eigengewicht und Verkehrslast in den Konstruktionsteilen hervorgerufenen Stabkräfte zu ermitteln.*

Da die Brücke zweigleisig ist, so hat ein Hauptträger die Belastung für ein Gleis aufzunehmen. Das Eigengewicht ist mit 1400 kg für den laufenden Meter Gleis anzunehmen.

Als Verkehrslast dient ein Eisenbahnzug von der Zusammenstellung Abb. 668.

Das größte Biegungsmoment findet in der Trägermitte statt und beträgt nach Abb. 669

$$M = \frac{1}{8} \cdot 1,4 \cdot 21 \cdot 21 = 77,1750 \text{ m. t.}$$

Bei dem gewählten Maßstabe erhält man für die Momentenordinate y in der Trägermitte die Größe $77,175 : 90 = 0,86$ m. Konstruiert man die Momentenparabel, so ergeben sich auf den Senkrechten zu ab die Knotenpunkte a, c, d, d, e, f, g und h der oberen Gurtung (Abb. 669) die zu diesen Punkten ge-

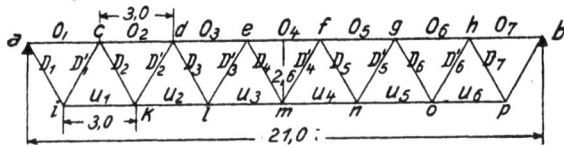

Abb. 667

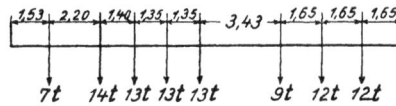

Abb. 668

Abb. 669

hörigen, durch das Eigengewicht hervorgerufenen, auf den Polabstand H reduzierten Biegungsmomente. Durch Verbindung dieser Punkte der Parabel miteinander ergibt sich das Momentenvieleck M_e. Die Momente für die Knotenpunkte der unteren Gurtung erhält man genau genug mittels der Ordinaten in den Punkten i, k, l, m, n, o und p, bezogen auf das Momentenvieleck.

Die ungünstigste Verkehrslast ergibt sich bei der Zusammenstellung des Zuges aus zwei hintereinanderfahrenden Lokomotiven mit Tender, wobei Güterwagen bei der gegebenen Stützweite auf dem Träger keinen Platz mehr finden. Um die größten Biegungsmomente zu erhalten, zeichnet man zunächst mit den gegebenen Lasten ein Kräfte- und Seilvieleck (Abb. 670).

Die ungünstigsten Laststellungen findet man am schnellsten durch Probieren. Für den Knotenpunkt c (Abb. 681) findet das größte Moment y_e statt, wenn die dritte Last des Zuges mit 13 t über e steht. In diesem Falle stehen 11 Lasten über dem Träger und man hat nach [389]

$$\frac{14}{13+13+13+9+12+12+7+14+18+13} < \frac{3}{18}.$$

$$\frac{14}{119} < \frac{3}{18}.$$

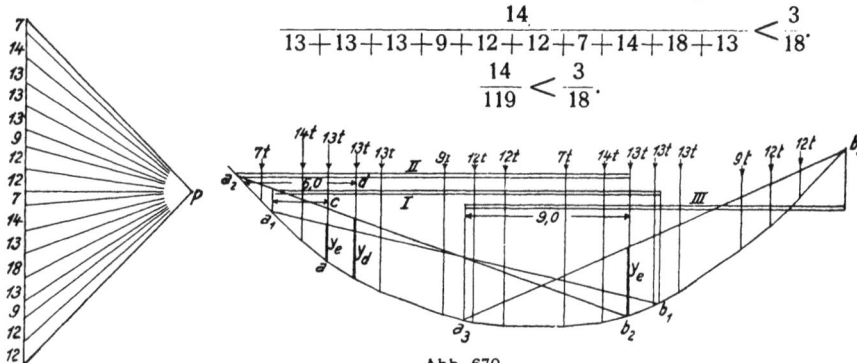

Abb. 670

Für den Knotenpunkt d bringt die Stellung II (Abb. 671 b) das größte Biegungsmoment y_d hervor; für den Knotenpunkt e erhält man durch die Stellung III (Abb. 671 c) das größte Biegungsmoment y_e. Die so bestimmten y trägt man in Abb. 669 in den Punkten c, d, e, f, g und h als Ordinaten senkrecht zur Achse ab auf und verbindet die Endpunkte dieser Ordinaten zu einem Vieleck M_v, dem Momentenvieleck für die Verkehrslast. Die in den Punkten i, k, l, m, n, o und p zu ab errichteten Senkrechten begrenzen durch ihre Schnitte mit dem Vieleck M_v die größten Biegungsmomente für die Knotenpunkte der unteren Gurtung.

Die Vertikalkräfte, hervorgerufen durch das **Eigengewicht**, sind in Abb. 684 verzeichnet; sie sind in den Knotenpunkten der oberen Gurtung gleichmäßig verteilt angenommen.

Auf jeden Knotenpunkt, ausschließlich der Auflagerpunkte, trifft je eine Belastung von 4,2 t. Dann sind die Vertikalkräfte im

Punkte $a = \dfrac{7 \cdot 4 \cdot 2}{2} = 14,7$ t,

„ $c = 14,7 - 4,2 = 10,5$ t,

„ $d = 10,5 - 4,2 = 6,3$ t,

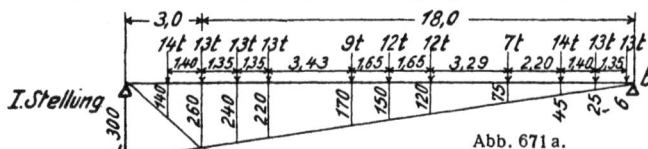

I. Stellung

Abb. 671 a.

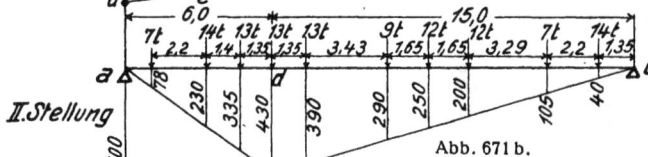

II. Stellung

Abb. 671 b.

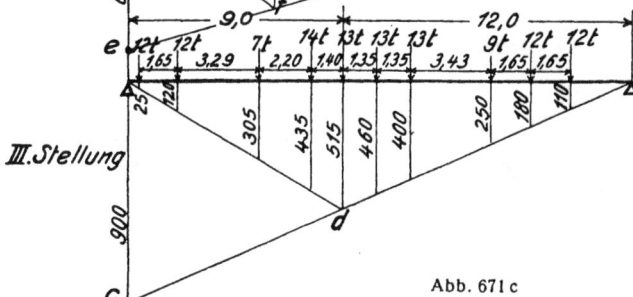

III. Stellung

Abb. 671 c

Punkte $e = 6,3 \, t - 4,2 = 2,1 \, t$,   Punkte $h = -6,3 \, t - 4,2 = -10,5 \, t$,

„ $f = -2,1 - 4,2 = -6,3 \, t$,   „ $b = -10,5 - 4,2 = -14,7 \, t$.

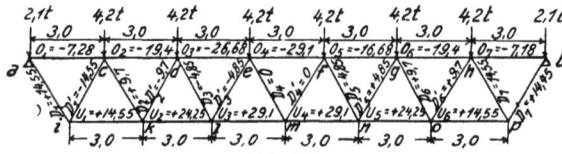 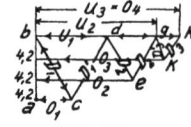

Abb. 672.   Abb. 673

Zeichnet man unter dieser Voraussetzung den Kräfteplan (Abb. 673), so erhält man hieraus folgende Stabkräfte:

Knoten-punkt	Kräftevieleck	Stabkraft		Zug t	Druck t
a	abc	$bc = D_1 =$	$14,55$	$14,55$	
		$ae = O_1 =$	$7,28$		$7,28$
i	cbd	$bd = U_1 =$	$14,55$	$14,55$	
		$dc = D_1' =$	$14,55$		$14,55$
e	$facdef$	$ae = D_2 =$	$9,7$	$9,7$	
		$ef = O_2 =$	$19,4$		$19,4$
k	$cdbge$	$bg = U_2 =$	$24,25$	$24,25$	
		$ge = D_2' =$	$9,7$		$9,7$
d	$fcghif$	$gh = D_3 =$	$4,85$	$4,85$	
		$hi = O_3 =$	$26,68$		$26,68$
	$hgbkh$	$bk = U_3 =$	$29,1$	$29,1$	
		$hk = D_3' =$	$4,85$		$4,85$
e	$bihkb$	$bk = O_4 =$	$29,1$		
		$D_4 = 0$			
		$O_5 = O_3 =$			$26,68$
		$O_6 = O_2 =$			$19,4$
		$O_7' = O_1 =$			$7,28$
		$U_4 = U_3 =$		$29,1$	
		$U_5 = U_2 =$		$24,25$	
		$U_6 = U_1 =$		$14,55$	
		$D_4' = D_4 = 0$			
		$D_5' = D_3 =$		$4,85$	
		$D_6' = D_2 =$		$9,4$	
		$D_1' = D_1 =$		$14,55$	
		$D_4 = D_3' =$			$4,85$
		$D_6 = D_2' =$			$9,7$
		$D_7 = D_1' =$			$14,55$

Vertikalkräfte, die durch die Verkehrslast hervorgerufen werden, zeichnet man, indem man für den gegebenen Lastenzug zunächst die A-Linie, d. h. die Linie für die in A wirkenden Auflagerdrucke konstruiert (Abb. 674). Die Konstruktion ergibt, daß die Grundstellung nicht die ungünstigste Laststellung ergibt, sondern diese erst eintritt, wenn die erste Last des Zuges in ein Trägerfeld eingerückt ist und die zweite über diesem Knotenpunkt sich befindet. Für diese Stellung des Zuges ist für jedes Feld der oberen Gurtung die größte positive Vertikalkraft bestimmt worden. Man erhält:

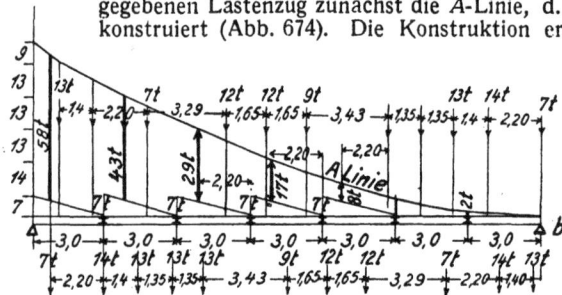

Abb. 674

für das Feld $ac : V = 58 \, t$,

„   „   „ $ed : V = 43 \, t$,

„   „   „ $de : V = 29 \, t$,

„   „   „ $ef : V = 17 \, t$,

„   „   „ $fg : V = 8 \, t$,

„   „   „ $gh : V = 2 \, t$,

„   „   „ $hb : V = 0$.

Abb. 675

Die durch die **Verkehrslast** bedingten Stabkräfte sind in Abb. 674 eingezeichnet, während in Abb. 672 die durch das Eigengewicht hervorgerufenen Stabkräfte dargestellt sind.

Die Diagonalen D sind gezogen, die Diagonalen D' aber gedrückt.

Bei der Bewegung des Zuges vom linken zum rechten Auflager bleiben die Gurtungsspannungen unverändert, die Diagonalkräfte dagegen werden

$$D' = D_1' = 0; \quad D_2 = D_2' = 2,3 \text{ t}, \quad D_3 = D_3' = 9,2 \text{ t}, \quad D_4 = D_4' = 19,6 \text{ t}, \quad D_5 = D_5' = 33,5 \text{ t},$$

$$D_6 = D_6' = 49,6 \text{ t}; \quad D_7 = D_7' = 67 \text{ t} = \frac{58}{\cos \alpha} = \frac{58}{0,866}.$$

Nunmehr werden aber die Diagonalen D gedrückt, dagegen die Diagonalen D' gezogen.

Diese Aufgabe und deren Lösung soll nur ein Bild bieten, wie solche Aufgaben durchzuführen sind. Die Sache ist aber viel zu kompliziert, um im Rahmen des technischen Selbstunterrichtes auch nur halbwegs erschöpfend behandelt werden zu können.

9. Abschnitt.

Berechnung der Treppenpodestträger.

[392] Arten der Podestträger.

Zur Auflagerung der Treppenläufe dienen die **Podestträger,** wobei man unterscheidet:

Treppen mit freitragenden Stufen und
Treppen mit gestützten Stufen.

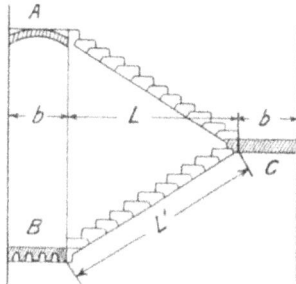

Die Stützung der Stufen kann entweder durch **Wangen** oder durch Überwölbung erfolgen. Der Podest ist gebildet durch Kappen A (Abb. 676), durch Platten C oder durch Wellblech B; nur im erstgenannten Falle übt der Podest einen Horizontalschub aus.

Abb. 676

Sonst unterscheidet man:

Leichte Treppen, in der Regel Treppen mit eisernen Wangen und Stufen aus Holz oder Eisen; Eigengewicht und Nutzlast wird zusammen mit 650 kg pro m² angenommen.

Schwere Treppen mit gemauerten Stufen und Holzbelag oder Stufen aus Beton oder Werksteinen. Eigengewicht und Nutzlast beträgt in diesem Falle 1000 kg pro m² Grundfläche.

[393] Freitragende Treppen.

Bei der Berechnung der Podestträger ist die Stützweite l des Trägers der Berechnung zugrunde zu legen, die sich mit $l = 2,3\,b$ berechnet, wenn b die Breite des Treppenlaufes und die Einmauerung $0,1\,b$ ist.

Das Gewicht eines Treppenlaufes beträgt $P = L \cdot 1,1\,b \cdot 1000$ kg.

Das Gewicht des Podestes $2\,Q = l\,b \cdot 1000$ kg.

Die Belastung eines Podestträgers setzt sich demnach zusammen:

1. Aus dem Gewichte des aufsteigenden Treppenlaufes als gleichmäßig verteilte Last,

2. aus dem Gewichte Q des halben Podestes ebenfalls als gleichmäßig verteilte Last.

Ist der Podest ein Kappenpodest, so muß noch der Horizontalschub der Kappe berücksichtigt werden, der aber durch Zugstangen aufgenommen werden kann.

[394] Unterstützte Treppen.

Von jedem Treppenlaufe kommt eine Hälfte der Belastung auf die Mauer, die andere Hälfte auf die innere Treppenwange, die ihrerseits wieder die Hälfte auf die Podestträger abgibt (Abb. 677).

Die beiden Einzellasten

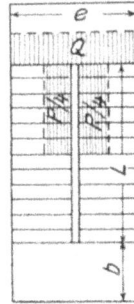

Abb. 677

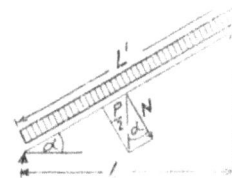

Abb. 678

$\dfrac{P}{4}$ kann man zweckmäßig zu einer Mittelkraft $\dfrac{P}{2}$, angreifend in der Trägermitte vereinigen. Der Wangenträger ist auf seine ganze Länge durch einen halben Treppenlauf, also durch $\dfrac{P}{2}$ belastet.

Berechnet α den Neigungswinkel der Treppe, so ist $N_i = \dfrac{P}{2} \cos \alpha$ (Abb. 678).

$$L' = \frac{L}{\cos \alpha}$$

$$M = \frac{1}{8} \cdot \frac{P}{2} \cdot \cos \alpha \, \frac{L}{\cos \alpha} = \boxed{\frac{1}{8} \cdot \frac{P}{2} L}$$

also unabhängig vom Neigungswinkel.

Aufgabe 62.

[395] *Für die in Abb. 679 skizzierte Treppenanlage sollen die Podestträger berechnet werden. Die Treppe ist eine leichte und durch Wangen unterstützt. Die Steigung beträgt 17 cm, die Auftrittsbreite 30 cm. Der Seitenschub der Podestkappe wird durch vier Zugstangen aufgenommen. Stockwerkshöhe gleich 4,42 m. Belastung 650 kg pro m².*

Für den vorliegenden Fall hat 442 : 17 = 26 Steigungen, demnach 24 Auftritte.

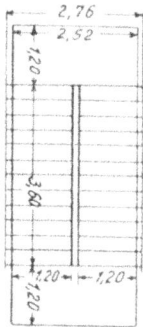
Abb. 679

Belastung eines Treppenlaufes:

$$P = 1,32 \cdot 3,60 \cdot 650 \approx 3100 \text{ kg.}$$

$$\frac{P}{2} = 1550 \text{ kg.}$$

Belastung des halben Podestes

$$Q = \frac{1,20 \cdot 2,76 \cdot 650}{2} \approx 1100 \text{ kg (Abb. 693).}$$

Der gefährliche Querschnitt liegt in der Trägermitte.

$$M = \frac{1}{4} \cdot 1550 \cdot 276 + \frac{1}{8} \cdot 1100 \cdot 276 =$$
$$= 106\,950 + 37\,950 = \textbf{144900.}$$

$$W = \frac{144\,900}{750} = 193.$$

Dem entspricht I-Träger Nr. 20 mit $W = \textbf{216.}$

Berechnung des Wangenträgers:

$$W = \frac{1}{8} \cdot \frac{1550 \cdot 360}{750} = 93.$$

Dem entspricht I-Träger Nr. 15 mit $W = 99.$

10. Abschnitt.

Grundzüge für die Berechnung von Gewölben und Eisenbetonkonstruktionen.

A. Gewölbe.

[396] Form und Belastung des Gewölbes.

Ein Zylinder- oder Tonnengewölbe mit kreisförmiger Wölblinie besteht aus dem eigentlichen Gewölbebogen nebst der Hintermauerung und stützt sich mittels der beiden Kämpfer auf die Widerlager. In der Regel ist das Gewölbe einerseits durch Aufschüttung von Erde auf den Gewölberücken, anderseits durch die Nutz- oder Verkehrslast belastet, die in vorliegendem Falle als ruhend und über das ganze Gewölbe gleichmäßig verteilt angenommen wird. Liegen dann die Widerlager in gleicher Höhe, so teilt eine die Gewölbeachse enthaltende Vertikalebene das Gewölbe in zwei symmetrische Hälften, wovon eine Hälfte in Abb. 680 dargestellt ist.

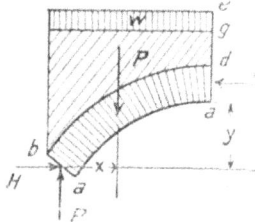
Abb. 680

Hierbei ist die Wirkung der rechtsseitigen Gewölbehälfte ersetzt durch eine im Scheitel auftretende horizontale Kraft H, der Gegendruck des Widerlagers aber durch eine der Kraft H gleichgroße und entgegengerichtete Kraft H sowie eine vertikal nach aufwärts gerichtete Kraft P, welch letztere gleich ist dem Gewichte der Gewölbehälfte einschließlich der gesamten Gewölbebelastung.

Die Verkehrslast w ist dabei ersetzt gedacht durch eine Schichte Füllmaterial von bestimmter Höhe. [194] Die Lage der Angriffspunkte H und P auf den Fugenflächen ab und cd ist nicht bekannt; doch weiß man, wenn in den betreffenden Fugen nur Druckspannungen herrschen sollen, daß diese Punkte innerhalb des Zentralkernes der bezüglichen Fugen, also im mittleren Drittel der letzteren liegen müssen. Die Wölblinie wird hier als eine kreisförmige vorausgesetzt.

[397] Stabilitätsbedingungen.

Soll ein Gewölbe allen Anforderungen in bezug auf Stabilität entsprechen, so muß in demselben Gleichgewicht vorhanden sein:

1. gegen Drehen,
2. gegen Zerdrücken,
3. gegen Gleiten.

Betrachtet man einen Gewölbestreifen von der Tiefe gleich der Einheit und nimmt die Angriffspunkte der im Scheitel und Kämpfer wirkenden Kräfte zunächst in den Schwerpunkten dieser Flächen, endlich das Gewicht der Gewölbehälfte als eine im Schwerpunkt des Gewölbestreifens wirkende vertikale Kraft P, so liegen die sämtlichen in Betracht kommenden Kräfte in einer Vertikalebene, und es wird Gleichgewicht bestehen, wenn sowohl die Mittelkraft aller dieser Kräfte als auch die Summe der statischen Momente der letzteren bezüglich eines beliebigen in der Ebene der Kräfte gewählten Drehungspunktes gleich Null ist. Man hat also (Abb. 681)

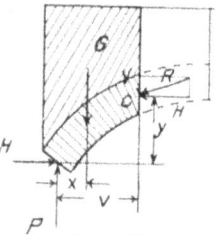
Abb. 681

$$P = P$$
$$H = H$$
$$P_x = Hy$$

Daraus ergibt sich $H = \dfrac{Px}{y}.$

Denkt man sich nun den Gewölbekörper durch eine in beliebigen Abstand v geführte Vertikalebene durchschnitten und die Wirkung des abgeschnittenen

Gewölbestückes durch eine Kraft R und diese durch eine vertikale und horizotale Komponente ersetzt, so ergibt sich

$$P = G + V$$
$$H = H$$
$$Hy = Gx + Vv$$

und
$$y = \frac{Gx + Vv}{H}.$$

Da H aus $H = \frac{P \cdot x}{y}$ bestimmt ist, so läßt sich nunmehr auch der Wert y ermitteln. Die Lage des Angriffspunktes c von R ist demnach bestimmt, wenn die Angriffspunkte von H und P im Scheitel und Kämpfer bestimmt sind. Im Scheitel jedes Gewölbes wirkt sonach der Horizontalschub des Gewölbes H, der durch das ganze Gewölbe von gleicher Größe ist, sobald ihr Angriffspunkt im Scheitel und der des Widerlaggegendruckes im Kämpfer gewählt sind.

Führt man nun durch das Gewölbe eine Anzahl vertikaler Schnitte, so hat für jeden solchen Schnitt die Mittelkraft aus dem Horizontalschub und des zwischen Scheitel und Schnittebene befindlichen Gewölbeteiles eine ganz bestimmte Lage und die Gesamtheit aller Mittelkräfte bilden ein Druckvieleck, das eine **Drucklinie** des Gewölbes heißt. Jene wird die günstigste sein, die sich der Mittellinie des Gewölbes am meisten nähert.

Aus dieser Drucklinie kann man dann alle übrigen Stabilitätsbedingungen ermitteln.

B. Eisenbetonkonstruktionen.

[398] Allgemeines.

Unter Eisenbetonbau versteht man alle jene Bauausführungen, bei welchen das Baumaterial aus Eisen und Beton besteht, derart, daß ersteres im Beton eingebettet ist und die Aufgabe hat, die im Bauwerke auftretenden Zugkräfte aufzunehmen, während der Betonkörper lediglich auf Druckfestigkeit beansprucht ist. Ungemein groß ist die Zahl der Konstruktionen in dieser Bauart. Doch hat sich in letzter Zeit die Anschauungsweise über das Zusammenwirken von Beton und Eisen so weit geklärt, daß man nunmehr imstande ist, die Eisenbetonkonstruktionen auf ihre Festigkeitsverhältnis zu berechnen. Freilich bestehen auch heute noch vielfach verschiedene Unsicherheiten und Ansichten, weil einerseits die Festigkeitsverhältnisse des Betons abhängig sind von dem Verhalten des verwendeten Zements sowie von den Mischungsverhältnissen und Eigenschaften der Betonbestandteile. Es werden darum noch vielfache Versuche erforderlich sein, um unangreifbare Ergebnisse zu erzielen.

Als feststehend kann bisher angenommen werden:

1. Die Druckfestigkeit des Betons ist abhängig von der Güte des verwendeten Zementes und der sonstigen Bestandteile sowie von deren Mischungsverhältnissen und schwankt zwischen 100 und 300 kg pro cm². Die zulässige Beanspruchung des Betons soll ein Zehntel der Druckfstigkeit, also 10 bis 30 kg pro cm² bei nur auf Druck beanspruchten Körpern, z. B. Säulen, betragen, bei auf Biegung beanspruchten Körpern darf die Beanspruchung bis auf ein Sechstel der Druckfestigkeit, also bis zu 20 bis 50 kg pro cm² gesteigert werden.

Die Zugfestigkeit des Betons ist bei Eisenbetonkonstruktionen unberücksichtigt zu lassen. Versuche haben eine Zugfestigkeit von etwa einem Zehntel der Druckfestigkeit festgestellt.

Der Elastizitätsmodul für Druck ist veränderlich und unabhängig von der Beschaffenheit der zum Beton verwendeten Materialien und deren Mischungsverhältnis sowie von der vorhandenen Belastung.

2. Für die Berechnung der Eisenbetonkonstruktionen nimmt man das Verhältnis der Elastizitätszahlen E_e und E_b von Eisen und Beton konstant, und zwar zu $u = 15$ an.

Die zulässige Beanspruchung des Eisens auf Zug und Druck darf bis zu 1000 kg, für Schub bis zu 800 kg pro cm² angenommen werden.

Die Schubfestigkeit des Betons hat sich aus vielfachen Versuchen zu etwa 45 kg pro cm² ergeben. Als zulässige Beanspruchung darf man 4,5 kg für den cm² in Rechnung stellen. Ebensoviel ist auch für die Haftspannung zwischen Beton und Eisen anzunehmen.

Hiernach sind die Berechnungen von Eisenbetonkonstruktionen, soweit sie nach den bisherigen Erfahrungen festgelegt sind, vorzunehmen. Der allgemeinste Fall, der vorkommen kann, ist wohl der, daß ein Balken von T-förmigem Querschnitt, ein sogenannter **Plattenbalken** mit doppelter Eiseneinlage versehen ist. Seine Ausmaße sind bekannt und es handelt sich darum, die auftretenden Druck- und Zugspannungen im Eisen und Beton zu ermitteln. Zunächst ist durch Rechnung oder Zeichnung die Lage der Neutralachse zu bestimmen und daraus die Lage der Druckmittelkraft zu ermitteln. Ebenso allgemein ist die Berechnung einer Eisenbetonsäule mit zentrischer oder exzentrischer Belastung oder einer solchen mit eisenumschnürtem Beton, wie sie der belgische Konstrukteur **Considère** zum ersten Male angegeben und berechnet hat.

[399] Lösungen der im vierten Hefte unter [304] gegebenen Übungsaufgaben.

Aufg. 51. Ist k_1 die zulässige Beanspruchung des Holzes und W_1 das Widerstandsmoment des rechteckigen Querschnittes, k_2 aber die Beanspruchung des I-förmigen Querschnittes, so lautet die Biegungsgleichung

$$M = k_1 \cdot W_1 = k_2 \cdot W_2$$
$$k_1 : k_2 = W_2 : W_1$$
$$W_2 = \frac{k_1 W_1}{k_2} = \frac{100}{1200} \cdot \frac{1}{6} \cdot 27 \cdot 36 \cdot 36 = 586.$$

Diesem Werte entspricht Profil Nr. 28 mit einem Werte von 547.

Aufg. 52. Aus der Zeichnung entnimmt man, daß der gefährliche Querschnitt unterhalb des Angriffspunktes der Last P_2 liegt. Unter Berücksichtigung des gewählten Maßstabes (1 mm = 20 cm und 1 mm = 55 kg) beträgt das auf den Polabstand bezogene größte Biegungsmoment

$$y = 19 \cdot 20 = 380$$
$$H = 18.55 = 990$$
$$M_{max} = H \cdot y = 990 \cdot 380 = \textbf{376 200}.$$

Bestimmt man die Auflagerdrücke durch Rechnung, so findet man

$$A = \frac{500\,(9-2) + 600\,(9-5) + 450\,(9-6) + 200\,(9-8)}{9} =$$
$$= \frac{3500 + 2400 + 1350 + 200}{9} = \frac{7450}{9} = 827.77 \text{ kg}$$

$$B = \frac{500 \cdot 2 + 600 \cdot 5 + 450 \cdot 6 + 200 \cdot 8}{9} =$$
$$= \frac{1000 + 3000 + 2700 + 1600}{9} = \frac{830}{9} = 922,22 \text{ kg}$$

$$A + B = 1750 \text{ kg}$$

Es ist nun:

$$V_a = 827,77, \quad V_c = 827,77 - 500 = +327,77$$
$$V_d = 827,77 - 1100 = -272,23.$$

Der gefährliche Querschnitt liegt also bei d. Das Biegungsmoment daselbst ist:

$$M_{max} = 827,77 \cdot 5 - 500 \cdot 3 = 4123,85 \text{ oder auf Zentimeter}$$
bezogen **412 385**.

Aufg. 53. Es ist $W = \dfrac{Pl}{k} = \dfrac{4000 \cdot 120}{100} = 4800$

$$b : h = 2 : 3 \quad b = \frac{2}{3} \cdot \cdot h.$$

$$W = \frac{1}{6} \cdot \frac{2}{3} \cdot h^3 = 4800.$$

$$h = \sqrt[3]{\frac{4800 \cdot 18}{2}} = \sqrt[3]{43\,200} \sim 36 \text{ cm}.$$

$$b = \frac{2}{3} h = \frac{2}{3} \cdot 36 = 24 \text{ cm}$$

Schlußwort zum 2. Fachbande.

Der erste Hochgipfel in unserem „Bergbilde" ist glücklich überwunden. Es war eine ganz gewaltige Arbeit, in dem nunmehr vorliegenden 2. Fachbande **„Bau- und Kulturtechnik"** trotz des uns zur Verfügung stehenden beschränkten Raumes zu zeigen, wie die Technik in der freien Natur arbeitet und wie wir sie den Zwecken der Menschheit dienstbar machen können. Freilich war es uns bloß möglich, von dem ungeheuren Wissensgebiet des Bau- und Kulturtechnikers nur das vorzuführen, was er unbedingt zu seinen Arbeiten braucht, ihn aber doch zu befähigen, sich durch Sonderstudium jene Teile vertrauter zu machen, die ihn besonders interessieren oder denen sein Beruf mehr zuneigt.

Insbesondere haben wir in der **„Baumechanik"**, die vielfach die Lehren der höheren Mathematik nicht mehr gut entbehren kann, dem Selbstschüler durch eine Reihe von sorgsam gewählten Aufgaben einen Einblick in die geistige Werkstatt des Bautechnikers zu gestatten gesucht, der, wenn er auch diese Berechnungen selten selbst durchzuführen hat, ihm doch lehrt, wie man sie macht und dadurch jenen technischen Blick erwirbt, der ihm bei allen seinen Arbeiten zugute kommen wird. Mit Hilfe dieser Aufgaben und an der Hand einiger Programme aus der technischen Praxis wird es gewiß dem gewissenhaften Schüler gelingen, seine Bauwerke richtig den Verhältnissen entsprechend zu dimensionieren und sie dem in der Natur gegebenen Gelände anzupassen, in dem er sich durch die im **Feldmessen** erworbenen praktischen Kenntnisse leichter zurechtfinden wird als ohne diesen kurzgefaßten Selbstunterricht. Durch das eingehende Studium desselben wird es dem fleißigen Selbstschüler möglich werden, sich in allen Bau- und Kulturfächern rasch zu orientieren und dort nachzuhelfen, wo es ohne Spezialstudium nicht weiter geht. Bei den meisten von ihm geforderten einfacheren Arbeiten wird eine solche Nachhilfe kaum notwendig werden, um zum angestrebten Ziele zu gelangen. Nun wollen wir zum zweiten Hauptfach der Technik, zum **„Maschinenbau und der Elektrotechnik"** übergehen.

Literatur.

Buch der Erfindungen und Entdeckungen, Leipzig, Spamer.

Prof. A. **Friedrich,** Kulturtechnischer Wasserbau. Berlin, Paul Parey.

Handbuch der Ingenieur-Wissenschaften. Leipzig, Engelmann.

Dipl.-Ing. **J. Hentze,** Der Wasserbau. Leipzig, Degener.

Hütte Ingenieur-Taschenbuch. Berlin, Ernst.

Prof. Max **Kraft,** Das System der technischen Arbeit. Leipzig, A. Felix.

Prof. O. **Lange,** Baukonstruktionslehre. Leipzig, Voigt.

Lueger O., Lexikon der gesamten Technik, Stuttgart und Leipzig, Deutsche Verlagsanstalt.

Prof. **Opderbecke,** Handbuch des Bautechnikers. Leipzig, Voigt.

Dr.-Ing. Ed. **Schmitt,** Maurer- und Steinhauerarbeiten. Leipzig, Göschen.

Prof. **Tapla,** Niedere Geodäsie. Leipzig und Wien, Deuticke.

G. Tolkmitt, Bauaufsicht und Bauführung. Berlin, Ernst.

G Tolkmitt, Wasserbaukunst. Berlin, Ernst.

Prof. **Vonderlinn,** Statik für Hoch- und Tiefbautechniker. Bremerhaven, Vangerow.

Wilhelm **Weitbrecht,** Vermessungskunde. Stuttgart, Wittwer.

Prof. Dr. **Weyrauch,** Hydraulisches Rechnen. Stuttgart, Wittwer.

Namen- und Sachregister.

Die Zahlen mit vorgesetztem S. bedeuten Seitenzahlen, die übrigen die eingeklammerten Nummern der Unterabschnitte, z. B. 249 = [249]. Sie sind bezüglich der ausführlicheren Textstellen fettgedruckt.

Inhalt des II. Fachbandes
„Bau- und Kulturtechnik"

www.ingramcontent.com/pod-product-compliance
Lightning Source LLC
Chambersburg PA
CBHW062019210326
41458CB00075B/6212